高等学校理工类课程学习丛书

线性代数与解析几何

学习指导与习题详解

李换琴 张芳 编

内容简介

本书总结了“线性代数与解析几何”课程的知识要点，将各章内容分为知识图谱、知识要点、典型例题、习题及详解4部分。对概念和解题方法分析透彻、深入浅出，便于自学。书中精选了220余道各类有代表性的典型例题。给出了《线性代数与解析几何》(第三版)(李继成、魏战线编)全部600余道题的完整解答，并附了4套西安交通大学本课程期末考试题及解答。

本书可作为高等院校的理工科学生学习“线性代数与解析几何”课程的辅导书，可供报考硕士研究生的读者复习应考之用，也可供有关教师和科技工作者参考。

图书在版编目(CIP)数据

线性代数与解析几何学习指导与习题详解 / 李换琴，张芳编. -- 西安 : 西安交通大学出版社，2024.9.
ISBN 978-7-5693-3857-7

Ⅰ. O151.2；O182

中国国家版本馆CIP数据核字第2024WY9010号

书　　名　线性代数与解析几何学习指导与习题详解
XIANXING DAISHU YU JIEXI JIHE XUEXI ZHIDAO YU XITI XIANGJIE
编　　者　李换琴　张　芳
责任编辑　田　华
责任校对　魏　萍
装帧设计　伍　胜

出版发行　西安交通大学出版社
(西安市兴庆南路1号　邮政编码710048)
网　　址　http://www.xjtupress.com
电　　话　(029)82668357　82667874(市场营销中心)
(029)82668315(总编办)
传　　真　(029)82668280
印　　刷　陕西奇彩印务有限责任公司

开　　本　787 mm×1092 mm　1/16　**印张**　14　**字数**　340千字
版次印次　2024年9月第1版　2024年9月第1次印刷
书　　号　ISBN 978-7-5693-3857-7
定　　价　36.00元

如发现印装质量问题，请与本社市场营销中心联系。
订购热线:(029)82665248　(029)82667874
投稿热线:(029)82669097　QQ:190293088
读者信箱:tianhua1126@xjtu.edu.cn

前　言

本书是根据高等学校非数学类专业线性代数课程的教学要求和《全国工学硕士研究生入学考试数学考试大纲》编写的，是"线性代数与解析几何"课程的学习指导书和教学参考书。本书旨在帮助读者用较少的时间掌握线性代数与解析几何的基本内容，学习线性代数与解析几何处理问题的基本方法和规律，提高学习效率，达到举一反三、触类旁通、事半功倍的效果。

本书共8章，每章内容分为4部分：知识图谱、知识要点、典型例题、习题及详解。最后附4套线性代数与解析几何期末考试自测题及参考答案。"知识图谱"绘制了本章重要知识点及其关联。"知识要点"是对本章基本概念、基本理论及基本方法的简要归纳，概括了本章的学习要点、重点和难点。"典型例题"精选了各类有代表性的例题220余道，其中许多例题都配有分析、解答和评注，部分例题给出了多种解法，使读者能够更加深入地理解相关概念、性质和定理，提高分析和解决问题的能力。"习题及详解"是对《线性代数与解析几何》(第三版)(李继成、魏战线编，高等教育出版社出版)教材各章节全部习题(600余道)的完整解答，其中各节A类题目为基本要求题，B类题目为学有余力或有志于参加硕士研究生入学考试的同学选做。各章习题是一些综合性习题，部分题目选自近年来国内外优秀教材和全国硕士研究生入学统一考试数学试题。4套自测题都是西安交通大学往年的期末考试题，供读者进行自我检测。

本书编者多年来从事线性代数与解析几何的教学工作，有丰富的教学经验。编写时，充分考虑到不同层次的读者需求，对问题分析透彻、深入浅出、叙述清晰，力图使内容便于自学。

本书由西安交通大学数学与统计学院李换琴和张芳编写，李继成、张永怀、齐雪林、刘康民老师给予了很大的帮助，在此深表感谢。

由于编者水平有限，疏漏之处在所难免，敬请同行和广大读者不吝批评指正。

编　者

2024年2月于西安

目　录

第1章　行列式……1

1.1　知识图谱……1

1.2　知识要点……1

1.3　典型例题……3

1.4　习题及详解……17

第2章　矩阵……25

2.1　知识图谱……25

2.2　知识要点……25

2.3　典型例题……29

2.4　习题及详解……41

第3章　几何向量及其应用……56

3.1　知识图谱……56

3.2　知识要点……56

3.3　典型例题……59

3.4　习题及详解……68

第4章　n维向量与线性方程组……79

4.1　知识图谱……79

4.2　知识要点……80

4.3　典型例题……82

4.4　习题及详解……97

第5章　线性空间与欧氏空间……114

5.1　知识图谱……114

5.2　知识要点……114

5.3　典型例题……116

5.4 习题及详解 …… 126

第6章 特征值与特征向量 …… 135
6.1 知识图谱 …… 135
6.2 知识要点 …… 135
6.3 典型例题 …… 137
6.4 习题及详解 …… 148

第7章 二次曲面与二次型 …… 159
7.1 知识图谱 …… 159
7.2 知识要点 …… 159
7.3 典型例题 …… 162
7.4 习题及详解 …… 170

第8章 线性变换 …… 185
8.1 知识图谱 …… 185
8.2 知识要点 …… 185
8.3 典型例题 …… 187
8.4 习题及详解 …… 196

附录 线性代数与解析几何期末考试自测题及解答 …… 204
期末考试自测题一 …… 204
期末考试自测题二 …… 206
期末考试自测题三 …… 208
期末考试自测题四 …… 209
期末考试自测题一参考答案及解答 …… 211
期末考试自测题二参考答案及解答 …… 212
期末考试自测题三参考答案及解答 …… 214
期末考试自测题四参考答案及解答 …… 216

第 1 章 行列式

1.1 知识图谱

本章知识图谱如图 1-1 所示。

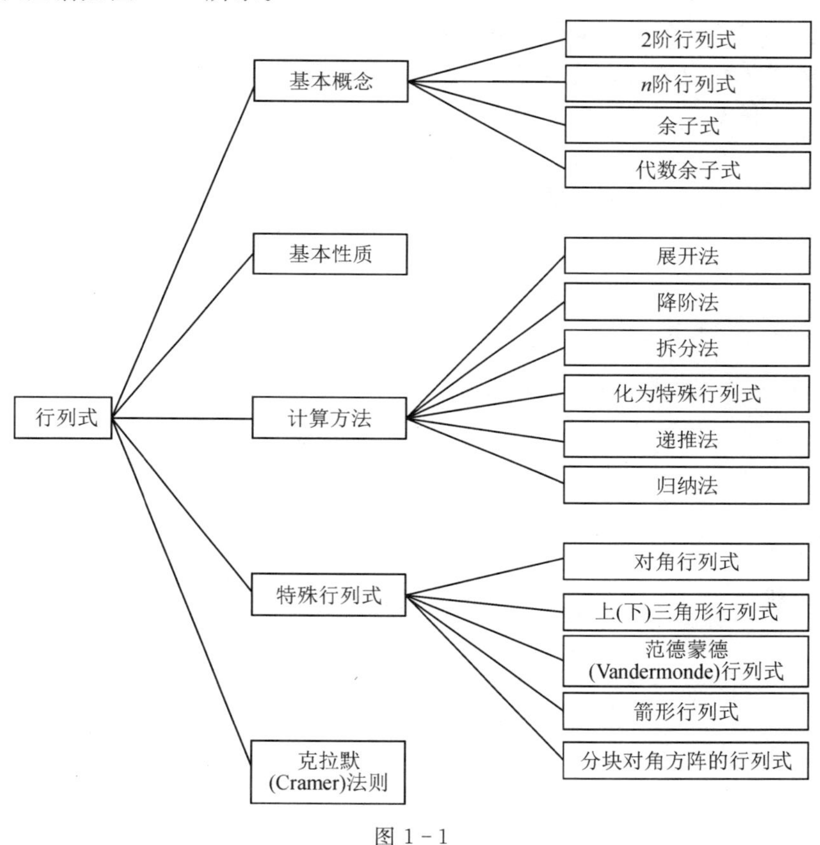

图 1-1

1.2 知识要点

1. 行列式的定义

规定：1 阶行列式 $|a|=a$；2 阶行列式 $\begin{vmatrix} a & b \\ c & d \end{vmatrix}=ad-bc$；$n$ 阶行列式等于它的第 1 行各

元素分别与其对应的代数余子式的乘积之和,也称为 n 阶行列式按第 1 行展开,即

$$D=\begin{vmatrix} a_{11} & a_{12} & \cdots & a_{1n} \\ a_{21} & a_{22} & \cdots & a_{2n} \\ \vdots & \vdots & & \vdots \\ a_{n1} & a_{n2} & \cdots & a_{nn} \end{vmatrix}=a_{11}A_{11}+a_{12}A_{12}+\cdots+a_{1n}A_{1n},$$

其中,$A_{ij}=(-1)^{i+j}M_{ij}$ 称为元素 a_{ij} 的**代数余子式**;M_{ij} 是删去 D 中 a_{ij} 所在的第 i 行第 j 列元素后由剩余元素按照它们原来的相对次序所形成的 $n-1$ 阶行列式,称为 a_{ij} 的**余子式**.

2. 行列式的基本性质

(1)行列互换,值不变,即行列式等于它的转置行列式.

(2)互换行列式任意两行或两列的位置,行列式的值反号.

(3)行列式等于它的任一行或任一列各元素分别与其对应的代数余子式的乘积之和.

(4)若行列式某行或某列有公因子,可将公因子提到行列式符号外面来.

(5)行列式可按某行或某列拆成两个行列式的和.

(6)若行列式中有两行(列)的对应元素都相等,则行列式等于零.

(7)把行列式的某行(列)元素的 k 倍加到另一行(列),行列式的值不变.

(8)行列式的任一行(列)各元素分别与另一行(列)对应元素的代数余子式的乘积之和等于零.

3. 一些特殊行列式的计算

(1)上三角形、下三角形、对角行列式:

$$\begin{vmatrix} a_{11} & a_{12} & \cdots & a_{1n} \\ & a_{22} & \cdots & a_{2n} \\ & & \ddots & \vdots \\ & & & a_{nn} \end{vmatrix}=\begin{vmatrix} a_{11} & & & \\ a_{21} & a_{22} & & \\ \vdots & \vdots & \ddots & \\ a_{n1} & a_{n2} & \cdots & a_{nn} \end{vmatrix}=\begin{vmatrix} a_{11} & & & \\ & a_{22} & & \\ & & \ddots & \\ & & & a_{nn} \end{vmatrix}=a_{11}a_{22}\cdots a_{nn}.$$

(2)副对角线上(下)元素全为 0 的 n 阶行列式:

$$\begin{vmatrix} & & & a_{1n} \\ & & a_{2(n-1)} & a_{2n} \\ & \iddots & \vdots & \vdots \\ a_{n1} & \cdots & a_{n(n-1)} & a_{nn} \end{vmatrix}=\begin{vmatrix} a_{11} & \cdots & a_{2(n-1)} & a_{1n} \\ a_{21} & \cdots & a_{2(n-1)} & \\ \vdots & \iddots & & \\ a_{n1} & & & \end{vmatrix}=\begin{vmatrix} & & & a_{1n} \\ & & a_{2(n-1)} & \\ & \iddots & & \\ a_{n1} & & & \end{vmatrix}$$

$$=(-1)^{\frac{n(n-1)}{2}}a_{1n}a_{2(n-1)}\cdots a_{n1}.$$

(3)n 阶范德蒙德行列式($n\geqslant 2$):

$$\begin{vmatrix} 1 & 1 & 1 & \cdots & 1 \\ x_1 & x_2 & x_3 & \cdots & x_n \\ x_1^2 & x_2^2 & x_3^2 & \cdots & x_n^2 \\ \vdots & \vdots & \vdots & & \vdots \\ x_1^{n-1} & x_2^{n-1} & x_3^{n-1} & \cdots & x_n^{n-1} \end{vmatrix}=\prod_{1\leqslant j<i\leqslant n}(x_i-x_j).$$

(4)分块对角方阵的行列式:

设 $\boldsymbol{A},\boldsymbol{B}$ 分别为 m 和 n 阶方阵,则

$$\begin{vmatrix} \boldsymbol{A} & \boldsymbol{O} \\ \boldsymbol{C} & \boldsymbol{B} \end{vmatrix} = |\boldsymbol{A}|\ |\boldsymbol{B}|, \tag{1-1}$$

$$\begin{vmatrix} \boldsymbol{A} & \boldsymbol{C} \\ \boldsymbol{O} & \boldsymbol{B} \end{vmatrix} = |\boldsymbol{A}|\ |\boldsymbol{B}|, \tag{1-2}$$

$$\begin{vmatrix} \boldsymbol{O} & \boldsymbol{A} \\ \boldsymbol{B} & \boldsymbol{C} \end{vmatrix} = (-1)^{mn}|\boldsymbol{A}|\ |\boldsymbol{B}|, \begin{vmatrix} \boldsymbol{C} & \boldsymbol{A} \\ \boldsymbol{B} & \boldsymbol{O} \end{vmatrix} = (-1)^{mn}|\boldsymbol{A}|\ |\boldsymbol{B}|.$$

设 $\boldsymbol{A}_1,\boldsymbol{A}_2,\cdots,\boldsymbol{A}_m$ 均为方阵,则 $\begin{vmatrix} \boldsymbol{A}_1 & & & \\ & \boldsymbol{A}_2 & & \\ & & \ddots & \\ & & & \boldsymbol{A}_m \end{vmatrix} = |\boldsymbol{A}_1|\,|\boldsymbol{A}_2|\cdots|\boldsymbol{A}_m|$,其中未写出来的元素全为 0.

(5) 箭形行列式:

$$\begin{vmatrix} x_1 & a_2 & a_3 & \cdots & a_n \\ b_2 & x_2 & 0 & \cdots & 0 \\ b_3 & 0 & x_3 & \cdots & 0 \\ \vdots & \vdots & \vdots & & \vdots \\ b_n & 0 & 0 & \cdots & x_n \end{vmatrix} = \begin{vmatrix} x_1 - \sum\limits_{k=2}^{n} \dfrac{a_k b_k}{x_k} & 0 & 0 & \cdots & 0 \\ b_2 & x_2 & 0 & \cdots & 0 \\ b_3 & 0 & x_3 & \cdots & 0 \\ \vdots & \vdots & \vdots & & \vdots \\ b_n & 0 & 0 & \cdots & x_n \end{vmatrix}$$

$$= \left(x_1 - \sum_{k=2}^{n} \frac{a_k b_k}{x_k}\right) \prod_{k=2}^{n} x_k,$$

其中,$x_1 x_2 \cdots x_n \neq 0$.

4. 克拉默(Cramer)法则

对于 n 个方程 n 个未知量的线性方程组 $\sum\limits_{j=1}^{n} a_{ij} x_j = b_i, (i=1,2,\cdots,n)$,如果它的系数行列式 $D \neq 0$,则方程组有唯一解 $x_j = \dfrac{D_j}{D}, (j=1,2,\cdots,n)$. 其中 D_j 是将 D 的第 j 列元素依次用方程组右端的常数项 $b_1,b_2,\cdots,b_n$ 替换所得行列式.

1.3　典型例题

例 1-1　计算行列式 $\begin{vmatrix} 1 & 2 & 3 & 4+x \\ 1 & 2 & 3+x & 4 \\ 1 & 2+x & 3 & 4 \\ 1+x & 2 & 3 & 4 \end{vmatrix}$.

解　这个行列式每行元素的和都相等,称为**"行和相等"**的行列式. 这一类行列式的计算,一般可以按照下面步骤进行:(1)把第 2 列至第 n 列分别加到第 1 列,(2)把第 1 列的公因子提出来,(3)把第 1 行的 -1 倍分别加到第 2 行至第 n 行,(4)按第 1 列展开或继续利用行列式的

性质化简计算.

$$\begin{vmatrix} 1 & 2 & 3 & 4+x \\ 1 & 2 & 3+x & 4 \\ 1 & 2+x & 3 & 4 \\ 1+x & 2 & 3 & 4 \end{vmatrix}$$

$$=\begin{vmatrix} 10+x & 2 & 3 & 4+x \\ 10+x & 2 & 3+x & 4 \\ 10+x & 2+x & 3 & 4 \\ 10+x & 2 & 3 & 4 \end{vmatrix}$$

$$=(10+x)\begin{vmatrix} 1 & 2 & 3 & 4+x \\ 1 & 2 & 3+x & 4 \\ 1 & 2+x & 3 & 4 \\ 1 & 2 & 3 & 4 \end{vmatrix}$$

$$=(10+x)\begin{vmatrix} 1 & 2 & 3 & 4+x \\ 0 & 0 & x & -x \\ 0 & x & 0 & -x \\ 0 & 0 & 0 & -x \end{vmatrix}=(10+x)\begin{vmatrix} 0 & x & -x \\ x & 0 & -x \\ 0 & 0 & -x \end{vmatrix}=x^3(10+x).$$

注 1　“列和相等”的行列式,有类似的计算方法.

注 2　若某行列式的各行(列)元素之和都为零,则其值为 0.

例 1-2　计算 n 阶行列式 $D=\begin{vmatrix} a_1+b & a_2 & a_3 & \cdots & a_n \\ a_1 & a_2+b & a_3 & \cdots & a_n \\ \vdots & \vdots & \vdots & & \vdots \\ a_1 & a_2 & a_3 & \cdots & a_n+b \end{vmatrix}$.

解　这是一个“行和相等”的行列式.

$$D=\begin{vmatrix} a_1+b & a_2 & a_3 & \cdots & a_n \\ a_1 & a_2+b & a_3 & \cdots & a_n \\ \vdots & \vdots & \vdots & & \vdots \\ a_1 & a_2 & a_3 & \cdots & a_n+b \end{vmatrix}=(b+\sum_{i=1}^{n}a_i)\begin{vmatrix} 1 & a_2 & a_3 & \cdots & a_n \\ 1 & a_2+b & a_3 & \cdots & a_n \\ \vdots & \vdots & \vdots & & \vdots \\ 1 & a_2 & a_3 & \cdots & a_n+b \end{vmatrix}$$

$$=(b+\sum_{i=1}^{n}a_i)\begin{vmatrix} 1 & a_2 & a_3 & \cdots & a_n \\ 0 & b & 0 & \cdots & 0 \\ \vdots & \vdots & \vdots & & \vdots \\ 0 & 0 & 0 & \cdots & b \end{vmatrix}=(b+\sum_{i=1}^{n}a_i)b^{n-1}.$$

例 1-3　已知 x_1,x_2,x_3 为一元三次方程 $x^3+2x+3=0$ 的三个根,求 $D=\begin{vmatrix} x_1 & x_2 & x_3 \\ x_3 & x_1 & x_2 \\ x_2 & x_3 & x_1 \end{vmatrix}$.

解　注意到 D 的“行和相等”,得 $D=(x_1+x_2+x_3)\begin{vmatrix} 1 & x_2 & x_3 \\ 1 & x_1 & x_2 \\ 1 & x_3 & x_1 \end{vmatrix}$.

又由题设，得

$$x^3+2x+3=(x-x_1)(x-x_2)(x-x_3)$$
$$=x^3-(x_1+x_2+x_3)x^2+(x_1x_2+x_2x_3+x_1x_3)x-x_1x_2x_3.$$

比较等式两端同次幂的系数，有 $-(x_1+x_2+x_3)=0$，故 $D=0$.

例 1-4　计算 $n+1$ 阶行列式 $D=\begin{vmatrix} x_0 & y_1 & y_2 & \cdots & y_n \\ z_1 & x_1 & 0 & \cdots & 0 \\ z_2 & 0 & x_2 & \cdots & 0 \\ \vdots & \vdots & \vdots & & \vdots \\ z_n & 0 & 0 & \cdots & x_n \end{vmatrix}$（其中 $x_i\neq 0, i=1,2,\cdots,n$）.

解　此种行列式俗称"**箭形行列式**"，易利用行列式的性质化为上（下）三角形行列式.

将第 $i+1$ 列的 $-\dfrac{z_i}{x_i}(i=1,\ 2,\ \cdots,\ n)$ 倍加到第 1 列，得

$$D=\begin{vmatrix} x_0-\sum\limits_{k=1}^{n}\dfrac{y_kz_k}{x_k} & y_1 & y_2 & \cdots & y_n \\ 0 & x_1 & 0 & \cdots & 0 \\ 0 & 0 & x_2 & \cdots & 0 \\ \vdots & \vdots & \vdots & & \vdots \\ 0 & 0 & 0 & \cdots & x_n \end{vmatrix}=(x_0-\sum_{k=1}^{n}\frac{y_kz_k}{x_k})\prod_{i=1}^{n}x_i.$$

例 1-5　计算行列式 $D=\begin{vmatrix} 0 & 1 & 1 & 1 & 1 \\ 1 & 0 & x & x & x \\ 1 & x & 0 & x & x \\ 1 & x & x & 0 & x \\ 1 & x & x & x & 0 \end{vmatrix}$.

解　将第 1 列的 $-x$ 倍分别加到第 2 列至第 5 列，得

$$D=\begin{vmatrix} 0 & 1 & 1 & 1 & 1 \\ 1 & -x & 0 & 0 & 0 \\ 1 & 0 & -x & 0 & 0 \\ 1 & 0 & 0 & -x & 0 \\ 1 & 0 & 0 & 0 & -x \end{vmatrix},$$

这是一个"**箭形行列式**". 当 $x\neq 0$ 时，将第 i 列的 $\dfrac{1}{x}$ 倍加到第 1 列（$i=2,3,4,5$），得

$$D=\begin{vmatrix} \dfrac{4}{x} & 1 & 1 & 1 & 1 \\ 0 & -x & 0 & 0 & 0 \\ 0 & 0 & -x & 0 & 0 \\ 0 & 0 & 0 & -x & 0 \\ 0 & 0 & 0 & 0 & -x \end{vmatrix}=4x^3.$$

当 $x=0$ 时，$D=\begin{vmatrix} 0 & 1 & 1 & 1 & 1 \\ 1 & 0 & 0 & 0 & 0 \\ 1 & 0 & 0 & 0 & 0 \\ 1 & 0 & 0 & 0 & 0 \\ 1 & 0 & 0 & 0 & 0 \end{vmatrix}=0.$

例 1-6　设 A_{ij} 为 $D=\begin{vmatrix} 1 & 2 & 3 & 4 \\ 1 & 4 & 6 & 1 \\ 5 & 6 & 7 & 9 \\ 6 & 8 & 9 & 5 \end{vmatrix}$ 的 (i,j) 元素的代数余子式，求 $A_{31}+2A_{32}+3A_{33}+4A_{34}$.

解　$A_{31}+2A_{32}+3A_{33}+4A_{34}$ 是 D 的第 3 行元素的代数余子式分别乘以一个数之和，也称为第 3 行元素的**代数余子式的线性表达式**. 这一类问题可以利用行列式按行(列)展开定理将该线性表达式化成行列式处理，即**构造一个与 D 同阶的行列式来计算**，从而不必求出每个代数余子式再求和.

由代数余子式的定义知，余子式和代数余子式仅与元素的位置有关，而与元素的值无关. 因此将行列式 D 中第 3 行元素换为 1，2，3，4，其他元素不变构造新的行列式 $D_1=\begin{vmatrix} 1 & 2 & 3 & 4 \\ 1 & 4 & 6 & 1 \\ 1 & 2 & 3 & 4 \\ 6 & 8 & 9 & 5 \end{vmatrix}$，则 D_1 的第 3 行元素的代数余子式就等于 D 的第 3 行元素相应的代数余子式. 将 D_1 按照第 3 行展开，得 $D_1=A_{31}+2A_{32}+3A_{33}+4A_{34}$，由于 D_1 的 1、3 行元素相同，因此 $D_1=0$，故 $A_{31}+2A_{32}+3A_{33}+4A_{34}=0$

注 1　设 A_{ij} 是 n 阶行列式 $D=\det(a_{ij})$ 的 (i,j) 元素的代数余子式，则

(1) $b_1A_{i1}+b_2A_{i2}+\cdots+b_nA_{in}=D_1$，其中 D_1 是将 D 中第 i 行元素换为 $b_1,b_2,\cdots,b_n$，其余元素不变而得到的行列式.

(2) $b_1A_{1j}+b_2A_{2j}+\cdots+b_nA_{nj}=D_2$，其中 D_2 是将 D 中第 j 列元素换为 $b_1,b_2,\cdots,b_n$，其余元素不变而得到的行列式.

注 2　若求某行或某列元素余子式的线性表达式，则要转换为代数余子式来解决.

例 1-7　如果 $D=\begin{vmatrix} 2 & 2 & 3 \\ 1 & 1 & 2 \\ 2 & x & y \end{vmatrix}$ 的代数余子式满足 $A_{11}+A_{12}+A_{13}=1$，求 D.

解法 1　将 D 的第 2 行的 -1 倍加到第 1 行，得

$$D=\begin{vmatrix} 2 & 2 & 3 \\ 1 & 1 & 2 \\ 2 & x & y \end{vmatrix}=\begin{vmatrix} 1 & 1 & 1 \\ 1 & 1 & 2 \\ 2 & x & y \end{vmatrix}=A_{11}+A_{12}+A_{13}=1.$$

解法 2　由 $A_{11}+A_{12}+A_{13}=\begin{vmatrix} 1 & 1 & 1 \\ 1 & 1 & 2 \\ 2 & x & y \end{vmatrix}=1$，得 $x=1$，故

$$D=\begin{vmatrix}2&2&3\\1&1&2\\2&x&y\end{vmatrix}=\begin{vmatrix}0&0&-1\\1&1&2\\2&x&y\end{vmatrix}=(-1)(x-2)=1.$$

例 1-8　已知 n 阶行列式 D 的值为 $a\neq0$，且 D 的每一行元素之和都等于 b，求 D 的第 1 列元素的代数余子式之和 $A_{11}+A_{21}+\cdots+A_{n1}$.

解　将行列式 D 的第 2 列至第 n 列都加到第 1 列，提出公因子，并按第 1 列展开，得

$$D=b\begin{vmatrix}1&a_{12}&\cdots&a_{1n}\\\vdots&\vdots&&\vdots\\1&a_{n2}&\cdots&a_{nn}\end{vmatrix}=b(A_{11}+A_{21}+\cdots+A_{n1}),$$

又 $D=a\neq0$，故 $b\neq0$. 所以 $A_{11}+A_{21}+\cdots+A_{n1}=\dfrac{a}{b}$.

例 1-9　证明：

(1) $\begin{vmatrix}a_1+b_1x&a_1x+b_1&c_1\\a_2+b_2x&a_2x+b_2&c_2\\a_3+b_3x&a_3x+b_3&c_3\end{vmatrix}=(1-x^2)\begin{vmatrix}a_1&b_1&c_1\\a_2&b_2&c_2\\a_3&b_3&c_3\end{vmatrix}$；

(2) $\begin{vmatrix}1&1&1\\a&b&c\\a^3&b^3&c^3\end{vmatrix}=(a+b+c)(b-a)(c-a)(c-b)$；

(3) $\begin{vmatrix}a^2&(a+1)^2&(a+2)^2&(a+3)^2\\b^2&(b+1)^2&(b+2)^2&(b+3)^2\\c^2&(c+1)^2&(c+2)^2&(c+3)^2\\d^2&(d+1)^2&(d+2)^2&(d+3)^2\end{vmatrix}=0.$

证　(1)将等式左边按第 1 列拆开后，再按第 2 列拆开，得

$$\begin{vmatrix}a_1+b_1x&a_1x+b_1&c_1\\a_2+b_2x&a_2x+b_2&c_2\\a_3+b_3x&a_3x+b_3&c_3\end{vmatrix}=\begin{vmatrix}a_1&a_1x+b_1&c_1\\a_2&a_2x+b_2&c_2\\a_3&a_3x+b_3&c_3\end{vmatrix}+\begin{vmatrix}b_1x&a_1x+b_1&c_1\\b_2x&a_2x+b_2&c_2\\b_3x&a_3x+b_3&c_3\end{vmatrix}$$

$$=\begin{vmatrix}a_1&a_1x&c_1\\a_2&a_2x&c_2\\a_3&a_3x&c_3\end{vmatrix}+\begin{vmatrix}a_1&b_1&c_1\\a_2&b_2&c_2\\a_3&b_3&c_3\end{vmatrix}+\begin{vmatrix}b_1x&a_1x&c_1\\b_2x&a_2x&c_2\\b_3x&a_3x&c_3\end{vmatrix}+\begin{vmatrix}b_1x&b_1&c_1\\b_2x&b_2&c_2\\b_3x&b_3&c_3\end{vmatrix}$$

$$=0+\begin{vmatrix}a_1&b_1&c_1\\a_2&b_2&c_2\\a_3&b_3&c_3\end{vmatrix}+x^2\begin{vmatrix}b_1&a_1&c_1\\b_2&a_2&c_2\\b_3&a_3&c_3\end{vmatrix}+0$$

$$=(1-x^2)\begin{vmatrix}a_1&b_1&c_1\\a_2&b_2&c_2\\a_3&b_3&c_3\end{vmatrix}.$$

(2)**证法 1**　将左边行列式第 1 行的 $-a$ 倍加到第 2 行，第 1 行的 $-a^3$ 倍加到第 3 行，然后按第 1 列展开，得

$$\begin{vmatrix} 1 & 1 & 1 \\ a & b & c \\ a^3 & b^3 & c^3 \end{vmatrix} = \begin{vmatrix} 1 & 1 & 1 \\ 0 & b-a & c-a \\ 0 & b^3-a^3 & c^3-a^3 \end{vmatrix} = \begin{vmatrix} b-a & c-a \\ b^3-a^3 & c^3-a^3 \end{vmatrix}$$

$$=(a+b+c)(b-a)(c-a)(c-b).$$

证法 2　加边法，构造范德蒙德行列式 $D=\begin{vmatrix} 1 & 1 & 1 & 1 \\ a & b & c & x \\ a^2 & b^2 & c^2 & x^2 \\ a^3 & b^3 & c^3 & x^3 \end{vmatrix}$.

一方面，$D=(x-a)(x-b)(x-c)(b-a)(c-b)(c-a)$

$=[x^3-(a+b+c)x^2+(ab+bc+ca)x-abc](b-a)(c-b)(c-a)$；

另一方面，将 D 按第 4 列展开，得

$$D=-\begin{vmatrix} a & b & c \\ a^2 & b^2 & c^2 \\ a^3 & b^3 & c^3 \end{vmatrix}+x\begin{vmatrix} 1 & 1 & 1 \\ a^2 & b^2 & c^2 \\ a^3 & b^3 & c^3 \end{vmatrix}-x^2\begin{vmatrix} 1 & 1 & 1 \\ a & b & c \\ a^3 & b^3 & c^3 \end{vmatrix}+x^3\begin{vmatrix} 1 & 1 & 1 \\ a & b & c \\ a^2 & b^2 & c^2 \end{vmatrix}.$$

比较上两式右端 x^2 的系数，得欲证的等式.

(3)将左边行列式第 1 列的 -1 倍分别加到第 2,3,4 列，然后第 2 列的 -2 倍和 -3 倍分别加到第 3 列和第 4 列，得

$$\begin{vmatrix} a^2 & (a+1)^2 & (a+2)^2 & (a+3)^2 \\ b^2 & (b+1)^2 & (b+2)^2 & (b+3)^2 \\ c^2 & (c+1)^2 & (c+2)^2 & (c+3)^2 \\ d^2 & (d+1)^2 & (d+2)^2 & (d+3)^2 \end{vmatrix} = \begin{vmatrix} a^2 & 2a+1 & 4a+4 & 6a+9 \\ b^2 & 2b+1 & 4b+4 & 6b+9 \\ c^2 & 2c+1 & 4c+4 & 6c+9 \\ d^2 & 2d+1 & 4d+4 & 6d+9 \end{vmatrix}$$

$$= \begin{vmatrix} a^2 & 2a+1 & 2 & 6 \\ b^2 & 2b+1 & 2 & 6 \\ c^2 & 2c+1 & 2 & 6 \\ d^2 & 2d+1 & 2 & 6 \end{vmatrix}=0.$$

例 1-10　证明

(1)$D_n=\begin{vmatrix} 0 & \cdots & 0 & a_1 \\ 0 & \cdots & a_2 & 0 \\ \vdots & \iddots & \vdots & \vdots \\ a_n & \cdots & 0 & 0 \end{vmatrix}=(-1)^{\frac{n(n-1)}{2}}a_1a_2\cdots a_n$；

(2)$D_{n+m}=\begin{vmatrix} 0 & \cdots & 0 & a_{11} & \cdots & a_{1n} \\ \vdots & & \vdots & \vdots & & \vdots \\ 0 & \cdots & 0 & a_{n1} & \cdots & a_{nn} \\ b_{11} & \cdots & b_{1m} & c_{11} & \cdots & c_{1n} \\ \vdots & & \vdots & \vdots & & \vdots \\ b_{m1} & \cdots & b_{mm} & c_{m1} & \cdots & c_{mn} \end{vmatrix}=(-1)^{mn}\begin{vmatrix} a_{11} & \cdots & a_{1n} \\ \vdots & & \vdots \\ a_{n1} & \cdots & a_{nn} \end{vmatrix}\begin{vmatrix} b_{11} & \cdots & b_{1m} \\ \vdots & & \vdots \\ b_{m1} & \cdots & b_{mm} \end{vmatrix}.$

证　(1)将 D_n 的第 n 列依次与前一列互换,经过 $n-1$ 次互换移到第 1 列;将第 $n-1$ 列依次与前一列互换,经过 $n-2$ 次互换移到第 2 列;……;将第 2 列与第 1 列互换,共经过 $(n-1)+(n-2)+\cdots+2+1=\dfrac{n(n-1)}{2}$次列互换,得

$$\begin{vmatrix} 0 & \cdots & 0 & a_1 \\ 0 & \cdots & a_2 & 0 \\ \vdots & & \vdots & \vdots \\ a_n & \cdots & 0 & 0 \end{vmatrix}=(-1)^{\frac{n(n-1)}{2}}\begin{vmatrix} a_1 & 0 & \cdots & 0 \\ 0 & a_2 & \cdots & 0 \\ \vdots & \vdots & & \vdots \\ 0 & \cdots & 0 & a_n \end{vmatrix}=(-1)^{\frac{n(n-1)}{2}}a_1a_2\cdots a_n.$$

(2)将第 $m+1$ 列依次与前 1 列互换,经过 m 次相邻列的互换移到第 1 列;再将第 $m+2$ 列做 m 次相邻列的互换移到第 2 列;……;最后将第 $m+n$ 列做 m 次相邻列的互换移到第 n 列,共经过 mn 次列互换后,得

$$D_{m+n}=(-1)^{mn}\begin{vmatrix} a_{11} & \cdots & a_{1n} & 0 & \cdots & 0 \\ \vdots & & \vdots & \vdots & & \vdots \\ a_{n1} & \cdots & a_{nn} & 0 & \cdots & 0 \\ c_{11} & \cdots & c_{1n} & b_{11} & \cdots & b_{1m} \\ \vdots & & \vdots & \vdots & & \vdots \\ c_{m1} & \cdots & c_{mn} & b_{m1} & \cdots & b_{mm} \end{vmatrix}=(-1)^{mn}\begin{vmatrix} a_{11} & \cdots & a_{1n} \\ \vdots & & \vdots \\ a_{n1} & \cdots & a_{nn} \end{vmatrix}\begin{vmatrix} b_{11} & \cdots & b_{1m} \\ \vdots & & \vdots \\ b_{m1} & \cdots & b_{mm} \end{vmatrix}.$$

例 1-11　计算行列式 $D=\begin{vmatrix} a & 0 & a & 0 & a \\ b & 0 & c & 0 & d \\ b^2 & 0 & c^2 & 0 & d^2 \\ 0 & ab & 0 & bc & 0 \\ 0 & cd & 0 & da & 0 \end{vmatrix}$.

解　将第 2 列与第 5 列互换,得

$$D=-\begin{vmatrix} a & a & a & 0 & 0 \\ b & d & c & 0 & 0 \\ b^2 & d^2 & c^2 & 0 & 0 \\ 0 & 0 & 0 & bc & ab \\ 0 & 0 & 0 & da & cd \end{vmatrix}=-\begin{vmatrix} a & a & a \\ b & d & c \\ b^2 & d^2 & c^2 \end{vmatrix}\begin{vmatrix} bc & ab \\ da & cd \end{vmatrix}$$

$$=abd(c-b)(d-b)(d-c)(c^2-a^2).$$

例 1-12　计算行列式 $D=\begin{vmatrix} 1 & 1 & 1 \\ 2+3\cos x_1 & 2+3\cos x_2 & 2+3\cos x_3 \\ 4\cos x_1+5\cos^2 x_1 & 4\cos x_2+5\cos^2 x_2 & 4\cos x_3+5\cos^2 x_3 \end{vmatrix}$.

解　利用行列式的性质可将其化为范德蒙德行列式进行计算.

$$D\xlongequal{r_{12}(-2)}\begin{vmatrix} 1 & 1 & 1 \\ 3\cos x_1 & 3\cos x_2 & 3\cos x_3 \\ 4\cos x_1+5\cos^2 x_1 & 4\cos x_2+5\cos^2 x_2 & 4\cos x_3+5\cos^2 x_3 \end{vmatrix}$$

$$=3\begin{vmatrix} 1 & 1 & 1 \\ \cos x_1 & \cos x_2 & \cos x_3 \\ 4\cos x_1+5\cos^2 x_1 & 4\cos x_2+5\cos^2 x_2 & 4\cos x_3+5\cos^2 x_3 \end{vmatrix}$$

$$\xlongequal{r_{23}(-4)} 3\begin{vmatrix} 1 & 1 & 1 \\ \cos x_1 & \cos x_2 & \cos x_3 \\ 5\cos^2 x_1 & 5\cos^2 x_2 & 5\cos^2 x_3 \end{vmatrix} = 15\begin{vmatrix} 1 & 1 & 1 \\ \cos x_1 & \cos x_2 & \cos x_3 \\ \cos^2 x_1 & \cos^2 x_2 & \cos^2 x_3 \end{vmatrix}$$

$$=15(\cos x_2-\cos x_1)(\cos x_3-\cos x_1)(\cos x_3-\cos x_2).$$

例 1-13　设 $f(x)=\begin{vmatrix} 1 & 1 & 1 & 1 \\ -1 & 1 & 2 & 3 \\ 1 & 1 & 4 & 15 \\ 1 & x & x^2 & x^3 \end{vmatrix}+\begin{vmatrix} 1 & 1 & 1 & 1 \\ 2 & 1 & 2 & 5 \\ 1 & 1 & 4 & 15 \\ 1 & x & x^2 & x^3 \end{vmatrix}+\begin{vmatrix} 1 & 1 & 1 & 1 \\ 1 & 2 & 4 & 8 \\ 0 & 2 & 5 & 12 \\ 1 & x & x^2 & x^3 \end{vmatrix}$，求方程 $f(x)=0$ 的根.

解　前两个行列式只有第 2 行元素不同，可以看成是一个行列式按照第 2 行拆成的两个行列式之和，将它们合并为一个行列式，有

$$f(x)=\begin{vmatrix} 1 & 1 & 1 & 1 \\ -1+2 & 1+1 & 2+2 & 3+5 \\ 1 & 1 & 4 & 15 \\ 1 & x & x^2 & x^3 \end{vmatrix}+\begin{vmatrix} 1 & 1 & 1 & 1 \\ 1 & 2 & 4 & 8 \\ 0 & 2 & 5 & 12 \\ 1 & x & x^2 & x^3 \end{vmatrix}$$

$$=\begin{vmatrix} 1 & 1 & 1 & 1 \\ 1 & 2 & 4 & 8 \\ 1 & 1 & 4 & 15 \\ 1 & x & x^2 & x^3 \end{vmatrix}+\begin{vmatrix} 1 & 1 & 1 & 1 \\ 1 & 2 & 4 & 8 \\ 0 & 2 & 5 & 12 \\ 1 & x & x^2 & x^3 \end{vmatrix},$$

再按第 3 行合并，利用行列式与其转置行列式相等，得

$$f(x)=\begin{vmatrix} 1 & 1 & 1 & 1 \\ 1 & 2 & 4 & 8 \\ 1 & 3 & 9 & 27 \\ 1 & x & x^2 & x^3 \end{vmatrix}=\begin{vmatrix} 1 & 1 & 1 & 1 \\ 1 & 2 & 3 & x \\ 1 & 4 & 9 & x^2 \\ 1 & 8 & 27 & x^3 \end{vmatrix},$$

右端是一个范德蒙德行列式，从而 $f(x)=(2-1)(3-1)(x-1)(3-2)(x-2)(x-3)$，故方程 $f(x)=0$ 的根为 $x=1,2,3$.

例 1-14　利用范德蒙德行列式计算下列 $n+1$ 阶行列式：

$$D_{n+1}=\begin{vmatrix} a^n & (a-1)^n & \cdots & (a-n)^n \\ a^{n-1} & (a-1)^{n-1} & \cdots & (a-n)^{n-1} \\ \vdots & \vdots & & \vdots \\ 1 & 1 & \cdots & 1 \end{vmatrix}.$$

解　通过行互换可将行列式化为范德蒙德行列式. 将第 $k(k=n+1,\cdots,2)$ 行依次与第 $k-i(i=1,\cdots,k-1)$ 行互换，总共经过 $n+(n-1)+\cdots+1=\dfrac{n(n+1)}{2}$ 次互换，得

$$D_{n+1}=(-1)^{\frac{n(n+1)}{2}}\begin{vmatrix} 1 & 1 & \cdots & 1 \\ a & a-1 & \cdots & a-n \\ \vdots & \vdots & & \vdots \\ a^n & (a-1)^n & \cdots & (a-n)^n \end{vmatrix},$$

这已是范德蒙德行列式. 为了计算方便，再将第 $k(k=n+1,\cdots,2)$ 列依次与第 $k-i(i=1,\cdots,k-1)$ 列互换，仍然经过 $\frac{n(n+1)}{2}$ 次互换，得

$$D_{n+1}=(-1)^{n(n+1)}\begin{vmatrix}1 & 1 & \cdots & 1\\ a-n & a-n+1 & \cdots & a\\ \vdots & \vdots & & \vdots\\ (a-n)^n & (a-n+1)^n & \cdots & a^n\end{vmatrix}=n!\ (n-1)!\ \cdots 2!\ 1!.$$

例 1－15 设 $a_i(i=0,1,2,3)$ 为常数，且 $a_3\neq 0$，证明：3 次代数方程 $a_0+a_1x+a_2x^2+a_3x^3=0$ 不会有 4 个不同的根.

证 设该 3 次代数方程有 4 个互不同的根 x_1,x_2,x_3,x_4，则 $a_0+a_1x_i+a_2x_i{}^2+a_3x_i{}^3=0(i=1,2,3,4)$. 该方程组是以 a_0,a_1,a_2,a_3 为未知量的齐次线性方程组，且系数行列式

$$D=\begin{vmatrix}1 & x_1 & x_1^2 & x_1^3\\ 1 & x_2 & x_2^2 & x_2^3\\ 1 & x_3 & x_3^2 & x_3^3\\ 1 & x_4 & x_4^2 & x_4^3\end{vmatrix}=(x_2-x_1)(x_3-x_1)(x_4-x_1)(x_3-x_2)(x_4-x_2)(x_4-x_3)\neq 0.$$

所以该方程组只有零解，即 $a_0=a_1=a_2=a_3=0$，与题设 $a_3\neq 0$ 矛盾，从而结论成立.

例 1－16 设 $f(\lambda)=\begin{vmatrix}\lambda-a_{11} & -a_{12} & -a_{13}\\ -a_{21} & \lambda-a_{22} & -a_{23}\\ -a_{31} & -a_{32} & \lambda-a_{33}\end{vmatrix}$，求关于 λ 的多项式 $f(\lambda)$ 中 λ^3 的系数、λ^2 的系数以及常数项.

解 显然 λ^3 及 λ^2 项只能出现在 $(\lambda-a_{11})(\lambda-a_{22})(\lambda-a_{33})$ 中，由于

$(\lambda-a_{11})(\lambda-a_{22})(\lambda-a_{33})=\lambda^3-(a_{11}+a_{22}+a_{33})\lambda^2+(a_{11}a_{22}+a_{11}a_{33}+a_{22}a_{33})\lambda-a_{11}a_{22}a_{33}$，

故 $f(\lambda)$ 中 λ^3 的系数为 1，λ^2 的系数为 $-(a_{11}+a_{22}+a_{33})$.

$f(\lambda)$ 中的常数项为 $f(0)=\det(-a_{ij})=(-1)^3\det(a_{ij})=-\det(a_{ij})$.

例 1－17 计算 n 阶行列式 $D_n=\begin{vmatrix}1+a_1 & 1 & \cdots & 1\\ 1 & 1+a_2 & \cdots & 1\\ \vdots & \vdots & & \vdots\\ 1 & 1 & \cdots & 1+a_n\end{vmatrix}$，其中 $a_1a_2\cdots a_n\neq 0$.

解法 1 第 i 列提出公因子 $a_i(i=1,2,\cdots,n)$，化为“行和相等”的行列式.

$$D_n=a_1a_2\cdots a_n\begin{vmatrix}1+\frac{1}{a_1} & \frac{1}{a_2} & \cdots & \frac{1}{a_n}\\ \frac{1}{a_1} & 1+\frac{1}{a_2} & \cdots & \frac{1}{a_n}\\ \vdots & \vdots & & \vdots\\ \frac{1}{a_1} & \frac{1}{a_2} & \cdots & 1+\frac{1}{a_n}\end{vmatrix}$$

$$=a_1a_2\cdots a_n(1+\sum_{i=1}^{n}\frac{1}{a_i})\begin{vmatrix}1 & \frac{1}{a_2} & \cdots & \frac{1}{a_n}\\ 1 & 1+\frac{1}{a_2} & \cdots & \frac{1}{a_n}\\ \vdots & \vdots & & \vdots\\ 1 & \frac{1}{a_2} & \cdots & 1+\frac{1}{a_n}\end{vmatrix}$$

$$=a_1a_2\cdots a_n(1+\sum_{i=1}^{n}\frac{1}{a_i})\begin{vmatrix}1 & \frac{1}{a_2} & \cdots & \frac{1}{a_n}\\ 0 & 1 & \cdots & 0\\ \vdots & \vdots & & \vdots\\ 0 & 0 & \cdots & 1\end{vmatrix}$$

$$=a_1a_2\cdots a_n(1+\sum_{i=1}^{n}\frac{1}{a_i}).$$

解法 2　第 1 行的 -1 倍分别加到第 2 行至第 n 行，化为“箭形行列式”.

$$D_n=\begin{vmatrix}1+a_1 & 1 & \cdots & 1\\ -a_1 & a_2 & \cdots & 0\\ \vdots & \vdots & & \vdots\\ -a_1 & 0 & \cdots & a_n\end{vmatrix}=\begin{vmatrix}1+a_1+\sum_{j=2}^{n}\frac{a_1}{a_j} & 1 & \cdots & 1\\ 0 & a_2 & \cdots & 0\\ \vdots & \vdots & & \vdots\\ 0 & 0 & \cdots & a_n\end{vmatrix}$$

$$=(1+a_1+\sum_{j=2}^{n}\frac{a_1}{a_j})a_2\cdots a_n=a_1a_2\cdots a_n(1+\sum_{i=1}^{n}\frac{1}{a_i}).$$

例 1-18　计算 n 阶行列式 $D_n=\begin{vmatrix}a+b & b & 0 & \cdots & 0\\ a & a+b & b & \cdots & 0\\ \vdots & \vdots & \vdots & & \vdots\\ 0 & 0 & a & a+b & b\\ 0 & 0 & 0 & a & a+b\end{vmatrix}$.

解　按第 1 列展开，有 $D_n=(a+b)D_{n-1}-abD_{n-2}$，则

$$D_n-aD_{n-1}=b(D_{n-1}-aD_{n-2})=\cdots=b^n \tag{1-3}$$

又 D_n 关于 a 和 b 对称（即 a 和 b 对换，行列式的值不变），故

$$D_n-bD_{n-1}=a^n \tag{1-4}$$

由式(1-3)、式(1-4)解得 $D_n=\begin{cases}(n+1)a^n, a=b,\\ \frac{a^{n+1}-b^{n+1}}{a-b}, a\neq b.\end{cases}$

例 1-19　证明（其中 D_k 为 k 阶行列式，对角线以外未写出的元素都是零）：

$$D_{2n}=\begin{vmatrix} a_n & & & & & b_n \\ & \ddots & & & \iddots & \\ & & a_1 & b_1 & & \\ & & c_1 & d_1 & & \\ & \iddots & & & \ddots & \\ c_n & & & & & d_n \end{vmatrix}=\prod_{i=1}^{n}(a_i d_i-b_i c_i).$$

证　用数学归纳法，当 $n=1$ 时，$D_2=\begin{vmatrix} a_1 & b_1 \\ c_1 & d_1 \end{vmatrix}=a_1d_1-b_1c_1$，结论成立.

设 $n=k-1$ 时结论成立，即 $D_{2(k-1)}=\prod\limits_{i=1}^{k-1}(a_i d_i-b_i c_i)$，则当 $n=k$ 时，将 D_{2k} 按第 1 列展开，有

$$\begin{aligned} D_{2k}&=a_k d_k D_{2(k-1)}+(-1)^{2k+1}c_k(-1)^{2k}b_k D_{2(k-1)} \\ &=(a_k d_k-c_k b_k)D_{2(k-1)}=\prod_{i=1}^{k}(a_i d_i-b_i c_i) \end{aligned}$$

即结论成立.

例 1－20　证明 $D_n=\begin{vmatrix} x & -1 & 0 & \cdots & 0 & 0 \\ 0 & x & -1 & \cdots & 0 & 0 \\ \vdots & \vdots & \vdots & & \vdots & \vdots \\ 0 & 0 & 0 & \cdots & x & -1 \\ a_n & a_{n-1} & a_{n-2} & \cdots & a_2 & x+a_1 \end{vmatrix}=x^n+a_1x^{n-1}+\cdots+a_{n-1}x+a_n$.

证法 1　将 D_n 按第 1 列展开，再利用递推关系，有

$D_n=xD_{n-1}+(-1)^{n+1}a_n(-1)^{n-1}=xD_{n-1}+a_n=x(xD_{n-2}+a_{n-1})+a_n=x^2D_{n-2}+xa_{n-1}+a_n=\cdots=x^{n-2}D_2+a_3x^{n-3}+\cdots+a_{n-1}x+a_n$

由于 $D_2=\begin{vmatrix} x & -1 \\ a_2 & x+a_1 \end{vmatrix}=x^2+a_1x+a_2$，代入上式，得 $D_n=x^n+a_1x^{n-1}+\cdots+a_{n-1}x+a_n$，即结论成立.

证法 2　运用数学归纳法证明.

当 $n=2$ 时，$D_2=\begin{vmatrix} x & -1 \\ a_2 & x+a_1 \end{vmatrix}=x^2+a_1x+a_2$，结论成立.

假设 $n=k$ 时结论成立，即

$$D_k=\begin{vmatrix} x & -1 & 0 & \cdots & 0 & 0 \\ 0 & x & -1 & \cdots & 0 & 0 \\ \vdots & \vdots & \vdots & & \vdots & \vdots \\ 0 & 0 & 0 & \cdots & x & -1 \\ a_k & a_{k-1} & a_{k-2} & \cdots & a_2 & x+a_1 \end{vmatrix}=x^k+a_1x^{k-1}+\cdots+a_{k-1}x+a_k.$$

当 $n=k+1$ 时，将 D_{k+1} 按第 1 列展开，有

$$D_{k+1}=\begin{vmatrix} x & -1 & 0 & \cdots & 0 & 0 \\ 0 & x & -1 & \cdots & 0 & 0 \\ \vdots & \vdots & \vdots & & \vdots & \vdots \\ 0 & 0 & 0 & \cdots & x & -1 \\ a_{k+1} & a_k & a_{k-1} & \cdots & a_2 & x+a_1 \end{vmatrix}$$
$$=xD_k+(-1)^{k+2}a_{k+1}(-1)^k$$
$$=xD_k+a_{k+1}=x^{k+1}+a_1x^k+\cdots+a_kx+a_{k+1},$$

即结论对 $n=k+1$ 也成立. 由数学归纳法,结论成立.

证法 3　按照最后 1 行展开,具体证明留给读者完成.

例 1-21　计算 n 阶行列式

$$D_n=\begin{vmatrix} a & a+b & a+b & \cdots & a+b \\ a-b & a & a+b & \cdots & a+b \\ a-b & a-b & a & \cdots & a+b \\ \vdots & \vdots & \vdots & & \vdots \\ a-b & a-b & a-b & \cdots & a \end{vmatrix}.$$

解　把第 2 行的 -1 倍加至第 1 行,再把第 2 列的 -1 倍加至第 1 列,按第 1 列展开,可得递推公式,再计算.

$$D_n \xlongequal{r_{21}(-1)} \begin{vmatrix} b & b & 0 & \cdots & 0 \\ a-b & a & a+b & \cdots & a+b \\ a-b & a-b & a & \cdots & a+b \\ \vdots & \vdots & \vdots & & \vdots \\ a-b & a-b & a-b & \cdots & a \end{vmatrix} \xlongequal{c_{21}(-1)} \begin{vmatrix} 0 & b & 0 & \cdots & 0 \\ -b & a & a+b & \cdots & a+b \\ 0 & a-b & a & \cdots & a+b \\ \vdots & \vdots & \vdots & & \vdots \\ 0 & a-b & a-b & \cdots & a \end{vmatrix}$$

$$\xlongequal[\text{展开}]{\text{按第 1 列}}(-b)\cdot(-1)^{2+1}\begin{vmatrix} b & 0 & \cdots & 0 \\ a-b & a & \cdots & a+b \\ \vdots & \vdots & & \vdots \\ a-b & a-b & \cdots & a \end{vmatrix} \xlongequal[\text{展开}]{\text{按第 1 行}} b^2D_{n-2},$$

又 $D_1=a, D_2=\begin{vmatrix} a & a+b \\ a-b & a \end{vmatrix}=b^2$,所以,

当 n 为偶数时,$D_n=b^2D_{n-2}=b^4D_{n-4}=\cdots=b^{n-2}D_2=b^n$;

当 n 为奇数时,$D_n=b^2D_{n-2}=\cdots=b^{n-1}D_{n-(n-1)}=b^{n-1}D_1==ab^{n-1}$.

例 1-22　设 b 为非零常数,分别用 b^{i-j} 去乘行列式 $D=\det(a_{ij})$ 的 (i,j) 元素 a_{ij} $(i,j=1,2,\cdots,n)$,证明所得行列式与 D 相等.

证　由题设,所得行列式为

$$D_1=\begin{vmatrix} a_{11} & b^{-1}a_{12} & b^{-2}a_{13} & \cdots & b^{1-n}a_{1n} \\ ba_{21} & a_{22} & b^{-1}a_{23} & \cdots & b^{2-n}a_{2n} \\ b^2a_{31} & ba_{32} & a_{33} & \cdots & b^{3-n}a_{3n} \\ \vdots & \vdots & \vdots & & \vdots \\ b^{n-1}a_{n1} & b^{n-2}a_{n2} & b^{n-3}a_{n3} & \cdots & a_{nn} \end{vmatrix}.$$

第 j 列提出 $b^{2-j}(j=1,\cdots,n)$，得

$$D_1=bb^0b^{-1}\cdots b^{2-n}\begin{vmatrix} b^{-1}a_{11} & b^{-1}a_{12} & b^{-1}a_{13} & \cdots & b^{-1}a_{1n} \\ a_{21} & a_{22} & a_{23} & \cdots & a_{2n} \\ ba_{31} & ba_{32} & ba_{33} & \cdots & ba_{3n} \\ \vdots & \vdots & \vdots & & \vdots \\ b^{n-2}a_{n1} & b^{n-2}a_{n2} & b^{n-2}a_{n3} & \cdots & b^{n-2}a_{nn} \end{vmatrix},$$

第 i 行提出 $b^{i-2}(i=1,\cdots,n)$，得 $D_1=D$.

例 1-23　计算行列式 $D_n=\det(a_{ij})$，其中 $a_{ij}=|i-j|,i,j=1,\cdots,n$.

解　$D_n=\begin{vmatrix} 0 & 1 & 2 & \cdots & n-1 \\ 1 & 0 & 1 & \cdots & n-2 \\ 2 & 1 & 0 & \cdots & n-3 \\ \vdots & \vdots & \vdots & & \vdots \\ n-1 & n-2 & n-3 & \cdots & 0 \end{vmatrix}$，其特点是：主对角线以下元素，下 1 行比上 1 行大 1. 因此，从第 $n-1$ 行开始(向上)，依次把每行的 -1 倍加至下一行，再将第 n 列分别加到其余列，得

$$D_n=\begin{vmatrix} 0 & 1 & 2 & \cdots & n-1 \\ 1 & -1 & -1 & \cdots & -1 \\ 1 & 1 & -1 & \cdots & -1 \\ \vdots & \vdots & \vdots & & \vdots \\ 1 & 1 & 1 & \cdots & -1 \end{vmatrix}=\begin{vmatrix} n-1 & n & n+1 & \cdots & n-1 \\ 0 & -2 & -2 & \cdots & -1 \\ 0 & 0 & -2 & \cdots & -1 \\ \vdots & \vdots & \vdots & & \vdots \\ 0 & 0 & 0 & \cdots & -1 \end{vmatrix}=(-1)^{n-1}(n-1)2^{n-2}.$$

例 1-24　计算行列式 $D_n=\begin{vmatrix} \lambda-a_1^2 & -a_1a_2 & \cdots & -a_1a_n \\ -a_2a_1 & \lambda-a_2^2 & \cdots & -a_2a_n \\ \vdots & \vdots & & \vdots \\ -a_na_1 & -a_na_2 & \cdots & \lambda-a_n^2 \end{vmatrix}$，$a_1\neq 0$.

解　将第 1 行的 $-\dfrac{a_i}{a_1}$ 倍分别加到第 $i(i=2,\cdots,n)$ 行，得箭形行列式

$$D_n=\begin{vmatrix} \lambda-a_1^2 & -a_1a_2 & \cdots & -a_1a_n \\ -\dfrac{a_2}{a_1}\lambda & \lambda & \cdots & 0 \\ \vdots & \vdots & & \vdots \\ -\dfrac{a_n}{a_1}\lambda & 0 & \cdots & \lambda \end{vmatrix},$$

再将第 $j(j=2,\cdots,n)$ 列的 $\dfrac{a_j}{a_1}$ 倍加到第 1 列，得

$$D_n=\begin{vmatrix} \lambda-\sum\limits_{i=1}^{n}a_i^2 & -a_1a_2 & \cdots & -a_1a_n \\ 0 & \lambda & \cdots & 0 \\ \vdots & \vdots & & \vdots \\ 0 & 0 & \cdots & \lambda \end{vmatrix}=\lambda^{n-1}(\lambda-\sum_{i=1}^{n}a_i^2).$$

例 1 - 25　已知 $a^2 \neq b^2$，证明方程组

$$\begin{cases} ax_1 \quad + \quad bx_{2n} = 1 \\ \quad ax_2 \quad + \quad bx_{2n-1} \quad = 1 \\ \qquad \cdots\cdots \\ \qquad ax_n + bx_{n+1} \quad = 1 \\ \qquad bx_n + ax_{n+1} \quad = 1 \\ \qquad \cdots\cdots \\ \quad bx_2 \quad + \quad ax_{2n-1} \quad = 1 \\ bx_1 \quad + \quad ax_{2n} = 1 \end{cases}$$

有唯一解，并求解.

解　这是 $2n$ 个方程 $2n$ 个未知量的线性方程组. 系数行列式为

$$D = \begin{vmatrix} a & 0 & & 0 & 0 & & 0 & b \\ 0 & a & & 0 & 0 & & b & 0 \\ & & \ddots & & & ⋰ & & \\ 0 & 0 & & a & b & & 0 & 0 \\ 0 & 0 & & b & a & & 0 & 0 \\ & & ⋰ & & & \ddots & & \\ 0 & b & & 0 & 0 & & a & 0 \\ b & 0 & & 0 & 0 & & 0 & a \end{vmatrix}.$$

由例 1 - 19 得 $D=(a^2-b^2)^n$. 因为 $a^2 \neq b^2$，所以 $D \neq 0$，由克拉默法则知方程组有唯一解.

又注意到系数行列式 D 的“行和相等”，将 D 的第 2 列至第 n 列分别加到第 1 列，提出第 1 列的公因子，得

$$D = \begin{vmatrix} a+b & 0 & & 0 & 0 & & 0 & b \\ a+b & a & & 0 & 0 & & b & 0 \\ & & \ddots & & & ⋰ & & \\ a+b & 0 & & a & b & & 0 & 0 \\ a+b & 0 & & b & a & & 0 & 0 \\ & & ⋰ & & & \ddots & & \\ a+b & b & & 0 & 0 & & a & 0 \\ a+b & 0 & & 0 & 0 & & 0 & a \end{vmatrix} = (a+b) \begin{vmatrix} 1 & 0 & & 0 & 0 & & 0 & b \\ 1 & a & & 0 & 0 & & b & 0 \\ & & \ddots & & & ⋰ & & \\ 1 & 0 & & a & b & & 0 & 0 \\ 1 & 0 & & b & a & & 0 & 0 \\ & & ⋰ & & & \ddots & & \\ 1 & b & & 0 & 0 & & a & 0 \\ 1 & 0 & & 0 & 0 & & 0 & a \end{vmatrix}$$

$=(a+b)D_1$.

同理，D 的第 2 列至第 n 列分别加到第 i 列，提出第 i 列的公因子，得 $D=(a+b)D_i(i=2,3,\cdots,2n)$，故方程组的解为 $x_i=\dfrac{D_i}{D}=\dfrac{1}{a+b}(i=1,2,\cdots,2n)$.

例 1 - 26　设 $\alpha \neq m\pi, m \in \mathbf{Z}$，证明

$$D_n=\begin{vmatrix}2\cos\alpha & 1 & 0 & \cdots & 0 & 0\\ 1 & 2\cos\alpha & 1 & \cdots & 0 & 0\\ 0 & 1 & 2\cos\alpha & \cdots & 0 & 0\\ \vdots & \vdots & \vdots & & \vdots & \vdots\\ 0 & 0 & 0 & \cdots & 2\cos\alpha & 1\\ 0 & 0 & 0 & \cdots & 1 & 2\cos\alpha\end{vmatrix}=\frac{\sin(n+1)\alpha}{\sin\alpha}.$$

证　利用数学归纳法.

当 $n=1$ 时，$D_1=2\cos\alpha$，而 $\frac{\sin2\alpha}{\sin\alpha}=\frac{2\sin\alpha\cos\alpha}{\sin\alpha}=2\cos\alpha$，结论成立.

当 $n=2$ 时，$D_2=\begin{vmatrix}2\cos\alpha & 1\\ 1 & 2\cos\alpha\end{vmatrix}=4\cos^2\alpha-1$，而

$$\frac{\sin3\alpha}{\sin\alpha}=\frac{\sin2\alpha\cos\alpha+\cos2\alpha\sin\alpha}{\sin\alpha}=\frac{2\sin\alpha\cos^2\alpha+(2\cos^2\alpha-1)\sin\alpha}{\sin\alpha}=4\cos^2\alpha-1,$$ 结论也成立.

假设对于小于 n 的一切自然数，结论成立，即有 $D_{n-1}=\frac{\sin n\alpha}{\sin\alpha}$，$D_{n-2}=\frac{\sin(n-1)\alpha}{\sin\alpha}$. 则对于 n 阶行列式 D_n，按第 1 列展开，得

$$\begin{aligned}D_n&=2\cos\alpha\cdot D_{n-1}-D_{n-2}=2\cos\alpha\cdot\frac{\sin n\alpha}{\sin\alpha}-\frac{\sin(n-1)\alpha}{\sin\alpha}\\&=\frac{\sin(n+1)\alpha+\sin(n-1)\alpha-\sin(n-1)\alpha}{\sin\alpha}=\frac{\sin(n+1)\alpha}{\sin\alpha}.\end{aligned}$$

故结论对所有的 n 均成立.

1.4　习题及详解

习题 1.1 行列式的定义与性质(A)

1. 利用克拉默法则求解方程组 $\begin{cases}3x_1+2x_2=6\\5x_1+3x_2=8\end{cases}$.

解　因为 $D=\begin{vmatrix}3 & 2\\5 & 3\end{vmatrix}=-1\neq0$，故方程有唯一解. 又 $D_1=\begin{vmatrix}6 & 2\\8 & 3\end{vmatrix}=2$，$D_2=\begin{vmatrix}3 & 6\\5 & 8\end{vmatrix}=-6$，

$\Rightarrow x_1=\frac{D_1}{D}=-2$，$x_2=\frac{D_2}{D}=6$.

2. 任意改换行列式 D 的第 i 行元素和第 j 列元素，而 D 的其他元素不变，问 D 的 (i,j) 元素的代数余子式 A_{ij} 的值是否会改变？

解　由代数余子式的定义知，(i,j) 元素的代数余子式与该元素值无关，因此不会改变.

3. 求行列式 $D=\begin{vmatrix}1 & -1 & 0 & 2\\3 & 5 & -8 & 9\\2 & 0 & -4 & 2\\1 & 2 & 10 & 4\end{vmatrix}$ 的 $(3,4)$ 元素的余子式 M_{34} 及代数余子式 A_{34}.

解 $M_{34}=\begin{vmatrix}1&-1&0\\3&5&-8\\1&2&10\end{vmatrix}=104, A_{34}=(-1)^{3+4}M_{34}=-104.$

4. 设有两个行列式 $D_1=\begin{vmatrix}3&0&4&0\\2&2&2&2\\0&-7&0&0\\5&3&-2&2\end{vmatrix}$, $D_2=\begin{vmatrix}3&0&4&0\\2&2&2&2\\0&-7&0&0\\-1&1&-1&1\end{vmatrix}$,不用具体计算,说明 D_1 的第 4 行元素的余子式之和 $M_{41}+M_{42}+M_{43}+M_{44}=D_2$.

解 D_1 与 D_2 仅第 4 行元素不同,这两个行列式的第 4 行元素的余子式对应相等. 因此 D_1 的第 4 行元素的余子式之和等于 D_2 的第 4 行元素的余子式之和. 将 D_2 按第 4 行展开有

$$D_2=(-1)(-1)^{4+1}M_{41}+(-1)^{4+2}M_{42}+(-1)(-1)^{4+3}M_{43}+(-1)^{4+4}M_{44}$$
$$=M_{41}+M_{42}+M_{43}+M_{44}.$$

5. 计算下列行列式:

(1) $\begin{vmatrix}2&1&4\\-4&3&7\\4&6&10\end{vmatrix}$;(2) $\begin{vmatrix}-ab&ac&ae\\db&-dc&de\\fb&fc&fe\end{vmatrix}$.

解 (1) $\begin{vmatrix}2&1&4\\-4&3&7\\4&6&10\end{vmatrix}=\begin{vmatrix}2&1&4\\0&5&15\\0&4&2\end{vmatrix}=(-1)^{1+1}2\begin{vmatrix}5&15\\4&2\end{vmatrix}=-100.$

(2) $\begin{vmatrix}-ab&ac&ae\\db&-dc&de\\fb&fc&fe\end{vmatrix}=adf\begin{vmatrix}-b&c&e\\b&-c&e\\b&c&e\end{vmatrix}=adf\begin{vmatrix}-b&c&e\\0&0&2e\\0&2c&2e\end{vmatrix}=4abcdef.$

6. 计算下列 n 阶行列式:

(1) $D=\begin{vmatrix}0&\cdots&0&1&0\\0&\cdots&2&0&0\\\vdots&&\vdots&\vdots&\vdots\\n-1&\cdots&0&0&0\\0&\cdots&0&0&n\end{vmatrix}$;(2) $D=\begin{vmatrix}x&y&0&\cdots&0&0\\0&x&y&\cdots&0&0\\\vdots&\vdots&\vdots&&\vdots&\vdots\\0&0&0&\cdots&x&y\\y&0&0&\cdots&0&x\end{vmatrix}$.

解 (1) 按第 n 行展开,得 $D=(-1)^{\frac{(n-1)(n-2)}{2}}n!$. (2) 按第 1 列展开,得 $D=x^n+(-1)^{n+1}y^n$.

习题 1.1 行列式的定义与性质 (B)

习题及详解见典型例题例 1-22.

习题 1.2 行列式的计算(A)

1. 计算下列行列式:

(1) $\begin{vmatrix}x&y&x+y\\y&x+y&x\\x+y&x&y\end{vmatrix}$; (2) $\begin{vmatrix}1&x&y&z\\x&1&0&0\\y&0&1&0\\z&0&0&1\end{vmatrix}$; (3) $\begin{vmatrix}a+b&a&a&a\\a&a-b&a&a\\a&a&a+c&a\\a&a&a&a-c\end{vmatrix}$;

(4) $\begin{vmatrix} 1 & 2 & 3 & 4 \\ 2 & 3 & 4 & 1 \\ 3 & 4 & 1 & 2 \\ 4 & 1 & 2 & 3 \end{vmatrix}$；(5) $\begin{vmatrix} 3 & 1 & -1 & 2 \\ -5 & 1 & 3 & -4 \\ 2 & 0 & 1 & -1 \\ 1 & -5 & 3 & -3 \end{vmatrix}$；(6) $\begin{vmatrix} 0 & 1 & 1 & 1 & 1 \\ 1 & 0 & x & x & x \\ 1 & x & 0 & x & x \\ 1 & x & x & 0 & x \\ 1 & x & x & x & 0 \end{vmatrix}$.

解　(1) $D=2(x+y)\begin{vmatrix} 1 & y & x+y \\ 1 & x+y & x \\ 1 & x & y \end{vmatrix}=2(x+y)\begin{vmatrix} 1 & y & x+y \\ 0 & x & -y \\ 0 & x-y & -x \end{vmatrix}=-2(x^3+y^3)$.

(2)第 2,3,4 列分别乘以 $-x$、$-y$、$-z$ 加到第 1 列，得

$$\begin{vmatrix} 1 & x & y & z \\ x & 1 & 0 & 0 \\ y & 0 & 1 & 0 \\ z & 0 & 0 & 1 \end{vmatrix}=\begin{vmatrix} 1-x^2-y^2-z^2 & x & y & z \\ 0 & 1 & 0 & 0 \\ 0 & 0 & 1 & 0 \\ 0 & 0 & 0 & 1 \end{vmatrix}=1-x^2-y^2-z^2.$$

(3)第 2,3,4 行减去第 1 行化为箭形行列式，当 $c\neq 0$ 时，有

$$\begin{vmatrix} a+b & a & a & a \\ a & a-b & a & a \\ a & a & a+c & a \\ a & a & a & a-c \end{vmatrix}=\begin{vmatrix} a+b & a & a & a \\ -b & -b & 0 & 0 \\ -b & 0 & c & 0 \\ -b & 0 & 0 & -c \end{vmatrix}=\begin{vmatrix} b+\frac{ab}{c}-\frac{ab}{c} & a & a & a \\ 0 & -b & 0 & 0 \\ 0 & 0 & c & 0 \\ 0 & 0 & 0 & -c \end{vmatrix}=b^2c^2$$

当 $c=0$ 时，行列式 $=0$，结论也成立.

(4) $\begin{vmatrix} 1 & 2 & 3 & 4 \\ 2 & 3 & 4 & 1 \\ 3 & 4 & 1 & 2 \\ 4 & 1 & 2 & 3 \end{vmatrix}=10\begin{vmatrix} 1 & 2 & 3 & 4 \\ 1 & 3 & 4 & 1 \\ 1 & 4 & 1 & 2 \\ 1 & 1 & 2 & 3 \end{vmatrix}=10\begin{vmatrix} 1 & 2 & 3 & 4 \\ 0 & 1 & 1 & -3 \\ 0 & 2 & -2 & -2 \\ 0 & -1 & -1 & -1 \end{vmatrix}$

$$=10\begin{vmatrix} 1 & 2 & 3 & 4 \\ 0 & 1 & 1 & -3 \\ 0 & 0 & -4 & 4 \\ 0 & 0 & 0 & -4 \end{vmatrix}=160.$$

(5) $\begin{vmatrix} 3 & 1 & -1 & 2 \\ -5 & 1 & 3 & -4 \\ 2 & 0 & 1 & -1 \\ 1 & -5 & 3 & -3 \end{vmatrix}=\begin{vmatrix} 3 & 1 & 1 & 2 \\ -5 & 1 & -1 & -4 \\ 2 & 0 & 0 & -1 \\ 1 & -5 & 0 & -3 \end{vmatrix}=\begin{vmatrix} 3 & 1 & 1 & 2 \\ -2 & 2 & 0 & -2 \\ 2 & 0 & 0 & -1 \\ 1 & -5 & 0 & -3 \end{vmatrix}$

$$=\begin{vmatrix} -2 & 2 & -2 \\ 2 & 0 & -1 \\ 1 & -5 & -3 \end{vmatrix}=40.$$

(6)习题及详解见典型例题例 1－5.

2. 习题及详解见典型例题例 1－9.

3. 计算行列式：

(1) $\begin{vmatrix} 1 & -2 & 0 & 0 \\ 3 & 4 & 0 & 0 \\ 0 & 0 & 5 & 6 \\ 0 & 0 & 7 & 8 \end{vmatrix}$；(2) $\begin{vmatrix} 1 & 2 & 3 & 4 & 5 \\ 1 & 1 & 2 & 3 & 4 \\ 2 & 2 & 3 & 4 & 5 \\ 0 & 0 & 0 & 3 & 4 \\ 0 & 0 & 0 & 5 & 6 \end{vmatrix}$；(3)习题见典型例题例 1－11.

解　(1)原式$=\begin{vmatrix} 1 & -2 \\ 3 & 4 \end{vmatrix}\begin{vmatrix} 5 & 6 \\ 7 & 8 \end{vmatrix}=-20$. (2)原式$=\begin{vmatrix} 1 & 2 & 3 \\ 1 & 1 & 2 \\ 2 & 2 & 3 \end{vmatrix}\begin{vmatrix} 3 & 4 \\ 5 & 6 \end{vmatrix}=-2$.

(3) 详解见典型例题例 1－11.

4. 计算下列 n 阶行列式：

(1) $\begin{vmatrix} 0 & 1 & 1 & \cdots & 1 \\ 1 & 0 & 1 & \cdots & 1 \\ \vdots & \vdots & \vdots & & \vdots \\ 1 & 1 & 1 & \cdots & 0 \end{vmatrix}$；(2)习题见典型例题例 1－2；(3) $\begin{vmatrix} 1 & 2 & 2 & \cdots & 2 \\ 2 & 2 & 2 & \cdots & 2 \\ \vdots & \vdots & \vdots & & \vdots \\ 2 & 2 & 2 & \cdots & n \end{vmatrix}$；

(4)习题见典型例题例 1－17.

解　(1)原式$=(n-1)\begin{vmatrix} 1 & 1 & 1 & \cdots & 1 \\ 1 & 0 & 1 & \cdots & 1 \\ \vdots & \vdots & \vdots & & \vdots \\ 1 & 1 & 1 & \cdots & 0 \end{vmatrix}=(n-1)\begin{vmatrix} 1 & 1 & 1 & \cdots & 1 \\ 0 & -1 & 1 & \cdots & 1 \\ \vdots & \vdots & \vdots & & \vdots \\ 0 & 0 & 0 & \cdots & -1 \end{vmatrix}$

$=(-1)^{n-1}(n-1)$.

(2)详解见典型例题例 1－2.

(3)第 2 到第 n 行分别减去第 1 行，再按第 2 行展开，得

$$\begin{vmatrix} 1 & 2 & 2 & \cdots & 2 \\ 2 & 2 & 2 & \cdots & 2 \\ \vdots & \vdots & \vdots & & \vdots \\ 2 & 2 & 2 & \cdots & n \end{vmatrix}=\begin{vmatrix} 1 & 2 & 2 & \cdots & 2 \\ 1 & 0 & 0 & \cdots & 0 \\ \vdots & \vdots & \vdots & & \vdots \\ 1 & 0 & 0 & \cdots & n-2 \end{vmatrix}=-\begin{vmatrix} 2 & 2 & 2 & \cdots & 2 \\ 0 & 1 & 0 & \cdots & 0 \\ \vdots & \vdots & \vdots & & \vdots \\ 0 & 0 & 0 & \cdots & n-2 \end{vmatrix}$$

$$=-2(n-2)!$$

(4)详解见典型例题例 1－17.

5. 利用递推公式计算行列式 $D_5=\begin{vmatrix} 1-a & a & 0 & 0 & 0 \\ -1 & 1-a & a & 0 & 0 \\ 0 & -1 & 1-a & a & 0 \\ 0 & 0 & -1 & 1-a & a \\ 0 & 0 & 0 & -1 & 1-a \end{vmatrix}$.

解　按第 1 行展开，得 $D_5=(1-a)D_4+aD_3$，同理 $D_4=(1-a)D_3+aD_2$，$D_3=(1-a)D_2+aD_1$，将 $D_1=1-a$，$D_2=\begin{vmatrix} 1-a & a \\ -1 & 1-a \end{vmatrix}=1-a+a^2$ 代入上式，得 $D_5=1-a+a^2-a^3+a^4-a^5$.

6. 习题及详解见典型例题例 1－14.

7. (1)习题及详解见典型例题 1－19；(2)习题及详解见典型例题例 1－20；

$$(3)D_n=\begin{vmatrix} \cos\alpha & 1 & 0 & 0 & \cdots & 0 \\ 1 & 2\cos\alpha & 1 & 0 & \cdots & 0 \\ 0 & 1 & 2\cos\alpha & 1 & & 0 \\ \vdots & \vdots & \vdots & \vdots & & \vdots \\ 0 & 0 & 0 & 0 & \cdots & 2\cos\alpha \end{vmatrix}=\cos n\alpha.$$

证　用数学归纳法，当 $n=1,2$ 时，$D_1=\cos\alpha$，$D_2=\begin{vmatrix} \cos\alpha & 1 \\ 1 & 2\cos\alpha \end{vmatrix}=\cos2\alpha$，结论成立；

设 $D_{n-1}=\cos(n-1)\alpha$，$D_{n-2}=\cos(n-2)\alpha$，则将 D_n 按第 n 行展开，得

$$D_n=2\cos\alpha D_{n-1}-D_{n-2}=2\cos\alpha\cos(n-1)\alpha-\cos(n-2)\alpha$$

将 $\cos(n-2)\alpha=\cos[(n-1)-1]\alpha=\cos(n-1)\alpha\cos\alpha+\sin(n-1)\alpha\sin\alpha$ 代入上式，得 $D_n=\cos n\alpha$. 即结论成立.

习题 1.2 行列式的计算(B)

1. 习题及详解见典型例题例 1 - 10(2).

2. (1)习题及详解见典型例题例 1 - 23；(2)习题及详解见典型例题例 1 - 24.

习题 1.3 克拉默法则(A)

1. 利用克拉默法则求解下列方程组：

$$(1)\begin{cases} 2x_1-x_2-x_3=4 \\ 3x_1+4x_2-2x_3=11 \\ 3x_1-2x_2+4x_3=11 \end{cases}$$

$$(2)\begin{cases} x_1+a_1x_2+a_1^2x_3+a_1^3x_4=1 \\ x_1+a_2x_2+a_2^2x_3+a_2^3x_4=1 \\ x_1+a_3x_2+a_3^2x_3+a_3^3x_4=1 \\ x_1+a_4x_2+a_4^2x_3+a_4^3x_4=1 \end{cases}$$（其中 a_1,a_2,a_3,a_4 为互不相同的常数）.

解　(1)由 $D=\begin{vmatrix} 2 & -1 & -1 \\ 3 & 4 & -2 \\ 3 & -2 & 4 \end{vmatrix}=60\neq0$，得方程组有唯一解. 求得 $D_1=180$，$D_2=60$，$D_3=60$，故方程组的解为 $x_1=3$，$x_2=1$，$x_3=1$.

(2)方程组的系数行列式 D 是范德蒙德行列式，且 a_1,a_2,a_3,a_4 互不相同，故 $D\neq0$，方程组有唯一解.

又 $D_1=D$，$D_2=D_3=D_4=0$（均有两列相同），所以方程组的解为 $x_1=1$，$x_2=x_3=x_4=0$.

2. 如果齐次线性方程组 $\begin{cases} \lambda x_1+x_2+x_3=0 \\ x_1+\lambda x_2+x_3=0 \\ 3x_1-x_2+x_3=0 \end{cases}$，存在非零解，试求 λ 的值.

解　齐次线性方程组有非零解，故系数行列式 $D=\begin{vmatrix} \lambda & 1 & 1 \\ 1 & \lambda & 1 \\ 3 & -1 & 1 \end{vmatrix}=0$，解得 $\lambda=1$.

3. 克拉默法则的理论结果是：如果由 n 个方程、n 个未知量组成的线性方程组的系数行列式不等于零，则该方程组必有唯一解，试说明这个命题的逆否命题.

解 如果由 n 个方程、n 个未知量组成的线性方程组无解或有两个及以上的解，则该方程组的系数行列式必等于零.

4. 证明：过平面上两个不同点 $M_1(x_1,y_1)$，$M_2(x_2,y_2)$ 的直线的方程为 $\begin{vmatrix} x & y & 1 \\ x_1 & y_1 & 1 \\ x_2 & y_2 & 1 \end{vmatrix}=0$.

证法1 过平面上的两个不同点 $M_1(x_1,y_1)$、$M_2(x_2,y_2)$ 的直线的方程为

$$y-y_2=\frac{y_1-y_2}{x_1-x_2}(x-x_2)\Leftrightarrow\begin{vmatrix} x-x_2 & y-y_2 \\ x_1-x_2 & y_1-y_2 \end{vmatrix}=0$$

$$\Leftrightarrow\begin{vmatrix} x-x_2 & y-y_2 & 0 \\ x_1-x_2 & y_1-y_2 & 0 \\ x_2 & y_2 & 1 \end{vmatrix}=0\Leftrightarrow\begin{vmatrix} x & y & 1 \\ x_1 & y_1 & 1 \\ x_2 & y_2 & 1 \end{vmatrix}=0.$$

证法2 将方程 $\begin{vmatrix} x & y & 1 \\ x_1 & y_1 & 1 \\ x_2 & y_2 & 1 \end{vmatrix}=0$ 左端的行列式按第1行展开，知方程为 x,y 的一元线性方程，在平面上表示一条直线；又 $x=x_1,y=y_1,x=x_2,y=y_2$ 满足方程，所以点 $M_1(x_1,y_1)$，$M_2(x_2,y_2)$ 在直线上，所以方程是过两点 $M_1(x_1,y_1)$，$M_2(x_2,y_2)$ 的直线方程.

5. 求3次多项式 $f(x)$，使其满足 $f(-1)=0,f(1)=4,f(2)=3,f(3)=16$.

解 设 $f(x)=ax^3+bx^2+cx+d$，由题设，$f(-1)=-a+b-c+d=0$，$f(1)=a+b+c+d=4$，$f(2)=8a+4b+2c+d=3$，$f(3)=27a+9b+3c+d=16$，解关于 a,b,c,d 为未知量的线性方程组，得唯一解 $a=2,b=-5,c=0,d=7$，故 $f(x)=2x^3-5x^2+7$.

习题 1.3 克拉默法则(B)

习题及详解见典型例题例 1-15.

第1章习题

1. 填空题

(1)行列式 $\begin{vmatrix} 5 & 2 & 8 & 9 \\ 3 & 4 & 6 & 7 \\ 0 & 0 & 3 & 1 \\ 0 & 0 & 2 & 4 \end{vmatrix}=$__________.

解 原式 $=\begin{vmatrix} 5 & 2 \\ 3 & 4 \end{vmatrix}\begin{vmatrix} 3 & 1 \\ 2 & 4 \end{vmatrix}=140.$

(2)行列式 $\begin{vmatrix} 3 & 1 & 1 & 1 \\ 1 & 3 & 1 & 1 \\ 1 & 1 & 3 & 1 \\ 1 & 1 & 1 & 3 \end{vmatrix}=$__________.

解 原式$=6\begin{vmatrix}1&1&1&1\\1&3&1&1\\1&1&3&1\\1&1&1&3\end{vmatrix}=6\begin{vmatrix}1&1&1&1\\0&2&0&0\\0&0&2&0\\0&0&0&2\end{vmatrix}=48.$

(3)关于 x 的代数方程 $\begin{vmatrix}x+1&-4&2\\3&x-4&0\\3&-1&x-3\end{vmatrix}=0$ 的全部根为________.

解 左端行列式$=(x-1)(x-2)(x-3)$,所以关于 x 的代数方程的全部根为1、2、3.

(4)习题及详解见典型例题例1-8.

(5)若方程组$\begin{cases}\lambda x_1+x_2+x_3=0\\x_1+\mu x_2+x_3=0\\x_1+2\mu x_2+x_3=0\end{cases}$,只有零解,则常数 λ 与 μ 满足的条件是________.

解 方程组只有零解,从而系数行列式 $D=\begin{vmatrix}\lambda&1&1\\1&\mu&1\\1&2\mu&1\end{vmatrix}=\mu(1-\lambda)\neq 0$,故 $\lambda\neq 1$ 且$\mu\neq 0$.

2.单项选择题

(1)若 n 阶行列式 $D=0$,则( ).

A. D 中必有一行(列)元素全为零

B. D 中必有两行(列)元素对应成比例

C. 以 D 为系数行列式的非齐次线性方程组必有唯一解

D. 以 D 为系数行列式的齐次线性方程组必有非零解

解 选D.选项A和B不正确,选项C与克拉默法则矛盾.选项D利用克拉默法则的推论反证可得.

(2)习题及详解见典型例题例1-6.

(3)记行列式 $\begin{vmatrix}x-2&x-1&x-2&x-3\\2x-2&2x-1&2x-2&2x-3\\3x-3&3x-2&4x-5&3x-5\\4x&4x-3&5x-7&4x-3\end{vmatrix}$ 为 $f(x)$,则方程 $f(x)=0$ 的根的个数为( ).

A. 1 B. 2 C. 3 D. 4

解 选B.第2,3,4列分别减去第1列,然后将第2列加至第4列,计算得 $f(x)=-x(-5x+5)=0$.故方程 $f(x)=0$ 有2个根.

3.设 M_{ij} 为行列式 $\begin{vmatrix}1&8&9&8\\3&5&7&2\\5&4&3&5\\5&6&5&4\end{vmatrix}$ 的(i,j)元素的余子式,计算 $M_{13}+2M_{23}+5M_{33}$.

解 $M_{13}+2M_{23}+5M_{33}=A_{13}-2A_{23}+5A_{33}+0A_{43}=\begin{vmatrix}1&8&1&8\\3&5&-2&2\\5&4&5&5\\5&6&0&4\end{vmatrix}=-105.$

4. 计算下列行列式：

(1) $\begin{vmatrix} 3 & 2 & 1 & 1 \\ 2 & 3 & 5 & 9 \\ -1 & 2 & 5 & -2 \\ 1 & 0 & -1 & 3 \end{vmatrix}$；　(2) $\begin{vmatrix} 1 & 1 & 1 & 1 \\ 1 & 2 & -1 & 4 \\ 2 & -3 & -1 & -5 \\ 3 & 1 & 2 & 11 \end{vmatrix}$；

(3) $\begin{vmatrix} x^2+1 & xy & xz \\ xy & y^2+1 & yz \\ xz & yz & z^2+1 \end{vmatrix}$；　(4) $\begin{vmatrix} 2a & 1 & 0 & 0 & 0 \\ a^2 & 2a & 1 & 0 & 0 \\ 0 & a^2 & 2a & 1 & 0 \\ 0 & 0 & a^2 & 2a & 1 \\ 0 & 0 & 0 & a^2 & 2a \end{vmatrix}$.

解 (1) $\begin{vmatrix} 3 & 2 & 1 & 1 \\ 2 & 3 & 5 & 9 \\ -1 & 2 & 5 & -2 \\ 1 & 0 & -1 & 3 \end{vmatrix} = \begin{vmatrix} 0 & 2 & 4 & -8 \\ 0 & 3 & 7 & 3 \\ 0 & 2 & 4 & 1 \\ 1 & 0 & -1 & 3 \end{vmatrix} = -\begin{vmatrix} 2 & 4 & -8 \\ 3 & 7 & 3 \\ 2 & 4 & 1 \end{vmatrix} = -18.$

(2) $\begin{vmatrix} 1 & 1 & 1 & 1 \\ 1 & 2 & -1 & 4 \\ 2 & -3 & -1 & -5 \\ 3 & 1 & 2 & 11 \end{vmatrix} = \begin{vmatrix} 1 & 1 & 1 & 1 \\ 0 & 1 & -2 & 3 \\ 0 & -5 & -3 & -7 \\ 0 & -2 & -1 & 8 \end{vmatrix} = \begin{vmatrix} 1 & -2 & 3 \\ -5 & -3 & -7 \\ -2 & -1 & 8 \end{vmatrix} = -142.$

(3) $D = \begin{vmatrix} x^2 & xy & xz \\ xy & y^2+1 & yz \\ xz & yz & z^2+1 \end{vmatrix} + \begin{vmatrix} 1 & xy & xz \\ 0 & y^2+1 & yz \\ 0 & yz & z^2+1 \end{vmatrix}$

$= x^2 \begin{vmatrix} 1 & y & z \\ y & y^2+1 & yz \\ z & yz & z^2+1 \end{vmatrix} + \begin{vmatrix} y^2+1 & yz \\ yz & z^2+1 \end{vmatrix} = x^2 \begin{vmatrix} 1 & y & z \\ 0 & 1 & 0 \\ 0 & 0 & 1 \end{vmatrix} + y^2+z^2+1$

$= x^2+y^2+z^2+1.$

(4) 按第 1 行展开有

$D_5 = 2aD_4 - a^2D_3 = 2a(2aD_3 - a^2D_2) - a^2D_3 = 3a^2D_3 - 2a^3D_2$

$= 3a^2(2aD_2 - a^2D_1) - 2a^3D_2 = 4a^3D_2 - 3a^4D_1$

$= 4a^3 \cdot 3a^2 - 3a^4 \cdot 2a = 6a^5.$

5. 用克拉默法则求解方程组 $\begin{cases} 2x_1+x_2+x_3+x_4=1 \\ x_1+x_2+2x_3+4x_4=\dfrac{1}{2} \\ 2x_1-x_2+x_3-x_4=1 \\ 2x_1+3x_2+4x_3+15x_4=1 \end{cases}$.

解 系数行列式 $D=36\neq 0$，方程组有唯一解. 又 $D_1=\dfrac{1}{2}D$；D_2,D_3,D_4 中都有两列成比例，所以都等于 0. 故方程组的解为 $x_1=\dfrac{1}{2}$，$x_2=x_3=x_4=0$.

第 2 章　矩　阵

2.1　知识图谱

本章知识图谱如图 2-1 所示。

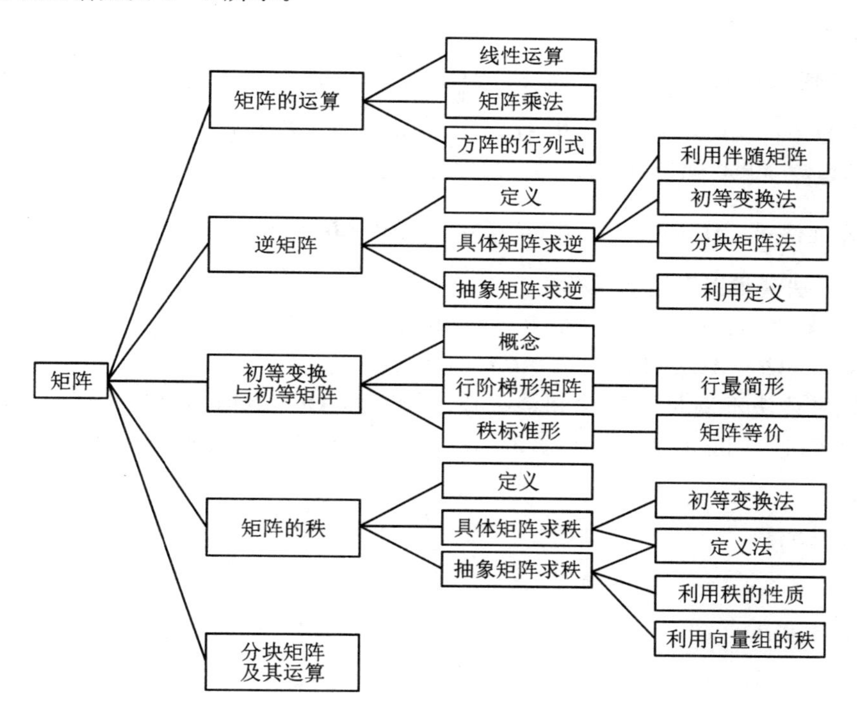

图 2-1

2.2　知识要点

1. 矩阵的概念

(1)称 $\boldsymbol{A}=(a_{ij})_{m\times n}=\begin{bmatrix} a_{11} & a_{12} & \cdots & a_{1n} \\ a_{21} & a_{22} & \cdots & a_{2n} \\ \vdots & \vdots & & \vdots \\ a_{m1} & a_{m2} & \cdots & a_{mn} \end{bmatrix}$ 为一个 $m\times n$ 矩阵，简记为 $\boldsymbol{A}=(a_{ij})$ 或 $\boldsymbol{A}$.

(2)如果 $\boldsymbol{A}$ 和 $\boldsymbol{B}$ 都是 $m\times n$ 矩阵,则称 $\boldsymbol{A}$、$\boldsymbol{B}$ 是同型矩阵.

(3)两个同型矩阵 $\boldsymbol{A}=(a_{ij})$,$\boldsymbol{B}=(b_{ij})$相等$\Leftrightarrow a_{ij}=b_{ij}(i=1,2,\cdots,m;j=1,2,\cdots,n)$

(4)**零矩阵**:所有元素都是 0 的矩阵,记作 $\boldsymbol{O}$ 或 $\boldsymbol{0}$.

(5)**单位矩阵**:主对角线元素都是 1,其余元素全为 0 的矩阵,记作 $\boldsymbol{I}$ 或 $\boldsymbol{E}$.

(6)**上(下)三角矩阵**:主对角线下(上)边的元素全为 0 的 n 阶方阵.

(7)**对角矩阵**:主对角线以外的元素全为 0 的 n 阶方阵.

(8)**阶梯形矩阵**:① 如果存在零行,则零行都在非零行的下边;② 在任意两个相邻的非零行中,下一行的首非零元都在上一行的首非零元的右边.

(9)**简化行阶梯形矩阵**:①是阶梯形矩阵;②每个首非零元素都是 1,并且在每个首非零元素所在的列中,除首非零元素以外的其他元素全都为 0.

(10)**对称矩阵和反对称矩阵**:若方阵 $\boldsymbol{A}$ 满足 $\boldsymbol{A}^{\mathrm{T}}=A$,称 $\boldsymbol{A}$ 为**对称矩阵**;若方阵 $\boldsymbol{A}$ 满足 $\boldsymbol{A}^{\mathrm{T}}=-\boldsymbol{A}$,称 $\boldsymbol{A}$ 为**反对称矩阵**.

2. 矩阵的代数运算

(1)**矩阵加法**:设 $\boldsymbol{A}=(a_{ij})_{m\times n}$,$\boldsymbol{B}=(b_{ij})_{m\times n}$,定义 $\boldsymbol{A}+\boldsymbol{B}=(a_{ij}+b_{ij})_{m\times n}$.

(2)**数乘矩阵**:设 $\boldsymbol{A}=(a_{ij})_{m\times n}$,$k$ 为数,定义 $k\boldsymbol{A}=\boldsymbol{A}k=(ka_{ij})_{m\times n}$.

(3) **矩阵乘法**:设 $\boldsymbol{A}=(a_{ij})_{m\times s}$,$\boldsymbol{B}=(b_{ij})_{s\times n}$,定义 $\boldsymbol{AB}=(c_{ij})_{m\times n}$,其中 $c_{ij}=\sum\limits_{k=1}^{s}a_{ik}b_{kj}$.

(4)**矩阵乘法满足以下运算规律**

$(\boldsymbol{AB})\boldsymbol{C}=\boldsymbol{A}(\boldsymbol{BC})$; $k(\boldsymbol{AB})=(k\boldsymbol{A})\boldsymbol{B}=\boldsymbol{A}(k\boldsymbol{B})$,其中 k 是数;

$\boldsymbol{A}(\boldsymbol{B}+\boldsymbol{C})=\boldsymbol{AB}+\boldsymbol{AC}$; $(\boldsymbol{B}+\boldsymbol{C})\boldsymbol{A}=\boldsymbol{BA}+\boldsymbol{CA}$.

(5)**矩阵的乘法**不满足交换律和消去律. 一般地,$\boldsymbol{AB}\neq\boldsymbol{BA}$;由 $\boldsymbol{AB}=\boldsymbol{AC}$ 一般不能推出 $\boldsymbol{B}=\boldsymbol{C}$,但若 $\boldsymbol{A}$ 可逆,则必有 $\boldsymbol{B}=\boldsymbol{C}$;由 $\boldsymbol{AB}=\boldsymbol{O}$ 也不能推出 $\boldsymbol{A}=\boldsymbol{O}$ 或 $\boldsymbol{B}=\boldsymbol{O}$,但若 $\boldsymbol{A}$ 可逆,则必有 $\boldsymbol{B}=\boldsymbol{O}$.

3. 矩阵的转置

(1)称 $\boldsymbol{A}^{\mathrm{T}}=\begin{bmatrix}a_{11} & \cdots & a_{m1}\\ \vdots & & \vdots\\ a_{1n} & \cdots & a_{mn}\end{bmatrix}$ 为矩阵 $\boldsymbol{A}=\begin{bmatrix}a_{11} & \cdots & a_{1n}\\ \vdots & & \vdots\\ a_{m1} & \cdots & a_{mn}\end{bmatrix}$ 的转置矩阵.

(2)矩阵的转置满足下列运算规律:

$(\boldsymbol{A}^{\mathrm{T}})^{\mathrm{T}}=\boldsymbol{A}$; $(\boldsymbol{A}+\boldsymbol{B})^{\mathrm{T}}=\boldsymbol{A}^{\mathrm{T}}+\boldsymbol{B}^{\mathrm{T}}$;$(k\boldsymbol{A})^{\mathrm{T}}=k\boldsymbol{A}^{\mathrm{T}}$($k$ 是常数); $(\boldsymbol{AB})^{\mathrm{T}}=\boldsymbol{B}^{\mathrm{T}}\boldsymbol{A}^{\mathrm{T}}$.

4. 方阵的行列式

设 $\boldsymbol{A}$,$\boldsymbol{B}$ 都是 n 阶方阵,k 为数,则 $|\boldsymbol{AB}|=|\boldsymbol{A}||\boldsymbol{B}|$, $|k\boldsymbol{A}|=k^n|\boldsymbol{A}|$,$|\boldsymbol{A}^{\mathrm{T}}|=|\boldsymbol{A}|$.

5. 方阵的幂

$\boldsymbol{A}^k=\boldsymbol{AA}\cdots\boldsymbol{A}$($k$ 个 $\boldsymbol{A}$ 连乘);$\boldsymbol{A}^k\boldsymbol{A}^l=\boldsymbol{A}^{k+l}$,$(\boldsymbol{A}^k)^l=\boldsymbol{A}^{kl}$,这里 k,l 均为正整数;一般来说 $(\boldsymbol{AB})^k\neq\boldsymbol{A}^k\boldsymbol{B}^k$,若 $\boldsymbol{AB}=\boldsymbol{BA}$,则$(\boldsymbol{AB})^k=\boldsymbol{A}^k\boldsymbol{B}^k=\boldsymbol{B}^k\boldsymbol{A}^k$.

6. 伴随矩阵及其性质

(1)$\boldsymbol{A}^*=(A_{ij})_{n\times n}^{\mathrm{T}}$ 称为 n 阶方阵 $\boldsymbol{A}=(a_{ij})$的**伴随矩阵**,其中 A_{ij} 是$|\boldsymbol{A}|$中元素 a_{ij} 的代数

余子式.

(2)设 $\boldsymbol{A}$ 为 n 阶方阵,则

$\boldsymbol{A}\boldsymbol{A}^*=\boldsymbol{A}^*\boldsymbol{A}=|\boldsymbol{A}|\boldsymbol{I}$;　$|\boldsymbol{A}^*|=|\boldsymbol{A}|^{n-1}(n\geqslant 2)$;　$(k\boldsymbol{A})^*=k^{n-1}\boldsymbol{A}^*(n\geqslant 2)$;

$(\boldsymbol{A}^*)^*=|\boldsymbol{A}|^{n-2}\boldsymbol{A}(n\geqslant 2)$;　$(\boldsymbol{A}\boldsymbol{B})^*=\boldsymbol{B}^*\boldsymbol{A}^*$.

7. 可逆矩阵及其逆矩阵

(1)若方阵 $\boldsymbol{A},\boldsymbol{B}$ 满足 $\boldsymbol{A}\boldsymbol{B}=\boldsymbol{I}$($\boldsymbol{I}$ 为单位矩阵),则方阵 $\boldsymbol{A},\boldsymbol{B}$ 均可逆,且 $\boldsymbol{A},\boldsymbol{B}$ 互为逆矩阵,即 $\boldsymbol{A}^{-1}=\boldsymbol{B},\boldsymbol{B}^{-1}=\boldsymbol{A}$.

(2)方阵 $\boldsymbol{A}$ 可逆$\Leftrightarrow|\boldsymbol{A}|\neq 0\Leftrightarrow\boldsymbol{A}$ 可以表示成若干个初等矩阵的乘积.

(3)可逆矩阵的逆矩阵是唯一的.

(4)设 $\boldsymbol{A}$、$\boldsymbol{B}$ 为同阶可逆方阵,k 为非零数,则

$$(\boldsymbol{A}^{-1})^{-1}=\boldsymbol{A};(k\boldsymbol{A})^{-1}=\frac{1}{k}\boldsymbol{A}^{-1};(\boldsymbol{A}\boldsymbol{B})^{-1}=\boldsymbol{B}^{-1}\boldsymbol{A}^{-1};\ (\boldsymbol{A}^{\mathrm{T}})^{-1}=(\boldsymbol{A}^{-1})^{\mathrm{T}};\ |\boldsymbol{A}^{-1}|=\frac{1}{|\boldsymbol{A}|}.$$

8. 矩阵的初等变换与初等矩阵

(1)初等行(列)变换是指对矩阵施行的下列 3 种变换:

①交换第 i 行(列)与第 j 行(列)的位置;②用非零数 k 乘矩阵的第 i 行(列);③把矩阵第 i 行(列)的 k 倍加到第 j 行(列)上去.

(2)矩阵的初等行变换和初等列变换统称为矩阵的**初等变换**.

(3)如果矩阵 $\boldsymbol{A}$ 经过有限次初等变换变成矩阵 $\boldsymbol{B}$,则称矩阵 $\boldsymbol{A}$ 与 $\boldsymbol{B}$ 等价.

(4)对单位矩阵只作 1 次初等变换所得到的矩阵,称为**初等矩阵**.

(5)初等矩阵都是可逆矩阵,它们的逆矩阵仍然是初等矩阵.

(6)初等矩阵在矩阵运算中的作用:对矩阵 $\boldsymbol{A}$ 施行一次初等行变换,相当于对 $\boldsymbol{A}$ 左乘一个相应的初等矩阵;对矩阵 $\boldsymbol{A}$ 施行一次初等列变换,相当于对 $\boldsymbol{A}$ 右乘一个相应的初等矩阵.

(7) $\boldsymbol{A}$ 与 $\boldsymbol{B}$ 等价$\Leftrightarrow$存在可逆矩阵 $\boldsymbol{P},\boldsymbol{Q}$ 使得 $\boldsymbol{P}\boldsymbol{A}\boldsymbol{Q}=\boldsymbol{B}$.

(8)对于任一非零矩阵 $\boldsymbol{A}$,都可以通过有限次初等行变换把它化为阶梯形矩阵,进一步可以化为简化行阶梯形矩阵.

(9)对于任一非零矩阵 $\boldsymbol{A}$,都可以通过有限次初等行变换和有限次初等列变换把它化为秩标准形,即存在可逆矩阵 $\boldsymbol{P},\boldsymbol{Q}$ 使得 $\boldsymbol{P}\boldsymbol{A}\boldsymbol{Q}=\begin{bmatrix}\boldsymbol{I}_r & \boldsymbol{O}\\ \boldsymbol{O} & \boldsymbol{O}\end{bmatrix}$,其中 r 是矩阵 $\boldsymbol{A}$ 的秩.

(10)如果 $\boldsymbol{A}_{m\times n}$ 是列满秩矩阵,则只经过初等行变换就可以把 $\boldsymbol{A}$ 化为秩标准形,即存在可逆矩阵 $\boldsymbol{P}$,使得 $\boldsymbol{P}\boldsymbol{A}=\begin{bmatrix}\boldsymbol{I}_n\\ \boldsymbol{O}\end{bmatrix}$;如果 $\boldsymbol{A}_{m\times n}$ 是行满秩矩阵,则只经过初等列变换就可以把 $\boldsymbol{A}$ 化为秩标准形,即存在可逆矩阵 $\boldsymbol{Q}$,使得 $\boldsymbol{A}\boldsymbol{Q}=[\boldsymbol{I}_m\quad\boldsymbol{O}]$.

9. 分块矩阵的运算

(1)加法:设对同型矩阵 $\boldsymbol{A},\boldsymbol{B}$ 做同样的分划,得分块矩阵 $\boldsymbol{A}=(\boldsymbol{A}_{ij})_{r\times s},\boldsymbol{B}=(\boldsymbol{B}_{ij})_{r\times s}$,则 $\boldsymbol{A}+\boldsymbol{B}=(\boldsymbol{A}_{ij}+\boldsymbol{B}_{ij})_{s\times t},\lambda\boldsymbol{A}=(\lambda\boldsymbol{A}_{ij})_{s\times t}$($\lambda$ 是常数).

(2)乘法:设 $\boldsymbol{A},\boldsymbol{B}$ 为可相乘的矩阵,分块成 $\boldsymbol{A}=(\boldsymbol{A}_{ij})_{r\times s},\boldsymbol{B}=(\boldsymbol{B}_{ij})_{s\times t}$,且 $\boldsymbol{A}_{i1},\boldsymbol{A}_{i2},\cdots,\boldsymbol{A}_{is}$ 的列数分别等于 $\boldsymbol{B}_{1j},\boldsymbol{B}_{2j},\cdots,\boldsymbol{B}_{sj}$ 的行数($i=1,2,\cdots,r;j=1,2,\cdots,t$),则 $\boldsymbol{A}\boldsymbol{B}=\boldsymbol{C}=(\boldsymbol{C}_{ij})_{r\times t}$,

$\boldsymbol{C}_{ij}=\sum\limits_{k=1}^{s}\boldsymbol{A}_{ik}\boldsymbol{B}_{kj}$.

(3)转置：$\begin{bmatrix}\boldsymbol{A}_{11} & \cdots & \boldsymbol{A}_{m1}\\ \vdots & & \vdots\\ \boldsymbol{A}_{1n} & \cdots & \boldsymbol{A}_{mn}\end{bmatrix}^{\mathrm{T}}=\begin{bmatrix}\boldsymbol{A}_{11}^{\mathrm{T}} & \cdots & \boldsymbol{A}_{1n}^{\mathrm{T}}\\ \vdots & & \vdots\\ \boldsymbol{A}_{m1}^{\mathrm{T}} & \cdots & \boldsymbol{A}_{mn}^{\mathrm{T}}\end{bmatrix}$(先大转置，再小转置).

(4)设 $\boldsymbol{A}=\begin{bmatrix}\boldsymbol{A}_1 & & & \\ & \boldsymbol{A}_2 & & \\ & & \ddots & \\ & & & \boldsymbol{A}_m\end{bmatrix}$，$\boldsymbol{B}=\begin{bmatrix}\boldsymbol{B}_1 & & & \\ & \boldsymbol{B}_2 & & \\ & & \ddots & \\ & & & \boldsymbol{B}_m\end{bmatrix}$，其中未写出的元素都是 0，$\boldsymbol{A}_i$、$\boldsymbol{B}_i$ 为同阶方阵$(i=1,2,\cdots,m)$，则有

$$\boldsymbol{AB}=\begin{bmatrix}\boldsymbol{A}_1\boldsymbol{B}_1 & & & \\ & \boldsymbol{A}_2\boldsymbol{B}_2 & & \\ & & \ddots & \\ & & & \boldsymbol{A}_m\boldsymbol{B}_m\end{bmatrix},\boldsymbol{A}^n=\begin{bmatrix}\boldsymbol{A}_1^n & & & \\ & \boldsymbol{A}_2^n & & \\ & & \ddots & \\ & & & \boldsymbol{A}_m^n\end{bmatrix},|\boldsymbol{A}|=|\boldsymbol{A}_1||\boldsymbol{A}_2|\cdots|\boldsymbol{A}_m|.$$

若方阵 $\boldsymbol{A}_i$ 均可逆$(i=1,2,\cdots,m)$，则 $\boldsymbol{A}$ 可逆，且 $\boldsymbol{A}^{-1}=\begin{bmatrix}\boldsymbol{A}_1^{-1} & & & \\ & \boldsymbol{A}_2^{-1} & & \\ & & \ddots & \\ & & & \boldsymbol{A}_m^{-1}\end{bmatrix}$.

10. 求逆矩阵的基本方法

(1)定义法：对于方阵 $\boldsymbol{A}$，若有方阵 $\boldsymbol{B}$ 使 $\boldsymbol{AB}=\boldsymbol{I}$ 或 $\boldsymbol{BA}=\boldsymbol{I}$，则 $\boldsymbol{A}$ 可逆，且 $\boldsymbol{A}^{-1}=\boldsymbol{B}$.

(2)伴随矩阵法：$\boldsymbol{A}^{-1}=\dfrac{1}{|\boldsymbol{A}|}\boldsymbol{A}^*$($\boldsymbol{A}^*$ 为 $\boldsymbol{A}$ 的伴随矩阵).

(3)初等变换法：$[\boldsymbol{A},\boldsymbol{I}]\xrightarrow{\text{初等行变换}}[\boldsymbol{I},\boldsymbol{A}^{-1}]$；$\begin{bmatrix}\boldsymbol{A}\\ \boldsymbol{I}\end{bmatrix}\xrightarrow{\text{初等列变换}}\begin{bmatrix}\boldsymbol{I}\\ \boldsymbol{A}^{-1}\end{bmatrix}$.

(4)分块矩阵求逆法：设 $\boldsymbol{A}$、$\boldsymbol{B}$ 均为可逆方阵，则

$$\begin{bmatrix}\boldsymbol{A} & \boldsymbol{O}\\ \boldsymbol{O} & \boldsymbol{B}\end{bmatrix}^{-1}=\begin{bmatrix}\boldsymbol{A}^{-1} & \boldsymbol{O}\\ \boldsymbol{O} & \boldsymbol{B}^{-1}\end{bmatrix},\begin{bmatrix}\boldsymbol{O} & \boldsymbol{A}\\ \boldsymbol{B} & \boldsymbol{O}\end{bmatrix}^{-1}=\begin{bmatrix}\boldsymbol{O} & \boldsymbol{B}^{-1}\\ \boldsymbol{A}^{-1} & \boldsymbol{O}\end{bmatrix}.$$

11. 矩阵的秩

(1)在矩阵 $\boldsymbol{A}$ 中任选 k 行和 k 列，不改变原来在 $\boldsymbol{A}$ 中的次序构成的 k 阶行列式称为 $\boldsymbol{A}$ 的一个 k 阶子式.

(2)矩阵 $\boldsymbol{A}$ 的非零子式的最高阶数，称为 $\boldsymbol{A}$ 的秩，记为 $r(\boldsymbol{A})$或秩$(\boldsymbol{A})$.

(3)任一矩阵和它的转置矩阵的秩相等，即 $r(\boldsymbol{A})=r(\boldsymbol{A}^{\mathrm{T}})$.

(4)$r(\boldsymbol{A})=r\Leftrightarrow\boldsymbol{A}$ 中至少存在一个 r 阶非零子式，而且 $\boldsymbol{A}$ 中所有的 $r+1$ 阶子式(如果存在的话)都为零.

(5)n 阶方阵 $\boldsymbol{A}$ 的秩最大为 n；如果 n 阶方阵 $\boldsymbol{A}$ 的秩为 n，称 $\boldsymbol{A}$ 为满秩方阵，否则称为降秩方阵. n 阶方阵 $\boldsymbol{A}$ 为满秩方阵$\Leftrightarrow r(\boldsymbol{A})=n\Leftrightarrow\det(\boldsymbol{A})\neq 0$.

(6)初等行(列)变换不改变矩阵的秩，即等价的矩阵有相同的秩.

(7)设 $\boldsymbol{A}$ 是 $m\times n$ 矩阵，$\boldsymbol{P}$ 是 m 阶满秩方阵，$\boldsymbol{Q}$ 是 n 阶满秩方阵，则 $r(\boldsymbol{A})=r(\boldsymbol{PA})=r(\boldsymbol{AQ})=r(\boldsymbol{PAQ})$.

(8)阶梯形矩阵的秩等于其非零行数，一般矩阵可通过初等变换化为阶梯形矩阵求秩.

2.3　典型例题

例 2－1　设 n 维向量 $\boldsymbol{\alpha}=\left[\frac{1}{2},0,\cdots,0,\frac{1}{2}\right]$，矩阵 $\boldsymbol{A}=\boldsymbol{I}-\boldsymbol{\alpha}^{\mathrm{T}}\boldsymbol{\alpha}$，$\boldsymbol{B}=\boldsymbol{I}+2\boldsymbol{\alpha}^{\mathrm{T}}\boldsymbol{\alpha}$，其中 $\boldsymbol{I}$ 为 n 阶单位矩阵，$\boldsymbol{\alpha}^{\mathrm{T}}$ 为 $\boldsymbol{\alpha}$ 的转置，求 $\boldsymbol{AB}$.

解

$$\boldsymbol{AB}=(\boldsymbol{I}-\boldsymbol{\alpha}^{\mathrm{T}}\boldsymbol{\alpha})(\boldsymbol{I}+2\boldsymbol{\alpha}^{\mathrm{T}}\boldsymbol{\alpha})=\boldsymbol{I}+2\boldsymbol{\alpha}^{\mathrm{T}}\boldsymbol{\alpha}-\boldsymbol{\alpha}^{\mathrm{T}}\boldsymbol{\alpha}-2\boldsymbol{\alpha}^{\mathrm{T}}\boldsymbol{\alpha}\boldsymbol{\alpha}^{\mathrm{T}}\boldsymbol{\alpha}$$

由于 $\boldsymbol{\alpha}\boldsymbol{\alpha}^{\mathrm{T}}=\frac{1}{2}$，所以

$$\boldsymbol{AB}=\boldsymbol{I}+\boldsymbol{\alpha}^{\mathrm{T}}\boldsymbol{\alpha}-2\boldsymbol{\alpha}^{\mathrm{T}}(\boldsymbol{\alpha}\boldsymbol{\alpha}^{\mathrm{T}})\boldsymbol{\alpha}=\boldsymbol{I}+\boldsymbol{\alpha}^{\mathrm{T}}\boldsymbol{\alpha}-2\cdot\frac{1}{2}\boldsymbol{\alpha}^{\mathrm{T}}\boldsymbol{\alpha}=\boldsymbol{I}.$$

注　本题要注意两个要点，一是矩阵乘法有结合律，二是行矩阵乘列矩阵的结果是一个数.

例 2－2　已知两个线性变换

$$\begin{cases}x_1=y_1+y_2+y_3\\x_2=2y_1-y_2\\x_3=4y_1\quad+5y_3\end{cases};\qquad\begin{cases}y_1=-3z_1+z_2\\y_2=4z_1-z_2\\y_3=z_1+z_2\end{cases}.$$

求由它们复合所得到的从 z_1,z_2 到 x_1,x_2,x_3 的线性变换矩阵.

解　记 $\boldsymbol{x}=\begin{bmatrix}x_1\\x_2\\x_3\end{bmatrix}$，　$\boldsymbol{y}=\begin{bmatrix}y_1\\y_2\\y_3\end{bmatrix}$，　$\boldsymbol{z}=\begin{bmatrix}z_1\\z_2\end{bmatrix}$，由题设，得

$$\boldsymbol{x}=\begin{bmatrix}1&1&1\\2&-1&0\\4&0&5\end{bmatrix}\boldsymbol{y},\ \boldsymbol{y}=\begin{bmatrix}-3&1\\4&-1\\1&1\end{bmatrix}\boldsymbol{z},$$

从而 $\boldsymbol{x}=\begin{bmatrix}1&1&1\\2&-1&0\\4&0&5\end{bmatrix}\begin{bmatrix}-3&1\\4&-1\\1&1\end{bmatrix}\boldsymbol{z}=\begin{bmatrix}2&1\\-10&3\\-7&9\end{bmatrix}\boldsymbol{z}$，故 $\begin{bmatrix}2&1\\-10&3\\-7&9\end{bmatrix}$ 就是从 z_1,z_2 到 x_1,x_2,x_3 的线性变换的矩阵.

例 2－3　举出反例说明下列命题是错误的.

(1)若 $\boldsymbol{A}^2=\boldsymbol{O}$，则 $\boldsymbol{A}=\boldsymbol{O}$；　　(2)若 $\boldsymbol{A}^2=\boldsymbol{A}$，则 $\boldsymbol{A}=\boldsymbol{O}$ 或 $\boldsymbol{A}=\boldsymbol{I}$；

(3)若 $\boldsymbol{AB}=\boldsymbol{O}$，则 $\boldsymbol{A}=\boldsymbol{O}$ 或 $\boldsymbol{B}=\boldsymbol{O}$；　　(4)若 $\boldsymbol{AB}=\boldsymbol{AC}$，且 $\boldsymbol{A}\neq\boldsymbol{O}$，则 $\boldsymbol{B}=\boldsymbol{C}$.

解　(1)$\boldsymbol{A}=\begin{bmatrix}1&1\\-1&-1\end{bmatrix}$. $\boldsymbol{A}^2=\boldsymbol{O}$，但 $\boldsymbol{A}\neq\boldsymbol{O}$.

(2)$\boldsymbol{A}=\begin{bmatrix}0&0\\0&1\end{bmatrix}$. $\boldsymbol{A}^2=\boldsymbol{A}$，但 $\boldsymbol{A}\neq\boldsymbol{O}$ 且 $\boldsymbol{A}\neq\boldsymbol{I}$.

(3)$\boldsymbol{A}=\boldsymbol{B}=\begin{bmatrix}1&1\\-1&-1\end{bmatrix}$. $\boldsymbol{AB}=\boldsymbol{O}$，但 $\boldsymbol{A}\neq\boldsymbol{O}$ 且 $\boldsymbol{B}\neq\boldsymbol{O}$.

(4)$\boldsymbol{A}=\begin{bmatrix}1 & 1\\ -1 & -1\end{bmatrix}$,$\boldsymbol{B}=\begin{bmatrix}1 & 1\\ 1 & 1\end{bmatrix}$,$\boldsymbol{C}=\begin{bmatrix}0 & 0\\ 2 & 2\end{bmatrix}$. 有 $\boldsymbol{AB}=\boldsymbol{AC}$,且 $\boldsymbol{A}\neq\boldsymbol{O}$,但 $\boldsymbol{B}\neq\boldsymbol{C}$.

例 2-4　设 $\boldsymbol{\alpha}=(1,2,3)$,$\boldsymbol{\beta}=(1,-1,1)$,求$(\boldsymbol{\alpha}^{\mathrm{T}}\boldsymbol{\beta})^n$($n=2,3,\cdots$).

分析　求方阵的正整数幂的一般方法是数学归纳法,但本题的方阵是两个向量的乘积,利用矩阵乘法的结合律更为简单.

解法 1　记 $\boldsymbol{A}=\boldsymbol{\alpha}^{\mathrm{T}}\boldsymbol{\beta}$,则有 $\boldsymbol{A}=\begin{bmatrix}1 & -1 & 1\\ 2 & -2 & 2\\ 3 & -3 & 3\end{bmatrix}$,

$$\boldsymbol{A}^2=\begin{bmatrix}1 & -1 & 1\\ 2 & -2 & 2\\ 3 & -3 & 3\end{bmatrix}\begin{bmatrix}1 & -1 & 1\\ 2 & -2 & 2\\ 3 & -3 & 3\end{bmatrix}=\begin{bmatrix}2 & -2 & 2\\ 4 & -4 & 4\\ 6 & -6 & 6\end{bmatrix}=2\boldsymbol{A}$$

设 $\boldsymbol{A}^k=2^{k-1}\boldsymbol{A}$,则

$$\boldsymbol{A}^{k+1}=\boldsymbol{A}^k\boldsymbol{A}=2^{k-1}\boldsymbol{A}^2=2^{k-1}(2\boldsymbol{A})=2^k\boldsymbol{A}$$

故由数学归纳法知,对任何正整数 n,$\boldsymbol{A}^n=2^{n-1}\boldsymbol{A}$ 成立. 即

$$(\boldsymbol{\alpha}^{\mathrm{T}}\boldsymbol{\beta})^n=2^{n-1}\begin{bmatrix}1 & -1 & 1\\ 2 & -2 & 2\\ 3 & -3 & 3\end{bmatrix}.$$

解法 2　应用矩阵乘法的结合律,得

$$(\boldsymbol{\alpha}^{\mathrm{T}}\boldsymbol{\beta})^n=(\boldsymbol{\alpha}^{\mathrm{T}}\boldsymbol{\beta})(\boldsymbol{\alpha}^{\mathrm{T}}\boldsymbol{\beta})\cdots(\boldsymbol{\alpha}^{\mathrm{T}}\boldsymbol{\beta})(\boldsymbol{\alpha}^{\mathrm{T}}\boldsymbol{\beta})=\boldsymbol{\alpha}^{\mathrm{T}}(\boldsymbol{\beta}\boldsymbol{\alpha}^{\mathrm{T}})\cdots(\boldsymbol{\beta}\boldsymbol{\alpha}^{\mathrm{T}})\boldsymbol{\beta}$$

由于 $\boldsymbol{\beta}\boldsymbol{\alpha}^{\mathrm{T}}=2$,故

$$(\boldsymbol{\alpha}^{\mathrm{T}}\boldsymbol{\beta})^n=\boldsymbol{\alpha}^{\mathrm{T}}2^{n-1}\boldsymbol{\beta}=2^{n-1}\boldsymbol{\alpha}^{\mathrm{T}}\boldsymbol{\beta}=2^{n-1}\begin{bmatrix}1 & -1 & 1\\ 2 & -2 & 2\\ 3 & -3 & 3\end{bmatrix}.$$

例 2-5　设 $\boldsymbol{A}$ 为 n 阶对称矩阵,$\boldsymbol{B}$ 为 n 阶反对称矩阵,证明 $\boldsymbol{AB}-\boldsymbol{BA}$ 是对称矩阵,而 $\boldsymbol{AB}+\boldsymbol{BA}$ 是反对称矩阵.

证　由题设 $\boldsymbol{A}^{\mathrm{T}}=\boldsymbol{A}$,$\boldsymbol{B}^{\mathrm{T}}=-\boldsymbol{B}$,则

$(\boldsymbol{AB}-\boldsymbol{BA})^{\mathrm{T}}=(\boldsymbol{AB})^{\mathrm{T}}-(\boldsymbol{BA})^{\mathrm{T}}=\boldsymbol{B}^{\mathrm{T}}\boldsymbol{A}^{\mathrm{T}}-\boldsymbol{A}^{\mathrm{T}}\boldsymbol{B}^{\mathrm{T}}=-\boldsymbol{BA}-\boldsymbol{A}(-\boldsymbol{B})=\boldsymbol{AB}-\boldsymbol{BA}$,

故 $\boldsymbol{AB}-\boldsymbol{BA}$ 为对称矩阵;

又$(\boldsymbol{AB}+\boldsymbol{BA})^{\mathrm{T}}=\boldsymbol{B}^{\mathrm{T}}\boldsymbol{A}^{\mathrm{T}}+\boldsymbol{A}^{\mathrm{T}}\boldsymbol{B}^{\mathrm{T}}=-\boldsymbol{BA}+\boldsymbol{A}(-\boldsymbol{B})=-(\boldsymbol{AB}+\boldsymbol{BA})$,

故 $\boldsymbol{AB}+\boldsymbol{BA}$ 为反对称矩阵.

例 2-6　若 $\boldsymbol{A}$ 为 $m\times n$ 实矩阵,证明 $\boldsymbol{A}=\boldsymbol{O}$ 当且仅当 $\boldsymbol{A}^{\mathrm{T}}\boldsymbol{A}=\boldsymbol{O}$.

证　必要性　设 $\boldsymbol{A}=\boldsymbol{O}$,则有 $\boldsymbol{A}^{\mathrm{T}}\boldsymbol{A}=\boldsymbol{O}$.

充分性　设 $\boldsymbol{A}^{\mathrm{T}}\boldsymbol{A}=\boldsymbol{O}$,即

$$\boldsymbol{O}=\boldsymbol{A}^{\mathrm{T}}\boldsymbol{A}=\begin{bmatrix}a_{11} & a_{21} & \cdots & a_{m1}\\ a_{12} & a_{22} & \cdots & a_{m2}\\ \vdots & \vdots & & \vdots\\ a_{1n} & a_{2n} & \cdots & a_{mn}\end{bmatrix}\begin{bmatrix}a_{11} & a_{12} & \cdots & a_{1n}\\ a_{21} & a_{22} & \cdots & a_{2n}\\ \vdots & \vdots & & \vdots\\ a_{m1} & a_{m2} & \cdots & a_{mn}\end{bmatrix}$$

$$
=\begin{bmatrix}
\sum_{k=1}^{m} a_{k1}^2 & & & * \\
 & \sum_{k=1}^{m} a_{k2}^2 & & \\
 & & \ddots & \\
* & & & \sum_{k=1}^{m} a_{kn}^2
\end{bmatrix}
$$

比较等式两端的对角元素，得 $\sum_{k=1}^{m} a_{ki}^2=0, i=1,2,\cdots,n$. 由于 a_{ij} 均为实数，故得 $a_{ki}=0(i=1,2,\cdots,n;k=1,2,\cdots,m)$，即 $\boldsymbol{A}=\boldsymbol{O}$.

例 2－7　设 n 阶矩阵 $\boldsymbol{A}$ 可逆，$\boldsymbol{\alpha},\boldsymbol{\beta}$ 均为 n 维列向量，且 $1+\boldsymbol{\beta}^{\mathrm{T}}\boldsymbol{A}^{-1}\boldsymbol{\alpha}\neq 0$. 证明：矩阵 $\boldsymbol{A}+\boldsymbol{\alpha}\boldsymbol{\beta}^{\mathrm{T}}$ 可逆，且 $(\boldsymbol{A}+\boldsymbol{\alpha}\boldsymbol{\beta}^{\mathrm{T}})^{-1}=\boldsymbol{A}^{-1}-\dfrac{\boldsymbol{A}^{-1}\boldsymbol{\alpha}\boldsymbol{\beta}^{\mathrm{T}}\boldsymbol{A}^{-1}}{1+\boldsymbol{\beta}^{\mathrm{T}}\boldsymbol{A}^{-1}\boldsymbol{\alpha}}$.

分析　欲证 $\boldsymbol{A}^{-1}=\boldsymbol{B}$，只要证明 $\boldsymbol{AB}=\boldsymbol{I}$ 即可.

证　因为

$$
(\boldsymbol{A}+\boldsymbol{\alpha}\boldsymbol{\beta}^{\mathrm{T}})\left(\boldsymbol{A}^{-1}-\frac{\boldsymbol{A}^{-1}\boldsymbol{\alpha}\boldsymbol{\beta}^{\mathrm{T}}\boldsymbol{A}^{-1}}{1+\boldsymbol{\beta}^{\mathrm{T}}\boldsymbol{A}^{-1}\boldsymbol{\alpha}}\right)=\boldsymbol{I}+\boldsymbol{\alpha}\boldsymbol{\beta}^{\mathrm{T}}\boldsymbol{A}^{-1}-\frac{\boldsymbol{\alpha}\boldsymbol{\beta}^{\mathrm{T}}\boldsymbol{A}^{-1}+\boldsymbol{\alpha}(\boldsymbol{\beta}^{\mathrm{T}}\boldsymbol{A}^{-1}\boldsymbol{\alpha})\boldsymbol{\beta}^{\mathrm{T}}\boldsymbol{A}^{-1}}{1+\boldsymbol{\beta}^{\mathrm{T}}\boldsymbol{A}^{-1}\boldsymbol{\alpha}}
$$

注意到 $\boldsymbol{\beta}^{\mathrm{T}}\boldsymbol{A}^{-1}\boldsymbol{\alpha}$ 是一个数，从而

$$
(\boldsymbol{A}+\boldsymbol{\alpha}\boldsymbol{\beta}^{\mathrm{T}})\left(\boldsymbol{A}^{-1}-\frac{\boldsymbol{A}^{-1}\boldsymbol{\alpha}\boldsymbol{\beta}^{\mathrm{T}}\boldsymbol{A}^{-1}}{1+\boldsymbol{\beta}^{\mathrm{T}}\boldsymbol{A}^{-1}\boldsymbol{\alpha}}\right)=\boldsymbol{I}+\boldsymbol{\alpha}\boldsymbol{\beta}^{\mathrm{T}}\boldsymbol{A}^{-1}-\frac{(1+\boldsymbol{\beta}^{\mathrm{T}}\boldsymbol{A}^{-1}\boldsymbol{\alpha})\boldsymbol{\alpha}\boldsymbol{\beta}^{\mathrm{T}}\boldsymbol{A}^{-1}}{1+\boldsymbol{\beta}^{\mathrm{T}}\boldsymbol{A}^{-1}\boldsymbol{\alpha}}=\boldsymbol{I},
$$

所以 $\boldsymbol{A}+\boldsymbol{\alpha}\boldsymbol{\beta}^{\mathrm{T}}$ 可逆，且 $(\boldsymbol{A}+\boldsymbol{\alpha}\boldsymbol{\beta}^{\mathrm{T}})^{-1}=\boldsymbol{A}^{-1}-\dfrac{\boldsymbol{A}^{-1}\boldsymbol{\alpha}\boldsymbol{\beta}^{\mathrm{T}}\boldsymbol{A}^{-1}}{1+\boldsymbol{\beta}^{\mathrm{T}}\boldsymbol{A}^{-1}\boldsymbol{\alpha}}$.

例 2－8　设 $\boldsymbol{A},\boldsymbol{B}$ 均为 3 阶矩阵，已知 $|\boldsymbol{A}|=3$，$|\boldsymbol{B}|=2$，$|\boldsymbol{A}^{-1}+\boldsymbol{B}|=2$，求 $|\boldsymbol{A}+\boldsymbol{B}^{-1}|$.

分析　将 $\boldsymbol{A}+\boldsymbol{B}^{-1}$ 表示为行列式已知的矩阵的乘积，两边取行列式即可求得.

解　因为 $\boldsymbol{A}+\boldsymbol{B}^{-1}=\boldsymbol{A}(\boldsymbol{I}+\boldsymbol{A}^{-1}\boldsymbol{B}^{-1})=\boldsymbol{A}(\boldsymbol{B}+\boldsymbol{A}^{-1})\boldsymbol{B}^{-1}$，所以

$$
|\boldsymbol{A}+\boldsymbol{B}^{-1}|=|\boldsymbol{A}|\cdot|\boldsymbol{B}+\boldsymbol{A}^{-1}|\cdot|\boldsymbol{B}^{-1}|=|\boldsymbol{A}|\cdot|\boldsymbol{B}+\boldsymbol{A}^{-1}|\cdot\frac{1}{|\boldsymbol{B}|}=3\times 2\times\frac{1}{2}=3.
$$

例 2－9　计算 $\boldsymbol{X}=\begin{bmatrix}0&0&1\\0&1&0\\1&0&0\end{bmatrix}^{2m}\begin{bmatrix}x_1&x_2&x_3\\y_1&y_2&y_3\\z_1&z_2&z_3\end{bmatrix}\begin{bmatrix}0&0&1\\0&1&0\\1&0&0\end{bmatrix}^{2m+1}$.

解　注意到 $\begin{bmatrix}0&0&1\\0&1&0\\1&0&0\end{bmatrix}$ 是一个初等矩阵，它左乘一个矩阵，相当于互换矩阵的第 1 行与第 3 行，而它右乘一个矩阵，相当于互换矩阵的第 1 列与第 3 列.

矩阵 $\begin{bmatrix}x_1&x_2&x_3\\y_1&y_2&y_3\\z_1&z_2&z_3\end{bmatrix}$ 经过 $2m$（偶数次）次第 1 行与第 3 行互换、$2m+1$（奇数次）次第 1 列与第 3 列互换，相当于做了一次第 1 列与第 3 列互换，故 $\boldsymbol{X}=\begin{bmatrix}x_3&x_2&x_1\\y_3&y_2&y_1\\z_3&z_2&z_1\end{bmatrix}$.

例 2-10　分别利用伴随矩阵和初等行变换两种方法，求下列矩阵的逆 $\boldsymbol{A}^{-1}$，

$$\boldsymbol{A}=\begin{bmatrix}1&2&3\\4&5&6\\7&8&10\end{bmatrix}.$$

解法 1　利用伴随矩阵

$A_{11}=\begin{vmatrix}5&6\\8&10\end{vmatrix}=2, A_{12}=(-1)^{1+2}\begin{vmatrix}4&6\\7&10\end{vmatrix}=2, A_{13}=\begin{vmatrix}4&5\\7&8\end{vmatrix}=-3,$

$A_{21}=(-1)^{2+1}\begin{vmatrix}2&3\\8&10\end{vmatrix}=4, A_{22}=\begin{vmatrix}1&3\\7&10\end{vmatrix}=-11, A_{23}=(-1)^{2+3}\begin{vmatrix}1&2\\7&8\end{vmatrix}=6,$

$A_{31}=\begin{vmatrix}2&3\\5&6\end{vmatrix}=-3, A_{32}=-\begin{vmatrix}1&3\\4&6\end{vmatrix}=6, A_{33}=\begin{vmatrix}1&2\\4&5\end{vmatrix}=-3$，容易算得 $|\boldsymbol{A}|=-3$，所以

$$\boldsymbol{A}^{-1}=\frac{1}{|\boldsymbol{A}|}\boldsymbol{A}^*=-\frac{1}{3}\begin{bmatrix}A_{11}&A_{21}&A_{31}\\A_{12}&A_{22}&A_{32}\\A_{13}&A_{23}&A_{33}\end{bmatrix}=-\frac{1}{3}\begin{bmatrix}2&4&-3\\2&-11&6\\-3&6&-3\end{bmatrix}.$$

解法 2　利用初等行变换

$$[\boldsymbol{A}\mid\boldsymbol{I}]=\left[\begin{array}{ccc|ccc}1&2&3&1&0&0\\4&5&6&0&1&0\\7&8&10&0&0&1\end{array}\right]\xrightarrow[r_{13}(-7)]{r_{12}(-4)}\left[\begin{array}{ccc|ccc}1&2&3&1&0&0\\0&-3&-6&-4&1&0\\0&-6&-11&-7&0&1\end{array}\right]\xrightarrow{r_{23}(-2)}$$

$$\left[\begin{array}{ccc|ccc}1&2&3&1&0&0\\0&-3&-6&-4&1&0\\0&0&1&1&-2&1\end{array}\right]\xrightarrow[r_{31}(-3)]{r_{32}(6)}\left[\begin{array}{ccc|ccc}1&2&0&-2&6&-3\\0&-3&0&2&-11&6\\0&0&1&1&-2&1\end{array}\right]\xrightarrow[r_{21}(-2)]{r_2(-\frac{1}{3})}$$

$$\left[\begin{array}{ccc|ccc}1&0&0&-\frac{2}{3}&-\frac{4}{3}&1\\0&1&0&-\frac{2}{3}&\frac{11}{3}&-2\\0&0&1&1&-2&1\end{array}\right]\text{，所以，}\boldsymbol{A}^{-1}=\begin{bmatrix}-\frac{2}{3}&-\frac{4}{3}&1\\-\frac{2}{3}&\frac{11}{3}&-2\\1&-2&1\end{bmatrix}.$$

注　一般地，求 2 阶或 3 阶矩阵的逆，可利用伴随矩阵的方法；求 3 阶及以上可逆矩阵的逆矩阵，常采用初等变换法.

例 2-11　设 $\boldsymbol{A}=\begin{bmatrix}0&a_1&0&\cdots&0\\0&0&a_2&\cdots&0\\\vdots&\vdots&\vdots&&\vdots\\0&0&0&\cdots&a_{n-1}\\a_n&0&0&\cdots&0\end{bmatrix}$，其中 $a_i\neq0(i=1,2,\cdots,n)$，试求 $\boldsymbol{A}^{-1}$.

解　用初等行变换法

$$[\boldsymbol{A}\mid\boldsymbol{I}]=\left[\begin{array}{ccccc|ccccc}0&a_1&0&\cdots&0&1&0&\cdots&0&0\\0&0&a_2&\cdots&0&0&1&\cdots&0&0\\\vdots&\vdots&\vdots&&\vdots&\vdots&\vdots&&\vdots&\vdots\\0&0&0&\cdots&a_{n-1}&0&0&\cdots&1&0\\a_n&0&0&\cdots&0&0&0&\cdots&0&1\end{array}\right]$$

$$\rightarrow \begin{bmatrix} a_n & 0 & 0 & \cdots & 0 & 0 & 0 & \cdots & 0 & 1 \\ 0 & a_1 & 0 & \cdots & 0 & 1 & 0 & \cdots & 0 & 0 \\ 0 & 0 & a_2 & \cdots & 0 & 0 & 1 & \cdots & 0 & 0 \\ \vdots & \vdots & \vdots & & \vdots & \vdots & \vdots & & \vdots & \vdots \\ 0 & 0 & 0 & \cdots & a_{n-1} & 0 & 0 & \cdots & 1 & 0 \end{bmatrix}$$

$$\rightarrow \begin{bmatrix} 1 & 0 & 0 & \cdots & 0 & 0 & 0 & \cdots & 0 & a_n^{-1} \\ 0 & 1 & 0 & \cdots & 0 & a_1^{-1} & 0 & \cdots & 0 & 0 \\ 0 & 0 & 1 & \cdots & 0 & 0 & a_2^{-1} & \cdots & 0 & 0 \\ \vdots & \vdots & \vdots & & \vdots & \vdots & \vdots & & \vdots & \vdots \\ 0 & 0 & 0 & \cdots & 1 & 0 & 0 & \cdots & a_{n-1}^{-1} & 0 \end{bmatrix}$$

所以

$$\boldsymbol{A}^{-1} = \begin{bmatrix} 0 & 0 & \cdots & 0 & a_n^{-1} \\ a_1^{-1} & 0 & \cdots & 0 & 0 \\ 0 & a_2^{-1} & \cdots & 0 & 0 \\ \vdots & \vdots & & \vdots & \vdots \\ 0 & 0 & \cdots & a_{n-1}^{-1} & 0 \end{bmatrix}.$$

注 求出矩阵 $\boldsymbol{A}$ 的逆矩阵 $\boldsymbol{B}$ 后,可通过是否有 $\boldsymbol{AB}=\boldsymbol{I}$ 来验证逆矩阵的正确性.

例 2-12 设 $\boldsymbol{A}=\begin{bmatrix} 3 & 2 & -1 \\ 3 & 9 & -5 \\ 5 & 10 & -4 \end{bmatrix}$,$\boldsymbol{B}=\begin{bmatrix} 1 & 2 \\ 5 & 9 \\ 28 & 32 \end{bmatrix}$,矩阵 $\boldsymbol{X}$ 满足 $\boldsymbol{AX}=2\boldsymbol{X}+\boldsymbol{B}$,求 $\boldsymbol{X}$.

分析 这是一个解矩阵方程的问题,可将方程恒等变形为 $\boldsymbol{CX}=\boldsymbol{D}$ 或 $\boldsymbol{XC}=\boldsymbol{D}$ 或 $\boldsymbol{C}_1\boldsymbol{XC}_2=\boldsymbol{D}$,如果 $\boldsymbol{C},\boldsymbol{C}_1,\boldsymbol{C}_2$ 是可逆矩阵,则可以解出 $\boldsymbol{X}$.

解 由题设,得 $(\boldsymbol{A}-2\boldsymbol{I})\boldsymbol{X}=\boldsymbol{B}$. 因为 $\det(\boldsymbol{A}-2\boldsymbol{I})=-1\neq 0$,所以 $\boldsymbol{A}-2\boldsymbol{I}$ 可逆. 于是

$$\boldsymbol{X}=(\boldsymbol{A}-2\boldsymbol{I})^{-1}\boldsymbol{B}=\begin{bmatrix} -8 & -2 & 3 \\ 7 & 1 & -2 \\ 5 & 0 & -1 \end{bmatrix}\begin{bmatrix} 1 & 2 \\ 5 & 9 \\ 28 & 32 \end{bmatrix}=\begin{bmatrix} 66 & 62 \\ -44 & -41 \\ -23 & -22 \end{bmatrix}.$$

上面的做法是先求出 $(\boldsymbol{A}-2\boldsymbol{I})^{-1}$,然后再乘以矩阵 $\boldsymbol{B}$ 得 $\boldsymbol{X}$. 也可以用下面的初等行变换法直接求得 $(\boldsymbol{A}-2\boldsymbol{I})^{-1}\boldsymbol{B}$.

$$[\boldsymbol{A}-2\boldsymbol{I} \mid \boldsymbol{B}]=\begin{bmatrix} 1 & 2 & -1 & 1 & 2 \\ 3 & 7 & -5 & 5 & 9 \\ 5 & 10 & -6 & 28 & 32 \end{bmatrix}\xrightarrow{\text{初等行变换}}\begin{bmatrix} 1 & 0 & 0 & 66 & 62 \\ 0 & 1 & 0 & -44 & -41 \\ 0 & 0 & 1 & -23 & -22 \end{bmatrix},$$

所以 $\boldsymbol{X}=(\boldsymbol{A}-2\boldsymbol{I})^{-1}\boldsymbol{B}=\begin{bmatrix} 66 & 62 \\ -44 & -41 \\ -23 & -22 \end{bmatrix}$.

例 2-13 设矩阵 $\boldsymbol{A}$ 的伴随矩阵 $\boldsymbol{A}^*=\begin{bmatrix} 1 & 0 & 0 & 0 \\ 0 & 1 & 0 & 0 \\ 1 & 0 & 1 & 0 \\ 0 & -3 & 0 & 8 \end{bmatrix}$,矩阵 $\boldsymbol{B}$ 满足方程 $\boldsymbol{ABA}^{-1}=\boldsymbol{BA}^{-1}+$

$3\boldsymbol{I}$,求 $\boldsymbol{B}$.

分析　这也是一个解矩阵方程的问题,但是由于给定了 $\boldsymbol{A}^*$,方程中同时有 $\boldsymbol{A}^{-1}$ 和 $\boldsymbol{A}$,所以可以利用关系式 $\boldsymbol{AA}^*=\boldsymbol{A}^*\boldsymbol{A}=|\boldsymbol{A}|\boldsymbol{I}$,给题设方程两端左乘或右乘一个矩阵,化简后进行计算.

解　对题设方程 $\boldsymbol{ABA}^{-1}=\boldsymbol{BA}^{-1}+3\boldsymbol{I}$ 两端右乘 $\boldsymbol{A}$,左乘 $\boldsymbol{A}^*$ 得,$\boldsymbol{A}^*\boldsymbol{AB}=\boldsymbol{A}^*\boldsymbol{B}+3\boldsymbol{A}^*\boldsymbol{A}$,即

$$|\boldsymbol{A}|\boldsymbol{B}=\boldsymbol{A}^*\boldsymbol{B}+3|\boldsymbol{A}|\boldsymbol{I}.$$

由 $|\boldsymbol{A}^*|=|\boldsymbol{A}|^{n-1}$,得 $|\boldsymbol{A}|^3=|\boldsymbol{A}^*|=8$,从而 $|\boldsymbol{A}|=2$. 代入上式,得

$$(2\boldsymbol{I}-\boldsymbol{A}^*)\boldsymbol{B}=6\boldsymbol{I},$$

所以

$$\boldsymbol{B}=6(2\boldsymbol{I}-\boldsymbol{A}^*)^{-1}=6\begin{bmatrix}1&0&0&0\\0&1&0&0\\-1&0&1&0\\0&3&0&-6\end{bmatrix}^{-1}=\begin{bmatrix}6&0&0&0\\0&6&0&0\\6&0&6&0\\0&3&0&-1\end{bmatrix}.$$

例 2-14　设 4 阶矩阵 $\boldsymbol{B}$ 满足 $\left(\left(\frac{1}{2}\boldsymbol{A}\right)^*\right)^{-1}\boldsymbol{BA}^{-1}=2\boldsymbol{AB}+12\boldsymbol{I}$,其中 $\boldsymbol{A}=\begin{bmatrix}1&2&0&0\\1&3&0&0\\0&0&0&2\\0&0&-1&0\end{bmatrix}$.

(1)证明矩阵 $\boldsymbol{A}-2\boldsymbol{I}$ 可逆;(2)求矩阵 $\boldsymbol{B}$.

分析　利用可逆的充要条件的推论:若方阵 $\boldsymbol{A},\boldsymbol{B}$ 满足 $\boldsymbol{AB}=k\boldsymbol{I}(k\neq0)$,则 $\boldsymbol{A},\boldsymbol{B}$ 均可逆。对于一个已知等式,要证明某个矩阵可逆,通常的做法就是恒等变形,使得所要求的矩阵乘上另一个矩阵等于 $k\boldsymbol{I}(k\neq0)$,便可达到目的.

解　由 $|\boldsymbol{A}|=\begin{vmatrix}1&2\\1&3\end{vmatrix}\cdot\begin{vmatrix}0&2\\-1&0\end{vmatrix}=2$,得 $\boldsymbol{A}$ 是可逆矩阵. 从而 $\boldsymbol{A}^*=|\boldsymbol{A}|\boldsymbol{A}^{-1}$,于是

$$\left(\frac{1}{2}\boldsymbol{A}\right)^*=\left|\frac{1}{2}\boldsymbol{A}\right|\left(\frac{1}{2}\boldsymbol{A}\right)^{-1}=\left(\frac{1}{2}\right)^4|\boldsymbol{A}|2\boldsymbol{A}^{-1}=\frac{1}{4}\boldsymbol{A}^{-1}$$

故有 $\left[\left(\frac{1}{2}\boldsymbol{A}\right)^*\right]^{-1}=4\boldsymbol{A}$,代入题设方程,得

$$4\boldsymbol{ABA}^{-1}=2\boldsymbol{AB}+12\boldsymbol{I}$$

上式两端左乘 $\boldsymbol{A}^{-1}$,右乘 $\boldsymbol{A}$ 得 $4\boldsymbol{B}=2\boldsymbol{BA}+12\boldsymbol{I}$,即有

$$\boldsymbol{B}(\boldsymbol{A}-2\boldsymbol{I})=-6\boldsymbol{I}.$$

所以 $\boldsymbol{A}-2\boldsymbol{I}$ 可逆. 且有

$$\boldsymbol{B}=6(2\boldsymbol{I}-\boldsymbol{A})^{-1}=\begin{bmatrix}2&-4&0&0\\-2&-2&0&0\\0&0&2&2\\0&0&-1&2\end{bmatrix}.$$

例 2-15　设 3 阶矩阵 $\boldsymbol{A}$ 的第 1 行元素为 $a_{11}=1,a_{12}=2,a_{13}=-1$,且 $\boldsymbol{A}^*=\begin{bmatrix}-7&-4&9\\5&3&-7\\4&2&-5\end{bmatrix}$,求 $\boldsymbol{A}$.

解　注意到 A^* 的第 1 列元素是 $|A|$ 的第 1 行元素的代数余子式. 因此

$$|A|=a_{11}A_{11}+a_{12}A_{12}+a_{13}A_{13}=-7+10-4=-1,$$

从而 $AA^*=|A|I=-I$. 故

$$A=-(A^*)^{-1}=-\begin{bmatrix}-7&-4&9\\5&3&-7\\4&2&-5\end{bmatrix}^{-1}=\begin{bmatrix}1&2&-1\\3&1&4\\2&2&1\end{bmatrix}.$$

例 2-16　设 $A=\begin{bmatrix}0&1&7&8\\1&3&3&8\\-2&-5&1&-8\end{bmatrix}$. (1)求可逆矩阵 P 及简化行阶梯形矩阵 B，使 $PA=B$；(2)求可逆矩阵 P,Q，使 PAQ 为 A 的秩标准形；(3)求 A 的满秩分解.

解　(1)由 P 可逆及 $PA=B$，$PI=P$，得知，当用若干次初等行变换把 A 化成简化行阶梯形矩阵 B 时，用同样的若干次初等行变换就可将单位矩阵 I 化成 P.

对 $[A\,\vdots\,I]$ 作初等行变换，

$$[A\,\vdots\,I]=\begin{bmatrix}0&1&7&8&1&0&0\\1&3&3&8&0&1&0\\-2&-5&1&-8&0&0&1\end{bmatrix}\to\begin{bmatrix}1&0&-18&-16&-3&1&0\\0&1&7&8&1&0&0\\0&0&0&0&0&2&1\end{bmatrix}$$

所以

$$B=\begin{bmatrix}1&0&-18&-16\\0&1&7&8\\0&0&0&0\end{bmatrix},P=\begin{bmatrix}-3&1&0\\1&0&0\\0&2&1\end{bmatrix}.$$

(2)由 Q 可逆，及 $BQ=C$，$IQ=Q$ 得知，当用若干次初等列变换把 B 化成矩阵 C 时，用同样的若干次初等列变换就可将单位矩阵 I 化成 Q.

对 $\begin{bmatrix}B\\I\end{bmatrix}$ 作初等列变换，得

$$\begin{bmatrix}B\\I\end{bmatrix}=\begin{bmatrix}1&0&-18&-16\\0&1&7&8\\0&0&0&0\\1&0&0&0\\0&1&0&0\\0&0&1&0\\0&0&0&1\end{bmatrix}\to\begin{bmatrix}1&0&0&0\\0&1&0&0\\0&0&0&0\\1&0&18&16\\0&1&-7&-8\\0&0&1&0\\0&0&0&1\end{bmatrix}$$

所以

$$Q=\begin{bmatrix}1&0&18&16\\0&1&-7&-8\\0&0&1&0\\0&0&0&1\end{bmatrix},PAQ=\begin{bmatrix}1&0&0&0\\0&1&0&0\\0&0&0&0\end{bmatrix}.$$

(3)由 $PAQ=\begin{bmatrix}1&0&0&0\\0&1&0&0\\0&0&0&0\end{bmatrix}$，得

$$\boldsymbol{A}=\boldsymbol{P}^{-1}\begin{bmatrix}1&0&0&0\\0&1&0&0\\0&0&0&0\end{bmatrix}\boldsymbol{Q}^{-1}=\boldsymbol{P}^{-1}\begin{bmatrix}1&0\\0&1\\0&0\end{bmatrix}\begin{bmatrix}1&0&0&0\\0&0&0&0\end{bmatrix}\boldsymbol{Q}^{-1}.$$

令 $\boldsymbol{G}=\boldsymbol{P}^{-1}\begin{bmatrix}1&0\\0&1\\0&0\end{bmatrix}=\begin{bmatrix}0&1\\1&3\\-2&5\end{bmatrix}$，$\boldsymbol{H}=\begin{bmatrix}1&0&0&0\\0&0&0&0\end{bmatrix}\boldsymbol{Q}^{-1}=\begin{bmatrix}1&0&-18&-16\\0&1&7&8\end{bmatrix}$，

则 $\boldsymbol{G}$ 为列满秩矩阵，$\boldsymbol{H}$ 为行满秩矩阵，$\boldsymbol{A}=\boldsymbol{GH}$ 为 $\boldsymbol{A}$ 的满秩分解.

例 2-17 设实方阵 $\boldsymbol{A}=(a_{ij})_{4\times4}$ 满足 $a_{44}=-1$ 且 $a_{ij}=A_{ij}$，其中 A_{ij} 是 a_{ij} 的代数余子式$(i,j=1,2,3,4)$. (1)求 $|\boldsymbol{A}|$；(2)证明 $\boldsymbol{A}$ 可逆且 $\boldsymbol{A}^{-1}=\boldsymbol{A}^{\mathrm{T}}$.

解 (1) $|\boldsymbol{A}|=\sum_{j=1}^{4}a_{4j}A_{4j}=a_{41}^2+a_{42}^2+a_{43}^2+1>0$；

由 $a_{ij}=A_{ij}$，得 $\boldsymbol{A}^*=\boldsymbol{A}^{\mathrm{T}}$，从而 $\boldsymbol{AA}^{\mathrm{T}}=\boldsymbol{AA}^*=|\boldsymbol{A}|\boldsymbol{I}$. 对等式 $\boldsymbol{AA}^{\mathrm{T}}=|\boldsymbol{A}|\boldsymbol{I}$ 两边取行列式，得 $|\boldsymbol{A}|\ |\boldsymbol{A}^{\mathrm{T}}|=|\boldsymbol{A}|^4$，即 $|\boldsymbol{A}|^2=|\boldsymbol{A}|^4$，由于 $|\boldsymbol{A}|>0$，故 $|\boldsymbol{A}|=1$.

(2)由(1)知，$|\boldsymbol{A}|=1$，所以 $\boldsymbol{A}$ 可逆，且 $\boldsymbol{A}^{-1}=\frac{1}{|\boldsymbol{A}|}\boldsymbol{A}^*=\boldsymbol{A}^{\mathrm{T}}$.

例 2-18 设 $\boldsymbol{A}$ 为 n 阶可逆方阵$(n\geqslant2)$，求 $[(\boldsymbol{A}^*)^*]^{-1}$.

解 由 $\boldsymbol{AA}^*=|\boldsymbol{A}|\boldsymbol{I}$，得 $|\boldsymbol{A}|\ |\boldsymbol{A}^*|=|\boldsymbol{A}|^n$，因 $\boldsymbol{A}$ 可逆，即 $|\boldsymbol{A}|\neq0$，于是 $|\boldsymbol{A}^*|=|\boldsymbol{A}|^{n-1}$；又 $(\boldsymbol{A}^*)^*\boldsymbol{A}^*=|\boldsymbol{A}^*|\boldsymbol{I}=|\boldsymbol{A}|^{n-1}\boldsymbol{I}$，所以 $[(\boldsymbol{A}^*)^*]^{-1}=|\boldsymbol{A}|^{1-n}\boldsymbol{A}^*$. 又 $\boldsymbol{A}^*=|\boldsymbol{A}|\boldsymbol{A}^{-1}$，故

$$[(\boldsymbol{A}^*)^*]^{-1}=|\boldsymbol{A}|^{2-n}\boldsymbol{A}^{-1}.$$

例 2-19 讨论矩阵 $\boldsymbol{A}=\begin{bmatrix}1&1&1&1\\1&-2&-1&-2\\4&1&2&1\\2&5&\mu&\lambda\end{bmatrix}$ 的秩.

解 利用初等行变换将矩阵 $\boldsymbol{A}$ 化为阶梯形

$$\boldsymbol{A}\to\begin{bmatrix}1&1&1&1\\0&-3&-2&-3\\0&-3&-2&-3\\0&3&\mu-2&\lambda-2\end{bmatrix}\to\begin{bmatrix}1&1&1&1\\0&-3&-2&-3\\0&0&\mu-4&\lambda-5\\0&0&0&0\end{bmatrix},$$

由此知，当 $\mu=4$ 且 $\lambda=5$ 时，$r(\boldsymbol{A})=2$；当 $\mu\neq4$ 或 $\lambda\neq5$ 时，$r(\boldsymbol{A})=3$.

例 2-20 讨论矩阵 $\boldsymbol{A}=\begin{bmatrix}a&b&b&b\\b&a&b&b\\b&b&a&b\\b&b&b&a\end{bmatrix}$ 的秩.

解法 1 此矩阵只作初等行变换化为行阶梯形较繁琐，还要对 a,b 一开始就进行讨论. 这种时候，配合适当的初等列变换先将矩阵化为阶梯形的样子，再讨论会方便些(注意，初等列变换也不改变矩阵的秩).

$$\boldsymbol{A}\xrightarrow[i=2,3,4]{r_{1i}(-1)}\begin{bmatrix}a&b&b&b\\b-a&a-b&0&0\\b-a&0&a-b&0\\b-a&0&0&a-b\end{bmatrix}\xrightarrow[i=2,3,4]{c_{i1}(1)}\begin{bmatrix}a+3b&b&b&b\\0&a-b&0&0\\0&0&a-b&0\\0&0&0&a-b\end{bmatrix}$$

(1)当 $a+3b=0$ 且 $a-b=0$,即 $a=b=0$ 时,$\boldsymbol{A}=\boldsymbol{O}$,则 $r(\boldsymbol{A})=0$;

(2)当 $a+3b\neq0$ 且 $a-b\neq0$ 时,则 $r(\boldsymbol{A})=4$;

(3)当 $a+3b\neq0$ 且 $a-b=0$ 时,则 $r(\boldsymbol{A})=1$;

(4)当 $a+3b=0$ 且 $a-b\neq0$ 时,则 $r(\boldsymbol{A})=3$.

解法 2　计算得 $|\boldsymbol{A}|=(a+3b)(a-b)^3$,所以

(1)当 $a+3b\neq0$ 且 $a-b\neq0$ 时,有 $|\boldsymbol{A}|\neq0$,则 $r(\boldsymbol{A})=4$;

(2)当 $a+3b=0$ 且 $a-b=0$,即 $a=b=0$ 时,$\boldsymbol{A}=\boldsymbol{O}$,则 $r(\boldsymbol{A})=0$;

(3)当 $a+3b\neq0$,$a-b=0$ 时,有 $b\neq0$,且

$$\boldsymbol{A}=\begin{bmatrix}b&b&b&b\\b&b&b&b\\b&b&b&b\\b&b&b&b\end{bmatrix}\to\begin{bmatrix}b&b&b&b\\0&0&0&0\\0&0&0&0\\0&0&0&0\end{bmatrix},\text{故 } r(\boldsymbol{A})=1;$$

(4)当 $a+3b=0$,$a-b\neq0$ 时,有 $|\boldsymbol{A}|=0$,故 $r(\boldsymbol{A})<4$,又 $\boldsymbol{A}$ 的左上角的 3 阶子式 $\Delta_3=(a+2b)(a-b)^2\neq0$,所以 $r(\boldsymbol{A})=3$.

例 2-21　设有 $n(n>1)$ 维向量 $\boldsymbol{\alpha}=(1,1,\cdots,1)$,$\boldsymbol{I}$ 为 n 阶单位矩阵,求 n 阶矩阵 $\boldsymbol{A}=\boldsymbol{I}-\dfrac{1}{n}\boldsymbol{\alpha}^{\mathrm{T}}\boldsymbol{\alpha}$ 的秩.

解法 1　由于 $r(\boldsymbol{A})=r(n\boldsymbol{A})$,所以求得 $n\boldsymbol{A}$ 的秩即可.

$$n\boldsymbol{A}=n\boldsymbol{I}-\boldsymbol{\alpha}^{\mathrm{T}}\boldsymbol{\alpha}=\begin{bmatrix}n-1&-1&\cdots&-1\\-1&n-1&\cdots&-1\\\vdots&\vdots&&\vdots\\-1&-1&\cdots&n-1\end{bmatrix},$$

又 $n\boldsymbol{A}$ 的每行元素之和均为 0,所以 $\det(n\boldsymbol{A})=0$. 而 $n\boldsymbol{A}$ 的左上角 $n-1$ 阶子式为

$$\begin{vmatrix}n-1&-1&\cdots&-1\\-1&n-1&\cdots&-1\\\vdots&\vdots&&\vdots\\-1&-1&\cdots&n-1\end{vmatrix}_{(n-1)\times(n-1)}\xlongequal[i=2,\cdots,n-1]{c_{i1}(1)}\begin{vmatrix}1&-1&\cdots&-1\\1&n-1&\cdots&-1\\\vdots&\vdots&&\vdots\\1&-1&\cdots&n-1\end{vmatrix}_{(n-1)\times(n-1)}$$

$$\xlongequal[i=2,\cdots,n-1]{r_{1i}(-1)}\begin{vmatrix}1&-1&\cdots&-1\\0&n&\cdots&0\\\vdots&\vdots&&\vdots\\0&0&\cdots&n\end{vmatrix}_{(n-1)\times(n-1)}=n^{n-2}\neq0.$$

所以,$r(\boldsymbol{A})=r(n\boldsymbol{A})=n-1$.

解法 2　对 $n\boldsymbol{A}$ 作初等变换,将第 1 行至第 $n-1$ 行都加到第 n 行,得

$$n\boldsymbol{A}=n\boldsymbol{I}-\boldsymbol{\alpha}^{\mathrm{T}}\boldsymbol{\alpha}=\begin{bmatrix}n-1&-1&\cdots&-1&-1\\-1&n-1&\cdots&-1&-1\\\vdots&\vdots&&\vdots&\vdots\\-1&-1&\cdots&n-1&-1\\-1&-1&\cdots&-1&n-1\end{bmatrix}\to\begin{bmatrix}n-1&-1&\cdots&-1&-1\\-1&n-1&\cdots&-1&-1\\\vdots&\vdots&&\vdots&\vdots\\-1&-1&\cdots&n-1&-1\\0&0&\cdots&0&0\end{bmatrix}$$

再从第 $n-2$ 行开始(向上),依次把每行的(-1)倍加至下一行,然后再将第 2 列加至第 1

列,得

$$nA\to\begin{bmatrix}n-1 & -1 & \cdots & -1 & -1\\ -n & n & \cdots & 0 & 0\\ \vdots & \vdots & & \vdots & \vdots\\ 0 & 0 & \cdots & n & 0\\ 0 & 0 & \cdots & 0 & 0\end{bmatrix}\xrightarrow{c_{21}(1)}\begin{bmatrix}n-2 & -1 & \cdots & -1 & -1\\ 0 & n & \cdots & 0 & 0\\ \vdots & \vdots & & \vdots & \vdots\\ 0 & 0 & \cdots & n & 0\\ 0 & 0 & \cdots & 0 & 0\end{bmatrix}$$

所以,$r(\boldsymbol{A})=r(n\boldsymbol{A})=n-1$.

例 2-22　判断下列矩阵 $\boldsymbol{A}$ 是否可逆,若可逆,试用分块矩阵的方法求 $\boldsymbol{A}^{-1}$.

$$\boldsymbol{A}=\begin{bmatrix}1 & 2 & 1 & 0\\ 3 & 4 & 0 & 1\\ 0 & 0 & 3 & 2\\ 0 & 0 & 4 & 1\end{bmatrix}$$

解　记 $\boldsymbol{A}_1=\begin{bmatrix}1 & 2\\ 3 & 4\end{bmatrix}$,$\boldsymbol{I}=\begin{bmatrix}1 & 0\\ 0 & 1\end{bmatrix}$,$\boldsymbol{A}_2=\begin{bmatrix}3 & 2\\ 4 & 1\end{bmatrix}$,则 $\boldsymbol{A}$ 为分块上三角形 $\boldsymbol{A}=\begin{bmatrix}\boldsymbol{A}_1 & \boldsymbol{I}\\ \boldsymbol{O} & \boldsymbol{A}_2\end{bmatrix}$,于是 $|\boldsymbol{A}|=|\boldsymbol{A}_1||\boldsymbol{A}_2|=(-2)(-5)=10\neq 0$,所以 $\boldsymbol{A},\boldsymbol{A}_1,\boldsymbol{A}_2$ 均可逆.

设 $\boldsymbol{A}^{-1}=\begin{bmatrix}\boldsymbol{X}_1 & \boldsymbol{X}_2\\ \boldsymbol{X}_3 & \boldsymbol{X}_4\end{bmatrix}$,则 $\begin{bmatrix}\boldsymbol{I} & \boldsymbol{O}\\ \boldsymbol{O} & \boldsymbol{I}\end{bmatrix}=\begin{bmatrix}\boldsymbol{A}_1 & \boldsymbol{I}\\ \boldsymbol{O} & \boldsymbol{A}_2\end{bmatrix}\begin{bmatrix}\boldsymbol{X}_1 & \boldsymbol{X}_2\\ \boldsymbol{X}_3 & \boldsymbol{X}_4\end{bmatrix}=\begin{bmatrix}\boldsymbol{A}_1\boldsymbol{X}_1+\boldsymbol{X}_3 & \boldsymbol{A}_1\boldsymbol{X}_2+\boldsymbol{X}_4\\ \boldsymbol{A}_2\boldsymbol{X}_3 & \boldsymbol{A}_2\boldsymbol{X}_4\end{bmatrix}$.

由 $\boldsymbol{A}_2\boldsymbol{X}_3=\boldsymbol{O}$,且 $\boldsymbol{A}_2$ 可逆,得 $\boldsymbol{X}_3=\boldsymbol{O}$;由 $\boldsymbol{A}_2\boldsymbol{X}_4=\boldsymbol{I}$,得 $\boldsymbol{X}_4=\boldsymbol{A}_2^{-1}$;由 $\boldsymbol{A}_1\boldsymbol{X}_1+\boldsymbol{X}_3=\boldsymbol{I}$,而 $\boldsymbol{X}_3=\boldsymbol{O}$,得 $\boldsymbol{X}_1=\boldsymbol{A}_1^{-1}$;再由 $\boldsymbol{A}_1\boldsymbol{X}_2+\boldsymbol{X}_4=\boldsymbol{O}$,即 $\boldsymbol{A}_1\boldsymbol{X}_2=-\boldsymbol{X}_4=-\boldsymbol{A}_2^{-1}$,得 $\boldsymbol{X}_2=-\boldsymbol{A}_1^{-1}\boldsymbol{A}_2^{-1}$,所以

$$\boldsymbol{A}^{-1}=\begin{bmatrix}\boldsymbol{A}_1^{-1} & -\boldsymbol{A}_1^{-1}\boldsymbol{A}_2^{-1}\\ \boldsymbol{O} & \boldsymbol{A}_2^{-1}\end{bmatrix}=\begin{bmatrix}\dfrac{1}{|\boldsymbol{A}_1|}\boldsymbol{A}_1^* & -\dfrac{1}{|\boldsymbol{A}_1|}\dfrac{1}{|\boldsymbol{A}_2|}\boldsymbol{A}_1^*\boldsymbol{A}_2^*\\ \boldsymbol{O} & \dfrac{1}{|\boldsymbol{A}_2|}\boldsymbol{A}_2^*\end{bmatrix}=\frac{1}{10}\begin{bmatrix}-20 & 10 & 12 & -14\\ 15 & -5 & -7 & 9\\ 0 & 0 & -2 & 4\\ 0 & 0 & 8 & -6\end{bmatrix}.$$

例 2-23　设 $\boldsymbol{A},\boldsymbol{B},\boldsymbol{A}+\boldsymbol{B}$ 均为 n 阶可逆方阵,证明:

(1)$\boldsymbol{A}^{-1}+\boldsymbol{B}^{-1}$ 可逆,且$(\boldsymbol{A}^{-1}+\boldsymbol{B}^{-1})^{-1}=\boldsymbol{A}(\boldsymbol{A}+\boldsymbol{B})^{-1}\boldsymbol{B}$;

(2)$\boldsymbol{A}(\boldsymbol{A}+\boldsymbol{B})^{-1}\boldsymbol{B}=\boldsymbol{B}(\boldsymbol{A}+\boldsymbol{B})^{-1}\boldsymbol{A}$.

证法 1　(1)因为

$$(\boldsymbol{A}^{-1}+\boldsymbol{B}^{-1})\boldsymbol{A}(\boldsymbol{A}+\boldsymbol{B})^{-1}\boldsymbol{B}=(\boldsymbol{I}+\boldsymbol{B}^{-1}\boldsymbol{A})(\boldsymbol{A}+\boldsymbol{B})^{-1}\boldsymbol{B}=\boldsymbol{B}^{-1}(\boldsymbol{B}+\boldsymbol{A})(\boldsymbol{A}+\boldsymbol{B})^{-1}\boldsymbol{B}=\boldsymbol{I}$$

所以 $\boldsymbol{A}^{-1}+\boldsymbol{B}^{-1}$ 可逆,且$(\boldsymbol{A}^{-1}+\boldsymbol{B}^{-1})^{-1}=\boldsymbol{A}(\boldsymbol{A}+\boldsymbol{B})^{-1}\boldsymbol{B}$.

(2)因为

$$(\boldsymbol{A}^{-1}+\boldsymbol{B}^{-1})\boldsymbol{B}(\boldsymbol{A}+\boldsymbol{B})^{-1}\boldsymbol{A}=(\boldsymbol{A}^{-1}\boldsymbol{B}+\boldsymbol{I})(\boldsymbol{A}+\boldsymbol{B})^{-1}\boldsymbol{A}=\boldsymbol{A}^{-1}(\boldsymbol{B}+\boldsymbol{A})(\boldsymbol{A}+\boldsymbol{B})^{-1}\boldsymbol{A}=\boldsymbol{I}$$

所以$(\boldsymbol{A}^{-1}+\boldsymbol{B}^{-1})^{-1}=\boldsymbol{A}(\boldsymbol{A}+\boldsymbol{B})^{-1}\boldsymbol{B}$. 由逆矩阵的唯一性,得

$$\boldsymbol{A}(\boldsymbol{A}+\boldsymbol{B})^{-1}\boldsymbol{B}=\boldsymbol{B}(\boldsymbol{A}+\boldsymbol{B})^{-1}\boldsymbol{A}.$$

证法 2　利用矩阵逆的运算法则,有

$$(\boldsymbol{A}^{-1}+\boldsymbol{B}^{-1})^{-1}=[\boldsymbol{A}^{-1}(\boldsymbol{B}+\boldsymbol{A})\boldsymbol{B}^{-1}]^{-1}=\boldsymbol{B}(\boldsymbol{A}+\boldsymbol{B})^{-1}\boldsymbol{A};$$

及 $(\boldsymbol{A}^{-1}+\boldsymbol{B}^{-1})^{-1}=[\boldsymbol{B}^{-1}(\boldsymbol{B}+\boldsymbol{A})\boldsymbol{A}^{-1}]^{-1}=\boldsymbol{A}(\boldsymbol{A}+\boldsymbol{B})^{-1}\boldsymbol{B}$. 由逆矩阵的唯一性,得

$$\boldsymbol{A}(\boldsymbol{A}+\boldsymbol{B})^{-1}\boldsymbol{B}=\boldsymbol{B}(\boldsymbol{A}+\boldsymbol{B})^{-1}\boldsymbol{A}.$$

注　本题易犯典型错误:$(\boldsymbol{A}^{-1}+\boldsymbol{B}^{-1})^{-1}=(\boldsymbol{A}^{-1})^{-1}+(\boldsymbol{B}^{-1})^{-1}=\boldsymbol{A}+\boldsymbol{B}$.

例 2-24　设 $\boldsymbol{A}$ 为 n 阶方阵($n\geqslant 2$),证明:

(1)若$|\boldsymbol{A}|=0$,则$|\boldsymbol{A}^*|=0$;(2) $|\boldsymbol{A}^*|=|\boldsymbol{A}|^{n-1}$;(3)当$\boldsymbol{A}$可逆时,$(\boldsymbol{A}^*)^*=|\boldsymbol{A}|^{n-2}\boldsymbol{A}$.

证 (1) 假设$|\boldsymbol{A}^*|\neq 0$,则$\boldsymbol{A}^*$可逆.由题设$\boldsymbol{A}\boldsymbol{A}^*=|\boldsymbol{A}|\boldsymbol{I}=\boldsymbol{O}$,等式两端右乘$(\boldsymbol{A}^*)^{-1}$,得$\boldsymbol{A}=\boldsymbol{O}$.于是$\boldsymbol{A}^*=\boldsymbol{O}$,此与$|\boldsymbol{A}^*|\neq 0$矛盾,所以$|\boldsymbol{A}^*|=0$.

(2) 由(1)知,当$|\boldsymbol{A}|=0$时,$|\boldsymbol{A}^*|=0$,于是$|\boldsymbol{A}^*|=|\boldsymbol{A}|^{n-1}$成立;当$|\boldsymbol{A}|\neq 0$时,因$\boldsymbol{A}^*\boldsymbol{A}=|\boldsymbol{A}|\boldsymbol{I}$,则$|\boldsymbol{A}^*||\boldsymbol{A}|=|\boldsymbol{A}|^n$,于是仍有$|\boldsymbol{A}^*|=|\boldsymbol{A}|^{n-1}$.

(3) 由$\boldsymbol{A}\boldsymbol{A}^*=|\boldsymbol{A}|\boldsymbol{I}$知,当$\boldsymbol{A}$可逆时,$\boldsymbol{A}^*$也可逆.于是,由$(\boldsymbol{A}^*)^*\boldsymbol{A}^*=|\boldsymbol{A}^*|\boldsymbol{I}=|\boldsymbol{A}|^{n-1}\boldsymbol{I}$,得$(\boldsymbol{A}^*)^*=|\boldsymbol{A}|^{n-1}(\boldsymbol{A}^*)^{-1}=|\boldsymbol{A}|^{n-1}\dfrac{1}{|\boldsymbol{A}|}\boldsymbol{A}=|\boldsymbol{A}|^{n-2}\boldsymbol{A}$.

例 2-25 设$\boldsymbol{A}$是n阶实矩阵,满足$\boldsymbol{A}\boldsymbol{A}^{\mathrm{T}}=\boldsymbol{I}$,$\boldsymbol{I}$为$n$阶单位矩阵,此时称$\boldsymbol{A}$为正交矩阵,若已知$|\boldsymbol{A}|<0$,求$|\boldsymbol{A}+\boldsymbol{I}|$.

解 由$\boldsymbol{A}\boldsymbol{A}^{\mathrm{T}}=\boldsymbol{I}$,得$|\boldsymbol{A}\boldsymbol{A}^{\mathrm{T}}|=1$,即$|\boldsymbol{A}|^2=1$,由题设$|\boldsymbol{A}|<0$,所以$|\boldsymbol{A}|=-1$.

又$|\boldsymbol{A}+\boldsymbol{I}|=|\boldsymbol{A}+\boldsymbol{A}\boldsymbol{A}^{\mathrm{T}}|=|\boldsymbol{A}(\boldsymbol{I}+\boldsymbol{A}^{\mathrm{T}})|=|\boldsymbol{A}||(\boldsymbol{I}+\boldsymbol{A})^{\mathrm{T}}|=-|\boldsymbol{A}+\boldsymbol{I}|$,故$|\boldsymbol{A}+\boldsymbol{I}|=0$.

注 有人这样做$|\boldsymbol{A}+\boldsymbol{I}|=|\boldsymbol{A}|+|\boldsymbol{I}|=-1+1=0$,结果虽然碰巧对了,但过程严重错误.

例 2-26 设$\boldsymbol{A},\boldsymbol{B}$为$n$阶方阵,证明:当$\boldsymbol{I}-\boldsymbol{A}\boldsymbol{B}$可逆时,$\boldsymbol{I}-\boldsymbol{B}\boldsymbol{A}$也可逆.

证 当$\boldsymbol{I}-\boldsymbol{A}\boldsymbol{B}$可逆时,设$\boldsymbol{C}=(\boldsymbol{I}-\boldsymbol{A}\boldsymbol{B})^{-1}$,即$(\boldsymbol{I}-\boldsymbol{A}\boldsymbol{B})\boldsymbol{C}=\boldsymbol{I}$.则

$$\boldsymbol{A}\boldsymbol{B}\boldsymbol{C}=\boldsymbol{C}-\boldsymbol{I},$$

于是有

$$\boldsymbol{B}(\boldsymbol{A}\boldsymbol{B}\boldsymbol{C})\boldsymbol{A}=\boldsymbol{B}(\boldsymbol{C}-\boldsymbol{I})\boldsymbol{A}=\boldsymbol{B}\boldsymbol{C}\boldsymbol{A}-\boldsymbol{B}\boldsymbol{A},$$

从而

$$\boldsymbol{B}\boldsymbol{C}\boldsymbol{A}-\boldsymbol{B}\boldsymbol{A}-(\boldsymbol{B}\boldsymbol{A})(\boldsymbol{B}\boldsymbol{C}\boldsymbol{A})=\boldsymbol{O},$$

得

$$(\boldsymbol{I}-\boldsymbol{B}\boldsymbol{A})(\boldsymbol{I}+\boldsymbol{B}\boldsymbol{C}\boldsymbol{A})=\boldsymbol{I},$$

故$\boldsymbol{I}-\boldsymbol{B}\boldsymbol{A}$可逆,且$(\boldsymbol{I}-\boldsymbol{B}\boldsymbol{A})^{-1}=\boldsymbol{I}+\boldsymbol{B}\boldsymbol{C}\boldsymbol{A}=\boldsymbol{I}+\boldsymbol{B}(\boldsymbol{I}-\boldsymbol{A}\boldsymbol{B})^{-1}\boldsymbol{A}$.

例 2-27 设$\boldsymbol{A}$为n阶($n\geqslant 2$)可逆矩阵,证明:

(1)$(\boldsymbol{A}^*)^{-1}=(\boldsymbol{A}^{-1})^*$;(2)$(\boldsymbol{A}^{\mathrm{T}})^*=(\boldsymbol{A}^*)^{\mathrm{T}}$;(3)$(k\boldsymbol{A})^*=k^{n-1}\boldsymbol{A}^*$($k$为非零常数).

证 由$\boldsymbol{A}\boldsymbol{A}^*=|\boldsymbol{A}|\boldsymbol{I}$及$\boldsymbol{A}$可逆,得$\boldsymbol{A}^*=|\boldsymbol{A}|\boldsymbol{A}^{-1}$.从而

(1) $(\boldsymbol{A}^*)^{-1}=(|\boldsymbol{A}|\boldsymbol{A}^{-1})^{-1}=\dfrac{1}{|\boldsymbol{A}|}\boldsymbol{A}=|\boldsymbol{A}^{-1}|(\boldsymbol{A}^{-1})^{-1}=(\boldsymbol{A}^{-1})^*$.

(2)$(\boldsymbol{A}^*)^{\mathrm{T}}=(|\boldsymbol{A}|\boldsymbol{A}^{-1})^{\mathrm{T}}=|\boldsymbol{A}|(\boldsymbol{A}^{-1})^{\mathrm{T}}=|\boldsymbol{A}|(\boldsymbol{A}^{\mathrm{T}})^{-1}=|\boldsymbol{A}^{\mathrm{T}}|(\boldsymbol{A}^{\mathrm{T}})^{-1}=(\boldsymbol{A}^{\mathrm{T}})^*$.

(3) $(k\boldsymbol{A})^*=|k\boldsymbol{A}|(k\boldsymbol{A})^{-1}=k^n|\boldsymbol{A}|\dfrac{1}{k}\boldsymbol{A}^{-1}=k^{n-1}|\boldsymbol{A}|\boldsymbol{A}^{-1}=k^{n-1}\boldsymbol{A}^*$.

注 当$\boldsymbol{A}$不可逆时(2),(3)的结论也成立,但需要用伴随矩阵的定义来证明.

例 2-28 设$\boldsymbol{A},\boldsymbol{B}$均为$n$阶方阵,且满足$\boldsymbol{A}^2=\boldsymbol{I},\boldsymbol{B}^2=\boldsymbol{I}$,$|\boldsymbol{A}|+|\boldsymbol{B}|=0$.证明:$|\boldsymbol{A}+\boldsymbol{B}|=0$.

证 由$\boldsymbol{A}^2=\boldsymbol{I}$,得$|\boldsymbol{A}|=\pm 1$,同理$|\boldsymbol{B}|=\pm 1$.由题设$|\boldsymbol{A}|=-|\boldsymbol{B}|$,所以$|\boldsymbol{A}||\boldsymbol{B}|=-1$.于是

$$|\boldsymbol{A}+\boldsymbol{B}|=|\boldsymbol{A}\boldsymbol{I}+\boldsymbol{I}\boldsymbol{B}|=|\boldsymbol{A}\boldsymbol{B}^2+\boldsymbol{A}^2\boldsymbol{B}|=|\boldsymbol{A}(\boldsymbol{B}+\boldsymbol{A})\boldsymbol{B}|=-|\boldsymbol{A}+\boldsymbol{B}|,$$

所以$|\boldsymbol{A}+\boldsymbol{B}|=0$.

例 2-29 证明:n阶反对称矩阵可逆的必要条件是n为偶数.举例说明n为偶数不是n

阶反对称矩阵可逆的充分条件.

证　设 $\boldsymbol{A}$ 为 n 阶反对称矩阵,则 $\boldsymbol{A}^{\mathrm{T}}=-\boldsymbol{A}$. 于是 $|\boldsymbol{A}|=|\boldsymbol{A}^{\mathrm{T}}|=|-\boldsymbol{A}|=(-1)^n|\boldsymbol{A}|$.

当 n 为奇数时,有 $|\boldsymbol{A}|=-|\boldsymbol{A}|$,得 $|\boldsymbol{A}|=0$,因此 $\boldsymbol{A}$ 不可逆,故 n 阶反对称矩阵可逆的必要条件是 n 为偶数.

但偶数阶反对称矩阵不一定可逆. 例如,四阶反对称矩阵

$$\boldsymbol{A}=\begin{bmatrix}0 & -1 & 0 & 0\\ 1 & 0 & 1 & 0\\ 0 & -1 & 0 & 0\\ 0 & 0 & 0 & 0\end{bmatrix}$$

显然不可逆.

例 2-30　证明:(1)设有矩阵 $\boldsymbol{A}_{m\times n},\boldsymbol{C}_{m\times k},\boldsymbol{B}_{l\times k}$,则必有 $r\begin{bmatrix}\boldsymbol{A} & \boldsymbol{C}\\ \boldsymbol{O} & \boldsymbol{B}\end{bmatrix}\geqslant r(\boldsymbol{A})+r(\boldsymbol{B})$;

(2)若(1)中的 $\boldsymbol{B}$ 为方阵且可逆时,必有 $r\begin{bmatrix}\boldsymbol{A} & \boldsymbol{C}\\ \boldsymbol{O} & \boldsymbol{B}\end{bmatrix}=r(\boldsymbol{A})+r(\boldsymbol{B})$.

证　(1)取 $\boldsymbol{A}$ 中 $r(\boldsymbol{A})$ 阶非零子式 $|\boldsymbol{A}_1|$,取 $\boldsymbol{B}$ 中 $r(\boldsymbol{B})$ 阶非零子式 $|\boldsymbol{B}_1|$,则 $\begin{bmatrix}\boldsymbol{A} & \boldsymbol{C}\\ \boldsymbol{O} & \boldsymbol{B}\end{bmatrix}$ 中有 $r(\boldsymbol{A})+r(\boldsymbol{B})$ 阶子式 $\begin{vmatrix}\boldsymbol{A}_1 & \boldsymbol{C}_1\\ \boldsymbol{O} & \boldsymbol{B}_1\end{vmatrix}=|\boldsymbol{A}_1||\boldsymbol{B}_1|\neq 0$,故 $r\begin{bmatrix}\boldsymbol{A} & \boldsymbol{C}\\ \boldsymbol{O} & \boldsymbol{B}\end{bmatrix}\geqslant r(\boldsymbol{A})+r(\boldsymbol{B})$.

(2)当(1)中的 $\boldsymbol{B}$ 为方阵且可逆时,则设 $\boldsymbol{A}$ 为 $m\times n$ 矩阵,$\boldsymbol{C}$ 为 $m\times k$ 矩阵,$\boldsymbol{B}$ 为 k 阶方阵,因为 $\begin{bmatrix}\boldsymbol{I}_m & -\boldsymbol{C}\boldsymbol{B}^{-1}\\ \boldsymbol{O}_{k\times m} & \boldsymbol{I}_k\end{bmatrix}\begin{bmatrix}\boldsymbol{A} & \boldsymbol{C}\\ \boldsymbol{O} & \boldsymbol{B}\end{bmatrix}=\begin{bmatrix}\boldsymbol{A} & \boldsymbol{O}\\ \boldsymbol{O} & \boldsymbol{B}\end{bmatrix}$,且 $\begin{bmatrix}\boldsymbol{I}_m & -\boldsymbol{C}\boldsymbol{B}^{-1}\\ \boldsymbol{O}_{k\times m} & \boldsymbol{I}_k\end{bmatrix}$ 是可逆矩阵,所以

$$r\begin{bmatrix}\boldsymbol{A} & \boldsymbol{C}\\ \boldsymbol{O} & \boldsymbol{B}\end{bmatrix}=r\begin{bmatrix}\boldsymbol{A} & \boldsymbol{O}\\ \boldsymbol{O} & \boldsymbol{B}\end{bmatrix}=r(\boldsymbol{A})+r(\boldsymbol{B}).$$

例 2-31　设 $\boldsymbol{A}$ 是 n 阶矩阵,$r(\boldsymbol{A})=r$,证明:必存在 n 阶可逆矩阵 $\boldsymbol{B}$ 及秩为 r 的 n 阶矩阵 $\boldsymbol{C}$ 满足 $\boldsymbol{C}^2=\boldsymbol{C}$,使 $\boldsymbol{A}=\boldsymbol{B}\boldsymbol{C}$.

证　因 $r(\boldsymbol{A})=r$,则存在可逆矩阵 $\boldsymbol{P},\boldsymbol{Q}$ 使得 $\boldsymbol{PAQ}=\begin{bmatrix}\boldsymbol{I}_r & \boldsymbol{O}\\ \boldsymbol{O} & \boldsymbol{O}\end{bmatrix}$,于是

$$\boldsymbol{A}=\boldsymbol{P}^{-1}\begin{bmatrix}\boldsymbol{I}_r & \boldsymbol{O}\\ \boldsymbol{O} & \boldsymbol{O}\end{bmatrix}\boldsymbol{Q}^{-1}=\boldsymbol{P}^{-1}\boldsymbol{Q}^{-1}\boldsymbol{Q}\begin{bmatrix}\boldsymbol{I}_r & \boldsymbol{O}\\ \boldsymbol{O} & \boldsymbol{O}\end{bmatrix}\boldsymbol{Q}^{-1}$$

令 $\boldsymbol{B}=\boldsymbol{P}^{-1}\boldsymbol{Q}^{-1},\boldsymbol{C}=\boldsymbol{Q}\begin{bmatrix}\boldsymbol{I}_r & \boldsymbol{O}\\ \boldsymbol{O} & \boldsymbol{O}\end{bmatrix}\boldsymbol{Q}^{-1}$,则 $\boldsymbol{B}$ 可逆,$r(\boldsymbol{C})=r$,且满足 $\boldsymbol{C}^2=\boldsymbol{C}$ 以及 $\boldsymbol{A}=\boldsymbol{B}\boldsymbol{C}$.

例 2-32　设 $\boldsymbol{A}$ 是秩为 1 的 n 阶矩阵,证明必存在 n 维列向量 $\boldsymbol{\alpha},\boldsymbol{\beta}$ 使得 $\boldsymbol{A}=\boldsymbol{\alpha}\boldsymbol{\beta}^{\mathrm{T}}$,且 $\boldsymbol{A}^2=\mathrm{tr}(\boldsymbol{A})\boldsymbol{A}$. 其中 $\mathrm{tr}(\boldsymbol{A})$ 表示方阵 $\boldsymbol{A}$ 的对角线元素之和.

证　因为 $\boldsymbol{A}$ 是秩为 1 的 n 阶矩阵,所以存在可逆矩阵 $\boldsymbol{P},\boldsymbol{Q}$,使

$$\boldsymbol{A}=\boldsymbol{P}\begin{bmatrix}1 & \boldsymbol{0}\\ \boldsymbol{0} & \boldsymbol{0}\end{bmatrix}\boldsymbol{Q}=\boldsymbol{P}\begin{bmatrix}1\\ \boldsymbol{0}\end{bmatrix}[1\quad \boldsymbol{0}]\boldsymbol{Q}$$

令

$$\boldsymbol{\alpha}=\boldsymbol{P}\begin{bmatrix}1\\ \boldsymbol{0}\end{bmatrix}=(a_1a_2\cdots a_n)^{\mathrm{T}},\boldsymbol{\beta}=\boldsymbol{Q}^{\mathrm{T}}\begin{bmatrix}1\\ \boldsymbol{0}\end{bmatrix}=(b_1b_2\cdots b_n)^{\mathrm{T}},$$

则 $\boldsymbol{\alpha},\boldsymbol{\beta}$ 是 n 维列向量，满足 $\boldsymbol{A}=\boldsymbol{\alpha}\boldsymbol{\beta}^{\mathrm{T}}$，其中 $a_1,a_2,\cdots,a_n$ 是矩阵 $\boldsymbol{P}$ 的第 1 列元素，$b_1,b_2,\cdots,b_n$ 是矩阵 $\boldsymbol{Q}$ 的第 1 行元素. 且有

$$\boldsymbol{A}^2=\boldsymbol{\alpha}\boldsymbol{\beta}^{\mathrm{T}}\boldsymbol{\alpha}\boldsymbol{\beta}^{\mathrm{T}}=(\boldsymbol{\beta}^{\mathrm{T}}\boldsymbol{\alpha})\boldsymbol{\alpha}\boldsymbol{\beta}^{\mathrm{T}}=\left(\sum_{i=1}^{n}a_ib_i\right)\boldsymbol{A}=\mathrm{tr}(\boldsymbol{A})\boldsymbol{A}.$$

2.4 习题及详解

习题 2.1 矩阵及其运算 (A)

1. 设矩阵 $\boldsymbol{A}=\begin{bmatrix}1&1&1\\1&1&-1\\1&-1&1\end{bmatrix}$，$\boldsymbol{B}=\begin{bmatrix}1&2&0\\-1&3&4\\8&2&1\end{bmatrix}$，$\boldsymbol{C}=\begin{bmatrix}2&2&0\\-1&1&4\\8&2&-1\end{bmatrix}$，求 $3\boldsymbol{AB}-2\boldsymbol{A}$，$\boldsymbol{B}^{\mathrm{T}}\boldsymbol{A}$，$\boldsymbol{AB}-\boldsymbol{AC}$.

解 $3\boldsymbol{AB}-2\boldsymbol{A}=\begin{bmatrix}22&19&13\\-26&7&11\\28&5&-11\end{bmatrix}$；$\boldsymbol{B}^{\mathrm{T}}\boldsymbol{A}=\begin{bmatrix}8&-8&10\\7&3&1\\5&3&-3\end{bmatrix}$；$\boldsymbol{AB}-\boldsymbol{AC}=\begin{bmatrix}-1&2&2\\-1&2&-2\\-1&-2&2\end{bmatrix}$.

2. 计算下列矩阵乘法：

(1) $\begin{bmatrix}1&2&3\end{bmatrix}\begin{bmatrix}1\\2\\3\end{bmatrix}$； (2) $\begin{bmatrix}2\\1\\3\end{bmatrix}\begin{bmatrix}-1&2\end{bmatrix}$；

(3) $\begin{bmatrix}1&2&3&4\\-1&0&2&5\end{bmatrix}\begin{bmatrix}1&3\\2&4\\-1&0\\5&1\end{bmatrix}$； (4) $\begin{bmatrix}x_1&x_2&x_3\end{bmatrix}\begin{bmatrix}a_{11}&a_{12}&a_{13}\\a_{21}&a_{22}&a_{23}\\a_{31}&a_{32}&a_{33}\end{bmatrix}\begin{bmatrix}x_1\\x_2\\x_3\end{bmatrix}$.

解 (1) 14；(2) $\begin{bmatrix}-2&4\\-1&2\\-3&6\end{bmatrix}$； (3) $\begin{bmatrix}22&15\\22&2\end{bmatrix}$； (4) $a_{11}x_1^2+a_{22}x_2^2+a_{33}x_3^2+2a_{12}x_1x_2+2a_{13}x_1x_3+2a_{23}x_2x_3$.

3. 习题及详解见典型例题例 2-2.

4. 设 $\boldsymbol{A}=\begin{bmatrix}1&2\\3&4\end{bmatrix}$，$\boldsymbol{B}=\begin{bmatrix}1&1\\0&1\end{bmatrix}$，问下列等式成立吗？

(1) $\boldsymbol{AB}=\boldsymbol{BA}$；(2) $(\boldsymbol{A}+\boldsymbol{B})^2=\boldsymbol{A}^2+2\boldsymbol{AB}+\boldsymbol{B}^2$；(3) $(\boldsymbol{A}+\boldsymbol{B})(\boldsymbol{A}-\boldsymbol{B})=\boldsymbol{A}^2-\boldsymbol{B}^2$

解 计算知 $\boldsymbol{AB}\neq\boldsymbol{BA}$，所以(1)(2)(3)均不成立.

5. 习题及详解见典型例题例 2-3.

6. (1) 设 $\boldsymbol{A}=(a_{ij})_{n\times n}$，$\boldsymbol{D}=\mathrm{diag}(\lambda_1,\lambda_2,\cdots,\lambda_n)$ 为对角矩阵，求 $\boldsymbol{AD}$ 和 $\boldsymbol{DA}$，并归纳出用对角矩阵乘矩阵的规律性结果.

(2) 设 $\boldsymbol{A}=(a_{ij})_{n\times n}$，$\boldsymbol{\varepsilon}_i$ 是 n 阶单位矩阵的第 i 列，求 $\boldsymbol{A\varepsilon}_j$，$\boldsymbol{\varepsilon}_i^{\mathrm{T}}\boldsymbol{A}$ 及 $\boldsymbol{\varepsilon}_i^{\mathrm{T}}\boldsymbol{A\varepsilon}_i$，并指出所得结果与 $\boldsymbol{A}$ 有什么关系？

(3)设 $\boldsymbol{A}=\begin{bmatrix}2&6&4\\3&12&9\\14&7&7\end{bmatrix}$，$\boldsymbol{D}=\begin{bmatrix}2&&\\&3&\\&&7\end{bmatrix}$，求矩阵 $\boldsymbol{B}$，使得 $\boldsymbol{A}=\boldsymbol{DB}$；

(4)设 $\boldsymbol{A}$ 和 $\boldsymbol{B}$ 都是 n 阶矩阵，并且对任意 n 维列向量 $\boldsymbol{x}$ 满足 $\boldsymbol{Ax}=\boldsymbol{Bx}$，证明$\boldsymbol{A}=\boldsymbol{B}$.

解　(1)$\boldsymbol{AD}$ 的第 j 列等于用 λ_j 乘 $\boldsymbol{A}$ 的第 $j(j=1,2,\cdots,n)$列所得列向量；$\boldsymbol{DA}$ 的第 i 行等于用 λ_i 乘 $\boldsymbol{A}$ 的第 $i(i=1,2,\cdots,n)$行所得行向量. (2)$\boldsymbol{A\varepsilon}_j$ 的结果是矩阵 $\boldsymbol{A}$ 的第 j 列，$\boldsymbol{\varepsilon}_i^{\mathrm{T}}\boldsymbol{A}$ 的结果是矩阵 $\boldsymbol{A}$ 的第 i 行，$\boldsymbol{\varepsilon}_i^{\mathrm{T}}\boldsymbol{A\varepsilon}_j=a_{ij}$. (3)利用(1)的结论，$\boldsymbol{DB}$ 的第 i 行等于用 λ_i 乘 $\boldsymbol{B}$ 的第 $i(i=1,2,3)$行所得行向量，因此 $\boldsymbol{B}=\begin{bmatrix}1&3&2\\1&4&3\\2&1&1\end{bmatrix}$. (4)利用(2)的结论，取 $x=\varepsilon_j$，则得 $\boldsymbol{A}$ 和 $\boldsymbol{B}$ 的第 j 列相等$(j=1,2,\cdots,n)$，即 $\boldsymbol{A}=\boldsymbol{B}$.

7. 求一个 3 阶矩阵 $\boldsymbol{A}$，使得 $\boldsymbol{A}\begin{bmatrix}x\\y\\z\end{bmatrix}=\begin{bmatrix}x+2y\\x-3y\\y+z\end{bmatrix}$ 对任意常数 x，y 和 z 都成立.

解　设 $\boldsymbol{\varepsilon}_i$ 是 3 阶单位矩阵的第 i 列，分别取$[x\quad y\quad z]^{\mathrm{T}}$ 为 $\boldsymbol{\varepsilon}_1,\boldsymbol{\varepsilon}_2,\boldsymbol{\varepsilon}_3$，则 $\boldsymbol{A}\varepsilon_i$ 的结果是矩阵 $\boldsymbol{A}$ 的第 i 列，于是有 $\boldsymbol{A}=\begin{bmatrix}1&2&0\\1&-3&0\\0&1&1\end{bmatrix}$.

8. 证明

(1) $\begin{bmatrix}\cos\theta&-\sin\theta\\\sin\theta&\cos\theta\end{bmatrix}^n=\begin{bmatrix}\cos n\theta&-\sin n\theta\\\sin n\theta&\cos n\theta\end{bmatrix}$；(2) $\begin{bmatrix}1&1&0\\0&1&1\\0&0&1\end{bmatrix}^n=\begin{bmatrix}1&n&\frac{1}{2}n(n-1)\\0&1&n\\0&0&1\end{bmatrix}$.

证　(1)数学归纳法. 当 $n=2$ 时，$\begin{bmatrix}\cos\theta&-\sin\theta\\\sin\theta&\cos\theta\end{bmatrix}^2=\begin{bmatrix}\cos2\theta&-\sin2\theta\\\sin2\theta&\cos2\theta\end{bmatrix}$，结论成立.

假设 $n=k$ 时结论成立，即 $\begin{bmatrix}\cos\theta&-\sin\theta\\\sin\theta&\cos\theta\end{bmatrix}^k=\begin{bmatrix}\cos k\theta&-\sin k\theta\\\sin k\theta&\cos k\theta\end{bmatrix}$，则 $n=k+1$ 时，

$$\begin{bmatrix}\cos\theta&-\sin\theta\\\sin\theta&\cos\theta\end{bmatrix}^{k+1}=\begin{bmatrix}\cos k\theta&-\sin k\theta\\\sin k\theta&\cos k\theta\end{bmatrix}\begin{bmatrix}\cos\theta&-\sin\theta\\\sin\theta&\cos\theta\end{bmatrix}=\begin{bmatrix}\cos(k+1)\theta&-\sin(k+1)\theta\\\sin(k+1)\theta&\cos(k+1)\theta\end{bmatrix}$$

结论也成立，故结论对任意正整数 n 都成立.

(2) 数学归纳法. 当 $n=2$ 时，$\boldsymbol{A}^2=\begin{bmatrix}1&1&0\\0&1&1\\0&0&1\end{bmatrix}\begin{bmatrix}1&1&0\\0&1&1\\0&0&1\end{bmatrix}=\begin{bmatrix}1&2&1\\0&1&2\\0&0&1\end{bmatrix}$，结论成立.

假设 $n=k$ 时结论成立，即 $\boldsymbol{A}^k=\begin{bmatrix}1&k&\frac{1}{2}k(k-1)\\0&1&k\\0&0&1\end{bmatrix}$，则 $n=k+1$ 时，

$$A^{k+1}=A^kA=\begin{bmatrix}1 & k & \frac{1}{2}k(k-1)\\ 0 & 1 & k\\ 0 & 0 & 1\end{bmatrix}\begin{bmatrix}1 & 1 & 0\\ 0 & 1 & 1\\ 0 & 0 & 1\end{bmatrix}=\begin{bmatrix}1 & k+1 & \frac{1}{2}k(k+1)\\ 0 & 1 & k+1\\ 0 & 0 & 1\end{bmatrix}$$

所以 $n=k+1$ 时结论也成立,故结论对任意正整数 n 都成立.

9.记例 2.1.2 中的矩阵 $\begin{bmatrix}0 & 1 & 1 & 0\\ 1 & 0 & 1 & 0\\ 1 & 0 & 0 & 1\\ 0 & 1 & 1 & 0\end{bmatrix}$ 为 $\boldsymbol{A}$,求 $\boldsymbol{A}^2$,并从 $\boldsymbol{A}$ 的元素的具体意义(表示从 p_i 发往 p_j 的航班)说明 $\boldsymbol{A}^2$ 的 (i,j) 元素的具体意义.

解 $\boldsymbol{A}^2=\begin{bmatrix}2 & 0 & 1 & 1\\ 1 & 1 & 1 & 1\\ 0 & 2 & 2 & 0\\ 2 & 0 & 1 & 1\end{bmatrix}$;$\boldsymbol{A}^2$ 的 (i,j) 元素表示从 $\boldsymbol{P}_i$ 出发经 1 次中转到达 $\boldsymbol{P}_j$ 的航班总数.

10.(1)设 $\boldsymbol{A}$ 为 m 阶对称矩阵,$\boldsymbol{B}$ 为 $m\times n$ 矩阵,证明:$\boldsymbol{B}^{\mathrm{T}}\boldsymbol{AB}$ 为 n 阶对称矩阵;

(2)设 $\boldsymbol{A}$ 为 n 阶对称矩阵,$\boldsymbol{B}$ 为 n 阶反对称矩阵,证明:$\boldsymbol{AB}$ 为反对称矩阵的充要条件是 $\boldsymbol{AB}=\boldsymbol{BA}$;(3)设 $\boldsymbol{A},\boldsymbol{B}$ 为同阶对称(反对称)矩阵,证明:$\boldsymbol{A}+\boldsymbol{B},\boldsymbol{A}-\boldsymbol{B},k\boldsymbol{A}$($k$ 为常数)都是对称(反对称)矩阵;(4)举例说明同阶对称矩阵之积未必是对称矩阵.

证 (1)$\boldsymbol{A}^{\mathrm{T}}=\boldsymbol{A}\Rightarrow(\boldsymbol{B}^{\mathrm{T}}\boldsymbol{AB})^{\mathrm{T}}=\boldsymbol{B}^{\mathrm{T}}\boldsymbol{A}^{\mathrm{T}}(\boldsymbol{B}^{\mathrm{T}})^{\mathrm{T}}=\boldsymbol{B}^{\mathrm{T}}\boldsymbol{AB}$,所以 $\boldsymbol{B}^{\mathrm{T}}\boldsymbol{AB}$ 为 n 阶对称矩阵.

(2)$\boldsymbol{A}^{\mathrm{T}}=\boldsymbol{A},\boldsymbol{B}^{\mathrm{T}}=-\boldsymbol{B}$. **必要性** 设 $\boldsymbol{AB}$ 为反对称矩阵,即 $(\boldsymbol{AB})^{\mathrm{T}}=-\boldsymbol{AB}$,又 $(\boldsymbol{AB})^{\mathrm{T}}=\boldsymbol{B}^{\mathrm{T}}\boldsymbol{A}^{\mathrm{T}}=-\boldsymbol{BA}$,故有 $\boldsymbol{AB}=\boldsymbol{BA}$. **充分性** 设 $\boldsymbol{AB}=\boldsymbol{BA}$,则 $(\boldsymbol{AB})^{\mathrm{T}}=\boldsymbol{B}^{\mathrm{T}}\boldsymbol{A}^{\mathrm{T}}=-\boldsymbol{BA}=-\boldsymbol{AB}$,故 $\boldsymbol{AB}$ 为反对称矩阵.

(3)$\boldsymbol{A}^{\mathrm{T}}=\boldsymbol{A},\boldsymbol{B}^{\mathrm{T}}=\boldsymbol{B}$,所以 $(\boldsymbol{A}+\boldsymbol{B})^{\mathrm{T}}=\boldsymbol{A}^{\mathrm{T}}+\boldsymbol{B}^{\mathrm{T}}=\boldsymbol{A}+\boldsymbol{B}$,$(\boldsymbol{A}-\boldsymbol{B})^{\mathrm{T}}=\boldsymbol{A}^{\mathrm{T}}-\boldsymbol{B}^{\mathrm{T}}=\boldsymbol{A}-\boldsymbol{B}$,$(k\boldsymbol{A})^{\mathrm{T}}=k\boldsymbol{A}^{\mathrm{T}}=k\boldsymbol{A}$,即 $\boldsymbol{A}+\boldsymbol{B},\boldsymbol{A}-\boldsymbol{B},k\boldsymbol{A}$($k$ 为常数)都是对称矩阵;同理可证反对称的情形.

(4)$\boldsymbol{A}=\begin{bmatrix}1 & 2\\ 2 & 3\end{bmatrix}$,$\boldsymbol{B}=\begin{bmatrix}2 & 1\\ 1 & 1\end{bmatrix}$都是对称矩阵,但是 $\boldsymbol{AB}=\begin{bmatrix}4 & 3\\ 7 & 5\end{bmatrix}$不是对称矩阵.

11.(1)设 $\boldsymbol{A}=\begin{bmatrix}1 & 0 & 1\\ 0 & 2 & 0\\ 1 & 0 & 1\end{bmatrix}$,求 $\boldsymbol{A}^n-2\boldsymbol{A}^{n-1}(n=2,3,\cdots)$;

(2)设 $\boldsymbol{\alpha}=[1\quad 2\quad 3]$,$\boldsymbol{\beta}=\begin{bmatrix}1 & \frac{1}{2} & \frac{1}{3}\end{bmatrix}$,方阵 $\boldsymbol{A}=\boldsymbol{\alpha}^{\mathrm{T}}\boldsymbol{\beta}$,求 $\boldsymbol{A}^n(n=2,3,\cdots)$.

(3)设 $\boldsymbol{A}=\begin{bmatrix}1 & 1 & 0\\ 1 & 2 & -2\\ 1 & 0 & 1\end{bmatrix}$,$\boldsymbol{B}=\begin{bmatrix}0 & & \\ & -1 & \\ & & 1\end{bmatrix}$,$\boldsymbol{C}=\begin{bmatrix}-2 & 1 & 2\\ 3 & -1 & -2\\ 2 & -1 & -1\end{bmatrix}$,求 $\boldsymbol{AC}$ 及 $(\boldsymbol{ABC})^{100}$.

解 (1)$\boldsymbol{A}^2=2\boldsymbol{A}$,$\boldsymbol{A}^n-2\boldsymbol{A}^{n-1}=\boldsymbol{A}^{n-2}(\boldsymbol{A}^2-2\boldsymbol{A})=\boldsymbol{O}(n\geqslant 2)$.

(2)$\boldsymbol{A}=\begin{bmatrix}1 & \frac{1}{2} & \frac{1}{3}\\ 2 & 1 & \frac{2}{3}\\ 3 & \frac{3}{2} & 1\end{bmatrix}$,$\boldsymbol{\beta\alpha}^{\mathrm{T}}=3$,$\boldsymbol{A}^2=\boldsymbol{\alpha}^{\mathrm{T}}(\boldsymbol{\beta\alpha}^{\mathrm{T}})\boldsymbol{\beta}=3\boldsymbol{\alpha}^{\mathrm{T}}\boldsymbol{\beta}=3\boldsymbol{A}$,$\boldsymbol{A}^n=3^{n-1}\boldsymbol{A}$.

(3)$\boldsymbol{AC}=\begin{bmatrix}1&0&0\\0&1&0\\0&0&1\end{bmatrix}$,$\boldsymbol{CA}=\begin{bmatrix}1&0&0\\0&1&0\\0&0&1\end{bmatrix}$,$\Rightarrow(\boldsymbol{ABC})^{100}=\boldsymbol{AB}^{100}\boldsymbol{C}=\begin{bmatrix}3&-1&-2\\2&0&-2\\2&-1&-1\end{bmatrix}$.

12. 设 n 阶方阵 $\boldsymbol{A},\boldsymbol{B}$ 满足 $\boldsymbol{A}=\frac{1}{2}(\boldsymbol{B}+\boldsymbol{I})$,证明:$\boldsymbol{A}^2=\boldsymbol{A}\Leftrightarrow\boldsymbol{B}^2=\boldsymbol{I}$.

证　$\boldsymbol{A}^2=\boldsymbol{A}\Leftrightarrow\frac{1}{2}(\boldsymbol{B}+\boldsymbol{I})\frac{1}{2}(\boldsymbol{B}+\boldsymbol{I})=\frac{1}{2}(\boldsymbol{B}+\boldsymbol{I})\Leftrightarrow\frac{1}{2}(\boldsymbol{B}^2+2\boldsymbol{B}+\boldsymbol{I})=\boldsymbol{B}+\boldsymbol{I}\Leftrightarrow\boldsymbol{B}^2=\boldsymbol{I}$.

习题 2.1 矩阵及其运算(B)

1. 证明:同阶上三角矩阵的乘积仍是上三角矩阵.

证　设 $\boldsymbol{A}=(a_{ij})_{n\times n}$,$\boldsymbol{B}=(b_{ij})_{n\times n}$ 是同阶上三角矩阵,即当 $i>j$ 时,$a_{ij}=0$,$b_{ij}=0$. 于是,当 $i>j$ 时,$\boldsymbol{AB}$ 的(i,j)元为 $a_{i1}b_{1j}+a_{i2}b_{2j}+\cdots+a_{in}b_{nj}=0$,所以 $\boldsymbol{AB}$ 仍为上三角矩阵.

2. 习题及详解见典型例题例 2-6.

习题 2.2 逆矩阵(A)

1. 下列说法是否正确?若正确给出证明,若不正确,举出反例.

(1)如果同阶矩阵 $\boldsymbol{A},\boldsymbol{B}$ 都是可逆的,则 $\boldsymbol{A}+\boldsymbol{B}$ 也可逆.

(2)如果矩阵 $\boldsymbol{A}$ 可逆且 $\boldsymbol{AB}=\boldsymbol{AC}$,则 $\boldsymbol{B}=\boldsymbol{C}$.

(3)如果 $\boldsymbol{A},\boldsymbol{B}$ 是两个同阶的非零矩阵,且 $\boldsymbol{AB}=\boldsymbol{O}$,则 $\det(\boldsymbol{A})=0$ 且 $\det(\boldsymbol{B})=0$.

(4)如果方阵 $\boldsymbol{A}$ 有一行是零行,则 $\boldsymbol{A}$ 是奇异矩阵.

解　(1)不正确. 例如 $\boldsymbol{A}=\begin{bmatrix}1&0\\0&1\end{bmatrix}$,$\boldsymbol{B}=\begin{bmatrix}-1&0\\0&-1\end{bmatrix}$都是可逆的,但 $\boldsymbol{A}+\boldsymbol{B}=\boldsymbol{O}$ 不可逆.

(2)正确. 对等式 $\boldsymbol{AB}=\boldsymbol{AC}$ 两边左乘 $\boldsymbol{A}^{-1}$,得 $\boldsymbol{B}=\boldsymbol{C}$.

(3)正确. 反证法,若 $\det(\boldsymbol{A})\neq0$,则 $\boldsymbol{A}$ 可逆,对 $\boldsymbol{AB}=\boldsymbol{O}$ 两端左乘 $\boldsymbol{A}^{-1}$,得 $\boldsymbol{B}=\boldsymbol{O}$,与题设 $\boldsymbol{B}$ 是非零矩阵矛盾,故 $\det(\boldsymbol{A})=0$. 同理可证 $\det(\boldsymbol{B})=0$.

(4)正确. 如果方阵 $\boldsymbol{A}$ 有一行是零行,则 $\det(\boldsymbol{A})=0$,从而 $\boldsymbol{A}$ 是奇异矩阵.

2. (1)若 2 阶方阵 $\boldsymbol{A}=\begin{bmatrix}a&b\\c&d\end{bmatrix}$的行列式 $\det(\boldsymbol{A})=ad-bc\neq0$,证明:

$$\boldsymbol{A}^{-1}=\frac{1}{ad-bc}\begin{bmatrix}d&-b\\-c&a\end{bmatrix}.$$

(2)判断下列矩阵是否可逆,若可逆,求其逆矩阵.

$$\boldsymbol{A}=\begin{bmatrix}1&2\\3&4\end{bmatrix};\quad\boldsymbol{B}=\begin{bmatrix}\cos\theta&-\sin\theta\\\sin\theta&\cos\theta\end{bmatrix}.$$

证　(1)由 $|\boldsymbol{A}|=ad-bc\neq0$ 知 $\boldsymbol{A}$ 可逆,且有 $\boldsymbol{A}^{-1}=\frac{1}{|\boldsymbol{A}|}\boldsymbol{A}^*=\frac{1}{ad-bc}\begin{bmatrix}d&-b\\-c&a\end{bmatrix}$.

(2) $|\boldsymbol{A}|=-2\neq0$,$|\boldsymbol{B}|=1\neq0\Rightarrow\boldsymbol{A},\boldsymbol{B}$ 均可逆,且 $\boldsymbol{A}^{-1}=-\frac{1}{2}\begin{bmatrix}4&-2\\-3&1\end{bmatrix}$,

$\boldsymbol{B}^{-1}=\begin{bmatrix}\cos\theta&\sin\theta\\-\sin\theta&\cos\theta\end{bmatrix}$.

3. 对于对角矩阵 $D=\mathrm{diag}(d_1,d_2,\cdots,d_n)$，证明：$\boldsymbol{D}$ 可逆⇔$\boldsymbol{D}$ 的主对角元素 $d_1,d_2,\cdots,d_n$ 均不为零，且当 $\boldsymbol{D}$ 可逆时，有 $\boldsymbol{D}^{-1}=\mathrm{diag}(d_1^{-1},d_2^{-1},\cdots,d_n^{-1})$.

证　$\boldsymbol{D}$ 可逆⇔$|\boldsymbol{D}|\neq 0$⇔$d_1d_2\cdots d_n\neq 0$⇔$\boldsymbol{D}$ 的主对角元素 $d_1,d_2,\cdots,d_n$ 均不为零.

当 $d_1,\cdots,d_n$ 均不为零时，由 $D\mathrm{diag}(d_1^{-1},\cdots,d_n^{-1})=\boldsymbol{I}\Rightarrow\boldsymbol{D}^{-1}=\mathrm{diag}(d_1{}^{-1},\cdots,d_n{}^{-1})$.

4. 设方阵 $\boldsymbol{A}$ 满足 $\boldsymbol{A}^2-2\boldsymbol{A}+2\boldsymbol{I}=\boldsymbol{O}$，证明：$\boldsymbol{A}-2\boldsymbol{I}$，$\boldsymbol{A}-3\boldsymbol{I}$ 都可逆，并求 $(\boldsymbol{A}-2\boldsymbol{I})^{-1}$ 及 $(\boldsymbol{A}-3\boldsymbol{I})^{-1}$.

证　$\boldsymbol{A}^2-2\boldsymbol{A}+2\boldsymbol{I}=\boldsymbol{O}\Rightarrow(-\frac{1}{2}\boldsymbol{A})(\boldsymbol{A}-2\boldsymbol{I})=\boldsymbol{I}$，故 $\boldsymbol{A}-2\boldsymbol{I}$ 可逆，且 $(\boldsymbol{A}-2\boldsymbol{I})^{-1}=-\frac{1}{2}\boldsymbol{A}$.

$\boldsymbol{A}^2-2\boldsymbol{A}+2\boldsymbol{I}=\boldsymbol{O}\Rightarrow(\boldsymbol{A}-3\boldsymbol{I})(\boldsymbol{A}+\boldsymbol{I})=-5\boldsymbol{I}\Rightarrow\boldsymbol{A}-3\boldsymbol{I}$ 可逆，且 $(\boldsymbol{A}-3\boldsymbol{I})^{-1}=-\frac{1}{5}(\boldsymbol{A}+\boldsymbol{I})$.

5. 设方阵 $\boldsymbol{A}$ 满足 $\boldsymbol{A}^m=\boldsymbol{O}$（$m$ 为某正整数），证明：$\boldsymbol{I}-\boldsymbol{A}$ 可逆，且 $(\boldsymbol{I}-\boldsymbol{A})^{-1}=\boldsymbol{I}+\boldsymbol{A}+\cdots+\boldsymbol{A}^{m-1}$.

证　$\boldsymbol{A}^m=\boldsymbol{O}\Rightarrow\boldsymbol{I}-\boldsymbol{A}^m=\boldsymbol{I}\Rightarrow(\boldsymbol{I}-\boldsymbol{A})(\boldsymbol{I}+\boldsymbol{A}+\cdots+\boldsymbol{A}^{m-1})=\boldsymbol{I}$，所以 $\boldsymbol{I}-\boldsymbol{A}$ 可逆，且 $(\boldsymbol{I}-\boldsymbol{A})^{-1}=\boldsymbol{I}+\boldsymbol{A}+\cdots+\boldsymbol{A}^{m-1}$.

6. 设 n 阶方阵 $\boldsymbol{A}$ 的元素都是 1，证明：$(\boldsymbol{I}-\boldsymbol{A})^{-1}=\boldsymbol{I}-\frac{1}{n-1}\boldsymbol{A}$.

证　$\boldsymbol{A}^2=n\boldsymbol{A}$，于是有 $(\boldsymbol{I}-\boldsymbol{A})(\boldsymbol{I}-\frac{1}{n-1}\boldsymbol{A})=\boldsymbol{I}-\boldsymbol{A}-\frac{1}{n-1}\boldsymbol{A}+\frac{1}{n-1}n\boldsymbol{A}=\boldsymbol{I}$，故 $(\boldsymbol{I}-\boldsymbol{A})^{-1}=\boldsymbol{I}-\frac{1}{n-1}\boldsymbol{A}$.

7. 设矩阵满足 $\boldsymbol{D}=\boldsymbol{A}^{-1}\boldsymbol{B}^{\mathrm{T}}(\boldsymbol{C}\boldsymbol{B}^{-1}+\boldsymbol{I})^{\mathrm{T}}-[(\boldsymbol{C}^{-1})^{\mathrm{T}}\boldsymbol{A}]^{-1}$，化简 $\boldsymbol{D}$ 的表达式并求出矩阵 $\boldsymbol{D}$. 其中

$$\boldsymbol{A}=\begin{bmatrix}1&0&0\\0&\frac{1}{2}&0\\0&0&\frac{1}{3}\end{bmatrix},\boldsymbol{B}=\begin{bmatrix}1&2&0\\2&1&0\\0&0&1\end{bmatrix},\boldsymbol{C}=\begin{bmatrix}1&2&3\\4&5&6\\7&8&10\end{bmatrix}.$$

解　$\boldsymbol{D}=\boldsymbol{A}^{-1}\boldsymbol{B}^{\mathrm{T}}(\boldsymbol{B}^{-1})^{\mathrm{T}}\boldsymbol{C}^{\mathrm{T}}+\boldsymbol{A}^{-1}\boldsymbol{B}^{\mathrm{T}}-\boldsymbol{A}^{-1}\boldsymbol{C}^{\mathrm{T}}=\boldsymbol{A}^{-1}\boldsymbol{B}^{\mathrm{T}}=\begin{bmatrix}1&2&0\\4&2&0\\0&0&3\end{bmatrix}$.

8～9. 习题及详解见典型例题例 2-24(1)、例 2-27(3).

10. 设 3 阶方阵 $\boldsymbol{A},\boldsymbol{B}$ 满足 $2\boldsymbol{A}^{-1}\boldsymbol{B}=\boldsymbol{B}-4\boldsymbol{I}$，其中 $\boldsymbol{I}$ 是 3 阶单位矩阵，

(1)证明：$\boldsymbol{A}-2\boldsymbol{I}$ 可逆；(2)若 $\boldsymbol{B}=\begin{bmatrix}1&-2&0\\1&2&0\\0&0&2\end{bmatrix}$，求矩阵 $\boldsymbol{A}$.

证　(1)对题设方程两端左乘 $\boldsymbol{A}$，变形得 $(\boldsymbol{A}-2\boldsymbol{I})(\boldsymbol{B}-4\boldsymbol{I})=8\boldsymbol{I}$，故 $\boldsymbol{A}-2\boldsymbol{I}$ 可逆；

(2) $\boldsymbol{A}=2\boldsymbol{I}+8(\boldsymbol{B}-4\boldsymbol{I})^{-1}=\begin{bmatrix}0&2&0\\-1&-1&0\\0&0&-2\end{bmatrix}$.

11. (1)设 $\boldsymbol{A}$ 是一个可逆矩阵并且 $\boldsymbol{AB}=\boldsymbol{BA}$，证明：$\boldsymbol{B}\boldsymbol{A}^{-1}=\boldsymbol{A}^{-1}\boldsymbol{B}$；

(2)设 $\boldsymbol{B}$ 及 $\boldsymbol{I}-\boldsymbol{AB}$ 均为 n 阶可逆矩阵，证明：$\boldsymbol{A}-\boldsymbol{B}^{-1}$ 也是可逆矩阵.

证　(1)$\boldsymbol{AB}=\boldsymbol{BA}\Rightarrow\boldsymbol{A}^{-1}\boldsymbol{ABA}^{-1}=\boldsymbol{A}^{-1}\boldsymbol{BAA}^{-1}\Rightarrow\boldsymbol{BA}^{-1}=\boldsymbol{A}^{-1}\boldsymbol{B}$.

(2)由题设，$|\boldsymbol{B}|\neq 0$，$|\boldsymbol{I}-\boldsymbol{AB}|\neq 0$，所以 $|\boldsymbol{A}-\boldsymbol{B}^{-1}|=|\boldsymbol{ABB}^{-1}-\boldsymbol{B}^{-1}|=|\boldsymbol{AB}-\boldsymbol{I}||\boldsymbol{B}^{-1}|=|\boldsymbol{AB}-\boldsymbol{I}||\boldsymbol{B}|^{-1}\neq 0$,所以 $\boldsymbol{A}-\boldsymbol{B}^{-1}$ 是可逆矩阵.

12.设方阵 $\boldsymbol{A}=\begin{bmatrix}1&1&1&1\\1&1&-1&-1\\1&-1&1&-1\\1&-1&-1&1\end{bmatrix}$,(1)求 $\boldsymbol{A}^2$ 及 $\boldsymbol{A}^{-1}$;(2)若方阵 $\boldsymbol{B}$ 满足 $\boldsymbol{A}^2+\boldsymbol{AB}-\boldsymbol{A}=\boldsymbol{I}$,求 $\boldsymbol{B}$.

解　(1)$\boldsymbol{A}^2=4\boldsymbol{I}\Rightarrow\boldsymbol{A}^{-1}=\dfrac{1}{4}\boldsymbol{A}$.(2)$\boldsymbol{A}(\boldsymbol{B}-\boldsymbol{I})=-3\boldsymbol{I}\Rightarrow\boldsymbol{B}=\boldsymbol{I}-3\boldsymbol{A}^{-1}=\boldsymbol{I}-\dfrac{3}{4}\boldsymbol{A}$.

13.设 n 阶方阵 $\boldsymbol{A},\boldsymbol{B}$ 的行列式分别等于 $2,-3$,求 $\det(-2\boldsymbol{A}^*\boldsymbol{B}^{-1})$的值.

解　$\det(\boldsymbol{A})=2,\det(\boldsymbol{B})=-3,\boldsymbol{A}^*=\det(\boldsymbol{A})\boldsymbol{A}^{-1}=2\boldsymbol{A}^{-1}$.

$\det(-2\boldsymbol{A}^*\boldsymbol{B}^{-1})=\det(-4\boldsymbol{A}^{-1}\boldsymbol{B}^{-1})=(-4)^n\det(\boldsymbol{A}^{-1})\det(\boldsymbol{B}^{-1})=\dfrac{1}{3}(-1)^{n-1}2^{2n-1}$.

14.设 m 次多项式 $f(x)=a_0+a_1x+a_2x^2+\cdots+a_mx^m$,$\boldsymbol{A}$ 为方阵,记 $f(\boldsymbol{A})=a_0\boldsymbol{I}+a_1\boldsymbol{A}+a_2\boldsymbol{A}^2+\cdots+a_m\boldsymbol{A}^m$,称 $f(\boldsymbol{A})$为方阵 $\boldsymbol{A}$ 的多项式,k 为正整数.试证:若 $\boldsymbol{A}$ 为 n 阶方阵,且存在方阵 $\boldsymbol{P}$ 及 $\boldsymbol{B}$,使得 $\boldsymbol{A}=\boldsymbol{PBP}^{-1}$,则 $\boldsymbol{A}^k=\boldsymbol{PB}^k\boldsymbol{P}^{-1}$,且 $f(\boldsymbol{A})=\boldsymbol{P}f(\boldsymbol{B})\boldsymbol{P}^{-1}$.

证　$\boldsymbol{A}^k=\boldsymbol{PBP}^{-1}\boldsymbol{PBP}^{-1}\cdots\boldsymbol{PBP}^{-1}=\boldsymbol{PB}^k\boldsymbol{P}^{-1}$. $f(\boldsymbol{A})=a_0\boldsymbol{I}+a_1\boldsymbol{PBP}^{-1}+a_2\boldsymbol{PB}^2\boldsymbol{P}^{-1}+\cdots+a_m\boldsymbol{PB}^m\boldsymbol{P}^{-1}=\boldsymbol{P}(a_0\boldsymbol{I}+a_1\boldsymbol{B}+a_2\boldsymbol{B}^2+\cdots+a_m\boldsymbol{B}^m)\boldsymbol{P}^{-1}=\boldsymbol{P}f(\boldsymbol{B})\boldsymbol{P}^{-1}$.

15.设 $\boldsymbol{A}=\begin{bmatrix}1&2&-2\\4&t&3\\3&-1&1\end{bmatrix}$,矩阵 $\boldsymbol{B}_{4\times 3}\neq\boldsymbol{O}$,且满足 $\boldsymbol{BA}=\boldsymbol{O}$,求常数 t 的值.

解　如果 $\boldsymbol{A}$ 可逆,得 $\boldsymbol{B}=\boldsymbol{O}$,与已知矛盾. 故 $\det(\boldsymbol{A})=0$,解得 $t=-3$.

16.设 $\boldsymbol{\alpha}$ 是 n 维非零列向量,$\boldsymbol{A}=\boldsymbol{I}-\boldsymbol{\alpha\alpha}^{\mathrm{T}}$,其中 $\boldsymbol{I}$ 为 n 阶单位矩阵,证明:

(1)$\boldsymbol{A}^2=\boldsymbol{A}\Leftrightarrow\boldsymbol{\alpha}^{\mathrm{T}}\boldsymbol{\alpha}=1$;(2)当 $\boldsymbol{\alpha}^{\mathrm{T}}\boldsymbol{\alpha}=1$ 时,$\boldsymbol{A}$ 不可逆.

证　(1)$\boldsymbol{A}^2=\boldsymbol{A}\Leftrightarrow\boldsymbol{I}-2\boldsymbol{\alpha\alpha}^{\mathrm{T}}+(\boldsymbol{\alpha}^{\mathrm{T}}\boldsymbol{\alpha})\boldsymbol{\alpha\alpha}^{\mathrm{T}}=\boldsymbol{I}-\boldsymbol{\alpha\alpha}^{\mathrm{T}}\Leftrightarrow(\boldsymbol{\alpha}^{\mathrm{T}}\boldsymbol{\alpha}-1)\boldsymbol{\alpha\alpha}^{\mathrm{T}}=\boldsymbol{O}$. 因为 $\boldsymbol{\alpha}$ 是 n 维非零列向量,所以 $\boldsymbol{\alpha\alpha}^{\mathrm{T}}\neq\boldsymbol{O}$,从而有 $\boldsymbol{A}^2=\boldsymbol{A}\Leftrightarrow\boldsymbol{\alpha}^{\mathrm{T}}\boldsymbol{\alpha}=1$;

(2)当 $\boldsymbol{\alpha}^{\mathrm{T}}\boldsymbol{\alpha}=1$ 时,由(1)知 $\boldsymbol{A}^2=\boldsymbol{A}$,若 $\boldsymbol{A}$ 可逆,则 $\boldsymbol{A}^{-1}\boldsymbol{A}^2=\boldsymbol{A}^{-1}\boldsymbol{A}$,得 $\boldsymbol{A}=\boldsymbol{I}$. 于是有 $\boldsymbol{\alpha\alpha}^{\mathrm{T}}=\boldsymbol{O}$,这与 $\boldsymbol{\alpha}$ 是 n 维非零列向量矛盾,所以 $\boldsymbol{A}$ 不可逆.

17.习题及详解见典型例题例 2-23.

习题 2.2 逆矩阵(B)

1～3.习题及详解见典型例题例 2-7、例 2-24(3)、例 2-17.

习题 2.3 分块矩阵及其运算(A)

1.设矩阵

$$\boldsymbol{A}=\begin{bmatrix}1&2&0&0&0\\3&-1&0&0&0\\0&0&1&0&1\\0&0&2&3&2\\0&0&3&1&1\end{bmatrix},\boldsymbol{B}=\begin{bmatrix}1&3&0&0&0\\2&8&0&0&0\\1&0&1&0&1\\0&1&2&3&2\\2&3&3&-1&-1\end{bmatrix},\boldsymbol{C}=\begin{bmatrix}2&0&0&0\\0&3&0&0\\0&0&5&2\\0&0&2&1\end{bmatrix},$$

试利用分块矩阵的方法求 $\boldsymbol{AB}$ 及 $\boldsymbol{C}^{-1}$.

解 记 $\boldsymbol{A}_1=\begin{bmatrix}1&2\\3&-1\end{bmatrix}$, $\boldsymbol{A}_2=\begin{bmatrix}1&0&1\\2&3&2\\3&1&1\end{bmatrix}$, $\boldsymbol{B}_1=\begin{bmatrix}1&3\\2&8\end{bmatrix}$, $\boldsymbol{B}_2=\begin{bmatrix}1&0\\0&1\\2&3\end{bmatrix}$,

$\boldsymbol{B}_3=\begin{bmatrix}1&0&1\\2&3&2\\3&-1&-1\end{bmatrix}$, $\boldsymbol{C}_1=\begin{bmatrix}2&0\\0&3\end{bmatrix}$, $\boldsymbol{C}_2=\begin{bmatrix}5&2\\2&1\end{bmatrix}$, 则 $\boldsymbol{A}=\begin{bmatrix}\boldsymbol{A}_1&\boldsymbol{O}\\\boldsymbol{O}&\boldsymbol{A}_2\end{bmatrix}$, $\boldsymbol{B}=\begin{bmatrix}\boldsymbol{B}_1&\boldsymbol{O}\\\boldsymbol{B}_2&\boldsymbol{B}_3\end{bmatrix}$,

$$\boldsymbol{C}=\begin{bmatrix}\boldsymbol{C}_1&\boldsymbol{O}\\\boldsymbol{O}&\boldsymbol{C}_2\end{bmatrix}.\ \text{从而},\ \boldsymbol{AB}=\begin{bmatrix}\boldsymbol{A}_1\boldsymbol{B}_1&\boldsymbol{O}\\\boldsymbol{A}_2\boldsymbol{B}_2&\boldsymbol{A}_2\boldsymbol{B}_3\end{bmatrix}=\begin{bmatrix}5&19&0&0&0\\1&1&0&0&0\\3&3&4&-1&0\\6&9&14&7&6\\5&4&8&2&4\end{bmatrix};$$

$$\boldsymbol{C}^{-1}=\begin{bmatrix}\boldsymbol{C}_1^{-1}&\boldsymbol{O}\\\boldsymbol{O}&\boldsymbol{C}_2^{-1}\end{bmatrix}=\begin{bmatrix}\frac{1}{2}&0&0&0\\0&\frac{1}{3}&0&0\\0&0&1&-2\\0&0&-2&5\end{bmatrix}.$$

2. 设 $\boldsymbol{A},\boldsymbol{B}$ 分别为 m 阶, n 阶可逆方阵,证明:分块矩阵 $\boldsymbol{C}=\begin{bmatrix}\boldsymbol{O}&\boldsymbol{A}\\\boldsymbol{B}&\boldsymbol{O}\end{bmatrix}$ 可逆,且 $\boldsymbol{C}^{-1}=\begin{bmatrix}\boldsymbol{O}&\boldsymbol{B}^{-1}\\\boldsymbol{A}^{-1}&\boldsymbol{O}\end{bmatrix}$.

证 由题设 $|\boldsymbol{A}|\neq0$, $|\boldsymbol{B}|\neq0$, 从而 $|\boldsymbol{C}|=(-1)^{mn}|\boldsymbol{A}|\ |\boldsymbol{B}|\neq0$, 所以 $\boldsymbol{C}$ 可逆. 又 $\begin{bmatrix}\boldsymbol{O}&\boldsymbol{A}\\\boldsymbol{B}&\boldsymbol{O}\end{bmatrix}\begin{bmatrix}\boldsymbol{O}&\boldsymbol{B}^{-1}\\\boldsymbol{A}^{-1}&\boldsymbol{O}\end{bmatrix}=\begin{bmatrix}\boldsymbol{I}_m&\boldsymbol{O}\\\boldsymbol{O}&\boldsymbol{I}_n\end{bmatrix}=\boldsymbol{I}$, 所以 $\boldsymbol{C}^{-1}=\begin{bmatrix}\boldsymbol{O}&\boldsymbol{B}^{-1}\\\boldsymbol{A}^{-1}&\boldsymbol{O}\end{bmatrix}$.

3. 怎样计算分块对角矩阵的行列式、乘法、幂及逆矩阵(当可逆时)?

解 设 $\boldsymbol{A}=\begin{bmatrix}\boldsymbol{A}_1&&&\\&\boldsymbol{A}_2&&\\&&\ddots&\\&&&\boldsymbol{A}_m\end{bmatrix}$, $\boldsymbol{B}=\begin{bmatrix}\boldsymbol{B}_1&&&\\&\boldsymbol{B}_2&&\\&&\ddots&\\&&&\boldsymbol{B}_m\end{bmatrix}$, 其中 $\boldsymbol{A}_i,\boldsymbol{B}_i\,(i=1,2,\cdots,m)$ 均为方阵,则 $|\boldsymbol{A}|=|\boldsymbol{A}_1||\boldsymbol{A}_2|\cdots|\boldsymbol{A}_m|$;

$$\boldsymbol{AB}=\begin{bmatrix}\boldsymbol{A}_1\boldsymbol{B}_1&&&\\&\boldsymbol{A}_2\boldsymbol{B}_2&&\\&&\ddots&\\&&&\boldsymbol{A}_m\boldsymbol{B}_m\end{bmatrix};\boldsymbol{A}^k=\begin{bmatrix}\boldsymbol{A}_1^{\ k}&&&\\&\boldsymbol{A}_2^{\ k}&&\\&&\ddots&\\&&&\boldsymbol{A}_m^{\ k}\end{bmatrix};\boldsymbol{A}^{-1}=\begin{bmatrix}\boldsymbol{A}_1^{-1}&&&\\&\boldsymbol{A}_2^{-1}&&\\&&\ddots&\\&&&\boldsymbol{A}_m^{-1}\end{bmatrix}.$$

4. (1)如果矩阵 $\boldsymbol{B}$ 的第 1 列与第 3 列相同,问矩阵 $\boldsymbol{AB}$ 的第 1 列与第 3 列相同吗?为什么?(2)如果矩阵 $\boldsymbol{A}$ 的第 1 行与第 3 行相同,问矩阵 $\boldsymbol{AB}$ 的第 1 行与第 3 行相同吗?为什么?

解 (1)将矩阵 $\boldsymbol{B}$ 按列分块为 $\boldsymbol{B}=[\boldsymbol{\beta}_1\quad\boldsymbol{\beta}_2\quad\cdots\quad\boldsymbol{\beta}_n]$, 则 $\boldsymbol{AB}=[\boldsymbol{A\beta}_1\quad\boldsymbol{A\beta}_2\quad\cdots\quad\boldsymbol{A\beta}_n]$, 由

于矩阵 $\boldsymbol{B}$ 的第 1 列与第 3 列相同,得矩阵 $\boldsymbol{AB}$ 的第 1 列与第 3 列相同.

(2)将矩阵 $\boldsymbol{A}$ 按行分块为 $\boldsymbol{A}=\begin{bmatrix}\boldsymbol{\alpha}_1\\ \vdots\\ \boldsymbol{\alpha}_n\end{bmatrix}$,则 $\boldsymbol{AB}=\begin{bmatrix}\boldsymbol{\alpha}_1\boldsymbol{B}\\ \vdots\\ \boldsymbol{\alpha}_n\boldsymbol{B}\end{bmatrix}$,由于矩阵 $\boldsymbol{A}$ 的第 1 行与第 3 行相同,得矩阵 $\boldsymbol{AB}$ 的第 1 行与第 3 行相同.

5. 设矩阵 $\boldsymbol{A}$ 按列分块为 $\boldsymbol{A}=[\boldsymbol{\alpha}_1\quad\boldsymbol{\alpha}_2\quad\boldsymbol{\alpha}_3]$,求一个矩阵 $\boldsymbol{B}$,使得

$$\boldsymbol{AB}=[\boldsymbol{\alpha}_1+2\boldsymbol{\alpha}_2+3\boldsymbol{\alpha}_3\quad 2\boldsymbol{\alpha}_1-\boldsymbol{\alpha}_2+\boldsymbol{\alpha}_3\quad 5\boldsymbol{\alpha}_1+\boldsymbol{\alpha}_2-\boldsymbol{\alpha}_3].$$

解 $\boldsymbol{AB}=[\boldsymbol{\alpha}_1\quad\boldsymbol{\alpha}_2\quad\boldsymbol{\alpha}_3]\begin{bmatrix}1&2&5\\2&-1&1\\3&1&-1\end{bmatrix}$,故 $\boldsymbol{B}=\begin{bmatrix}1&2&5\\2&-1&1\\3&1&-1\end{bmatrix}$.

习题 2.3 分块矩阵及其运算(B)

设 $\boldsymbol{A},\boldsymbol{B},\boldsymbol{C},\boldsymbol{D}$ 均为 n 阶方阵,且 $\det(\boldsymbol{A})\neq 0$,$\boldsymbol{AC}=\boldsymbol{CA}$,$\boldsymbol{I}$ 为 n 阶单位矩阵,

(1)试分别由式(1-1)及式(1-2)说明怎样计算分块上(下)三角矩阵的行列式;

(2)试计算分块矩阵的乘法:$\begin{bmatrix}\boldsymbol{I}&\boldsymbol{O}\\-\boldsymbol{CA}^{-1}&\boldsymbol{I}\end{bmatrix}\begin{bmatrix}\boldsymbol{A}&\boldsymbol{B}\\\boldsymbol{C}&\boldsymbol{D}\end{bmatrix}$;

(3)利用(2),证明:$\det\begin{bmatrix}\boldsymbol{A}&\boldsymbol{B}\\\boldsymbol{C}&\boldsymbol{D}\end{bmatrix}=\det(\boldsymbol{AD}-\boldsymbol{CB})$.

解 (1)$\det\begin{bmatrix}\boldsymbol{A}&\boldsymbol{B}\\\boldsymbol{O}&\boldsymbol{D}\end{bmatrix}=\det(\boldsymbol{A})\det(\boldsymbol{D})$,$\det\begin{bmatrix}\boldsymbol{A}&\boldsymbol{O}\\\boldsymbol{C}&\boldsymbol{D}\end{bmatrix}=\det(\boldsymbol{A})\det(\boldsymbol{D})$.

(2)$\begin{bmatrix}\boldsymbol{I}&\boldsymbol{O}\\-\boldsymbol{CA}^{-1}&\boldsymbol{I}\end{bmatrix}\begin{bmatrix}\boldsymbol{A}&\boldsymbol{B}\\\boldsymbol{C}&\boldsymbol{D}\end{bmatrix}=\begin{bmatrix}\boldsymbol{A}&\boldsymbol{B}\\\boldsymbol{O}&\boldsymbol{D}-\boldsymbol{CA}^{-1}\boldsymbol{B}\end{bmatrix}$;

(3)利用(2)的结论,等式两边取行列式,并利用 $\boldsymbol{AC}=\boldsymbol{CA}$,得

$$\begin{aligned}\det\begin{bmatrix}\boldsymbol{A}&\boldsymbol{B}\\\boldsymbol{C}&\boldsymbol{D}\end{bmatrix}&=\det(\boldsymbol{A})\det(\boldsymbol{D}-\boldsymbol{CA}^{-1}\boldsymbol{B})=\det(\boldsymbol{AD}-\boldsymbol{ACA}^{-1}\boldsymbol{B})\\&=\det(\boldsymbol{AD}-\boldsymbol{CAA}^{-1}\boldsymbol{B})=\det(\boldsymbol{AD}-\boldsymbol{CB}).\end{aligned}$$

习题 2.4 初等变换与初等矩阵(A)

1. 设 4 阶方阵 $\boldsymbol{A},\boldsymbol{B}$ 按列分块分别为 $\boldsymbol{A}=[\boldsymbol{\alpha}_1\ \boldsymbol{\alpha}_2\ \boldsymbol{\alpha}_3\ \boldsymbol{\alpha}_4]$,$\boldsymbol{B}=[\boldsymbol{\alpha}_4\ \boldsymbol{\alpha}_3\ \boldsymbol{\alpha}_2\ \boldsymbol{\alpha}_1]$,其中 $\boldsymbol{A}$ 可逆,$\boldsymbol{\alpha}_j(j=1,2,3,4)$ 为 4 维列向量,矩阵

$$\boldsymbol{P}_1=\begin{bmatrix}0&0&0&1\\0&1&0&0\\0&0&1&0\\1&0&0&0\end{bmatrix},\ \boldsymbol{P}_2=\begin{bmatrix}1&0&0&0\\0&0&1&0\\0&1&0&0\\0&0&0&1\end{bmatrix}.$$

证明:$\boldsymbol{B}^{-1}=\boldsymbol{P}_1\boldsymbol{P}_2\boldsymbol{A}^{-1}=\boldsymbol{P}_2\boldsymbol{P}_1\boldsymbol{A}^{-1}$.

证 $\boldsymbol{P}_1,\boldsymbol{P}_2$ 均为初等矩阵,互换矩阵 $\boldsymbol{B}$ 的第 2 列和第 3 列,第 1 列和第 4 列得矩阵 $\boldsymbol{A}$,故 $\boldsymbol{B}=\boldsymbol{AP}_2\boldsymbol{P}_1\Rightarrow\boldsymbol{B}^{-1}=\boldsymbol{P}_1^{-1}\boldsymbol{P}_2^{-1}\boldsymbol{A}^{-1}=\boldsymbol{P}_1\boldsymbol{P}_2\boldsymbol{A}^{-1}$;同理 $\boldsymbol{B}=\boldsymbol{AP}_1\boldsymbol{P}_2\Rightarrow\boldsymbol{B}^{-1}=\boldsymbol{P}_2^{-1}\boldsymbol{P}_1^{-1}\boldsymbol{A}^{-1}=\boldsymbol{P}_2\boldsymbol{P}_1\boldsymbol{A}^{-1}$;从而有 $\boldsymbol{B}^{-1}=\boldsymbol{P}_1\boldsymbol{P}_2\boldsymbol{A}^{-1}=\boldsymbol{P}_2\boldsymbol{P}_1\boldsymbol{A}^{-1}$.

2. 设矩阵 $\boldsymbol{P}_1=\begin{bmatrix}1&0&0\\-2&1&0\\0&0&1\end{bmatrix}$，$\boldsymbol{P}_2=\begin{bmatrix}1&0&0\\0&1&0\\-3&0&1\end{bmatrix}$，$\boldsymbol{A}=\begin{bmatrix}1&2&3&4\\2&3&4&5\\3&4&5&6\end{bmatrix}$，求 $\boldsymbol{P}_1\boldsymbol{P}_2\boldsymbol{A}$ 及 $\boldsymbol{P}_1^6$.

解　$\boldsymbol{P}_1,\boldsymbol{P}_2$ 均为初等矩阵，$\boldsymbol{P}_1\boldsymbol{P}_2\boldsymbol{A}$ 是将矩阵 $\boldsymbol{A}$ 第 1 行的 -2 倍加到第 2 行，再将第 1 行的 -3 倍加到第 3 行得到的，故 $\boldsymbol{P}_1\boldsymbol{P}_2\boldsymbol{A}=\begin{bmatrix}1&2&3&4\\0&-1&-2&-3\\0&-2&-4&-6\end{bmatrix}$；$\boldsymbol{P}_1^6$ 是将单位矩阵第 1 行的 -2 倍加到第 2 行，执行 6 次得到的，故 $\boldsymbol{P}_1^6=\begin{bmatrix}1&0&0\\-12&1&0\\0&0&1\end{bmatrix}$.

3. 利用初等变换法求下列矩阵的逆矩阵：(1) $\begin{bmatrix}1&0&2\\2&-1&3\\4&1&8\end{bmatrix}$；(2) $\begin{bmatrix}1&2&3&4\\2&3&1&2\\1&1&1&-1\\1&0&-2&-6\end{bmatrix}$.

解　(1) $\begin{bmatrix}1&0&2&1&0&0\\2&-1&3&0&1&0\\4&1&8&0&0&1\end{bmatrix}\to\begin{bmatrix}1&0&0&-11&2&2\\0&1&0&-4&0&1\\0&0&1&6&-1&-1\end{bmatrix}\Rightarrow\begin{bmatrix}1&0&2\\2&-1&3\\4&1&8\end{bmatrix}^{-1}=\begin{bmatrix}-11&2&2\\-4&0&1\\6&-1&-1\end{bmatrix}$.

(2) $\begin{bmatrix}1&2&3&4\\2&3&1&2\\1&1&1&-1\\1&0&-2&-6\end{bmatrix}^{-1}=\begin{bmatrix}22&-6&-26&17\\-17&5&20&-13\\-1&0&2&-1\\4&-1&-5&3\end{bmatrix}$.

4. 利用逆矩阵法求下列方程组的解：

$$\begin{cases}x_1+2x_2+3x_3=1,\\2x_1+2x_2+x_3=0,\\3x_1+7x_2+11x_3=2.\end{cases}$$

解　将方程组表示为 $\boldsymbol{Ax}=\boldsymbol{b}$，由于 $\det(\boldsymbol{A})=1\neq 0$，所以 $\boldsymbol{x}=\boldsymbol{A}^{-1}\boldsymbol{b}=[7\quad -9\quad 4]^{\mathrm{T}}$.

5. 设 $\boldsymbol{B}=\begin{bmatrix}1&0&0\\0&0&0\\0&0&-1\end{bmatrix}$，$\boldsymbol{P}=\begin{bmatrix}1&0&0\\2&-1&0\\2&1&1\end{bmatrix}$，矩阵 $\boldsymbol{A}$ 满足 $\boldsymbol{AP}=\boldsymbol{PB}$，求 $\boldsymbol{A}$ 及 $\boldsymbol{A}^5$.

解　$\det(\boldsymbol{P})=-1\neq 0\Rightarrow\boldsymbol{P}$ 可逆，$\boldsymbol{A}=\boldsymbol{PBP}^{-1}=\begin{bmatrix}1&0&0\\2&0&0\\6&-1&-1\end{bmatrix}$；$\boldsymbol{A}^5=\boldsymbol{PB}^5\boldsymbol{P}^{-1}=\boldsymbol{PBP}^{-1}=\boldsymbol{A}$.

6. 设矩阵 $\boldsymbol{X}$ 满足方程 $\begin{bmatrix}2&1\\3&2\end{bmatrix}\boldsymbol{X}\begin{bmatrix}-3&2\\5&-3\end{bmatrix}=\begin{bmatrix}-2&4\\3&-1\end{bmatrix}$，求 $\boldsymbol{X}$.

解　$\boldsymbol{X}=\begin{bmatrix}2&1\\3&2\end{bmatrix}^{-1}\begin{bmatrix}-2&4\\3&-1\end{bmatrix}\begin{bmatrix}-3&2\\5&-3\end{bmatrix}^{-1}=\begin{bmatrix}24&13\\-34&-18\end{bmatrix}$.

7. 设矩阵 $\boldsymbol{B}$ 满足 $\boldsymbol{BA}=3\boldsymbol{B}+\boldsymbol{A}$，其中 $\boldsymbol{A}=\begin{bmatrix}3&1&1\\1&4&1\\1&1&5\end{bmatrix}$，求 $\boldsymbol{B}$.

解 由题设得 $\boldsymbol{B}(\boldsymbol{A}-3\boldsymbol{I})=\boldsymbol{A}$. 因为 $\det(\boldsymbol{A}-3\boldsymbol{I})=-1\neq 0$，所以 $\boldsymbol{A}-3\boldsymbol{I}$ 可逆，且

$$(\boldsymbol{A}-3\boldsymbol{I})^{-1}=\begin{bmatrix}-1&1&0\\1&1&-1\\0&-1&1\end{bmatrix}，故\ \boldsymbol{B}=\boldsymbol{A}(\boldsymbol{A}-3\boldsymbol{I})^{-1}=\begin{bmatrix}-2&3&0\\3&4&-3\\0&-3&4\end{bmatrix}.$$

8. 设矩阵 $\boldsymbol{B}$ 满足 $\boldsymbol{AB}+4\boldsymbol{I}=\boldsymbol{A}^2-2\boldsymbol{B}$，其中 $\boldsymbol{A}=\begin{bmatrix}1&-1&1\\1&1&0\\2&1&1\end{bmatrix}$，求 $\boldsymbol{B}$.

解 由题设得 $(\boldsymbol{A}+2\boldsymbol{I})\boldsymbol{B}=(\boldsymbol{A}^2-4\boldsymbol{I})$，因 $|\boldsymbol{A}+2\boldsymbol{I}|=25\neq 0$，所以 $\boldsymbol{A}+2\boldsymbol{I}$ 可逆. 故

$$\boldsymbol{B}=(\boldsymbol{A}+2\boldsymbol{I})^{-1}(\boldsymbol{A}^2-4\boldsymbol{I})=(\boldsymbol{A}+2\boldsymbol{I})^{-1}(\boldsymbol{A}+2\boldsymbol{I})(\boldsymbol{A}-2\boldsymbol{I})=\boldsymbol{A}-2\boldsymbol{I}=\begin{bmatrix}-1&-1&1\\1&-1&0\\2&1&-1\end{bmatrix}.$$

9. 设矩阵 $\boldsymbol{B}$ 满足 $\boldsymbol{A}^*\boldsymbol{B}=\boldsymbol{A}^{-1}+2\boldsymbol{B}$，其中 $\boldsymbol{A}=\begin{bmatrix}1&1&-1\\-1&1&1\\1&-1&1\end{bmatrix}$，求 $\boldsymbol{B}$.

解 $|\boldsymbol{A}|=4$，对题设等式两边左乘 $\boldsymbol{A}$ 得，$|\boldsymbol{A}|\boldsymbol{B}=\boldsymbol{I}+2\boldsymbol{AB}\Rightarrow(4\boldsymbol{I}-2\boldsymbol{A})\boldsymbol{B}=\boldsymbol{I}$，

$$\Rightarrow\boldsymbol{B}=(4\boldsymbol{I}-2\boldsymbol{A})^{-1}=\frac{1}{4}\begin{bmatrix}1&1&0\\0&1&1\\1&0&1\end{bmatrix}.$$

10. 设矩阵 $\boldsymbol{X}$ 满足方程 $\boldsymbol{AXA}+\boldsymbol{BXB}=\boldsymbol{AXB}+\boldsymbol{BXA}+\boldsymbol{I}$，其中 $\boldsymbol{A}=\begin{bmatrix}1&0&0\\1&1&0\\1&1&1\end{bmatrix}$，$\boldsymbol{B}=\begin{bmatrix}0&1&1\\1&0&1\\1&1&0\end{bmatrix}$，求矩阵 $\boldsymbol{X}$.

解 由题设得 $(\boldsymbol{A}-\boldsymbol{B})\boldsymbol{X}(\boldsymbol{A}-\boldsymbol{B})=\boldsymbol{I}$，故 $\boldsymbol{X}=(\boldsymbol{A}-\boldsymbol{B})^{-1}(\boldsymbol{A}-\boldsymbol{B})^{-1}=\begin{bmatrix}1&2&5\\0&1&2\\0&0&1\end{bmatrix}$.

11. 设方阵 $\boldsymbol{A}$ 可逆，(1) 证明：$(\boldsymbol{A}^*)^{-1}=\dfrac{\boldsymbol{A}}{\det(\boldsymbol{A})}$；(2) 若 $\boldsymbol{A}^{-1}=\begin{bmatrix}1&1&1\\1&2&1\\1&1&3\end{bmatrix}$，求 $(\boldsymbol{A}^*)^{-1}$.

解 (1) $\boldsymbol{AA}^*=\det(\boldsymbol{A})\boldsymbol{I}\Rightarrow\left(\dfrac{1}{\det(\boldsymbol{A})}\boldsymbol{A}\right)\boldsymbol{A}^*=\boldsymbol{I}\Rightarrow(\boldsymbol{A}^*)^{-1}=\dfrac{\boldsymbol{A}}{\det(\boldsymbol{A})}$；

(2) $(\boldsymbol{A}^*)^{-1}=\dfrac{\boldsymbol{A}}{\det(\boldsymbol{A})}=\det(\boldsymbol{A}^{-1})(\boldsymbol{A}^{-1})^{-1}=2(\boldsymbol{A}^{-1})^{-1}=\begin{bmatrix}5&-2&-1\\-2&2&0\\-1&0&1\end{bmatrix}$.

12. 设可逆矩阵 $\boldsymbol{A}=\begin{bmatrix}2&1&1\\6&4&5\\4&1&3\end{bmatrix}$. (1)试只用第 3 种初等变换将 $\boldsymbol{A}$ 化为上三角矩阵 $\boldsymbol{U}$,写出与矩阵变换对应的初等矩阵 $\boldsymbol{P}_1,\boldsymbol{P}_2,\boldsymbol{P}_3$,使 $\boldsymbol{P}_3\boldsymbol{P}_2\boldsymbol{P}_1\boldsymbol{A}=\boldsymbol{U}$;(2)计算 $\boldsymbol{L}=\boldsymbol{P}_1^{-1}\boldsymbol{P}_2^{-1}\boldsymbol{P}_3^{-1}$,$\boldsymbol{L}$ 是怎样的矩阵? 并验证 $\boldsymbol{A}=\boldsymbol{L}\boldsymbol{U}$.

解 (1)$\boldsymbol{A}=\begin{bmatrix}2&1&1\\6&4&5\\4&1&3\end{bmatrix}\xrightarrow[r_{13}(-2)]{r_{12}(-3)}\begin{bmatrix}2&1&1\\0&1&2\\0&-1&1\end{bmatrix}\xrightarrow{r_{23}(1)}\begin{bmatrix}2&1&1\\0&1&2\\0&0&3\end{bmatrix}=\boldsymbol{U}$,

所以 $\boldsymbol{P}_1=\begin{bmatrix}1&0&0\\-3&1&0\\0&0&1\end{bmatrix}$,$\boldsymbol{P}_2=\begin{bmatrix}1&0&0\\0&1&0\\-2&0&1\end{bmatrix}$,$\boldsymbol{P}_3=\begin{bmatrix}1&0&0\\0&1&0\\0&1&1\end{bmatrix}$,使 $\boldsymbol{P}_3\boldsymbol{P}_2\boldsymbol{P}_1\boldsymbol{A}=\boldsymbol{U}$.

(2)$\boldsymbol{A}=(\boldsymbol{P}_3\boldsymbol{P}_2\boldsymbol{P}_1)^{-1}\boldsymbol{U}$,记 $\boldsymbol{L}=\boldsymbol{P}_1^{-1}\boldsymbol{P}_2^{-1}\boldsymbol{P}_3^{-1}=\begin{bmatrix}1&0&0\\-3&1&0\\-5&1&1\end{bmatrix}$,则 $\boldsymbol{L}$ 为下三角矩阵,且 $\boldsymbol{A}=\boldsymbol{L}\boldsymbol{U}$.

习题 2.4 初等变换与初等矩阵(B)

习题及详解见典型例题例 2 - 13.

习题 2.5 矩阵的秩(A)

1. 求下列矩阵的秩:

(1) $\begin{bmatrix}0&1&1&-1&2\\0&2&-2&-2&0\\0&-1&-1&1&1\\1&1&0&1&-1\end{bmatrix}$; (2) $\begin{bmatrix}1&-1&2&1&0\\2&-2&4&-2&0\\3&0&6&-1&1\\0&3&0&0&1\end{bmatrix}$; (3) $\begin{bmatrix}1&-2&3k\\-1&2k&-3\\k&-2&3\end{bmatrix}$;

(4) $\begin{bmatrix}1&0&-1\\a&0&b\\-1&0&1\end{bmatrix}$.

解 (1) $\begin{bmatrix}0&1&1&-1&2\\0&2&-2&-2&0\\0&-1&-1&1&1\\1&1&0&1&-1\end{bmatrix}\longrightarrow\begin{bmatrix}1&1&0&1&-1\\0&-1&-1&1&1\\0&0&-4&0&2\\0&0&0&0&3\end{bmatrix}$,$r=4$.

(2) $\begin{bmatrix}1&-1&2&1&0\\2&-2&4&-2&0\\3&0&6&-1&1\\0&3&0&0&1\end{bmatrix}\longrightarrow\begin{bmatrix}1&-1&2&1&0\\0&3&0&-4&1\\0&0&0&-4&0\\0&0&0&0&0\end{bmatrix}$,$r=3$.

(3) $\det\left(\begin{bmatrix}1&-2&3k\\-1&2k&-3\\k&-2&3\end{bmatrix}\right)=-6(k-1)^2(k+2)$,当 $k\neq1$ 且 $k\neq-2$ 时,该矩阵的行列式

不为 0，因此 $r=3$；当 $k=1$ 时，该矩阵为 $\begin{bmatrix}1&-2&3\\-1&2&-3\\1&-2&3\end{bmatrix}\longrightarrow\begin{bmatrix}1&-2&3\\0&0&0\\0&0&0\end{bmatrix}$，$r=1$；当 $k=-2$ 时，该矩阵为 $\begin{bmatrix}1&-2&-6\\-1&-4&-3\\-2&-2&3\end{bmatrix}\longrightarrow\begin{bmatrix}1&-2&3\\0&-6&-9\\0&0&0\end{bmatrix}$，$r=2$.

(4) $\begin{bmatrix}1&0&-1\\a&0&b\\-1&0&1\end{bmatrix}\rightarrow\begin{bmatrix}1&0&-1\\0&0&a+b\\0&0&0\end{bmatrix}$，当 $a+b=0$ 时，$r=1$；当 $a+b\neq 0$ 时，$r=2$.

2. 已知矩阵 $\boldsymbol{A}=\begin{bmatrix}1&1&1\\1&3&-1\\2&-x&6\\-2&-2x&0\end{bmatrix}$ 的秩为 2，求 x 的值.

解　$r(\boldsymbol{A})=2$，则 $\boldsymbol{A}$ 的任一 3 阶子式为零，从而 $\begin{vmatrix}1&1&1\\1&3&-1\\2&-x&6\end{vmatrix}=4-2x=0\Rightarrow x=2$.

3. 设矩阵 $\boldsymbol{A}=\begin{bmatrix}a&b&b\\b&a&b\\b&b&a\end{bmatrix}$，证明：当 $r(\boldsymbol{A}^*)=1$ 时，必有 $a\neq b$ 且 $a+2b=0$.

证　$r(\boldsymbol{A}^*)=1\Rightarrow\boldsymbol{A}^*$ 不可逆 $\Rightarrow\boldsymbol{A}$ 不可逆 $\Rightarrow\det(\boldsymbol{A})=\begin{vmatrix}a&b&b\\b&a&b\\b&b&a\end{vmatrix}=(2b+a)(a-b)^2=0$.

若 $a=b$，则 $\boldsymbol{A}^*=\boldsymbol{O}$，从而 $r(\boldsymbol{A}^*)=0$ 与已知不符，所以必有 $a\neq b$ 且 $a+2b=0$.

4. 习题及详解见典型例题例 2-16.

5. 证明：同型矩阵 $\boldsymbol{A}_{m\times n}$ 与 $\boldsymbol{B}_{m\times n}$ 等价 $\Leftrightarrow r(\boldsymbol{A})=r(\boldsymbol{B})$.

证　必要性，由于初等行（列）变换不改变矩阵的秩，所以必要性显然. 充分性，设 $r(\boldsymbol{A})=r(\boldsymbol{B})$，则 $\boldsymbol{A}$，$\boldsymbol{B}$ 有相同的秩标准形，它们都和秩标准形等价，从而 $\boldsymbol{A}$，$\boldsymbol{B}$ 等价.

习题 2.5 矩阵的秩(B)

1. 设矩阵 $\boldsymbol{G}_{m\times r}$ 和矩阵 $\boldsymbol{H}_{r\times n}$ 的秩都为 r，矩阵 $\boldsymbol{A}=\boldsymbol{GH}$，证明：$r(\boldsymbol{A})=r$.

证　因为 $r(\boldsymbol{G})=r(\boldsymbol{H})=r$，所以存在可逆矩阵 $\boldsymbol{P}_{m\times m}$，$\boldsymbol{Q}_{r\times r}$，$\boldsymbol{B}_{r\times r}$，$\boldsymbol{C}_{m\times m}$，使得

$\boldsymbol{G}=\boldsymbol{P}^{-1}\begin{bmatrix}\boldsymbol{I}_r\\\boldsymbol{O}_{(m-r)\times r}\end{bmatrix}\boldsymbol{Q}^{-1}$，$\boldsymbol{H}=\boldsymbol{B}^{-1}[\boldsymbol{I}_r\quad\boldsymbol{O}_{r\times(m-r)}]\boldsymbol{C}^{-1}$，从而

$$\begin{aligned}r(\boldsymbol{A})=r(\boldsymbol{GH})&=r\left(\boldsymbol{P}^{-1}\begin{bmatrix}\boldsymbol{I}_r\\\boldsymbol{O}_{(m-r)\times r}\end{bmatrix}\boldsymbol{Q}^{-1}\boldsymbol{B}^{-1}[\boldsymbol{I}_r\quad\boldsymbol{O}_{r\times(m-r)}]C^{-1}\right)\\&=r\left(\begin{bmatrix}\boldsymbol{I}_r\\\boldsymbol{O}_{(m-r)\times r}\end{bmatrix}\boldsymbol{Q}^{-1}\boldsymbol{B}^{-1}[\boldsymbol{I}_r\quad\boldsymbol{O}_{r\times(m-r)}]\right)\\&=r\left(\begin{bmatrix}\boldsymbol{Q}^{-1}\boldsymbol{B}^{-1}&\boldsymbol{O}_{r\times(m-r)}\\\boldsymbol{O}_{(m-r)\times r}&\boldsymbol{O}_{(m-r)\times(m-r)}\end{bmatrix}\right)=r(\boldsymbol{Q}^{-1}\boldsymbol{B}^{-1})=r.\end{aligned}$$

2. 习题及详解见典型例题例 2－21.

第 2 章习题

1. 填空题

(1)设 $\boldsymbol{\alpha}$ 是 3 维列向量,已知 $\boldsymbol{\alpha\alpha}^{\mathrm{T}}=\begin{bmatrix}1 & -2 & 3\\-2 & 4 & -6\\3 & -6 & 9\end{bmatrix}$,则 $\boldsymbol{\alpha}^{\mathrm{T}}\boldsymbol{\alpha}=$________.

解　设 $\boldsymbol{\alpha}=(a_1,a_2,a_3)^{\mathrm{T}}$,则 $\boldsymbol{\alpha}^{\mathrm{T}}\boldsymbol{\alpha}=a_1^2+a_2^2+a_3^2=1+4+9=14$.

(2)设 n 维向量 $\boldsymbol{\alpha}=(a,0,\cdots,0,a)^{\mathrm{T}}$(其中常数 $a<0$),已知矩阵 $\boldsymbol{A}=\boldsymbol{I}-\boldsymbol{\alpha\alpha}^{\mathrm{T}}$ 的逆矩阵为 $\boldsymbol{B}=\boldsymbol{I}+\frac{1}{a}\boldsymbol{\alpha\alpha}^{\mathrm{T}}$,则 $a=$________.

解　由 $(\boldsymbol{I}-\boldsymbol{\alpha\alpha}^{\mathrm{T}})(\boldsymbol{I}+\frac{1}{a}\boldsymbol{\alpha\alpha}^{\mathrm{T}})=\boldsymbol{I}$,得 $(\frac{1}{a}-1-2a)\boldsymbol{\alpha\alpha}^{\mathrm{T}}=\boldsymbol{O}$. 因为 $\boldsymbol{\alpha\alpha}^{\mathrm{T}}\neq\boldsymbol{O}$ 所以 $(\frac{1}{a}-1-2a)=0$,又 $a<0$,所以 $a=-1$.

(3)设 $\boldsymbol{A}$ 为 3 阶矩阵,已知 $\boldsymbol{AB}=2\boldsymbol{A}+\boldsymbol{B}$,$\boldsymbol{B}=\begin{bmatrix}2 & 0 & 2\\0 & 4 & 0\\2 & 0 & 2\end{bmatrix}$,则 $(\boldsymbol{A}-\boldsymbol{I})^{-1}=$________.

解　由题设,得 $(\boldsymbol{A}-\boldsymbol{I})(\boldsymbol{B}-2\boldsymbol{I})=2\boldsymbol{I}\Rightarrow(\boldsymbol{A}-\boldsymbol{I})^{-1}=\frac{1}{2}(\boldsymbol{B}-2\boldsymbol{I})=\begin{bmatrix}0 & 0 & 1\\0 & 1 & 0\\1 & 0 & 0\end{bmatrix}$.

(4)设 3 阶矩阵 $\boldsymbol{A},\boldsymbol{B}$ 满足 $\boldsymbol{A}^*\boldsymbol{BA}=2\boldsymbol{BA}-8\boldsymbol{I}$,$\boldsymbol{A}=\mathrm{diag}(1,-2,1)$,则 $\boldsymbol{B}=$________.

解　$\det(\boldsymbol{A})=-2$,$\boldsymbol{AA}^*=\boldsymbol{A}^*\boldsymbol{A}=-2\boldsymbol{I}$. 对题设方程两端左乘 $\boldsymbol{A}$,右乘 $\boldsymbol{A}^*$,化简得 $\boldsymbol{B}=-\boldsymbol{AB}+4\boldsymbol{I}\Rightarrow\boldsymbol{B}=4(\boldsymbol{A}+\boldsymbol{I})^{-1}=\mathrm{diag}(2,-4,2)$.

(5)设 $\boldsymbol{A}=\begin{bmatrix}2 & 1 & 0\\1 & 2 & 0\\0 & 0 & 1\end{bmatrix}$,矩阵 $\boldsymbol{B}$ 满足 $\boldsymbol{ABA}^*=2\boldsymbol{BA}^*+\boldsymbol{I}$,则 $\det(\boldsymbol{B})=$________.

解　$|\boldsymbol{A}|=3$,$\boldsymbol{AA}^*=3\boldsymbol{I}$. 对题设方程两端右乘 $\boldsymbol{A}$,化简得 $3(\boldsymbol{A}-2\boldsymbol{I})\boldsymbol{B}=\boldsymbol{A}\Rightarrow 3^3|\boldsymbol{A}-2\boldsymbol{I}||\boldsymbol{B}|=|\boldsymbol{A}|$,由于 $|\boldsymbol{A}-2\boldsymbol{I}|=1$,故 $|\boldsymbol{B}|=\frac{1}{9}$.

(6)设 $\boldsymbol{A}=\begin{bmatrix}0 & -1 & 0\\1 & 0 & 0\\0 & 0 & -1\end{bmatrix}$,$\boldsymbol{P}$ 为 3 阶可逆矩阵,$\boldsymbol{B}=\boldsymbol{P}^{-1}\boldsymbol{AP}$,则 $\boldsymbol{B}^{2020}-7\boldsymbol{A}^2=$________.

解　$\boldsymbol{A}^4=\boldsymbol{I}$,故 $\boldsymbol{B}^{2020}-7\boldsymbol{A}^2=\boldsymbol{P}^{-1}\boldsymbol{A}^{2020}\boldsymbol{P}-7\boldsymbol{A}^2=\boldsymbol{I}-7\boldsymbol{A}^2=\mathrm{diag}(8,8,-6)$.

(7)设 3×4 矩阵 $\boldsymbol{A}$ 的秩为 2,矩阵 $\boldsymbol{B}=\begin{bmatrix}1 & 2 & 3\\2 & 3 & 4\\3 & 4 & 5\end{bmatrix}$,则 $r(\boldsymbol{A}^{\mathrm{T}}\boldsymbol{B})=$________.

解　$\boldsymbol{B}$ 是可逆矩阵,所以 $r(\boldsymbol{A}^{\mathrm{T}}\boldsymbol{B})=r(\boldsymbol{A}^{\mathrm{T}})=r(\boldsymbol{A})=2$.

(8)习题及详解见典型例题例 2－8.

(9)设同阶方阵 $\boldsymbol{A},\boldsymbol{B},\boldsymbol{C}$ 满足 $\boldsymbol{B}=\boldsymbol{I}+\boldsymbol{AB}$,$\boldsymbol{C}=\boldsymbol{A}+\boldsymbol{CA}$,则 $\boldsymbol{B}-\boldsymbol{C}=$________.

解　由题设得 $\boldsymbol{B}=(\boldsymbol{I}-\boldsymbol{A})^{-1}$，$\boldsymbol{C}=\boldsymbol{A}(\boldsymbol{I}-\boldsymbol{A})^{-1}$，故 $\boldsymbol{B}-\boldsymbol{C}=(\boldsymbol{I}-\boldsymbol{A})(\boldsymbol{I}-\boldsymbol{A})^{-1}=\boldsymbol{I}$.

(10)设方阵 $\boldsymbol{A}=(a_{ij})_{3\times3}$ 可逆，且 $A_{ij}+a_{ij}=0(i=1,2,3;j=1,2,3)$，则 $\det(\boldsymbol{A})=$ ________.

解　$A_{ij}=-a_{ij}\Rightarrow\boldsymbol{A}^*=-\boldsymbol{A}^{\mathrm{T}}\Rightarrow|\boldsymbol{A}|^2=-|\boldsymbol{A}|$. 又 $\boldsymbol{A}_{3\times3}$ 可逆 $\Rightarrow|\boldsymbol{A}|\neq0$，故 $|\boldsymbol{A}|=-1$.

(11)设实方阵 $\boldsymbol{A}_{3\times3}$ 是非零矩阵，且 $\boldsymbol{A}^*=-\boldsymbol{A}^{\mathrm{T}}$，则 $\det(\boldsymbol{A})=$ ________.

解　不妨设 $a_{11}\neq0$，由题设 $\boldsymbol{A}_{ij}=-a_{ij}$，所以 $|\boldsymbol{A}|=\sum\limits_{i=1}^{3}a_{i1}(-a_{i1})<0$；又 $\boldsymbol{A}^*=-\boldsymbol{A}^{\mathrm{T}}\Rightarrow|\boldsymbol{A}|^2=-|\boldsymbol{A}|$，故 $\det(\boldsymbol{A})=-1$.

2. 单项选择题

(1)设 $\boldsymbol{A},\boldsymbol{P}$ 均为 3 阶矩阵，且 $\boldsymbol{P}^{\mathrm{T}}\boldsymbol{A}\boldsymbol{P}=\mathrm{diag}(1,1,2)$，若 $\boldsymbol{P}=[\boldsymbol{\alpha}_1\ \ \boldsymbol{\alpha}_2\ \ \boldsymbol{\alpha}_3]$，$\boldsymbol{Q}=[\boldsymbol{\alpha}_1+\boldsymbol{\alpha}_2\ \ \boldsymbol{\alpha}_2\ \ \boldsymbol{\alpha}_3]$，其中 $\boldsymbol{\alpha}_j(j=1,2,3)$ 均为 3 维列向量，则 $\boldsymbol{Q}^{\mathrm{T}}\boldsymbol{A}\boldsymbol{Q}=($　　$)$.

A. $\begin{bmatrix}2&1&0\\1&1&0\\0&0&2\end{bmatrix}$　　B. $\begin{bmatrix}1&1&0\\1&2&0\\0&0&2\end{bmatrix}$　　C. $\begin{bmatrix}2&0&0\\0&1&0\\0&0&2\end{bmatrix}$　　D. $\begin{bmatrix}1&0&0\\0&2&0\\0&0&2\end{bmatrix}$

解　选 A. 由 $\boldsymbol{Q}=\boldsymbol{P}\begin{bmatrix}1&0&0\\1&1&0\\0&0&1\end{bmatrix}$，得 $\boldsymbol{Q}^{\mathrm{T}}\boldsymbol{A}\boldsymbol{Q}=\begin{bmatrix}1&0&0\\1&1&0\\0&0&1\end{bmatrix}^{\mathrm{T}}\boldsymbol{P}^{\mathrm{T}}\boldsymbol{A}\boldsymbol{P}\begin{bmatrix}1&0&0\\1&1&0\\0&0&1\end{bmatrix}=\begin{bmatrix}2&1&0\\1&1&0\\0&0&2\end{bmatrix}$.

(2)设 $\boldsymbol{A}$ 为 3 阶方阵，将 $\boldsymbol{A}$ 的第 2 行加到第 1 行得矩阵 $\boldsymbol{B}$，再将矩阵 $\boldsymbol{B}$ 的第 1 列的 -1 倍加到第 2 列得矩阵 $\boldsymbol{C}$，记矩阵 $\boldsymbol{P}=\begin{bmatrix}1&1&0\\0&1&0\\0&0&1\end{bmatrix}$，则(　　).

A. $\boldsymbol{C}=\boldsymbol{P}^{-1}\boldsymbol{A}\boldsymbol{P}$　　B. $\boldsymbol{C}=\boldsymbol{P}\boldsymbol{A}\boldsymbol{P}^{-1}$　　C. $\boldsymbol{C}=\boldsymbol{P}^{\mathrm{T}}\boldsymbol{A}\boldsymbol{P}$　　D. $\boldsymbol{C}=\boldsymbol{P}\boldsymbol{A}\boldsymbol{P}^{\mathrm{T}}$

解　选 B. $\boldsymbol{B}=\begin{bmatrix}1&1&0\\0&1&0\\0&0&1\end{bmatrix}\boldsymbol{A}=\boldsymbol{P}\boldsymbol{A}$，$\boldsymbol{C}=\boldsymbol{B}\begin{bmatrix}1&-1&0\\0&1&0\\0&0&1\end{bmatrix}=\boldsymbol{B}\boldsymbol{P}^{-1}\Rightarrow\boldsymbol{C}=\boldsymbol{P}\boldsymbol{A}\boldsymbol{P}^{-1}$.

(3)设 $\boldsymbol{A}$ 为 $n(n\geqslant2)$ 阶可逆矩阵，交换 $\boldsymbol{A}$ 的第 1 行与第 2 行得到矩阵 $\boldsymbol{B}$，则(　　).

A. 交换 $\boldsymbol{A}^*$ 的第 1 列与第 2 列得矩阵 $\boldsymbol{B}^*$

B. 交换 $\boldsymbol{A}^*$ 的第 1 行与第 2 行得矩阵 $\boldsymbol{B}^*$

C. 交换 $\boldsymbol{A}^*$ 的第 1 列与第 2 列得矩阵 $-\boldsymbol{B}^*$

D. 交换 $\boldsymbol{A}^*$ 的第 1 行与第 2 行得矩阵 $-\boldsymbol{B}^*$

解　选 C. $\boldsymbol{B}=\begin{bmatrix}0&1&0\\1&0&0\\0&0&1\end{bmatrix}\boldsymbol{A}\Rightarrow\boldsymbol{B}^*=\boldsymbol{A}^*\begin{bmatrix}0&1&0\\1&0&0\\0&0&1\end{bmatrix}^*=-\boldsymbol{A}^*\begin{bmatrix}0&1&0\\1&0&0\\0&0&1\end{bmatrix}$.

(4)设 $\boldsymbol{A}$ 为 3 阶矩阵，可逆矩阵 $\boldsymbol{P}$ 按列分块为 $\boldsymbol{P}=[\boldsymbol{\alpha}_1\ \boldsymbol{\alpha}_2\ \boldsymbol{\alpha}_3]$，且有 $\boldsymbol{P}^{-1}\boldsymbol{A}\boldsymbol{P}=\mathrm{diag}(0,1,2)$，则 $\boldsymbol{A}(\boldsymbol{\alpha}_1+2\boldsymbol{\alpha}_2+3\boldsymbol{\alpha}_3)=($　　$)$.

A. $\boldsymbol{\alpha}_1+2\boldsymbol{\alpha}_2$　　B. $2\boldsymbol{\alpha}_2+3\boldsymbol{\alpha}_3$　　C. $2\boldsymbol{\alpha}_2+6\boldsymbol{\alpha}_3$　　D. $2\boldsymbol{\alpha}_2+4\boldsymbol{\alpha}_3$

解　选 C. 由题设，得 $\boldsymbol{A}\boldsymbol{P}=\boldsymbol{P}\mathrm{diag}(0,1,2)$，故

$$\boldsymbol{A}(\boldsymbol{\alpha}_1+2\boldsymbol{\alpha}_2+3\boldsymbol{\alpha}_3)=\boldsymbol{A}\boldsymbol{P}\begin{bmatrix}1\\2\\3\end{bmatrix}=\boldsymbol{P}\begin{bmatrix}0&&\\&1&\\&&2\end{bmatrix}\begin{bmatrix}1\\2\\3\end{bmatrix}=2\boldsymbol{\alpha}_2+6\boldsymbol{\alpha}_3.$$

(5) 设 3 阶矩阵 $\boldsymbol{A}$ 满足 $\boldsymbol{A}^*=\boldsymbol{A}^{\mathrm{T}}$，若 a_{11},a_{12},a_{13} 为 3 个相等的正数，则 $a_{11}=$(　　).

A. $\dfrac{\sqrt{3}}{3}$　　B. 3　　C. $\dfrac{1}{3}$　　D. $\sqrt{3}$

解　选 A. $A_{ij}=a_{ij}$，$|\boldsymbol{A}|=a_{11}^2+a_{12}^2+a_{13}^2=3a_{11}^2>0$. 又 $\boldsymbol{A}\boldsymbol{A}^{\mathrm{T}}=\boldsymbol{A}\boldsymbol{A}^*=|\boldsymbol{A}|\boldsymbol{I}$，两边取行列式，得 $|\boldsymbol{A}|^2=|\boldsymbol{A}|^3$，故 $|\boldsymbol{A}|=3a_{11}^2=1$，又 $a_{11}>0$，所以 $a_{11}=\dfrac{\sqrt{3}}{3}$.

3. 习题及详解见典型例题例 2 - 12.

4. 设 $\boldsymbol{P}=\begin{bmatrix}1&1&1\\1&0&-2\\1&-1&1\end{bmatrix}$，$\boldsymbol{D}=\begin{bmatrix}-1&0&0\\0&1&0\\0&0&5\end{bmatrix}$，3 阶矩阵 $\boldsymbol{A}$ 满足 $\boldsymbol{AP}=\boldsymbol{PD}$，求 $\boldsymbol{A}^8(5\boldsymbol{I}-6\boldsymbol{A}+\boldsymbol{A}^2)$.

解　$\boldsymbol{P}^{-1}=6\begin{bmatrix}2&2&2\\3&0&-3\\1&-2&1\end{bmatrix}$，$\boldsymbol{A}=\boldsymbol{PDP}^{-1}$，$\boldsymbol{A}^k=\boldsymbol{PD}^k\boldsymbol{P}^{-1}$. 故 $\boldsymbol{A}^8(5\boldsymbol{I}-6\boldsymbol{A}+\boldsymbol{A}^2)=\boldsymbol{P}(5\boldsymbol{D}^8-6\boldsymbol{D}^9+\boldsymbol{D}^{10})\boldsymbol{P}^{-1}=\begin{bmatrix}4&4&4\\4&4&4\\4&4&4\end{bmatrix}$.

5. 设 3 阶矩阵 $\boldsymbol{A}$ 按列分块为 $\boldsymbol{A}=[\boldsymbol{\alpha}_1\ \boldsymbol{\alpha}_2\ \boldsymbol{\alpha}_3]$，且 $\boldsymbol{\alpha}_1=2\boldsymbol{\alpha}_2-3\boldsymbol{\alpha}_3$，问齐次线性方程组 $\boldsymbol{Ax}=\boldsymbol{0}$ 存在非零解吗？$\boldsymbol{A}$ 是可逆矩阵吗？并说明理由.

解　由题设，得 $\boldsymbol{\alpha}_1-2\boldsymbol{\alpha}_2+3\boldsymbol{\alpha}_3=\boldsymbol{0}$，即 $\boldsymbol{A}\begin{bmatrix}1\\-2\\3\end{bmatrix}=\boldsymbol{0}$，所以齐次线性方程组 $\boldsymbol{Ax}=\boldsymbol{0}$ 存在非零解 $\boldsymbol{\beta}=[1\quad -2\quad 3]^{\mathrm{T}}$；假设 $\boldsymbol{A}$ 是可逆矩阵，则由 $\boldsymbol{Ax}=\boldsymbol{0}$ 得 $\boldsymbol{x}=\boldsymbol{0}$，与 $\boldsymbol{Ax}=\boldsymbol{0}$ 存在非零解矛盾，所以 $\boldsymbol{A}$ 不是可逆矩阵 .

6. 习题及详解见典型例题例 2 - 15.

7. 设 $\boldsymbol{A}$ 为 3 阶矩阵，$\det(\boldsymbol{A})=\dfrac{1}{2}$，求 $\det((2\boldsymbol{A})^{-1}-5\boldsymbol{A}^*)$.

解　$(2\boldsymbol{A})^{-1}-5\boldsymbol{A}^*=\dfrac{1}{2}\boldsymbol{A}^{-1}-5|\boldsymbol{A}|\boldsymbol{A}^{-1}=-2\boldsymbol{A}^{-1}\Rightarrow|(2\boldsymbol{A})^{-1}-5\boldsymbol{A}^*|=(-2)^3|\boldsymbol{A}|^{-1}=-16$.

8. 设线性方程组 $\boldsymbol{Ax}=\boldsymbol{b}$ 的增广矩阵为 $\overline{\boldsymbol{A}}=[\boldsymbol{A}\ \vdots\ \boldsymbol{b}]=\left[\begin{array}{ccc:c}1&1&\lambda&4\\-1&\lambda&1&\lambda^2\\1&-1&2&4\end{array}\right]$，求 $r(\boldsymbol{A})$ 及 $r(\overline{\boldsymbol{A}})$.

解　对增广矩阵施行初等行变换，化为阶梯形

$$\overline{\boldsymbol{A}}\to\begin{bmatrix}1&1&\lambda&4\\0&\lambda+1&\lambda+1&\lambda^2+4\\0&-2&2-\lambda&0\end{bmatrix}\to\begin{bmatrix}1&1&\lambda&4\\0&2&\lambda-2&8\\0&0&(\lambda+1)(4-\lambda)&2\lambda(\lambda-4)\end{bmatrix},$$

当 $\lambda\neq-1$ 且 $\lambda\neq4$ 时，$r(\boldsymbol{A})=r(\overline{\boldsymbol{A}})=3$；当 $\lambda=-1$ 时，$r(\boldsymbol{A})=2$，$r(\overline{\boldsymbol{A}})=3$；当 $\lambda=4$ 时，$r(\boldsymbol{A})=r(\overline{\boldsymbol{A}})=2$.

第3章 几何向量及其应用

3.1 知识图谱

本章知识图谱如图 3－1 所示。

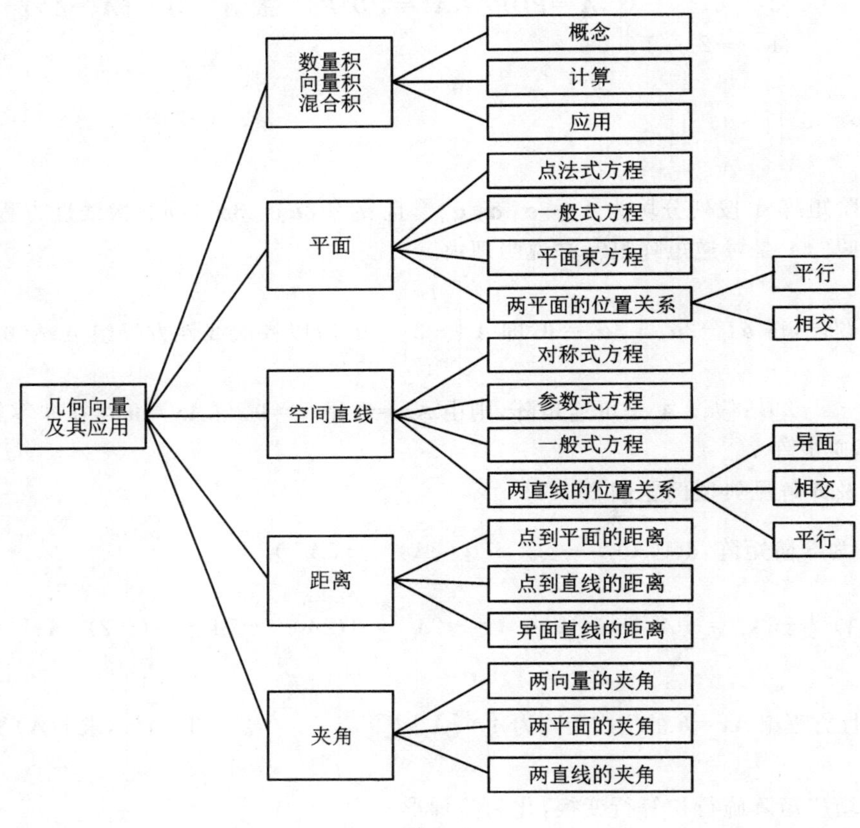

图 3－1

3.2 知识要点

1. 向量的坐标、长度与方向余弦

$\boldsymbol{a}=x\boldsymbol{i}+y\boldsymbol{j}+z\boldsymbol{k}=(x,y,z)$；$\|\boldsymbol{a}\|=\sqrt{x^2+y^2+z^2}$；

$$\cos\alpha=\frac{x}{\|\boldsymbol{a}\|}=\frac{x}{\sqrt{x^2+y^2+z^2}},\cos\beta=\frac{y}{\|\boldsymbol{a}\|}=\frac{y}{\sqrt{x^2+y^2+z^2}},\cos\gamma=\frac{z}{\|\boldsymbol{a}\|}=\frac{z}{\sqrt{x^2+y^2+z^2}}.$$

任一向量的方向余弦满足$\cos^2\alpha+\cos^2\beta+\cos^2\gamma=1$.

与 $\boldsymbol{a}$ 方向一致的单位向量为$\boldsymbol{a}^\circ=\frac{1}{\|\boldsymbol{a}\|}\boldsymbol{a}=\left(\frac{x}{\|\boldsymbol{a}\|},\frac{y}{\|\boldsymbol{a}\|},\frac{z}{\|\boldsymbol{a}\|}\right)=(\cos\alpha,\cos\beta,\cos\gamma)$.

2. 向量的线性运算,向量共线、共面的充要条件

(1)设向量 $\boldsymbol{a}=(x_1,y_1,z_1)$,$\boldsymbol{b}=(x_2,y_2,z_2)$,$\boldsymbol{c}=(x_3,y_3,z_3)$,则

$\boldsymbol{a}\pm\boldsymbol{b}=(x_1\pm x_2,y_1\pm y_2,z_1\pm z_2)$,$\lambda\boldsymbol{a}=(\lambda x_1,\lambda y_1,\lambda z_1)$.

(2)两个向量 $\boldsymbol{a}$,$\boldsymbol{b}$ 共线的充要条件:$x_1:x_2=y_1:y_2=z_1:z_2$.

(3)三个向量 $\boldsymbol{a}$,$\boldsymbol{b}$,$\boldsymbol{c}$ 共面的充要条件:$\begin{vmatrix}x_1&x_2&x_3\\y_1&y_2&y_3\\z_1&z_2&z_3\end{vmatrix}=0$.

3. 正交射影向量和正交射影

设向量 $\boldsymbol{a}$ 与 $\boldsymbol{b}$ 的夹角为θ,向量 $\mathrm{Prog}_{\boldsymbol{a}}\boldsymbol{b}=\|\boldsymbol{b}\|\cos\theta\,\boldsymbol{a}^\circ$称为向量 $\boldsymbol{b}$ 在向量$\boldsymbol{a}$ 上的正交射影向量,简称为射影向量;数值$(\boldsymbol{b})_{\boldsymbol{a}}=\|\boldsymbol{b}\|\cos\theta$ 称为 $\boldsymbol{b}$ 在 $\boldsymbol{a}$ 上的正交射影.

4. 向量的数量积、向量积、混合积

(1)设向量 $\boldsymbol{a}=a_x\boldsymbol{i}+a_y\boldsymbol{j}+a_z\boldsymbol{k}$,$\boldsymbol{b}=b_x\boldsymbol{i}+b_y\boldsymbol{j}+b_z\boldsymbol{k}$,$\boldsymbol{c}=c_x\boldsymbol{i}+c_y\boldsymbol{j}+c_z\boldsymbol{k}$,向量 $\boldsymbol{a}$ 与 $\boldsymbol{b}$ 的夹角为θ.

数量积(点积):$\boldsymbol{a}\cdot\boldsymbol{b}=\|\boldsymbol{a}\|\|\boldsymbol{b}\|\cos\theta=\|\boldsymbol{a}\|(\boldsymbol{b})_{\boldsymbol{a}}=\|\boldsymbol{b}\|(\boldsymbol{a})_{\boldsymbol{b}}=a_xb_x+a_yb_y+a_zb_z$.

向量积(叉积):$\boldsymbol{a}\times\boldsymbol{b}$ 是一个向量,方向与 $\boldsymbol{a}$,$\boldsymbol{b}$ 都垂直,且 $\boldsymbol{a}$,$\boldsymbol{b}$,$\boldsymbol{a}\times\boldsymbol{b}$ 符合右手法则,$\|\boldsymbol{a}\times\boldsymbol{b}\|=\|\boldsymbol{a}\|\|\boldsymbol{b}\|\sin\theta$.

向量积的坐标表示:$\boldsymbol{a}\times\boldsymbol{b}=\begin{vmatrix}\boldsymbol{i}&\boldsymbol{j}&\boldsymbol{k}\\a_x&a_y&a_z\\b_x&b_y&b_z\end{vmatrix}=(a_yb_z-a_zb_y)\boldsymbol{i}+(a_zb_x-a_xb_z)\boldsymbol{j}+(a_xb_y-a_yb_x)\boldsymbol{k}$.

混合积:$[\boldsymbol{a}\ \boldsymbol{b}\ \boldsymbol{c}]=(\boldsymbol{a}\times\boldsymbol{b})\cdot\boldsymbol{c}=\begin{vmatrix}a_x&a_y&a_z\\b_x&b_y&b_z\\c_x&c_y&c_z\end{vmatrix}$.

(2)$\boldsymbol{a}\cdot\boldsymbol{b}=\boldsymbol{b}\cdot\boldsymbol{a}$,$\boldsymbol{a}\times\boldsymbol{b}=-\boldsymbol{b}\times\boldsymbol{a}$,$(\boldsymbol{a}\times\boldsymbol{b})\cdot\boldsymbol{c}=\boldsymbol{a}\cdot(\boldsymbol{b}\times\boldsymbol{c})$,$[\boldsymbol{a}\ \boldsymbol{b}\ \boldsymbol{c}]=[\boldsymbol{b}\ \boldsymbol{c}\ \boldsymbol{a}]=[\boldsymbol{c}\ \boldsymbol{a}\ \boldsymbol{b}]$.

(3)两个向量 $\boldsymbol{a}$,$\boldsymbol{b}$ 相互垂直$\Leftrightarrow\boldsymbol{a}\cdot\boldsymbol{b}=0$.

(4)两个非零向量 $\boldsymbol{a}$,$\boldsymbol{b}$ 共线$\Leftrightarrow\boldsymbol{a}\times\boldsymbol{b}=0$.

(5)三个向量 $\boldsymbol{a}$,$\boldsymbol{b}$,$\boldsymbol{c}$ 共面$\Leftrightarrow[\boldsymbol{a}\quad\boldsymbol{b}\quad\boldsymbol{c}]=(\boldsymbol{a}\times\boldsymbol{b})\cdot\boldsymbol{c}=0$

5. 平面方程及平面间的位置关系

(1)平面的点法式方程:$A(x-x_0)+B(y-y_0)+C(z-z_0)=0$,其中$(x_0,y_0,z_0)$为平面上一点,$\boldsymbol{n}=(A,B,C)$为法向量.

(2)平面的一般式方程:$Ax+By+Cz+D=0$,其中 $\boldsymbol{n}=(A,B,C)$为法向量;

(3)平面的截距式方程：$\frac{x}{a}+\frac{y}{b}+\frac{z}{c}=1$，其中 a,b,c 为平面在三个坐标轴上的截距；

(4)平面束方程：过直线 $\begin{cases}A_1x+B_1y+C_1z+D_1=0\\A_2x+B_2y+C_2z+D_2=0\end{cases}$ 的所有平面可用平面束方程 $\lambda_1(A_1x+B_1y+C_1z+D_1)+\lambda_2(A_2x+B_2y+C_2z+D_2)=0$ 表示，其中 λ_1,λ_2 为参数.

(5)平面的参数式方程：$\begin{cases}x=x_0+sL_1+tL_2,\\y=y_0+sM_1+tM_2,\\z=z_0+sN_1+tN_2.\end{cases}$ $(-\infty<s<+\infty,-\infty<t<+\infty)$，其中 (x_0,y_0,z_0) 为平面上一点，(L_1,M_1,N_1)，(L_2,M_2,N_2) 为平面上不共线的两个向量.

(6)设有两个平面 $\pi_1:A_1x+B_1y+C_1z+D_1=0$，$\pi_2:A_2x+B_2y+C_2z+D_2=0$，则

π_1 与 π_2 相交 $\Leftrightarrow$ $\boldsymbol{n}_1$ 与 $\boldsymbol{n}_2$ 不平行 $\Leftrightarrow A_1:B_1:C_1\neq A_2:B_2:C_2$；$\pi_1$ 与 π_2 平行而不重合 $\Leftrightarrow \frac{A_1}{A_2}=\frac{B_1}{B_2}=\frac{C_1}{C_2}\neq\frac{D_1}{D_2}$；$\pi_1$ 与 π_2 重合 $\Leftrightarrow \frac{A_1}{A_2}=\frac{B_1}{B_2}=\frac{C_1}{C_2}=\frac{D_1}{D_2}$.

6. 直线方程及直线间的位置关系

(1)直线的对称式方程：$\frac{x-x_0}{l}=\frac{y-y_0}{m}=\frac{z-z_0}{n}$，其中 (x_0,y_0,z_0) 为直线上一点，(l,m,n) 为直线的方向向量.

(2)直线的参数式方程：$\begin{cases}x=x_0+lt,\\y=y_0+mt,\\z=z_0+nt.\end{cases}$ $(-\infty<t<\infty)$，其中 (x_0,y_0,z_0) 为直线上一点，(l,m,n) 为直线的方向向量.

(3)直线的一般式方程：$\begin{cases}A_1x+B_1y+C_1z+D_1=0\\A_2x+B_2y+C_2z+D_2=0\end{cases}$，它表示的是不平行的两个平面的交线.

(4)设有两条直线 L_1 和 L_2，L_1 过点 P_1，方向向量为 $\boldsymbol{a}_1$；L_2 过点 P_2，方向向量为 $\boldsymbol{a}_2$. 则 L_1 和 L_2 异面 $\Leftrightarrow \overrightarrow{P_1P_2},\boldsymbol{a}_1,\boldsymbol{a}_2$ 不共面；L_1 和 L_2 相交于一点 $\Leftrightarrow \overrightarrow{P_1P_2},\boldsymbol{a}_1,\boldsymbol{a}_2$ 共面，且 $\boldsymbol{a}_1$ 与 $\boldsymbol{a}_2$ 不平行；L_1 和 L_2 平行而不重合 $\Leftrightarrow \boldsymbol{a}_1$ 与 $\boldsymbol{a}_2$ 平行，但不与 $\overrightarrow{P_1P_2}$ 平行；L_1 和 L_2 重合 $\Leftrightarrow \overrightarrow{P_1P_2},\boldsymbol{a}_1,\boldsymbol{a}_2$ 平行.

7. 平面与直线的位置关系

设有平面 $\pi:Ax+By+Cz+D=0$，其法向量 $\boldsymbol{n}=(A,B,C)$；直线 $L:\frac{x-x_0}{l}=\frac{y-y_0}{m}=\frac{z-z_0}{n}$，其方向向量为 $\boldsymbol{a}=(l,m,n)$，且过点 $P_0(x_0,y_0,z_0)$. 则

(1)直线 L 与平面 π 相交于一点 $\Leftrightarrow \boldsymbol{a}$ 与 $\boldsymbol{n}$ 不垂直 $\Leftrightarrow Al+Bm+Cn\neq0$；

(2)直线 L 与平面 π 平行但 L 不在 π 上 $\Leftrightarrow \boldsymbol{a}$ 与 $\boldsymbol{n}$ 垂直，但 P_0 不在 π 上 $\Leftrightarrow Al+Bm+Cn=0,Ax_0+By_0+Cz_0+D\neq0$；

(3)直线 L 在平面 π 上 $\Leftrightarrow \boldsymbol{a}$ 与 $\boldsymbol{n}$ 垂直，且 P_0 在 π 上 $\Leftrightarrow Al+Bm+Cn=0,Ax_0+By_0+Cz_0+D$

$=0$.

(4)直线 L 与平面 π 的夹角的正弦：$\sin\varphi=|\cos(\boldsymbol{a},\boldsymbol{n})|=\dfrac{|Al+Bm+Cn|}{\sqrt{A^2+B^2+C^2}\sqrt{l^2+m^2+n^2}}$.

8. 距离

(1)点到平面的距离：平面外一点 $P_1(x_1,y_1,z_1)$ 到平面 $\pi:Ax+By+Cz+D=0$ 的距离为 $d=\dfrac{|Ax_1+By_1+Cz_1+D|}{\sqrt{A^2+B^2+C^2}}$.

(2)点到直线的距离：直线 L 外一点 $P_1(x_1,y_1,z_1)$ 到直线 $L:\dfrac{x-x_0}{l}=\dfrac{y-y_0}{m}=\dfrac{z-z_0}{n}$ 的距离为 $d=\dfrac{\|\overrightarrow{P_0P_1}\times\boldsymbol{a}\|}{\|\boldsymbol{a}\|}$，其中 P_0 是点 $P_0(x_0,y_0,z_0)$，$\boldsymbol{a}=(l,m,n)$.

(3)两条异面直线间的距离：设直线 L_1 过点 P_1，方向向量为 $\boldsymbol{a}_1$；直线 L_2 过点 P_2，方向向量为 $\boldsymbol{a}_2$. 则 L_1 与 L_2 的距离为 $d=\dfrac{|(\boldsymbol{a}_1\times\boldsymbol{a}_2)\cdot\overrightarrow{P_1P_2}|}{\|\boldsymbol{a}_1\times\boldsymbol{a}_2\|}$.

3.3　典型例题

例 3-1　已知 $\|\boldsymbol{a}\|=3$，$\|\boldsymbol{b}\|=\sqrt{2}$，且 $\boldsymbol{a}\cdot\boldsymbol{b}=3$，求 $\|\boldsymbol{a}\times\boldsymbol{b}\|$.

解　由 $\cos(\boldsymbol{a},\boldsymbol{b})=\dfrac{\boldsymbol{a}\cdot\boldsymbol{b}}{\|\boldsymbol{a}\|\|\boldsymbol{b}\|}=\dfrac{3}{3\sqrt{2}}=\dfrac{1}{\sqrt{2}}$，得 $(\boldsymbol{a},\boldsymbol{b})=\dfrac{\pi}{4}$.
故 $\|\boldsymbol{a}\times\boldsymbol{b}\|=\|\boldsymbol{a}\|\|\boldsymbol{b}\|\sin(\boldsymbol{a},\boldsymbol{b})=3$.

例 3-2　设 $\boldsymbol{a}=(2,1,2)$，$\boldsymbol{b}=(4,-1,10)$，$\boldsymbol{c}=\boldsymbol{b}-t\boldsymbol{a}$，且 $\boldsymbol{a}\perp\boldsymbol{c}$，求常数 t.

解　由 $\boldsymbol{a}\perp\boldsymbol{c}$，得 $\boldsymbol{a}\cdot\boldsymbol{c}=0$，故有 $\boldsymbol{a}\cdot(\boldsymbol{b}-t\boldsymbol{a})=\boldsymbol{a}\cdot\boldsymbol{b}-t\boldsymbol{a}\cdot\boldsymbol{a}=0$，解得

$$t=\frac{\boldsymbol{a}\cdot\boldsymbol{b}}{\boldsymbol{a}\cdot\boldsymbol{a}}=\frac{(2,1,2)\cdot(4,-1,10)}{2^2+1^2+2^2}=3.$$

例 3-3　已知向量 $\boldsymbol{a},\boldsymbol{b},\boldsymbol{c}$ 两两垂直，且 $\|\boldsymbol{a}\|=1$，$\|\boldsymbol{b}\|=2$，$\|\boldsymbol{c}\|=3$，求 $\boldsymbol{d}=\boldsymbol{a}+\boldsymbol{b}+\boldsymbol{c}$ 的模和它与 $\boldsymbol{a},\boldsymbol{b},\boldsymbol{c}$ 的夹角.

解　由 $\boldsymbol{a},\boldsymbol{b},\boldsymbol{c}$ 两两垂直，得 $\boldsymbol{a}\cdot\boldsymbol{b}=\boldsymbol{b}\cdot\boldsymbol{c}=\boldsymbol{a}\cdot\boldsymbol{c}=0$，从而

$$\|\boldsymbol{d}\|^2=\boldsymbol{d}\cdot\boldsymbol{d}=(\boldsymbol{a}+\boldsymbol{b}+\boldsymbol{c})\cdot(\boldsymbol{a}+\boldsymbol{b}+\boldsymbol{c})=\boldsymbol{a}\cdot\boldsymbol{a}+\boldsymbol{b}\cdot\boldsymbol{b}+\boldsymbol{c}\cdot\boldsymbol{c}=\|\boldsymbol{a}\|^2+\|\boldsymbol{b}\|^2+\|\boldsymbol{c}\|^2=14,$$

所以 $\|\boldsymbol{d}\|=\sqrt{14}$；$\boldsymbol{d}$ 与 $\boldsymbol{a}$ 的夹角 $(\boldsymbol{d},\boldsymbol{a})=\arccos\dfrac{\boldsymbol{a}\cdot\boldsymbol{d}}{\|\boldsymbol{d}\|\|\boldsymbol{a}\|}=\arccos\dfrac{\boldsymbol{a}\cdot\boldsymbol{a}}{\|\boldsymbol{d}\|\|\boldsymbol{a}\|}=\arccos\dfrac{1}{\sqrt{14}}$.

同理，$(\boldsymbol{d},\boldsymbol{b})=\arccos\dfrac{2\sqrt{14}}{14}$，$(\boldsymbol{d},\boldsymbol{c})=\arccos\dfrac{3\sqrt{14}}{14}$.

例 3-4　已知 $\|\boldsymbol{a}\|=3$，$\|\boldsymbol{b}\|=4$，且 $\boldsymbol{a}\perp\boldsymbol{b}$，求 $\|(2\boldsymbol{a}-\boldsymbol{b})\times(\boldsymbol{a}+2\boldsymbol{b})\|$.

解　
$$\begin{aligned}(2\boldsymbol{a}-\boldsymbol{b})\times(\boldsymbol{a}+2\boldsymbol{b})&=2\boldsymbol{a}\times\boldsymbol{a}+2\boldsymbol{a}\times2\boldsymbol{b}-\boldsymbol{b}\times\boldsymbol{a}-\boldsymbol{b}\times2\boldsymbol{b}\\&=4(\boldsymbol{a}\times\boldsymbol{b})-\boldsymbol{b}\times\boldsymbol{a}=5(\boldsymbol{a}\times\boldsymbol{b}),\end{aligned}$$

$$\|(2\boldsymbol{a}-\boldsymbol{b})\times(\boldsymbol{a}+2\boldsymbol{b})\|=\|5(\boldsymbol{a}\times\boldsymbol{b})\|=5\|\boldsymbol{a}\|\|\boldsymbol{b}\|\sin(\boldsymbol{a},\boldsymbol{b})=60.$$

例 3-5　已知向量 $\boldsymbol{a}=(2,-3,6)$ 和 $\boldsymbol{b}=(-1,2-2)$ 有共同的起点，$\|\boldsymbol{c}\|=3\sqrt{42}$. 试求沿

着向量 $\boldsymbol{a}$ 和 $\boldsymbol{b}$ 间夹角的平分线方向的向量 $\boldsymbol{c}$ 的坐标.

分析　所求向量 $\boldsymbol{c}$ 的模已知,关键是确定它的方向. $\boldsymbol{a}$,$\boldsymbol{b}$ 两向量直接相加减,均得不到沿 $(\boldsymbol{a},\boldsymbol{b})$ 平分线的向量,但由平面几何知识可知,菱形的对角线平分两邻边之夹角. 因此考虑取 $\boldsymbol{a}$,$\boldsymbol{b}$ 向量的单位向量 $\boldsymbol{a}^\circ$,$\boldsymbol{b}^\circ$,则与 $\boldsymbol{c}$ 同方向的向量 $\boldsymbol{c}_1=\boldsymbol{a}^\circ+\boldsymbol{b}^\circ$ 必平分角 $(\boldsymbol{a},\boldsymbol{b})$.

解　$\boldsymbol{a}^\circ=\dfrac{\boldsymbol{a}}{\|\boldsymbol{a}\|}=\dfrac{(2,-3,6)}{\sqrt{4+9+36}}=\dfrac{1}{7}(2,-3,6)$,$\boldsymbol{b}^\circ=\dfrac{\boldsymbol{b}}{\|\boldsymbol{b}\|}=\dfrac{(-1,2,-2)}{\sqrt{1+4+4}}=\dfrac{1}{3}(-1,2,-2)$,

则 $\boldsymbol{c}_1=\boldsymbol{a}^\circ+\boldsymbol{b}^\circ=\dfrac{1}{21}(-1,5,4)$,必是沿着向量 $\boldsymbol{a}$ 和 $\boldsymbol{b}$ 间夹角的平分线方向的向量.

设 $\boldsymbol{c}=t\,\boldsymbol{c}_1=\dfrac{t}{21}(-1,5,4)$,且 $t>0$,则由 $\|\boldsymbol{c}\|=3\sqrt{42}$,可得 $t=63$. 故所求向量

$$\boldsymbol{c}=\frac{63}{21}(-1,5,4)=(-3,15,12).$$

例 3-6　设单位向量 $\boldsymbol{a}$,$\boldsymbol{b}$,$\boldsymbol{c}$ 满足 $\boldsymbol{a}+\boldsymbol{b}+\boldsymbol{c}=\boldsymbol{0}$,求 $\boldsymbol{a}\cdot\boldsymbol{b}+\boldsymbol{b}\cdot\boldsymbol{c}+\boldsymbol{c}\cdot\boldsymbol{a}$.

分析　题设中虽然已知三个向量的模,但各向量之间的夹角没有给出,也无法求得,从而无法利用数量积的定义直接求解,这时可考虑利用 $(\boldsymbol{a}+\boldsymbol{b}+\boldsymbol{c})\cdot(\boldsymbol{a}+\boldsymbol{b}+\boldsymbol{c})=0$ 间接求得.

解　由 $\boldsymbol{a}+\boldsymbol{b}+\boldsymbol{c}=\boldsymbol{0}$,得 $(\boldsymbol{a}+\boldsymbol{b}+\boldsymbol{c})\cdot(\boldsymbol{a}+\boldsymbol{b}+\boldsymbol{c})=0$,即

$$\|\boldsymbol{a}\|^2+\|\boldsymbol{b}\|^2+\|\boldsymbol{c}\|^2+2\boldsymbol{a}\cdot\boldsymbol{b}+2\boldsymbol{b}\cdot\boldsymbol{c}+2\boldsymbol{c}\cdot\boldsymbol{a}=0,$$

将 $\|\boldsymbol{a}\|=\|\boldsymbol{b}\|=\|\boldsymbol{c}\|=1$ 代入,得 $\boldsymbol{a}\cdot\boldsymbol{b}+\boldsymbol{b}\cdot\boldsymbol{c}+\boldsymbol{c}\cdot\boldsymbol{a}=-\dfrac{3}{2}$.

例 3-7　已知 $\boldsymbol{a}=(2,1,-1)$,$\boldsymbol{b}=(1,-1,2)$,求(1)$\boldsymbol{a}$ 在 $\boldsymbol{b}$ 上的射影;(2)以 $\boldsymbol{a}$,$\boldsymbol{b}$ 为邻边的平行四边形的两条对角线的长度.

解　(1)$(\boldsymbol{a})_b=\|\boldsymbol{a}\|\cos(\boldsymbol{a},\boldsymbol{b})=\|\boldsymbol{a}\|\dfrac{\boldsymbol{a}\cdot\boldsymbol{b}}{\|\boldsymbol{a}\|\|\boldsymbol{b}\|}=\dfrac{\boldsymbol{a}\cdot\boldsymbol{b}}{\|\boldsymbol{b}\|}=-\dfrac{1}{\sqrt{6}}$

(2)以 $\boldsymbol{a}$,$\boldsymbol{b}$ 为邻边的平行四边形的两条对角线分别为 $\boldsymbol{a}+\boldsymbol{b}=(3,0,1)$ 和 $\boldsymbol{a}-\boldsymbol{b}=(1,2,-3)$,其长度分别为 $\|\boldsymbol{a}+\boldsymbol{b}\|=\sqrt{9+1}=\sqrt{10}$ 和 $\|\boldsymbol{a}-\boldsymbol{b}\|=\sqrt{1+4+9}=\sqrt{14}$.

例 3-8　已知向量 $\boldsymbol{a}=(4,-2,2)$,轴 $\boldsymbol{u}$ 的正向与三个坐标轴构成相等的锐角,试求:(1)向量 $\boldsymbol{a}$ 在轴 $\boldsymbol{u}$ 上的正交射影;(2)向量 $\boldsymbol{a}$ 与轴 $\boldsymbol{u}$ 的夹角.

分析　利用向量的方向余弦满足 $\cos^2\alpha+\cos^2\beta+\cos^2\gamma=1$,可得出轴 $\boldsymbol{u}$ 上的单位向量,从而可求解本题.

解　(1)设 $\boldsymbol{u}$ 轴上的单位向量为 $\boldsymbol{u}^\circ$,且 $\boldsymbol{u}^\circ=(\cos\alpha,\cos\beta,\cos\gamma)$

又因为 $\alpha=\beta=\gamma$,及 $\cos^2\alpha+\cos^2\beta+\cos^2\gamma=1$,得 $3\cos^2\alpha=1$,$\cos\alpha=\dfrac{1}{\sqrt{3}}$. 故 $\boldsymbol{u}^\circ=\left(\dfrac{1}{\sqrt{3}},\dfrac{1}{\sqrt{3}},\dfrac{1}{\sqrt{3}}\right)$. 因此,向量 $\boldsymbol{a}$ 在轴 $\boldsymbol{u}$ 上的正交射影为

$$(\boldsymbol{a})_u=\boldsymbol{a}\cdot\boldsymbol{u}^\circ=\frac{1}{\sqrt{3}}(4-2+2)=\frac{4}{3}\sqrt{3}$$

(2)$\cos(\boldsymbol{a},\boldsymbol{u})=\dfrac{\boldsymbol{a}\cdot\boldsymbol{u}^\circ}{\|\boldsymbol{a}\|}=\dfrac{1}{\sqrt{16+4+4}}\dfrac{4\sqrt{3}}{3}=\dfrac{\sqrt{2}}{3}$,故向量 $\boldsymbol{a}$ 与 $\boldsymbol{u}$ 轴的夹角 $(\boldsymbol{a},\boldsymbol{u})=\arccos\dfrac{\sqrt{2}}{3}$.

例 3-9　设向量 $\boldsymbol{x}$ 垂直于向量 $\boldsymbol{a}=(-3,-4,5)$,$\boldsymbol{b}=(1,-2,2)$,且与 $\boldsymbol{c}=(3,0,-1)$ 的数

量积等于 4,求 $\boldsymbol{x}$.

解　$\boldsymbol{x}$ 同时垂直于向量 $\boldsymbol{a}$ 与 $\boldsymbol{b}$,所以,$\boldsymbol{x}$ 与向量 $\boldsymbol{a}\times\boldsymbol{b}$ 平行. 由于

$$\boldsymbol{a}\times\boldsymbol{b}=\begin{vmatrix}\boldsymbol{i}&\boldsymbol{j}&\boldsymbol{k}\\-3&-4&5\\1&-2&2\end{vmatrix}=(2,11,10),$$

故可设 $\boldsymbol{x}=t(\boldsymbol{a}\times\boldsymbol{b})=(2t,11t,10t)$. 又 $\boldsymbol{x}\times\boldsymbol{c}=4$,即 $6t-10t=4$,得 $t=-1$. 因此,所求向量 $\boldsymbol{x}=(-2,-11,-10)$.

注　此题也可以设 $\boldsymbol{x}=(x_1,x_2,x_3)$,利用 $\boldsymbol{x}\cdot\boldsymbol{a}=0,\boldsymbol{x}\cdot\boldsymbol{b}=0,\boldsymbol{x}\cdot\boldsymbol{c}=4$ 解方程组求得 $\boldsymbol{x}$.

例 3-10　设向量 $\boldsymbol{a}=(2,3,4),\boldsymbol{b}=(3,-1,-1),\|\boldsymbol{c}\|=3$,试确定向量 $\boldsymbol{c}$,使得向量 $\boldsymbol{a},\boldsymbol{b},\boldsymbol{c}$ 所构成的平行六面体的体积最大.

解　由混合积的几何意义可知,以向量 $\boldsymbol{a},\boldsymbol{b},\boldsymbol{c}$ 为相邻棱的平行六面体的体积为 $|\boldsymbol{a}\times\boldsymbol{b}\cdot\boldsymbol{c}|$. 向量 $\boldsymbol{a},\boldsymbol{b}$ 已经给定,要使 $|\boldsymbol{a}\times\boldsymbol{b}\cdot\boldsymbol{c}|$ 最大,则 $\boldsymbol{c}$ 必须与 $\boldsymbol{a}\times\boldsymbol{b}$ 平行.

由于 $\boldsymbol{a}\times\boldsymbol{b}=\begin{vmatrix}\boldsymbol{i}&\boldsymbol{j}&\boldsymbol{k}\\2&3&4\\3&-1&-1\end{vmatrix}=(1,14,-11)$,可设 $\boldsymbol{c}=t(\boldsymbol{a}\times\boldsymbol{b})=(t,14t,-11t)$,则由

$$\|\boldsymbol{c}\|=\sqrt{1^2+14^2+(-11)^2}\cdot|t|=3,$$

得 $t=\pm\dfrac{3}{\sqrt{318}}$,从而,

$$\boldsymbol{c}=\left(\pm\frac{3}{\sqrt{318}},\pm\frac{42}{\sqrt{318}},\mp\frac{33}{\sqrt{318}}\right).$$

例 3-11　已知三个向量 $\boldsymbol{a},\boldsymbol{b},\boldsymbol{c}$,其中 $\boldsymbol{c}\perp\boldsymbol{a},\boldsymbol{c}\perp\boldsymbol{b}$,又 $(\boldsymbol{a},\boldsymbol{b})=\dfrac{\pi}{6}$,且 $\|\boldsymbol{a}\|=6,\|\boldsymbol{b}\|=\|\boldsymbol{c}\|=3$,求混合积 $[\boldsymbol{a}\quad\boldsymbol{b}\quad\boldsymbol{c}]$.

解　因为 $\boldsymbol{c}\perp\boldsymbol{a},\boldsymbol{c}\perp\boldsymbol{b}$,故 $\boldsymbol{c}$ 与 $\boldsymbol{a}\times\boldsymbol{b}$ 平行,从而 $\cos(\boldsymbol{a}\times\boldsymbol{b},\boldsymbol{c})=\pm1$. 故

$[\boldsymbol{a}\quad\boldsymbol{b}\quad\boldsymbol{c}]=(\boldsymbol{a}\times\boldsymbol{b})\cdot\boldsymbol{c}=\|\boldsymbol{a}\times\boldsymbol{b}\|\ \|\boldsymbol{c}\|\cos(\boldsymbol{a}\times\boldsymbol{b},\boldsymbol{c})=\pm3\|\boldsymbol{a}\|\ \|\boldsymbol{b}\|\sin(\boldsymbol{a},\boldsymbol{b})=27$.

例 3-12　若 $\boldsymbol{a}+\boldsymbol{b}+\boldsymbol{c}=\boldsymbol{0}$,证明:$\boldsymbol{a}\times\boldsymbol{b}=\boldsymbol{b}\times\boldsymbol{c}=\boldsymbol{c}\times\boldsymbol{a}$,并作几何解释.

证　由 $\boldsymbol{a}+\boldsymbol{b}+\boldsymbol{c}=\boldsymbol{0}$,得 $(\boldsymbol{a}+\boldsymbol{b}+\boldsymbol{c})\times\boldsymbol{b}=\boldsymbol{0}$,即 $\boldsymbol{a}\times\boldsymbol{b}+\boldsymbol{c}\times\boldsymbol{b}=\boldsymbol{0}$,从而 $\boldsymbol{a}\times\boldsymbol{b}=\boldsymbol{b}\times\boldsymbol{c}$.

同理可证 $\boldsymbol{b}\times\boldsymbol{c}=\boldsymbol{c}\times\boldsymbol{a}$. 故有 $\boldsymbol{a}\times\boldsymbol{b}=\boldsymbol{b}\times\boldsymbol{c}=\boldsymbol{c}\times\boldsymbol{a}$. 其几何解释如下:

在 $\boldsymbol{a}+\boldsymbol{b}+\boldsymbol{c}=\boldsymbol{0}$ 时,向量 $\boldsymbol{a},\boldsymbol{b},\boldsymbol{c}$ 可以形成三角形,因此 $\boldsymbol{a}\times\boldsymbol{b},\boldsymbol{b}\times\boldsymbol{c},\boldsymbol{c}\times\boldsymbol{a}$ 的模都等于三角形面积的 2 倍,即这三个向量的模相等,且同向,故相等.

例 3-13　证明:以 $A(x_1,y_1),B(x_2,y_2),C(x_3,y_3)$ 为顶点的三角形面积等于 $\dfrac{1}{2}\begin{vmatrix}x_1&y_1&1\\x_2&y_2&1\\x_3&y_3&1\end{vmatrix}$ 的绝对值.

证　设以 $A(x_1,y_1),B(x_2,y_2),C(x_3,y_3)$ 为顶点的三角形面积为 S,考虑以 $A(x_1,y_1,0),B(x_2,y_2,0),C(x_3,y_3,0),D(0,0,-1)$ 为顶点的四面体的体积

$$V=\frac{1}{3}S\cdot1=\frac{1}{6}|\overrightarrow{AB}\times\overrightarrow{AC}\cdot\overrightarrow{AD}|,$$

得

$$S=\frac{1}{2}|\overrightarrow{AB}\times\overrightarrow{AC}\cdot\overrightarrow{AD}|=\frac{1}{2}\left\|\begin{matrix}x_2-x_1 & y_2-y_1 & 0\\ x_3-x_1 & y_3-y_1 & 0\\ -x_1 & -y_1 & -1\end{matrix}\right\|=\frac{1}{2}\left\|\begin{matrix}x_1 & y_1 & 1\\ x_2 & y_2 & 1\\ x_3 & y_3 & 1\end{matrix}\right\|.$$

即三角形面积等于$\frac{1}{2}\begin{vmatrix}x_1 & y_1 & 1\\ x_2 & y_2 & 1\\ x_3 & y_3 & 1\end{vmatrix}$的绝对值.

例 3-14 求过点$(1,0,-2)$且平行于向量$\boldsymbol{a}=(2,1,0)$和$\boldsymbol{b}=(-1,1,-1)$的平面方程.

分析 所求平面平行于向量$\boldsymbol{a},\boldsymbol{b}$,故所求平面的法向量$\boldsymbol{n}$与$\boldsymbol{a},\boldsymbol{b}$都垂直,即所求平面的法向量$\boldsymbol{n}$可取为$\boldsymbol{a}\times\boldsymbol{b}$.

解 所求平面的法向量

$$\boldsymbol{n}=\boldsymbol{a}\times\boldsymbol{b}=\begin{vmatrix}\boldsymbol{i} & \boldsymbol{j} & \boldsymbol{k}\\ 2 & 1 & 0\\ -1 & 1 & -1\end{vmatrix}=(-1,2,3),$$

又平面过点$(1,0,-2)$,故所求平面方程为

$$-(x-1)+2y+3(z+2)=0 \text{ 或 } x-2y-3z-7=0.$$

例 3-15 平面π过OZ轴,且与平面$\pi_0:y-z=0$的夹角为$\frac{\pi}{3}$,求平面π的方程.

解 设所求平面方程为$Ax+By=0$,由两平面夹角公式得

$$\frac{1}{2}=\cos\frac{\pi}{3}=\frac{|A\cdot 0+B\cdot 1+0\cdot(-1)|}{\sqrt{A^2+B^2}\sqrt{0+1+1}}$$

解得$A=\pm B$,故所求平面方程为

$$x+y=0 \text{ 或 } x-y=0.$$

例 3-16 过直线$L:\begin{cases}4x+3y-z+5=0\\ 3x+2y+2z+1=0\end{cases}$作平面$\pi$,使$\pi$垂直于平面$\pi_1:x+2y+z-1=0$.

分析 由于所求平面π是过已知直线L的平面束中的一个平面,故可设平面束方程,再利用其他条件确定平面束方程中的参数λ,从而得到所求平面方程.

解法 1 过直线L的平面束方程为$4x+3y-z+5+\lambda(3x+2y+2z+1)=0$即

$$(4+3\lambda)x+(3+2\lambda)y+(2\lambda-1)z+5+\lambda=0.$$

由$\pi\perp\pi_1$,得$(4+3\lambda)+2(3+2\lambda)+(2\lambda-1)=0$,解得$\lambda=-1$.故所求平面$\pi$的方程为

$$x+y-3z+4=0.$$

解法 2 设所求平面π的法向量为$\boldsymbol{n}$,则$\boldsymbol{n}$垂直于L的方向向量$\boldsymbol{a}=(4,3,-1)\times(3,2,2)=(8,-11,-1)$,也垂直于平面$\pi_1$的法向量$\boldsymbol{n}_1=(1,2,1)$,所以可取

$$\boldsymbol{n}=\boldsymbol{a}\times\boldsymbol{n}_1=(-9,-9,27)//(1,1,-3)$$

令$z=0$求得直线上一点$(-7,-11,0)$,于是,所求平面的方程为

$$(x-7)+(y+11)-3(z-0)=0 \text{ 或 } x+y-3z+4=0$$

例 3-17 求满足下列条件之一的平面π的方程:

(1)过点$M_0(1,0,-1)$和直线$L_1:\frac{x+2}{2}=\frac{y-1}{0}=\frac{z+1}{-1}$;

(2)过点$M_0(0,1,2)$且垂直于平面$\pi_1:x-y-z-1=0$与$\pi_2:x-y+2z+1=0$.

(1)**解法1**　由题设，直线 L_1 的方向向量为 $\boldsymbol{a}=(2,0,-1)$，$M_1(-2,1,-1)$ 是 L_1 上的一点，于是，所求平面的法向量可取为 $\boldsymbol{n}=\overrightarrow{M_0M_1}\times\boldsymbol{a}=(-1,-3,-2)$，从而，所求平面 π 的方程为

$$-1(x-1)-3(y-0)-2(z+1)=0 \text{ 即 } x+3y+2z+1=0.$$

解法2　设 $M(x,y,z)$ 为平面 π 上任一点，由题设，直线 L_1 的方向向量为 $\boldsymbol{a}=(2,0,-1)$，$M_1(-2,1,-1)$ 是 L_1 上的一点．由于向量 $\overrightarrow{M_0M}$，$\overrightarrow{M_0M_1}$，$\boldsymbol{a}$ 均垂直于平面 π 的法向量，因此这三个向量共面．即有

$$[\overrightarrow{M_0M}\quad \overrightarrow{M_0M_1}\quad \boldsymbol{a}]=\begin{vmatrix} x-1 & y & z+1 \\ -3 & 1 & 0 \\ 2 & 0 & -1 \end{vmatrix}=-x-3y-2z-1=0,$$

故所求平面 π 的方程为

$$x+3y+2z+1=0.$$

(2)平面 π_1 的法向量 $\boldsymbol{n}_1=(1,-1,-1)$，平面 π_2 的法向量 $\boldsymbol{n}_2=(1,-1,2)$，由题设知，向量 $\overrightarrow{M_0M}$，$\boldsymbol{n}_1$，$\boldsymbol{n}_2$ 均垂直于平面 π 的法向量．故 $\overrightarrow{M_0M}$，$\boldsymbol{n}_1$，$\boldsymbol{n}_2$ 共面．即

$$[\overrightarrow{M_0M}\quad \boldsymbol{n}_1\quad \boldsymbol{n}_2]=\begin{vmatrix} x & y-1 & z-2 \\ 1 & -1 & -1 \\ 1 & -1 & 2 \end{vmatrix}=-3x-3y+3=0,$$

故所求平面 π 的方程为

$$x+y-1=0.$$

注　求平面方程的三向量共面法是一个简便方法．它利用所求平面上的动向量与两已知向量共面，混合积等于零这个充要条件，即可得到所求平面的方程．

例3-18　将直线 L 的一般式方程 $\begin{cases} x-2y+z+4=0 \\ 2x+y-2z+4=0 \end{cases}$ 化为对称式方程．

解法1(几何法)　首先在 L 上找一点，为此令 $x=0$，解得 $y=z=4$，即点 $(0,4,4)\in L$．其次求 L 的方向向量 $\boldsymbol{a}$，由 $\boldsymbol{n}_1=(1,-2,1)$，$\boldsymbol{n}_2=(2,1,-2)$，及 $\boldsymbol{a}\perp\boldsymbol{n}_1$，$\boldsymbol{a}\perp\boldsymbol{n}_2$，于是可取 L 的方向向量为 $\boldsymbol{a}=\boldsymbol{n}_1\times\boldsymbol{n}_2=(3,4,5)$，故直线的对称式方程为

$$\frac{x}{3}=\frac{y-4}{4}=\frac{z-4}{5}.$$

解法2(代数变形法)　于 L 的两方程中消去 y 得 $5x-3z+12=0$，即 $\frac{x}{3}=\frac{z-4}{5}$；于 L 的两方程中消去 z 得 $4x-3y+12=0$，即 $\frac{x}{3}=\frac{y-4}{4}$；故直线的对称式方程为

$$\frac{x}{3}=\frac{y-4}{4}=\frac{z-4}{5}.$$

例3-19　求过点 $M(1,-2,3)$，且与 x 轴和 y 轴分别成 $45°$ 和 $60°$ 角的直线方程．

解　因为 $\cos\alpha=\cos\frac{\pi}{4}=\frac{\sqrt{2}}{2}$，$\cos\beta=\cos\frac{\pi}{3}=\frac{1}{2}$，所以 $\cos\gamma=\pm\sqrt{1-\cos^2\alpha-\cos^2\beta}=\pm\frac{1}{2}$，故所求直线的方向向量为 $(\sqrt{2},1,1)$ 或 $(\sqrt{2},1,-1)$，所求直线方程为

$$\frac{x-1}{\sqrt{2}}=\frac{y+2}{1}=\frac{z-3}{1}\text{或}\frac{x-1}{\sqrt{2}}=\frac{y+2}{1}=\frac{z-3}{-1}.$$

例 3-20　求过点 $M_0(1,2,3)$ 的直线 L，使得 L 既平行于平面 $\pi:2x-y+z-1=0$，又垂直于直线 $L_1:\dfrac{x+1}{8}=\dfrac{y}{-11}=\dfrac{z+1}{-1}$.

解　因为所求直线 L 与平面 π 平行，又与直线 L_1 垂直，所以，直线 L 的方向向量 $\boldsymbol{a}$ 既垂直于平面 π 的法向量 $\boldsymbol{n}=(2,-1,1)$，也垂直于 L_1 的方向向量 $\boldsymbol{b}=(8,-11,-1)$，于是可取

$$\boldsymbol{a}=\boldsymbol{n}\times\boldsymbol{b}=\begin{vmatrix}\boldsymbol{i} & \boldsymbol{j} & \boldsymbol{k}\\ 2 & -1 & 1\\ 8 & -11 & -1\end{vmatrix}=(12,10,-14)\,/\!/\,(6,5,-7),$$

又直线 L 过点 $M_0(1,2,3)$，故所求直线 L 的方程为

$$\frac{x-1}{6}=\frac{y-2}{5}=\frac{z-3}{-7}.$$

例 3-21　在平面 $\pi:x+4y-z-1=0$ 内求一条直线 L，使 L 垂直于直线 $L_1:\begin{cases}2x+y=0\\ 2x-z-2=0\end{cases}$.

解　直线 L_1 的方向向量 $\boldsymbol{a}_1=(2,1,0)\times(2,0,-1)=(-1,2,-2)$，平面 π 的法向量 $\boldsymbol{n}=(1,4,-1)$. 由 $\boldsymbol{n}\cdot\boldsymbol{a}_1=-9\neq0$，可知直线 L_1 与平面 π 相交，联立直线 L_1 与平面 π 的方程，求得 L_1 与 π 的交点 $\left(\dfrac{1}{9},-\dfrac{2}{9},-\dfrac{16}{9}\right)$. 又直线 L 的方向向量为

$$\boldsymbol{a}=\boldsymbol{n}\times\boldsymbol{a}_1=\begin{vmatrix}\boldsymbol{i} & \boldsymbol{j} & \boldsymbol{k}\\ 1 & 4 & -1\\ 1 & -2 & 2\end{vmatrix}=(6,-3,-6),$$

故直线 L 的方程为

$$\frac{x-\frac{1}{9}}{2}=\frac{y+\frac{2}{9}}{-1}=\frac{z+\frac{16}{9}}{-2}.$$

例 3-22　求直线 $L_1:\begin{cases}x+4y-24=0\\ 3y+z-17=0\end{cases}$ 在平面 $\pi:2x+2y+z-11=0$ 上的投影直线 L 的方程.

解法 1　过直线 L_1 做平面 π_1，使 π_1 垂直于平面 π，则 π 与 π_1 的交线就是所求投影直线 L. 下面求 π_1. 通过直线 L_1 的平面束 $\pi_1(\lambda)$ 的方程为 $(x+4y-24)+\lambda(3y+z-17)=0$，即

$$x+(4+3\lambda)y+\lambda z-(24+17\lambda)=0,$$

因 $\pi_1(\lambda)$ 与平面 π 垂直，所以两平面的法向量垂直，即 $(1,4+3\lambda,\lambda)\cdot(2,2,1)=0$，解得 $\lambda=-\dfrac{10}{7}$. 于是，平面 π_1 的方程为

$$7x-2y+10z+2=0.$$

故直线 L_1 在平面 π 上的投影直线 L 的方程为 $\begin{cases}7x-2y+10z+2=0\\ 2x+2y+z-11=0\end{cases}$.

解法 2　在直线 L_1 上任取两点，这两点在 π 上的投影点的连线即为所求直线. 请读者自

行完成.

例 3-23　直线 L 过点 $P_0(1,0,-2)$，与平面 $\pi:3x-y+2z+1=0$ 平行，与直线 L_1：$\dfrac{x-1}{4}=\dfrac{y-3}{-2}=z$ 相交，求 L 的对称式方程.

解　设直线 L 的方向向量为 $\boldsymbol{a}=(l,m,n)$. 因为直线 L 与平面 $\pi:3x-y+2z+1=0$ 平行，故直线 L 的方向向量 $\boldsymbol{a}$ 与平面 π 的法向量 $\boldsymbol{n}=(3,-1,2)$ 垂直，于是有

$$\boldsymbol{a}\cdot\boldsymbol{n}=3l-m+2n=0 \tag{3-1}$$

又直线 L 过点 P_0，并且与直线 L_1 相交，所以向量 $\overrightarrow{P_0P_1}$，$\boldsymbol{a}_1$，$\boldsymbol{a}$ 共面，其中 $\boldsymbol{a}_1=(4,-2,1)$ 是 L_1 的方向向量，$P_1(1,3,0)$ 为 L_1 上的点，$\overrightarrow{P_0P_1}=(0,3,2)$. 故有

$$[\overrightarrow{P_0P_1}\quad \boldsymbol{a}_1\quad \boldsymbol{a}]=\begin{vmatrix}0 & 3 & 2\\ 4 & -2 & 1\\ l & m & n\end{vmatrix}=0, \tag{3-2}$$

由式(3-1)、式(3-2)，解得 $m=-\dfrac{25}{2}l$，$n=-\dfrac{31}{4}l$，取 $l=4$，得直线 L 的方向向量为 $\boldsymbol{a}=(4,-50,-31)$. 故所求直线 L 的对称式方程为

$$\frac{x-1}{4}=\frac{y}{-50}=\frac{z+2}{-31}.$$

例 3-24　求过点 $P_0(-3,5,9)$，且与直线 L_1：$\begin{cases}y=3x+5\\ z=2x-3\end{cases}$ 及直线 L_2：$\begin{cases}y=4x-7\\ z=5x+10\end{cases}$ 都相交的直线方程.

解　所求直线既在点 $P_0(-3,5,9)$ 与直线 L_1 确定的平面 π_1 上，也在点 $P_0(-3,5,9)$ 与直线 L_2 确定的平面 π_2 上，因此 π_1 与 π_2 的交线即为所求直线.

将 L_1 改写为对称式方程 $x=\dfrac{y-5}{3}=\dfrac{z+3}{2}$，得 L_1 的方向向量为 $\boldsymbol{a}_1=(1,3,2)$，过 $P_1(0,5,-3)$. 平面 π_1 的法向量为 $\boldsymbol{n}_1=\boldsymbol{a}_1\times\overrightarrow{P_1P_0}=(36,-18,9)/\!/(4,-2,1)$，于是得平面 π_1 的方程为 $4x-2y+z+13=0$.

同理可求得平面为 π_2 的方程为 $32x+7y-12z+169=0$. 故所求直线的方程为

$$\begin{cases}4x-2y+z+13=0\\ 32x+7y-12z+169=0\end{cases}$$

例 3-25　设矩阵 $\begin{bmatrix}a_1 & b_1 & c_1\\ a_2 & b_2 & c_2\\ a_3 & b_3 & c_3\end{bmatrix}$ 是满秩的，判定直线 $\dfrac{x-a_3}{a_1-a_2}=\dfrac{y-b_3}{b_1-b_2}=\dfrac{z-c_3}{c_1-c_2}$ 与直线 $\dfrac{x-a_1}{a_2-a_3}=\dfrac{y-b_1}{b_2-b_3}=\dfrac{z-c_1}{c_2-c_3}$ 的位置关系.

解　两条直线分别过点 $P_1(a_3,b_3,c_3)$ 和 $P_2(a_1,b_1,c_1)$，方向向量分别为 $\boldsymbol{a}_1=(a_1-a_2,b_1-b_2,c_1-c_2)$ 和 $\boldsymbol{a}_2=(a_2-a_3,b_2-b_3,c_2-c_3)$，由于

$$\boldsymbol{a}_1\times\boldsymbol{a}_2\cdot\overrightarrow{P_2P_1}=\begin{vmatrix}a_1-a_2 & b_1-b_2 & c_1-c_2\\ a_2-a_3 & b_2-b_3 & c_2-c_3\\ a_3-a_1 & b_3-b_1 & c_3-c_1\end{vmatrix},$$

上式右端的行列式每列之和均为 0,所以$\boldsymbol{a}_1\times\boldsymbol{a}_2\cdot\overrightarrow{P_2P_1}=0$,从而两直线共面.

由矩阵$\begin{bmatrix}a_1&b_1&c_1\\a_2&b_2&c_2\\a_3&b_3&c_3\end{bmatrix}$满秩,得$\begin{vmatrix}a_1&b_1&c_1\\a_2&b_2&c_2\\a_3&b_3&c_3\end{vmatrix}\neq0$,从而$\begin{vmatrix}a_1-a_2&b_1-b_2&c_1-c_2\\a_2-a_3&b_2-b_3&c_2-c_3\\a_3&b_3&c_3\end{vmatrix}\neq0$,所以该行列式的第一行与第二行元素不成比例,即$\boldsymbol{a}_1$与$\boldsymbol{a}_2$不平行.故两条直线相交于一点.

例 3-26　证明直线$L_1:\dfrac{x+1}{3}=\dfrac{y+1}{2}=\dfrac{z+1}{1}$与$L_2:x-4=\dfrac{y+5}{-3}=\dfrac{z-4}{2}$位于同一平面上,并求这两条直线的交点坐标及所在平面的方程.

证　直线L_1的方向向量为$\boldsymbol{a}_1=(3,2,1)$且过点$P_1(-1,-1,-1)$,直线L_2的方向向量为$\boldsymbol{a}_2=(1,-3,2)$且过点$P_2(4,-5,4)$.由于

$$[\boldsymbol{a}_1\quad\boldsymbol{a}_2\quad\overrightarrow{P_1P_2}]=\begin{vmatrix}3&2&1\\1&-3&2\\5&-4&5\end{vmatrix}=0,$$

所以直线L_1与直线L_2位于同一平面上.

直线L_1的参数方程为$x=-1+3t,y=-1+2t,z=-1+t$,代入L_2的方程得$t=1$,从而得交点坐标为$(2,1,0)$.

取直线L_1与直线L_2所在平面的法向量为$\boldsymbol{n}=\boldsymbol{a}_1\times\boldsymbol{a}_2=(7,-5,-11)$,故$L_1$与$L_2$所在平面的方程为$7(x-2)-5(y-1)-11z=0$.

例 3-27　设有点$P_0(2,-3,-1)$,直线$L_1:\dfrac{x-1}{-2}=\dfrac{y+1}{-1}=z$.(1)求$P_0$到$L_1$的垂足点$P_1$;(2)求过$P_0$且与$L_1$垂直相交的直线的对称式方程;(3)求$P_0$关于$L_1$的对称点$P_2$.

解　(1) 设P_0到L_1的垂足点为$P_1(1-2t,-1-t,t)$,则$\overrightarrow{P_0P_1}\perp L_1$,即

$$\overrightarrow{P_0P_1}\cdot\boldsymbol{a}_1=(-2t-1,2-t,t+1)\cdot(-2,-1,1)=0$$

解得$t=-\dfrac{1}{6}$,故垂足为$P_1\left(\dfrac{4}{3},-\dfrac{5}{6},-\dfrac{1}{6}\right)$.

(2)所求直线的方向向量为$\overrightarrow{P_0P_1}=(-\dfrac{2}{3},\dfrac{13}{6},\dfrac{5}{6})/\!/(-4,13,5)$.故所求直线方程

$$\frac{x-2}{-4}=\frac{y+3}{13}=\frac{z+1}{5}.$$

(3) 设P_0关于直线L_1的对称点为$P_2(x,y,z)$,则线段P_0P_2的中点为P_1,即

$$\frac{x+2}{2}=\frac{4}{3},\frac{y-3}{2}=-\frac{5}{6},\frac{z-1}{2}=-\frac{1}{6},$$

解得$x=\dfrac{2}{3},y=\dfrac{4}{3},z=\dfrac{2}{3}$,故$P_0$关于直线$L_1$的对称点为$P_2(\dfrac{2}{3},\dfrac{4}{3},\dfrac{2}{3})$.

例 3-28　设有直线$L_1:\begin{cases}x-y=3\\3x-y+z=1\end{cases}$,直线$L_2:x+1=\dfrac{y-5}{-2}=\dfrac{z}{2}$,点$M(1,0,-1)$.(1)求$L_1$的对称式方程;(2)求点$M$到$L_1$的距离;(3)求$L_1$与$L_2$之间的距离.

解　(1)由$x-y=3$得$x-3=y$,再将$x=3+y$代入$3x-y+z=1$得$y=\dfrac{z+8}{-2}$,于是,得

L_1 的对称式方程为 $x-3=y=\dfrac{z+8}{-2}$.

(2)直线 L_1 的方向向量为 $\boldsymbol{a}_1=(1,1,-2)$，且过点 $P_1(3,0,-8)$，于是点 M 到 L_1 的距离为

$$d_1=\frac{\|\overrightarrow{MP_1}\times\boldsymbol{a}_1\|}{\|\boldsymbol{a}_1\|}=\frac{\|(2,0,-7)\times(1,1,-2)\|}{\sqrt{6}}=\frac{\sqrt{93}}{3}.$$

(3)直线 L_2 的方向向量为 $\boldsymbol{a}_2=(1,-2,2)$，且过点 $P_2(-1,5,0)$，因为 $[\boldsymbol{a}_1\quad\boldsymbol{a}_2\quad\overrightarrow{P_1P_2}]=-36$，所以 L_1 与 L_2 异面. 又 $\boldsymbol{a}_1\times\boldsymbol{a}_2=(-2,-4,3)$，故 L_1 与 L_2 之间的距离为

$$d_2=\frac{|[\boldsymbol{a}_1\quad\boldsymbol{a}_2\quad\overrightarrow{P_1P_2}]|}{\|\boldsymbol{a}_1\times\boldsymbol{a}_2\|}=\frac{36\sqrt{29}}{29}.$$

例 3－29　设平面 π 与平面 π': $x-2y+z=2$ 垂直，且与 π' 的交线落在 Oxz 坐标面上，求 π 的方程.

解　设平面 π 与 π' 的交线为 L，由题设 $L\subset Oxz$ 平面，故 O 为 π' 与 Oxz 平面的交线，即 L: $\begin{cases}x-2y+z=2\\ y=0\end{cases}$，化简得 L: $\begin{cases}x+z-2=0\\ y=0\end{cases}$.

设平面 π 的方程为 $Ax+By+Cz+D=0$，容易求得 $M_1(1,0,1)$，$M_2(0,0,2)\in L\subset\pi$，则 $\begin{cases}A+C+D=0\\ 2C+D=0\end{cases}$；又 $\pi\perp\pi'$，得 $A-2B+C=0$. 解方程组

$$\begin{cases}A+C+D=0\\ 2C+D=0\\ A-2B+C=0\end{cases}$$

得 $A=C$，$B=C$，$D=-2C$，令 $C=1$，得 π 的方程为 $x+y+z-2=0$.

例 3－30　求异面直线 L_1: $\begin{cases}2x-2y-z+1=0\\ x+2y-2z-4=0\end{cases}$ 和 L_2: $\dfrac{x-1}{1}=\dfrac{y+2}{2}=\dfrac{z}{-1}$ 的公垂线 L 的方程.

分析：虽然 L 的方向向量容易得到，但很难找到 L 上一点，所以对称式方程不易写出. 因此，可考虑建立 L 的一般式方程，即找包含 L 的两张平面. 由于 L 与 L_1 相交，它们可确定一个平面 π_1，同理 L 与 L_2 可确定一个平面 π_2，于是 π_1 与 π_2 的交线就是公垂线 L.

解　化 L_1 为对称式方程 $\dfrac{x}{2}=\dfrac{y-1}{1}=\dfrac{z+1}{2}$，得直线 L_1 的方向向量 $\boldsymbol{a}_1=(2,1,2)$，且过点 $P_1(0,1,-1)$；由题设知 L_2 的方向向量 $\boldsymbol{a}_2=(1,2,-1)$，且过点 $P_2(1,-2,0)$.

设公垂线 L 的方向向量为 $\boldsymbol{a}$，因为 $\boldsymbol{a}\perp\boldsymbol{a}_1$，$\boldsymbol{a}\perp\boldsymbol{a}_2$，所以可取 L 的方向向量为 $\boldsymbol{a}=\boldsymbol{a}_1\times\boldsymbol{a}_2=(-5,4,3)$.

π_1 过 L_1 上点 $P_1(0,1,-1)$，法向量为 $\boldsymbol{n}_1=\boldsymbol{a}_1\times\boldsymbol{a}=(-5,-16,13)$，得 π_1 的方程为

$$-5(x-0)-16(y-1)+13(z+1)=0 \text{ 或 } 5x+16y-13z-29=0$$

π_2 过点 $P_2(1,-2,0)$，法向量为 $\boldsymbol{n}_2=\boldsymbol{a}_2\times\boldsymbol{a}=(10,2,14)/\!/(5,1,7)$，得 π_2 的方程为 $5x+y+7z-3=0$. 故公垂线 L 的方程为

$$\begin{cases}5x+16y-13z-29=0\\ 5x+y+7z-3=0\end{cases}.$$

3.4　习题及详解

习题 3.1 向量及其线性运算(A)

1. 已知平行四边形 $ABCD$ 的对角线构成向量 $\overrightarrow{AC}=\boldsymbol{a}$，$\overrightarrow{BD}=\boldsymbol{b}$，求 $\overrightarrow{AB}$，$\overrightarrow{BC}$.

解　$\overrightarrow{AB}=\frac{1}{2}\overrightarrow{AC}-\frac{1}{2}\overrightarrow{BD}=\frac{1}{2}(\boldsymbol{a}-\boldsymbol{b})$；$\overrightarrow{BC}=\frac{1}{2}\overrightarrow{AC}+\frac{1}{2}\overrightarrow{BD}=\frac{1}{2}(\boldsymbol{a}+\boldsymbol{b})$.

2. 设 AD，BE，CF 是三角形 ABC 的三条中线，证明：$\overrightarrow{AD}$，$\overrightarrow{BE}$，$\overrightarrow{CF}$ 可以构成一个三角形.

解　$\overrightarrow{AD}=\overrightarrow{AB}+\frac{1}{2}\overrightarrow{BC}$，$\overrightarrow{BE}=\overrightarrow{BC}+\frac{1}{2}\overrightarrow{CA}$，$\overrightarrow{CF}=\overrightarrow{CA}+\frac{1}{2}\overrightarrow{AB}$；从而

$\overrightarrow{AD}+\overrightarrow{BE}+\overrightarrow{CF}=\frac{3}{2}(\overrightarrow{AB}+\overrightarrow{BC}+\overrightarrow{CA})=0$，故 $\overrightarrow{AD}$，$\overrightarrow{BE}$，$\overrightarrow{CF}$ 可以构成一个三角形.

3. 设向量 $\boldsymbol{a}_1$ 与 $\boldsymbol{a}_2$ 不共线，又 $\overrightarrow{AB}=\boldsymbol{a}_1-2\boldsymbol{a}_2$，$\overrightarrow{BC}=2\boldsymbol{a}_1+3\boldsymbol{a}_2$，$\overrightarrow{CD}=-\boldsymbol{a}_1-5\boldsymbol{a}_2$，证明：$A$，$B$，$D$ 三点共线.

解　由 $\overrightarrow{BD}=\overrightarrow{BC}+\overrightarrow{CD}=\boldsymbol{a}_1-2\boldsymbol{a}_2=\overrightarrow{AB}$，得 $\overrightarrow{AB}$，$\overrightarrow{BD}$ 共线，从而 A，B，D 三点共线.

4. 点 $P(-1,2,3)$ 和 $N(2,3,-1)$ 各在哪个卦限，分别求出点 P 关于各个坐标面、各坐标轴、原点的对称点的坐标.

解　点 $P(-1,2,3)$ 在第Ⅱ卦限，$N(2,3,-1)$ 在第Ⅴ卦限. 点 P 关于 Oxy，Oyz，Ozx 面的对称点分别为 $(-1,2,-3)$，$(1,2,3)$，$(-1,-2,3)$；点 P 关于 x 轴，y 轴，z 轴的对称点分别为 $(-1,-2,-3)$，$(1,2,-3)$，$(1,-2,3)$；点 P 关于原点的对称点为 $(1,-2,-3)$.

5. 分别求出点 $P(-2,3,1)$ 到 xOy 面、y 轴和原点的距离.

解　点 P 到 xOy 面的距离等于 P 到 xOy 面投影点 $(-2,3,0)$ 的距离，其值为 1. 点 P 到 y 轴的距离为 $\sqrt{(-2-0)^2+(3-3)^2+(1-0)^2}=\sqrt{5}$，点 P 到原点的距离为 $\sqrt{(-2)^2+3^2+1^2}=\sqrt{14}$.

6. 向量 $\boldsymbol{a}=\boldsymbol{i}+2\boldsymbol{j}-2\boldsymbol{k}$ 是单位向量吗？如果不是，求与 $\boldsymbol{a}$ 同方向的单位向量.

解　$\|\boldsymbol{a}\|=3$，故 $\boldsymbol{a}$ 不是单位向量. 与 $\boldsymbol{a}$ 同方向的单位向量为 $\frac{1}{\|\boldsymbol{a}\|}\boldsymbol{a}=\frac{1}{3}\boldsymbol{i}+\frac{2}{3}\boldsymbol{j}-\frac{2}{3}\boldsymbol{k}$.

7. 已知一个长方体的各表面与坐标面平行，它的一条主对角线的顶点为 $(6,-1,0)$ 和 $(2,3,4)$，求此长方体的其他顶点.

解　由题设得其他顶点分别为 $(2,3,0)$，$(6,3,0)$，$(2,-1,0)$，$(6,3,4)$，$(6,-1,4)$，$(2,-1,4)$.

8. 已知向量 $\boldsymbol{a}$ 的三个方向角相等且都为锐角，求 $\boldsymbol{a}$ 的方向余弦. 若 $\|\boldsymbol{a}\|=2$，求 $\boldsymbol{a}$ 的坐标.

解　由 $\cos^2\alpha+\cos^2\beta+\cos^2\gamma=1$ 及 $\alpha=\beta=\gamma$ 得 $\cos\alpha=\cos\beta=\cos\gamma=\frac{\sqrt{3}}{3}$；若 $\|\boldsymbol{a}\|=2$，则 $\boldsymbol{a}$ 的坐标为 $\left(\frac{2\sqrt{3}}{3},\frac{2\sqrt{3}}{3},\frac{2\sqrt{3}}{3}\right)$.

9. 已知向量 $\boldsymbol{b}$ 与 $\boldsymbol{a}=(1,1,-1)$ 平行，且 $\boldsymbol{b}$ 与 z 轴正向夹角为锐角，求 $\boldsymbol{b}$ 的方向余弦.

解 $\boldsymbol{b}=\lambda\boldsymbol{a}=\lambda(1,1,-1)$，又 $\boldsymbol{b}$ 与 z 轴正向夹角为锐角，即 $\boldsymbol{b}$ 的第3分量为正，得 $\lambda<0$. 从而 $\|\boldsymbol{b}\|=\sqrt{3\lambda^2}=-\lambda\sqrt{3}$，得 $\boldsymbol{b}$ 的方向余弦为 $-\dfrac{\sqrt{3}}{3},-\dfrac{\sqrt{3}}{3},\dfrac{\sqrt{3}}{3}$.

10. 已知向量 $\boldsymbol{a}=(-2,3,x)$ 与 $\boldsymbol{b}=(y,-6,2)$ 共线，求 x,y 的值.

解 由 $\boldsymbol{a},\boldsymbol{b}$ 共线，得 $\boldsymbol{a}=\lambda\boldsymbol{b}$，即 $\dfrac{-2}{y}=\dfrac{3}{-6}=\dfrac{x}{2}$，故 $x=-1,y=4$.

11. 已知3个力 $\boldsymbol{F}_1=(1,2,3)$，$\boldsymbol{F}_2=(-2,3,-4)$，$\boldsymbol{F}_3=(3,-4,-1)$ 作用于一点，求合力 $\boldsymbol{F}$ 的大小与方向.

解 合力 $\boldsymbol{F}=\boldsymbol{F}_1+\boldsymbol{F}_2+\boldsymbol{F}_3=(2,1,-2)$，$\boldsymbol{F}$ 的大小为 $\|\boldsymbol{F}\|=3$，$\boldsymbol{F}$ 的方向角分别为 $\alpha=\arccos\dfrac{2}{3}$，$\beta=\arccos\dfrac{1}{3}$，$\gamma=\arccos\left(-\dfrac{2}{3}\right)$.

12. 已知点 $P=(1,2,3)$，$Q=(2,3,4)$，求向量 $\overrightarrow{PQ}$ 的模与方向余弦.

解 $\overrightarrow{PQ}=(1,1,1)$，$\|\overrightarrow{PQ}\|=\sqrt{3}$，方向余弦为 $\cos\alpha=\cos\beta=\cos\gamma=\dfrac{\sqrt{3}}{3}$.

13. 设有点 $P=(-2,1,1)$ 和点 $Q=(4,3,5)$，线段 PQ 为某球的一条直径，求此球面的方程.

解 球面的球心在线段 PQ 的中点 $C(1,2,3)$，球面的半径 $R=\dfrac{1}{2}\|\overrightarrow{PQ}\|=\sqrt{14}$，所以球面的方程为 $(x-1)^2+(y-2)^2+(z-3)^2=14$.

14. 在方程 $4x-7y+5z-20=0$ 所代表的图形上求一点 P，使向径 $\overrightarrow{OP}$ 的三个方向角相等.

解 设点 P 的坐标为 (x,y,z)，则 $\overrightarrow{OP}=(x,y,z)$. 由于 $\overrightarrow{OP}$ 的三个方向角相等，从而方向余弦相等，即有 $x=y=z$，代入方程 $4x-7y+5z-20=0$ 得 $x=10$，故点 P 的坐标为 $(10,10,10)$.

15. 判断下列各组向量是否共面：

(1) $(4,0,2)$，$(6,-9,8)$，$(6,-3,3)$；(2) $(1,-2,3)$，$(3,3,1)$，$(1,7,-5)$.

解 (1) $\begin{vmatrix}4&0&2\\6&-9&8\\6&-3&3\end{vmatrix}=60\neq0$，该向量组不共面. (2) $\begin{vmatrix}1&-2&3\\3&3&1\\1&7&-5\end{vmatrix}=0$，该向量组共面.

16. 把向量 $\boldsymbol{a}=(-7,4,7)$ 表示为不共线向量 $\boldsymbol{e}_1=(3,2,1)$，$\boldsymbol{e}_2=(7,5,0)$，$\boldsymbol{e}_3=(-2,3,4)$ 的分解式.

解 设 $\boldsymbol{a}=x\boldsymbol{e}_1+y\boldsymbol{e}_2+z\boldsymbol{e}_3$，即 $\begin{cases}3x+7y-2z=-7\\2x+5y+3z=4\\x+4z=7\end{cases}$，解得 $x=-1,y=0,z=2$，故 $\boldsymbol{a}=-\boldsymbol{e}_1+2\boldsymbol{e}_3$.

17. 设球面通过 $O(0,0,0)$，$A(a,0,0)$，$B(0,b,0)$，$C(0,0,c)$ 四点，求球心的坐标及球的半径.

解 设球心的坐标为 (x_1,y_1,z_1)，半径为 R，则球面方程为

$$(x-x_1)^2+(y-y_1)^2+(z-z_1)^2=R^2,$$

将 O,A,B,C 四点代入球面方程,解得 $x_1=\dfrac{a}{2},y_1=\dfrac{b}{2},z_1=\dfrac{c}{2},R=\dfrac{1}{2}\sqrt{a^2+b^2+c^2}$.

18.设有点 $A(1,1,1),B(1,2,0)$,点 P 把线段 AB 分成两段的比为 $2:1$,求点 P 的坐标.

解　设点 P 的坐标为 (x,y,z),由题设 $\|\overrightarrow{AP}\|=2\|\overrightarrow{PB}\|$,解得 $x=1,y=\dfrac{5}{3},z=\dfrac{1}{3}$.

习题 3.2 数量积、向量积、混合积(A)

1.设有向量 $\boldsymbol{a}=(1,1,-1)$, $\boldsymbol{b}=(0,3,4)$, $\boldsymbol{c}=(2,8,-1)$.求(1) $\boldsymbol{a}\cdot 2\boldsymbol{b}$;(2) $3\boldsymbol{a}\times 4\boldsymbol{b}$;(3) $[5\boldsymbol{a}\quad -\boldsymbol{b}\quad \boldsymbol{c}]$;(4) $\boldsymbol{a}$ 与 $\boldsymbol{b}$ 的夹角;(5) $\mathrm{Proj}_{\boldsymbol{b}}\boldsymbol{a}$;(6) $(\boldsymbol{a}\times\boldsymbol{b})\times\boldsymbol{c}$.

解　(1) $\boldsymbol{a}\cdot 2\boldsymbol{b}=2\times(1\times0+1\times3-1\times4)=-2$.

(2) $3\boldsymbol{a}\times 4\boldsymbol{b}=12(\boldsymbol{a}\times\boldsymbol{b})=12\begin{vmatrix}\boldsymbol{i}&\boldsymbol{j}&\boldsymbol{k}\\1&1&-1\\0&3&4\end{vmatrix}=12(7\boldsymbol{i}-4\boldsymbol{j}+3\boldsymbol{k})=(84,-48,36)$.

(3) $[5\boldsymbol{a}\quad -\boldsymbol{b}\quad \boldsymbol{c}]=-5[\boldsymbol{a}\quad \boldsymbol{b}\quad \boldsymbol{c}]=-5\begin{vmatrix}1&1&-1\\0&3&4\\2&8&-1\end{vmatrix}=105$.

(4)由于 $\cos(\boldsymbol{a},\boldsymbol{b})=\dfrac{\boldsymbol{a}\cdot\boldsymbol{b}}{\|\boldsymbol{a}\|\,\|\boldsymbol{b}\|}=-\dfrac{\sqrt{3}}{15}$,所以 $\boldsymbol{a}$ 与 $\boldsymbol{b}$ 的夹角为 $\arccos(-\dfrac{\sqrt{3}}{15})$.

(5) $\boldsymbol{b}^\circ=\dfrac{1}{\|\boldsymbol{b}\|}\boldsymbol{b}^\circ=\dfrac{1}{5}(0,3,4)$, $\mathrm{Proj}_{\boldsymbol{b}}\boldsymbol{a}=\dfrac{\boldsymbol{a}\cdot\boldsymbol{b}}{\|\boldsymbol{b}\|}\boldsymbol{b}^\circ=-\dfrac{1}{25}(0,3,4)$.

(6)由(2)知 $\boldsymbol{a}\times\boldsymbol{b}=7\boldsymbol{i}-4\boldsymbol{j}+3\boldsymbol{k}=(7,-4,3)$,所以 $(\boldsymbol{a}\times\boldsymbol{b})\times\boldsymbol{c}=\begin{vmatrix}\boldsymbol{i}&\boldsymbol{j}&\boldsymbol{k}\\7&-4&3\\2&8&-1\end{vmatrix}=-20\boldsymbol{i}+13\boldsymbol{j}+64\boldsymbol{k}=(-20,13,64)$.

2.设向量 $\boldsymbol{b}$ 与 $\boldsymbol{a}=2\boldsymbol{i}-\boldsymbol{j}+2\boldsymbol{k}$ 共线,且 $\boldsymbol{a}\cdot\boldsymbol{b}=-18$,求向量 $\boldsymbol{b}$.

解　设 $\boldsymbol{b}=k(2,-1,2)$,由 $\boldsymbol{a}\cdot\boldsymbol{b}=-18$ 得 $k=-2$,故 $\boldsymbol{b}=(-4,2,-4)$.

3.已知 $\|\boldsymbol{a}\|=4$, $\|\boldsymbol{b}\|=2$, $\|\boldsymbol{a}-\boldsymbol{b}\|=2\sqrt{7}$,求 $\boldsymbol{a}$ 与 $\boldsymbol{b}$ 的夹角.

解　由 $\|\boldsymbol{a}-\boldsymbol{b}\|^2=(\boldsymbol{a}-\boldsymbol{b})\cdot(\boldsymbol{a}-\boldsymbol{b})=\|\boldsymbol{a}\|^2+\|\boldsymbol{b}\|^2-2\|\boldsymbol{a}\|\,\|\boldsymbol{b}\|\cos(\boldsymbol{a},\boldsymbol{b})$,得 $\cos(\boldsymbol{a},\boldsymbol{b})=-\dfrac{1}{2}$,所以 $\boldsymbol{a}$ 与 $\boldsymbol{b}$ 的夹角为 $\dfrac{2\pi}{3}$.

4.已知 $\|\boldsymbol{a}\|=1$, $\|\boldsymbol{b}\|=2$, $(\boldsymbol{a},\boldsymbol{b})=\dfrac{\pi}{3}$,求 $\|2\boldsymbol{a}-3\boldsymbol{b}\|$ 及以 $\boldsymbol{a},\boldsymbol{b}$ 为邻边的平行四边形的面积.

解　$\|2\boldsymbol{a}-3\boldsymbol{b}\|=\sqrt{(2\boldsymbol{a}-3\boldsymbol{b})\cdot(2\boldsymbol{a}-3\boldsymbol{b})}=\sqrt{4\|\boldsymbol{a}\|^2+9\|\boldsymbol{b}\|^2-12\|\boldsymbol{a}\|\,\|\boldsymbol{b}\|\cos(\boldsymbol{a}\cdot\boldsymbol{b})}=2\sqrt{7}$;以 $\boldsymbol{a},\boldsymbol{b}$ 为邻边的平行四边形的面积 $S=\|\boldsymbol{a}\times\boldsymbol{b}\|=\|\boldsymbol{a}\|\,\|\boldsymbol{b}\|\sin(\boldsymbol{a},\boldsymbol{b})=\sqrt{3}$.

5.设有向量 $\boldsymbol{a}=(2,-1,3)$, $\boldsymbol{b}=(1,-3,2)$, $\boldsymbol{c}=(3,2,-4)$,若向量 $\boldsymbol{d}$ 满足 $\boldsymbol{d}\cdot\boldsymbol{a}=-5$, $\boldsymbol{d}\cdot\boldsymbol{b}=-11$, $\boldsymbol{d}\cdot\boldsymbol{c}=20$,求向量 $\boldsymbol{d}$.

解　设 $\boldsymbol{d}=(x,y,z)$,由题设得 $\begin{cases}2x-y+3z=-5\\x-3y+2z=-11\\3x+2y-4z=20\end{cases}$,解得 $\begin{cases}x=2\\y=3\\z=-2\end{cases}$,故 $\boldsymbol{d}=(2,3,-2)$.

6. 设非零向量 $\boldsymbol{a},\boldsymbol{b}$ 满足 $\|\boldsymbol{a}-\boldsymbol{b}\|=\|\boldsymbol{a}\|-\|\boldsymbol{b}\|$，问 $\boldsymbol{a}$ 与 $\boldsymbol{b}$ 的关系如何？

解　由 $\|\boldsymbol{a}\|-\|\boldsymbol{b}\|=\|\boldsymbol{a}-\boldsymbol{b}\|\geqslant 0$ 得 $\|\boldsymbol{a}\|\geqslant\|\boldsymbol{b}\|$；由 $\|\boldsymbol{a}-\boldsymbol{b}\|^2=(\|\boldsymbol{a}\|-\|\boldsymbol{b}\|)^2$ 得 $\cos(\boldsymbol{a},\boldsymbol{b})=1$，即 $\boldsymbol{a}$ 与 $\boldsymbol{b}$ 同向.

7. 设 $(\boldsymbol{a}+3\boldsymbol{b})\perp(7\boldsymbol{a}-5\boldsymbol{b})$，$(\boldsymbol{a}-4\boldsymbol{b})\perp(7\boldsymbol{a}-2\boldsymbol{b})$，求 $\boldsymbol{a}$ 与 $\boldsymbol{b}$ 的夹角.

解　由 $(\boldsymbol{a}+3\boldsymbol{b})\cdot(7\boldsymbol{a}-5\boldsymbol{b})=0$ 得 $7\|\boldsymbol{a}\|^2-15\|\boldsymbol{b}\|^2+16\|\boldsymbol{a}\|\,\|\boldsymbol{b}\|\cos(\boldsymbol{a},\boldsymbol{b})=0$，同理有

$$7\|\boldsymbol{a}\|^2+8\|\boldsymbol{b}\|^2-30\|\boldsymbol{a}\|\,\|\boldsymbol{b}\|\cos(\boldsymbol{a},\boldsymbol{b})=0,\text{解得}\cos(\boldsymbol{a},\boldsymbol{b})=\frac{1}{2},\text{故}(\boldsymbol{a},\boldsymbol{b})=\frac{\pi}{3}.$$

8. 设向量 $\boldsymbol{a}=(1,1,-4)$，$\boldsymbol{b}=(1,-2,2)$，求 $\boldsymbol{a}$ 在 $\boldsymbol{b}$ 上的射影及 $\boldsymbol{a}$ 在 $\boldsymbol{b}$ 上的射影向量.

解　$(\boldsymbol{a})_{\boldsymbol{b}}=\|\boldsymbol{a}\|\cos(\boldsymbol{a},\boldsymbol{b})=-3$；$\mathrm{Proj}_{\boldsymbol{b}}\boldsymbol{a}=(\boldsymbol{a})_{\boldsymbol{b}}\boldsymbol{b}^0=(-1,2,-2)$.

9. 试利用点积来证明三角不等式：$\|\boldsymbol{a}+\boldsymbol{b}\|\leqslant\|\boldsymbol{a}\|+\|\boldsymbol{b}\|$.

证　因为 $\boldsymbol{a}\cdot\boldsymbol{b}=\|\boldsymbol{a}\|\,\|\boldsymbol{b}\|\cos(\boldsymbol{a},\boldsymbol{b})\leqslant\|\boldsymbol{a}\|\,\|\boldsymbol{b}\|$，所以

$$\begin{aligned}\|\boldsymbol{a}+\boldsymbol{b}\|&=\sqrt{(\boldsymbol{a}+\boldsymbol{b})\cdot(\boldsymbol{a}+\boldsymbol{b})}=\sqrt{\|\boldsymbol{a}\|^2+\|\boldsymbol{b}\|^2+2\boldsymbol{a}\cdot\boldsymbol{b}}\\&\leqslant\sqrt{\|\boldsymbol{a}\|^2+\|\boldsymbol{b}\|^2+2\|\boldsymbol{a}\|\,\|\boldsymbol{b}\|}=\|\boldsymbol{a}\|+\|\boldsymbol{b}\|.\end{aligned}$$

10. 证明：向量 $(\boldsymbol{a}\cdot\boldsymbol{c})\boldsymbol{b}-(\boldsymbol{b}\cdot\boldsymbol{c})\boldsymbol{a}$ 垂直于向量 $\boldsymbol{c}$.

证　因为 $[(\boldsymbol{a}\cdot\boldsymbol{c})\boldsymbol{b}-(\boldsymbol{b}\cdot\boldsymbol{c})\boldsymbol{a}]\cdot\boldsymbol{c}=(\boldsymbol{a}\cdot\boldsymbol{c})(\boldsymbol{b}\cdot\boldsymbol{c})-(\boldsymbol{b}\cdot\boldsymbol{c})(\boldsymbol{a}\cdot\boldsymbol{c})=0$，所以 $(\boldsymbol{a}\cdot\boldsymbol{c})-\boldsymbol{b}(\boldsymbol{b}\cdot\boldsymbol{c})\boldsymbol{a}$ 垂直于向量 $\boldsymbol{c}$.

11. 习题及详解见典型例题例 3-6.

12. 求以 $A(1,-1,1)$，$B(-1,0,2)$，$C(2,-2,1)$ 为顶点的三角形面积，并求 AB 边上的高.

解　$\overrightarrow{AB}=(-2,1,1)$，$\overrightarrow{AC}=(1,-1,0)$，三角形的面积为 $S=\dfrac{1}{2}\|\overrightarrow{AB}\times\overrightarrow{AC}\|=\dfrac{\sqrt{3}}{2}$；

AB 边上的高为 $h=S/\dfrac{1}{2}\|\overrightarrow{AB}\|=\dfrac{\sqrt{2}}{2}$.

13. 若 $\boldsymbol{a}\times\boldsymbol{b}=\boldsymbol{c}\times\boldsymbol{d}$，$\boldsymbol{a}\times\boldsymbol{c}=\boldsymbol{b}\times\boldsymbol{d}$，证明：$\boldsymbol{a}-\boldsymbol{d}$ 与 $\boldsymbol{b}-\boldsymbol{c}$ 共线.

证　因为 $(\boldsymbol{a}-\boldsymbol{d})\times(\boldsymbol{b}-\boldsymbol{c})=\boldsymbol{a}\times\boldsymbol{b}-\boldsymbol{a}\times\boldsymbol{c}-\boldsymbol{d}\times\boldsymbol{b}+\boldsymbol{d}\times\boldsymbol{c}$，将 $\boldsymbol{a}\times\boldsymbol{b}=\boldsymbol{c}\times\boldsymbol{d}$，$\boldsymbol{a}\times\boldsymbol{c}=\boldsymbol{b}\times\boldsymbol{d}$ 代入上式得 $(\boldsymbol{a}-\boldsymbol{d})\times(\boldsymbol{b}-\boldsymbol{c})=\boldsymbol{c}\times\boldsymbol{d}-\boldsymbol{b}\times\boldsymbol{d}-\boldsymbol{d}\times\boldsymbol{b}+\boldsymbol{d}\times\boldsymbol{c}=0$，故 $\boldsymbol{a}-\boldsymbol{d}$ 与 $\boldsymbol{b}-\boldsymbol{c}$ 共线.

14. 设一个四面体 Ω 的顶点为 A,B,C,D，向量 $\boldsymbol{u},\boldsymbol{v},\boldsymbol{w},\boldsymbol{r}$ 分别垂直于 Ω 的 4 个表面，且都指向 Ω 的外部，其大小分别等于对应表面的面积，证明 $\boldsymbol{u}+\boldsymbol{v}+\boldsymbol{w}+\boldsymbol{r}=\boldsymbol{0}$.

证　由题意知 $\boldsymbol{u}=2(\overrightarrow{AB}\times\overrightarrow{AD})$，$\boldsymbol{v}=2(\overrightarrow{BC}\times\overrightarrow{BD})$，$\boldsymbol{w}=2(\overrightarrow{CA}\times\overrightarrow{CD})$，$\boldsymbol{r}=2(\overrightarrow{CB}\times\overrightarrow{CA})$，因此 $\boldsymbol{w}+\boldsymbol{r}=2\overrightarrow{CA}\times(\overrightarrow{CD}-\overrightarrow{CB})=2(\overrightarrow{CA}\times\overrightarrow{BD})$. 同理 $\boldsymbol{v}+\boldsymbol{w}+\boldsymbol{r}=2(\overrightarrow{BA}\times\overrightarrow{BD})$，所以

$$\boldsymbol{u}+\boldsymbol{v}+\boldsymbol{w}+\boldsymbol{r}=2\overrightarrow{AB}\times\overrightarrow{BA}=\boldsymbol{0}.$$

15. 设 $\boldsymbol{c}=(\boldsymbol{b}\times\boldsymbol{a})-\boldsymbol{b}$，则下列结论正确的是(　　).

A. $\boldsymbol{a}\perp(\boldsymbol{b}+\boldsymbol{c})$　　B. $\boldsymbol{a}/\!/(\boldsymbol{b}+\boldsymbol{c})$　　C. $\boldsymbol{b}\perp\boldsymbol{c}$　　D. $\boldsymbol{b}/\!/\boldsymbol{c}$

解　选 A. 由 $\boldsymbol{c}=(\boldsymbol{b}\times\boldsymbol{a})-\boldsymbol{b}$ 得 $\boldsymbol{c}+\boldsymbol{b}=\boldsymbol{b}\times\boldsymbol{a}$，从而 $\boldsymbol{a}\cdot(\boldsymbol{b}+\boldsymbol{c})=\boldsymbol{a}\cdot(\boldsymbol{b}\times\boldsymbol{a})=0$，即 $\boldsymbol{a}\perp(\boldsymbol{b}+\boldsymbol{c})$.

16. (1)若 $\boldsymbol{a}\cdot\boldsymbol{b}=\boldsymbol{c}\cdot\boldsymbol{b}$，且 $\boldsymbol{b}\neq\boldsymbol{0}$，是否必有 $\boldsymbol{a}=\boldsymbol{c}$？若 $\boldsymbol{a}\neq\boldsymbol{c}$，问 $\boldsymbol{a},\boldsymbol{b},\boldsymbol{c}$ 之间有什么关系？(2)若 $\boldsymbol{a}\times\boldsymbol{b}=\boldsymbol{c}\times\boldsymbol{b}$，且 $\boldsymbol{b}\neq\boldsymbol{0}$，$\boldsymbol{a}\neq\boldsymbol{c}$，问 $\boldsymbol{a},\boldsymbol{b},\boldsymbol{c}$ 之间有什么关系？

解　(1)未必有 $\boldsymbol{a}=\boldsymbol{c}$. 例如 $\boldsymbol{a}=(2,0,0)$，$\boldsymbol{b}=(0,1,0)$，$\boldsymbol{c}=(1,0,0)$ 满足题设条件，但 $\boldsymbol{a}\neq\boldsymbol{c}$.

事实上，$\boldsymbol{a}\cdot\boldsymbol{b}=\boldsymbol{c}\cdot\boldsymbol{b}\Rightarrow(\boldsymbol{a}-\boldsymbol{c})\cdot\boldsymbol{b}=0\Rightarrow\boldsymbol{b}\perp(\boldsymbol{a}-\boldsymbol{c})$.

(2)$\boldsymbol{a}\times\boldsymbol{b}=\boldsymbol{c}\times\boldsymbol{b}\Rightarrow(\boldsymbol{a}-\boldsymbol{c})\times\boldsymbol{b}=\boldsymbol{0}$，且 $\boldsymbol{b}\neq\boldsymbol{0},\boldsymbol{a}\neq\boldsymbol{c}$，有 $\boldsymbol{b}/\!/(\boldsymbol{a}-\boldsymbol{c})$.

17. 设$(\boldsymbol{a}\times\boldsymbol{b})\cdot\boldsymbol{c}=2$，则$[(\boldsymbol{a}+\boldsymbol{b})\times(\boldsymbol{b}+\boldsymbol{c})]\cdot(\boldsymbol{c}+\boldsymbol{a})=$________.

解　$$\begin{aligned}[(\boldsymbol{a}+\boldsymbol{b})\times(\boldsymbol{b}+\boldsymbol{c})]\cdot(\boldsymbol{c}+\boldsymbol{a})&=[\boldsymbol{a}\times\boldsymbol{b}+\boldsymbol{a}\times\boldsymbol{c}+\boldsymbol{b}\times\boldsymbol{c}]\cdot\boldsymbol{c}+[\boldsymbol{a}\times\boldsymbol{b}+\boldsymbol{a}\times\boldsymbol{c}+\boldsymbol{b}\times\boldsymbol{c}]\cdot\boldsymbol{a}\\&=(\boldsymbol{a}\times\boldsymbol{b})\cdot\boldsymbol{c}+(\boldsymbol{b}\times\boldsymbol{c})\cdot\boldsymbol{a}=2(\boldsymbol{a}\times\boldsymbol{b})\cdot\boldsymbol{c}=4.\end{aligned}$$

18. 求以 $A(3,0,0),B(0,3,0),C(0,0,2)$、$D(4,5,6)$为顶点的四面体的体积.

解　四面体的体积为 $V=\dfrac{1}{6}|\overrightarrow{AB}\times\overrightarrow{AC}\cdot\overrightarrow{AD}|=15$.

19. 试利用点积和叉积的定义证明：$\|\boldsymbol{a}\times\boldsymbol{b}\|^2=\|\boldsymbol{a}\|^2\|\boldsymbol{b}\|^2-(\boldsymbol{a}\cdot\boldsymbol{b})^2$.

证　$\|\boldsymbol{a}\times\boldsymbol{b}\|^2=\|\boldsymbol{a}\|^2\|\boldsymbol{b}\|^2\sin^2\theta=\|\boldsymbol{a}\|^2\|\boldsymbol{b}\|^2(1-\cos^2\theta)=\|\boldsymbol{a}\|^2\|\boldsymbol{b}\|^2-(\boldsymbol{a}\cdot\boldsymbol{b})^2$.

习题 3.2 数量积、向量积、混合积(B)

1～2. 习题及详解见典型例题例 3-12，例 3-13.

3. 试利用向量乘积的坐标表示法证明：$\boldsymbol{a}\times(\boldsymbol{b}\times\boldsymbol{c})=(\boldsymbol{a}\cdot\boldsymbol{c})\boldsymbol{b}-(\boldsymbol{a}\cdot\boldsymbol{b})\boldsymbol{c}$.

证　(1)设 $\boldsymbol{a}=(a_x,a_y,a_z),\boldsymbol{b}=(b_x,b_y,b_z),\boldsymbol{c}=(c_x,c_y,c_z)$，则

$$\boldsymbol{b}\times\boldsymbol{c}=\left(\begin{vmatrix}b_y&b_z\\c_y&c_z\end{vmatrix},-\begin{vmatrix}b_x&b_z\\c_x&c_z\end{vmatrix},\begin{vmatrix}b_x&b_y\\c_x&c_y\end{vmatrix}\right),$$

$$\begin{aligned}\boldsymbol{a}\times(\boldsymbol{b}\times\boldsymbol{c})&=\left(a_y\begin{vmatrix}b_x&b_y\\c_x&c_y\end{vmatrix}+a_z\begin{vmatrix}b_x&b_z\\c_x&c_z\end{vmatrix},a_z\begin{vmatrix}b_y&b_z\\c_y&c_z\end{vmatrix}-a_x\begin{vmatrix}b_x&b_y\\c_x&c_y\end{vmatrix},\right.\\&\qquad\left.-a_x\begin{vmatrix}b_x&b_z\\c_x&c_z\end{vmatrix}-a_y\begin{vmatrix}b_y&b_z\\c_y&c_z\end{vmatrix}\right)\\&=((a_xc_x+a_yc_y+a_zc_z)b_x-(a_xb_x+a_yb_y+a_zb_z)c_x,\\&\qquad(a_xc_x+a_yc_y+a_zc_z)b_y-(a_xb_x+a_yb_y+a_zb_z)c_y,\\&\qquad(a_xc_x+a_yc_y+a_zc_z)b_z-(a_xb_x+a_yb_y+a_zb_z)c_z)\\&=(\boldsymbol{a}\cdot\boldsymbol{c})\boldsymbol{b}-(\boldsymbol{a}\cdot\boldsymbol{b})\boldsymbol{c}\end{aligned}$$

习题 3.3 平面和空间直线(A)

1. 求满足下列条件的平面方程.

(1)过原点，且与直线$\begin{cases}x=1\\y=-1+t\\z=1+t\end{cases}$及 $x+1=\dfrac{y+2}{2}=z-1$ 都平行.

解　两条直线的方向向量分别为 $\boldsymbol{a}_1=(0,1,1),\boldsymbol{a}_2=(1,2,1)$，可取平面的法向量为 $\boldsymbol{n}=\boldsymbol{a}_1\times\boldsymbol{a}_2=(-1,1,-1)$，所求平面的方程为 $x-y+z=0$.

(2)过直线 $L_1:x-1=\dfrac{y-2}{0}=3-z$，且与 $L_2:\dfrac{x+2}{2}=y-1=z$ 平行.

解　所求平面的法向量为 $\boldsymbol{n}=(1,0,-1)\times(2,1,1)=(1,-3,1)$，且过 L_1 上的点$(1,2,3)$，故平面方程为 $x-3y+z+2=0$.

(3)平行于平面 $5x-14y+2z+36=0$，且与此平面的距离为 3.

解　设所求平面方程为 $5x-14y+2z+D=0$，取已知平面上的点 $(-2,2,1)$，则两个平面的距离 $d=\dfrac{|5\times(-2)+2\times(-14)+2+D|}{\sqrt{5^2+(-14)^2+2^2}}=3$，解得 $D=81$ 或 $D=-9$，所以满足条件的平面方程为 $5x-14y+2z+81=0$ 或 $5x-14y+2z-9=0$.

(4)过点 $A(3,-2,9)$ 及 $B(-6,0,-4)$，且与平面 $2x-y+4z-8=0$ 垂直.

解　$\overrightarrow{AB}=(9,-2,13)$，取平面的法向量 $\boldsymbol{n}=(2,-1,4)\times(9,-2,13)=(-5,10,5)/\!/(1,-2,-1)$，所求平面的方程为 $(x-3)-2(y+2)-(z-9)=0$，即 $x-2y-z+2=0$.

(5)过点 $(1,2,-3)$，且通过 x 轴.

解　设平面方程为 $By+Cz=0$，将点 $(1,2,-3)$ 代入得 $2B=3C$，所求平面方程为 $3y+2z=0$.

(6)过点 $(2,-1,5)$，与直线 $\begin{cases}4x+y+2z=3\\5x+2y+3z=2\end{cases}$ 平行，与平面 $2x-y+z=1$ 垂直.

解　$\boldsymbol{l}=(4,1,2)\times(5,2,3)=(-1,-2,3)$，取平面的法向量 $\boldsymbol{n}=(2,-1,1)\times(-1,-2,3)=-(1,7,5)$，所求平面的方程为 $(x-2)+7(y+1)+5(z-5)=0$，即 $x+7y+5z-20=0$.

(7)过点 $(2,1,3)$ 及直线 $\dfrac{x}{2}=\dfrac{y+1}{3}=\dfrac{z-3}{2}$.

解　平面过点 $A(2,1,3)$ 和直线上的点 $B(0,-1,3)$，所以垂直于向量 $\overrightarrow{BA}=(2,2,0)$，且垂直于直线的方向向量 $\boldsymbol{l}=(2,3,2)$. 取平面的法向量 $\boldsymbol{n}=\overrightarrow{BA}\times\boldsymbol{l}=(4,-4,2)/\!/(2,-2,1)$，得所求平面方程为 $2(x-2)-2(y-1)+(z-3)=0$，即 $2x-2y+z-5=0$.

(8)过点 $(3,4,-2)$，且垂直于两平面 $2x-4y-3z+5=0$ 与 $3x-3y-4z+11=0$ 的交线.

解　所求平面的法向量为 $\boldsymbol{n}=(2,-4,-3)\times(3,-3,-4)=(7,-1,6)$，其平面方程为 $7(x-3)-(y-4)+6(z+2)=0$，即 $7x-y+6z-5=0$.

(9)过点 $P(3,0,0)$ 及 $Q(0,0,1)$，且与 xOy 面的夹角为 $\dfrac{\pi}{3}$.

解　设所求平面的方程为 $Ax+By+Cz+D=0$，由点 $P(3,0,0)$ 及点 $Q(0,0,1)$ 满足平面方程，得 $A=-\dfrac{1}{3}D$ 及 $C=-D$. 又向量 (A,B,C) 与向量 $(0,0,1)$ 的夹角为 $\dfrac{\pi}{3}$，得 $\dfrac{C}{\sqrt{A^2+B^2+C^2}}=\dfrac{1}{2}$，从而 $B=\pm\dfrac{1}{3}\sqrt{26}D$，故所求平面的方程为 $x\pm\sqrt{26}y+3z-3=0$.

2. 求满足下列条件的直线的方程.

(1)过两个不同的点 $A(x_1,y_1,z_1)$，$B(x_2,y_2,z_2)$.

解　直线的方向向量 $\overrightarrow{AB}=(x_1-x_2,y_1-y_2,z_1-z_2)$，直线方程为 $\dfrac{x-x_1}{x_1-x_2}=\dfrac{y-y_1}{y_1-y_2}=\dfrac{z-z_1}{z_1-z_2}$.

(2)过点 $(2,0,-1)$，且与直线 $\begin{cases}2x-3y+z-6=0\\4x-2y+3z+9=0\end{cases}$ 平行.

解　$\boldsymbol{l}=(2,-3,1)\times(4,-2,3)=(-7,-2,8)$，直线的方程为 $\dfrac{x-2}{-7}=\dfrac{y}{-2}=\dfrac{z+1}{8}$.

(3)过点 $A(2,-1,3)$,且与直线$\dfrac{x+3}{7}=\dfrac{y}{0}=\dfrac{z+6}{2}$垂直相交.

解　设所求直线与已知直线的交点为 $B(-3+7t,0,-6+2t)$,则 $\overrightarrow{AB}\perp \boldsymbol{l}=(7,0,2)$,即 $\overrightarrow{AB}\cdot \boldsymbol{l}=0$,得 $t=1$. 于是直线的方向向量 $\overrightarrow{AB}=(2,1,-7)$,直线方程为$\dfrac{x-2}{2}=\dfrac{y+1}{1}=\dfrac{z-3}{-7}$.

(4)过点$(-1,2,3)$,垂直于直线$\dfrac{x}{4}=\dfrac{y}{5}=\dfrac{z}{6}$,且平行于平面 $7x+8y+9z+10=0$.

解　$\boldsymbol{a}=(4,5,6)\times(7,8,9)=(-3,6,-3)$,直线方程为 $x+1=\dfrac{y-2}{-2}=z-3$.

(5)过点 $A(1,2,3)$,与 y 轴相交,且与直线 $x=y=z$ 垂直.

解　设所求直线与 y 轴交点为 $B(0,b,0)$,则 $\overrightarrow{AB}\perp \boldsymbol{l}=(1,1,1)$,即 $\overrightarrow{AB}\cdot \boldsymbol{l}=0$,得 $b=6$,于是直线的方向向量 $\overrightarrow{AB}=(1,-4,3)$,所求直线方程为 $x=\dfrac{y-6}{-4}=\dfrac{z}{3}$.

(6)习题及详解见典型例题例 3 - 24.

3. 求原点 $O(0,0,0)$关于平面 $6x+2y-9z+121=0$ 的对称点.

解　设对称点为 $P(a,b,c)$,则 $\overrightarrow{OP}/\!/(6,2,-9)$,即$\dfrac{a}{6}=\dfrac{b}{2}=\dfrac{c}{-9}$,且 OP 的中点$\left(\dfrac{a}{2},\dfrac{b}{2},\dfrac{c}{2}\right)$在平面 $6x+2y-9z+121=0$ 上,即 $3a+b-\dfrac{9}{2}c+121=0$. 解得 $a=-12,b=-4,c=18$,故对称点为$(-12,-4,18)$.

4. 在平面 $\pi: x-y-2z=0$ 上找一点,使它与下列 3 点的距离都相等:$P_1(2,1,5)$,$P_2(4,-3,1)$,$P_3(-2,-1,3)$.

解　设所求点为(a,b,c),则 $a-b-2c=0$,$(a-2)^2+(b-1)^2+(c-5)^2=(a-4)^2+(b+3)^2+(c-1)^2=(a+2)^2+(b+1)^2+(c-3)^2$,解得满足条件的点为$\left(\dfrac{7}{5},1,\dfrac{1}{5}\right)$.

5. 单项选择题.

(1)设有直线 $L:\begin{cases}x+3y+2z+1=0\\2x-y-10z+3=0\end{cases}$及平面 $\pi: 4x-2y+z-2=0$,则直线 L(　　).

A. 平行于 π　　B. 在 π 上　　C. 垂直于 π　　D. 与 π 斜交

解　L 的方向向量 $\boldsymbol{a}=(1,3,2)\times(2,-1,-10)=(-28,14,-7)$平行于平面 π 的法向量 $\boldsymbol{n}=(4,-2,1)$,故 L 垂直于 π,因此选 C.

(2)习题及详解见典型例题例 3 - 25.

6. 已知平面 $\pi: 3x-y+2z-5=0$ 与直线 L_1:$\dfrac{x-7}{5}=y-4=\dfrac{z-5}{4}$的交点为 M,若直线 L 在π 上,过 M 点,且与 L_1 垂直,试求 L 的方程.

解　L 的方向向量为 $\boldsymbol{a}=(3,-1,2)\times(5,1,4)=(-6,-2,8)$,联立 π 与 L_1 的方程求得交点 $M(2,3,1)$,故所求直线 L 的方程为$\dfrac{x-2}{3}=\dfrac{y-3}{1}=\dfrac{z-1}{-4}$.

7. 求两个平面 $2x+y+2z-4=0$ 与 $x+y+5=0$ 的夹角.

解　$\boldsymbol{n}_1=(2,1,2)$,$\boldsymbol{n}_2=(1,1,0)\Rightarrow\cos\theta=\dfrac{|\boldsymbol{n}_1\cdot\boldsymbol{n}_2|}{\|\boldsymbol{n}_1\|\ \|\boldsymbol{n}_2\|}=\dfrac{\sqrt{2}}{2}$,故两平面的夹角为 $\theta=\dfrac{\pi}{4}$.

8. 求两条直线 $x-1=\frac{y-4}{-2}=z+8$ 与 $\begin{cases}x-y=6\\2y+z=3\end{cases}$ 的夹角.

解　$\boldsymbol{a}_1=(1,-2,1)$, $\boldsymbol{a}_2=(1,-1,0)\times(0,2,1)=(-1,-1,2)\Rightarrow\cos\theta=\frac{|\boldsymbol{a}_1\cdot\boldsymbol{a}_2|}{\|\boldsymbol{a}_1\|\ \|\boldsymbol{a}_2\|}=\frac{1}{2}$，故两直线的夹角为 $\theta=\frac{\pi}{3}$.

9. 求直线 $\frac{x-3}{2}=\frac{y-4}{3}=\frac{z-5}{6}$ 与平面 $x+y+z=0$ 的交点及夹角.

解　直线的参数方程为 $x=3+2t,y=4+3t,z=5+6t$，代入平面方程得 $t=-\frac{12}{11}$，得交点为 $(\frac{9}{11},\frac{8}{11},-\frac{17}{11})$. 直线的方向向量 $\boldsymbol{a}=(2,3,6)$，平面的法向量 $\boldsymbol{n}=(1,1,1)$，从而 $\sin\theta=|\cos(\boldsymbol{n},\boldsymbol{a})|=\frac{|\boldsymbol{n}\cdot\boldsymbol{a}|}{\|\boldsymbol{n}\|\ \|\boldsymbol{a}\|}=\frac{11\sqrt{3}}{21}$，故直线与平面的夹角为 $\theta=\arcsin\frac{11\sqrt{3}}{21}$.

10. 求通过 z 轴，且与平面 $2x+y-\sqrt{5}z-7=0$ 的夹角为 $\frac{\pi}{3}$ 的平面的方程.

解　设所求平面方程为 $Ax+By=0$，令 $\boldsymbol{n}_1=(A,B,0)$，$\boldsymbol{n}_2=(2,1,-\sqrt{5})$，则 $|\boldsymbol{n}_1\cdot\boldsymbol{n}_2|=\|\boldsymbol{n}_1\|\ \|\boldsymbol{n}_2\|\cos\frac{\pi}{3}$，得 $B=3A$ 或 $A=-3B$，故所求平面方程为 $x+3y=0$ 或 $3x-y=0$.

11. 设平面 S 过 3 点 $(1,0,0)$，$(0,1,0)$，$(0,0,1)$，直线 L 过原点，与 S 的夹角为 $\frac{\pi}{4}$，且位于平面 $x=y$ 上，求直线 L 的方程.

解　设 L 的方向向量为 $\boldsymbol{a}=(l,m,n)$，则由 $\boldsymbol{a}\perp(1,-1,0)$ 得 $l=m$. 又平面 S 的法向量为 $\boldsymbol{n}=(1,0,-1)\times(1,-1,0)=(-1,-1,-1)$，由题设得 $|\boldsymbol{n}\cdot\boldsymbol{a}|=\|\boldsymbol{n}\|\ \|\boldsymbol{a}\|\cos\frac{\pi}{4}$，解得 $l=m=1,n=(4\pm3\sqrt{2})l$，故所求直线的方程为 $x=y=\frac{z}{4\pm3\sqrt{2}}$.

12. 已知一平面平行于平面 $6x+3y+2z+21=0$，且与半径为 1、中心在原点的球面相切，求该平面的方程.

解　设所求平面方程为 $6x+3y+2z+D=0$，则球心 $(0,0,0)$ 到平面的距离为 $\frac{|D|}{7}=1$，得 $D=\pm7$，故所求平面的方程为 $6x+3y+2z\pm7=0$.

13. 证明：若两平行平面与任意第 3 个平面相交，则两条交线平行.

证　设两平行平面的法向量为 $\boldsymbol{n}$，第 3 个平面的法向量为 $\boldsymbol{n}_1$，则两条交线的方向向量均可取为 $\boldsymbol{l}=\boldsymbol{n}\times\boldsymbol{n}_1$，从而两条交线平行.

14. 习题及详解见典型例题例 3 - 26.

15. 求点 $(1,2,-1)$ 到平面 $x-2y-z+1=0$ 的距离.

解　由点到平面的距离公式，得 $d=\frac{|1\cdot1-2\cdot2+1+1|}{\sqrt{1^2+(-2)^2+(-1)^2}}=\frac{1}{\sqrt{6}}=\frac{\sqrt{6}}{6}$.

16. 求两个平面 $x+y-z+1=0$ 与 $2x+2y-2z-3=0$ 之间的距离.

解 这是两个平行平面.在平面 $x+y-z+1=0$ 上取一点 $P(1,1,3)$,两平面之间的距离就是点 $P(1,1,3)$ 到平面 $2x+2y-2z-3=0$ 的距离,即 $d=\frac{|2\cdot1+2\cdot1+(-2)\cdot3-3|}{\sqrt{2^2+2^2+(-2)^2}}=\frac{5\sqrt{3}}{6}$.

17. 习题及详解见典型例题例 3-28.

习题 3.3 平面和空间直线(B)

求常数 k 的值,使下列 3 个平面过同一直线,π_1:$3x+2y+4z=1$; π_2:$x-8y-2z=3$; π_3:$kx-3y+z=2$,并求出此直线的对称式方程.

解 三个平面通过同一条直线$\Leftrightarrow\pi_1$ 与 π_2 的交线在 π_3 上$\Leftrightarrow\pi_1$ 与 π_2 交线上任意两点在 π_3 上.容易求得 π_1 与 π_2 交线上两点 $A(\frac{7}{5},0,-\frac{4}{5})$,$B(\frac{7}{13},-\frac{4}{13},0)$,代入 π_3 的方程,得 $k=2$.三个平面交线的方向向量 $\overrightarrow{AB}=(-\frac{56}{65},-\frac{4}{13},\frac{4}{5})/\!/(14,5,-13)$,故对称式方程为 $\frac{x-\frac{7}{5}}{14}=\frac{y}{5}=\frac{z+\frac{4}{5}}{-13}$.

第 3 章习题

1. 填空题

(1)设 $(\boldsymbol{a}\times\boldsymbol{b})\cdot\boldsymbol{c}=2$,则 $[(\boldsymbol{a}+\boldsymbol{b})\times(\boldsymbol{b}+\boldsymbol{c})]\cdot(\boldsymbol{c}+\boldsymbol{a})=$________.

解 原式 $=(\boldsymbol{a}\times\boldsymbol{b}+\boldsymbol{a}\times\boldsymbol{c}+\boldsymbol{b}\times\boldsymbol{c})\cdot(\boldsymbol{c}+\boldsymbol{a})=\boldsymbol{a}\times\boldsymbol{b}\cdot\boldsymbol{c}+\boldsymbol{b}\times\boldsymbol{c}\cdot\boldsymbol{a}=2\boldsymbol{a}\times\boldsymbol{b}\cdot\boldsymbol{c}=4$.

(2)以 $A(5,1,-1)$、$B(0,-4,3)$、$C(1,-3,7)$ 为顶点的三角形的面积=________.

解 $S=\frac{1}{2}\|\overrightarrow{AB}\times\overrightarrow{AC}\|=12\sqrt{2}$.

(3)过原点及 $(6,-3,2)$,且与平面 $4x-y+2z=8$ 垂直的平面的方程为________.

解 $\boldsymbol{n}=(6,-3,2)\times(4,-1,2)/\!/(2,2,-3)$,所求平面方程为 $2x+2y-3z=0$.

(4)若直线 $x-1=\frac{y+1}{2}=\frac{z-1}{\lambda}$ 与直线 $x+1=y-1=z$ 相交,则 $\lambda=$________.

解 将直线 $x-1=\frac{y+1}{2}=\frac{z-1}{\lambda}$ 的参数方程 $x=1+t,y=-1+2t,z=1+\lambda t$ 代入直线 $x+1=y-1=z$ 中,得 $t=4,\lambda=\frac{5}{4}$.

(5)点 $(2,1,0)$ 到平面 $3x+4y+5z=0$ 的距离为________.

解 $d=\frac{|3\times2+4\times1+5\times0|}{\sqrt{3^2+4^2+5^2}}=\sqrt{2}$.

2. 单项选择题

(1)下列结论正确的是( ).

A. 若向量 $\boldsymbol{a},\boldsymbol{b},\boldsymbol{c}$ 不共面，则 $\boldsymbol{a},\boldsymbol{c},\boldsymbol{a}\times\boldsymbol{b}$ 必不共面

B. 若向量 $\boldsymbol{a},\boldsymbol{b},\boldsymbol{c}$ 不共面，则 $\boldsymbol{c}$ 可由 $\boldsymbol{a},\boldsymbol{b},\boldsymbol{a}\times\boldsymbol{b}$ 唯一地线性表示

C. 当 $\boldsymbol{a}\cdot\boldsymbol{c}=\boldsymbol{a}\cdot\boldsymbol{b}$ 时，必有 $\boldsymbol{b}=\boldsymbol{c}$

D. 当 $\boldsymbol{a}\times\boldsymbol{c}=\boldsymbol{a}\times\boldsymbol{b}$ 时，必有 $\boldsymbol{b}=\boldsymbol{c}$

解　选 B. $\boldsymbol{a},\boldsymbol{b},\boldsymbol{c}$ 不共面 $\Rightarrow\boldsymbol{a},\boldsymbol{b}$ 均为非零向量且 $\boldsymbol{a},\boldsymbol{b}$ 不平行 $\Rightarrow\boldsymbol{a},\boldsymbol{b},\boldsymbol{a}\times\boldsymbol{b}$ 不共面，所以 $\boldsymbol{c}$ 可由 $\boldsymbol{a},\boldsymbol{b},\boldsymbol{a}\times\boldsymbol{b}$ 唯一地线性表示. A 不正确，例如 $\boldsymbol{i},\boldsymbol{j},\boldsymbol{k}$ 不共面，但 $\boldsymbol{i},\boldsymbol{k},\boldsymbol{i}\times\boldsymbol{j}=\boldsymbol{k}$ 共面；C,D 也不正确，由 $\boldsymbol{a}\cdot\boldsymbol{c}=\boldsymbol{a}\cdot\boldsymbol{b}$ 只能推出 $\boldsymbol{a}\perp\boldsymbol{b}-\boldsymbol{c}$，由 $\boldsymbol{a}\times\boldsymbol{c}=\boldsymbol{a}\times\boldsymbol{b}$ 只能推出 $\boldsymbol{a}/\!/(\boldsymbol{b}-\boldsymbol{c})$.

(2)设 O 为直线 AB 外一点，则 3 点 A,B,C 共线的充要条件是(　　).

A. 存在满足 $\lambda+\mu=1$ 的常数 λ,μ，使得 $\overrightarrow{OC}=\lambda\overrightarrow{OA}+\mu\overrightarrow{OB}$

B. 若 $k_1\overrightarrow{OA}+k_2\overrightarrow{OB}+k_3\overrightarrow{OC}=\boldsymbol{0}$，则 $k_1=k_2=k_3=0$

C. 若 $k_1\overrightarrow{AB}+k_2\overrightarrow{AC}=\boldsymbol{0}$，则 $k_1=k_2=0$

D. $(\overrightarrow{OA}\times\overrightarrow{OB})\cdot\overrightarrow{OC}\neq 0$

解　选 A. A,B,C 共线 $\Leftrightarrow\overrightarrow{BC}/\!/\overrightarrow{BA}\Leftrightarrow\overrightarrow{OC}-\overrightarrow{OB}=\lambda(\overrightarrow{OA}-\overrightarrow{OB})\Leftrightarrow\overrightarrow{OC}=\lambda\overrightarrow{OA}+(1-\lambda)\overrightarrow{OB}$.

(3)设有直线 $L: x-1=\dfrac{y+1}{-2}=\dfrac{z}{6}$ 和平面 $\pi: 2x+3y+z-1=0$，则(　　).

A. L 与 π 平行但不在 π 上　　B. L 在 π 上

C. L 与 π 垂直相交　　D. L 与 π 相交但不垂直

解　选 D. 直线的方向向量 $\boldsymbol{a}=(1,-2,6)$，平面的法向量 $\boldsymbol{n}=(2,3,1)$. 由 $\boldsymbol{a}\cdot\boldsymbol{n}\neq 0$，得 L 与 π 相交. 又 $\boldsymbol{a},\boldsymbol{n}$ 不平行，即 L 与 π 不垂直.

(4)设有直线 $L_1: x=2t-3, y=3t-2, z=-4t+6$ 和 $L_2: x=t+5, y=-4t-1, z=t-4$，则 L_1 与 L_2(　　).

A. 为异面直线　　B. 平行但不重合

C. 相交但不垂直　　D. 垂直相交

解　选 C. L_1 过点 $P_1(-3,-2,6)$，方向向量为 $\boldsymbol{a}_1=(2,3,-4)$；$L_2$ 过点 $P_2(5,-1,-4)$，方向向量为 $\boldsymbol{a}_2=(1,-4,1)$；由 $\boldsymbol{a}_1\times\boldsymbol{a}_2\cdot\overrightarrow{P_1P_2}=0$ 得 L_1 与 L_2 共面，又 $\boldsymbol{a}_1$、$\boldsymbol{a}_2$ 不平行且不垂直，故 L_1 与 L_2 相交但不垂直.

(5)若 4 点 $A(1,0,-2), B(7,x,0), C(-8,6,1), D(-2,6,1)$ 共面，则 $x=$(　　).

A. 0　　B. 6　　C. 4　　D. -4

解　选 C. 4 点共面 $\Leftrightarrow\overrightarrow{AB},\overrightarrow{AC},\overrightarrow{AD}$ 共面 $\Leftrightarrow\overrightarrow{AB}\times\overrightarrow{AC}\cdot\overrightarrow{AD}=0\Leftrightarrow x=4$.

3. 求通过直线 $\begin{cases}2x-z=0\\x+y-z+5=0\end{cases}$ 且垂直于平面 $7x-y+4z-3=0$ 的平面方程.

解　设过直线的平面束方程为 $x+y-z+5+\lambda(2x-z)=0$，即

$$(1+2\lambda)x+y+(-1-\lambda)z+5=0.$$

又所求平面与已知平面的法向量垂直，即有 $7(1+2\lambda)-1-4(1+\lambda)=0$，解得 $\lambda=-\dfrac{1}{5}$，因此，所求平面的方程为 $3x+5y-4z+25=0$.

4. 习题及详解见典型例题例 3-23.

5. 求点 $P_0(1,2,3)$ 到直线 $\begin{cases}x+y-z-1=0\\2x+z-3=0\end{cases}$ 的距离.

解 直线过点 $P_1(0,4,3)$，且方向向量 $\boldsymbol{a}=(1,1,-1)\times(2,0,1)=(1,-3,-2)$，因此点 $P_0(1,2,3)$ 到直线的距离为 $d=\dfrac{\|\overrightarrow{P_0P_1}\times\boldsymbol{a}\|}{\|\boldsymbol{a}\|}=\dfrac{\sqrt{6}}{2}$.

6. 习题及详解见典型例题例 3 - 27.

7. (1)已知 $\overrightarrow{MP}\perp\overrightarrow{MA}$，将 $\overrightarrow{MP}$ 绕 $\overrightarrow{MA}$ 右旋角度 θ 得 $\overrightarrow{MP_1}$，记 $\boldsymbol{e}=\dfrac{\overrightarrow{MA}}{\|\overrightarrow{MA}\|}$，试用 $\boldsymbol{e},\overrightarrow{MP}$ 及 θ 表出 $\overrightarrow{MP_1}$；

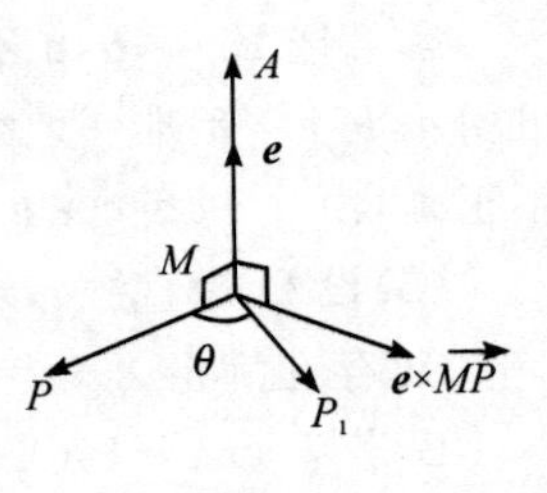

图 3 - 2

(2)设 O,P,A 是 3 个不同点，将 $\overrightarrow{OP}$ 绕 $\overrightarrow{OA}$ 右旋角度 θ 得 $\overrightarrow{OP_1}$，记 $\boldsymbol{e}=\dfrac{\overrightarrow{OA}}{\|\overrightarrow{OA}\|}$，试用 $\boldsymbol{e},\overrightarrow{OP}$ 及 θ 表出 $\overrightarrow{OP_1}$.

解 (1) $\boldsymbol{e},\overrightarrow{MP},\boldsymbol{e}\times\overrightarrow{MP}$ 可构成空间直角坐标系(图 3 - 2)，显然 $\overrightarrow{MP_1}$ 位于 $\overrightarrow{MP},\boldsymbol{e}\times\overrightarrow{MP}$ 所在的坐标平面，且有

$$\begin{aligned}\overrightarrow{MP_1}&=\|\overrightarrow{MP_1}\|\cos\theta\,\frac{\overrightarrow{MP}}{\|\overrightarrow{MP}\|}+\|\overrightarrow{MP_1}\|\sin\theta\,\frac{(\boldsymbol{e}\times\overrightarrow{MP})}{\|\boldsymbol{e}\times\overrightarrow{MP}\|}\\&=\cos\theta\overrightarrow{MP}+\sin\theta(\boldsymbol{e}\times\overrightarrow{MP})\end{aligned}$$

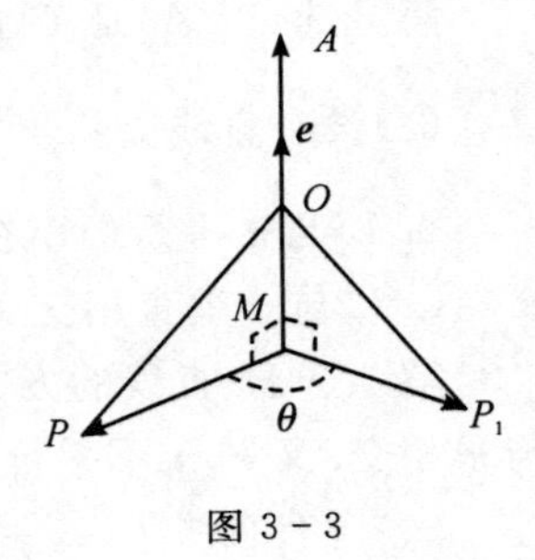

图 3 - 3

(2) $\boldsymbol{e},\overrightarrow{MP},\overrightarrow{MP_1}$ 可构成空间直角坐标系(图 3 - 3)，有

$$\begin{aligned}\overrightarrow{OP_1}&=\overrightarrow{OM}+\overrightarrow{MP_1}=\overrightarrow{OM}+\cos\theta\overrightarrow{MP}+\sin\theta(\boldsymbol{e}\times\overrightarrow{MP})\\&=\overrightarrow{OM}+\cos\theta(\overrightarrow{OP}-\overrightarrow{OM})+\sin\theta(\boldsymbol{e}\times(\overrightarrow{OP}-\overrightarrow{OM}))\\&=(1-\cos\theta)\overrightarrow{OM}+\cos\theta\cdot\overrightarrow{OP}+\sin\theta(\boldsymbol{e}\times\overrightarrow{OP})\\&=(1-\cos\theta)(\overrightarrow{OP}\cdot\boldsymbol{e})\boldsymbol{e}+\cos\theta\cdot\overrightarrow{OP}+\sin\theta(\boldsymbol{e}\times\overrightarrow{OP})\end{aligned}$$

第 4 章　n 维向量与线性方程组

4.1　知识图谱

本章知识图谱如图 4－1 所示。

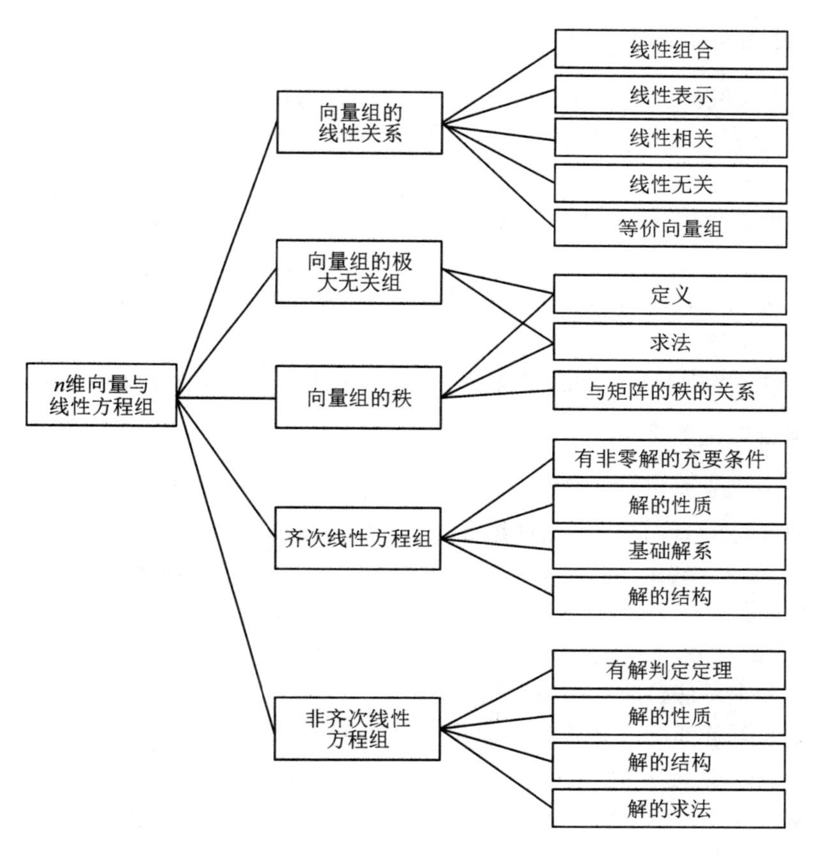

图 4－1

4.2 知识要点

1. 线性方程组的常见表示形式

$$\begin{cases} a_{11}x_1+a_{12}x_2+\cdots+a_{1n}x_n=b_1 \\ a_{21}x_1+a_{22}x_2+\cdots+a_{2n}x_n=b_2 \\ \cdots\cdots \\ a_{m1}x_1+a_{m2}x_2+\cdots+a_{mn}x_n=b_m \end{cases} \Leftrightarrow \boldsymbol{A}\boldsymbol{x}=\boldsymbol{b}\Leftrightarrow x_1\boldsymbol{\alpha}_1+x_2\boldsymbol{\alpha}_2+\cdots+x_n\boldsymbol{\alpha}_n=\boldsymbol{b}$$

其中 $\boldsymbol{A}=(a_{ij})_{m\times n}$ 称为方程组的系数矩阵，$\boldsymbol{x}=(x_1,x_2,\cdots,x_n)^{\mathrm{T}}$，$\boldsymbol{b}=(b_1,b_2,\cdots,b_m)^{\mathrm{T}}$，$\boldsymbol{\alpha}_j\ (j=1,2,\cdots,n)$ 是 $\boldsymbol{A}$ 的第 j 列向量.

2. 线性方程组有解判定定理

(1)n 元非齐次线性方程组 $\boldsymbol{A}\boldsymbol{x}=\boldsymbol{b}$ 有解的充要条件是 $r(\boldsymbol{A})=r(\overline{\boldsymbol{A}})$，有唯一解的充要条件是 $r(\boldsymbol{A})=r(\overline{\boldsymbol{A}})=n$，有无穷多解的充要条件是 $r(\boldsymbol{A})=r(\overline{\boldsymbol{A}})<n$，其中 $\overline{\boldsymbol{A}}=(\boldsymbol{A}\,|\,\boldsymbol{b})$ 是方程组的增广矩阵.

(2)齐次线性方程组 $\boldsymbol{A}\boldsymbol{x}=\boldsymbol{0}$ 有非零解的充要条件是 $r(\boldsymbol{A})<n$，只有零解的充要条件是 $r(\boldsymbol{A})=n$.

(3)对于齐次线性方程组 $\boldsymbol{A}_{m\times n}\boldsymbol{x}=\boldsymbol{0}$，若 $m<n$(即方程个数小于未知量个数)，则它必有非零解.

(4)若 $\boldsymbol{A}$ 是方阵，则齐次线性方程组 $\boldsymbol{A}_{n\times n}\boldsymbol{x}=\boldsymbol{0}$ 有非零解的充要条件是 $|\boldsymbol{A}|=0$.

3. 线性组合与线性表示

(1)设 $\boldsymbol{\alpha}_1,\cdots,\boldsymbol{\alpha}_m$ 是一组 n 维向量，$k_1,\cdots,k_m$ 是一组常数，称向量 $k_1\boldsymbol{\alpha}_1+k_2\boldsymbol{\alpha}_2+\cdots+k_m\boldsymbol{\alpha}_m$ 为向量组 $\boldsymbol{\alpha}_1,\cdots,\boldsymbol{\alpha}_m$ 的一个**线性组合**，$k_1,\cdots,k_m$ 称为**组合系数**. 如果向量 $\boldsymbol{\beta}$ 可以表示为 $\boldsymbol{\beta}=k_1\boldsymbol{\alpha}_1+k_2\boldsymbol{\alpha}_2+\cdots+k_m\boldsymbol{\alpha}_m$，则称 $\boldsymbol{\beta}$ 可由向量组 $\boldsymbol{\alpha}_1,\cdots,\boldsymbol{\alpha}_m$ **线性表示或线性表出**.

(2)$\boldsymbol{\beta}$ 可由向量组 $\boldsymbol{\alpha}_1,\cdots,\boldsymbol{\alpha}_m$ 线性表出$\Leftrightarrow$线性方程组 $k_1\boldsymbol{\alpha}_1+k_2\boldsymbol{\alpha}_2+\cdots+k_m\boldsymbol{\alpha}_m=\boldsymbol{\beta}$ 有解$\Leftrightarrow$ $r(\boldsymbol{\alpha}_1\ \ \boldsymbol{\alpha}_2\ \ \cdots\ \ \boldsymbol{\alpha}_m\ \ \boldsymbol{\beta})=r(\boldsymbol{\alpha}_1\ \ \boldsymbol{\alpha}_2\ \ \cdots\ \ \boldsymbol{\alpha}_m)$. 在可线性表示时，表示法唯一$\Leftrightarrow$方程组有唯一解；有无穷多种表示法$\Leftrightarrow$方程组有无穷多解.

(3)任一 n 维向量都可由 n 维基本单位向量组 $\boldsymbol{\varepsilon}_1=(1,0,\cdots,0)^{\mathrm{T}}$，$\boldsymbol{\varepsilon}_2=(0,1,0,\cdots,0)^{\mathrm{T}}$，$\cdots$，$\boldsymbol{\varepsilon}_n=(0,0,\cdots,0,1)^{\mathrm{T}}$ 线性表示.

(4)若向量组 $\boldsymbol{\alpha}_1,\cdots,\boldsymbol{\alpha}_m$ 线性无关，而向量组 $\boldsymbol{\alpha}_1,\cdots,\boldsymbol{\alpha}_m,\boldsymbol{\beta}$ 线性相关，则 $\boldsymbol{\beta}$ 可由 $\boldsymbol{\alpha}_1,\cdots,\boldsymbol{\alpha}_m$ 线性表示，且表示法唯一.

4. 等价向量组

(1)设有两个向量组(Ⅰ)和(Ⅱ)，如果(Ⅰ)中的每个向量都可由向量组(Ⅱ)线性表示，则称向量组(Ⅰ)可由向量组(Ⅱ)线性表示；如果向量组(Ⅰ)和向量组(Ⅱ)可以相互线性表示，则称向量组(Ⅰ)与向量组(Ⅱ)**等价**.

(2)向量组(Ⅱ)可由向量组(Ⅰ)线性表示的充要条件是 r(Ⅰ|Ⅱ)$=r$(Ⅰ)；

(3)向量组(Ⅰ)与向量组(Ⅱ)组等价$\Leftrightarrow r$(Ⅰ|Ⅱ)$=r$(Ⅰ)$=r$(Ⅱ).

(4)等价的线性无关组含有相同个数的向量.

5. 线性相关与线性无关

(1)设 $\boldsymbol{\alpha}_1,\cdots,\boldsymbol{\alpha}_m$ 是一组 n 维向量,如果存在一组不全为零的常数 $k_1,\cdots,k_m$,使得 $k_1\boldsymbol{\alpha}_1+k_2\boldsymbol{\alpha}_2+\cdots+k_m\boldsymbol{\alpha}_m=\mathbf{0}$,则称向量组 $\boldsymbol{\alpha}_1,\cdots,\boldsymbol{\alpha}_m$ **线性相关**,否则,称向量组**线性无关**.

(2)向量组 $\boldsymbol{\alpha}_1,\cdots,\boldsymbol{\alpha}_m$ 线性相关$\Leftrightarrow$齐次方程组 $k_1\boldsymbol{\alpha}_1+k_2\boldsymbol{\alpha}_2+\cdots+k_m\boldsymbol{\alpha}_m=\mathbf{0}$ 有非零解$\Leftrightarrow$ $r[\boldsymbol{\alpha}_1\quad\boldsymbol{\alpha}_2\quad\cdots\quad\boldsymbol{\alpha}_m]<m$ $\Leftrightarrow$至少有一个向量可被其余的 $m-1$ 个向量线性表示.

(3)向量组 $\boldsymbol{\alpha}_1,\cdots,\boldsymbol{\alpha}_m$ 线性无关$\Leftrightarrow$齐次方程组 $k_1\boldsymbol{\alpha}_1+k_2\boldsymbol{\alpha}_2+\cdots+k_m\boldsymbol{\alpha}_m=\mathbf{0}$ 只有零解$\Leftrightarrow$ $r[\boldsymbol{\alpha}_1\quad\boldsymbol{\alpha}_2\quad\cdots\quad\boldsymbol{\alpha}_m]=m$ $\Leftrightarrow$任何一个向量都不能由其余的 $m-1$ 个向量线性表示.

(4)若向量组(Ⅰ):$\boldsymbol{\alpha}_1,\boldsymbol{\alpha}_2,\cdots,\boldsymbol{\alpha}_s$ 可由向量组(Ⅱ):$\boldsymbol{\beta}_1,\boldsymbol{\beta}_2,\cdots,\boldsymbol{\beta}_t$ 线性表示,且 $s>t$,则向量组(Ⅰ)线性相关;若向量组(Ⅰ)线性无关,且可由向量组(Ⅱ)线性表示,则 $s\leqslant t$.

(5)若向量组(Ⅰ)的某个部分组线性相关,则向量组(Ⅰ)线性相关;若向量组(Ⅰ)线性无关,则它的任意一个部分组也线性无关.

(6)单个向量 $\boldsymbol{\alpha}$ 线性相关$\Leftrightarrow\boldsymbol{\alpha}=\mathbf{0}$;两个向量 $\boldsymbol{\alpha}$ 与 $\boldsymbol{\beta}$ 线性相关$\Leftrightarrow\boldsymbol{\alpha}$ 与 $\boldsymbol{\beta}$ 的对应分量成比例;多于 n 个的 n 维向量组必线性相关.

(7)对线性无关向量组中每个向量在相同位置上任意添加分量,所得向量组仍线性无关.

6. 向量组的极大无关组与向量组的秩

(1)如果向量组(Ⅰ)的一个部分组(Ⅱ):$\boldsymbol{\alpha}_1,\cdots,\boldsymbol{\alpha}_r$,满足:(1)(Ⅱ)线性无关;(2)(Ⅰ)中任一向量都可由(Ⅱ)线性表示,则称(Ⅱ)是(Ⅰ)的一个**极大无关组**;极大无关组所含向量的个数称为向量组的**秩**.只含零向量的向量组没有极大无关组,规定其秩为零.向量组 $\boldsymbol{\alpha}_1,\boldsymbol{\alpha}_2,\cdots,\boldsymbol{\alpha}_m$ 的秩记为 $r(\boldsymbol{\alpha}_1,\boldsymbol{\alpha}_2,\cdots,\boldsymbol{\alpha}_m)$.

(2)若向量组(Ⅰ)的秩为 r,则(Ⅰ)中任意 r 个线性无关的向量都是(Ⅰ)的极大无关组.

(3)**三秩相等定理**:对任何矩阵 $\boldsymbol{A}$,有 $r(\boldsymbol{A})=\boldsymbol{A}$ 的列秩$=\boldsymbol{A}$ 的行秩.其中 $\boldsymbol{A}$ 的列(行)秩是指 $\boldsymbol{A}$ 的列(行)向量组的秩.

(4)若向量组(Ⅰ)可由向量组(Ⅱ)线性表示,则 r(Ⅰ)$\leqslant r$(Ⅱ).

(5)若向量组(Ⅰ)与(Ⅱ)等价,则 r(Ⅰ)$=r$(Ⅱ).

对于矩阵 $\boldsymbol{AB}$

(6)$r(\boldsymbol{AB})\leqslant\min(r(\boldsymbol{A}),r(\boldsymbol{B}))$.

(7)$r(\boldsymbol{A}+\boldsymbol{B})\leqslant r(\boldsymbol{A})+r(\boldsymbol{B})$.

(8)若矩阵 $\boldsymbol{A}_{m\times n},\boldsymbol{B}_{n\times p}$ 满足 $\boldsymbol{AB}=\boldsymbol{O}$,则 $r(\boldsymbol{A})+r(\boldsymbol{B})\leqslant n$

7. 关于满秩方阵的等价条件

设 $\boldsymbol{A}$ 为 n 阶方阵,则 $\det(\boldsymbol{A})\neq 0\Leftrightarrow\boldsymbol{A}$ 可逆$\Leftrightarrow r(\boldsymbol{A})=n\Leftrightarrow$齐次线性方程组 $\boldsymbol{Ax}=\mathbf{0}$ 仅有零解$\Leftrightarrow$对任意 $\boldsymbol{b}\in\mathbf{R}^n$,$\boldsymbol{Ax}=\boldsymbol{b}$ 有解(或 $\boldsymbol{b}$ 可由 $\boldsymbol{A}$ 的列向量组线性表示)$\Leftrightarrow\boldsymbol{A}$ 的列(行)向量组线性无关$\Leftrightarrow\boldsymbol{A}$ 的等价标准形为 $\boldsymbol{I}_n\Leftrightarrow\boldsymbol{A}$ 可以表示为若干个初等阵的乘积.

8. 线性方程组的解的性质

(1)若 $\boldsymbol{\xi}_1$ 和 $\boldsymbol{\xi}_2$ 都是 $\boldsymbol{Ax}=\mathbf{0}$ 的解,则 $k_1\boldsymbol{\xi}_1+k_2\boldsymbol{\xi}_2$ 也是 $\boldsymbol{Ax}=\mathbf{0}$ 的解,其中 k_1,k_2 为任意常数.

(2)若 $\boldsymbol{\xi}_1$ 和 $\boldsymbol{\xi}_2$ 都是 $\boldsymbol{Ax}=\boldsymbol{b}$ 的解,则 $\boldsymbol{\xi}_1-\boldsymbol{\xi}_2$ 是 $\boldsymbol{Ax}=\boldsymbol{0}$ 的解.

(3)若 $\boldsymbol{\xi}^*$ 是 $\boldsymbol{Ax}=\boldsymbol{b}$ 的解,$\boldsymbol{\xi}$ 是 $\boldsymbol{Ax}=\boldsymbol{0}$ 的解,则 $\boldsymbol{\xi}^*+\boldsymbol{\xi}$ 是 $\boldsymbol{Ax}=\boldsymbol{b}$ 的解.

(4)若 $\boldsymbol{\xi}_1,\cdots,\boldsymbol{\xi}_t$ 是 $\boldsymbol{Ax}=\boldsymbol{b}$ 的一组解,则当常数 $k_1,\cdots,k_t$ 满足条件 $k_1+\cdots+k_t=1$ 时,$k_1\boldsymbol{\xi}_1+\cdots+k_t\boldsymbol{\xi}_t$ 也是 $\boldsymbol{Ax}=\boldsymbol{b}$ 的解.

9. 齐次线性方程组的基础解系

(1)设 $\boldsymbol{\xi}_1,\boldsymbol{\xi}_2,\cdots,\boldsymbol{\xi}_t$ 是 $\boldsymbol{Ax}=\boldsymbol{0}$ 的一组解,如果 $\boldsymbol{\xi}_1,\boldsymbol{\xi}_2,\cdots,\boldsymbol{\xi}_t$ 线性无关,且 $\boldsymbol{Ax}=\boldsymbol{0}$ 的任一解可由 $\boldsymbol{\xi}_1,\boldsymbol{\xi}_2,\cdots,\boldsymbol{\xi}_t$ 线性表示,则称 $\boldsymbol{\xi}_1,\boldsymbol{\xi}_2,\cdots,\boldsymbol{\xi}_t$ 是 $\boldsymbol{Ax}=\boldsymbol{0}$ 的一个基础解系.

(2)设 $\boldsymbol{A}$ 为 $m\times n$ 阶矩阵,如果 $r(\boldsymbol{A})=r<n$,则方程组 $\boldsymbol{Ax}=\boldsymbol{0}$ 必有基础解系,且基础解系含 $n-r$ 个解向量.

(3)设 $\boldsymbol{A}$ 是 $m\times n$ 矩阵,$r(\boldsymbol{A})=r<n$,则 $\boldsymbol{Ax}=\boldsymbol{0}$ 的任意 $n-r$ 个线性无关的解向量都可作为 $\boldsymbol{Ax}=\boldsymbol{0}$ 的基础解系.

10. 线性方程组的结构式通解

(1)设 $\boldsymbol{A}$ 是 $m\times n$ 矩阵,若 $r(\boldsymbol{A})=n$,则齐次线性方程组 $\boldsymbol{Ax}=\boldsymbol{0}$ 只有零解.若 $r(\boldsymbol{A})=r<n$,则齐次线性方程组 $\boldsymbol{Ax}=\boldsymbol{0}$ 有非零解,其结构式通解为 $x=k_1\boldsymbol{\xi}_1+k_2\boldsymbol{\xi}_2+\cdots+k_{n-r}\boldsymbol{\xi}_{n-r}$.其中 $\boldsymbol{\xi}_1,\boldsymbol{\xi}_2,\cdots,\boldsymbol{\xi}_{n-r}$ 为方程组 $\boldsymbol{Ax}=\boldsymbol{0}$ 的基础解系,$k_1,k_2,\cdots,k_{n-r}$ 为任意常数.

(2)设 $\boldsymbol{A}_{m\times n}\boldsymbol{x}=\boldsymbol{b}$ 是非齐次线性方程组,$r(\boldsymbol{A}\,|\,\boldsymbol{b})=r(\boldsymbol{A})=r<n$,$\boldsymbol{\xi}^*$ 是它的一个特解(即不含任意常数的解),$\boldsymbol{\xi}_1,\cdots,\boldsymbol{\xi}_{n-r}$ 是 $\boldsymbol{A}_{m\times n}\boldsymbol{x}=\boldsymbol{b}$ 对应的齐次方程组 $\boldsymbol{Ax}=\boldsymbol{0}$ 的基础解系,则 $\boldsymbol{Ax}=\boldsymbol{b}$ 的结构式通解为 $x=\boldsymbol{\xi}^*+k_1\boldsymbol{\xi}_1+\cdots+k_{n-r}\boldsymbol{\xi}_{n-r}$,其中 $k_1,k_2,\cdots,k_{n-r}$ 为任意常数.

4.3 典型例题

例 4-1 设有齐次线性方程组 $\begin{cases}\lambda x_1+x_2+x_3=0\\x_1+\lambda x_2+x_3=0\\x_1+x_2+\lambda x_3=0\end{cases}$,问 λ 为何值时,方程组仅有零解? λ 为何值时,方程组有非零解?

分析 齐次线性方程组 $\boldsymbol{A}_{m\times n}\boldsymbol{x}=\boldsymbol{0}$ 只有零解 $\Leftrightarrow r(\boldsymbol{A})=n$;$\boldsymbol{A}_{m\times n}\boldsymbol{x}=\boldsymbol{0}$ 有非零解 $\Leftrightarrow r(\boldsymbol{A})<n$. 特别地,若 $\boldsymbol{A}$ 是方阵,则 $r(\boldsymbol{A})=n\Leftrightarrow\det(\boldsymbol{A})\neq0$,$r(\boldsymbol{A})<n\Leftrightarrow\det(\boldsymbol{A})=0$,当行列式比较容易计算,特别是系数阵中含参数时,常利用行列式来判定.

解 方程组的系数矩阵 $\boldsymbol{A}=\begin{bmatrix}\lambda&1&1\\1&\lambda&1\\1&1&\lambda\end{bmatrix}$,由方程组有解判定定理知,方程组仅有零解当且仅当 $\det(\boldsymbol{A})\neq0$. 由于

$$\det(\boldsymbol{A})=\begin{vmatrix}\lambda&1&1\\1&\lambda&1\\1&1&\lambda\end{vmatrix}=\begin{vmatrix}\lambda+2&1&1\\\lambda+2&\lambda&1\\\lambda+2&1&\lambda\end{vmatrix}=\begin{vmatrix}\lambda+2&1&1\\0&\lambda-1&0\\0&0&\lambda-1\end{vmatrix}=(\lambda+2)(\lambda-1)^2,$$

故当 $\lambda\neq-2$ 且 $\lambda\neq1$ 时,方程组仅有零解;当 $\lambda=-2$ 或 $\lambda=1$ 时,方程组有非零解.

例 4－2　设齐次线性方程组$\begin{cases}x_1+2x_2-2x_3=0\\2x_1-x_2+\lambda x_3=0\\3x_1+x_2-x_3=0\end{cases}$的系数矩阵为$\boldsymbol{A}$,若三阶非零方阵$\boldsymbol{B}$满足$\boldsymbol{AB}=\boldsymbol{O}$,求$\lambda$及$|\boldsymbol{B}|$的值.

解　由$\boldsymbol{AB}=\boldsymbol{O}$知矩阵$\boldsymbol{B}$的每个列向量都是齐次线性方程组$\boldsymbol{Ax}=\boldsymbol{0}$的解,又$\boldsymbol{B}\neq\boldsymbol{O}$,所以$\boldsymbol{Ax}=\boldsymbol{0}$有非零解,从而$|\boldsymbol{A}|=0$,即

$$|\boldsymbol{A}|=\begin{vmatrix}1&2&-2\\2&-1&\lambda\\3&1&-1\end{vmatrix}=\begin{vmatrix}1&2&0\\2&-1&\lambda-1\\3&1&0\end{vmatrix}=5(\lambda-1)=0$$

得$\lambda=1$.

由$\boldsymbol{A}\neq\boldsymbol{O}$及$\boldsymbol{AB}=\boldsymbol{O}$,得$\boldsymbol{B}$不可逆,故$|\boldsymbol{B}|=0$(若$\boldsymbol{B}$可逆,等式$\boldsymbol{AB}=\boldsymbol{O}$两端右乘$\boldsymbol{B}^{-1}$,得$\boldsymbol{A}=\boldsymbol{O}$,矛盾).

注　若同阶非零方阵$\boldsymbol{A}$,$\boldsymbol{B}$满足$\boldsymbol{AB}=\boldsymbol{O}$,则必有$|\boldsymbol{A}|=0$且$|\boldsymbol{B}|=0$.

例 4－3　3 条不同直线的方程分别为$ax+2by+3c=0$,$bx+2cy+3a=0$,$cx+2ay+3b=0$(其中a,b,c为常数),证明:这 3 条直线交于一点的充分必要条件为$a+b+c=0$.

证　3 条直线交于一点,即非齐次线性方程组

$$\begin{cases}ax+2by=-3c\\bx+2cy=-3a\\cx+2ay=-3b\end{cases}$$

有唯一解的充分必要条件是

$$r\begin{bmatrix}a&2b&3c\\b&2c&3a\\c&2a&3b\end{bmatrix}=r\begin{bmatrix}a&2b\\b&2c\\c&2a\end{bmatrix}=2\tag{4-1}$$

由于$ax+2by+3c=0$和$bx+2cy+3a=0$是不同的直线,因此向量$\begin{bmatrix}a\\2b\\3c\end{bmatrix}$与$\begin{bmatrix}b\\2c\\3a\end{bmatrix}$不成比例,即$\begin{bmatrix}a\\b\\c\end{bmatrix}$与$\begin{bmatrix}b\\c\\a\end{bmatrix}$线性无关,从而$r\begin{bmatrix}a&2b\\b&2c\\c&2a\end{bmatrix}=2$. 于是式(4－1)等价于

$$\begin{vmatrix}a&2b&3c\\b&2c&3a\\c&2a&3b\end{vmatrix}=0.$$

又$\begin{vmatrix}a&2b&3c\\b&2c&3a\\c&2a&3b\end{vmatrix}=6\begin{vmatrix}a&b&c\\b&c&a\\c&a&b\end{vmatrix}=6\begin{vmatrix}a+b+c&b&c\\a+b+c&c&a\\a+b+c&a&b\end{vmatrix}$

$$=6(a+b+c)[-b^2+bc-c^2-a^2+ac+ab]$$
$$=-3(a+b+c)[(a-b)^2+(b-c)^2+(c-a)^2]$$

由于 3 条直线互不相同,所以$(a-b)^2+(b-c)^2+(c-a)^2\neq0$,从而

$$\begin{vmatrix} a & 2b & 3c \\ b & 2c & 3a \\ c & 2a & 3b \end{vmatrix}=0 \Leftrightarrow a+b+c=0$$

故 3 条直线交于一点的充分必要条件是 $a+b+c=0$.

例 4－4　判定向量组 $\boldsymbol{\alpha}_1=(1,0,2,3)^{\mathrm{T}}$,$\boldsymbol{\alpha}_2=(1,1,3,5)^{\mathrm{T}}$,$\boldsymbol{\alpha}_3=(1,-1,1,1)^{\mathrm{T}}$ 的线性相关性,若相关,求它们满足的线性关系式.

分析　向量组 $\boldsymbol{\alpha}_1,\boldsymbol{\alpha}_2,\boldsymbol{\alpha}_3$ 线性相关⇔存在不全为零的 x_1,x_2,x_3 使得 $x_1\boldsymbol{\alpha}_1+x_2\boldsymbol{\alpha}_2+x_3\boldsymbol{\alpha}_3=\mathbf{0}$(它们满足的线性关系式)⇔方程组$[\boldsymbol{\alpha}_1\ \boldsymbol{\alpha}_2\ \boldsymbol{\alpha}_3]\boldsymbol{x}=\mathbf{0}$ 只有零解⇔$r[\boldsymbol{\alpha}_1\ \boldsymbol{\alpha}_2\ \boldsymbol{\alpha}_3]<3$.

解　对$[\boldsymbol{\alpha}_1\ \boldsymbol{\alpha}_2\ \boldsymbol{\alpha}_3]$施行初等行变换

$$[\boldsymbol{\alpha}_1\ \boldsymbol{\alpha}_2\ \boldsymbol{\alpha}_3]=\begin{bmatrix} 1 & 1 & 1 \\ 0 & 1 & -1 \\ 2 & 3 & 1 \\ 3 & 5 & 1 \end{bmatrix} \rightarrow \begin{bmatrix} 1 & 0 & 2 \\ 0 & 1 & -1 \\ 0 & 0 & 0 \\ 0 & 0 & 0 \end{bmatrix},$$

由阶梯形矩阵,得 $r[\boldsymbol{\alpha}_1\ \boldsymbol{\alpha}_2\ \boldsymbol{\alpha}_3]=2<3$,所以向量组 $\boldsymbol{\alpha}_1,\boldsymbol{\alpha}_2,\boldsymbol{\alpha}_3$ 线性相关.

由上面的阶梯形矩阵得齐次线性方程组 $x_1\boldsymbol{\alpha}_1+x_2\boldsymbol{\alpha}_2+x_3\boldsymbol{\alpha}_3=\mathbf{0}$ 的自由未知量表示的通解为$\begin{cases} x_1=-2x_3 \\ x_2=x_3 \end{cases}$,令 $x_3=-1$ 得一个非零解为 $\boldsymbol{\xi}=(2,-1,-1)^{\mathrm{T}}$,故 $\boldsymbol{\alpha}_1,\boldsymbol{\alpha}_2,\boldsymbol{\alpha}_3$ 满足的线性关系式为 $2\boldsymbol{\alpha}_1-\boldsymbol{\alpha}_2-\boldsymbol{\alpha}_3=\mathbf{0}$.

例 4－5　设有向量组(Ⅰ):$\boldsymbol{\alpha}_1=(1,1,3,1)^{\mathrm{T}}$,$\boldsymbol{\alpha}_2=(1,3,-1,-5)^{\mathrm{T}}$,$\boldsymbol{\alpha}_3=(2,6,-a,-10)^{\mathrm{T}}$,$\boldsymbol{\alpha}_4=(3,1,15,12)^{\mathrm{T}}$,向量 $\beta=(1,3,3,b)^{\mathrm{T}}$. 问 a,b 取何值时,(1)$\boldsymbol{\beta}$ 能由(Ⅰ)线性表示且表示式唯一;(2)$\boldsymbol{\beta}$ 不能由(Ⅰ)线性表示;(3)$\boldsymbol{\beta}$ 能由(Ⅰ)线性表示且表示式不唯一,并求出一般表达式.

解　记 $\boldsymbol{A}=[\boldsymbol{\alpha}_1\ \boldsymbol{\alpha}_2\ \boldsymbol{\alpha}_3\ \boldsymbol{\alpha}_4]$,则 $\boldsymbol{\beta}$ 能否由向量组(Ⅰ)线性表示⇔$\boldsymbol{A}\boldsymbol{x}=\boldsymbol{\beta}$ 是否有解. 对$[\boldsymbol{A}\ \vdots\ \boldsymbol{\beta}]$施行初等行变换

$$[\boldsymbol{A}\ \vdots\ \boldsymbol{\beta}]=\begin{bmatrix} 1 & 1 & 2 & 3 & 1 \\ 1 & 3 & 6 & 1 & 3 \\ 3 & -1 & -a & 15 & 3 \\ 1 & -5 & -10 & 12 & b \end{bmatrix} \rightarrow \begin{bmatrix} 1 & 1 & 2 & 3 & 1 \\ 0 & 2 & 4 & -2 & 2 \\ 0 & 0 & -a+2 & 2 & 4 \\ 0 & 0 & 0 & 3 & b+5 \end{bmatrix}$$

(1)当 $a\neq 2$ 时,$r(\boldsymbol{A})=r[\boldsymbol{A}\ \vdots\ \boldsymbol{\beta}]=4$,方程组 $\boldsymbol{A}\boldsymbol{x}=\boldsymbol{\beta}$ 有唯一解,此时 $\boldsymbol{\beta}$ 能由(Ⅰ)线性表示且表示式唯一.

(2)当 $a=2$ 时,$[\boldsymbol{A}\ \vdots\ \boldsymbol{\beta}]\rightarrow\begin{bmatrix} 1 & 1 & 2 & 3 & 1 \\ 0 & 2 & 4 & -2 & 2 \\ 0 & 0 & 0 & 1 & 2 \\ 0 & 0 & 0 & 0 & b-1 \end{bmatrix}$,此时当 $b\neq 1$ 时,方程组无解.

所以当 $a=2,b\neq 1$ 时,$\boldsymbol{\beta}$ 不能由(Ⅰ)线性表示.

(3)当 $a=2$ 且 $b=1$ 时,$[\boldsymbol{A}\ \vdots\ \boldsymbol{\beta}]\rightarrow\begin{bmatrix} 1 & 1 & 2 & 3 & 1 \\ 0 & 2 & 4 & -2 & 2 \\ 0 & 0 & 0 & 1 & 2 \\ 0 & 0 & 0 & 0 & 0 \end{bmatrix}$,此时 $r(\boldsymbol{A})=r[\boldsymbol{A}\ \vdots\ \boldsymbol{\beta}]=3$,$\boldsymbol{\beta}$ 能由

(Ⅰ)线性表示且表示式不唯一,求得 $\boldsymbol{A}\boldsymbol{x}=\boldsymbol{\beta}$ 的通解为 $\boldsymbol{x}=(-8,3-2c,c,2)^{\mathrm{T}}$,则有

$$\boldsymbol{\beta}=-8\boldsymbol{\alpha}_1+(3-2c)\boldsymbol{\alpha}_2+c\boldsymbol{\alpha}_3+2\boldsymbol{\alpha}_4\text{,其中 } c \text{ 为任意常数.}$$

例 4-6　设两个向量组:(Ⅰ):$\boldsymbol{\alpha}_1=(1,1,1)^{\mathrm{T}}$,$\boldsymbol{\alpha}_2=(0,1,1)^{\mathrm{T}}$,$\boldsymbol{\alpha}_3=(1,4,5)^{\mathrm{T}}$;(Ⅱ):$\boldsymbol{\beta}_1=(1,1,2)^{\mathrm{T}}$, $\boldsymbol{\beta}_2=(0,3,4)^{\mathrm{T}}$,$\boldsymbol{\beta}_3=(3,3,a)^{\mathrm{T}}$. 已知(Ⅰ)不能由(Ⅱ)线性表示,(1)求 a 的值;(2)将(Ⅱ)用(Ⅰ)线性表示.

解　(1)若(Ⅱ)是线性无关组,因为任意 4 个 3 维向量必线性相关,从而向量组 $\boldsymbol{\beta}_1,\boldsymbol{\beta}_2,\boldsymbol{\beta}_3$,$\boldsymbol{\alpha}_i(i=1,2,3)$线性相关,则 $\boldsymbol{\alpha}_i(i=1,2,3)$可由 $\boldsymbol{\beta}_1,\boldsymbol{\beta}_2,\boldsymbol{\beta}_3$ 线性表示,这与题设(Ⅰ)不能由(Ⅱ)线性表示矛盾. 故(Ⅱ)是线性相关组,从而 $|\boldsymbol{\beta}_1\quad\boldsymbol{\beta}_2\quad\boldsymbol{\beta}_3|=0$,即

$$\begin{vmatrix}1&0&3\\1&3&3\\2&4&a\end{vmatrix}=3a-18=0$$

得 $a=6$.

(2)设 $\boldsymbol{\beta}_k=c_{1k}\boldsymbol{\alpha}_1+c_{2k}\boldsymbol{\alpha}_2+c_{3k}\boldsymbol{\alpha}_3$,则$[\boldsymbol{\beta}_1\quad\boldsymbol{\beta}_2\quad\boldsymbol{\beta}_3]=[\boldsymbol{\alpha}_1\quad\boldsymbol{\alpha}_2\quad\boldsymbol{\alpha}_3]\boldsymbol{C}$,其中 $\boldsymbol{C}=(c_{ij})$.

因 $\det\,[\boldsymbol{\alpha}_1\quad\boldsymbol{\alpha}_2\quad\boldsymbol{\alpha}_3]=\begin{vmatrix}1&0&1\\1&1&4\\1&1&5\end{vmatrix}=1\neq 0$,所以 $[\boldsymbol{\alpha}_1\quad\boldsymbol{\alpha}_2\quad\boldsymbol{\alpha}_3]$ 可逆,故 $\boldsymbol{C}=[\boldsymbol{\alpha}_1\quad\boldsymbol{\alpha}_2\quad\boldsymbol{\alpha}_3]^{-1}[\boldsymbol{\beta}_1\quad\boldsymbol{\beta}_2\quad\boldsymbol{\beta}_3]$.

由$[\boldsymbol{\alpha}_1\quad\boldsymbol{\alpha}_2\quad\boldsymbol{\alpha}_3\quad\boldsymbol{\beta}_1\quad\boldsymbol{\beta}_2\quad\boldsymbol{\beta}_3]=\begin{bmatrix}1&0&1&1&0&3\\1&1&4&1&3&3\\1&1&5&2&4&6\end{bmatrix}\xrightarrow{\text{初等行变换}}\begin{bmatrix}1&0&0&0&-1&0\\0&1&0&-3&0&-9\\0&0&1&1&1&3\end{bmatrix}$,得

$\boldsymbol{C}=\begin{bmatrix}0&-1&0\\-3&0&-9\\1&1&3\end{bmatrix}$,故 $\boldsymbol{\beta}_1=-3\boldsymbol{\alpha}_2+\boldsymbol{\alpha}_3$,$\boldsymbol{\beta}_2=-\boldsymbol{\alpha}_1+\boldsymbol{\alpha}_3$,$\boldsymbol{\beta}_3=-9\boldsymbol{\alpha}_2+3\boldsymbol{\alpha}_3$.

注　这里利用了初等行变换法求得矩阵 $\boldsymbol{C}$,此法可参看例 2-12.

例 4-7　设向量 $\boldsymbol{\beta}$ 可由向量组 $\boldsymbol{\alpha}_1,\boldsymbol{\alpha}_2,\cdots,\boldsymbol{\alpha}_m$ 线性表示. 但 $\boldsymbol{\beta}$ 不能由 $\boldsymbol{\alpha}_1,\boldsymbol{\alpha}_2,\cdots,\boldsymbol{\alpha}_{m-1}$ 线性表示,证明:$\boldsymbol{\alpha}_m$ 可由 $\boldsymbol{\alpha}_1,\boldsymbol{\alpha}_2,\cdots,\boldsymbol{\alpha}_{m-1},\boldsymbol{\beta}$ 线性表示.

分析　欲证某向量能由给定的向量组线性表示,如果可以得到该向量与给定向量组的一个线性关系式,则只需证明关系式中该向量的组合系数非零即可.

证　由于向量 $\boldsymbol{\beta}$ 可向量组 $\boldsymbol{\alpha}_1,\boldsymbol{\alpha}_2,\cdots,\boldsymbol{\alpha}_m$ 线性表示,故存在常数 $k_1,k_2,\cdots,k_m$,使得

$$\boldsymbol{\beta}=k_1\boldsymbol{\alpha}_1+\cdots+k_{m-1}\boldsymbol{\alpha}_{m-1}+k_m\boldsymbol{\alpha}_m \tag{4-2}$$

下证 $k_m\neq 0$,用反证法. 假设 $k_m=0$,则式(4-2)变为 $\boldsymbol{\beta}=k_1\boldsymbol{\alpha}_1+\cdots+k_{m-1}\boldsymbol{\alpha}_{m-1}$,由此知 $\boldsymbol{\beta}$ 可由 $\boldsymbol{\alpha}_1,\boldsymbol{\alpha}_2,\cdots,\boldsymbol{\alpha}_{m-1}$ 线性表示,与题目中的条件矛盾,所以 $k_m\neq 0$. 从而由式(4-2)得

$$\boldsymbol{\alpha}_m=\frac{1}{k_m}(\boldsymbol{\beta}-k_1\boldsymbol{\alpha}_1-\cdots-k_{m-1}\boldsymbol{\alpha}_{m-1}).$$

即 $\boldsymbol{\alpha}_m$ 可以由 $\boldsymbol{\alpha}_1,\boldsymbol{\alpha}_2,\cdots,\boldsymbol{\alpha}_{m-1},\boldsymbol{\beta}$ 线性表示.

例 4-8　证明:若向量 $\boldsymbol{\beta}$ 可由向量组 $\boldsymbol{\alpha}_1,\boldsymbol{\alpha}_2,\cdots,\boldsymbol{\alpha}_m$ 唯一线性表示,则 $\boldsymbol{\alpha}_1,\boldsymbol{\alpha}_2,\cdots,\boldsymbol{\alpha}_m$ 线性无关.

证　$\boldsymbol{\beta}$ 可由向量组 $\boldsymbol{\alpha}_1,\boldsymbol{\alpha}_2,\cdots,\boldsymbol{\alpha}_m$ 唯一线性表示$\Leftrightarrow$方程组$[\boldsymbol{\alpha}_1\ \boldsymbol{\alpha}_2\cdots\ \boldsymbol{\alpha}_m]\boldsymbol{x}=\boldsymbol{\beta}$ 有唯一解$\Leftrightarrow$ $r[\boldsymbol{\alpha}_1\ \boldsymbol{\alpha}_2\cdots\ \boldsymbol{\alpha}_m\ \boldsymbol{\beta}]=r[\boldsymbol{\alpha}_1\ \boldsymbol{\alpha}_2\cdots\ \boldsymbol{\alpha}_m]=m$,所以 $\boldsymbol{\alpha}_1,\boldsymbol{\alpha}_2,\cdots,\boldsymbol{\alpha}_m$ 线性无关.

例 4－9　证明:矩阵的初等行变换不改变列向量组的线性关系.

证　设矩阵 $\boldsymbol{A}=[\boldsymbol{A}_1\ \boldsymbol{A}_2\cdots\ \boldsymbol{A}_n]$,$\boldsymbol{A}$ 的列向量组 $\boldsymbol{A}_1,\boldsymbol{A}_2,\cdots,\boldsymbol{A}_n$ 满足线性关系式 $k_1\boldsymbol{A}_1+k_2\boldsymbol{A}_2+\cdots+k_n\boldsymbol{A}_n=0$;又设 $\boldsymbol{A}$ 经初等行变换变成了矩阵 $\boldsymbol{B}=[\boldsymbol{B}_1\ \boldsymbol{B}_2\cdots\ \boldsymbol{B}_n]$,其中 $\boldsymbol{B}_j$ 是 $\boldsymbol{B}$ 的第 j 列向量.

由于对矩阵 $\boldsymbol{A}$ 做一系列初等行变换等价于用某个可逆阵 $\boldsymbol{P}$ 左乘 $\boldsymbol{A}$,即有 $\boldsymbol{B}=\boldsymbol{PA}$,所以有 $[\boldsymbol{B}_1\ \boldsymbol{B}_2\cdots\ \boldsymbol{B}_n]=\boldsymbol{P}[\boldsymbol{A}_1\ \boldsymbol{A}_2\cdots\ \boldsymbol{A}_n]=[\boldsymbol{PA}_1\ \boldsymbol{PA}_2\cdots\ \boldsymbol{PA}_n]$,即有 $\boldsymbol{B}_j=\boldsymbol{PA}_j(j=1,\cdots,n)$.

在 $\boldsymbol{A}$ 的列向量组所满足的线性关系式两边左乘 $\boldsymbol{P}$,得 $k_1\boldsymbol{PA}_1+k_2\boldsymbol{PA}_2+\cdots+k_n\boldsymbol{PA}_n=0$,即

$$k_1\boldsymbol{B}_1+k_2\boldsymbol{B}_2+\cdots+k_n\boldsymbol{B}_n=\boldsymbol{0}.$$

所以,$\boldsymbol{A}$ 的列向量组与 $\boldsymbol{B}$ 的列向量组有完全相同的线性关系.

注　由这个结论,可得解决问题"求一个向量组的秩、一个极大无关组、用极大无关组表示其余向量"的方法:将所给向量组按列构成矩阵 $\boldsymbol{A}$,用初等行变换把 $\boldsymbol{A}$ 化成行简化阶梯形 $\boldsymbol{B}$,在 $\boldsymbol{B}$ 中解决问题,就能得到 $\boldsymbol{A}$ 的列向量组的相应结论.

例 4－10　设向量组 $\boldsymbol{\alpha}_1,\boldsymbol{\alpha}_2,\cdots,\boldsymbol{\alpha}_r$ 线性无关,向量组 $\boldsymbol{\beta}_1,\boldsymbol{\beta}_2,\cdots,\boldsymbol{\beta}_s$ 可由向量组 $\boldsymbol{\alpha}_1,\boldsymbol{\alpha}_2,\cdots,\boldsymbol{\alpha}_r$ 线性表示:$\boldsymbol{\beta}_j=b_{1j}\boldsymbol{\alpha}_1+b_{2j}\boldsymbol{\alpha}_2+\cdots+b_{rj}\boldsymbol{\alpha}_r$,$j=1,2,\cdots,s$,写成矩阵的形式就是

$$[\boldsymbol{\beta}_1\ \boldsymbol{\beta}_2\cdots\ \boldsymbol{\beta}_s]=[\boldsymbol{\alpha}_1\ \boldsymbol{\alpha}_2\cdots\ \boldsymbol{\alpha}_r]\boldsymbol{B},$$

其中,矩阵 $\boldsymbol{B}=(b_{ij})_{r\times s}$,试证:向量组 $\boldsymbol{\beta}_1,\boldsymbol{\beta}_2,\cdots,\boldsymbol{\beta}_s$ 线性无关$\Leftrightarrow r(\boldsymbol{B})=s$,特别当 $s=r$ 时,有 $\boldsymbol{\beta}_1,\boldsymbol{\beta}_2,\cdots,\boldsymbol{\beta}_s$ 线性无关$\Leftrightarrow\det(\boldsymbol{B})\neq 0$.

证法 1　记 $\boldsymbol{A}=[\boldsymbol{\alpha}_1\ \boldsymbol{\alpha}_2\cdots\ \boldsymbol{\alpha}_r]$,$\boldsymbol{B}=[\boldsymbol{b}_1\boldsymbol{b}_2\cdots\boldsymbol{b}_s]$,则有 $\boldsymbol{\beta}_j=\boldsymbol{Ab}_j(j=1,2,\cdots,s)$.

设有一组数 $k_1,k_2,\cdots,k_s$,使得

$$k_1\boldsymbol{\beta}_1+k_2\boldsymbol{\beta}_2+\cdots+k_s\boldsymbol{\beta}_s=\boldsymbol{0},$$

即 $k_1\boldsymbol{Ab}_1+k_2\boldsymbol{Ab}_2+\cdots+k_s\boldsymbol{Ab}_s=\boldsymbol{0}$,或 $\boldsymbol{A}(k_1\boldsymbol{b}_1+k_2\boldsymbol{b}_2+\cdots+k_s\boldsymbol{b}_s)=\boldsymbol{0}$. 由于 $\boldsymbol{\alpha}_1,\boldsymbol{\alpha}_2,\cdots,\boldsymbol{\alpha}_r$ 线性无关,即 $\boldsymbol{A}$ 是列满秩矩阵,所以方程组 $\boldsymbol{Ax}=\boldsymbol{0}$ 只有零解,从而

$$k_1\boldsymbol{b}_1+k_2\boldsymbol{b}_2+\cdots+k_s\boldsymbol{b}_s=\boldsymbol{0}.$$

因此,向量组 $\boldsymbol{\beta}_1,\boldsymbol{\beta}_2,\cdots,\boldsymbol{\beta}_s$ 与向量组 $\boldsymbol{b}_1,\boldsymbol{b}_2,\cdots,\boldsymbol{b}_s$ 有完全相同的线性关系. 所以 $\boldsymbol{\beta}_1,\boldsymbol{\beta}_2,\cdots,\boldsymbol{\beta}_s$ 线性无关$\Leftrightarrow\boldsymbol{b}_1,\boldsymbol{b}_2,\cdots,\boldsymbol{b}_s$ 线性无关,即 $r(\boldsymbol{B})=s$.

特别地,当 $s=r$ 时,$\boldsymbol{B}$ 为方阵,$r(\boldsymbol{B})=s\Leftrightarrow\det(\boldsymbol{B})\neq 0$. 从而有 $\boldsymbol{\beta}_1,\boldsymbol{\beta}_2,\cdots,\boldsymbol{\beta}_s$ 线性无关$\Leftrightarrow\det(\boldsymbol{B})\neq 0$.

证法 2　记 $\boldsymbol{A}=[\boldsymbol{\alpha}_1\ \boldsymbol{\alpha}_2\cdots\ \boldsymbol{\alpha}_r]$,$\boldsymbol{C}=[\boldsymbol{\beta}_1\ \boldsymbol{\beta}_2\cdots\ \boldsymbol{\beta}_s]$,则有 $\boldsymbol{C}_{n\times s}=\boldsymbol{A}_{n\times r}\boldsymbol{B}_{r\times s}$. 下证 $r(\boldsymbol{C})=r(\boldsymbol{B})$,从而得 $r(\boldsymbol{B})=s\Leftrightarrow r(\boldsymbol{C})=s\Leftrightarrow$向量组 $\boldsymbol{\beta}_1,\boldsymbol{\beta}_2,\cdots,\boldsymbol{\beta}_s$ 线性无关.

为此只需证明齐次线性方程组 $\boldsymbol{Cx}=\boldsymbol{0}$ 与 $\boldsymbol{Bx}=\boldsymbol{0}$ 同解即可.

设 $\boldsymbol{x}_0$ 是齐次线性方程组 $\boldsymbol{Bx}=\boldsymbol{0}$ 的任一解,即 $\boldsymbol{Bx}_0=\boldsymbol{0}$,则 $\boldsymbol{ABx}_0=\boldsymbol{0}$,从而 $\boldsymbol{Cx}_0=\boldsymbol{0}$,故 $\boldsymbol{x}_0$ 是齐次线性方程组 $\boldsymbol{Cx}=\boldsymbol{0}$ 的解.

反之,设 $\boldsymbol{x}_0$ 是方程组 $\boldsymbol{Cx}=\boldsymbol{0}$ 的解,则 $\boldsymbol{ABx}_0=\boldsymbol{0}$,于是 $\boldsymbol{Bx}_0$ 是 $\boldsymbol{Ay}=\boldsymbol{0}$ 的解. 由于 $\boldsymbol{A}$ 的列向量组线性无关,所以 $\boldsymbol{Ay}=\boldsymbol{0}$ 只有零解,故 $\boldsymbol{xB}_0=\boldsymbol{0}$,即 $\boldsymbol{x}_0$ 是齐次线性方程组 $\boldsymbol{Bx}=\boldsymbol{0}$ 的解. 所以齐次线性方程组 $\boldsymbol{Cx}=\boldsymbol{0}$ 与 $\boldsymbol{Bx}=\boldsymbol{0}$ 同解. 它们的基础解系所含向量的个数相同,即 $s-r(\boldsymbol{C})=s-r(\boldsymbol{B})$,故 $r(\boldsymbol{C})=r(\boldsymbol{B})$.

注　本题结论也可以描述为,用一个列满秩矩阵 $\boldsymbol{A}$ 左乘矩阵 $\boldsymbol{B}$ 得矩阵 $\boldsymbol{C}$,则 $r(\boldsymbol{C})=r(\boldsymbol{B})$. 将此结论及利用此结论可得到的结论总结如下:

(1)若 $\boldsymbol{P}$ 列满秩,则 $r(\boldsymbol{PA})=r(\boldsymbol{A})$,即**用列满秩阵左乘矩阵,不改变矩阵的秩**.

(2)若 $\boldsymbol{Q}$ 行满秩，则 $r(\boldsymbol{AQ})=r((\boldsymbol{AQ})^{\mathrm{T}})=r(\boldsymbol{Q}^{\mathrm{T}}\boldsymbol{A}^{\mathrm{T}})=r(\boldsymbol{A}^{\mathrm{T}})=r(\boldsymbol{A})$，即**用行满秩阵右乘矩阵，不改变矩阵的秩.**

(3)列满秩矩阵的乘积还是列满秩阵.

(4)行满秩矩阵的乘积还是行满秩阵.

例 4－11　设 $\boldsymbol{\alpha}_1,\boldsymbol{\alpha}_2,\cdots,\boldsymbol{\alpha}_n$ 是一组 n 维向量，证明它们线性无关的充要条件是任一 n 维向量都可由它们线性表示.

证　充分性　设任一 n 维向量都可由 $\boldsymbol{\alpha}_1,\boldsymbol{\alpha}_2,\cdots,\boldsymbol{\alpha}_n$ 线性表示，则基本单位向量组 $\boldsymbol{\varepsilon}_1,\boldsymbol{\varepsilon}_2,\cdots,\boldsymbol{\varepsilon}_n$ 可由 $\boldsymbol{\alpha}_1,\boldsymbol{\alpha}_2,\cdots,\boldsymbol{\alpha}_n$ 线性表示，又向量组 $\boldsymbol{\alpha}_1,\boldsymbol{\alpha}_2,\cdots,\boldsymbol{\alpha}_n$ 可由 $\boldsymbol{\varepsilon}_1,\boldsymbol{\varepsilon}_2,\cdots,\boldsymbol{\varepsilon}_n$ 线性表示，所以两个向量组等价，从而秩相等，即 $r(\boldsymbol{\alpha}_1\ \boldsymbol{\alpha}_2\cdots\ \boldsymbol{\alpha}_n)=r(\boldsymbol{\varepsilon}_1\boldsymbol{\varepsilon}_2\cdots\boldsymbol{\varepsilon}_n)=n$，故 $\boldsymbol{\alpha}_1,\boldsymbol{\alpha}_2,\cdots,\boldsymbol{\alpha}_n$ 线性无关.

必要性　设 $\boldsymbol{\alpha}_1,\boldsymbol{\alpha}_2,\cdots,\boldsymbol{\alpha}_n$ 线性无关，$\boldsymbol{\beta}$ 是任意一个 n 维向量. 由于 $\boldsymbol{\alpha}_1,\boldsymbol{\alpha}_2,\cdots,\boldsymbol{\alpha}_n,\boldsymbol{\beta}$ 是 $n+1$ 个 n 维向量，所以线性相关；而 $\boldsymbol{\alpha}_1,\boldsymbol{\alpha}_2,\cdots,\boldsymbol{\alpha}_n$ 线性无关，故 $\boldsymbol{\beta}$ 可由 $\boldsymbol{\alpha}_1,\boldsymbol{\alpha}_2,\cdots,\boldsymbol{\alpha}_n$ 线性表示.

例 4－12　设 $\boldsymbol{\alpha}_1,\boldsymbol{\alpha}_2,\boldsymbol{\alpha}_3$ 线性无关，向量 $\boldsymbol{\beta}$ 不能由向量组 $\boldsymbol{\alpha}_1,\boldsymbol{\alpha}_2,\boldsymbol{\alpha}_3$ 线性表示，证明：(1)向量组 $\boldsymbol{\beta},\boldsymbol{\alpha}_1+\boldsymbol{\beta},\boldsymbol{\alpha}_2+\boldsymbol{\beta},\boldsymbol{\alpha}_3+\boldsymbol{\beta}$ 线性无关；(2)对任意常数 x,y,z，向量组 $\boldsymbol{\alpha}_1-x\boldsymbol{\alpha}_2,\boldsymbol{\alpha}_2-y\boldsymbol{\alpha}_3,\boldsymbol{\alpha}_3-z\boldsymbol{\alpha}_1$ 线性无关 $\Leftrightarrow xyz\neq 1$.

证　因为 $\boldsymbol{\alpha}_1,\boldsymbol{\alpha}_2,\boldsymbol{\alpha}_3$ 线性无关，向量 $\boldsymbol{\beta}$ 不能由向量组 $\boldsymbol{\alpha}_1,\boldsymbol{\alpha}_2,\boldsymbol{\alpha}_3$ 线性表示，所以 $\boldsymbol{\alpha}_1,\boldsymbol{\alpha}_2,\boldsymbol{\alpha}_3,\boldsymbol{\beta}$ 线性无关.

(1)设有一组数 k_1,k_2,k_3,k_4，使得 $k_1\boldsymbol{\beta}+k_2(\boldsymbol{\alpha}_1+\boldsymbol{\beta})+k_3(\boldsymbol{\alpha}_2+\boldsymbol{\beta})+k_4(\boldsymbol{\alpha}_3+\boldsymbol{\beta})=\mathbf{0}$，即

$$(k_1+k_2+k_3+k_4)\boldsymbol{\beta}+k_2\boldsymbol{\alpha}_1+k_3\boldsymbol{\alpha}_2+k_4\boldsymbol{\alpha}_3=\mathbf{0}.$$

由于 $\boldsymbol{\alpha}_1,\boldsymbol{\alpha}_2,\boldsymbol{\alpha}_3,\boldsymbol{\beta}$ 线性无关，得

$$k_1+k_2+k_3+k_4=0,k_2=0,k_3=0,k_4=0,$$

于是 $k_1=k_2=k_3=k_4=0$，所以，向量组 $\boldsymbol{\beta},\boldsymbol{\alpha}_1+\boldsymbol{\beta},\boldsymbol{\alpha}_2+\boldsymbol{\beta},\boldsymbol{\alpha}_3+\boldsymbol{\beta}$ 线性无关.

(2)**解法 1**　设有一组数 k_1,k_2,k_3 使得 $k_1(\boldsymbol{\alpha}_1-x\boldsymbol{\alpha}_2)+k_2(\boldsymbol{\alpha}_2-y\boldsymbol{\alpha}_3)+k_3(\boldsymbol{\alpha}_3-z\boldsymbol{\alpha}_1)=\mathbf{0}$，即

$$(k_1-zk_3)\boldsymbol{\alpha}_1+(k_2-xk_1)\boldsymbol{\alpha}_2+(k_3-yk_2)\boldsymbol{\alpha}_3=\mathbf{0}$$

由于 $\boldsymbol{\alpha}_1,\boldsymbol{\alpha}_2,\boldsymbol{\alpha}_3$ 线性无关，得

$$\begin{cases}k_1-zk_3=0\\k_2-xk_1=0\\k_3-yk_2=0\end{cases}\tag{4-3}$$

向量组 $\boldsymbol{\alpha}_1-x\boldsymbol{\alpha}_2,\boldsymbol{\alpha}_2-y\boldsymbol{\alpha}_3,\boldsymbol{\alpha}_3-z\boldsymbol{\alpha}_1$ 线性无关 $\Leftrightarrow$ 以 k_1,k_2,k_3 为未知量的线性方程组(4－3)只有零解 $\Leftrightarrow$ 系数行列式 $\begin{vmatrix}1&0&-z\\-x&1&0\\0&-y&1\end{vmatrix}\neq 0\Leftrightarrow xyz\neq 1$.

解法 2　$[\boldsymbol{\alpha}_1-x\boldsymbol{\alpha}_2\quad\boldsymbol{\alpha}_2-y\boldsymbol{\alpha}_3\quad\boldsymbol{\alpha}_3-z\boldsymbol{\alpha}_1]=[\boldsymbol{\alpha}_1\ \boldsymbol{\alpha}_2\ \boldsymbol{\alpha}_3]\boldsymbol{A}$，其中 $\boldsymbol{A}=\begin{bmatrix}1&0&-z\\-x&1&0\\0&-y&1\end{bmatrix}$.

由于 $[\boldsymbol{\alpha}_1\ \boldsymbol{\alpha}_2\ \boldsymbol{\alpha}_3]$ 是列满秩矩阵，由例 4－10 的注，得 $r[\boldsymbol{\alpha}_1-x\boldsymbol{\alpha}_2\quad\boldsymbol{\alpha}_2-y\boldsymbol{\alpha}_3\quad\boldsymbol{\alpha}_3-z\boldsymbol{\alpha}_1]=r(\boldsymbol{A})$. 于是 $\boldsymbol{\alpha}_1-x\boldsymbol{\alpha}_2,\boldsymbol{\alpha}_2-y\boldsymbol{\alpha}_3,\boldsymbol{\alpha}_3-z\boldsymbol{\alpha}_1$ 线性无关 $\Leftrightarrow r[\boldsymbol{\alpha}_1-x\boldsymbol{\alpha}_2\quad\boldsymbol{\alpha}_2-y\boldsymbol{\alpha}_3\quad\boldsymbol{\alpha}_3-z\boldsymbol{\alpha}_1]=3\Leftrightarrow r(\boldsymbol{A})=3\Leftrightarrow|\boldsymbol{A}|\neq 0$. 又 $|\boldsymbol{A}|=1-xyz$，所以 $\boldsymbol{\alpha}_1-x\boldsymbol{\alpha}_2,\boldsymbol{\alpha}_2-y\boldsymbol{\alpha}_3,\boldsymbol{\alpha}_3-z\boldsymbol{\alpha}_1$ 线性无关 $\Leftrightarrow xyz\neq 1$.

例 4-13　设 $\boldsymbol{A}$ 为 n 阶方阵，k 为正整数，$\boldsymbol{\alpha}$ 为齐次线性方程组 $\boldsymbol{A}^k\boldsymbol{x}=\boldsymbol{0}$ 的解向量，但 $\boldsymbol{A}^{k-1}\boldsymbol{\alpha}\neq\boldsymbol{0}$. 证明：向量组 $\boldsymbol{\alpha},\boldsymbol{A\alpha},\cdots,\boldsymbol{A}^{k-1}\boldsymbol{\alpha}$ 线性无关.

证　设有一组数 $x_1,x_2,\cdots,x_k$，使得

$$x_1\boldsymbol{\alpha}+x_2\boldsymbol{A\alpha}+\cdots+x_k\boldsymbol{A}^{k-1}\boldsymbol{\alpha}=\boldsymbol{0},$$

由题设 $\boldsymbol{A}^k\boldsymbol{\alpha}=\boldsymbol{0}$，于是对上式两端左乘 $\boldsymbol{A}^{k-1}$，得 $x_1\boldsymbol{A}^{k-1}\boldsymbol{\alpha}=\boldsymbol{0}$. 又 $\boldsymbol{A}^{k-1}\boldsymbol{\alpha}\neq\boldsymbol{0}$，所以 $x_1=0$. 从而

$$x_2\boldsymbol{A\alpha}+\cdots+x_k\boldsymbol{A}^{k-1}\boldsymbol{\alpha}=\boldsymbol{0}$$

对上式两端左乘 $\boldsymbol{A}^{k-2}$，可得 $x_2=0$. 同理可得 $x_3=\cdots=x_k=0$，故向量组 $\boldsymbol{\alpha},\boldsymbol{A\alpha},\cdots,\boldsymbol{A}^{k-1}\boldsymbol{\alpha}$ 线性无关.

例 4-14　设 $\boldsymbol{\alpha}_i=(a_{i1},a_{i2},\cdots,a_{in})^{\mathrm{T}}\in\mathbf{R}^n(i=1,2,\cdots,r;r<n)$，已知向量组 $\boldsymbol{\alpha}_1,\boldsymbol{\alpha}_2,\cdots,\boldsymbol{\alpha}_r$ 线性无关，且 $\boldsymbol{\beta}=(b_1,b_2,\cdots,b_n)^{\mathrm{T}}$ 是齐次线性方程组 $\sum\limits_{j=1}^{n}a_{ij}x_j=0(i=1,2,\cdots,r)$ 的非零解向量，试判定向量组 $\boldsymbol{\alpha}_1,\boldsymbol{\alpha}_2,\cdots,\boldsymbol{\alpha}_r,\boldsymbol{\beta}$ 的线性相关性.

解　由题设，得 $a_{i1}b_1+a_{i2}b_2+\cdots+a_{in}b_n=0(i=1,2,\cdots,r)$，即 $\boldsymbol{\beta}^{\mathrm{T}}\boldsymbol{\alpha}_i=0(i=1,2,\cdots,r)$.

设有一组数 $k,k_1,k_2,\cdots,k_r$，使得

$$k\boldsymbol{\beta}+k_1\boldsymbol{\alpha}_1+k_2\boldsymbol{\alpha}_2+\cdots+k_r\boldsymbol{\alpha}_r=\boldsymbol{0}$$

对上式两端左乘 $\boldsymbol{\beta}^{\mathrm{T}}$，得 $k\boldsymbol{\beta}^{\mathrm{T}}\boldsymbol{\beta}=\boldsymbol{0}$. 又因为 $\boldsymbol{\beta}\neq 0$，有 $\boldsymbol{\beta}^{\mathrm{T}}\boldsymbol{\beta}=\|\boldsymbol{\beta}\|^2\neq 0$，故有 $k=0$. 将 $k=0$ 代入上式，得

$$k_1\boldsymbol{\alpha}_1+k_2\boldsymbol{\alpha}_2+\cdots+k_r\boldsymbol{\alpha}_r=\boldsymbol{0},$$

因向量组 $\boldsymbol{\alpha}_1,\boldsymbol{\alpha}_2,\cdots,\boldsymbol{\alpha}_r$ 线性无关，所以 $k_1=k_2=\cdots=k_r=0$. 因此向量组 $\boldsymbol{\alpha}_1,\boldsymbol{\alpha}_2,\cdots,\boldsymbol{\alpha}_r,\boldsymbol{\beta}$ 线性无关.

例 4-15　设有向量组(Ⅰ)$\boldsymbol{\alpha}_1=(1,1,1,3)^{\mathrm{T}}$，$\boldsymbol{\alpha}_2=(-1,-3,5,1)^{\mathrm{T}}$，$\boldsymbol{\alpha}_3=(3,2,-1,p+2)^{\mathrm{T}}$，$\boldsymbol{\alpha}_4=(-2,-6,10,p)^{\mathrm{T}}$，(1) p 取何值时，向量组(Ⅰ)线性无关？并在此时将 $\boldsymbol{\alpha}=(4,1,6,10)^{\mathrm{T}}$ 用向量组(Ⅰ)线性表出；(2) p 取何值时，向量组(Ⅰ)线性相关？并在此时求向量组(Ⅰ)的秩及一个极大无关组.

分析　向量组(Ⅰ)线性无关 $\Leftrightarrow r[\boldsymbol{\alpha}_1\ \boldsymbol{\alpha}_2\ \boldsymbol{\alpha}_3\ \boldsymbol{\alpha}_4]=4$，因此只需要对矩阵 $[\boldsymbol{\alpha}_1\ \boldsymbol{\alpha}_2\ \boldsymbol{\alpha}_3\ \boldsymbol{\alpha}_4]$ 做初等行变换化为阶梯形即可判定. 将 $\boldsymbol{\alpha}=(4,1,6,10)^{\mathrm{T}}$ 用向量组(Ⅰ)线性表出 $\Leftrightarrow$ 方程组 $x_1\boldsymbol{\alpha}_1+x_2\boldsymbol{\alpha}_2+x_3\boldsymbol{\alpha}_3+x_4\boldsymbol{\alpha}_4=\boldsymbol{\alpha}$ 的求解问题. 为此，需要对矩阵 $[\boldsymbol{\alpha}_1\ \boldsymbol{\alpha}_2\ \boldsymbol{\alpha}_3\ \boldsymbol{\alpha}_4\ \boldsymbol{\alpha}]$ 进行初等行变换将其化为阶梯形.

解　对矩阵 $[\boldsymbol{\alpha}_1\ \boldsymbol{\alpha}_2\ \boldsymbol{\alpha}_3\ \boldsymbol{\alpha}_4\ \boldsymbol{\alpha}]$ 进行初等行变换化为阶梯形，得

$$[\boldsymbol{\alpha}_1\ \boldsymbol{\alpha}_2\ \boldsymbol{\alpha}_3\ \boldsymbol{\alpha}_4\ \boldsymbol{\alpha}]=\begin{bmatrix}1&-1&3&-2&4\\1&-3&2&-6&1\\1&5&-1&10&6\\3&1&p+2&p&10\end{bmatrix}\to\begin{bmatrix}1&-1&3&-2&4\\0&2&1&4&3\\0&0&1&0&1\\0&0&0&p-2&1-p\end{bmatrix},$$

(1) 当 $p\neq 2$ 时，$r[\boldsymbol{\alpha}_1\ \boldsymbol{\alpha}_2\ \boldsymbol{\alpha}_3\ \boldsymbol{\alpha}_4]=4$，向量组(Ⅰ)线性无关. 此时，将 $[\boldsymbol{\alpha}_1\ \boldsymbol{\alpha}_2\ \boldsymbol{\alpha}_3\ \boldsymbol{\alpha}_4\ \boldsymbol{\alpha}]$ 进一步化为行最简形，得方程组 $x_1\boldsymbol{\alpha}_1+x_2\boldsymbol{\alpha}_2+x_3\boldsymbol{\alpha}_3+x_4\boldsymbol{\alpha}_4=\boldsymbol{\alpha}$ 的解 $x_1=2$，$x_2=-\dfrac{3p-4}{p-2}$，$x_3=1$，$x_4=\dfrac{1-p}{p-2}$，故

$$\boldsymbol{\alpha}=2\boldsymbol{\alpha}_1-\frac{3p-4}{p-2}\boldsymbol{\alpha}_2+\boldsymbol{\alpha}_3+\frac{1-p}{p-2}\boldsymbol{\alpha}_4.$$

(2)当 $p=2$ 时，$r[\boldsymbol{\alpha}_1\ \boldsymbol{\alpha}_2\ \boldsymbol{\alpha}_3\ \boldsymbol{\alpha}_4]=3<4$，向量组(Ⅰ)线性相关；此时，$\boldsymbol{\alpha}_1,\boldsymbol{\alpha}_2,\boldsymbol{\alpha}_3$ 是它的一个极大无关组，向量组的秩为 3.

例 4-16　设向量组(Ⅰ)：$\boldsymbol{\alpha}_1=(1,0,2)^{\mathrm{T}}$，$\boldsymbol{\alpha}_2=(1,1,3)^{\mathrm{T}}$，$\boldsymbol{\alpha}_3=(1,-1,a+2)^{\mathrm{T}}$；向量组(Ⅱ)：$\boldsymbol{\beta}_1=(1,2,a+3)^{\mathrm{T}}$，$\boldsymbol{\beta}_2=(2,1,a+6)^{\mathrm{T}}$，$\boldsymbol{\beta}_3=(2,1,a+4)^{\mathrm{T}}$，(1)求 r(Ⅱ)；(2)问 a 取何值时(Ⅰ)与(Ⅱ)等价，a 取何值时(Ⅰ)与(Ⅱ)不等价？

解　分别对矩阵$[\boldsymbol{\alpha}_1\ \boldsymbol{\alpha}_2\ \boldsymbol{\alpha}_3]$和$[\boldsymbol{\beta}_1\ \boldsymbol{\beta}_2\ \boldsymbol{\beta}_3]$施以初等行变换，有

$$[\boldsymbol{\alpha}_1\ \boldsymbol{\alpha}_2\ \boldsymbol{\alpha}_3]\to\begin{bmatrix}1&1&1\\0&1&-1\\0&0&a+1\end{bmatrix},[\boldsymbol{\beta}_1\ \boldsymbol{\beta}_2\ \boldsymbol{\beta}_3]\to\begin{bmatrix}1&2&2\\0&1&1\\0&0&2\end{bmatrix}.$$

(1)由上面的阶梯形矩阵，得 r(Ⅱ)$=3$.

(2)当 $a=-1$ 时，r(Ⅰ)$=2$，r(Ⅱ)$=3$，(Ⅰ)与(Ⅱ)不等价. 当 $a\neq-1$ 时，$\det[\boldsymbol{\alpha}_1\ \boldsymbol{\alpha}_2\ \boldsymbol{\alpha}_3]\neq0$，方程组 $x_1\boldsymbol{\alpha}_1+x_2\boldsymbol{\alpha}_2+x_3\boldsymbol{\alpha}_3=\boldsymbol{\beta}_i(i=1,2,3)$有唯一解，即 $\boldsymbol{\beta}_1,\boldsymbol{\beta}_2,\boldsymbol{\beta}_3$ 可由 $\boldsymbol{\alpha}_1,\boldsymbol{\alpha}_2,\boldsymbol{\alpha}_3$ 线性表示. 同理，由 $\det[\boldsymbol{\beta}_1,\boldsymbol{\beta}_2,\boldsymbol{\beta}_3]\neq0$ 得 $\boldsymbol{\alpha}_1,\boldsymbol{\alpha}_2,\boldsymbol{\alpha}_3$ 可由 $\boldsymbol{\beta}_1,\boldsymbol{\beta}_2,\boldsymbol{\beta}_3$ 线性表示，故(Ⅰ)与(Ⅱ)等价.

例 4-17　证明：向量组的任何一个线性无关组都可以扩充成它的一个极大无关组.

证　设向量组(Ⅰ)：$\boldsymbol{\alpha}_1,\boldsymbol{\alpha}_2,\cdots,\boldsymbol{\alpha}_m$ 的秩为 r，不妨设(Ⅱ)：$\boldsymbol{\alpha}_1,\boldsymbol{\alpha}_2,\cdots,\boldsymbol{\alpha}_s(s\leqslant r)$是(Ⅰ)的一个线性无关组. 如果 $s=r$，则(Ⅱ)已是(Ⅰ)的一个极大无关组；如果 $s<r$，则在 $\boldsymbol{\alpha}_{s+1},\cdots,\boldsymbol{\alpha}_m$ 中至少有一个向量不能由(Ⅱ)线性表示(不然的话，则(Ⅱ)是(Ⅰ)的极大无关组，从而 $s=r$，矛盾)，不妨设 $\boldsymbol{\alpha}_{s+1}$ 不能被(Ⅱ)线性表示，则向量组(Ⅲ)：$\boldsymbol{\alpha}_1,\cdots,\boldsymbol{\alpha}_s,\boldsymbol{\alpha}_{s+1}$ 是(Ⅰ)中的一个线性无关组. 再对(Ⅲ)做与(Ⅱ)相似的讨论，…，直至扩充到 $s+l=r$，得到 $\boldsymbol{\alpha}_1,\cdots,\boldsymbol{\alpha}_s,\boldsymbol{\alpha}_{s+1},\cdots,\boldsymbol{\alpha}_{s+l}$，此向量组就是(Ⅰ)的一个极大无关组.

注　此题的结论称为“极大无关组的扩充定理”. 由这个定理知道，**一个向量组只要含有非零向量，则一定有极大无关组**. 这个结论回答了向量组的极大无关组的存在性问题. 在线性空间的理论中，有“基的扩充定理”，其证明的方法与此题类似.

例 4-18　证明：(1)向量组(Ⅱ)可以由向量组(Ⅰ)线性表示$\Leftrightarrow r$(Ⅰ)$=r$(Ⅰ，Ⅱ)；

(2)向量组(Ⅰ)与向量组(Ⅱ)等价$\Leftrightarrow r$(Ⅰ)$=r$(Ⅱ)$=r$(Ⅰ，Ⅱ)；

(3)矩阵方程 $\boldsymbol{AX}=\boldsymbol{B}$ 有解$\Leftrightarrow r(\boldsymbol{A})=r(\boldsymbol{A}\mid\boldsymbol{B})$，其中 $\boldsymbol{A}$ 为 $m\times n$ 矩阵，$\boldsymbol{B}$ 为 $m\times p$ 矩阵.

证　(1)**必要性**. 设向量组(Ⅱ)可由向量组(Ⅰ)线性表示，而向量组(Ⅰ)可由向量组(Ⅰ)线性表示，所以向量组(Ⅰ，Ⅱ)可由向量组(Ⅰ)线性表示，故 r(Ⅰ，Ⅱ)$\leqslant r$(Ⅰ). 又向量组(Ⅰ)也可由向量组(Ⅰ，Ⅱ)线性表示，因此 r(Ⅰ)$\leqslant r$(Ⅰ，Ⅱ). 综上 r(Ⅰ)$=r$(Ⅰ，Ⅱ).

充分性. 设 r(Ⅰ)$=r$(Ⅰ，Ⅱ)$=r$，(Ⅰ′)：$\boldsymbol{\alpha}_1,\boldsymbol{\alpha}_2,\cdots,\boldsymbol{\alpha}_r$ 是(Ⅰ)的一个极大无关组，从而(Ⅰ′)也是(Ⅰ，Ⅱ)的一个极大无关组. 对于(Ⅱ)中的任一向量 $\boldsymbol{\beta}$，显然 $\boldsymbol{\beta}\in$(Ⅰ，Ⅱ)，故 $\boldsymbol{\beta}$ 可由(Ⅰ′)线性表示，从而可由(Ⅰ)线性表示. 故向量组(Ⅱ)可由向量组(Ⅰ)线性表示.

(2)利用(1)的结论，(Ⅱ)可由(Ⅰ)线性表示$\Leftrightarrow r$(Ⅰ)$=r$(Ⅰ，Ⅱ)，(Ⅰ)可由(Ⅱ)线性表示$\Leftrightarrow r$(Ⅱ)$=r$(Ⅰ，Ⅱ). 于是，向量组(Ⅰ)与向量组(Ⅱ)等价$\Leftrightarrow$(Ⅰ)和(Ⅱ)可以相互线性表示$\Leftrightarrow r$(Ⅰ)$=r$(Ⅰ，Ⅱ)，且 r(Ⅱ)$=r$(Ⅰ，Ⅱ)$\Leftrightarrow r$(Ⅰ)$=r$(Ⅱ)$=r$(Ⅰ，Ⅱ).

(3)记 $\boldsymbol{A}$ 的列向量组为(Ⅰ)，$\boldsymbol{B}$ 的列向量组为(Ⅱ). 由于矩阵方程 $\boldsymbol{AX}=\boldsymbol{B}$ 有解$\Leftrightarrow$矩阵 $\boldsymbol{B}$ 的列向量组可以由矩阵 $\boldsymbol{A}$ 的列向量组线性表示，即向量组(Ⅱ)可由向量组(Ⅰ)线性表示. 所

以矩阵方程 $\boldsymbol{AX}=\boldsymbol{B}$ 有解 $\Leftrightarrow r(\text{Ⅰ})=r(\text{Ⅰ},\text{Ⅱ})\Leftrightarrow r(\boldsymbol{A})=r(\boldsymbol{A}\,\vdots\,\boldsymbol{B})$.

例 4-19　设向量组(Ⅰ)与向量组(Ⅱ)有相同的秩,且(Ⅰ)可由(Ⅱ)线性表示,证明:(Ⅰ)与(Ⅱ)等价.

证　设 $r(\text{Ⅰ})=r(\text{Ⅱ})=r$,(i):$\boldsymbol{\alpha}_1,\boldsymbol{\alpha}_2,\cdots,\boldsymbol{\alpha}_r$ 和(ii):$\boldsymbol{\beta}_1,\boldsymbol{\beta}_2,\cdots,\boldsymbol{\beta}_r$ 分别是向量组(Ⅰ)和(Ⅱ)的极大无关组,显然(Ⅰ)与(i)等价,(Ⅱ)与(ii)等价.

由于向量组(Ⅰ)可由向量组(Ⅱ)线性表示,所以(i)可由(ii)线性表示.于是 $\boldsymbol{\alpha}_1,\boldsymbol{\alpha}_2,\cdots,\boldsymbol{\alpha}_r,\boldsymbol{\beta}_1$ 可由向量组(ii)线性表示,从而 $r(\boldsymbol{\alpha}_1\ \ \boldsymbol{\alpha}_2\ \ \cdots\ \ \boldsymbol{\alpha}_r\ \ \boldsymbol{\beta}_1)\leqslant r(\text{ii})=r$,所以 $\boldsymbol{\alpha}_1,\boldsymbol{\alpha}_2,\cdots,\boldsymbol{\alpha}_r,\boldsymbol{\beta}_1$ 线性相关.又 $\boldsymbol{\alpha}_1,\boldsymbol{\alpha}_2,\cdots,\boldsymbol{\alpha}_r$ 线性无关,因此 $\boldsymbol{\beta}_1$ 可以由 $\boldsymbol{\alpha}_1,\boldsymbol{\alpha}_2,\cdots,\boldsymbol{\alpha}_r$ 线性表示.

同理可证 $\boldsymbol{\beta}_i(i=2,\cdots,r)$ 都可以由 $\boldsymbol{\alpha}_1,\boldsymbol{\alpha}_2,\cdots,\boldsymbol{\alpha}_r$ 线性表示.因此向量组(ii)可由向量组(i)线性表示,故向量组(i)与(ii)等价,从而向量组(Ⅰ)与(Ⅱ)等价.

例 4-20　求齐次线性方程组 $\boldsymbol{Ax}=\boldsymbol{0}$ 的基础解系与结构解,其中 $\boldsymbol{A}=\begin{bmatrix}3&2&1&3&5\\6&4&3&5&7\\9&6&5&7&9\\3&2&0&4&8\end{bmatrix}$.

解　对方程组的系数矩阵 $\boldsymbol{A}$ 作初等行变换,化为阶梯形

$$\boldsymbol{A}\rightarrow\begin{bmatrix}3&2&0&4&8\\0&0&1&-1&-3\\0&0&0&0&0\\0&0&0&0&0\end{bmatrix}$$

由阶梯形矩阵可见 $r(\boldsymbol{A})=2<4$,所以方程组 $\boldsymbol{Ax}=\boldsymbol{0}$ 有非零解.由自由未知量表示的通解为

$$\begin{cases}x_1=-\dfrac{2}{3}x_2-\dfrac{4}{3}x_4-\dfrac{8}{3}x_5,(x_2、x_4、x_5\text{ 为自由未知量}).\\x_3=x_4+3x_5\end{cases}$$

令 $x_2=3,x_4=0,x_5=0$,得解向量 $\boldsymbol{\xi}_1=(-2,3,0,0,0)^{\mathrm{T}}$;

令 $x_2=0,x_4=3,x_5=0$,得解向量 $\boldsymbol{\xi}_2=(-4,0,3,3,0)^{\mathrm{T}}$;

令 $x_2=0,x_4=0,x_5=3$,得解向量 $\boldsymbol{\xi}_3=(-8,0,9,0,3)^{\mathrm{T}}$.

$\boldsymbol{\xi}_1,\boldsymbol{\xi}_2,\boldsymbol{\xi}_3$ 就是方程组的基础解系,所以,方程组的结构式通解为

$$\boldsymbol{x}=c_1\boldsymbol{\xi}_1+c_2\boldsymbol{\xi}_2+c_3\boldsymbol{\xi}_3\ (c_1,c_2,c_3\text{ 为任意常数}).$$

或将由自由未知量表示的通解写成向量形式

$$\boldsymbol{x}=\begin{bmatrix}x_1\\x_2\\x_3\\x_4\\x_5\end{bmatrix}=\begin{bmatrix}-\dfrac{2}{3}x_2-\dfrac{4}{3}x_4-\dfrac{8}{3}x_5\\x_2\\x_4+3x_5\\x_4\\x_5\end{bmatrix}=\frac{1}{3}x_2\begin{bmatrix}-2\\3\\0\\0\\0\end{bmatrix}+\frac{1}{3}x_4\begin{bmatrix}-4\\0\\3\\3\\0\end{bmatrix}+\frac{1}{3}x_5\begin{bmatrix}-8\\0\\9\\0\\3\end{bmatrix}$$

令自由未知量 $x_2=3c_1,x_4=3c_2,x_5=3c_3$,得方程组的结构式通解为

$$x = c_1\begin{bmatrix}-2\\3\\0\\0\\0\end{bmatrix} + c_2\begin{bmatrix}-4\\0\\3\\3\\0\end{bmatrix} + c_3\begin{bmatrix}-8\\0\\9\\0\\3\end{bmatrix}\ (c_1, c_2, c_3 \text{ 为任意常数})$$

其中的三个解向量 $\boldsymbol{\xi}_1=(-2,3,0,0,0)^{\mathrm{T}}$，$\boldsymbol{\xi}_2=(-4,0,3,3,0)^{\mathrm{T}}$，$\boldsymbol{\xi}_3=(-8,0,9,0,3)^{\mathrm{T}}$ 就是方程组的基础解系.

例 4-21　当 a,b 为何值时，下列线性方程组有解？并在有解时，求其结构式通解.

$$\begin{cases}x_1+x_2-2x_3+3x_4=0\\2x_1+x_2-6x_3+4x_4=-1\\3x_1+2x_2+ax_3+7x_4=-1\\x_1-x_2-6x_3-x_4=b\end{cases}$$

解　对方程组的增广阵作初等行变换，化为阶梯形

$$\bar{\mathbf{A}}=\left[\begin{array}{cccc:c}1&1&-2&3&0\\2&1&-6&4&-1\\3&2&a&7&-1\\1&-1&-6&-1&b\end{array}\right]\to\left[\begin{array}{cccc:c}1&1&-2&3&0\\0&1&2&2&1\\0&0&a+8&0&0\\0&0&0&0&b+2\end{array}\right]$$

由阶梯形矩阵可见

(1) 当 $b\neq-2$ 时，$r(\bar{\mathbf{A}})\neq r(\mathbf{A})$，方程组无解.

(2) 当 $b=-2$ 且 $a\neq-8$ 时，$r(\bar{\mathbf{A}})=r(\mathbf{A})=3<4$，方程组有无穷多解. 此时

$$\bar{\mathbf{A}}\to\left[\begin{array}{cccc:c}1&1&-2&3&0\\0&1&2&2&1\\0&0&1&0&0\\0&0&0&0&0\end{array}\right]\to\left[\begin{array}{cccc:c}1&0&0&1&-1\\0&1&0&2&1\\0&0&1&0&0\\0&0&0&0&0\end{array}\right]$$

由此得自由未知量表示的通解为

$$\begin{cases}x_1=-1-x_4\\x_2=1-2x_4\ (x_4 \text{ 为自由未知量})\\x_3=0\end{cases}$$

令 $x_4=c$，得方程组的结构式通解为

$$x=\begin{bmatrix}x_1\\x_2\\x_3\\x_4\end{bmatrix}=\begin{bmatrix}-1-c\\1-2c\\0+0c\\0+c\end{bmatrix}=\begin{bmatrix}-1\\1\\0\\0\end{bmatrix}+c\begin{bmatrix}-1\\-2\\0\\1\end{bmatrix}$$

其中，c 为任意常数.

(3) 当 $b=-2$ 且 $a=-8$ 时，$r(\bar{\mathbf{A}})=r(\mathbf{A})=2<4$，方程组有无穷多解. 此时

$$\bar{\mathbf{A}}\to\left[\begin{array}{cccc:c}1&1&-2&3&0\\0&1&2&2&1\\0&0&0&0&0\\0&0&0&0&0\end{array}\right]\to\left[\begin{array}{cccc:c}1&0&-4&1&-1\\0&1&2&2&1\\0&0&0&0&0\\0&0&0&0&0\end{array}\right]$$

由此得自由未知量表示的通解为

$$\begin{cases}x_1=-1+4x_3-x_4\\x_2=1-2x_3-2x_4\end{cases}(x_3,x_4\text{ 为自由未知量})$$

令 $x_3=c_1,x_4=c_2$，得方程组的结构式通解为

$$\boldsymbol{x}=\begin{bmatrix}x_1\\x_2\\x_3\\x_4\end{bmatrix}=\begin{bmatrix}-1+4c_1-c_2\\1-2c_1-2c_2\\c_1\\c_2\end{bmatrix}=\begin{bmatrix}-1\\1\\0\\0\end{bmatrix}+c_1\begin{bmatrix}4\\-2\\1\\0\end{bmatrix}+c_2\begin{bmatrix}-1\\-2\\0\\1\end{bmatrix}$$

其中，c_1,c_2 为任意常数.

注　求解含有参数的线性方程组时，把增广矩阵化为阶梯形后，需要根据参数的不同取值进行分类讨论. 一般而言，分类的依据是使得系数矩阵、增广矩阵的秩得到确定. 在本题中，只要$b\neq-2$，无论 a 取何值，都有 $r(\overline{\mathbf{A}})\neq r(\mathbf{A})$，从而方程组无解；当 $b=-2$ 时，总有 $r(\overline{\mathbf{A}})=r(\mathbf{A})$，但在 $a=-8$ 和 $a\neq-8$ 时，秩不相同. 因此，此题中参数的分类为：$\begin{cases}b\neq-2\\b=-2\text{ 且}\begin{cases}a\neq-8.\\a=-8\end{cases}\end{cases}$

例 4-22　设有线性方程组

$$\begin{cases}ax_1+x_2+x_3=1,\\x_1+ax_2+x_3=a,\\x_1+x_2+ax_3=a^2.\end{cases}$$

当 a 为何值时，有唯一解？无解？有无穷多解？并在有无穷多解时求其结构式通解.

分析　本题系数矩阵是方阵且含参数，一般先计算系数行列式，系数行列式不等于零时，方程组有唯一解. 无解、有无穷多解只可能出现在系数行列式为零的情形，此时，参数往往已经确定，增广矩阵的初等行变换一般比带参数的做法简单.

解　方程组的系数行列式为

$$|\mathbf{A}|=\begin{vmatrix}a&1&1\\1&a&1\\1&1&a\end{vmatrix}=(a+2)(a-1)^2$$

(1)当 $a\neq-2$ 且 $a\neq1$ 时，$|\mathbf{A}|\neq0$，方程组有唯一解.

(2)当 $a=-2$ 时，对增广阵进行初等行变换化为阶梯形，得

$$\overline{\mathbf{A}}=\left[\begin{array}{ccc:c}-2&1&1&1\\1&-2&1&-2\\1&1&-2&4\end{array}\right]\rightarrow\left[\begin{array}{ccc:c}-2&1&1&1\\1&-2&1&-2\\0&0&0&3\end{array}\right]$$

可见，$r(\mathbf{A})=2,r(\overline{\mathbf{A}})=3$，所以方程组无解.

(3)当 $a=1$ 时，对增广阵进行初等行变换化为阶梯形，得

$$\overline{\mathbf{A}}=\left[\begin{array}{ccc:c}1&1&1&1\\1&1&1&1\\1&1&1&1\end{array}\right]\rightarrow\left[\begin{array}{ccc:c}1&1&1&1\\0&0&0&0\\0&0&0&0\end{array}\right]$$

由于 $r(\mathbf{A})=r(\overline{\mathbf{A}})=1<3$，故方程组有无穷多解，其结构式通解为

$$x=(1,0,0)^T+c_1(-1,1,0)^T+c_2(-1,0,1)^T$$

其中，c_1,c_2 为任意常数.

例 4-23 已知方程组$\begin{cases}x_1+x_2+x_3+x_4=-1\\4x_1+3x_2+5x_3-x_4=-1\\ax_1+x_2+3x_3+bx_4=1\end{cases}$有 3 个线性无关的解.(1)证明该方程组的系数矩阵的秩为 2;(2)求 a,b 的值及该方程组的通解.

(1)**证** 记题设方程组为 $\boldsymbol{Ax}=\boldsymbol{b}$,设方程组的 3 个线性无关的解为 $\boldsymbol{\eta}_1,\boldsymbol{\eta}_2,\boldsymbol{\eta}_3$,则 $\boldsymbol{\eta}_2-\boldsymbol{\eta}_1$,$\boldsymbol{\eta}_3-\boldsymbol{\eta}_1$ 是对应齐次线性方程组 $\boldsymbol{Ax}=\boldsymbol{0}$ 的解,且 $\boldsymbol{\eta}_2-\boldsymbol{\eta}_1,\boldsymbol{\eta}_3-\boldsymbol{\eta}_1$ 线性无关(否则,必有 $\boldsymbol{\eta}_2-\boldsymbol{\eta}_1=k(\boldsymbol{\eta}_3-\boldsymbol{\eta}_1)$或 $\boldsymbol{\eta}_3-\boldsymbol{\eta}_1=k(\boldsymbol{\eta}_2-\boldsymbol{\eta}_1)$,于是 $\boldsymbol{\eta}_1,\boldsymbol{\eta}_2,\boldsymbol{\eta}_3$ 中必有一个向量可由其余向量线性表示,这与 $\boldsymbol{\eta}_1,\boldsymbol{\eta}_2,\boldsymbol{\eta}_3$ 线性无关矛盾).所以 $\boldsymbol{Ax}=\boldsymbol{0}$ 的基础解系所含向量的个数 $4-r(\boldsymbol{A})\geqslant 2$,得 $r(\boldsymbol{A})\leqslant 2$.

又 $\boldsymbol{A}$ 的左上角的二阶子式非零,因此 $r(\boldsymbol{A})\geqslant 2$,综上,该方程组的系数矩阵 $\boldsymbol{A}$ 的秩为 2.

(2)**解** 由于非齐次方程组 $\boldsymbol{Ax}=\boldsymbol{b}$ 有 3 个线性无关的解,所以 $r[\boldsymbol{A}\mid\boldsymbol{b}]=r(\boldsymbol{A})=2$,对增广矩阵$[\boldsymbol{A}\mid\boldsymbol{b}]$作初等行变换,化为阶梯形

$$[\boldsymbol{A}\mid\boldsymbol{b}]=\begin{bmatrix}1&1&1&1&-1\\4&3&5&-1&-1\\a&1&3&b&1\end{bmatrix}\to\begin{bmatrix}1&1&1&1&-1\\0&-1&1&-5&3\\0&0&4-2a&b+4a-5&4-2a\end{bmatrix}$$

得 $4-2a=0$ 及 $b+4a-5=0$,解得 $a=2,b=-3$.此时,再将增广矩阵$[\boldsymbol{A}\mid\boldsymbol{b}]$化为行最简形,得

$$[\boldsymbol{A}\mid\boldsymbol{b}]\to\begin{bmatrix}1&1&1&1&-1\\0&-1&1&-5&3\\0&0&0&0&0\end{bmatrix}\to\begin{bmatrix}1&0&2&-4&2\\0&1&-1&5&-3\\0&0&0&0&0\end{bmatrix},$$

由此得方程组的基础解系为:$\boldsymbol{\xi}_1=(4,-5,0,1)^T$,$\boldsymbol{\xi}_2=(-2,1,1,0)^T$,方程组的特解为:$\boldsymbol{\xi}=(2,-3,0,0)^T$,于是该方程组的通解为

$$\boldsymbol{x}=(2,-3,0,0)^T+c_1(4,-5,0,1)^T+c_2(-2,1,1,0)^T,c_1,c_2 \text{ 为任意常数}.$$

例 4-24 已知向量 $\boldsymbol{\alpha}_1=\begin{bmatrix}1\\2\\3\end{bmatrix},\boldsymbol{\alpha}_2=\begin{bmatrix}2\\1\\1\end{bmatrix},\boldsymbol{\beta}_1=\begin{bmatrix}2\\5\\9\end{bmatrix},\boldsymbol{\beta}_2=\begin{bmatrix}1\\0\\1\end{bmatrix}$.若 $\boldsymbol{\gamma}$ 既可由 $\boldsymbol{\alpha}_1,\boldsymbol{\alpha}_2$ 线性表示,也可由 $\boldsymbol{\beta}_1,\boldsymbol{\beta}_2$ 线性表示,求 $\boldsymbol{\gamma}$.

解 因为 $\boldsymbol{\gamma}$ 既可由 $\boldsymbol{\alpha}_1,\boldsymbol{\alpha}_2$ 线性表示,也可由 $\boldsymbol{\beta}_1,\boldsymbol{\beta}_2$ 线性表示,即存在 x_1,x_2,x_3,x_4 使得

$$\boldsymbol{\gamma}=x_1\boldsymbol{\alpha}_1+x_2\boldsymbol{\alpha}_2=x_3\boldsymbol{\beta}_1+x_4\boldsymbol{\beta}_2,$$

从而得齐次线性方程组 $x_1\boldsymbol{\alpha}_1+x_2\boldsymbol{\alpha}_2-x_3\boldsymbol{\beta}_1-x_4\boldsymbol{\beta}_2=\boldsymbol{0}$,即$\begin{cases}x_1+2x_2-2x_3-x_4=0,\\2x_1+x_2-5x_3=0,\\3x_1+x_2-9x_3-x_4=0.\end{cases}$

将系数矩阵施以初等行变换:

$$\boldsymbol{A}=\begin{bmatrix}1&2&-2&-1\\2&1&-5&0\\3&1&-9&-1\end{bmatrix}\to\begin{bmatrix}1&0&0&3\\0&1&0&-1\\0&0&1&1\end{bmatrix}$$

得齐次线性方程组的解为 $\boldsymbol{x}=l(-3,1,-1,1)^{\mathrm{T}},l\in\mathbf{R}$,从而求得

$$\boldsymbol{\gamma}=x_1\boldsymbol{\alpha}_1+x_2\boldsymbol{\alpha}_2=-3l\begin{bmatrix}1\\2\\3\end{bmatrix}+l\begin{bmatrix}2\\1\\1\end{bmatrix}=l\begin{bmatrix}-1\\-5\\-8\end{bmatrix}=k\begin{bmatrix}1\\5\\8\end{bmatrix},k\in\mathbf{R}$$

例 4-25 已知 $\boldsymbol{\alpha}_1,\boldsymbol{\alpha}_2,\boldsymbol{\alpha}_3$ 是齐次线性方程组 $\mathbf{A}\boldsymbol{x}=\mathbf{0}$ 的基础解系,$\boldsymbol{\beta}_1=\boldsymbol{\alpha}_1,\boldsymbol{\beta}_2=\boldsymbol{\alpha}_1+\boldsymbol{\alpha}_2$,$\boldsymbol{\beta}_3=\boldsymbol{\alpha}_1+\boldsymbol{\alpha}_2+\boldsymbol{\alpha}_3$,问 $\boldsymbol{\beta}_1,\boldsymbol{\beta}_2,\boldsymbol{\beta}_3$ 是否为 $\mathbf{A}\boldsymbol{x}=\mathbf{0}$ 的基础解系?

分析 由题设知 $\mathbf{A}\boldsymbol{x}=\mathbf{0}$ 的基础解系所含向量的个数为 3,所以任意 3 个线性无关的解向量都是基础解系. 问题变为判断 $\boldsymbol{\beta}_1,\boldsymbol{\beta}_2,\boldsymbol{\beta}_3$ 是否是 $\mathbf{A}\boldsymbol{x}=\mathbf{0}$ 的线性无关的解向量.

解 $\boldsymbol{\beta}_1,\boldsymbol{\beta}_2,\boldsymbol{\beta}_3$ 可由齐次线性方程组 $\mathbf{A}\boldsymbol{x}=\mathbf{0}$ 的解向量 $\boldsymbol{\alpha}_1,\boldsymbol{\alpha}_2,\boldsymbol{\alpha}_3$ 线性表示,所以它们也是 $\mathbf{A}\boldsymbol{x}=\mathbf{0}$ 的解向量. 又 $[\boldsymbol{\beta}_1\ \boldsymbol{\beta}_2\ \boldsymbol{\beta}_3]=[\boldsymbol{\alpha}_1\ \boldsymbol{\alpha}_2\ \boldsymbol{\alpha}_3]\begin{bmatrix}1&1&1\\0&1&1\\0&0&1\end{bmatrix}$,及矩阵 $\begin{bmatrix}1&1&1\\0&1&1\\0&0&1\end{bmatrix}$ 可逆,得 $r[\boldsymbol{\beta}_1\ \boldsymbol{\beta}_2\ \boldsymbol{\beta}_3]=r[\boldsymbol{\alpha}_1\ \boldsymbol{\alpha}_2\ \boldsymbol{\alpha}_3]=3$,所以 $\boldsymbol{\beta}_1,\boldsymbol{\beta}_2,\boldsymbol{\beta}_3$ 线性无关. 故 $\boldsymbol{\beta}_1,\boldsymbol{\beta}_2,\boldsymbol{\beta}_3$ 是方程组 $\mathbf{A}\boldsymbol{x}=\mathbf{0}$ 的基础解系.

例 4-26 设 n 阶矩阵 $\mathbf{A}=\begin{bmatrix}a_1+b&a_2&a_3&\cdots&a_n\\a_1&a_2+b&a_3&\cdots&a_n\\a_1&a_2&a_3+b&\cdots&a_n\\\vdots&\vdots&\vdots&&\vdots\\a_1&a_2&a_3&\cdots&a_n+b\end{bmatrix}$,其中 $\sum\limits_{i=1}^{n}a_i\neq0$,问常数 $a_1,a_2,\cdots,a_n$ 和 b 满足何种关系时,齐次线性方程组 $\mathbf{A}\boldsymbol{x}=\mathbf{0}$ 存在非零解? 并在 $\mathbf{A}\boldsymbol{x}=\mathbf{0}$ 有非零解时,求出其结构式通解.

解 齐次线性方程组 $\mathbf{A}\boldsymbol{x}=\mathbf{0}$ 存在非零解$\Leftrightarrow r(\mathbf{A})<n$. 由于 $\mathbf{A}$ 是方阵,$r(\mathbf{A})<n\Leftrightarrow|\mathbf{A}|=0$. 而 $|\mathbf{A}|=b^{n-1}(b+\sum\limits_{i=1}^{n}a_i)$,所以当 $b=0$ 或 $b+\sum\limits_{i=1}^{n}a_i=0$ 时,$|\mathbf{A}|=0$,方程组 $\mathbf{A}\boldsymbol{x}=\mathbf{0}$ 有非零解.

(1)当 $b=0$ 时,对 $\mathbf{A}$ 进行初等行变换

$$\mathbf{A}=\begin{bmatrix}a_1&a_2&a_3&\cdots&a_n\\a_1&a_2&a_3&\cdots&a_n\\a_1&a_2&a_3&\cdots&a_n\\\vdots&\vdots&\vdots&&\vdots\\a_1&a_2&a_3&\cdots&a_n\end{bmatrix}\to\begin{bmatrix}a_1&a_2&a_3&\cdots&a_n\\0&0&0&\cdots&0\\0&0&0&\cdots&0\\\vdots&\vdots&\vdots&&\vdots\\0&0&0&\cdots&0\end{bmatrix}.$$

由于 $\sum\limits_{i=1}^{n}a_i\neq0$,所以 $a_1,a_2,\cdots,a_n$ 不全为 0,从而 $r(\mathbf{A})=1$. 不妨设 $a_1\neq0$,得自由未知量表示的通解为

$$x_1=-\frac{a_2}{a_1}x_2-\frac{a_3}{a_1}x_3-\cdots-\frac{a_n}{a_1}x_n\ (x_2,\cdots,x_n\ \text{为自由未知量})$$

令 $x_2=c_1,x_3=c_2,\cdots,x_n=c_{n-1}$,得方程组的结构式通解为

$$\boldsymbol{x}=c_1(-\frac{a_2}{a_1},1,0,\cdots,0)^{\mathrm{T}}+c_2(-\frac{a_3}{a_1},0,1,0,\cdots,0)^{\mathrm{T}}+c_{n-1}(-\frac{a_n}{a_1},0,\cdots,0,1)^{\mathrm{T}},$$

其中,$c_1,c_2,\cdots,c_{n-1}$ 为任意常数.

(2) 当 $b+\sum_{i=1}^{n}a_i=0$ 且 $b\neq 0$ 时，对 $\boldsymbol{A}$ 进行初等行变换和列变换

$$\boldsymbol{A}=\begin{bmatrix} a_1+b & a_2 & a_3 & \cdots & a_n \\ a_1 & a_2+b & a_3 & \cdots & a_n \\ a_1 & a_2 & a_3+b & \cdots & a_n \\ \vdots & \vdots & \vdots & & \vdots \\ a_1 & a_2 & a_3 & \cdots & a_n+b \end{bmatrix}\to\begin{bmatrix} \sum_{i=1}^{n}a_i+b & a_2 & a_3 & \cdots & a_n \\ 0 & b & 0 & \cdots & 0 \\ 0 & 0 & b & \cdots & 0 \\ \vdots & \vdots & \vdots & & \vdots \\ 0 & 0 & 0 & \cdots & 0 \end{bmatrix}=\boldsymbol{B}$$

得 $r(\boldsymbol{A})=r(\boldsymbol{B})=n-1$，故 $\boldsymbol{Ax}=\boldsymbol{0}$ 的基础解系所含向量的个数为 $n-r(\boldsymbol{A})=1$. 由于矩阵 $\boldsymbol{A}$ 的各行元素之和均为零，所以 $(1,1,\cdots,1)^{\mathrm{T}}$ 是 $\boldsymbol{Ax}=\boldsymbol{0}$ 的线性无关的解向量，从而是基础解系. 因此方程组 $\boldsymbol{Ax}=\boldsymbol{0}$ 的结构式通解为

$$\boldsymbol{x}=c(1,1,\cdots,1)^{\mathrm{T}}，c\text{ 为任意常数}.$$

例 4－27　设 $\boldsymbol{Ax}=\boldsymbol{0}$ 和 $\boldsymbol{Bx}=\boldsymbol{0}$ 都是 n 元线性方程组，证明：

(1)若 $\boldsymbol{Ax}=\boldsymbol{0}$ 的解都是 $\boldsymbol{Bx}=\boldsymbol{0}$ 的解，则 $r(\boldsymbol{A})\geqslant r(\boldsymbol{B})$；

(2)若 $\boldsymbol{Ax}=\boldsymbol{0}$ 与 $\boldsymbol{Bx}=\boldsymbol{0}$ 同解，则 $r(\boldsymbol{A})=r(\boldsymbol{B})$.

证　(1)若 $\boldsymbol{Ax}=\boldsymbol{0}$ 的解都是 $\boldsymbol{Bx}=\boldsymbol{0}$ 的解，则 $\boldsymbol{Ax}=\boldsymbol{0}$ 的基础解系中的 $n-r(\boldsymbol{A})$ 个解向量都是 $\boldsymbol{Bx}=\boldsymbol{0}$ 的解，从而 $\boldsymbol{Bx}=\boldsymbol{0}$ 的解中至少有 $n-r(\boldsymbol{A})$ 个向量是线性无关的. 于是 $\boldsymbol{Bx}=\boldsymbol{0}$ 的基础解系所含向量的个数不小于 $n-r(\boldsymbol{A})$，即 $n-r(\boldsymbol{B})\geqslant n-r(\boldsymbol{A})$，故 $r(\boldsymbol{A})\geqslant r(\boldsymbol{B})$.

(2)若 $\boldsymbol{Ax}=\boldsymbol{0}$ 与 $\boldsymbol{Bx}=\boldsymbol{0}$ 同解，则 $\boldsymbol{Ax}=\boldsymbol{0}$ 的解都是 $\boldsymbol{Bx}=\boldsymbol{0}$ 的解，且 $\boldsymbol{Bx}=\boldsymbol{0}$ 的解也都是 $\boldsymbol{Ax}=\boldsymbol{0}$ 的解，从而 $r(\boldsymbol{A})\geqslant r(\boldsymbol{B})$ 且 $r(\boldsymbol{B})\geqslant r(\boldsymbol{A})$，所以 $r(\boldsymbol{A})=r(\boldsymbol{B})$.

注　本题的结论常用来证明关于矩阵秩的等式、不等式.

例 4－28　设 $\boldsymbol{A}$ 为 $m\times n$ 实矩阵，证明：(1)实数范围内，方程组 $\boldsymbol{Ax}=\boldsymbol{0}$ 与 $\boldsymbol{A}^{\mathrm{T}}\boldsymbol{Ax}=\boldsymbol{0}$ 同解；(2)$r(\boldsymbol{A})=r(\boldsymbol{A}^{\mathrm{T}}\boldsymbol{A})=r(\boldsymbol{A}^{\mathrm{T}})=r(\boldsymbol{AA}^{\mathrm{T}})$.

证　(1)设 $\boldsymbol{\xi}$ 是方程组 $\boldsymbol{Ax}=\boldsymbol{0}$ 的解，即 $\boldsymbol{A\xi}=\boldsymbol{0}$，则有 $\boldsymbol{A}^{\mathrm{T}}\boldsymbol{A\xi}=\boldsymbol{0}$，即 $\boldsymbol{\xi}$ 是 $\boldsymbol{A}^{\mathrm{T}}\boldsymbol{Ax}=\boldsymbol{0}$ 的解.

设 $\boldsymbol{\eta}$ 是方程组 $\boldsymbol{A}^{\mathrm{T}}\boldsymbol{Ax}=\boldsymbol{0}$ 的解，即 $\boldsymbol{A}^{\mathrm{T}}\boldsymbol{A\eta}=\boldsymbol{0}$，则有 $\boldsymbol{\eta}^{\mathrm{T}}(\boldsymbol{A}^{\mathrm{T}}\boldsymbol{A\eta})=\|\boldsymbol{A\eta}\|^2=\boldsymbol{0}$，在实数范围内有 $\boldsymbol{A\eta}=\boldsymbol{0}$，即 $\boldsymbol{\eta}$ 是的 $\boldsymbol{Ax}=\boldsymbol{0}$ 解. 因此，在实数范围内，方程组 $\boldsymbol{Ax}=\boldsymbol{0}$ 与 $\boldsymbol{A}^{\mathrm{T}}\boldsymbol{Ax}=\boldsymbol{0}$ 同解.

(2)由(1)，方程组 $\boldsymbol{Ax}=\boldsymbol{0}$ 与 $\boldsymbol{A}^{\mathrm{T}}\boldsymbol{Ax}=\boldsymbol{0}$ 同解，所以 $n-r(\boldsymbol{A})=n-r(\boldsymbol{A}^{\mathrm{T}}\boldsymbol{A})$，即 $r(\boldsymbol{A})=r(\boldsymbol{A}^{\mathrm{T}}\boldsymbol{A})$.

同理可得 $r(\boldsymbol{A}^{\mathrm{T}})=r(\boldsymbol{AA}^{\mathrm{T}})$，又 $r(\boldsymbol{A})=r(\boldsymbol{A}^{\mathrm{T}})$，所以 $r(\boldsymbol{A})=r(\boldsymbol{A}^{\mathrm{T}}\boldsymbol{A})=r(\boldsymbol{A}^{\mathrm{T}})=r(\boldsymbol{AA}^{\mathrm{T}})$.

例 4－29　设方阵 $\boldsymbol{A}=(a_{ij})_{n\times n}$ 的行列式为零，a_{ij} 的代数余子式记为 A_{ij}，已知 $A_{21}\neq 0$，证明齐次线性方程组 $\boldsymbol{Ax}=\boldsymbol{0}$ 的通解为 $\boldsymbol{x}=k(A_{21},A_{22},\cdots,A_{2n})^{\mathrm{T}}$，其中 k 为任意常数.

证　由于 $M_{21}=-A_{21}\neq 0$ 是矩阵 $\boldsymbol{A}$ 的一个 $n-1$ 阶非零子式，且 $\det(\boldsymbol{A})=0$，所以 $r(\boldsymbol{A})=n-1$，从而 $\boldsymbol{Ax}=\boldsymbol{0}$ 的基础解系中只含一个解向量，进而 $\boldsymbol{Ax}=\boldsymbol{0}$ 的任一非零解均可作为基础解系.

考查向量 $\boldsymbol{\xi}=(A_{21},A_{22},\cdots,A_{2n})^{\mathrm{T}}$，由 $A_{21}\neq 0$ 得 $\boldsymbol{\xi}\neq 0$，且

$$\boldsymbol{A\xi}=\begin{bmatrix} a_{11} & a_{12} & \cdots & a_{1n} \\ a_{21} & a_{22} & \cdots & a_{2n} \\ \vdots & \vdots & & \vdots \\ a_{n1} & a_{n2} & \cdots & a_{nn} \end{bmatrix}\begin{bmatrix} A_{21} \\ A_{22} \\ \vdots \\ A_{2n} \end{bmatrix}=\begin{bmatrix} 0 \\ |\boldsymbol{A}| \\ 0 \\ \vdots \\ 0 \end{bmatrix}=\begin{bmatrix} 0 \\ 0 \\ 0 \\ \vdots \\ 0 \end{bmatrix},$$

故 $\boldsymbol{\xi}$ 是 $\boldsymbol{Ax}=\boldsymbol{0}$ 的一个非零解，从而可以作为基础解系. 因此 $\boldsymbol{Ax}=\boldsymbol{0}$ 的通解为 $\boldsymbol{x}=k(A_{21},A_{22},\cdots,A_{2n})^{\mathrm{T}}$，其中 k 为任意常数.

例 4-30　设 $\boldsymbol{A}$ 为 $n(n\geqslant 2)$ 阶方阵，$\boldsymbol{A}^*$ 为 $\boldsymbol{A}$ 的伴随阵，证明：

$$r(\boldsymbol{A}^*)=\begin{cases}n, & r(\boldsymbol{A})=n\\ 1, & r(\boldsymbol{A})=n-1.\\ 0, & r(\boldsymbol{A})<n-1\end{cases}$$

证　(1)当 $r(\boldsymbol{A})=n$ 时，$|\boldsymbol{A}|\neq 0$. 在等式 $\boldsymbol{AA}^*=|\boldsymbol{A}|\boldsymbol{I}$ 两端取行列式，得 $|\boldsymbol{A}||\boldsymbol{A}^*|=|\boldsymbol{A}|^n$，从而 $|\boldsymbol{A}^*|=|\boldsymbol{A}|^{n-1}\neq 0$，故 $r(\boldsymbol{A}^*)=n$.

(2)当 $r(\boldsymbol{A})=n-1$ 时，有 $|\boldsymbol{A}|=0$，且 $\boldsymbol{A}$ 中至少有一个 $n-1$ 阶子式非零. 由于 n 阶方阵 $\boldsymbol{A}$ 的 $n-1$ 阶子式必为 $|\boldsymbol{A}|$ 中某个元素的余子式，而 $\boldsymbol{A}^*$ 是由 $|\boldsymbol{A}|$ 的所有元素的代数余子式构成的矩阵，所以 $\boldsymbol{A}^*$ 至少有一个元素非零，从而 $r(\boldsymbol{A}^*)\geqslant 1$；另一方面，由于 $\boldsymbol{AA}^*=|\boldsymbol{A}|\boldsymbol{I}=\boldsymbol{O}$，所以 $r(\boldsymbol{A})+r(\boldsymbol{A}^*)\leqslant n$，得 $r(\boldsymbol{A}^*)\leqslant n-r(\boldsymbol{A})=n-(n-1)=1$；故有 $r(\boldsymbol{A}^*)=1$.

(3)若 $r(\boldsymbol{A})<n-1$，则 $\boldsymbol{A}$ 的所有 $n-1$ 阶子式均为零，从而 $\boldsymbol{A}^*=\boldsymbol{O}$，故 $r(\boldsymbol{A}^*)=0$.

注　本题给出了方阵的伴随阵的秩的公式，可见，n 阶方阵的伴随矩阵的秩只能是 0、1 或 n. 例如，设 $\boldsymbol{A}$ 是 4 阶矩阵，$\boldsymbol{A}^*$ 为 $\boldsymbol{A}$ 的伴随矩阵. 若线性方程组 $\boldsymbol{Ax}=\boldsymbol{0}$ 的基础解系中只有 2 个向量，即 $4-r(\boldsymbol{A})=2$，则 $r(\boldsymbol{A}^*)=0$.

例 4-31　设 $\boldsymbol{\eta}_0$ 是非齐次线性方程组 $\boldsymbol{Ax}=\boldsymbol{b}$ 的一个解，$\xi_1,\xi_2,\cdots,\xi_t$ 是其导出组 $\boldsymbol{Ax}=\boldsymbol{0}$ 的基础解系. (1)证明：向量组 $\boldsymbol{\eta}_0,\boldsymbol{\eta}_0+\boldsymbol{\xi}_1,\cdots,\boldsymbol{\eta}_0+\boldsymbol{\xi}_t$ 是方程组 $\boldsymbol{Ax}=\boldsymbol{b}$ 的 $t+1$ 个线性无关的解；(2)令 $\boldsymbol{\eta}_i=\boldsymbol{\eta}_0+\boldsymbol{\xi}_i(i=1,2,\cdots,t)$，证明：方程组 $\boldsymbol{Ax}=\boldsymbol{b}$ 的任一解 x 都可以表示成

$$\boldsymbol{x}=\lambda_0\boldsymbol{\eta}_0+\lambda_1\boldsymbol{\eta}_1+\cdots+\lambda_t\boldsymbol{\eta}_t$$

的形式，其中常数 $\lambda_0,\lambda_1,\cdots,\lambda_t$ 满足 $\lambda_0+\lambda_1+\cdots+\lambda_t=1$.

证　(1)由题设，$\boldsymbol{A\eta}_0=\boldsymbol{b},\boldsymbol{A}(\boldsymbol{\eta}_0+\boldsymbol{\xi}_1)=\boldsymbol{b},\cdots,\boldsymbol{A}(\boldsymbol{\eta}_0+\boldsymbol{\xi}_t)=\boldsymbol{b}$，所以 $\boldsymbol{\eta}_0,\boldsymbol{\eta}_0+\boldsymbol{\xi}_1,\cdots,\boldsymbol{\eta}_0+\boldsymbol{\xi}_t$ 是方程组 $\boldsymbol{Ax}=\boldsymbol{b}$ 的 $t+1$ 个解。设有常数 $k_0,k_1,\cdots,k_t$ 使得

$$k_0\boldsymbol{\eta}_0+k_1(\boldsymbol{\eta}_0+\boldsymbol{\xi}_1)+\cdots+k_t(\boldsymbol{\eta}_0+\boldsymbol{\xi}_t)=\boldsymbol{0}$$

即 $(k_0+k_1+\cdots+k_t)\boldsymbol{\eta}_0+k_1\boldsymbol{\xi}_1+\cdots+k_t\boldsymbol{\xi}_t=\boldsymbol{0}$，两边左乘 $\boldsymbol{A}$，得 $(k_0+k_1+\cdots+k_t)\boldsymbol{b}=\boldsymbol{0}$. 因为 $\boldsymbol{b}\neq\boldsymbol{0}$，所以 $k_0+k_1+\cdots+k_t=0$，于是 $k_1\boldsymbol{\xi}_1+\cdots+k_t\boldsymbol{\xi}_t=\boldsymbol{0}$. 又 $\boldsymbol{\xi}_1,\boldsymbol{\xi}_2,\cdots,\boldsymbol{\xi}_t$ 是 $\boldsymbol{Ax}=\boldsymbol{0}$ 的基础解系，从而线性无关，故 $k_1=\cdots=k_t=0$. 再由 $k_0\boldsymbol{\eta}_0=\boldsymbol{0}$ 及 $\boldsymbol{\eta}_0\neq\boldsymbol{0}$ 得 $k_0=0$，故 $\boldsymbol{\eta}_0,\boldsymbol{\eta}_0+\boldsymbol{\xi}_1,\cdots,\boldsymbol{\eta}_0+\boldsymbol{\xi}_t$ 线性无关，从而是方程组 $\boldsymbol{Ax}=\boldsymbol{b}$ 的 $t+1$ 个线性无关的解.

(2)由非齐次线性方程组的解的结构定理，方程组 $\boldsymbol{Ax}=\boldsymbol{b}$ 的通解为

$$\boldsymbol{x}=\boldsymbol{\eta}_0+\lambda_1\boldsymbol{\xi}_1+\cdots+\lambda_t\boldsymbol{\xi}_t(\lambda_1,\cdots,\lambda_t\text{ 为任意常数})$$

由 $\boldsymbol{\eta}_i=\boldsymbol{\eta}_0+\boldsymbol{\xi}_i(i=1,2,\cdots,t)$ 得 $\boldsymbol{\xi}_i=\boldsymbol{\eta}_i-\boldsymbol{\eta}_0(i=1,2,\cdots,t)$，将其代入上面的通解公式，得

$$\boldsymbol{x}=(1-\lambda_1-\cdots-\lambda_t)\boldsymbol{\eta}_0+\lambda_1\boldsymbol{\eta}_1+\cdots+\lambda_t\boldsymbol{\eta}_t$$

记 $\lambda_0=1-\lambda_1-\cdots-\lambda_t$，则方程组 $\boldsymbol{Ax}=\boldsymbol{b}$ 的任一解可表示为

$$\boldsymbol{x}=\lambda_0\boldsymbol{\eta}_0+\lambda_1\boldsymbol{\eta}_1+\cdots+\lambda_t\boldsymbol{\eta}_t$$

其中，$\lambda_0+\lambda_1+\cdots+\lambda_t=1$.

例 4-32　设 $\boldsymbol{x}_i=(x_{i1},x_{i2},\cdots,x_{in})^{\mathrm{T}}$ 为 n 维实向量$(i=1,2,\cdots,r;\ r<n)$，且 $\boldsymbol{x}_1,\boldsymbol{x}_2,\cdots,\boldsymbol{x}_r$ 线性无关，令 $\boldsymbol{A}=[\boldsymbol{x}_1\ \boldsymbol{x}_2\cdots\ \boldsymbol{x}_r]^{\mathrm{T}}$，则 $\boldsymbol{A}$ 是秩为 r 的 $r\times n$ 矩阵. 设齐次线性方程组 $\boldsymbol{Ax}=\boldsymbol{0}$ 的基础解系为 $\boldsymbol{x}_{r+1},\boldsymbol{x}_{r+2},\cdots,\boldsymbol{x}_n$，试证：向量组 $\boldsymbol{x}_1,\cdots,\boldsymbol{x}_r,\boldsymbol{x}_{r+1},\cdots,\boldsymbol{x}_n$ 线性无关.

证　设有一组系数 $k_1,\cdots,k_r,k_{r+1},\cdots,k_n$，使得

$$k_1\boldsymbol{x}_1+\cdots+k_r\boldsymbol{x}_r+k_{r+1}\boldsymbol{x}_{r+1}+\cdots+k_n\boldsymbol{x}_n=\boldsymbol{0} \tag{4-4}$$

因为 $\boldsymbol{x}_{r+1},\boldsymbol{x}_{r+2},\cdots,\boldsymbol{x}_n$ 是 $\boldsymbol{Ax}=\boldsymbol{0}$ 的解，所以

$$\boldsymbol{Ax}_j=\begin{bmatrix}\boldsymbol{x}_1^{\mathrm{T}}\\ \boldsymbol{x}_2^{\mathrm{T}}\\ \vdots\\ \boldsymbol{x}_r^{\mathrm{T}}\end{bmatrix}\boldsymbol{x}_j=\boldsymbol{0}(j=r+1,r+2,\cdots,n)$$

从而有

$$\boldsymbol{x}_i^{\mathrm{T}}\boldsymbol{x}_j=0(i=1,2,\cdots,r;j=r+1,r+2,\cdots,n) \tag{4-5}$$

用$(k_1\boldsymbol{x}_1+\cdots+k_r\boldsymbol{x}_r)^{\mathrm{T}}$ 左乘式(4－4)两边，得$(k_1\boldsymbol{x}_1+\cdots+k_r\boldsymbol{x}_r)^{\mathrm{T}}(k_1\boldsymbol{x}_1+\cdots+k_r\boldsymbol{x}_r)=0$，即实向量 $k_1\boldsymbol{x}_1+\cdots+k_r\boldsymbol{x}_r$ 的分量平方和为零，所以 $k_1\boldsymbol{x}_1+\cdots+k_r\boldsymbol{x}_r=\boldsymbol{0}$；又 $\boldsymbol{x}_1,\boldsymbol{x}_2,\cdots,\boldsymbol{x}_r$ 线性无关，得 $k_1=\cdots=k_r=0$；代入式(4－4)，得 $k_{r+1}\boldsymbol{x}_{r+1}+\cdots+k_n\boldsymbol{x}_n=\boldsymbol{0}$，因 $\boldsymbol{x}_{r+1},\cdots,\boldsymbol{x}_n$ 是基础解系，线性无关，所以 $k_{r+1}=\cdots=k_n=0$. 至此，$k_1=\cdots=k_r=k_{r+1}=\cdots=k_n=0$，故 $\boldsymbol{x}_1,\cdots,\boldsymbol{x}_r,\boldsymbol{x}_{r+1},\cdots,\boldsymbol{x}_n$ 线性无关.

注　此题的结论表明，从$\mathbf{R}^n$ 中任意 $r(r<n)$个线性无关向量出发进行扩充，必可得到$\mathbf{R}^n$ 中 n 个线性无关的向量. 学习了欧氏空间后，可以对齐次线性方程组及其解做如下陈述：

(1)齐次线性方程组 $\boldsymbol{Ax}=\boldsymbol{0}$ 的任一解向量都与 $\boldsymbol{A}$ 的每个行向量正交(即内积为零)；

(2)$\boldsymbol{Ax}=\boldsymbol{0}$ 的解空间是 $\boldsymbol{A}$ 的行空间的正交补.

例 4－33　设 $\boldsymbol{A}$ 是 3 阶矩阵，$\boldsymbol{\beta}_1,\boldsymbol{\beta}_2,\boldsymbol{\beta}_3$ 是三个 3 维列向量，它们中至少有一个不是 $\boldsymbol{Ax}=\boldsymbol{0}$ 的解。若 $\boldsymbol{B}=[\boldsymbol{\beta}_1\ \boldsymbol{\beta}_2\ \boldsymbol{\beta}_3]$满足 $r(\boldsymbol{AB})<r(\boldsymbol{A})$，$r(\boldsymbol{AB})<r(\boldsymbol{B})$，证明 $r(\boldsymbol{AB})=1$.

证　因为 $\boldsymbol{\beta}_1,\boldsymbol{\beta}_2,\boldsymbol{\beta}_3$ 中至少有一个不是 $\boldsymbol{Ax}=\boldsymbol{0}$ 的解，所以必有

$$\boldsymbol{AB}=\boldsymbol{A}[\boldsymbol{\beta}_1\ \boldsymbol{\beta}_2\ \boldsymbol{\beta}_3]\neq\boldsymbol{O}$$

得 $r(\boldsymbol{AB})\geqslant 1$.

另一方面，由 $r(\boldsymbol{AB})<r(\boldsymbol{A})$知 $\boldsymbol{B}$ 不是可逆矩阵，必有 $r(\boldsymbol{B})\leqslant 2$. 于是

$$r(\boldsymbol{AB})<r(\boldsymbol{B})\leqslant 2$$

得 $r(\boldsymbol{AB})\leqslant 1$. 故 $r(\boldsymbol{AB})=1$.

4.4　习题及详解

习题 4.1 消元法与方程组有解判定定理(A)

1. 用消元法求下列方程组的解：

(1)$\begin{cases}x_1+x_2+5x_3+3x_4=15\\ x_1+2x_2+3x_3+3x_4=10\\ x_1+3x_2+2x_3+4x_4=8\\ 2x_1+5x_2+6x_3+8x_4=21\\ 2x_1+5x_2+4x_3+7x_4=18\end{cases}$；　(2)$\begin{cases}2x_1-x_2+4x_3-3x_4=-4\\ x_1+x_3-x_4=-3\\ 3x_1+x_2+x_3=1\\ 7x_1+7x_3-3x_4=3\end{cases}$；

(3) $\begin{cases}3x_1+5x_2+2x_3=0\\4x_1+7x_2+5x_3=0\\x_1+x_2-4x_3=0\\2x_1+9x_2+6x_3=0\end{cases}$; (4) $\begin{cases}x_1-x_4=0\\2x_1+3x_2-x_3+4x_4+2x_5=0\\7x_1+9x_2-3x_3+5x_4+6x_5=0\\5x_1+9x_2-3x_3+x_4+6x_5=0\end{cases}$

解 (1)由 $\bar{\boldsymbol{A}}\to\begin{bmatrix}1&0&0&0&11\\0&1&0&0&-5\\0&0&1&0&0\\0&0&0&1&3\\0&0&0&0&0\end{bmatrix}$,得 $r(\boldsymbol{A})=r(\bar{\boldsymbol{A}})=4$,方程组有唯一解$\begin{cases}x_1=11\\x_2=-5\\x_3=0\\x_4=3\end{cases}$.

(2)由 $\bar{\boldsymbol{A}}\to\begin{bmatrix}1&0&1&0&3\\0&1&-2&0&-8\\0&0&0&1&6\\0&0&0&0&0\end{bmatrix}$,得通解为$\begin{cases}x_1=-x_3+3\\x_2=2x_3-8\\x_4=6\end{cases}$ (x_3 可任意取值).

(3)由 $\boldsymbol{A}\to\begin{bmatrix}1&1&-4\\0&1&7\\0&0&-5\\0&0&0\end{bmatrix}$,得 $r(\boldsymbol{A})=3$,所以方程组只有零解.

(4)由 $\boldsymbol{A}\to\begin{bmatrix}1&0&0&0&0\\0&1&-\frac{1}{3}&0&\frac{2}{3}\\0&0&0&1&0\\0&0&0&0&0\end{bmatrix}$,得通解为$\begin{cases}x_1=0\\x_2=\frac{1}{3}x_3-\frac{2}{3}x_5\\x_4=0\end{cases}$ (x_3,x_5 可任意取值).

2. 习题及详解见典型例题例 4-3.

习题 4.2 向量组的线性相关性(A)

1. 习题及详解见典型例题例 4-6.

2. 试将向量 $\boldsymbol{\beta}=(1,2,1,1)^{\mathrm{T}}$ 用向量组 $\boldsymbol{\alpha}_1,\boldsymbol{\alpha}_2,\boldsymbol{\alpha}_3,\boldsymbol{\alpha}_4$ 线性表示,其中,$\boldsymbol{\alpha}_1=(1,1,1,1)^{\mathrm{T}}$,$\boldsymbol{\alpha}_2=(1,1,-1,-1)^{\mathrm{T}}$,$\boldsymbol{\alpha}_3=(1,-1,1,-1)^{\mathrm{T}}$,$\boldsymbol{\alpha}_4=(1,-1,-1,1)^{\mathrm{T}}$.

解 解方程组 $x_1\boldsymbol{\alpha}_1+x_2\boldsymbol{\alpha}_2+x_3\boldsymbol{\alpha}_3+x_4\boldsymbol{\alpha}_4=\boldsymbol{\beta}$,得唯一解 $x_1=\frac{5}{4}$,$x_2=\frac{1}{4}$,$x_3=-\frac{1}{4}$,$x_4=-\frac{1}{4}$,故 $\boldsymbol{\beta}=\frac{5}{4}\boldsymbol{\alpha}_1+\frac{1}{4}\boldsymbol{\alpha}_2-\frac{1}{4}\boldsymbol{\alpha}_3-\frac{1}{4}\boldsymbol{\alpha}_4$.

3. 设向量 $\boldsymbol{\beta}=(-1,0,1,b)^{\mathrm{T}}$,$\boldsymbol{\alpha}_1=(3,1,0,0)^{\mathrm{T}}$,$\boldsymbol{\alpha}_2=(2,1,1,-1)^{\mathrm{T}}$,$\boldsymbol{\alpha}_3=(1,1,2,a-3)^{\mathrm{T}}$,问 a,b 取何值时,$\boldsymbol{\beta}$ 可由 $\boldsymbol{\alpha}_1,\boldsymbol{\alpha}_2,\boldsymbol{\alpha}_3$ 线性表示? 并求出此表示式.

解 $[\boldsymbol{\alpha}_1\ \boldsymbol{\alpha}_2\ \boldsymbol{\alpha}_3\ \boldsymbol{\beta}]=\begin{bmatrix}3&2&1&-1\\1&1&1&0\\0&1&2&1\\0&-1&a-3&b\end{bmatrix}\to\begin{bmatrix}1&1&1&0\\0&1&2&1\\0&0&a-1&b+1\\0&0&0&0\end{bmatrix}$,

(1) $a\neq1$ 时,$\boldsymbol{\beta}$ 可由 $\boldsymbol{\alpha}_1$、$\boldsymbol{\alpha}_2$、$\boldsymbol{\alpha}_3$ 唯一线性表示为 $\boldsymbol{\beta}=\frac{b-a+2}{a-1}\boldsymbol{\alpha}_1+\frac{a-2b-3}{a-1}\boldsymbol{\alpha}_2+\frac{b+1}{a-1}\boldsymbol{\alpha}_3$.

(2) $a=1,b=-1$ 时，方程组有无穷多个解，$\boldsymbol{\beta}$ 可由 $\boldsymbol{\alpha}_1,\boldsymbol{\alpha}_2,\boldsymbol{\alpha}_3$ 线性表示为

$\boldsymbol{\beta}=(-1+c)\boldsymbol{\alpha}_1+(1-2c)\boldsymbol{\alpha}_2+c\boldsymbol{\alpha}_3$，其中 c 为任意常数.

4. 下列命题是否正确？如正确，给出证明；如不正确，举出反例。

(1)若向量组 $\boldsymbol{\alpha}_1,\boldsymbol{\alpha}_2,\cdots,\boldsymbol{\alpha}_m$ 线性相关，则其中每一个向量都可由该组其余 $m-1$ 个向量线性表示.

(2)若向量组 $\boldsymbol{\alpha}_1,\boldsymbol{\alpha}_2,\cdots,\boldsymbol{\alpha}_m$ 中存在一个向量不能由该组其余 $m-1$ 个向量线性表示，则该向量组线性无关.

(3)齐次线性方程组 $\boldsymbol{Ax}=\boldsymbol{0}$ 只有零解的充要条件是 $\boldsymbol{A}$ 的列向量组线性无关.

(4)对于实向量 $\boldsymbol{x}=(a_1,a_2,\cdots,a_n)^{\mathrm{T}}$，则 $\boldsymbol{x}^{\mathrm{T}}\boldsymbol{x}\geqslant 0$，而且 $\boldsymbol{x}^{\mathrm{T}}\boldsymbol{x}=0\Leftrightarrow\boldsymbol{x}=0$.

解　(1)(2)都不正确. 例如向量组 $\boldsymbol{\alpha}_1=(1,0,0)^{\mathrm{T}},\boldsymbol{\alpha}_2=(2,0,0)^{\mathrm{T}},\boldsymbol{\alpha}_3=(1,2,1)^{\mathrm{T}}$ 线性相关，但 $\boldsymbol{\alpha}_3$ 不能由 $\boldsymbol{\alpha}_1,\boldsymbol{\alpha}_2$ 线性表示.

(3)正确. $\boldsymbol{Ax}=\boldsymbol{0}$ 只有零解$\Leftrightarrow r(\boldsymbol{A})=m\Leftrightarrow\boldsymbol{A}$ 的列向量组线性无关.

(4)正确. 由 $\boldsymbol{x}^{\mathrm{T}}\boldsymbol{x}=a_1^2+a_2^2+\cdots+a_n^2$，及 $a_i\in\mathbf{R}(i=1,2,\cdots,n)$，得 $\boldsymbol{x}^{\mathrm{T}}\boldsymbol{x}\geqslant 0$；且

$$\boldsymbol{x}^{\mathrm{T}}\boldsymbol{x}=0\Leftrightarrow a_1^2+a_2^2+\cdots+a_n^2=0\Leftrightarrow a_1=a_2=\cdots=a_n=0\Leftrightarrow x=0.$$

5. 问 λ 取何值时，向量组 $\boldsymbol{\alpha}_1=(\lambda,-\frac{1}{2},-\frac{1}{2}),\boldsymbol{\alpha}_2=(-\frac{1}{2},\lambda,-\frac{1}{2}),\boldsymbol{\alpha}_3=(-\frac{1}{2},-\frac{1}{2},\lambda)$ 线性相关？

解　$\boldsymbol{\alpha}_1,\boldsymbol{\alpha}_2,\boldsymbol{\alpha}_3$ 线性相关$\Leftrightarrow\det(\boldsymbol{\alpha}_1^{\mathrm{T}},\boldsymbol{\alpha}_2^{\mathrm{T}},\boldsymbol{\alpha}_3^{\mathrm{T}})=(\lambda-1)(\lambda+\frac{1}{2})=0\Leftrightarrow\lambda=1$ 或 $\lambda=-\frac{1}{2}$.

6. 设 $\boldsymbol{\alpha}_1,\boldsymbol{\alpha}_2,\cdots,\boldsymbol{\alpha}_n$ 是一组 n 维列向量，证明：向量组 $\boldsymbol{\alpha}_1,\boldsymbol{\alpha}_2,\cdots,\boldsymbol{\alpha}_n$ 线性无关的充要条件是行列式：

$$D=\begin{vmatrix}\boldsymbol{\alpha}_1^{\mathrm{T}}\boldsymbol{\alpha}_1 & \boldsymbol{\alpha}_1^{\mathrm{T}}\boldsymbol{\alpha}_2 & \cdots & \boldsymbol{\alpha}_1^{\mathrm{T}}\boldsymbol{\alpha}_n\\ \boldsymbol{\alpha}_2^{\mathrm{T}}\boldsymbol{\alpha}_1 & \boldsymbol{\alpha}_2^{\mathrm{T}}\boldsymbol{\alpha}_2 & \cdots & \boldsymbol{\alpha}_2^{\mathrm{T}}\boldsymbol{\alpha}_n\\ \vdots & \vdots & & \vdots\\ \boldsymbol{\alpha}_n^{\mathrm{T}}\boldsymbol{\alpha}_1 & \boldsymbol{\alpha}_n^{\mathrm{T}}\boldsymbol{\alpha}_2 & \cdots & \boldsymbol{\alpha}_n^{\mathrm{T}}\boldsymbol{\alpha}_n\end{vmatrix}\neq 0.$$

证　记 $\boldsymbol{A}=[\boldsymbol{\alpha}_1\ \boldsymbol{\alpha}_2\cdots\ \boldsymbol{\alpha}_n]$，则向量组 $\boldsymbol{\alpha}_1,\boldsymbol{\alpha}_2,\cdots,\boldsymbol{\alpha}_n$ 线性无关$\Leftrightarrow\det(\boldsymbol{A})\neq 0\Leftrightarrow D=\det(\boldsymbol{A}^{\mathrm{T}}\boldsymbol{A})=[\det(\boldsymbol{A})]^2\neq 0$.

7. 判断下列向量组的线性相关性：

(1)$\boldsymbol{\alpha}_1=(6,2,4,-9)^{\mathrm{T}},\boldsymbol{\alpha}_2=(3,1,2,3)^{\mathrm{T}},\boldsymbol{\alpha}_3=(15,3,2,0)^{\mathrm{T}}$；

(2)$\boldsymbol{\alpha}_1=(2,-1,3,2)^{\mathrm{T}},\boldsymbol{\alpha}_2=(-1,-2,1,-1)^{\mathrm{T}},\boldsymbol{\alpha}_3=(0,-1,1,0)^{\mathrm{T}}$；

(3)$\boldsymbol{\alpha}_1=(1,-a,1,1)^{\mathrm{T}},\boldsymbol{\alpha}_2=(1,1,-a,1)^{\mathrm{T}},\boldsymbol{\alpha}_3=(1,1,1,-a)^{\mathrm{T}}$.

解　(1)$r[\boldsymbol{\alpha}_1\ \boldsymbol{\alpha}_2\ \boldsymbol{\alpha}_3]=3$，所以 $\boldsymbol{\alpha}_1,\boldsymbol{\alpha}_2,\boldsymbol{\alpha}_3$ 线性无关. (2)$r[\boldsymbol{\alpha}_1\ \boldsymbol{\alpha}_2\ \boldsymbol{\alpha}_3]=2<3$，所以 $\boldsymbol{\alpha}_1,\boldsymbol{\alpha}_2,\boldsymbol{\alpha}_3$ 线性相关. (3)当 $a=-1$ 时，$r[\boldsymbol{\alpha}_1\ \boldsymbol{\alpha}_2\ \boldsymbol{\alpha}_3]=2<3$，向量组 $\boldsymbol{\alpha}_1,\boldsymbol{\alpha}_2,\boldsymbol{\alpha}_3$ 线性相关；当 $a\neq -1$ 时，$r[\boldsymbol{\alpha}_1\ \boldsymbol{\alpha}_2\ \boldsymbol{\alpha}_3]=3$，向量组 $\boldsymbol{\alpha}_1,\boldsymbol{\alpha}_2,\boldsymbol{\alpha}_3$ 线性无关.

8. 试说出命题“向量组 $\boldsymbol{\alpha}_1,\cdots,\boldsymbol{\alpha}_s(s\geqslant 2)$线性相关的充要条件是该组中至少存在 1 个向量可由该组中其余 $s-1$ 个向量线性表示”的逆否命题.

解　向量组 $\boldsymbol{\alpha}_1,\boldsymbol{\alpha}_2,\cdots,\boldsymbol{\alpha}_m$ 线性无关的充要条件是该向量组中每一个向量都不能由其余 $m-1$ 个向量线性表示.

9. 证明：若 r 维向量组 $\boldsymbol{\alpha}_j=(a_{1j},a_{2j},\cdots,a_{rj})^{\mathrm{T}},j=1,2,\cdots,s$ 线性无关，则对 $\boldsymbol{\alpha}_1,\boldsymbol{\alpha}_2,\cdots,\boldsymbol{\alpha}_s$

中每个向量在相同位置上任意添加分量所得的 $r+1$ 维向量组 $\boldsymbol{\beta}_j=(a_{1j},a_{2j},\cdots,a_{rj},a_{r+1,j})^{\mathrm{T}}$，$j=1,2,\cdots,s$ 也线性无关，并说出此命题的逆否命题.

证　用反证法. 设向量组 $\boldsymbol{\beta}_1,\boldsymbol{\beta}_2,\cdots,\boldsymbol{\beta}_s$ 线性相关，则方程组 $[\boldsymbol{\beta}_1\ \boldsymbol{\beta}_2\cdots\ \boldsymbol{\beta}_s]\boldsymbol{x}=\boldsymbol{0}$ 有非零解 $\boldsymbol{x}=(k_1,k_2,\cdots,k_s)^{\mathrm{T}}$，而该非零解 $\boldsymbol{x}=(k_1,k_2,\cdots,k_s)^{\mathrm{T}}$ 也是方程组 $[\boldsymbol{\alpha}_1\ \boldsymbol{\alpha}_2\cdots\ \boldsymbol{\alpha}_s]\boldsymbol{x}=\boldsymbol{0}$ 的非零解. 于是知 $\boldsymbol{\alpha}_1,\boldsymbol{\alpha}_2,\cdots,\boldsymbol{\alpha}_s$ 线性相关，与已知矛盾，即结论成立.

逆否命题：若 $r+1$ 维向量组 $\boldsymbol{\beta}_j=(a_{1j},a_{2j},\cdots,a_{rj},a_{r+1,j})^{\mathrm{T}}$，$j=1,2,\cdots,s$ 线性相关，则对 $\boldsymbol{\beta}_1,\boldsymbol{\beta}_2,\cdots,\boldsymbol{\beta}_s$ 中每个向量去掉在相同位置上的分量所得的 r 维向量组 $\boldsymbol{\alpha}_j=(a_{1j},a_{2j},\cdots,a_{rj})^{\mathrm{T}}$，$j=1,2,\cdots,s$ 也线性相关.

10. 习题及详解见典型例题例 4－7.

11. 设向量组 $\boldsymbol{\alpha}_1,\boldsymbol{\alpha}_2,\boldsymbol{\alpha}_3$ 线性相关，而向量组 $\boldsymbol{\alpha}_2,\boldsymbol{\alpha}_3,\boldsymbol{\alpha}_4$ 线性无关，问

(1) $\boldsymbol{\alpha}_1$ 能否由 $\boldsymbol{\alpha}_2,\boldsymbol{\alpha}_3$ 线性表示，为什么？(2) $\boldsymbol{\alpha}_4$ 能否由 $\boldsymbol{\alpha}_1,\boldsymbol{\alpha}_2,\boldsymbol{\alpha}_3$ 线性表示，为什么？

解　(1) $\boldsymbol{\alpha}_1$ 能由 $\boldsymbol{\alpha}_2,\boldsymbol{\alpha}_3$ 线性表示. 这是因为 $\boldsymbol{\alpha}_2,\boldsymbol{\alpha}_3,\boldsymbol{\alpha}_4$ 线性无关 $\Rightarrow\boldsymbol{\alpha}_2,\boldsymbol{\alpha}_3$ 线性无关；又 $\boldsymbol{\alpha}_1,\boldsymbol{\alpha}_2,\boldsymbol{\alpha}_3$ 线性相关，故 $\boldsymbol{\alpha}_1$ 可由 $\boldsymbol{\alpha}_2,\boldsymbol{\alpha}_3$ 线性表示.

(2) $\boldsymbol{\alpha}_4$ 不能由 $\boldsymbol{\alpha}_1,\boldsymbol{\alpha}_2,\boldsymbol{\alpha}_3$ 线性表示. 这是因为：由(1)知 $\boldsymbol{\alpha}_1$ 能由 $\boldsymbol{\alpha}_2,\boldsymbol{\alpha}_3$ 线性表示，若 $\boldsymbol{\alpha}_4$ 能由 $\boldsymbol{\alpha}_1,\boldsymbol{\alpha}_2,\boldsymbol{\alpha}_3$ 线性表示，则 $\boldsymbol{\alpha}_4$ 能由 $\boldsymbol{\alpha}_2,\boldsymbol{\alpha}_3$ 线性表示，即 $\boldsymbol{\alpha}_2,\boldsymbol{\alpha}_3,\boldsymbol{\alpha}_4$ 线性相关，与已知矛盾，故 $\boldsymbol{\alpha}_4$ 不能由 $\boldsymbol{\alpha}_1$、$\boldsymbol{\alpha}_2$、$\boldsymbol{\alpha}_3$ 线性表示.

12. 设向量组 $\boldsymbol{\alpha}_1,\boldsymbol{\alpha}_2,\cdots,\boldsymbol{\alpha}_m\,(m\geqslant 3)$ 线性无关，证明：向量组 $\boldsymbol{\beta}_1=\boldsymbol{\alpha}_2+\boldsymbol{\alpha}_3+\cdots+\boldsymbol{\alpha}_m$，$\boldsymbol{\beta}_2=\boldsymbol{\alpha}_1+\boldsymbol{\alpha}_3+\cdots+\boldsymbol{\alpha}_m$，$\cdots$，$\boldsymbol{\beta}_m=\boldsymbol{\alpha}_1+\boldsymbol{\alpha}_2+\cdots+\boldsymbol{\alpha}_{m-1}$ 也线性无关.

证　设有数 $k_1,k_2,\cdots,k_m$，使得 $k_1\boldsymbol{\beta}_1+k_2\boldsymbol{\beta}_2+\cdots+k_m\boldsymbol{\beta}_m=\boldsymbol{0}$，则

$$(k_2+k_3+\cdots+k_m)\boldsymbol{\alpha}_1+(k_1+k_3+\cdots+k_m)\boldsymbol{\alpha}_2+\cdots+(k_1+k_2+\cdots+k_{m-1})\boldsymbol{\alpha}_m=\boldsymbol{0}$$

由于 $\boldsymbol{\alpha}_1,\boldsymbol{\alpha}_2,\cdots,\boldsymbol{\alpha}_m$ 线性无关，得

$$\begin{cases} k_2+k_3+\cdots+k_m=0 \\ k_1+k_3+\cdots+k_m=0 \\ \qquad\cdots\cdots \\ k_1+k_2+\cdots+k_{m-1}=0 \end{cases}$$

由于此方程组的系数行列式 $\boldsymbol{D}\neq 0$，所以方程组只有零解，故 $\boldsymbol{\beta}_1,\boldsymbol{\beta}_2,\cdots,\boldsymbol{\beta}_m$ 线性无关.

13. 设 $\boldsymbol{\alpha}_1,\boldsymbol{\alpha}_2,\boldsymbol{\alpha}_3$ 为 3 维向量组，$\boldsymbol{A}$ 为 3 阶矩阵. 证明：向量组 $\boldsymbol{A\alpha}_1,\boldsymbol{A\alpha}_2,\boldsymbol{A\alpha}_3$ 线性无关 $\Leftrightarrow$ $\boldsymbol{A}$ 可逆且 $\boldsymbol{\alpha}_1,\boldsymbol{\alpha}_2,\boldsymbol{\alpha}_3$ 线性无关.

证　由 $[\boldsymbol{A\alpha}_1\quad\boldsymbol{A\alpha}_2\quad\boldsymbol{A\alpha}_3]=\boldsymbol{A}[\boldsymbol{\alpha}_1\ \boldsymbol{\alpha}_2\ \boldsymbol{\alpha}_3]$，得 $\boldsymbol{A\alpha}_1$、$\boldsymbol{A\alpha}_2$、$\boldsymbol{A\alpha}_3$ 线性无关 $\Leftrightarrow\det[\boldsymbol{A\alpha}_1\boldsymbol{A\alpha}_2\boldsymbol{A\alpha}_3]\neq 0\Leftrightarrow\det(\boldsymbol{A})\det[\boldsymbol{\alpha}_1\ \boldsymbol{\alpha}_2\ \boldsymbol{\alpha}_3]\neq 0\Leftrightarrow\boldsymbol{A}$ 可逆且 $\boldsymbol{\alpha}_1,\boldsymbol{\alpha}_2,\boldsymbol{\alpha}_3$ 线性无关.

14. 习题及详解见典型例题例 4－12.

15. 设 $\boldsymbol{A}$ 为 $n\times m$ 矩阵，$\boldsymbol{B}$ 为 $m\times n$ 矩阵，$\boldsymbol{I}$ 为 n 阶单位矩阵，其中 $n<m$. 若 $\boldsymbol{AB}=\boldsymbol{I}$，证明 $\boldsymbol{B}$ 的列向量组线性无关.

证　将 $\boldsymbol{B}$ 按列分块，记 $\boldsymbol{B}=[\boldsymbol{\alpha}_1\ \boldsymbol{\alpha}_2\cdots\ \boldsymbol{\alpha}_n]$，由 $\boldsymbol{AB}=\boldsymbol{I}$，得 $\boldsymbol{A\alpha}_i=\boldsymbol{e}_i$，其中 $\boldsymbol{e}_1,\boldsymbol{e}_2,\cdots,\boldsymbol{e}_n$ 为单位向量组. 所以向量组 $\boldsymbol{A\alpha}_1,\boldsymbol{A\alpha}_2,\cdots,\boldsymbol{A\alpha}_n$ 线性无关.

设有一组数 $k_1,k_2,\cdots,k_n$ 使得 $k_1\boldsymbol{\alpha}_1+k_2\boldsymbol{\alpha}_2+\cdots+k_n\boldsymbol{\alpha}_n=\boldsymbol{0}$，则 $k_1\boldsymbol{A\alpha}_1+k_2\boldsymbol{A\alpha}_2+\cdots+k_n\boldsymbol{A\alpha}_n=\boldsymbol{0}$.

由 $\boldsymbol{A\alpha}_1,\boldsymbol{A\alpha}_2,\cdots,\boldsymbol{A\alpha}_n$ 线性无关，得 $k_1=k_2=\cdots=k_n=0$，故 $\boldsymbol{\alpha}_1,\boldsymbol{\alpha}_2,\cdots,\boldsymbol{\alpha}_n$ 线性无关，即 $\boldsymbol{B}$ 的列向量组线性无关.

16. 习题及详解见典型例题例 4 - 10.

17. 设向量组 $\boldsymbol{\alpha}_1,\boldsymbol{\alpha}_2,\boldsymbol{\alpha}_3$ 线性无关,试利用上题的结论判别下列向量组的线性相关性.

(1)$\boldsymbol{\beta}_1=\boldsymbol{\alpha}_1+2\boldsymbol{\alpha}_2,\boldsymbol{\beta}_2=2\boldsymbol{\alpha}_2+3\boldsymbol{\alpha}_3,\boldsymbol{\beta}_3=4\boldsymbol{\alpha}_3-\boldsymbol{\alpha}_1$;

(2)$\boldsymbol{\beta}_1=\boldsymbol{\alpha}_1+\boldsymbol{\alpha}_2+\boldsymbol{\alpha}_3,\boldsymbol{\beta}_2=2\boldsymbol{\alpha}_1-3\boldsymbol{\alpha}_2+22\boldsymbol{\alpha}_3,\boldsymbol{\beta}_3=3\boldsymbol{\alpha}_1+5\boldsymbol{\alpha}_2-5\boldsymbol{\alpha}_3$.

解　(1)$[\boldsymbol{\beta}_1\ \boldsymbol{\beta}_2\ \boldsymbol{\beta}_3]=[\boldsymbol{\alpha}_1\ \boldsymbol{\alpha}_2\ \boldsymbol{\alpha}_3]\boldsymbol{B}$,其中 $\boldsymbol{B}=\begin{bmatrix}1&0&-1\\2&2&0\\0&3&4\end{bmatrix}$. 由 $\boldsymbol{\alpha}_1,\boldsymbol{\alpha}_2,\boldsymbol{\alpha}_3$ 线性无关及 $\det(\boldsymbol{B})=2\neq0$,得 $\boldsymbol{\beta}_1,\boldsymbol{\beta}_2,\boldsymbol{\beta}_3$ 线性无关.

(2)$[\boldsymbol{\beta}_1\ \boldsymbol{\beta}_2\ \boldsymbol{\beta}_3]=[\boldsymbol{\alpha}_1\ \boldsymbol{\alpha}_2\ \boldsymbol{\alpha}_3]\boldsymbol{C}$,其中 $\boldsymbol{C}=\begin{bmatrix}1&2&3\\1&-3&5\\1&22&-5\end{bmatrix}$,由 $\boldsymbol{\alpha}_1,\boldsymbol{\alpha}_2,\boldsymbol{\alpha}_3$ 线性无关及 $\det(\boldsymbol{C})=0$,得 $\boldsymbol{\beta}_1,\boldsymbol{\beta}_2,\boldsymbol{\beta}_3$ 线性相关.

习题 4.2 向量组的线性相关性(B)

1～2. 习题及详解见典型例题例 4 - 13、例 4 - 14.

习题 4.3 向量组的秩(A)

1. 已知向量组$(a,3,1)^{\mathrm{T}}$、$(2,b,3)^{\mathrm{T}}$、$(1,2,1)^{\mathrm{T}}$、$(2,3,1)^{\mathrm{T}}$ 的秩为 2,试求 a、b 的值.

解　$\begin{bmatrix}1&2&a&2\\2&3&3&b\\1&1&1&3\end{bmatrix}\rightarrow\begin{bmatrix}1&1&1&3\\0&1&1&b-6\\0&0&a-2&-b+5\end{bmatrix}$,由于秩为 2,得 $a=2,b=5$.

2. 求下列向量组的一个极大无关组及向量组的秩,并用极大无关组线性表示该组中其他向量.

(1) $\boldsymbol{\alpha}_1=(1,-1,2,4)^{\mathrm{T}}$, $\boldsymbol{\alpha}_2=(0,3,1,2)^{\mathrm{T}}$, $\boldsymbol{\alpha}_3=(3,0,7,14)^{\mathrm{T}}$, $\boldsymbol{\alpha}_4=(1,-2,2,0)^{\mathrm{T}}$, $\boldsymbol{\alpha}_5=(2,1,5,10)^{\mathrm{T}}$;

(2) $\boldsymbol{\alpha}_1=(1,1,1,1)^{\mathrm{T}}$, $\boldsymbol{\alpha}_2=(1,2,3,4)^{\mathrm{T}}$, $\boldsymbol{\alpha}_3=(1,4,9,16)^{\mathrm{T}}$, $\boldsymbol{\alpha}_4=(1,3,7,13)^{\mathrm{T}}$, $\boldsymbol{\alpha}_5=(1,2,5,10)^{\mathrm{T}}$.

解　(1)由$[\boldsymbol{\alpha}_1\ \boldsymbol{\alpha}_2\ \boldsymbol{\alpha}_3\ \boldsymbol{\alpha}_4\ \boldsymbol{\alpha}_5]\rightarrow\begin{bmatrix}1&0&3&0&2\\0&1&1&0&1\\0&0&0&1&0\\0&0&0&0&0\end{bmatrix}$,得一个极大无关组为 $\boldsymbol{\alpha}_1,\boldsymbol{\alpha}_2,\boldsymbol{\alpha}_4$,向量组的秩为 3,且 $\boldsymbol{\alpha}_3=3\boldsymbol{\alpha}_1+\boldsymbol{\alpha}_2,\boldsymbol{\alpha}_5=2\boldsymbol{\alpha}_1+\boldsymbol{\alpha}_2$.

(2)由$[\boldsymbol{\alpha}_1\ \boldsymbol{\alpha}_2\ \boldsymbol{\alpha}_3\ \boldsymbol{\alpha}_4\ \boldsymbol{\alpha}_5]\rightarrow\begin{bmatrix}1&0&0&1&2\\0&1&0&-1&-2\\0&0&1&1&1\\0&0&0&0&0\end{bmatrix}$,得一个极大无关组为 $\boldsymbol{\alpha}_1,\boldsymbol{\alpha}_2,\boldsymbol{\alpha}_3$,向量组的秩为 3,且 $\boldsymbol{\alpha}_4=\boldsymbol{\alpha}_1-\boldsymbol{\alpha}_2+\boldsymbol{\alpha}_3,\boldsymbol{\alpha}_5=2\boldsymbol{\alpha}_1-2\boldsymbol{\alpha}_2+\boldsymbol{\alpha}_3$.

3. 习题及详解见典型例题例 4 - 15.

4. 设 $\boldsymbol{\beta}_1=\boldsymbol{\alpha}_1+\boldsymbol{\alpha}_2,\boldsymbol{\beta}_2=\boldsymbol{\alpha}_2+\boldsymbol{\alpha}_3,\cdots,\boldsymbol{\beta}_m=\boldsymbol{\alpha}_m+\boldsymbol{\alpha}_1$,其中 m 为大于 2 的奇数,证明:向量组

$\boldsymbol{\alpha}_1,\boldsymbol{\alpha}_2,\cdots,\boldsymbol{\alpha}_m$ 与向量组 $\boldsymbol{\beta}_1,\boldsymbol{\beta}_2,\cdots,\boldsymbol{\beta}_m$ 有相同的秩.

证　由题设,$[\boldsymbol{\beta}_1\ \boldsymbol{\beta}_2\cdots\ \boldsymbol{\beta}_m]=[\boldsymbol{\alpha}_1\ \boldsymbol{\alpha}_2\cdots\ \boldsymbol{\alpha}_m]\boldsymbol{C}$,其中 $\boldsymbol{C}=\begin{bmatrix}1&0&\cdots&0&1\\1&1&\cdots&0&0\\0&1&\cdots&0&0\\\vdots&\vdots&&&\vdots\\0&0&\cdots&1&1\end{bmatrix}$. 由于 $\det(\boldsymbol{C})=1+(-1)^{1+m}=2\neq0$,得 $\boldsymbol{C}$ 可逆. 因此$[\boldsymbol{\alpha}_1\ \boldsymbol{\alpha}_2\cdots\ \boldsymbol{\alpha}_m]=[\boldsymbol{\beta}_1\ \boldsymbol{\beta}_2\cdots\ \boldsymbol{\beta}_m]\boldsymbol{C}^{-1}$,即 $\boldsymbol{\alpha}_1,\boldsymbol{\alpha}_2,\cdots,\boldsymbol{\alpha}_m$ 可由 $\boldsymbol{\beta}_1,\boldsymbol{\beta}_2,\cdots,\boldsymbol{\beta}_m$ 线性表示. 故向量组 $\boldsymbol{\beta}_1,\boldsymbol{\beta}_2,\cdots,\boldsymbol{\beta}_m$ 与向量组 $\boldsymbol{\alpha}_1,\boldsymbol{\alpha}_2,\cdots,\boldsymbol{\alpha}_m$ 等价,从而有相同的秩.

5. 试举例说明下面的命题是错误的:

若向量组(Ⅰ)与向量组(Ⅱ)有相同的秩,则(Ⅰ)与(Ⅱ)等价.

解　向量组(Ⅰ):$\boldsymbol{\alpha}_1=(1,0,0)^{\mathrm{T}},\boldsymbol{\alpha}_2=(0,1,0)^{\mathrm{T}}$;向量组(Ⅱ):$\boldsymbol{\beta}_1=(1,0,0)^{\mathrm{T}},\boldsymbol{\beta}_2=(0,0,1)^{\mathrm{T}}$;

r(Ⅰ)$=r$(Ⅱ)$=2$,但是(Ⅰ)与(Ⅱ)不等价.

6. 已知 3 维向量组(Ⅰ)$\boldsymbol{\alpha}_1,\boldsymbol{\alpha}_2,\boldsymbol{\alpha}_3$ 与 3 维向量组(Ⅱ)$\boldsymbol{\beta}_1,\boldsymbol{\beta}_2,\boldsymbol{\beta}_3$ 的秩都是 3,证明(Ⅰ)与(Ⅱ)等价.

证　因为向量组(Ⅰ)$\boldsymbol{\alpha}_1,\boldsymbol{\alpha}_2,\boldsymbol{\alpha}_3$ 的秩是 3,所以向量组(Ⅰ)线性无关. 而 4 个 3 维向量 $\boldsymbol{\alpha}_1,\boldsymbol{\alpha}_2,\boldsymbol{\alpha}_3,\boldsymbol{\beta}_i(i=1,2,3)$线性相关,因此 $\boldsymbol{\beta}_1,\boldsymbol{\beta}_2,\boldsymbol{\beta}_3$ 可由向量组(Ⅰ)线性表示. 同理,向量组 $\boldsymbol{\alpha}_1,\boldsymbol{\alpha}_2,\boldsymbol{\alpha}_3$ 可由向量组 $\boldsymbol{\beta}_1,\boldsymbol{\beta}_2,\boldsymbol{\beta}_3$ 线性表示,所以(Ⅰ)与(Ⅱ)等价.

7. 设向量组(Ⅰ)$\boldsymbol{\alpha}_1,\boldsymbol{\alpha}_2,\cdots,\boldsymbol{\alpha}_n$ 是一个 n 维向量组,且 n 维基本单位向量组(Ⅱ)$\boldsymbol{\varepsilon}_1,\boldsymbol{\varepsilon}_2,\cdots,\boldsymbol{\varepsilon}_n$ 可由向量组(Ⅰ)线性表示,证明:向量组(Ⅰ)线性无关.

证法 1　由题设,基本单位向量组(Ⅱ)可由向量组(Ⅰ)线性表示,又任一 n 维向量都可由基本单位向量组线性表示,即(Ⅰ)可由(Ⅱ)线性表示. 故(Ⅰ)和(Ⅱ)等价,从而 r(Ⅰ)$=r$(Ⅱ)$=n$,故向量组(Ⅰ)线性无关.

证法 2　由题设,得 r(Ⅱ)$\leqslant r$(Ⅰ)$\leqslant n$,又 r(Ⅱ)$=n$,所以 r(Ⅰ)$=n$,故向量组(Ⅰ)线性无关.

8. 习题及详解见典型例题例 4-18(3).

9. 设 4×5 矩阵 $\boldsymbol{A}$ 按列分块为 $\boldsymbol{A}=[\boldsymbol{\alpha}_1\ \boldsymbol{\alpha}_2\ \boldsymbol{\alpha}_3\ \boldsymbol{\alpha}_4\ \boldsymbol{\alpha}_5]$,已知 $\boldsymbol{\alpha}_1,\boldsymbol{\alpha}_2,\boldsymbol{\alpha}_4$ 线性无关,且 $\boldsymbol{\alpha}_3=\boldsymbol{\alpha}_1+3\boldsymbol{\alpha}_2,\boldsymbol{\alpha}_5=2\boldsymbol{\alpha}_1+\boldsymbol{\alpha}_2-3\boldsymbol{\alpha}_4$,试写出 $\boldsymbol{A}$ 经初等行变换化成的简化行阶梯形矩阵.

解　因为矩阵的初等行变换不改变列向量组的线性关系,由题设得简化行阶梯形矩阵为

$$\begin{bmatrix}1&0&1&0&2\\0&1&3&0&1\\0&0&0&1&-3\\0&0&0&0&0\end{bmatrix}.$$

习题 4.3 向量组的秩(B)

1. 设有矩阵 $\boldsymbol{A}_{m\times n},\boldsymbol{B}_{n\times m}$,且 $m>n$,证明:$\det(\boldsymbol{AB})=0$.

证法 1　因为 $\boldsymbol{AB}$ 是 m 阶方阵,且 $r(\boldsymbol{AB})\leqslant r(\boldsymbol{A})\leqslant n<m$,所以 $\det(\boldsymbol{AB})=0$.

证法 2　$r(\boldsymbol{B})\leqslant n<m\Rightarrow\boldsymbol{Bx}=\boldsymbol{0}$ 有非零解$\Rightarrow\boldsymbol{ABx}=\boldsymbol{0}$ 也有非零解$\Rightarrow\det(\boldsymbol{AB})=0$.

2. 习题及详解见典型例题例 4-11.

3. 设 $\boldsymbol{A}$ 为 $m\times n$ 矩阵，证明：(1)存在矩阵 $\boldsymbol{P}_{n\times m}$，使 $\boldsymbol{AP}=\boldsymbol{I}_m\Leftrightarrow r(\boldsymbol{A})=m$；(2)存在矩阵 $\boldsymbol{Q}_{n\times m}$，使得 $\boldsymbol{QA}=\boldsymbol{I}_n\Leftrightarrow r(\boldsymbol{A})=n$.

证　(1)**必要性**　设 $\boldsymbol{AP}=\boldsymbol{I}_m$，则 $m=r(\boldsymbol{AP})\leqslant r(\boldsymbol{A})\leqslant m$，得 $r(\boldsymbol{A})=m$.

充分性　设 $r(\boldsymbol{A})=m$，$\boldsymbol{D}$ 是 $\boldsymbol{A}$ 的 m 阶非零子式，则 $\boldsymbol{D}$ 也是矩阵$(\boldsymbol{A}\mid\varepsilon_i)$的 m 阶非零子式，其中 $\boldsymbol{\varepsilon}_i$ 是单位阵 $\boldsymbol{I}_m$ 的第 i 个列向量，所以 $r(\boldsymbol{A}\mid\boldsymbol{\varepsilon}_i)\geqslant m$；又$(\boldsymbol{A}\mid\boldsymbol{\varepsilon}_i)$是 $m\times(n+1)$矩阵，有$r(\boldsymbol{A}\mid\boldsymbol{\varepsilon}_i)\leqslant m$，得 $r(\boldsymbol{A}\mid\boldsymbol{\varepsilon}_i)=m=r(\boldsymbol{A})$. 所以非齐次方程组 $\boldsymbol{Ax}=\boldsymbol{\varepsilon}_i$ 有解，设其解为 $\boldsymbol{p}_i=(p_{1i},p_{2i},\cdots,p_{ni})^{\mathrm{T}}$，即 $\boldsymbol{Ap}_i=\boldsymbol{\varepsilon}_i(i=1,2\cdots,m)$. 则有 $\boldsymbol{A}[\boldsymbol{p}_1\boldsymbol{p}_2\cdots\boldsymbol{p}_m]=[\boldsymbol{\varepsilon}_1\boldsymbol{\varepsilon}_2\cdots\boldsymbol{\varepsilon}_m]$，令 $\boldsymbol{P}_{n\times m}=[\boldsymbol{p}_1\boldsymbol{p}_2\cdots\boldsymbol{p}_m]$，则 $\boldsymbol{AP}=\boldsymbol{I}_m$.

(2)令 $\boldsymbol{B}=\boldsymbol{A}^{\mathrm{T}}$，则 $\boldsymbol{B}$ 是 $n\times m$ 矩阵，由(1)可知，存在矩阵 $\boldsymbol{P}_{m\times n}$，使 $\boldsymbol{BP}=\boldsymbol{I}_n\Leftrightarrow r(\boldsymbol{B})=n$.

又 $r(\boldsymbol{B})=r(\boldsymbol{A})$，$\boldsymbol{BP}=\boldsymbol{A}^{\mathrm{T}}\boldsymbol{P}=(\boldsymbol{P}^{\mathrm{T}}\boldsymbol{A})^{\mathrm{T}}$，得 $\boldsymbol{BP}=\boldsymbol{I}_n\Leftrightarrow(\boldsymbol{P}^{\mathrm{T}}\boldsymbol{A})^{\mathrm{T}}=\boldsymbol{I}_n\Leftrightarrow\boldsymbol{P}^{\mathrm{T}}\boldsymbol{A}=\boldsymbol{I}_n\Leftrightarrow\boldsymbol{QA}=\boldsymbol{I}_n$，其中 $\boldsymbol{Q}=\boldsymbol{P}^{\mathrm{T}}$，故存在 $\boldsymbol{Q}$，使 $\boldsymbol{QA}=\boldsymbol{I}_n\Leftrightarrow r(\boldsymbol{A})=n$.

习题 4.4 线性方程组的解的结构(A)

1. 证明：与基础解系等价的线性无关向量组也是基础解系.

证　设 $r(\boldsymbol{A})=r$，线性无关向量组 $\boldsymbol{\beta}_1,\boldsymbol{\beta}_2,\cdots,\boldsymbol{\beta}_t$ 与 $\boldsymbol{Ax}=\boldsymbol{0}$ 的基础解系 $\boldsymbol{\alpha}_1,\boldsymbol{\alpha}_2,\cdots,\boldsymbol{\alpha}_{n-r}$ 等价.

首先，由于等价的线性无关向量组含有相同个数的向量，得 $t=n-r$. 其次，$\boldsymbol{\beta}_1,\boldsymbol{\beta}_2,\cdots,\boldsymbol{\beta}_{n-r}$ 可由 $\boldsymbol{Ax}=\boldsymbol{0}$ 基础解系 $\boldsymbol{\alpha}_1,\boldsymbol{\alpha}_2,\cdots,\boldsymbol{\alpha}_{n-r}$ 线性表示，所以 $\boldsymbol{\beta}_1,\boldsymbol{\beta}_2,\cdots,\boldsymbol{\beta}_{n-r}$ 是 $\boldsymbol{Ax}=\boldsymbol{0}$ 的解向量. 最后证明 $\boldsymbol{Ax}=\boldsymbol{0}$ 的任一解向量可由 $\boldsymbol{\beta}_1,\boldsymbol{\beta}_2,\cdots,\boldsymbol{\beta}_{n-r}$ 线性表示. 设 $\boldsymbol{\gamma}$ 是 $\boldsymbol{Ax}=\boldsymbol{0}$ 的任一解向量，则 $\boldsymbol{\beta}_1,\boldsymbol{\beta}_2,\cdots,\boldsymbol{\beta}_{n-r},\boldsymbol{\gamma}$ 都可由 $\boldsymbol{Ax}=\boldsymbol{0}$ 基础解系 $\boldsymbol{\alpha}_1,\boldsymbol{\alpha}_2,\cdots,\boldsymbol{\alpha}_{n-r}$ 线性表示，由于向量组 $\boldsymbol{\beta}_1,\boldsymbol{\beta}_2,\cdots,\boldsymbol{\beta}_{n-r},\boldsymbol{\gamma}$ 的个数大于向量组 $\boldsymbol{\alpha}_1,\boldsymbol{\alpha}_2,\cdots,\boldsymbol{\alpha}_{n-r}$ 的个数，所以 $\boldsymbol{\beta}_1,\boldsymbol{\beta}_2,\cdots,\boldsymbol{\beta}_{n-r},\boldsymbol{\gamma}$ 线性相关，又 $\boldsymbol{\beta}_1,\boldsymbol{\beta}_2,\cdots,\boldsymbol{\beta}_{n-r}$ 线性无关，所以 $\boldsymbol{\gamma}$ 可由 $\boldsymbol{\beta}_1,\boldsymbol{\beta}_2,\cdots,\boldsymbol{\beta}_{n-r}$ 唯一线性表示. 综上，$\boldsymbol{\beta}_1,\boldsymbol{\beta}_2,\cdots,\boldsymbol{\beta}_{n-r}$ 是齐次方程组 $\boldsymbol{Ax}=\boldsymbol{0}$ 的基础解系.

2. 求齐次线性方程组 $\boldsymbol{Ax}=\boldsymbol{0}$ 的基础解系与结构解，其中系数矩阵 $\boldsymbol{A}$ 如下：

(1)见典型例题例 4-20；(2) $\begin{bmatrix}1&1&-2&3\\2&1&-6&4\\3&2&a&7\\1&-1&-6&-1\end{bmatrix}$；(3) $\begin{bmatrix}1&1&2&-1\\2&1&1&-1\\2&2&1&2\\4&3&2&1\end{bmatrix}$；

(4) $\begin{bmatrix}1&2&1&-1\\3&6&-1&-3\\5&10&1&-5\\7&14&3&-7\end{bmatrix}$.

解　(1)详解见典型例题例 4-20.

(2)$\boldsymbol{A}\to\begin{bmatrix}1&1&-2&3\\0&1&2&2\\0&0&a+8&0\\0&0&0&0\end{bmatrix}$，当 $a=-8$ 时，得 $\begin{cases}x_1=4x_3-x_4\\x_2=-2x_3-2x_4\end{cases}$ (x_3,x_4 为自由未知量). 由此得基础解系 $\boldsymbol{\xi}_1=(4,-2,1,0)^{\mathrm{T}}$，$\boldsymbol{\xi}_2=(-1,-2,0,1)^{\mathrm{T}}$，方程组的结构解为 $\boldsymbol{x}=c_1\boldsymbol{\xi}_1+c_2\boldsymbol{\xi}_2$，($c_1,c_2$ 为任意常数).

当 $a\neq -8$ 时,得 $\begin{cases}x_1=-x_4\\x_2=-2x_4\\x_3=0\end{cases}$($x_4$ 为自由未知量).由此得基础解系 $\boldsymbol{\xi}=(-1,-2,0,1)^{\mathrm T}$,方程组的结构解为 $\boldsymbol{x}=c\boldsymbol{\xi}$,($c$ 为任意常数).

(3)$\boldsymbol{A}\rightarrow\begin{bmatrix}1&1&2&-1\\0&-1&-3&1\\0&0&-3&4\\0&0&0&0\end{bmatrix}$,由此得 $\begin{cases}x_1=\dfrac{4}{3}x_4\\x_2=-3x_4\\x_3=\dfrac{4}{3}x_4\end{cases}$ (x_4 为自由未知量).由此得基础解系为 $\boldsymbol{\xi}=(4,-9,4,3)^{\mathrm T}$,方程组的结构解为 $\boldsymbol{x}=c\boldsymbol{\xi}$,($c$ 为任意常数).

(4)$\boldsymbol{A}\rightarrow\begin{bmatrix}1&2&1&-1\\0&0&1&0\\0&0&0&0\\0&0&0&0\end{bmatrix}$,得 $\begin{cases}x_1=-2x_2+x_4\\x_3=0\end{cases}$ (x_2、x_4 为自由未知量).由此求得基础解系为 $\boldsymbol{\xi}_1=(-2,1,0,0)^{\mathrm T}$,$\boldsymbol{\xi}_2=(1,0,0,1)^{\mathrm T}$,方程组的结构解为 $\boldsymbol{x}=c_1\boldsymbol{\xi}_1+c_2\boldsymbol{\xi}_2$,($c_1,c_2$ 为任意常数).

3.设矩阵 $\boldsymbol{A}=\begin{bmatrix}1&2&1&2\\0&1&a&a\\1&a&0&1\end{bmatrix}$,已知线性方程组 $\boldsymbol{Ax}=\boldsymbol{0}$ 的基础解系含两个向量,求 a 的值,并求方程组 $\boldsymbol{Ax}=\boldsymbol{0}$ 的结构解.

解 由题设,$4-r(\boldsymbol{A})=2\Rightarrow r(\boldsymbol{A})=2$,所以 $\boldsymbol{A}$ 中任一 3 阶子式均为零,得 $\begin{vmatrix}1&2&1\\0&1&a\\1&a&0\end{vmatrix}=2a-1-a^2=0$,得 $a=1$. 此时,对方程组的系数矩阵 $\boldsymbol{A}$ 作初等行变换,求得基础解系为 $\boldsymbol{\xi}_1=(1,-1,1,0)^{\mathrm T}$,$\boldsymbol{\xi}_2=(0,-1,0,1)^{\mathrm T}$,方程组的结构解为 $\boldsymbol{x}=c_1\boldsymbol{\xi}_1+c_2\boldsymbol{\xi}_2$,($c_1,c_2$ 为任意常数).

4.求作一个齐次线性方程组 $\boldsymbol{Ax}=\boldsymbol{0}$,使它的基础解系为 $\boldsymbol{\xi}_1=(0,1,2,3)^{\mathrm T}$,$\boldsymbol{\xi}_2=(3,2,1,0)^{\mathrm T}$.

解 ξ_1,ξ_2 是齐次线性方程组 $\boldsymbol{Ax}=\boldsymbol{0}$ 的解,即 $\boldsymbol{A}[\boldsymbol{\xi}_1\ \boldsymbol{\xi}_2]=\boldsymbol{0}$,转置得 $\begin{bmatrix}\boldsymbol{\xi}_1{}^{\mathrm T}\\\boldsymbol{\xi}_2{}^{\mathrm T}\end{bmatrix}\boldsymbol{A}^{\mathrm T}=\boldsymbol{0}$,即 $\boldsymbol{A}^{\mathrm T}$ 的列向量是齐次线性方程组 $\begin{bmatrix}\boldsymbol{\xi}_1{}^{\mathrm T}\\\boldsymbol{\xi}_2{}^{\mathrm T}\end{bmatrix}\boldsymbol{x}=\boldsymbol{0}$ 的解向量.解齐次线性方程组 $\begin{bmatrix}0&1&2&3\\3&2&1&0\end{bmatrix}\boldsymbol{x}=\boldsymbol{0}$ 得 $\boldsymbol{\eta}_1=(1,-2,1,0)^{\mathrm T}$,$\boldsymbol{\eta}_2=(2,-3,0,1)^{\mathrm T}$,于是可取 $\boldsymbol{A}=\begin{bmatrix}1&-2&1&0\\2&-3&0&1\end{bmatrix}$. 注:这里的 $\boldsymbol{A}$ 不唯一.

5.设 $\boldsymbol{\alpha}_1$、$\boldsymbol{\alpha}_2$、$\boldsymbol{\alpha}_3$ 是齐次线性方程组 $\boldsymbol{Ax}=\boldsymbol{0}$ 的基础解系,证明:向量组 $\boldsymbol{\beta}_1=\boldsymbol{\alpha}_1+\boldsymbol{\alpha}_2$,$\boldsymbol{\beta}_2=\boldsymbol{\alpha}_2+\boldsymbol{\alpha}_3$,$\boldsymbol{\beta}_3=\boldsymbol{\alpha}_3+\boldsymbol{\alpha}_1$ 也可以作为 $\boldsymbol{Ax}=\boldsymbol{0}$ 的基础解系.

证 由 $[\boldsymbol{\beta}_1\ \boldsymbol{\beta}_2\ \boldsymbol{\beta}_3]=[\boldsymbol{\alpha}_1\ \boldsymbol{\alpha}_2\ \boldsymbol{\alpha}_3]\begin{bmatrix}1&0&1\\1&1&0\\0&1&1\end{bmatrix}$ 及 $\begin{bmatrix}1&0&1\\1&1&0\\0&1&1\end{bmatrix}$ 可逆,得 $r[\boldsymbol{\beta}_1\ \boldsymbol{\beta}_2\ \boldsymbol{\beta}_3]=r[\boldsymbol{\alpha}_1\ \boldsymbol{\alpha}_2\ \boldsymbol{\alpha}_3]=$

3，所以 $\boldsymbol{\beta}_1,\boldsymbol{\beta}_2,\boldsymbol{\beta}_3$ 是齐次方程组 $\boldsymbol{Ax}=\boldsymbol{0}$ 的 3 个线性无关的解，从而也是基础解系.

6. 设矩阵 $\boldsymbol{Q}=\begin{bmatrix}1&2&3\\2&4&t\\3&6&9\end{bmatrix}$，3 阶非零方阵 $\boldsymbol{P}$ 满足 $\boldsymbol{PQ}=\boldsymbol{O}$，证明：当 $t\neq 6$ 时，必有 $r(\boldsymbol{P})=1$.

证　由题设知，$\boldsymbol{Q}$ 的每个列向量都是齐次线性方程组 $\boldsymbol{Px}=\boldsymbol{0}$ 的解向量. 从而 $\boldsymbol{Q}$ 的列向量组可以由 $\boldsymbol{Px}=\boldsymbol{0}$ 的基础解系线性表示，因此 $r(\boldsymbol{Q})=r[\boldsymbol{\beta}_1\quad\boldsymbol{\beta}_2\quad\boldsymbol{\beta}_3]\leqslant 3-r(\boldsymbol{P})$，得 $r(\boldsymbol{P})+r(\boldsymbol{Q})\leqslant 3$. 当 $t\neq 6$ 时，$r(\boldsymbol{Q})=2$，得 $r(\boldsymbol{P})\leqslant 1$；又 $\boldsymbol{P}$ 是非零方阵，得 $r(\boldsymbol{P})\geqslant 1$，因此必有 $r(\boldsymbol{P})=1$.

7. 设齐次线性方程组 $\boldsymbol{Ax}=\boldsymbol{0}$ 与 $\boldsymbol{Bx}=\boldsymbol{0}$ 同解，证明：$r(\boldsymbol{A})=r(\boldsymbol{B})$.

证　因为 $\boldsymbol{Ax}=\boldsymbol{0}$ 与 $\boldsymbol{Bx}=\boldsymbol{0}$ 同解，所以 $\boldsymbol{Ax}=\boldsymbol{0}$ 的基础解系也是 $\boldsymbol{Bx}=\boldsymbol{0}$ 的基础解系，因此，$\boldsymbol{Ax}=\boldsymbol{0}$ 与 $\boldsymbol{Bx}=\boldsymbol{0}$ 的基础解系含有相同个数的向量，即 $n-r(\boldsymbol{A})=n-r(\boldsymbol{B})$，从而 $r(\boldsymbol{A})=r(\boldsymbol{B})$.

8. 设有矩阵 $\boldsymbol{A}_{m\times n},\boldsymbol{B}_{n\times p}$，且 $r(\boldsymbol{A})=n$，证明：$r(\boldsymbol{AB})=r(\boldsymbol{B})$.

证　只要证明齐次线性方程组 $\boldsymbol{ABx}=\boldsymbol{0}$ 与 $\boldsymbol{Bx}=\boldsymbol{0}$ 同解，利用题 7 的结论，则有 $r(\boldsymbol{AB})=r(\boldsymbol{B})$.

设 $\boldsymbol{x}$ 是 $\boldsymbol{Bx}=\boldsymbol{0}$ 的解，即 $\boldsymbol{Bx}=\boldsymbol{0}$，则有 $\boldsymbol{ABx}=\boldsymbol{A}(\boldsymbol{Bx})=\boldsymbol{0}$，所以 $\boldsymbol{x}$ 是 $\boldsymbol{ABx}=\boldsymbol{0}$ 的解. 反之，设 $\boldsymbol{x}$ 是 $\boldsymbol{ABx}=\boldsymbol{0}$ 的解，则 $\boldsymbol{A}(\boldsymbol{Bx})=\boldsymbol{0}$，由于 $r(\boldsymbol{A})=n$，所以方程组 $\boldsymbol{Ay}=\boldsymbol{0}$ 只有零解，由 $\boldsymbol{A}(\boldsymbol{Bx})=\boldsymbol{0}$ 得 $\boldsymbol{Bx}=\boldsymbol{0}$，所以 $\boldsymbol{x}$ 是 $\boldsymbol{Bx}=\boldsymbol{0}$ 的解. 综上，齐次线性方程组 $\boldsymbol{ABx}=\boldsymbol{0}$ 与 $\boldsymbol{Bx}=\boldsymbol{0}$ 同解，故 $r(\boldsymbol{AB})=r(\boldsymbol{B})$.

9. 若 n 阶方阵 $\boldsymbol{A}$ 的各行元素之和均为零，且 $r(\boldsymbol{A})=n-1$，证明：齐次线性方程组 $\boldsymbol{Ax}=\boldsymbol{0}$ 的通解为 $\boldsymbol{x}=k(1,1,\cdots,1)^{\mathrm{T}}$（$k$ 为任意常数）.

证　由 $\boldsymbol{A}$ 的各行元素之和均为零，得 $\boldsymbol{A}\begin{bmatrix}1\\1\\\vdots\\1\end{bmatrix}=\begin{bmatrix}0\\0\\\vdots\\0\end{bmatrix}$，即 $\boldsymbol{\xi}=\begin{bmatrix}1\\1\\\vdots\\1\end{bmatrix}$ 是 $\boldsymbol{Ax}=\boldsymbol{0}$ 的一个非零解. 又 $r(\boldsymbol{A})=n-1$，得 $n-r(\boldsymbol{A})=1$，故齐次线性方程组 $\boldsymbol{Ax}=\boldsymbol{0}$ 的一个线性无关的解 $\boldsymbol{\xi}=(1,1,\cdots,1)^{\mathrm{T}}$ 就是基础解系. 因此齐次线性方程组 $\boldsymbol{Ax}=\boldsymbol{0}$ 的通解为 $\boldsymbol{x}=k(1,1,\cdots,1)^{\mathrm{T}}$（$k$ 为任意常数）.

10. 求下列方程组的结构解：

(1) $\begin{cases}x_1+x_2-3x_3-x_4=1\\3x_1-x_2-3x_3+4x_4=4\\x_1+5x_2-9x_3-8x_4=0\end{cases}$；　(2) $\begin{cases}6x_1+4x_2+5x_3+2x_4+3x_5=1\\3x_1+2x_2+4x_3+x_4+2x_5=3\\3x_1+2x_2-2x_3+x_4=-7\\9x_1+6x_2+x_3+3x_4+2x_5=2\end{cases}$；

(3) $\begin{cases}2x_1+x_2-x_3+x_4=1\\4x_1+2x_2-2x_3+x_4=2\\2x_1+x_2-x_3-x_4=1\end{cases}$；　(4) $\begin{cases}2x_1-4x_2+3x_3-4x_4-11x_5=28\\x_1-2x_2+x_3-2x_4-5x_5=13\\-3x_3+x_4+6x_5=-10\\3x_1-6x_2+10x_3-8x_4-28x_5=61\end{cases}$.

解　(1)对增广矩阵 $\overline{\boldsymbol{A}}$ 作初等行变换，得

$$\bar{\boldsymbol{A}}=[\boldsymbol{A} \mid \boldsymbol{b}]=\begin{bmatrix}1 & 1 & -3 & -1 & 1\\ 3 & -1 & -3 & 4 & 4\\ 1 & 5 & -9 & -8 & 0\end{bmatrix}\to\begin{bmatrix}1 & 1 & -3 & -1 & 1\\ 0 & -4 & 6 & 7 & 1\\ 0 & 0 & 0 & 0 & 0\end{bmatrix}$$

由阶梯形矩阵可见 $r(\boldsymbol{A})=r(\bar{\boldsymbol{A}})=2<4$，故方程组有无穷多解. 求得一个特解为 $\boldsymbol{\eta}^*=(\frac{5}{4},-\frac{1}{4},0,0)^{\mathrm{T}}$，求得导出组的基础解系为 $\boldsymbol{\xi}_1=(3,3,2,0)^{\mathrm{T}}$，$\boldsymbol{\xi}_2=(-3,7,0,4)^{\mathrm{T}}$，所以方程组的结构解为 $\boldsymbol{x}=\boldsymbol{\eta}^*+c_1\boldsymbol{\xi}_1+c_2\boldsymbol{\xi}_2$，($c_1,c_2$ 为任意常数).

$$(2)\bar{\boldsymbol{A}}=[\boldsymbol{A} \mid \boldsymbol{b}]=\begin{bmatrix}6 & 4 & 5 & 2 & 3 & 1\\ 3 & 2 & 4 & 1 & 2 & 3\\ 3 & 2 & -2 & 1 & 0 & -7\\ 9 & 6 & 1 & 3 & 2 & 2\end{bmatrix}\to\begin{bmatrix}3 & 2 & 4 & 1 & 2 & 3\\ 0 & 0 & 1 & 0 & 0 & 13\\ 0 & 0 & 0 & 0 & 1 & -34\\ 0 & 0 & 0 & 0 & 0 & 0\end{bmatrix}$$

由阶梯形矩阵知 $r(\boldsymbol{A})=r(\bar{\boldsymbol{A}})=3<5$，故方程组有无穷多解. 求得一个特解为 $\boldsymbol{\eta}^*=(0,0,13,19,34)^{\mathrm{T}}$，求得导出组的基础解系为 $\boldsymbol{\xi}_1=(1,0,0,-3,0)^{\mathrm{T}}$，$\boldsymbol{\xi}_2=(0,1,0,-2,0)^{\mathrm{T}}$，所以方程组的结构解为 $\boldsymbol{x}=\boldsymbol{\eta}^*+c_1\boldsymbol{\xi}_1+c_2\boldsymbol{\xi}_2$，($c_1,c_2$ 为任意常数).

$$(3)\bar{\boldsymbol{A}}=[\boldsymbol{A} \mid \boldsymbol{b}]=\begin{bmatrix}2 & 1 & -1 & 1 & 1\\ 4 & 2 & -2 & 1 & 2\\ 2 & 1 & -1 & -1 & 1\end{bmatrix}\to\begin{bmatrix}2 & 1 & -1 & 1 & 1\\ 0 & 0 & 0 & 1 & 0\\ 0 & 0 & 0 & 0 & 0\end{bmatrix}$$

由阶梯形矩阵知 $r(\boldsymbol{A})=r(\bar{\boldsymbol{A}})=2<4$，故方程组有无穷多解. 求得一个特解为 $\boldsymbol{\eta}^*=(\frac{1}{2},0,0,0)^{\mathrm{T}}$，求得导出组的基础解系为 $\boldsymbol{\xi}_1=(-\frac{1}{2},1,0,0)^{\mathrm{T}}$，$\boldsymbol{\xi}_2=(\frac{1}{2},0,1,0)^{\mathrm{T}}$，所以方程组的结构解为 $\boldsymbol{x}=\boldsymbol{\eta}^*+c_1\boldsymbol{\xi}_1+c_2\boldsymbol{\xi}_2$，($c_1,c_2$ 为任意常数).

$$(4)\ \bar{\boldsymbol{A}}=[\boldsymbol{A} \mid \boldsymbol{b}]=\begin{bmatrix}2 & -4 & 3 & -4 & -11 & 28\\ 1 & -2 & 1 & -2 & -5 & 13\\ 0 & 0 & -3 & 1 & 6 & -10\\ 3 & -6 & 10 & -8 & -28 & 61\end{bmatrix}\to\begin{bmatrix}1 & -2 & 1 & -2 & -5 & 13\\ 0 & 0 & 1 & 0 & -1 & 2\\ 0 & 0 & 0 & 1 & 3 & -4\\ 0 & 0 & 0 & 0 & 0 & 0\end{bmatrix}$$

由阶梯形矩阵知 $r(\boldsymbol{A})=r(\bar{\boldsymbol{A}})=2<5$，故方程组有无穷多解. 求得一个特解为 $\boldsymbol{\eta}^*=(3,0,2,-4,0)^{\mathrm{T}}$，求得导出组的基础解系为 $\boldsymbol{\xi}_1=(2,1,0,0,0)^{\mathrm{T}}$，$\boldsymbol{\xi}_2=(-2,0,1,-3,1)^{\mathrm{T}}$，所以方程组的结构解为 $\boldsymbol{x}=\boldsymbol{\eta}^*+c_1\boldsymbol{\xi}_1+c_2\boldsymbol{\xi}_2$，($c_1,c_2$ 为任意常数).

11. 证明：方程组 $x_1-x_2=a_1,x_2-x_3=a_2,x_3-x_4=a_3,x_4-x_5=a_4,x_5-x_1=a_5$ 有解 $\Leftrightarrow a_1+a_2+a_3+a_4+a_5=0$，并在有解时，求其通解.

证　对方程组的增广矩阵 $\bar{\boldsymbol{A}}$ 作初等行变换，得

$$\bar{\boldsymbol{A}}=[\boldsymbol{A} \mid \boldsymbol{b}]\to\begin{bmatrix}1 & 0 & 0 & 0 & -1 & a_1+a_2+a_3+a_4\\ 0 & 1 & 0 & 0 & -1 & a_2+a_3+a_4\\ 0 & 0 & 1 & 0 & -1 & a_3+a_4\\ 0 & 0 & 0 & 1 & -1 & a_4\\ 0 & 0 & 0 & 0 & 0 & a_1+a_2+a_3+a_4+a_5\end{bmatrix}$$

由阶梯形矩阵知，方程组有解 $\Leftrightarrow r(\boldsymbol{A})=r(\bar{\boldsymbol{A}})\Leftrightarrow a_1+a_2+a_3+a_4+a_5=0$.

当方程组有解时，求得一个特解为 $\boldsymbol{\eta}^*=(a_1+a_2+a_3+a_4,a_2+a_3+a_4,a_3+a_4,a_4)^{\mathrm{T}}$，求得导出组的基础解系为 $\boldsymbol{\xi}=(1,1,1,1,1)^{\mathrm{T}}$，故方程组的通解为 $\boldsymbol{x}=\boldsymbol{\eta}^*+c\boldsymbol{\xi}$（$c$ 为任意常数）.

12. a,b 取何值时，下列方程组有解，并在有解时求其通解：

(1) $\begin{cases} x_1+x_2-2x_3+3x_4=0 \\ 2x_1+x_2-6x_3+4x_4=-1 \\ 3x_1+2x_2+ax_3+7x_4=-1 \\ x_1-x_2-6x_3-x_4=b \end{cases}$；　(2) $\begin{cases} ax_1+x_2+x_3=4 \\ x_1+bx_2+x_3=3 \\ x_1+2bx_2+x_3=4 \end{cases}$.

解　(1) $\bar{\boldsymbol{A}}=[\boldsymbol{A} \mid \boldsymbol{b}]=\begin{bmatrix} 1 & 1 & -2 & 3 & 0 \\ 2 & 1 & -6 & 4 & -1 \\ 3 & 2 & a & 7 & -1 \\ 1 & -1 & -6 & -1 & b \end{bmatrix} \to \begin{bmatrix} 1 & 1 & -2 & 3 & 0 \\ 0 & 1 & 2 & 2 & 1 \\ 0 & 0 & a+8 & 0 & 0 \\ 0 & 0 & 0 & 0 & b+2 \end{bmatrix}$

①当 $b\neq -2$ 时，$r(\boldsymbol{A})\neq r(\bar{\boldsymbol{A}})$，方程组无解.

②当 $b=-2$ 且 $a\neq -8$ 时，$r(\boldsymbol{A})=r(\bar{\boldsymbol{A}})=3<4$，方程组有无穷多解，通解为

$\boldsymbol{x}=(-1,1,0,0)^{\mathrm{T}}+c(-1,-2,0,1)^{\mathrm{T}}$（$c$ 为任意常数）.

③当 $b=-2$ 且 $a=-8$ 时，$r(\bar{\boldsymbol{A}})=r(\boldsymbol{A})=2<4$，方程组有无穷多解，通解为

$\boldsymbol{x}=(-1,1,0,0)^{\mathrm{T}}+c_1(4,-2,1,0)^{\mathrm{T}}+c_2(-1,-2,0,1)^{\mathrm{T}}$，（$c_1,c_2$ 为任意常数）.

(2) $\bar{\boldsymbol{A}}=[\boldsymbol{A} \mid \boldsymbol{b}]=\begin{bmatrix} a & 1 & 1 & 4 \\ 1 & b & 1 & 3 \\ 1 & 2b & 1 & 4 \end{bmatrix} \to \begin{bmatrix} 1 & b & 1 & 3 \\ 0 & 1 & 1-a & 4-2a \\ 0 & 0 & b(1-a) & 4b-2ab-1 \end{bmatrix}$

①当 $b=0$ 时，$r(\boldsymbol{A})\neq r(\bar{\boldsymbol{A}})$，方程组无解.

②当 $a\neq 1$ 且 $b\neq 0$ 时，$r(\boldsymbol{A})=r(\bar{\boldsymbol{A}})=3$，方程组有唯一解 $x_1=\dfrac{1-2b}{b(1-a)}$，$x_2=\dfrac{1}{b}$，$x_3=\dfrac{4b-2ab-1}{b(1-a)}$.

③当 $a=1$ 时，$\bar{\boldsymbol{A}}\to\begin{bmatrix} 1 & b & 1 & 3 \\ 0 & 1 & 0 & 2 \\ 0 & 0 & 0 & 2b-1 \end{bmatrix}$，当 $b\neq\dfrac{1}{2}$ 时，$r(\boldsymbol{A})\neq r(\bar{\boldsymbol{A}})$，方程组无解；当 $b=\dfrac{1}{2}$ 时，方程组有无穷多解，通解为 $\boldsymbol{x}=(2,0,0)^{\mathrm{T}}+c(-1,0,1)^{\mathrm{T}}$，（$c$ 为任意常数）.

13. 设有向量组（Ⅰ）：$\boldsymbol{\alpha}_1=(a,2,10)^{\mathrm{T}}$，$\boldsymbol{\alpha}_2=(-2,1,5)^{\mathrm{T}}$，$\boldsymbol{\alpha}_3=(-1,1,4)^{\mathrm{T}}$，又向量 $\boldsymbol{\beta}=(1,b,-1)^{\mathrm{T}}$，问 a,b 取何值时：(1) 向量 $\boldsymbol{\beta}$ 不能由向量组（Ⅰ）线性表示；(2) $\boldsymbol{\beta}$ 能由向量组（Ⅰ）线性表示且表示式唯一；(3) $\boldsymbol{\beta}$ 能由向量组（Ⅰ）线性表示且表示式不唯一，并在此时求一般表示式.

解　$[\boldsymbol{\alpha}_1\ \boldsymbol{\alpha}_2\ \boldsymbol{\alpha}_3\ \boldsymbol{\beta}]=\begin{bmatrix} a & -2 & -1 & 1 \\ 2 & 1 & 1 & b \\ 10 & 5 & 4 & -1 \end{bmatrix} \to \begin{bmatrix} 2 & 1 & 1 & b \\ 0 & -4-a & 0 & 4ab+10b+a+4 \\ 0 & 0 & 1 & 5b+1 \end{bmatrix}$.

(1) 当 $a=-4$ 且 $b\neq 0$ 时，方程组无解，向量 $\boldsymbol{\beta}$ 不能由向量组（Ⅰ）线性表示.

(2) 当 $a\neq -4$ 时，$r[\boldsymbol{\alpha}_1\ \boldsymbol{\alpha}_2\ \boldsymbol{\alpha}_3]=r[\boldsymbol{\alpha}_1\ \boldsymbol{\alpha}_2\ \boldsymbol{\alpha}_3\ \boldsymbol{\beta}]=3$，方程组有唯一解，即 $\boldsymbol{\beta}$ 能由向量组（Ⅰ）线性表示且表示式唯一.

(3)当 $a=-4,b=0$ 时，$[\boldsymbol{\alpha}_1\ \boldsymbol{\alpha}_2\ \boldsymbol{\alpha}_3\ \boldsymbol{\beta}]\to\begin{bmatrix}2&1&1&0\\0&0&1&1\\0&0&0&0\end{bmatrix}$，方程组有无穷多解，其通解为 $x_1=c,x_2=-1-2c,x_3=1$，（c 为任意常数），此时，$\boldsymbol{\beta}$ 能由向量组（Ⅰ）线性表示且表示式不唯一，其一般表示式为

$$\boldsymbol{\beta}=c\boldsymbol{\alpha}_1+(-1-2c)\boldsymbol{\alpha}_2+\boldsymbol{\alpha}_3(c\text{ 为任意常数}).$$

14. 已知两个齐次线性方程组：

$$(\text{Ⅰ})\begin{cases}x_1+2x_2+3x_3=0\\2x_1+3x_2+5x_3=0;\\x_1+x_2+ax_3=0\end{cases}\quad(\text{Ⅱ})\begin{cases}x_1+bx_2+cx_3=0\\2x_1+b^2x_2+(c+1)x_3=0\end{cases},$$

如果（Ⅰ）与（Ⅱ）同解，求 a,b,c 的值.

解　方程组（Ⅱ）中方程的个数小于未知数的个数，故必有非零解，则方程组（Ⅰ）必有非零解. 从而方程组（Ⅰ）的系数行列式 $|\boldsymbol{A}|=0$，得 $a=2$. 将 $a=2$ 代入方程组（Ⅰ），求得方程组（Ⅰ）的通解为 $\boldsymbol{x}=c(1,1,-1)^{\mathrm{T}}$（$c$ 为任意常数）；将解 $\boldsymbol{x}=(1,1,-1)^{\mathrm{T}}$ 代入方程组（Ⅱ）得 $b=0,c=1$ 或 $b=1,c=2$，但是当 $b=0,c=1$ 时，方程组（Ⅰ）与（Ⅱ）不同解，所以 $a=2,b=1,c=2$ 时，方程组（Ⅰ）与（Ⅱ）同解.

15. 已知方程组(Ⅰ)$\begin{cases}x_1+x_2+x_3=0\\x_1+2x_2+ax_3=0\\x_1+4x_2+a^2x_3=0\end{cases}$ 与（Ⅱ）$x_1+2x_2+x_3=a-1$ 有公共解，求 a 以及所有公共解.

解　（Ⅰ）与（Ⅱ）的公共解就是两个方程组合在一起得到的方程组的解. 当 $a=2$ 时，有唯一公共解 $x=(0,1,-1)^{\mathrm{T}}$；当 $a=1$ 时，有无穷多公共解，公共解为 $x=c(1,0,-1)^{\mathrm{T}}$；其中 c 为任意常数.

16. 设 4 元非齐次线性方程组 $\boldsymbol{Ax}=\boldsymbol{b}$ 有解 $\boldsymbol{\alpha}_1,\boldsymbol{\alpha}_2,\boldsymbol{\alpha}_3$，其中 $\boldsymbol{\alpha}_1=(1,2,3,4)^{\mathrm{T}}$，$\boldsymbol{\alpha}_2+\boldsymbol{\alpha}_3=(2,3,4,5)^{\mathrm{T}}$，且 $r(\boldsymbol{A})=3$，求方程组 $\boldsymbol{Ax}=\boldsymbol{b}$ 的通解.

解　$\boldsymbol{Ax}=\boldsymbol{0}$ 的基础解系含 $4-r(\boldsymbol{A})=1$ 个解向量，而 $2\boldsymbol{\alpha}_1-(\boldsymbol{\alpha}_2+\boldsymbol{\alpha}_3)=(0,1,2,3)^{\mathrm{T}}$ 是 $\boldsymbol{Ax}=\boldsymbol{0}$ 的一个非零解，从而可以作为 $\boldsymbol{Ax}=\boldsymbol{0}$ 的基础解系，于是 $\boldsymbol{Ax}=\boldsymbol{b}$ 的通解为 $\boldsymbol{x}=(1,2,3,4)^{\mathrm{T}}+c(0,1,2,3)^{\mathrm{T}}$，（$c$ 为任意常数）.

17. 习题及详解见典型例题例 4 - 31.

18. 设 $\boldsymbol{A}$ 为 $m\times n$ 矩阵，$r(\boldsymbol{A})=r$，证明：存在秩为 $n-r$ 的矩阵 $\boldsymbol{B}$，使 $\boldsymbol{AB}=\boldsymbol{O}$.

证　因为 $\boldsymbol{A}$ 为 $m\times n$ 矩阵，$r(\boldsymbol{A})=r$，所以齐次线性方程组 $\boldsymbol{Ax}=\boldsymbol{0}$ 的基础解系含有 $n-r$ 个 n 维解向量，设其为 $\boldsymbol{\xi}_1,\boldsymbol{\xi}_2,\cdots,\boldsymbol{\xi}_{n-r}$，构造矩阵 $\boldsymbol{B}=[\boldsymbol{\xi}_1\ \boldsymbol{\xi}_2\cdots\ \boldsymbol{\xi}_{n-r}\ \boldsymbol{0}\ \cdots\ \boldsymbol{0}]$，其中 $\boldsymbol{B}$ 的最后 r 列全为零向量，则 $\boldsymbol{AB}=[\boldsymbol{A\xi}_1\ \boldsymbol{A\xi}_2\cdots\ \boldsymbol{A\xi}_{n-r}\ \boldsymbol{0}\ \cdots\ \boldsymbol{0}]=\boldsymbol{O}$，而且 $r(\boldsymbol{B})=n-r$，即结论成立.

习题 4.4 线性方程组的解的结构(B)

1. 习题及详解见典型例题例 4 - 26.

2. 设 $\boldsymbol{\alpha}_1,\boldsymbol{\alpha}_2,\cdots,\boldsymbol{\alpha}_m$ 为齐次线性方程组 $\boldsymbol{Ax}=\boldsymbol{0}$ 的基础解系，又 $\boldsymbol{\beta}_1=t_1\boldsymbol{\alpha}_1+t_2\boldsymbol{\alpha}_2$，$\boldsymbol{\beta}_2=t_1\boldsymbol{\alpha}_2+t_2\boldsymbol{\alpha}_3,\cdots,\boldsymbol{\beta}_m=t_1\boldsymbol{\alpha}_m+t_2\boldsymbol{\alpha}_1$，其中 t_1,t_2 为实常数，问当 t_1,t_2 满足什么条件时，$\boldsymbol{\beta}_1,\boldsymbol{\beta}_2,\cdots,$

$\boldsymbol{\beta}_m$ 也可以作为 $\boldsymbol{A}\boldsymbol{x}=\boldsymbol{0}$ 的基础解系？

解　(1) 因为 $\boldsymbol{\alpha}_1,\boldsymbol{\alpha}_2,\cdots,\boldsymbol{\alpha}_m$ 为 $\boldsymbol{A}\boldsymbol{x}=\boldsymbol{0}$ 的基础解系，所以 $\boldsymbol{A}\boldsymbol{\alpha}_i=0(i=1,2,\cdots,m)$，于是，$\boldsymbol{A}\boldsymbol{\beta}_i=0,i=1,2,\cdots,m$，即 $\boldsymbol{\beta}_1,\boldsymbol{\beta}_2,\cdots,\boldsymbol{\beta}_m$ 是 $\boldsymbol{A}\boldsymbol{x}=\boldsymbol{0}$ 的解. 又

$$[\boldsymbol{\beta}_1\ \boldsymbol{\beta}_2\cdots\ \boldsymbol{\beta}_m]=[\boldsymbol{\alpha}_1\ \boldsymbol{\alpha}_2\cdots\ \boldsymbol{\alpha}_m]\boldsymbol{P},\text{其中 }\boldsymbol{P}=\begin{bmatrix}t_1 & 0 & \cdots & t_2\\ t_2 & t_1 & \ddots & \vdots\\ \vdots & \ddots & \ddots & 0\\ 0 & \cdots & t_2 & t_1\end{bmatrix},$$

当 $\boldsymbol{P}$ 可逆，即 $|\boldsymbol{P}|=t_1t_1^{m-1}+t_2(-1)^{m+1}t_2^{m-1}=t_1^m+(-1)^{m+1}t_2^m\neq 0$ 时，即当 m 为奇数，$t_1\neq -t_2$ 时，当 m 为偶数，$t_1\neq t_2$ 时，$r(\boldsymbol{\beta}_1\ \boldsymbol{\beta}_2\cdots\ \boldsymbol{\beta}_m)=r(\boldsymbol{\alpha}_1\ \boldsymbol{\alpha}_2\cdots\ \boldsymbol{\alpha}_m)=m$，$\boldsymbol{\beta}_1,\boldsymbol{\beta}_2,\cdots,\boldsymbol{\beta}_m$ 也可以作为 $\boldsymbol{A}\boldsymbol{x}=\boldsymbol{0}$ 的基础解系.

3～6. 习题及详解见典型例题例 4-28、例 4-29、例 4-30、例 4-32.

7. (1)设矩阵 $\boldsymbol{A}_{n\times r}$ 的秩为 $r(r<n)$，则存在 n 阶可逆矩阵 $\boldsymbol{P}$，使 $\boldsymbol{A}=\boldsymbol{P}^{-1}\begin{bmatrix}\boldsymbol{I}_r\\ \boldsymbol{O}_{(n-r)\times r}\end{bmatrix}$，令矩阵 $\boldsymbol{B}=\boldsymbol{P}^{-1}\begin{bmatrix}\boldsymbol{O}_{r\times(n-r)}\\ \boldsymbol{I}_{n-r}\end{bmatrix}$，证明：$n$ 阶方阵 $[\boldsymbol{A}\ \boldsymbol{B}]$ 的列向量组线性无关，并指出 $\boldsymbol{B}$ 与 $\boldsymbol{P}^{-1}$ 的列向量之间的关系.

(2)设 $\boldsymbol{x}_1,\boldsymbol{x}_2,\cdots,\boldsymbol{x}_r(r<n)$ 是 F^n 中的线性无关向量组，证明：必可找到 F^n 中的 $n-r$ 个向量 $\boldsymbol{x}_{r+1},\cdots,\boldsymbol{x}_n$，使得向量组 $\boldsymbol{x}_1,\boldsymbol{x}_2,\cdots,\boldsymbol{x}_n$ 线性无关.

证　(1)因为 $[\boldsymbol{A}\ \boldsymbol{B}]=\left[\boldsymbol{P}^{-1}\begin{bmatrix}\boldsymbol{I}_r\\ \boldsymbol{O}_{(n-r)\times r}\end{bmatrix},\boldsymbol{P}^{-1}\begin{bmatrix}\boldsymbol{O}_{r\times(n-r)}\\ \boldsymbol{I}_{n-r}\end{bmatrix}\right]=\boldsymbol{P}^{-1}\begin{bmatrix}\boldsymbol{I}_r & \boldsymbol{O}_{r\times(n-r)}\\ \boldsymbol{O}_{(n-r)\times r} & \boldsymbol{I}_{n-r}\end{bmatrix}=\boldsymbol{P}^{-1}$，且 $\boldsymbol{P}^{-1}$ 列满秩，所以 n 阶方阵 $[\boldsymbol{A}\ \boldsymbol{B}]$ 的列向量组线性无关，且 $\boldsymbol{B}$ 的列向量组是 $\boldsymbol{P}^{-1}$ 的后 $n-r$ 列向量.

(2)令 $\boldsymbol{A}=[\boldsymbol{x}_1\ \boldsymbol{x}_2\cdots\ \boldsymbol{x}_r]$，由 $\boldsymbol{x}_1,\boldsymbol{x}_2,\cdots,\boldsymbol{x}_r(r<n)$ 是 F^n 中的线性无关向量组知矩阵 $\boldsymbol{A}_{n\times r}$ 的秩为 $r(r<n)$，则存在 n 阶可逆矩阵 $\boldsymbol{P}$，使 $\boldsymbol{P}\boldsymbol{A}=\begin{bmatrix}\boldsymbol{I}_r\\ \boldsymbol{O}_{(n-r)\times r}\end{bmatrix}$，即 $\boldsymbol{A}=\boldsymbol{P}^{-1}\begin{bmatrix}\boldsymbol{I}_r\\ \boldsymbol{O}_{(n-r)\times r}\end{bmatrix}$，令矩阵 $\boldsymbol{B}=\boldsymbol{P}^{-1}\begin{bmatrix}\boldsymbol{O}_{r\times(n-r)}\\ \boldsymbol{I}_{n-r}\end{bmatrix}$，利用(1)的结论有 $[\boldsymbol{A}\ \boldsymbol{B}]=\boldsymbol{P}^{-1}$，即 $[\boldsymbol{A}\ \boldsymbol{B}]$ 的列向量组线性无关，且 $\boldsymbol{B}=[\boldsymbol{x}_{r+1},\cdots,\boldsymbol{x}_n]$ 的列向量组是 $\boldsymbol{P}^{-1}$ 的后 $n-r$ 列向量，从而结论成立.

第 4 章习题

1. 填空题

(1) 设矩阵 $\boldsymbol{A}=\begin{bmatrix}1 & 2 & -2\\ 2 & 1 & 2\\ 3 & 0 & 4\end{bmatrix}$，向量 $\boldsymbol{\alpha}=(a,1,1)^{\mathrm{T}}$，已知 $\boldsymbol{A}\boldsymbol{\alpha}$ 与 $\boldsymbol{\alpha}$ 线性相关，则 a =________.

解　因为 $\boldsymbol{A}\boldsymbol{\alpha}$ 与 $\boldsymbol{\alpha}$ 线性相关，且 $\boldsymbol{\alpha}\neq 0$，所以存在数 k，使得 $\boldsymbol{A}\boldsymbol{\alpha}=k\boldsymbol{\alpha}$，解之得 $a=-1$.

(2)设 4 阶矩阵 $\boldsymbol{A}$ 按列分块为 $\boldsymbol{A}=[\boldsymbol{\alpha}_1\ \ \boldsymbol{\alpha}_2\ \ \boldsymbol{\alpha}_3\ \ \boldsymbol{\alpha}_4]$，其中 $\boldsymbol{\alpha}_1=(-3,5,2,1)^{\mathrm{T}}$，$\boldsymbol{\alpha}_2=$

$(4,-3,7,-1)^{\mathrm{T}}$,若 $\boldsymbol{A}$ 行等价于 $\boldsymbol{B}=\begin{bmatrix}1&0&2&1\\0&1&1&3\\0&0&0&0\\0&0&0&0\end{bmatrix}$,则向量 $\boldsymbol{\alpha}_3=$________,$\boldsymbol{\alpha}_4=$________.

解　因为 $\boldsymbol{A}$ 行等价于 $\boldsymbol{B}$,所以 $\boldsymbol{A}$ 经过一系列初等行变换化为 $\boldsymbol{B}$,即 $\boldsymbol{A},\boldsymbol{B}$ 的列向量组的线性关系不变,因此 $\boldsymbol{\alpha}_3=2\boldsymbol{\alpha}_1+\boldsymbol{\alpha}_2=(-2,7,11,1)^{\mathrm{T}}$,$\boldsymbol{\alpha}_4=\boldsymbol{\alpha}_1+3\boldsymbol{\alpha}_2=(9,-4,23,-2)^{\mathrm{T}}$.

(3)已知向量组 $\boldsymbol{\alpha}_1,\boldsymbol{\alpha}_2,\boldsymbol{\alpha}_3$ 的秩为 2,则向量组 $\boldsymbol{\beta}_1=\boldsymbol{\alpha}_1-\boldsymbol{\alpha}_2,\boldsymbol{\beta}_2=2\boldsymbol{\alpha}_1+3\boldsymbol{\alpha}_2+4\boldsymbol{\alpha}_3,\boldsymbol{\beta}_3=5\boldsymbol{\alpha}_1+6\boldsymbol{\alpha}_2+7\boldsymbol{\alpha}_3$ 的秩为________.

解　$[\boldsymbol{\beta}_1\ \boldsymbol{\beta}_2\ \boldsymbol{\beta}_3]=[\boldsymbol{\alpha}_1\ \boldsymbol{\alpha}_2\ \boldsymbol{\alpha}_3]\boldsymbol{P}$,其中 $\boldsymbol{P}=\begin{bmatrix}1&2&5\\-1&3&6\\0&4&7\end{bmatrix}$,由于 $\boldsymbol{P}$ 可逆,所以 $r[\boldsymbol{\beta}_1\ \boldsymbol{\beta}_2\ \boldsymbol{\beta}_3]=r[\boldsymbol{\alpha}_1\ \boldsymbol{\alpha}_2\ \boldsymbol{\alpha}_3]=2$.

(4)已知向量 $(1,\lambda,2)^{\mathrm{T}}$ 可由向量组 $(\lambda+1,1,1)^{\mathrm{T}},(1,\lambda+1,1)^{\mathrm{T}},(1,1,\lambda+1)^{\mathrm{T}}$ 线性表示且表示式不唯一,则 $\lambda=$________.

解　设 $x_1(1,1,\lambda+1)^{\mathrm{T}}+x_2(1,\lambda+1,1)^{\mathrm{T}}+x_3(\lambda+1,1,1)^{\mathrm{T}}=(1,\lambda,2)^{\mathrm{T}}$,因为

$$\overline{\boldsymbol{A}}=\begin{bmatrix}1&1&\lambda+1&1\\1&\lambda+1&1&\lambda\\\lambda+1&1&1&2\end{bmatrix}\to\begin{bmatrix}1&1&\lambda+1&1\\0&\lambda&-\lambda&\lambda+1\\0&0&-\lambda^2-3\lambda&0\end{bmatrix}$$

当 $\lambda=0$ 时,方程组无解;当 $\lambda=-3$ 时方程组有无穷多解,即表示式不唯一.

(5)设 $\boldsymbol{A}$ 为 n 阶矩阵,已知非齐次线性方程组有不同解 $\boldsymbol{\eta}_1,\boldsymbol{\eta}_2,\boldsymbol{\eta}_3$,且 $\boldsymbol{A}^*\neq\boldsymbol{O}$,则方程组 $\boldsymbol{Ax}=\boldsymbol{0}$ 的基础解系所含向量的个数为________.

解　由非齐次线性方程组有不同解,得 $r(\boldsymbol{A})=r(\overline{\boldsymbol{A}})<n$. 又 $\boldsymbol{A}^*\neq\boldsymbol{O}$,得 $\boldsymbol{A}$ 有不为零的 $n-1$ 阶子式,所以 $r(\boldsymbol{A})=n-1$. 因此方程组 $\boldsymbol{Ax}=\boldsymbol{0}$ 的基础解系所含向量的个数为 $n-r(\boldsymbol{A})=1$.

(6)设矩阵 $\boldsymbol{A}=\begin{bmatrix}1&-1&1\\2&4&-2\\-3&-3&a\end{bmatrix}$,已知齐次线性方程组 $(2\boldsymbol{I}-\boldsymbol{A})\boldsymbol{x}=\boldsymbol{0}$ 的基础解系含 2 个向量,则 $a=$________.

解　$3-r(2\boldsymbol{I}-\boldsymbol{A})=2\Rightarrow r(2\boldsymbol{I}-\boldsymbol{A})=1\Rightarrow a=5$.

(7)设向量组 $\boldsymbol{\alpha}_1,\boldsymbol{\alpha}_2,\boldsymbol{\alpha}_3$ 线性无关,则向量组 $\boldsymbol{\beta}_1=2\boldsymbol{\alpha}_1+2k\boldsymbol{\alpha}_3,\boldsymbol{\beta}_2=2\boldsymbol{\alpha}_2,\boldsymbol{\beta}_3=\boldsymbol{\alpha}_1+(k+1)\boldsymbol{\alpha}_3$ 的秩=______.

解　向量组 $\boldsymbol{\beta}_1,\boldsymbol{\beta}_2,\boldsymbol{\beta}_3$ 可由向量组 $\boldsymbol{\alpha}_1,\boldsymbol{\alpha}_2,\boldsymbol{\alpha}_3$ 线性表示,且有 $[\boldsymbol{\beta}_1\ \boldsymbol{\beta}_2\ \boldsymbol{\beta}_3]=[\boldsymbol{\alpha}_1\ \boldsymbol{\alpha}_2\ \boldsymbol{\alpha}_3]\boldsymbol{A}$,$\boldsymbol{A}=\begin{bmatrix}2&0&1\\0&2&0\\2k&0&k+1\end{bmatrix}$. 由 $|\boldsymbol{A}|=4$,知 $\boldsymbol{A}$ 可逆,于是 $[\boldsymbol{\alpha}_1\ \boldsymbol{\alpha}_2\ \boldsymbol{\alpha}_3]=[\boldsymbol{\beta}_1\ \boldsymbol{\beta}_2\ \boldsymbol{\beta}_3]\boldsymbol{A}^{-1}$,即向量组 $\boldsymbol{\alpha}_1,\boldsymbol{\alpha}_2,\boldsymbol{\alpha}_3$ 可由向量组 $\boldsymbol{\beta}_1,\boldsymbol{\beta}_2,\boldsymbol{\beta}_3$ 线性表示,故向量组 $\boldsymbol{\beta}_1,\boldsymbol{\beta}_2,\boldsymbol{\beta}_3$ 与向量组 $\boldsymbol{\alpha}_1,\boldsymbol{\alpha}_2,\boldsymbol{\alpha}_3$ 等价,从而向量组 $\boldsymbol{\beta}_1,\boldsymbol{\beta}_2,\boldsymbol{\beta}_3$ 的秩=3.

(8)设矩阵 $\boldsymbol{A}$ 按列分块为 $\boldsymbol{A}=[\boldsymbol{\alpha}_1\ \boldsymbol{\alpha}_2\ \boldsymbol{\alpha}_3\ \boldsymbol{\alpha}_4]$,其中 $\boldsymbol{\alpha}_1,\boldsymbol{\alpha}_2,\boldsymbol{\alpha}_3$ 线性无关,$\boldsymbol{\alpha}_4=-\boldsymbol{\alpha}_1+2\boldsymbol{\alpha}_2$,又向量 $\boldsymbol{\beta}=\boldsymbol{\alpha}_1+2\boldsymbol{\alpha}_2+3\boldsymbol{\alpha}_3+4\boldsymbol{\alpha}_4$,则方程组 $\boldsymbol{Ax}=\boldsymbol{\beta}$ 的通解为 $\boldsymbol{x}=$________.

解　由 $\boldsymbol{\alpha}_1,\boldsymbol{\alpha}_2,\boldsymbol{\alpha}_3$ 线性无关,$\boldsymbol{\alpha}_4=-\boldsymbol{\alpha}_1+2\boldsymbol{\alpha}_2$ 得 $r(\boldsymbol{A})=3$,从而 $\boldsymbol{Ax}=\boldsymbol{0}$ 的基础解系所含向

量的个数为 $4-r(\boldsymbol{A})=1$. 由 $\boldsymbol{\alpha}_4=-\boldsymbol{\alpha}_1+2\boldsymbol{\alpha}_2$ 得 $-\boldsymbol{\alpha}_1+2\boldsymbol{\alpha}_2+0\boldsymbol{\alpha}_3-\boldsymbol{\alpha}_4=0$，即 $(-1,2,0,-1)^{\mathrm{T}}$ 是 $\boldsymbol{Ax}=\boldsymbol{0}$ 的非零解；由 $\boldsymbol{\beta}=\boldsymbol{\alpha}_1+2\boldsymbol{\alpha}_2+3\boldsymbol{\alpha}_3+4\boldsymbol{\alpha}_4$ 知 $\boldsymbol{A}(1,2,3,4)^{\mathrm{T}}=\boldsymbol{\beta}$，即 $(1,2,3,4)^{\mathrm{T}}$ 是方程组 $\boldsymbol{Ax}=\boldsymbol{\beta}$ 的一个特解，所以方程组 $\boldsymbol{Ax}=\boldsymbol{\beta}$ 的通解为 $\boldsymbol{x}=(1,2,3,4)^{\mathrm{T}}+c(-1,2,0,-1)^{\mathrm{T}}$，$c$ 为任意常数.

2. 单项选择题

(1)设有 n 维列向量组(Ⅰ)：$\boldsymbol{\alpha}_1,\boldsymbol{\alpha}_2,\cdots,\boldsymbol{\alpha}_s$，$\boldsymbol{A}$ 为 $m\times n$ 矩阵，向量组(Ⅱ)为 $\boldsymbol{A\alpha}_1,\boldsymbol{A\alpha}_2,\cdots,\boldsymbol{A\alpha}_s$，则下列结论正确的是(　　).

A. 若(Ⅰ)线性相关，则(Ⅱ)线性相关　　B. 若(Ⅰ)线性相关，则(Ⅱ)线性无关

C. 若(Ⅰ)线性无关，则(Ⅱ)线性相关　　D. 若(Ⅰ)线性无关，则(Ⅱ)线性无关

解 选 A. 记 $\boldsymbol{B}=[\boldsymbol{\alpha}_1\ \boldsymbol{\alpha}_2\cdots\ \boldsymbol{\alpha}_s]$，则 $[\boldsymbol{A\alpha}_1\ \boldsymbol{A\alpha}_2\cdots\ \boldsymbol{A\alpha}_s]=\boldsymbol{AB}$.

解法1 若(Ⅰ)线性相关，则 $\boldsymbol{Bx}=\boldsymbol{0}$ 有非零解，从而 $\boldsymbol{ABx}=\boldsymbol{0}$ 有非零解，故(Ⅱ)线性相关，

解法2 若(Ⅰ)线性相关，则 $r(\boldsymbol{B})<s$，从而 $r(\boldsymbol{AB})\leqslant r(\boldsymbol{B})<s$ 所以(Ⅱ)线性相关.

(2)设 $\boldsymbol{A}$ 为 $m\times n$ 矩阵，$\boldsymbol{B}$ 为 $n\times m$ 矩阵，已知 $\boldsymbol{AB}=\boldsymbol{I}_m$，则(　　).

A. $r(\boldsymbol{A})=m,r(\boldsymbol{B})=n$　　B. $r(\boldsymbol{A})=r(\boldsymbol{B})=m$

C. $r(\boldsymbol{A})=n,r(\boldsymbol{B})=m$　　D. $r(\boldsymbol{A})=r(\boldsymbol{B})=n$

解 $m=r(\boldsymbol{I}_m)=r(\boldsymbol{AB})\leqslant r(\boldsymbol{A})\leqslant m\Rightarrow r(\boldsymbol{A})=m$，同理可得 $r(\boldsymbol{B})=m$，因此选 B.

(3)设 $\boldsymbol{A},\boldsymbol{B}$ 为满足 $\boldsymbol{AB}=\boldsymbol{O}$ 的任意两个非零矩阵，则必有(　　).

A. $\boldsymbol{A}$ 的列向量组线性相关，$\boldsymbol{B}$ 的行向量组线性相关

B. $\boldsymbol{A}$ 的列向量组线性相关，$\boldsymbol{B}$ 的列向量组线性相关

C. $\boldsymbol{A}$ 的行向量组线性相关，$\boldsymbol{B}$ 的行向量组线性相关

D. $\boldsymbol{A}$ 的行向量组线性相关，$\boldsymbol{B}$ 的列向量组线性相关

解 选 A. $\boldsymbol{B}$ 的列向量组都是 $\boldsymbol{Ax}=\boldsymbol{0}$ 的解，从而 $\boldsymbol{Ax}=\boldsymbol{0}$ 有非零解，故 $\boldsymbol{A}$ 的列向量组线性相关；又 $\boldsymbol{B}^{\mathrm{T}}\boldsymbol{A}^{\mathrm{T}}=\boldsymbol{O}$，故 $\boldsymbol{B}^{\mathrm{T}}$ 的列向量组线性相关，即 $\boldsymbol{B}$ 的行向量组线性相关.

(4)设 $\boldsymbol{Ax}=\boldsymbol{0}$ 是非齐次线性方程组 $\boldsymbol{Ax}=\boldsymbol{b}$ 对应的齐次线性方程组，下列结论正确的是(　　).

A. 若 $\boldsymbol{Ax}=\boldsymbol{0}$ 有非零解，则 $\boldsymbol{Ax}=\boldsymbol{b}$ 有无穷多解

B. 若 $\boldsymbol{Ax}=\boldsymbol{0}$ 仅有零解，则 $\boldsymbol{Ax}=\boldsymbol{b}$ 有唯一解

C. 若 $\boldsymbol{Ax}=\boldsymbol{b}$ 有无穷多解，则 $\boldsymbol{Ax}=\boldsymbol{0}$ 仅有零解

D. 若 $\boldsymbol{Ax}=\boldsymbol{b}$ 有无穷多解，则 $\boldsymbol{Ax}=\boldsymbol{0}$ 有非零解

解 若 $\boldsymbol{Ax}=\boldsymbol{b}$ 有无穷多解，则 $r(\boldsymbol{A})=r(\bar{\boldsymbol{A}})<$ 未知数的个数，所以 $\boldsymbol{Ax}=\boldsymbol{0}$ 有非零解；根据 $\boldsymbol{Ax}=\boldsymbol{0}$ 的解的情况，并不能判断 $\boldsymbol{Ax}=\boldsymbol{b}$ 的解的情况，因为 $\boldsymbol{Ax}=\boldsymbol{b}$ 有无解的情形. 因此选 D.

(5)设 $\boldsymbol{A}$ 为 $m\times n$ 矩阵，$\boldsymbol{B}$ 为 $n\times m$ 矩阵，则线性方程组 $(\boldsymbol{AB})\boldsymbol{x}=\boldsymbol{0}$ (　　).

A. 当 $n>m$ 时仅有零解　　B. 当 $n>m$ 时必有非零解

C. 当 $m>n$ 时仅有零解　　D. 当 $m>n$ 时必有非零解

解 选 D. 因为 $r(\boldsymbol{AB})\leqslant\min\{r(\boldsymbol{A}),r(\boldsymbol{B})\}$，因此当 $m>n$ 时，$r(\boldsymbol{AB})\leqslant n<m$，则线性方程组 $(\boldsymbol{AB})\boldsymbol{x}=\boldsymbol{0}$ 必有非零解；当 $n>m$ 时，$r(\boldsymbol{AB})\leqslant m$，不能判定 $(\boldsymbol{AB})\boldsymbol{x}=\boldsymbol{0}$ 仅有零解，还是必有非零解.

(6)设 $\boldsymbol{\alpha}_1,\boldsymbol{\alpha}_2,\boldsymbol{\alpha}_3$ 为方程组 $\boldsymbol{Ax}=\boldsymbol{0}$ 的基础解系，则下列向量组中可作为 $\boldsymbol{Ax}=\boldsymbol{0}$ 的基础解系的是(　　).

A. $\boldsymbol{\alpha}_1+\boldsymbol{\alpha}_2,\boldsymbol{\alpha}_2+\boldsymbol{\alpha}_3,\boldsymbol{\alpha}_1+2\boldsymbol{\alpha}_2+\boldsymbol{\alpha}_3$

B. $\boldsymbol{\alpha}_1-\boldsymbol{\alpha}_2,\boldsymbol{\alpha}_2-\boldsymbol{\alpha}_3,\boldsymbol{\alpha}_3-\boldsymbol{\alpha}_1$

C. $\boldsymbol{\alpha}_1+2\boldsymbol{\alpha}_2,2\boldsymbol{\alpha}_1+3\boldsymbol{\alpha}_2+4\boldsymbol{\alpha}_3,\boldsymbol{\alpha}_1+2\boldsymbol{\alpha}_2+5\boldsymbol{\alpha}_3$

D. $\boldsymbol{\alpha}_1+\boldsymbol{\alpha}_2+\boldsymbol{\alpha}_3,2\boldsymbol{\alpha}_1-3\boldsymbol{\alpha}_2+22\boldsymbol{\alpha}_3,3\boldsymbol{\alpha}_1+5\boldsymbol{\alpha}_2-5\boldsymbol{\alpha}_3$

解　选C. 因为$\boldsymbol{\alpha}_1,\boldsymbol{\alpha}_2,\boldsymbol{\alpha}_3$为方程组$\boldsymbol{Ax}=\boldsymbol{0}$的基础解系，而$\boldsymbol{\alpha}_1,\boldsymbol{\alpha}_2,\boldsymbol{\alpha}_3$的线性组合都是方程组$\boldsymbol{Ax}=\boldsymbol{0}$的解，因此只需判定各选项中的向量组是线性无关的即可.

由$[\boldsymbol{\beta}_1\ \boldsymbol{\beta}_2\ \boldsymbol{\beta}_3]=[\boldsymbol{\alpha}_1\ \boldsymbol{\alpha}_2\ \boldsymbol{\alpha}_3]\boldsymbol{P}$，$|\boldsymbol{P}|\neq 0$可得向量组$\boldsymbol{\beta}_1,\boldsymbol{\beta}_2,\boldsymbol{\beta}_3$线性无关；其中选项C中$\boldsymbol{P}=\begin{bmatrix}1&2&1\\2&3&2\\0&4&5\end{bmatrix}$，$|\boldsymbol{P}|\neq 0$，从而选项C的向量组线性无关.

(7)习题及详解见典型例题例4-27.

(8)设实向量$\boldsymbol{\alpha}_1=(a_1,a_2,a_3)^{\mathrm{T}},\boldsymbol{\alpha}_2=(b_1,b_2,b_3)^{\mathrm{T}},\boldsymbol{\alpha}_3=(c_1,c_2,c_3)^{\mathrm{T}}$，则$xOy$平面上3条直线$a_ix+b_iy+c_i=0$(其中$a_i^2+b_i^2\neq 0,i=1,2,3$)交于一点的充要条件是(　　).

A. $\boldsymbol{\alpha}_1$、$\boldsymbol{\alpha}_2$、$\boldsymbol{\alpha}_3$线性相关　　B. $\boldsymbol{\alpha}_1,\boldsymbol{\alpha}_2,\boldsymbol{\alpha}_3$线性无关

C. $r[\boldsymbol{\alpha}_1\ \boldsymbol{\alpha}_2\ \boldsymbol{\alpha}_3]=r[\boldsymbol{\alpha}_1\quad \boldsymbol{\alpha}_2]$　　D. $\boldsymbol{\alpha}_1,\boldsymbol{\alpha}_2$线性无关，$\boldsymbol{\alpha}_1,\boldsymbol{\alpha}_2,\boldsymbol{\alpha}_3$线性相关

解　选D. 3条直线交于一点的充要条件是方程组$\begin{cases}a_1x+b_1y=-c_1\\a_2x+b_2y=-c_2\\a_3x+b_3y=-c_3\end{cases}$有唯一解$\Leftrightarrow r[\boldsymbol{\alpha}_1\ \boldsymbol{\alpha}_2]=r[\boldsymbol{\alpha}_1\ \boldsymbol{\alpha}_2-\boldsymbol{\alpha}_3]=2$，即$\boldsymbol{\alpha}_1,\boldsymbol{\alpha}_2$线性无关，$\boldsymbol{\alpha}_1$、$\boldsymbol{\alpha}_2$、$\boldsymbol{\alpha}_3$线性相关. C不正确，因为不能保证秩为2.

3. 习题及详解见典型例题例4-16.

4. 设有向量组(Ⅰ)：$\boldsymbol{\alpha}_1=(1+a,1,1,1)^{\mathrm{T}},\boldsymbol{\alpha}_2=(2,2+a,2,2)^{\mathrm{T}},\boldsymbol{\alpha}_3=(3,3,3+a,3)^{\mathrm{T}},\boldsymbol{\alpha}_4=(4,4,4,4+a)^{\mathrm{T}}$；(1)问$a$取何值时，(Ⅰ)线性相关？(2)在(Ⅰ)线性相关时，求其一个极大无关组并用极大无关组线性表示(Ⅰ)的其他向量.

解　$[\boldsymbol{\alpha}_1\ \boldsymbol{\alpha}_2\ \boldsymbol{\alpha}_3\ \boldsymbol{\alpha}_4]=\begin{bmatrix}1+a&2&3&4\\1&2+a&3&4\\1&2&3+a&4\\1&2&3&4+a\end{bmatrix}\rightarrow\begin{bmatrix}10+a&2&3&4\\0&a&0&0\\0&0&a&0\\0&0&0&a\end{bmatrix}$.

(1)当$a=0$或$a=-10$时，$r[\boldsymbol{\alpha}_1\ \boldsymbol{\alpha}_2\ \boldsymbol{\alpha}_3\ \boldsymbol{\alpha}_4]<4$，(Ⅰ)线性相关；(2)当$a=0$时，$r$(Ⅰ)$=1$，$\boldsymbol{\alpha}_1$为一个极大无关组，且$\boldsymbol{\alpha}_k=k\boldsymbol{\alpha}_1,k=2,3,4$；当$a=-10$时，$r$(Ⅰ)$=3$，$\boldsymbol{\alpha}_2,\boldsymbol{\alpha}_3,\boldsymbol{\alpha}_4$为一个极大无关组，且$\boldsymbol{\alpha}_1=-\boldsymbol{\alpha}_2-\boldsymbol{\alpha}_3-\boldsymbol{\alpha}_4$.

5. 习题及详解见典型例题例4-5.

6. 求解齐次线性方程组$\boldsymbol{Ax}=\boldsymbol{0}$，其系数矩阵为$\boldsymbol{A}=\begin{bmatrix}1&2&3&-1\\2&5&1&-1\\-3&-8&a-1&1\\3&7&4&b-1\end{bmatrix}$.

解　$\boldsymbol{A}\rightarrow\begin{bmatrix}1&2&3&-1\\0&1&-5&1\\0&0&a-2&0\\0&0&0&b+1\end{bmatrix}$，(1)当$a\neq 2$且$b\neq -1$时，$r(\boldsymbol{A})=4$，方程组只有零解；

(2)当 $a=2$ 且 $b\neq-1$ 时，$r(\boldsymbol{A})=3<4$，方程组有非零解，通解为 $\boldsymbol{x}=c(-13,5,1,0)^{\mathrm{T}}$，$c$ 为任意常数；(3)当 $a\neq2$ 且 $b=-1$ 时，$r(\boldsymbol{A})=3<4$，方程组有非零解，通解为 $\boldsymbol{x}=c(3,-1,0,1)^{\mathrm{T}}$，$c$ 为任意常数；(4)当 $a=2$ 且 $b=-1$ 时，$r(\boldsymbol{A})=2<4$，方程组有非零解，通解为 $\boldsymbol{x}=c_1(-13,5,1,0)^{\mathrm{T}}+c_2(3,-1,0,1)^{\mathrm{T}}$，$c_1,c_2$ 为任意常数.

7. 习题及详解见典型例题例 4-23.

8. 设 3 阶矩阵 $\boldsymbol{A}$ 按列分块为 $\boldsymbol{A}=[\boldsymbol{\alpha}_1\ \boldsymbol{\alpha}_2\ \boldsymbol{\alpha}_3]$，已知 $\boldsymbol{\alpha}_1=-2\boldsymbol{\alpha}_2+3\boldsymbol{\alpha}_3$，且 $\boldsymbol{A}$ 的伴随矩阵 $\boldsymbol{A}^*\neq\boldsymbol{O}$. (1)证明 $r(\boldsymbol{A})=2$；(2)若 $\boldsymbol{\beta}=\boldsymbol{\alpha}_1+2\boldsymbol{\alpha}_2+3\boldsymbol{\alpha}_3$，求方程组 $\boldsymbol{Ax}=\boldsymbol{\beta}$ 的通解.

解　(1)由 $\boldsymbol{\alpha}_1=-2\boldsymbol{\alpha}_2+3\boldsymbol{\alpha}_3$ 知 $\boldsymbol{A}$ 的列向量组线性相关，从而 $r(\boldsymbol{A})\leqslant2$；又由 $\boldsymbol{A}^*\neq\boldsymbol{O}$，知 $\boldsymbol{A}$ 有非零 2 阶子式，因此 $r(\boldsymbol{A})\geqslant2$，故 $r(\boldsymbol{A})=2$.

(2)$\boldsymbol{Ax}=\boldsymbol{0}$ 的基础解系含 $3-2=1$ 个解向量，由 $\boldsymbol{\alpha}_1+2\boldsymbol{\alpha}_2-3\boldsymbol{\alpha}_3=\boldsymbol{0}$ 知 $\boldsymbol{\xi}=(1,2,-3)^{\mathrm{T}}$ 是 $\boldsymbol{Ax}=\boldsymbol{0}$ 的一个线性无关的解向量，从而是基础解系；由 $\boldsymbol{\beta}=\boldsymbol{\alpha}_1+2\boldsymbol{\alpha}_2+3\boldsymbol{\alpha}_3$ 知 $\boldsymbol{Ax}=\boldsymbol{\beta}$ 的一个特解为 $\boldsymbol{\eta}=(1,2,3)^{\mathrm{T}}$，于是所求方程组的通解为 $\boldsymbol{x}=(1,2,3)^{\mathrm{T}}+c(1,2,-3)^{\mathrm{T}}$，$c$ 为任意常数.

第5章　线性空间与欧氏空间

5.1　知识图谱

本章知识图谱如图5-1所示。

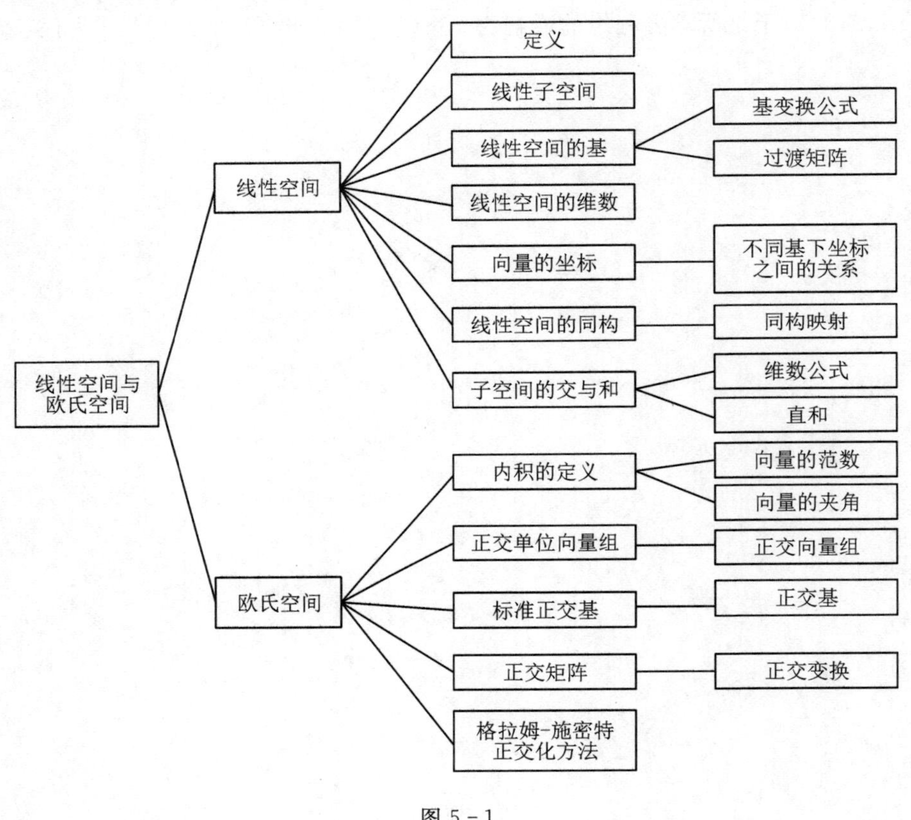

图5-1

5.2　知识要点

1. 线性空间与线性子空间

(1)对于给定的非空集合V和数域F,按照定义的"加法"和"数乘"运算,若线性运算封闭且满足8条运算规律,则称V是数域F上的一个**线性空间**.

(2)设 W 是线性空间 V 的一个非空子集,则 W 是 V 的一个线性**子空间**当且仅当 W 对于 V 中的线性运算封闭.

2. 基、维数和向量的坐标

(1)如果在线性空间 V 中存在一组向量 $\boldsymbol{\alpha}_1,\boldsymbol{\alpha}_2,\cdots,\boldsymbol{\alpha}_n$,满足:① $\boldsymbol{\alpha}_1,\boldsymbol{\alpha}_2,\cdots,\boldsymbol{\alpha}_n$ 线性无关;② $\forall \boldsymbol{\alpha}\in V$,$\boldsymbol{\alpha}$ 可由 $\boldsymbol{\alpha}_1,\boldsymbol{\alpha}_2,\cdots,\boldsymbol{\alpha}_n$ 线性表示为 $\boldsymbol{\alpha}=x_1\boldsymbol{\alpha}_1+x_2\boldsymbol{\alpha}_2+\cdots+x_n\boldsymbol{\alpha}_n(x_i\in F,\ i=1,2,\cdots,n)$,则称 $\boldsymbol{\alpha}_1,\boldsymbol{\alpha}_2,\cdots,\boldsymbol{\alpha}_n$ 为 V 的一个**基**;基中所含向量的个数 n 称为 V 的**维数**,记为 $\dim(V)=n$;称 $x=(x_1,x_2,\cdots,x_n)^{\mathrm{T}}$ 为向量 $\boldsymbol{\alpha}$ 在基 $\boldsymbol{\alpha}_1,\boldsymbol{\alpha}_2,\cdots,\boldsymbol{\alpha}_n$ 下的**坐标**.

(2)零空间是唯一没有基的线性空间,规定零空间的维数为零.

(3)n 维线性空间 V 中任意 n 个线性无关的向量都可作为 V 的基.

3. 几个常见的线性空间的基与维数

(1)F^n 是数域 F 上的 n 维线性空间,F^n 中任意 n 个线性无关的向量都是它的基.

(2)由线性空间 V 中的向量组 $\boldsymbol{\alpha}_1,\boldsymbol{\alpha}_2,\cdots,\boldsymbol{\alpha}_m$ 生成的子空间 $W=\mathrm{span}\{\boldsymbol{\alpha}_1,\boldsymbol{\alpha}_2,\cdots,\boldsymbol{\alpha}_m\}$,基与维数分别是向量组 $\boldsymbol{\alpha}_1,\boldsymbol{\alpha}_2,\cdots,\boldsymbol{\alpha}_m$ 的极大无关组与秩.

(3)n 元齐次线性方程组 $\boldsymbol{Ax}=\boldsymbol{0}$ 的解集 S 是 F^n 的子空间,称 S 为 $\boldsymbol{Ax}=\boldsymbol{0}$ 的解空间. $\boldsymbol{Ax}=\boldsymbol{0}$ 的基础解系是 S 的基,$\dim(S)=n-r(\boldsymbol{A})$.

(4)线性空间 $F^{m\times n}$(全体 $m\times n$ 矩阵)的维数是 $m\times n$,令 E_{ij} 是(i,j)元为 1,其他元素都是零的 $m\times n$ 矩阵,则 $E_{ij},i=1,2,\cdots,m;j=1,2,\cdots,n$ 构成 $F^{m\times n}$ 的一个基.

(5)线性空间 $F[x]_n$(次数不超过 n 的多项式的全体)的维数是 $n+1$,$1,x,x^2,\cdots,x^n$ 是 $F[x]_n$ 的一个基.

4. 基变换与坐标变换

设 $\boldsymbol{\alpha}_1,\boldsymbol{\alpha}_2,\cdots,\boldsymbol{\alpha}_n$ 和 $\boldsymbol{\beta}_1,\boldsymbol{\beta}_2,\cdots,\boldsymbol{\beta}_n$ 是 V 的两个基,且有 $[\boldsymbol{\beta}_1\ \boldsymbol{\beta}_2\cdots\ \boldsymbol{\beta}_n]=[\boldsymbol{\alpha}_1\ \boldsymbol{\alpha}_2\cdots\ \boldsymbol{\alpha}_n]\boldsymbol{A}$,则 $\boldsymbol{A}$ 可逆,称 $\boldsymbol{A}=(a_{ij})_{n\times n}$ 为由基 $\boldsymbol{\alpha}_1,\boldsymbol{\alpha}_2,\cdots,\boldsymbol{\alpha}_n$ 到基 $\boldsymbol{\beta}_1,\boldsymbol{\beta}_2,\cdots,\boldsymbol{\beta}_n$ 的**过渡矩阵**. 设向量 $\boldsymbol{\alpha}$ 在基 $\boldsymbol{\alpha}_1,\boldsymbol{\alpha}_2,\cdots,\boldsymbol{\alpha}_n$ 下的坐标为 $\boldsymbol{x}$,在基 $\boldsymbol{\beta}_1,\boldsymbol{\beta}_2,\cdots,\boldsymbol{\beta}_n$ 下的坐标为 $\boldsymbol{y}$,则有 $\boldsymbol{x}=\boldsymbol{Ay}$(**坐标变换公式**).

5. 线性空间的同构

(1)设 V_1 和 V_2 是数域 F 上的两个线性空间,如果映射 f 是 V_1 到 V_2 的双射,且满足 $\forall \boldsymbol{\alpha},\boldsymbol{\beta}\in V_1,k\in F$,恒有 $f(\boldsymbol{\alpha}+\boldsymbol{\beta})=f(\boldsymbol{\alpha})+f(\boldsymbol{\beta})$,$f(k\boldsymbol{\alpha})=kf(\boldsymbol{\alpha})$,称映射 f 为同构映射.

(2)如果两个线性空间 V_1 和 V_2 之间可以建立一个同构映射,则称 V_1 和 V_2 同构.

(3)在 n 维线性空间 V 中取定一个基后,向量与它的坐标之间的对应就是 V 到 F^n 的一个同构映射.

(4)数域 F 上两个有限维线性空间同构的充分必要条件是它们的维数相同.

6. 子空间的交、和、直和及它们的维数之间的关系

(1)设 V_1 和 V_2 是线性空间 V 的两个子空间,则它们的和 $V_1+V_2=\{\boldsymbol{\alpha}+\boldsymbol{\beta}\mid\boldsymbol{\alpha}\in V_1,\boldsymbol{\beta}\in V_2\}$与交 $V_1\cap V_2$ 也是 V 的子空间.

(2)设 $V_1=\mathrm{span}\{\boldsymbol{\alpha}_1,\cdots,\boldsymbol{\alpha}_s\}$,$V_2=\mathrm{span}\{\boldsymbol{\beta}_1,\cdots,\boldsymbol{\beta}_t\}$,则 $V_1+V_2=\mathrm{span}\{\boldsymbol{\alpha}_1,\cdots,\boldsymbol{\alpha}_s,\boldsymbol{\beta}_1,\cdots,\boldsymbol{\beta}_t\}$.

(3)设 V_1,V_2 是 V 的两个子空间,则 $\dim(V_1)+\dim(V_2)=\dim(V_1+V_2)+\dim(V_1\cap V_2)$.

(4)子空间的直和:设 V_1,V_2 是 V 的两个子空间,如果 V_1+V_2 中每个向量 $\boldsymbol{\alpha}$ 的表示式 $\boldsymbol{\alpha}=\boldsymbol{\alpha}_1+\boldsymbol{\alpha}_2(\boldsymbol{\alpha}_1\in V_1,\boldsymbol{\alpha}_2\in V_2)$是唯一的,则称这个和为 V_1 与 V_2 的直和,记为 $V_1\oplus V_2$.

V_1+V_2 为直和 $\Leftrightarrow V_1\cap V_2=\{\boldsymbol{0}\}$;$V_1+V_2$ 为直和 $\Leftrightarrow \dim(V_1)+\dim(V_2)=\dim(V_1+V_2)$.

7. 欧氏空间

定义了内积的实线性空间称为欧几里得空间,简称为**欧氏空间**.

8. 正交向量组、正交单位向量组、正交基与标准正交基

(1)**正交向量组**:欧氏空间 V 中不含零向量的一个向量组,且其中的向量两两正交.

(2)**正交单位向量组**(标准正交向量组、正交规范向量组):每个向量都是单位向量的正交向量组.

(3)**正交基与标准正交基**:在 n 维欧氏空间 V 中,由 n 个向量组成的正交向量组称为 V 的正交基,由 n 个向量组成的正交单位向量组称为 V 的标准正交基(或规范正交基).

9. Gram-Schmidt(格拉姆-施密特)正交化方法

设 $\boldsymbol{\alpha}_1,\boldsymbol{\alpha}_2,\cdots,\boldsymbol{\alpha}_n$ 是 n 维欧氏空间 V 的一个基,令 $\boldsymbol{\beta}_1=\boldsymbol{\alpha}_1,\boldsymbol{\beta}_2=\boldsymbol{\alpha}_2-\dfrac{\langle\boldsymbol{\alpha}_2,\boldsymbol{\beta}_1\rangle}{\langle\boldsymbol{\beta}_1,\boldsymbol{\beta}_1\rangle}\boldsymbol{\beta}_1,\cdots,\boldsymbol{\beta}_n=\boldsymbol{\alpha}_n-\dfrac{\langle\boldsymbol{\alpha}_n,\boldsymbol{\beta}_1\rangle}{\langle\boldsymbol{\beta}_1,\boldsymbol{\beta}_1\rangle}\boldsymbol{\beta}_1-\dfrac{\langle\boldsymbol{\alpha}_n,\boldsymbol{\beta}_2\rangle}{\langle\boldsymbol{\beta}_2,\boldsymbol{\beta}_2\rangle}\boldsymbol{\beta}_2-\cdots-\dfrac{\langle\boldsymbol{\alpha}_n,\boldsymbol{\beta}_{n-1}\rangle}{\langle\boldsymbol{\beta}_{n-1},\boldsymbol{\beta}_{n-1}\rangle}\boldsymbol{\beta}_{n-1}$,则 $\boldsymbol{\beta}_1,\boldsymbol{\beta}_2,\cdots,\boldsymbol{\beta}_n$ 就是 V 的一个正交基.若再令 $\boldsymbol{e}_i=\dfrac{\boldsymbol{\beta}_i}{\|\boldsymbol{\beta}_i\|},i=1,2,\cdots,n$,就得到了 V 的标准正交基 $\boldsymbol{e}_1,\boldsymbol{e}_2,\cdots,\boldsymbol{e}_n$,且满足 $\mathrm{span}\{\boldsymbol{\alpha}_1,\cdots,\boldsymbol{\alpha}_i\}=\mathrm{span}\{\boldsymbol{e}_1,\cdots,\boldsymbol{e}_i\}(i=1,2,\cdots,n)$.

10. 正交矩阵与正交变换

(1)若 $\boldsymbol{A}$ 是实方阵且满足 $\boldsymbol{A}^{\mathrm{T}}\boldsymbol{A}=\boldsymbol{A}\boldsymbol{A}^{\mathrm{T}}=\boldsymbol{I}$,则称 $\boldsymbol{A}$ 是**正交矩阵**.

(2)实方阵 $\boldsymbol{A}$ 是**正交矩阵** $\Leftrightarrow\boldsymbol{A}$ 的列(行)向量组为标准正交向量组.

(3)设 $\boldsymbol{A}$ 为正交矩阵,则 $\boldsymbol{A}^{\mathrm{T}},\boldsymbol{A}^{-1},\boldsymbol{A}^*$ 均为正交矩阵.

(4)设 $\boldsymbol{A},\boldsymbol{B}$ 为同阶正交矩阵,则 $\boldsymbol{AB}$ 为正交矩阵.

(5)设 $\boldsymbol{P}$ 为 n 阶正交矩阵,称 $\boldsymbol{T}(\boldsymbol{x})=\boldsymbol{P}\boldsymbol{x}(\boldsymbol{x}\in\mathbf{R}^n)$为 $\mathbf{R}^n$ 上的正交变换.

(6)设 $\boldsymbol{P}$ 为 n 阶正交矩阵,$\boldsymbol{x}_1,\boldsymbol{x}_2$ 是 $\mathbf{R}^n$ 中的任意向量,则 $\langle\boldsymbol{P}\boldsymbol{x}_1,\boldsymbol{P}\boldsymbol{x}_2\rangle=\langle\boldsymbol{x}_1,\boldsymbol{x}_2\rangle$,$\|\boldsymbol{P}\boldsymbol{x}\|=\|\boldsymbol{x}\|$.

5.3 典型例题

例 5-1 设 $\mathbf{R}^+$ 是全体正实数组成的集合,定义加法和数乘运算为:$a\oplus b=ab,k\circ a=a^k$,$(\forall a,b\in\mathbf{R}^+,k\in\mathbf{R})$,证明 $\mathbf{R}^+$ 构成实数域 $\mathbf{R}$ 上的线性空间.

证 对于任意的 $a,b\in\mathbf{R}^+$,有 $a\oplus b=ab\in\mathbf{R}^+$;对于任意的 $k\in\mathbf{R},a\in\mathbf{R}^+$,有 $k\circ a=a^k\in\mathbf{R}^+$,所以 $\mathbf{R}^+$ 对所定义的线性运算是封闭的.且满足 8 条运算规律:

(1)$a\oplus b=ab=ba=b\oplus a$；

(2)$(a\oplus b)\oplus c=(ab)c=a(bc)=a\oplus(b\oplus c)$；

(3)$\mathbf{R}^+$ 中存在零元素 1,对任何 $a\in\mathbf{R}^+$,有 $a\oplus 1=a\cdot 1=a$；

(4)对任何 $a\in\mathbf{R}^+$,有 a 的负元素：$\frac{1}{a}\in\mathbf{R}^+$,使 $a\oplus\frac{1}{a}=a\cdot\frac{1}{a}=1$;

(5)$1\circ a=a^1=a$；

(6)$k\circ(l\circ a)=(a^l)^k=a^{kl}=(kl)\circ a$；

(7)$(k+l)\circ a=a^{k+l}=a^k a^l=(k\circ a)\oplus(l\circ a)$；

(8)$k\circ(a\oplus b)=(ab)^k=a^k b^k=(k\circ a)\oplus(k\circ b)$.

因此,$\mathbf{R}^+$ 对于所定义的线性运算构成实数域 $\mathbf{R}$ 上的线性空间.

例 5-2 设 $V=\{\boldsymbol{x}\mid\boldsymbol{x}=(a+b,a-b,a,b)^{\mathrm{T}},a,b\in\mathbf{R}\}\subset\mathbf{R}^4$,证明:$V$ 是 $\mathbf{R}^4$ 的子空间,并求 V 的维数及 V 的一组基.

解 V 中的任一向量 $\boldsymbol{x}$ 可表示为 $\boldsymbol{x}=\begin{bmatrix}a+b\\a-b\\a\\b\end{bmatrix}=\begin{bmatrix}a\\a\\a\\0\end{bmatrix}+\begin{bmatrix}b\\-b\\0\\b\end{bmatrix}=a\begin{bmatrix}1\\1\\1\\0\end{bmatrix}+b\begin{bmatrix}1\\-1\\0\\1\end{bmatrix},a,b\in\mathbf{R}$

记 $\boldsymbol{\alpha}_1=\begin{bmatrix}1\\1\\1\\0\end{bmatrix},\boldsymbol{\alpha}_2=\begin{bmatrix}1\\-1\\0\\1\end{bmatrix}$,则 $V=\mathrm{span}\{\boldsymbol{\alpha}_1,\boldsymbol{\alpha}_2\}$,故 V 是由 $\boldsymbol{\alpha}_1,\boldsymbol{\alpha}_2$ 生成的 $\mathbf{R}^4$ 的子空间. 又 $\boldsymbol{\alpha}_1,\boldsymbol{\alpha}_2$ 线性无关,所以 $\boldsymbol{\alpha}_1,\boldsymbol{\alpha}_2$ 是 V 的一组基,且 $\dim(V)=2$.

例 5-3 设 $W=\mathrm{span}(\boldsymbol{\alpha}_1,\boldsymbol{\alpha}_2,\boldsymbol{\alpha}_3,\boldsymbol{\alpha}_4)$,其中 $\boldsymbol{\alpha}_1=(1,1,0,0)^{\mathrm{T}},\boldsymbol{\alpha}_2=(1,0,1,1)^{\mathrm{T}},\boldsymbol{\alpha}_3=(1,1,2,3)^{\mathrm{T}},\boldsymbol{\alpha}_4=(-1,1,4,-1)^{\mathrm{T}}$,求 W 的基和维数.

解 对$[\boldsymbol{\alpha}_1\ \boldsymbol{\alpha}_2\ \boldsymbol{\alpha}_3\ \boldsymbol{\alpha}_4]$施行初等行变换化为阶梯形矩阵

$$[\boldsymbol{\alpha}_1\ \boldsymbol{\alpha}_2\ \boldsymbol{\alpha}_3\ \boldsymbol{\alpha}_4]=\begin{bmatrix}1&1&1&-1\\1&0&1&1\\0&1&2&4\\0&1&3&-1\end{bmatrix}\to\begin{bmatrix}1&1&1&-1\\0&-1&0&2\\0&0&1&3\\0&0&0&-8\end{bmatrix},$$

得 $\boldsymbol{\alpha}_1,\boldsymbol{\alpha}_2,\boldsymbol{\alpha}_3\ \boldsymbol{\alpha}_4$ 就是向量组 $\boldsymbol{\alpha}_1,\boldsymbol{\alpha}_2,\boldsymbol{\alpha}_3,\boldsymbol{\alpha}_4$ 的一个极大无关组,故 $\boldsymbol{\alpha}_1,\boldsymbol{\alpha}_2,\boldsymbol{\alpha}_3,\boldsymbol{\alpha}_4$ 是 W 的一个基,$\dim(W)=4$.

例 5-4 设 $V_1=\mathrm{span}\{\boldsymbol{\alpha}_1,\boldsymbol{\alpha}_2\}$,其中 $\boldsymbol{\alpha}_1=(1,1,0,0)^{\mathrm{T}},\boldsymbol{\alpha}_2=(1,0,1,1)^{\mathrm{T}},V_2=\mathrm{span}\{\boldsymbol{\beta}_1,\boldsymbol{\beta}_2\}$,其中,$\boldsymbol{\beta}_1=(2,-1,3,3)^{\mathrm{T}},\boldsymbol{\beta}_2=(0,1,-1,-1)^{\mathrm{T}}$,试证:$V_1=V_2$.

分析 要证 $V_1=V_2$,只需证明向量组 $\boldsymbol{\alpha}_1,\boldsymbol{\alpha}_2$ 与 $\boldsymbol{\beta}_1,\boldsymbol{\beta}_2$ 等价即可.

证 对$[\boldsymbol{\alpha}_1\ \boldsymbol{\alpha}_2\ \boldsymbol{\beta}_1\ \boldsymbol{\beta}_2]$进行初等行变换化为阶梯形矩阵

$$[\boldsymbol{\alpha}_1\ \boldsymbol{\alpha}_2\ \boldsymbol{\beta}_1\ \boldsymbol{\beta}_2]=\begin{bmatrix}1&1&2&0\\1&0&-1&1\\0&1&3&-1\\0&1&3&-1\end{bmatrix}\to\begin{bmatrix}1&0&-1&1\\0&1&3&-1\\0&0&0&0\\0&0&0&0\end{bmatrix},$$

得 $r(\boldsymbol{\alpha}_1,\boldsymbol{\alpha}_2)=r(\boldsymbol{\alpha}_1,\boldsymbol{\alpha}_2,\boldsymbol{\beta}_1)=r(\boldsymbol{\alpha}_1,\boldsymbol{\alpha}_2,\boldsymbol{\beta}_2),r(\boldsymbol{\beta}_1,\boldsymbol{\beta}_2)=r(\boldsymbol{\beta}_1,\boldsymbol{\beta}_2,\boldsymbol{\alpha}_1)=r(\boldsymbol{\beta}_1,\boldsymbol{\beta}_2,\boldsymbol{\alpha}_2)$.

故 $\boldsymbol{\beta}_1,\boldsymbol{\beta}_2$ 可由 $\boldsymbol{\alpha}_1,\boldsymbol{\alpha}_2$ 唯一线性表出，$\boldsymbol{\alpha}_1,\boldsymbol{\alpha}_2$ 可由 $\boldsymbol{\beta}_1,\boldsymbol{\beta}_2$ 唯一线性表示，故向量组 $\boldsymbol{\alpha}_1,\boldsymbol{\alpha}_2$ 与 $\boldsymbol{\beta}_1,\boldsymbol{\beta}_2$ 等价，从而 $V_1=V_2$.

例 5－5　给定 $m\times n$ 矩阵 $\boldsymbol{A}$，令 $W=\{\boldsymbol{Ax}\mid \boldsymbol{x}\in F^n\}$，证明：$W$ 是 F^m 的一个子空间（也称 W 为矩阵 $\boldsymbol{A}$ 的列空间），当 $\boldsymbol{A}=\begin{bmatrix}1&-1&2&3\\1&3&0&1\\0&1&-1&-1\\1&-4&-3&-2\end{bmatrix}$ 时，求 W 的基与维数.

证　将矩阵 $\boldsymbol{A}$ 按列分块为 $\boldsymbol{A}_{m\times n}=[\boldsymbol{\alpha}_1\ \boldsymbol{\alpha}_2\cdots\ \boldsymbol{\alpha}_n]$，记 $\boldsymbol{x}=(x_1,x_2,\cdots,x_n)^{\mathrm{T}}\in F^n$，则 $W=\{\boldsymbol{Ax}\mid\boldsymbol{x}\in F^n\}=\{\boldsymbol{\alpha}_1x_1+\boldsymbol{\alpha}_2x_2+\cdots+\boldsymbol{\alpha}_nx_n\mid x_i\in F,i=1,2,\cdots\in n\}=\mathrm{span}\{\boldsymbol{\alpha}_1,\boldsymbol{\alpha}_2,\cdots,\boldsymbol{\alpha}_n\}$，即 W 就是矩阵 $\boldsymbol{A}$ 的列向量组 $\boldsymbol{\alpha}_1,\boldsymbol{\alpha}_2,\cdots,\boldsymbol{\alpha}_n$ 生成的线性空间，因此也称为矩阵 $\boldsymbol{A}$ 的列空间. 由于 $\boldsymbol{\alpha}_i\in F^m,i=1,2,\cdots,n$，所以 W 是线性空间 F^m 的子空间. 矩阵 $\boldsymbol{A}$ 的列向量组 $\boldsymbol{\alpha}_1,\boldsymbol{\alpha}_2,\cdots,\boldsymbol{\alpha}_n$ 的极大线性无关组就是 W 的基，$\dim(W)=r(\boldsymbol{A})$.

当 $\boldsymbol{A}=\begin{bmatrix}1&-1&2&3\\1&3&0&1\\0&1&-1&-1\\1&-4&-3&-2\end{bmatrix}$ 时，对 $\boldsymbol{A}$ 施行初等行变换化为阶梯形矩阵，得

$$\boldsymbol{A}=\begin{bmatrix}1&-1&2&3\\1&3&0&1\\0&1&-1&-1\\1&-4&-3&-2\end{bmatrix}\rightarrow\begin{bmatrix}1&0&0&1\\0&1&0&0\\0&0&1&1\\0&0&0&0\end{bmatrix},$$

故 W 的一个基为 $\boldsymbol{\alpha}_1,\boldsymbol{\alpha}_2,\boldsymbol{\alpha}_3$，$\dim(W)=3$.

例 5－6　设 3 维线性空间 V 有两个基（Ⅰ）：$\boldsymbol{\alpha}_1,\boldsymbol{\alpha}_2,\boldsymbol{\alpha}_3$；（Ⅱ）：$\boldsymbol{\beta}_1,\boldsymbol{\beta}_2,\boldsymbol{\beta}_3$，已知由基（Ⅰ）到基（Ⅱ）的过渡矩阵为 $\boldsymbol{A}=\begin{bmatrix}1&2&1\\-1&3&3\\0&2&2\end{bmatrix}$.（1）求向量 $\boldsymbol{\alpha}=2\boldsymbol{\beta}_1-\boldsymbol{\beta}_2+3\boldsymbol{\beta}_3$ 在基（Ⅰ）下的坐标；（2）求向量 $\boldsymbol{\beta}=2\boldsymbol{\alpha}_1-\boldsymbol{\alpha}_2+3\boldsymbol{\alpha}_3$ 在基（Ⅱ）下的坐标；（3）若向量 $\boldsymbol{\gamma}$ 在基（Ⅰ）下的坐标为 $(4,2,-3)^{\mathrm{T}}$，试选择 V 的一个新基，使 $\boldsymbol{\gamma}$ 在这个新基下的坐标是 $(1,0,0)^{\mathrm{T}}$.

解　由题设 $[\boldsymbol{\beta}_1\ \boldsymbol{\beta}_2\ \boldsymbol{\beta}_3]=[\boldsymbol{\alpha}_1\ \boldsymbol{\alpha}_2\ \boldsymbol{\alpha}_3]\boldsymbol{A}$.

（1）$\boldsymbol{\alpha}=2\boldsymbol{\beta}_1-\boldsymbol{\beta}_2+3\boldsymbol{\beta}_3=[\boldsymbol{\beta}_1\ \boldsymbol{\beta}_2\ \boldsymbol{\beta}_3]\begin{bmatrix}2\\-1\\3\end{bmatrix}=[\boldsymbol{\alpha}_1\ \boldsymbol{\alpha}_2\ \boldsymbol{\alpha}_3]\boldsymbol{A}\begin{bmatrix}2\\-1\\3\end{bmatrix}=[\boldsymbol{\alpha}_1\ \boldsymbol{\alpha}_2\ \boldsymbol{\alpha}_3]\begin{bmatrix}3\\4\\4\end{bmatrix}$，所以 $\boldsymbol{\alpha}$ 在基（Ⅰ）下的坐标为 $(3,4,4)^{\mathrm{T}}$.

（2）$\boldsymbol{\beta}=2\boldsymbol{\alpha}_1-\boldsymbol{\alpha}_2+3\boldsymbol{\alpha}_3=[\boldsymbol{\alpha}_1\ \boldsymbol{\alpha}_2\ \boldsymbol{\alpha}_3]\begin{bmatrix}2\\-1\\3\end{bmatrix}=[\boldsymbol{\beta}_1\ \boldsymbol{\beta}_2\ \boldsymbol{\beta}_3]\boldsymbol{A}^{-1}\begin{bmatrix}2\\-1\\3\end{bmatrix}=[\boldsymbol{\beta}_1\ \boldsymbol{\beta}_2\ \boldsymbol{\beta}_3]\begin{bmatrix}\frac{11}{2}\\-5\\\frac{13}{2}\end{bmatrix}$，所以 $\boldsymbol{\beta}$ 在基（Ⅱ）下的坐标为 $(\frac{11}{2},-5,\frac{13}{2})^{\mathrm{T}}$.

(3)设 V 的一个新基为 $\boldsymbol{\gamma}_1,\boldsymbol{\gamma}_2,\boldsymbol{\gamma}_3$，由基 $\boldsymbol{\gamma}_1,\boldsymbol{\gamma}_2,\boldsymbol{\gamma}_3$ 到基 $\boldsymbol{\alpha}_1,\boldsymbol{\alpha}_2,\boldsymbol{\alpha}_3$ 的过渡矩阵为 $\boldsymbol{B}$，即 $[\boldsymbol{\gamma}_1\ \boldsymbol{\gamma}_2\ \boldsymbol{\gamma}_3]=[\boldsymbol{\alpha}_1\ \boldsymbol{\alpha}_2\ \boldsymbol{\alpha}_3]\boldsymbol{B}$. 由题设，$\boldsymbol{\gamma}=[\boldsymbol{\alpha}_1\ \boldsymbol{\alpha}_2\ \boldsymbol{\alpha}_3]\begin{bmatrix}4\\2\\-3\end{bmatrix}=[\boldsymbol{\gamma}_1\ \boldsymbol{\gamma}_2\ \boldsymbol{\gamma}_3]\begin{bmatrix}1\\0\\0\end{bmatrix}$，从而 $\boldsymbol{B}\begin{bmatrix}1\\0\\0\end{bmatrix}=\begin{bmatrix}4\\2\\-3\end{bmatrix}$.

设 $\boldsymbol{B}=\begin{bmatrix}b_{11}&b_{12}&b_{13}\\b_{21}&b_{22}&b_{23}\\b_{31}&b_{32}&b_{33}\end{bmatrix}$，由 $\boldsymbol{B}\begin{bmatrix}1\\0\\0\end{bmatrix}=\begin{bmatrix}4\\2\\-3\end{bmatrix}$ 得 $b_{11}=4,b_{21}=2,b_{31}=-3$，其他元素可任意取值.

由于 $\boldsymbol{B}$ 是过渡矩阵，所以可逆，于是可取 $\boldsymbol{B}=\begin{bmatrix}4&0&0\\2&1&0\\-3&0&1\end{bmatrix}$，从而 $\boldsymbol{\gamma}_1=4\boldsymbol{\alpha}_1+2\boldsymbol{\alpha}_2-3\boldsymbol{\alpha}_3$，$\boldsymbol{\gamma}_2=\boldsymbol{\alpha}_2,\boldsymbol{\gamma}_3=\boldsymbol{\alpha}_3$ 为所求的新基.

例 5-7　数域 F 上所有 3 阶上三角形矩阵的集合 W，对于通常的矩阵的加法及数乘运算构成数域 F 上的线性空间，求该线性空间 W 的基和维数.

解　设 $\boldsymbol{A}\in W$，则 $\boldsymbol{A}=\begin{bmatrix}a_{11}&a_{12}&a_{13}\\0&a_{22}&a_{23}\\0&0&a_{33}\end{bmatrix}$，其中 $a_{ij}\in F,i,j=1,2,3$，因为

$$\boldsymbol{A}=a_{11}E_{11}+a_{12}E_{12}+a_{13}E_{13}+a_{22}E_{22}+a_{23}E_{23}+a_{33}E_{33}$$

其中，E_{ij} 是(i,j)元为 1，其余元素都为 0 的 3 阶方阵，均为上三角形矩阵.

由此可知，W 中的任一向量均可由 W 中的 6 个向量 $E_{11},E_{12},E_{13},E_{22},E_{23},E_{33}$ 线性表出，且 $E_{11},E_{12},E_{13},E_{22},E_{23},E_{33}$ 的任意线性组合都是 W 中的向量，故 $W=\mathrm{span}\{E_{11},E_{12},E_{13},E_{22},E_{23},E_{33}\}$. 下面证明这 6 个向量线性无关，从而构成 W 的一个基.

设 $x_1E_{11}+x_2E_{12}+x_3E_{13}+x_4E_{22}+x_5E_{23}+x_6E_{33}=0$，即 $\begin{bmatrix}x_1&x_2&x_3\\0&x_4&x_5\\0&0&x_6\end{bmatrix}=\begin{bmatrix}0&0&0\\0&0&0\\0&0&0\end{bmatrix}$，则有 $x_1=x_2=x_3=x_4=x_5=x_6=0$. 故 $E_{11},E_{12},E_{13},E_{22},E_{23},E_{33}$ 线性无关，从而其是线性空间 W 的一个基，$\dim(W)=6$.

例 5-8　在线性空间 $F[x]_2$ 中，证明：$f_1(x)=1+x,f_2(x)=1-x,f_3(x)=1+x+x^2$ 是 $F[x]_2$ 的一个基，并求向量 $f(x)=2x+3x^2$ 在该基下的坐标.

证　因为 $1,x,x^2$ 是 $F[x]_2$ 的一个基，又

$$[f_1(x)\quad f_2(x)\quad f_3(x)]=[1\quad x\quad x^2]\boldsymbol{A},\quad \boldsymbol{A}=\begin{bmatrix}1&1&1\\1&-1&1\\0&0&1\end{bmatrix},$$

由 $|\boldsymbol{A}|=-2$，得 $\boldsymbol{A}$ 可逆，因此向量组 $f_1(x),f_2(x),f_3(x)$ 与向量组 $1,x,x^2$ 可以相互线性表出，故 $f_1(x),f_2(x),f_3(x)$ 也是线性空间 $F[x]_2$ 的一个基.

由于 $f(x)=2x+3x^2=[1\ x\ x^2]\begin{bmatrix}0\\2\\3\end{bmatrix}=[f_1(x)\quad f_2(x)\quad f_3(x)]\boldsymbol{A}^{-1}\begin{bmatrix}0\\2\\3\end{bmatrix}$，所以 $f(x)$ 在基 $f_1(x),f_2(x),f_3(x)$ 下的坐标为

$$A^{-1}\begin{bmatrix}0\\2\\3\end{bmatrix}=\begin{bmatrix}1&1&1\\1&-1&1\\0&0&1\end{bmatrix}^{-1}\begin{bmatrix}0\\2\\3\end{bmatrix}=\begin{bmatrix}-2\\-1\\3\end{bmatrix}.$$

例 5-9　在线性空间 $\mathbf{R}^4$ 中,求由基 $\boldsymbol{e}_1=(1,0,0,0)^{\mathrm{T}},\boldsymbol{e}_2=(1,1,0,0)^{\mathrm{T}},\boldsymbol{e}_3=(1,1,1,0)^{\mathrm{T}}$,$\boldsymbol{e}_4=(1,1,1,1)^{\mathrm{T}}$ 到基 $\boldsymbol{\eta}_1=(1,1,0,0)^{\mathrm{T}}$, $\boldsymbol{\eta}_2=(-1,1,2,0)^{\mathrm{T}}$, $\boldsymbol{\eta}_3=(0,1,2,-1)^{\mathrm{T}}$, $\boldsymbol{\eta}_4=(1,1,0,2)^{\mathrm{T}}$ 的过渡矩阵 $\boldsymbol{A}$,并求向量 $\boldsymbol{\alpha}=\boldsymbol{e}_1+\boldsymbol{e}_2+\boldsymbol{e}_3+\boldsymbol{e}_4$ 在基 $\boldsymbol{\eta}_1,\boldsymbol{\eta}_2,\boldsymbol{\eta}_3,\boldsymbol{\eta}_4$ 下的坐标.

解　由 $[\boldsymbol{\eta}_1\ \boldsymbol{\eta}_2\ \boldsymbol{\eta}_3\ \boldsymbol{\eta}_4]=[\boldsymbol{e}_1\ \boldsymbol{e}_2\ \boldsymbol{e}_3\ \boldsymbol{e}_4]\boldsymbol{A}$,即

$$\begin{bmatrix}1&-1&0&1\\1&1&1&1\\0&2&2&0\\0&0&-1&2\end{bmatrix}=\begin{bmatrix}1&1&1&1\\0&1&1&1\\0&0&1&1\\0&0&0&1\end{bmatrix}\boldsymbol{A},\text{得 }\boldsymbol{A}=\begin{bmatrix}1&1&1&1\\0&1&1&1\\0&0&1&1\\0&0&0&1\end{bmatrix}^{-1}\begin{bmatrix}1&-1&0&1\\1&1&1&1\\0&2&2&0\\0&0&-1&2\end{bmatrix},$$

由于

$$\left[\begin{array}{cccc:cccc}1&1&1&1&1&-1&0&1\\0&1&1&1&1&1&1&1\\0&0&1&1&0&2&2&0\\0&0&0&1&0&0&-1&2\end{array}\right]\xrightarrow{\text{初等行变换}}\left[\begin{array}{cccc:cccc}1&0&0&0&0&-2&-1&0\\0&1&0&0&1&-1&-1&1\\0&0&1&0&0&2&3&-2\\0&0&0&1&0&0&-1&2\end{array}\right],$$

故 $\boldsymbol{A}=\begin{bmatrix}0&-2&-1&0\\1&-1&-1&1\\0&2&3&-2\\0&0&-1&2\end{bmatrix}$.

因为 $\boldsymbol{\alpha}=[\boldsymbol{e}_1\boldsymbol{e}_2\boldsymbol{e}_3\boldsymbol{e}_4]\begin{bmatrix}1\\1\\1\\1\end{bmatrix}=[\boldsymbol{\eta}_1\boldsymbol{\eta}_2\boldsymbol{\eta}_3\boldsymbol{\eta}_4]\boldsymbol{A}^{-1}\begin{bmatrix}1\\1\\1\\1\end{bmatrix}$,所以向量 $\boldsymbol{\alpha}$ 在基 $\boldsymbol{\eta}_1,\boldsymbol{\eta}_2,\boldsymbol{\eta}_3,\boldsymbol{\eta}_4$ 下的坐标为 $\boldsymbol{A}^{-1}\begin{bmatrix}1\\1\\1\\1\end{bmatrix}=\begin{bmatrix}0\\-2\\3\\2\end{bmatrix}$.

例 5-10　证明:元素组

$\boldsymbol{A}_1=\begin{bmatrix}-1&1\\0&0\end{bmatrix},\boldsymbol{A}_2=\begin{bmatrix}1&1\\0&0\end{bmatrix},\boldsymbol{A}_3=\begin{bmatrix}0&0\\1&0\end{bmatrix},\boldsymbol{A}_4=\begin{bmatrix}0&0\\0&1\end{bmatrix}$ 是 $F^{2\times2}$ 的一个基,并求 $\boldsymbol{A}=\begin{bmatrix}2&0\\-1&3\end{bmatrix}$ 在此基下的坐标.

证法 1　$F^{2\times2}$ 的维数为 4,所以 $F^{2\times2}$ 中任意 4 个线性无关的向量都可作为 $F^{2\times2}$ 的基.下面用定义证明 $\boldsymbol{A}_1,\boldsymbol{A}_2,\boldsymbol{A}_3,\boldsymbol{A}_4$ 线性无关.

设有一组数 k_1,k_2,k_3,k_4 使得 $k_1\boldsymbol{A}_1+k_2\boldsymbol{A}_2+k_3\boldsymbol{A}_3+k_4\boldsymbol{A}_4=\begin{bmatrix}0&0\\0&0\end{bmatrix}$,即

$$\begin{bmatrix}-k_1+k_2&k_1+k_2\\k_3&k_4\end{bmatrix}=\begin{bmatrix}0&0\\0&0\end{bmatrix},$$

解之得 $k_1=k_2=k_3=k_4=0$,故 $\boldsymbol{A}_1,\boldsymbol{A}_2,\boldsymbol{A}_3,\boldsymbol{A}_4$ 线性无关,从而是 $F^{2\times2}$ 的一个基.

设 $\boldsymbol{A}=\begin{bmatrix}2&0\\-1&3\end{bmatrix}=x_1\boldsymbol{A}_1+x_2\boldsymbol{A}_2+x_3\boldsymbol{A}_3+x_4\boldsymbol{A}_4$，即 $\begin{bmatrix}-x_1+x_2&x_1+x_2\\x_3&x_4\end{bmatrix}=\begin{bmatrix}2&0\\-1&3\end{bmatrix}$，解之得 $x_1=-1,x_2=1,x_3=-1,x_4=3$，故 $\boldsymbol{A}$ 在此基下的坐标为 $(-1,1,-1,3)^{\mathrm{T}}$.

证法 2　因为 $\boldsymbol{E}_{11}=\begin{bmatrix}1&0\\0&0\end{bmatrix},\boldsymbol{E}_{12}=\begin{bmatrix}0&1\\0&0\end{bmatrix},\boldsymbol{E}_{21}=\begin{bmatrix}0&0\\1&0\end{bmatrix},\boldsymbol{E}_{22}=\begin{bmatrix}0&0\\0&1\end{bmatrix}$ 是 $F^{2\times2}$ 的一个基，又

$$[\boldsymbol{A}_1\ \boldsymbol{A}_2\ \boldsymbol{A}_3\ \boldsymbol{A}_4]=[\boldsymbol{E}_{11}\ \boldsymbol{E}_{12}\ \boldsymbol{E}_{21}\ \boldsymbol{E}_{22}]\boldsymbol{B},\boldsymbol{B}=\begin{bmatrix}-1&1&0&0\\1&1&0&0\\0&0&1&0\\0&0&0&1\end{bmatrix},$$

因为矩阵 $\boldsymbol{B}$ 可逆，所以 $\boldsymbol{E}_{11},\boldsymbol{E}_{12},\boldsymbol{E}_{21},\boldsymbol{E}_{22}$ 与 $\boldsymbol{A}_1,\boldsymbol{A}_2,\boldsymbol{A}_3,\boldsymbol{A}_4$ 可相互线性表出，即两个向量组等价，故 $\boldsymbol{A}_1,\boldsymbol{A}_2,\boldsymbol{A}_3,\boldsymbol{A}_4$ 也是 $F^{2\times2}$ 的一个基.

矩阵 $\boldsymbol{B}$ 为由基 $\boldsymbol{E}_{11},\boldsymbol{E}_{12},\boldsymbol{E}_{21},\boldsymbol{E}_{22}$ 到基 $\boldsymbol{A}_1,\boldsymbol{A}_2,\boldsymbol{A}_3,\boldsymbol{A}_4$ 的过渡矩阵. $\boldsymbol{A}$ 在基 $\boldsymbol{E}_{11},\boldsymbol{E}_{12},\boldsymbol{E}_{21},\boldsymbol{E}_{22}$ 下的坐标是 $(2,0,-1,3)^{\mathrm{T}}$，由坐标变换公式得，$\boldsymbol{A}$ 在基 $\boldsymbol{A}_1,\boldsymbol{A}_2,\boldsymbol{A}_3,\boldsymbol{A}_4$ 下的坐标为

$$\boldsymbol{B}^{-1}\begin{bmatrix}2\\0\\-1\\3\end{bmatrix}=\begin{bmatrix}-1\\1\\-1\\3\end{bmatrix}.$$

例 5-11　设向量组 $\boldsymbol{\alpha}_1,\boldsymbol{\alpha}_2,\boldsymbol{\alpha}_3$ 为 $\mathbf{R}^3$ 的一个基，又 $\boldsymbol{\beta}_1=2\boldsymbol{\alpha}_1+k\boldsymbol{\alpha}_3,\boldsymbol{\beta}_2=2\boldsymbol{\alpha}_2+3\boldsymbol{\alpha}_3,\boldsymbol{\beta}_3=2\boldsymbol{\alpha}_1+(k+1)\boldsymbol{\alpha}_3$，其中 k 为常数. (1)证明：$\boldsymbol{\beta}_1,\boldsymbol{\beta}_2,\boldsymbol{\beta}_3$ 也是 $\mathbf{R}^3$ 的一个基；(2)k 为何值时，存在非零向量 $\boldsymbol{\xi}\in\mathbf{R}^3$，使得 $\boldsymbol{\xi}$ 在基 $\boldsymbol{\alpha}_1,\boldsymbol{\alpha}_2,\boldsymbol{\alpha}_3$ 与基 $\boldsymbol{\beta}_1,\boldsymbol{\beta}_2,\boldsymbol{\beta}_3$ 下的坐标相同，并求所有的 $\boldsymbol{\xi}$.

证　(1)由题设，$[\boldsymbol{\beta}_1\ \boldsymbol{\beta}_2\ \boldsymbol{\beta}_3]=[\boldsymbol{\alpha}_1\ \boldsymbol{\alpha}_2\ \boldsymbol{\alpha}_3]\boldsymbol{A}$，其中 $\boldsymbol{A}=\begin{bmatrix}2&0&2\\0&2&0\\k&3&k+1\end{bmatrix}$. 由 $|\boldsymbol{A}|=4\neq0$，知 $\boldsymbol{A}$ 可逆. 从而向量组 $\boldsymbol{\beta}_1,\boldsymbol{\beta}_2,\boldsymbol{\beta}_3$ 与向量组 $\boldsymbol{\alpha}_1,\boldsymbol{\alpha}_2,\boldsymbol{\alpha}_3$ 可以相互线性表出，即两个向量组等价. 故 $\boldsymbol{\beta}_1,\boldsymbol{\beta}_2,\boldsymbol{\beta}_3$ 线性无关，从而也是 $\mathbf{R}^3$ 的一个基.

(2)设非零向量 $\boldsymbol{\xi}$ 在基 $\boldsymbol{\alpha}_1,\boldsymbol{\alpha}_2,\boldsymbol{\alpha}_3$ 下的坐标为 $\boldsymbol{x}$，在基 $\boldsymbol{\beta}_1,\boldsymbol{\beta}_2,\boldsymbol{\beta}_3$ 下的坐标为 $\boldsymbol{y}$，则 $\boldsymbol{x}=\boldsymbol{A}\boldsymbol{y}$，要使 $\boldsymbol{x}=\boldsymbol{y}$，即 $\boldsymbol{x}=\boldsymbol{A}\boldsymbol{x}$，得 $(\boldsymbol{A}-\boldsymbol{I})\boldsymbol{x}=\mathbf{0}$. 因为 $\boldsymbol{\xi}$ 是非零向量，所以其坐标 $\boldsymbol{x}$ 为非零向量，所以 $|\boldsymbol{A}-\boldsymbol{I}|=0$，得 $k=0$. 将 $k=0$ 代入 $(\boldsymbol{A}-\boldsymbol{I})\boldsymbol{x}=\mathbf{0}$，解得基础解系 $\boldsymbol{x}=(-2,0,1)^{\mathrm{T}}$，因此所求非零向量为 $\boldsymbol{\xi}=c(-2\boldsymbol{\alpha}_1+\boldsymbol{\alpha}_3)^{\mathrm{T}},c\neq0$.

例 5-12　设向量组 $\boldsymbol{\alpha}_1=(1,2,1)^{\mathrm{T}},\boldsymbol{\alpha}_2=(1,3,2)^{\mathrm{T}},\boldsymbol{\alpha}_3=(1,a,3)^{\mathrm{T}}$ 为 $\mathbf{R}^3$ 的一个基，$\boldsymbol{\beta}=(1,1,1)^{\mathrm{T}}$ 在这个基下的坐标为 $(b,c,1)^{\mathrm{T}}$. (1)求 a,b,c；(2)证明 $\boldsymbol{\alpha}_2,\boldsymbol{\alpha}_3,\boldsymbol{\beta}$ 为 $\mathbf{R}^3$ 的一个基，并求 $\boldsymbol{\alpha}_2,\boldsymbol{\alpha}_3,\boldsymbol{\beta}$ 到 $\boldsymbol{\alpha}_1$、$\boldsymbol{\alpha}_2$、$\boldsymbol{\alpha}_3$ 的过渡矩阵.

解　(1)由题设得 $b\boldsymbol{\alpha}_1+c\boldsymbol{\alpha}_2+\boldsymbol{\alpha}_3=\boldsymbol{\beta}$，即

$$\begin{cases}b+c+1=1\\2b+3c+a=1,\\b+2c+3=1\end{cases}$$

解得 $a=3,b=2,c=-2$.

(2)因为$|\boldsymbol{\alpha}_2\ \boldsymbol{\alpha}_3\ \boldsymbol{\beta}|=\begin{vmatrix}1&1&1\\3&3&1\\2&3&1\end{vmatrix}=2\neq0$,所以$\boldsymbol{\alpha}_2,\boldsymbol{\alpha}_3,\boldsymbol{\beta}$为$\mathbf{R}^3$的一个基.

由(1)知$\boldsymbol{\beta}=2\boldsymbol{\alpha}_1-2\boldsymbol{\alpha}_2+\boldsymbol{\alpha}_3$,所以$\boldsymbol{\alpha}_1=\boldsymbol{\alpha}_2-\frac{1}{2}\boldsymbol{\alpha}_3+\frac{1}{2}\boldsymbol{\beta}$.

从而$[\boldsymbol{\alpha}_1\ \boldsymbol{\alpha}_2\ \boldsymbol{\alpha}_3]=[\boldsymbol{\alpha}_2\ \boldsymbol{\alpha}_3\ \boldsymbol{\beta}]\begin{bmatrix}1&1&0\\-\frac{1}{2}&0&1\\\frac{1}{2}&0&0\end{bmatrix}$,故$\begin{bmatrix}1&1&0\\-\frac{1}{2}&0&1\\\frac{1}{2}&0&0\end{bmatrix}$为所求过渡矩阵.

例 5-13　在$\mathbf{R}^4$中,设向量$\boldsymbol{\alpha}_1=(1,2,1,0)^{\mathrm{T}},\boldsymbol{\alpha}_2=(-1,1,1,1)^{\mathrm{T}}$生成子空间$V_1$;$\boldsymbol{\beta}_1=(2,-1,0,1)^{\mathrm{T}}$,$\boldsymbol{\beta}_2=(1,-1,3,7)^{\mathrm{T}}$生成子空间$V_2$,试求$V_1+V_2,V_1\cap V_2$的基与维数.

解　记$V_1=\mathrm{span}\{\boldsymbol{\alpha}_1,\boldsymbol{\alpha}_2\},V_2=\mathrm{span}\{\boldsymbol{\beta}_1,\boldsymbol{\beta}_2\}$,则$V_1+V_2=\mathrm{span}\{\boldsymbol{\alpha}_1,\boldsymbol{\alpha}_2,\boldsymbol{\beta}_1,\boldsymbol{\beta}_2\}$. 由于$\boldsymbol{\alpha}_1$,$\boldsymbol{\alpha}_2$线性无关,$\boldsymbol{\beta}_1,\boldsymbol{\beta}_2$线性无关,所以$\dim(V_1)=2,\dim(V_2)=2$. 对$\boldsymbol{A}=[\boldsymbol{\alpha}_1\ \boldsymbol{\alpha}_2\ \boldsymbol{\beta}_1\ \boldsymbol{\beta}_2]$作初等行变换,得

$$\boldsymbol{A}=[\boldsymbol{\alpha}_1\ \boldsymbol{\alpha}_2\ \boldsymbol{\beta}_1\ \boldsymbol{\beta}_2]\rightarrow\begin{bmatrix}1&0&0&-1\\0&1&0&4\\0&0&1&3\\0&0&0&0\end{bmatrix}=\boldsymbol{B},$$

由阶梯形矩阵$\boldsymbol{B}$可见,$\boldsymbol{\alpha}_1,\boldsymbol{\alpha}_2,\boldsymbol{\beta}_1$是$\boldsymbol{\alpha}_1,\boldsymbol{\alpha}_2,\boldsymbol{\beta}_1,\boldsymbol{\beta}_2$的一个极大无关组,因此$\boldsymbol{\alpha}_1,\boldsymbol{\alpha}_2,\boldsymbol{\beta}_1$是$V_1+V_2$的一个基,从而有$\dim(V_1+V_2)=3$.

由$\dim(V_1\cap V_2)=\dim(V_1)+\dim(V_2)-\dim(V_1+V_2)=2+2-3=1$知$V_1\cap V_2$的维数为1,于是$V_1\cap V_2$中的任一非零向量则是它的基. 由矩阵$\boldsymbol{B}$得,$\boldsymbol{\beta}_2=-\boldsymbol{\alpha}_1+4\boldsymbol{\alpha}_2+3\boldsymbol{\beta}_1$,从而有$-\boldsymbol{\alpha}_1+4\boldsymbol{\alpha}_2=-3\boldsymbol{\beta}_1+\boldsymbol{\beta}_2=(-5,2,3,4)^{\mathrm{T}}$. 又$-\boldsymbol{\alpha}_1+4\boldsymbol{\alpha}_2\in V_1,-3\boldsymbol{\beta}_1+\boldsymbol{\beta}_2\in V_2$,因此向量$(-5,2,3,4)^{\mathrm{T}}\in V_1\cap V_2$. 所以向量$(-5,2,3,4)^{\mathrm{T}}$是$V_1\cap V_2$的一个基.

例 5-14　设$\boldsymbol{\alpha}_1,\boldsymbol{\alpha}_2,\cdots,\boldsymbol{\alpha}_n$是$n$维线性空间$V$的基,$\boldsymbol{\beta}_1,\boldsymbol{\beta}_2,\cdots,\boldsymbol{\beta}_n$是$V$中的向量,且$[\boldsymbol{\beta}_1\ \boldsymbol{\beta}_2\cdots\ \boldsymbol{\beta}_n]=[\boldsymbol{\alpha}_1\ \boldsymbol{\alpha}_2\cdots\ \boldsymbol{\alpha}_n]\boldsymbol{A}$,证明:$\boldsymbol{\beta}_1,\boldsymbol{\beta}_2,\cdots,\boldsymbol{\beta}_n$是$V$的基的充要条件是矩阵$\boldsymbol{A}$可逆.

证　必要性　设$\boldsymbol{\beta}_1,\boldsymbol{\beta}_2,\cdots,\boldsymbol{\beta}_n$为$V$的基,则$\boldsymbol{\alpha}_1,\boldsymbol{\alpha}_2,\cdots,\boldsymbol{\alpha}_n$可由$\boldsymbol{\beta}_1,\boldsymbol{\beta}_2,\cdots,\boldsymbol{\beta}_n$线性表示,即$[\boldsymbol{\alpha}_1\ \boldsymbol{\alpha}_2\cdots\ \boldsymbol{\alpha}_n]=[\boldsymbol{\beta}_1\ \boldsymbol{\beta}_2\cdots\ \boldsymbol{\beta}_n]\boldsymbol{B}$,又$[\boldsymbol{\beta}_1\ \boldsymbol{\beta}_2\cdots\ \boldsymbol{\beta}_n]=[\boldsymbol{\alpha}_1\ \boldsymbol{\alpha}_2\cdots\ \boldsymbol{\alpha}_n]\boldsymbol{A}$,于是有$[\boldsymbol{\alpha}_1\ \boldsymbol{\alpha}_2\cdots\ \boldsymbol{\alpha}_n]=[\boldsymbol{\alpha}_1\ \boldsymbol{\alpha}_2\cdots\ \boldsymbol{\alpha}_n]\boldsymbol{AB}$,故得$\boldsymbol{AB}=\boldsymbol{I}$,从而矩阵$\boldsymbol{A}$可逆.

充分性　设$\boldsymbol{A}$可逆,则由$[\boldsymbol{\beta}_1\ \boldsymbol{\beta}_2\cdots\ \boldsymbol{\beta}_n]=[\boldsymbol{\alpha}_1\ \boldsymbol{\alpha}_2\cdots\ \boldsymbol{\alpha}_n]\boldsymbol{A}$,得$[\boldsymbol{\alpha}_1\ \boldsymbol{\alpha}_2\cdots\ \boldsymbol{\alpha}_n]=[\boldsymbol{\beta}_1\ \boldsymbol{\beta}_2\cdots\ \boldsymbol{\beta}_n]\boldsymbol{A}^{-1}$,故$\boldsymbol{\alpha}_1,\boldsymbol{\alpha}_2,\cdots,\boldsymbol{\alpha}_n$与$\boldsymbol{\beta}_1,\boldsymbol{\beta}_2,\cdots,\boldsymbol{\beta}_n$能够相互线性表示. 即$\boldsymbol{\alpha}_1,\boldsymbol{\alpha}_2,\cdots,\boldsymbol{\alpha}_n$与$\boldsymbol{\beta}_1,\boldsymbol{\beta}_2,\cdots,\boldsymbol{\beta}_n$等价,所以$\boldsymbol{\beta}_1,\boldsymbol{\beta}_2,\cdots,\boldsymbol{\beta}_n$线性无关,从而是$n$维线性空间$V$的一个基.

例 5-15　设$\boldsymbol{\alpha}_1,\boldsymbol{\alpha}_2,\cdots,\boldsymbol{\alpha}_m$是欧氏空间$V$中的一组向量,令行列式

$$D=\begin{vmatrix}\langle\boldsymbol{\alpha}_1,\boldsymbol{\alpha}_1\rangle&\langle\boldsymbol{\alpha}_1,\boldsymbol{\alpha}_2\rangle&\cdots&\langle\boldsymbol{\alpha}_1,\boldsymbol{\alpha}_m\rangle\\\langle\boldsymbol{\alpha}_2,\boldsymbol{\alpha}_1\rangle&\langle\boldsymbol{\alpha}_2,\boldsymbol{\alpha}_2\rangle&\cdots&\langle\boldsymbol{\alpha}_2,\boldsymbol{\alpha}_m\rangle\\\vdots&\vdots&&\vdots\\\langle\boldsymbol{\alpha}_m,\boldsymbol{\alpha}_1\rangle&\langle\boldsymbol{\alpha}_m,\boldsymbol{\alpha}_2\rangle&\cdots&\langle\boldsymbol{\alpha}_m,\boldsymbol{\alpha}_m\rangle\end{vmatrix},$$

证明:$\boldsymbol{\alpha}_1,\boldsymbol{\alpha}_2,\cdots,\boldsymbol{\alpha}_m$线性无关$\Leftrightarrow D\neq0$.

证 设有一组数 $x_1,x_2,\cdots,x_m$，使得

$$x_1\boldsymbol{\alpha}_1+x_2\boldsymbol{\alpha}_2+\cdots+x_m\boldsymbol{\alpha}_m=\mathbf{0} \tag{5-1}$$

则 $\boldsymbol{\alpha}_1,\boldsymbol{\alpha}_2,\cdots,\boldsymbol{\alpha}_m$ 线性无关⇔方程组(5-1)只有零解.

构造以 D 为系数行列式的线性方程组

$$\begin{cases}\langle\boldsymbol{\alpha}_1,\boldsymbol{\alpha}_1\rangle x_1+\langle\boldsymbol{\alpha}_1,\boldsymbol{\alpha}_2\rangle x_2+\cdots+\langle\boldsymbol{\alpha}_1,\boldsymbol{\alpha}_m\rangle x_m=0\\ \langle\boldsymbol{\alpha}_2,\boldsymbol{\alpha}_1\rangle x_1+\langle\boldsymbol{\alpha}_2,\boldsymbol{\alpha}_2\rangle x_2+\cdots+\langle\boldsymbol{\alpha}_2,\boldsymbol{\alpha}_m\rangle x_m=0\\ \qquad\cdots\cdots\\ \langle\boldsymbol{\alpha}_m,\boldsymbol{\alpha}_1\rangle x_1+\langle\boldsymbol{\alpha}_m,\boldsymbol{\alpha}_2\rangle x_2+\cdots+\langle\boldsymbol{\alpha}_m,\boldsymbol{\alpha}_m\rangle x_m=0\end{cases} \tag{5-2}$$

则 $D\neq0$⇔方程组(5-2)只有零解.因此,只要证明方程组(5-1)与方程组(5-2)同解,即得本题结论.

设 $x_1,x_2,\cdots,x_m$ 是方程组(5-1)的解,即有 $x_1\boldsymbol{\alpha}_1+x_2\boldsymbol{\alpha}_2+\cdots+x_m\boldsymbol{\alpha}_m=0$.分别用 $\boldsymbol{\alpha}_1,\boldsymbol{\alpha}_2,\cdots,\boldsymbol{\alpha}_m$ 与方程组(5-1)两端作内积,得方程组(5-2),因此 $x_1,x_2,\cdots,x_m$ 也满足方程组(5-2),即方程组(5-1)的解都是方程组(5-2)的解.

设 $x_1,x_2,\cdots,x_m$ 是方程组(5-2)的解,则 $\sum\limits_{j=1}^{m}\langle\boldsymbol{\alpha}_i,\boldsymbol{\alpha}_j\rangle x_j=0,i=1,2,\cdots,n$,利用内积的性质,有

$$\sum_{j=1}^{m}\langle\boldsymbol{\alpha}_i,x_j\boldsymbol{\alpha}_j\rangle=0\Rightarrow\langle\boldsymbol{\alpha}_i,\sum_{j=1}^{m}x_j\boldsymbol{\alpha}_j\rangle=0\Rightarrow\langle x_i\boldsymbol{\alpha}_i,\sum_{j=1}^{m}x_j\boldsymbol{\alpha}_j\rangle=0(i=1,2,\cdots,n)$$

$$\Rightarrow\langle\sum_{i=1}^{m}x_i\boldsymbol{\alpha}_i,\sum_{j=1}^{m}x_j\boldsymbol{\alpha}_j\rangle=0\Rightarrow\langle\sum_{i=1}^{m}x_i\boldsymbol{\alpha}_i,\sum_{i=1}^{m}x_i\boldsymbol{\alpha}_i\rangle=0\Rightarrow\sum_{i=1}^{m}x_i\boldsymbol{\alpha}_i=0.$$

因此 $x_1,x_2,\cdots,x_m$ 也满足方程组(5-1),即方程组(5-2)的解也是方程组(5-1)的解.于是方程组(5-1)只有零解⇔方程组(5-2)只有零解,因此 $\boldsymbol{\alpha}_1,\boldsymbol{\alpha}_2,\cdots,\boldsymbol{\alpha}_m$ 线性无关⇔$D\neq0$.

例 5-16 求齐次线性方程组 $\begin{cases}3x_1-x_2-x_3+x_4=0\\ x_1+x_2-x_3-x_4=0\end{cases}$ 的解空间的一个标准正交基.

解 对系数矩阵 $\boldsymbol{A}$ 进行初等行变换

$$\boldsymbol{A}=\begin{bmatrix}3&-1&-1&1\\1&1&-1&-1\end{bmatrix}\rightarrow\begin{bmatrix}1&0&-\frac{1}{2}&0\\0&1&-\frac{1}{2}&-1\end{bmatrix}$$

求得齐次线性方程组的基础解系 $\boldsymbol{\xi}_1=(1,1,2,0)^{\mathrm{T}},\boldsymbol{\xi}_2=(0,1,0,1)^{\mathrm{T}}$. $\boldsymbol{\xi}_1,\boldsymbol{\xi}_2$ 即为齐次线性方程组解空间的一组基.将其正交化,得 $\boldsymbol{\eta}_1=\boldsymbol{\xi}_1=(1,1,2,0)^{\mathrm{T}}$, $\boldsymbol{\eta}_2=\boldsymbol{\xi}_2-\dfrac{\langle\boldsymbol{\xi}_2,\boldsymbol{\eta}_1\rangle}{\langle\boldsymbol{\eta}_1,\boldsymbol{\eta}_1\rangle}\boldsymbol{\eta}_1=\dfrac{1}{6}(-1,5,-2,6)^{\mathrm{T}}$;再单位化,得标准正交基 $\boldsymbol{\gamma}_1=\dfrac{1}{\sqrt{6}}(1,1,2,0)^{\mathrm{T}},\boldsymbol{\gamma}_2=\dfrac{1}{\sqrt{66}}(-1,5,-2,6)^{\mathrm{T}}$.

例 5-17 令线性空间 $\mathbf{R}[x]_2$ 的内积为 $\langle f,g\rangle=\int_{-1}^{1}f(x)g(x)\mathrm{d}x$,应用格拉姆-施密特正交化方法,由 $\mathbf{R}[x]_2$ 的基 $1,x,x^2$ 求 $\mathbf{R}[x]_2$ 的标准正交基.

解 首先将基 $\boldsymbol{\alpha}_1=1,\boldsymbol{\alpha}_2=x,\boldsymbol{\alpha}_3=x^2$ 正交化,得

$$\boldsymbol{\beta}_1=\boldsymbol{\alpha}_1=1,\boldsymbol{\beta}_2=\boldsymbol{\alpha}_2-\frac{\langle\boldsymbol{\alpha}_2,\boldsymbol{\beta}_1\rangle}{\langle\boldsymbol{\beta}_1,\boldsymbol{\beta}_1\rangle}\boldsymbol{\beta}_1=x-\frac{\int_{-1}^{1}x\,\mathrm{d}x}{\int_{-1}^{1}1\mathrm{d}x}=x,$$

$$\boldsymbol{\beta}_3=\boldsymbol{\alpha}_3-\frac{\langle\boldsymbol{\alpha}_3,\boldsymbol{\beta}_1\rangle}{\langle\boldsymbol{\beta}_1,\boldsymbol{\beta}_1\rangle}\boldsymbol{\beta}_1-\frac{\langle\boldsymbol{\alpha}_3,\boldsymbol{\beta}_2\rangle}{\langle\boldsymbol{\beta}_2,\boldsymbol{\beta}_2\rangle}\boldsymbol{\beta}_2=x^2-\frac{\int_{-1}^{1}x^2\mathrm{d}x}{\int_{-1}^{1}1\mathrm{d}x}-\frac{\int_{-1}^{1}x^3\mathrm{d}x}{\int_{-1}^{1}x^2\mathrm{d}x}x=\frac{1}{3}(3x^2-1).$$

再将 $\boldsymbol{\beta}_1,\boldsymbol{\beta}_2,\boldsymbol{\beta}_3$ 单位化，得标准正交基为

$$\boldsymbol{\gamma}_1=\frac{1}{\|\boldsymbol{\beta}_1\|}\boldsymbol{\beta}_1=\frac{1}{\sqrt{\int_{-1}^{1}1\mathrm{d}x}}=\frac{\sqrt{2}}{2},\boldsymbol{\gamma}_2=\frac{1}{\|\boldsymbol{\beta}_2\|}\boldsymbol{\beta}_2=\frac{1}{\sqrt{\int_{-1}^{1}x^2\mathrm{d}x}}x=\frac{\sqrt{6}}{2}x,$$

$$\boldsymbol{\gamma}_3=\frac{1}{\|\boldsymbol{\beta}_3\|}\boldsymbol{\beta}_3=\frac{1}{\sqrt{\int_{-1}^{1}(3x^2-1)^2\mathrm{d}x}}(3x^2-1)=\frac{\sqrt{10}}{4}(3x^2-1).$$

例 5-18　设 $\boldsymbol{A},\boldsymbol{B}$ 均为 n 阶正交矩阵，证明：

(1)$[\det(\boldsymbol{A})]^2=1$；(2)$\boldsymbol{A}^{\mathrm{T}},\boldsymbol{A}^{-1},\boldsymbol{A}^*$ 和 $\boldsymbol{AB}$ 都是正交矩阵；

(3)记 $\boldsymbol{A}$ 的 (i,j) 元素 a_{ij} 的代数余子式为 $\boldsymbol{A}_{ij}$，则 $\boldsymbol{A}_{ij}=\det(\boldsymbol{A})a_{ij}$.

证　(1)$\boldsymbol{A}$ 为正交矩阵，即 $\boldsymbol{A}^{\mathrm{T}}\boldsymbol{A}=\boldsymbol{I}$，等式两端取行列式，得 $|\boldsymbol{A}^{\mathrm{T}}|\ |\boldsymbol{A}|=|\boldsymbol{I}|=1$，即 $|\boldsymbol{A}|^2=1$.

(2)由 $\boldsymbol{A}^{\mathrm{T}}\boldsymbol{A}=\boldsymbol{A}\boldsymbol{A}^{\mathrm{T}}=\boldsymbol{I}$，得 $(\boldsymbol{A}^{\mathrm{T}})^{\mathrm{T}}\boldsymbol{A}^{\mathrm{T}}=\boldsymbol{A}^{\mathrm{T}}(\boldsymbol{A}^{\mathrm{T}})^{\mathrm{T}}=\boldsymbol{I}$，所以 $\boldsymbol{A}^{\mathrm{T}}$ 为正交矩阵. 又由 $\boldsymbol{A}\boldsymbol{A}^{\mathrm{T}}=\boldsymbol{I}$，得 $\boldsymbol{A}^{-1}=\boldsymbol{A}^{\mathrm{T}}$，故 $\boldsymbol{A}^{-1}$ 也是正交矩阵.

由 $\boldsymbol{A}^{-1}$ 是正交矩阵，得 $(\boldsymbol{A}^{-1})^{\mathrm{T}}\boldsymbol{A}^{-1}=\boldsymbol{I}$，即 $(\frac{1}{|\boldsymbol{A}|}\boldsymbol{A}^*)^{\mathrm{T}}\ \frac{1}{|\boldsymbol{A}|}\boldsymbol{A}^*=\boldsymbol{I}$，考虑到 $|\boldsymbol{A}|^2=1$，得 $(\boldsymbol{A}^*)^{\mathrm{T}}\boldsymbol{A}^*=\boldsymbol{I}$. 因此 $\boldsymbol{A}^*$ 为正交矩阵.

由 $\boldsymbol{A}^{\mathrm{T}}\boldsymbol{A}=\boldsymbol{I},\boldsymbol{B}^{\mathrm{T}}\boldsymbol{B}=\boldsymbol{I}$，得 $(\boldsymbol{AB})^{\mathrm{T}}\boldsymbol{AB}=\boldsymbol{B}^{\mathrm{T}}\boldsymbol{A}^{\mathrm{T}}\boldsymbol{AB}=\boldsymbol{I}$，因此 $\boldsymbol{AB}$ 为正交矩阵.

(3)由 $\boldsymbol{A}^{-1}=\boldsymbol{A}^{\mathrm{T}}$，得 $\boldsymbol{A}^*=\det(\boldsymbol{A})\boldsymbol{A}^{\mathrm{T}}$，又 $\boldsymbol{A}^*=(A_{ij})^{\mathrm{T}}$，故 $A_{ij}=\det(\boldsymbol{A})a_{ij}$.

例 5-19　设 $\boldsymbol{A}$ 是秩为 $n-1$ 的 n 阶实方阵，$\boldsymbol{\alpha}_i$ 为 $\boldsymbol{A}$ 的第 i 个行向量 $(i=1,2,\cdots,n)$，求一个非零向量 $\boldsymbol{x}\in\mathbf{R}^n$，使 $\boldsymbol{x}$ 与 $\boldsymbol{\alpha}_1^{\mathrm{T}},\boldsymbol{\alpha}_2^{\mathrm{T}},\cdots,\boldsymbol{\alpha}_n^{\mathrm{T}}$ 都正交.

分析　记 $\boldsymbol{A}=(a_{ij}),\boldsymbol{x}=(x_1,x_2,\cdots,x_n)$，求非零向量 $\boldsymbol{x}$ 与 $\boldsymbol{\alpha}_1^{\mathrm{T}},\boldsymbol{\alpha}_2^{\mathrm{T}},\cdots,\boldsymbol{\alpha}_n^{\mathrm{T}}$ 都正交，就是求非零向量 $\boldsymbol{x}$，使得 $a_{i1}x_1+a_{i2}x_2+\cdots+a_{in}x_n=0(i=1,2,\cdots,n)$，即求齐次方程组 $\boldsymbol{Ax}=\boldsymbol{0}$ 的非零解. 由 $r(\boldsymbol{A})=n-1$ 得 $|\boldsymbol{A}|=0,\boldsymbol{A}^*\neq\boldsymbol{O},\boldsymbol{AA}^*=\boldsymbol{O}$，从而 $\boldsymbol{A}^*$ 的非零列向量即为所求向量 $\boldsymbol{x}$.

解　由于 $r(\boldsymbol{A})=n-1$，所以 $|\boldsymbol{A}|=0$，且 $\boldsymbol{A}$ 有 $n-1$ 阶非零子式，从而伴随矩阵 $\boldsymbol{A}^*\neq\boldsymbol{O}$，故 $\boldsymbol{A}^*$ 中至少有一个列向量 $\boldsymbol{\xi}\neq0$.

由 $\boldsymbol{AA}^*=|\boldsymbol{A}|\boldsymbol{I}=\boldsymbol{O}$，可知 $\boldsymbol{A\xi}=\boldsymbol{0}$，故 $\boldsymbol{\alpha}_i^{\mathrm{T}}\boldsymbol{\xi}=\boldsymbol{0}(i=1,2,\cdots,n)$，故 $\boldsymbol{\xi}$ 为所求向量.

例 5-20　设 $\boldsymbol{A}$ 是反对称实矩阵且 $\boldsymbol{I}+\boldsymbol{A}$ 可逆. 证明 $(\boldsymbol{I}-\boldsymbol{A})(\boldsymbol{I}+\boldsymbol{A})^{-1}$ 是正交矩阵.

证　由题设知 $(\boldsymbol{I}-\boldsymbol{A})(\boldsymbol{I}+\boldsymbol{A})^{-1}$ 是实矩阵，$\boldsymbol{A}^{\mathrm{T}}=-\boldsymbol{A}$. 于是

$$\begin{aligned}&[(\boldsymbol{I}-\boldsymbol{A})(\boldsymbol{I}+\boldsymbol{A})^{-1}]^{\mathrm{T}}(\boldsymbol{I}-\boldsymbol{A})(\boldsymbol{I}+\boldsymbol{A})^{-1}=[(\boldsymbol{I}+\boldsymbol{A})^{-1}]^{\mathrm{T}}(\boldsymbol{I}-\boldsymbol{A})^{\mathrm{T}}(\boldsymbol{I}-\boldsymbol{A})(\boldsymbol{I}+\boldsymbol{A})^{-1}\\&=[(\boldsymbol{I}+\boldsymbol{A})^{\mathrm{T}}]^{-1}(\boldsymbol{I}-\boldsymbol{A}^{\mathrm{T}})(\boldsymbol{I}-\boldsymbol{A})(\boldsymbol{I}+\boldsymbol{A})^{-1}=(\boldsymbol{I}-\boldsymbol{A})^{-1}(\boldsymbol{I}+\boldsymbol{A})(\boldsymbol{I}-\boldsymbol{A})(\boldsymbol{I}+\boldsymbol{A})^{-1}\\&=(\boldsymbol{I}-\boldsymbol{A})^{-1}(\boldsymbol{I}-\boldsymbol{A})(\boldsymbol{I}+\boldsymbol{A})(\boldsymbol{I}+\boldsymbol{A})^{-1}=\boldsymbol{I}.\end{aligned}$$

所以 $(\boldsymbol{I}-\boldsymbol{A})(\boldsymbol{I}+\boldsymbol{A})^{-1}$ 是正交矩阵.

例 5－21　设 e_1,e_2,e_3,e_4,e_5 是欧氏空间 V 的一个标准正交基. $V_1=\text{span}\{\boldsymbol{\alpha}_1,\boldsymbol{\alpha}_2,\boldsymbol{\alpha}_3\}$，其中 $\boldsymbol{\alpha}_1=e_1+e_5,\boldsymbol{\alpha}_2=e_1-e_2+e_4,\boldsymbol{\alpha}_3=2e_1+e_2+e_3$. 利用格拉姆-施密特正交化方法求 V_1 的一个标准正交基.

解　由题设，$[\boldsymbol{\alpha}_1\ \boldsymbol{\alpha}_2\ \boldsymbol{\alpha}_3]=[e_1\ e_2\ e_3\ e_4\ e_5]\boldsymbol{A},\boldsymbol{A}=\begin{bmatrix}1&1&2\\0&-1&1\\0&0&1\\0&1&0\\1&0&0\end{bmatrix}$.

设 $x_1\boldsymbol{\alpha}_1+x_2\boldsymbol{\alpha}_2+x_3\boldsymbol{\alpha}_3=\mathbf{0}$，即$[\boldsymbol{\alpha}_1\ \boldsymbol{\alpha}_2\ \boldsymbol{\alpha}_2]\boldsymbol{x}=\mathbf{0}$，则$[e_1\ e_2\ e_3\ e_4\ e_5]\boldsymbol{Ax}=\mathbf{0}$.

由于 e_1,e_2,e_3,e_4,e_5 是 V 的基，由$[e_1\ e_2\ e_3\ e_4\ e_5]\boldsymbol{Ax}=\mathbf{0}$ 得其坐标向量 $\boldsymbol{Ax}=\mathbf{0}$，又 $\boldsymbol{A}$ 是列满秩矩阵，得 $\boldsymbol{x}=\mathbf{0}$. 所以 $\boldsymbol{\alpha}_1,\boldsymbol{\alpha}_2,\boldsymbol{\alpha}_2$ 线性无关，从而是 V_1 的一个基. 下面将其正交化、单位化，得到 V_1 的一个标准正交基.

先正交化：$\boldsymbol{\beta}_1=\boldsymbol{\alpha}_1=e_1+e_5$；

$\boldsymbol{\beta}_2=\boldsymbol{\alpha}_2-\dfrac{\langle\boldsymbol{\alpha}_2,\boldsymbol{\beta}_1\rangle}{\langle\boldsymbol{\beta}_1,\boldsymbol{\beta}_1\rangle}\boldsymbol{\beta}_1$，将$\langle\boldsymbol{\beta}_1,\boldsymbol{\beta}_1\rangle=\langle e_1+e_5,e_1+e_5\rangle=\langle e_1,e_1\rangle+2\langle e_1,e_5\rangle+\langle e_5,e_5\rangle=2$ 及 $\langle\boldsymbol{\alpha}_2,\boldsymbol{\beta}_1\rangle=\langle e_1-e_2+e_4,e_1+e_5\rangle=\langle e_1,e_1\rangle=1$ 代入得 $\boldsymbol{\beta}_2=\dfrac{1}{2}e_1-e_2+e_4-\dfrac{1}{2}e_5$.

$\boldsymbol{\beta}_3=\boldsymbol{\alpha}_3-\dfrac{\langle\boldsymbol{\alpha}_3,\boldsymbol{\beta}_1\rangle}{\langle\boldsymbol{\beta}_1,\boldsymbol{\beta}_1\rangle}\boldsymbol{\beta}_1-\dfrac{\langle\boldsymbol{\alpha}_3,\boldsymbol{\beta}_2\rangle}{\langle\boldsymbol{\beta}_2,\boldsymbol{\beta}_2\rangle}\boldsymbol{\beta}_2$，将$\langle\boldsymbol{\beta}_1,\boldsymbol{\beta}_1\rangle=2,\langle\boldsymbol{\alpha}_3,\boldsymbol{\beta}_1\rangle=\langle 2e_1+e_2+e_3,e_1+e_5\rangle=2$，$\langle\boldsymbol{\alpha}_3,\boldsymbol{\beta}_2\rangle=\langle 2e_1+e_2+e_3,\dfrac{1}{2}e_1-e_2+e_4-\dfrac{1}{2}e_5\rangle=0$ 及$\langle\boldsymbol{\beta}_2,\boldsymbol{\beta}_2\rangle=\dfrac{5}{2}$代入得 $\boldsymbol{\beta}_3=e_1+e_2+e_3-e_5$

再单位化，得$\boldsymbol{\gamma}_1=\dfrac{1}{\sqrt{2}}(e_1+e_5),\boldsymbol{\gamma}_2=\dfrac{1}{\sqrt{10}}(e_1-2e_2+2e_4-e_5),\boldsymbol{\gamma}_3=\dfrac{1}{2}(e_1+e_2+e_3-e_5)$即为 V_1 的一个标准正交基.

例 5－22　证明：欧氏空间 V 的标准正交基到标准正交基的过渡矩阵是正交矩阵；反过来，如果 V 的两个基中有一个是标准正交基，而且过渡矩阵是正交矩阵，则另一个基也是标准正交基.

证　设(Ⅰ)：$\boldsymbol{\alpha}_1,\boldsymbol{\alpha}_2,\cdots,\boldsymbol{\alpha}_n$ 和(Ⅱ)：$\boldsymbol{\beta}_1,\boldsymbol{\beta}_2,\cdots,\boldsymbol{\beta}_n$ 是欧氏空间 V 的两个标准正交基，由基(Ⅰ)到基(Ⅱ)的过渡矩阵为 $\boldsymbol{A}$，即

$$[\boldsymbol{\beta}_1\ \boldsymbol{\beta}_2\cdots\ \boldsymbol{\beta}_n]=[\boldsymbol{\alpha}_1\ \boldsymbol{\alpha}_2\cdots\ \boldsymbol{\alpha}_n]\boldsymbol{A}=[\boldsymbol{\alpha}_1\ \boldsymbol{\alpha}_2\cdots\ \boldsymbol{\alpha}_n]\begin{bmatrix}a_{11}&a_{12}&\cdots&a_{1n}\\a_{21}&a_{22}&\cdots&a_{2n}\\\vdots&\vdots&&\vdots\\a_{n1}&a_{n2}&\cdots&a_{nn}\end{bmatrix},$$

从而 $\boldsymbol{\beta}_i=a_{1i}\boldsymbol{\alpha}_1+a_{2i}\boldsymbol{\alpha}_2+\cdots+a_{ni}\boldsymbol{\alpha}_n,i=1,2,\cdots,n$.

由于$\langle\boldsymbol{\alpha}_i,\boldsymbol{\alpha}_i\rangle=1,\langle\boldsymbol{\beta}_i,\boldsymbol{\beta}_i\rangle=1(i=1,2,\cdots,n)$，当 $i\neq j$ 时，$\langle\boldsymbol{\alpha}_i,\boldsymbol{\alpha}_j\rangle=0,\langle\boldsymbol{\beta}_i,\boldsymbol{\beta}_j\rangle=0$. 又 $\langle\boldsymbol{\beta}_i,\boldsymbol{\beta}_j\rangle=\langle a_{1i}\boldsymbol{\alpha}_1+a_{2i}\boldsymbol{\alpha}_2+\cdots+a_{ni}\boldsymbol{\alpha}_n,a_{1j}\boldsymbol{\alpha}_1+a_{2j}\boldsymbol{\alpha}_2+\cdots+a_{nj}\boldsymbol{\alpha}_n\rangle=a_{1i}a_{1j}+a_{2i}a_{2j}+\cdots+a_{ni}a_{nj}$，

所以

$$a_{1i}a_{1j}+a_{2i}a_{2j}+\cdots+a_{ni}a_{nj}=\begin{cases}1, & i=j\\0, & i\neq j\end{cases},$$

上式表明 $\mathbf{A}$ 的列向量组是正交单位向量组,故 $\mathbf{A}$ 是正交矩阵.

反过来,如果 V 的两个基中有一个是标准正交基,不妨设(Ⅰ):$\boldsymbol{\alpha}_1,\boldsymbol{\alpha}_2,\cdots,\boldsymbol{\alpha}_n$ 是 V 的标准正交基,(Ⅱ):$\boldsymbol{\beta}_1,\boldsymbol{\beta}_2,\cdots,\boldsymbol{\beta}_n$ 为 V 的一个基,$\mathbf{A}$ 是由基(Ⅰ)到基(Ⅱ)的过渡矩阵,且 $\mathbf{A}$ 是正交矩阵.则有

$$[\boldsymbol{\beta}_1\ \boldsymbol{\beta}_2\cdots\ \boldsymbol{\beta}_n]=[\boldsymbol{\alpha}_1\ \boldsymbol{\alpha}_2\cdots\ \boldsymbol{\alpha}_n]\mathbf{A},\text{ 且}$$

$$\begin{aligned}\langle\boldsymbol{\beta}_i,\boldsymbol{\beta}_j\rangle&=\langle a_{1i}\boldsymbol{\alpha}_1+a_{2i}\boldsymbol{\alpha}_2+\cdots+a_{ni}\boldsymbol{\alpha}_n,a_{1j}\boldsymbol{\alpha}_1+a_{2j}\boldsymbol{\alpha}_2+\cdots+a_{nj}\boldsymbol{\alpha}_n\rangle\\&=a_{1i}a_{1j}+a_{2i}a_{2j}+\cdots+a_{ni}a_{nj}=\begin{cases}1, & i=j\\0, & i\neq j\end{cases},\end{aligned}$$

所以 $\boldsymbol{\beta}_1,\boldsymbol{\beta}_2,\cdots,\boldsymbol{\beta}_n$ 为 V 的标准正交基.

5.4 习题及详解

习题 5.1 线性空间的基本概念(A)

1.检验下列集合对于给定的加法和数乘运算是否构成实数域 $\mathbf{R}$ 上的线性空间:

(1)平面上不平行于某一固定向量的全部向量,关于通常的向量线性运算;

(2)全体 2 维实向量所组成的集合 V,对于运算(为了区别于通常的线性运算,下面用“$\oplus$”表示这里的加法.用“$\circ$”表示这里的数乘.)

$$(a_1,b_1)^{\mathrm{T}}\oplus(a_2,b_2)^{\mathrm{T}}=(a_1+a_2+1,b_1+b_2+1)^{\mathrm{T}},k\circ(a,b)^{\mathrm{T}}=(ka,kb)^{\mathrm{T}}.$$

(3)集合 V 同(2),加法及数乘运算如下定义:

$$(a_1,b_1)^{\mathrm{T}}\oplus(a_2,b_2)^{\mathrm{T}}=(a_1+a_2,b_1+b_2+a_1a_2)^{\mathrm{T}},k\circ(a,b)^{\mathrm{T}}=\left(ka,kb+\frac{k(k-1)}{2}a^2\right)^{\mathrm{T}}.$$

(4)习题及详解见典型例题例 5-1.

解 (1)否.对加法运算不封闭.例如,设集合 V 是平面上不平行于 $(1,0)^{\mathrm{T}}$ 的全体向量组成的集合,则 $(3,3)^{\mathrm{T}}\in V,(-1,-3)^{\mathrm{T}}\in V$,但 $(3,3)^{\mathrm{T}}+(-1,-3)^{\mathrm{T}}=(2,0)^{\mathrm{T}}\notin V$.

(2)否.对数乘运算不满足 $k(\boldsymbol{\alpha}+\boldsymbol{\beta})=k\boldsymbol{\alpha}+k\boldsymbol{\beta}$.因为 $k\circ((a_1,b_1)^{\mathrm{T}}\oplus(a_2,b_2)^{\mathrm{T}})=(ka_1+ka_2+k,kb_1+kb_2+k)^{\mathrm{T}}\neq k\circ(a_1,b_1)^{\mathrm{T}}\oplus k\circ(a_2,b_2)^{\mathrm{T}}=(ka_1+ka_2+1,kb_1+kb_2+1)^{\mathrm{T}}$.

(3)是.可以验证对线性运算封闭,且满足 8 条运算规律.其中零元素为 $\begin{bmatrix}0\\0\end{bmatrix}$,$\begin{bmatrix}a\\b\end{bmatrix}$ 的负元素为 $\begin{bmatrix}-a\\a^2-b\end{bmatrix}$.

2.所谓函数组 $f_1(x),\cdots,f_n(x)$ 在区间 I 上线性相关,是指存在一组不全为零的实常数 $k_1,\cdots,k_n$,使得 $k_1f_1(x)+\cdots+k_nf_n(x)=0$ 对于区间 I 上的任意 x 均成立.若 $f_1(x),\cdots,f_n(x)$ 在区间 I 上不是线性相关的,则称该函数组在区间 I 上线性无关(即仅在 $k_1=\cdots=k_n=0$ 时,$k_1f_1(x)+\cdots+k_nf_n(x)=0$ 才对区间 I 上的所有 x 均成立).证明下列函数组在区间 $(-\infty,+\infty)$ 上是线性无关的:

(1) $\sin x,\cos x,x\sin x$;　　(2) $1,x,\mathrm{e}^x$.

证 (1)设实常数 k_1、k_2、k_3,使得 $k_1\sin x+k_2\cos x+k_3x\sin x=0$ 对于区间 $(-\infty,+\infty)$ 上的

任意 x 均成立. 令 $x=0,\frac{\pi}{2},-\frac{\pi}{2}$ 可得 $k_2\cdot 1=0,k_1\cdot 1+k_3\cdot\frac{\pi}{2}=0,k_1\cdot(-1)+k_3\cdot\frac{\pi}{2}=0\Rightarrow$ $k_1=k_2=k_3=0$,因此 $\sin x,\cos x,x\sin x$ 在区间$(-\infty,+\infty)$上是线性无关的.

(2)设实常数 k_1,k_2,k_3,使得 $k_1+k_2x+k_3\mathrm{e}^x=0$ 对于区间$(-\infty,+\infty)$上的任意 x 均成立,令 $x=0,1,-1$ 可得 $k_1=k_2=k_3=0$,因此 $1,x,\mathrm{e}^x$ 在区间$(-\infty,+\infty)$上是线性无关的.

3. 检验线性空间 V 的子集 W(或 W_i)是否构成 V 的子空间,并对其中的有限维子空间求其基与维数:

(1)$V=\mathbf{R}^n,W=\{(a,2a,3a,\cdots,na)^{\mathrm{T}}\mid a\in\mathbf{R}\}$;

(2) $V=F^{2\times 2},W=\{(a_{ij})_{2\times 2}\mid a_{ij}\in F,\sum\limits_{i=1}^{2}a_{ii}=0,i,j=1,2\}$;

(3)$V=F^{n\times n}$,W_1 是所有 n 阶上三角形矩阵组成的集合,W_2 是所有 n 阶对角矩阵组成的集合,W_3 是所有 n 阶对称矩阵组成的集合,W_4 是所有 n 阶反对称矩阵组成的集合;

(4)$V=\mathbf{R}^{2\times 2}$,W_1 是形如$\begin{bmatrix}a & 1\\1 & b\end{bmatrix}$的 2 阶实方阵全体,$W_2$ 是形如$\begin{bmatrix}a & a+b\\a+b & b\end{bmatrix}$的 2 阶实方阵全体;

(5)$V=C^{(1)}(-\infty,+\infty)$,$W$ 是满足方程 $f'+2f=0$ 的可微函数 f 的全体.

解　(1)$W=\{a(1,2,\cdots,n)^{\mathrm{T}},\mid a\in R\}=\mathrm{span}\{(1,2,\cdots,n)^{\mathrm{T}}\}$,所以 W 是 V 的子空间. $(1,2,\cdots,n)^{\mathrm{T}}$ 是 W 的基,$\dim(W)=1$.

(2)记 $\boldsymbol{\alpha}_1=\begin{bmatrix}1 & 0\\0 & -1\end{bmatrix},\boldsymbol{\alpha}_2=\begin{bmatrix}0 & 1\\0 & 0\end{bmatrix},\boldsymbol{\alpha}_3=\begin{bmatrix}0 & 0\\1 & 0\end{bmatrix}$,则 W 中的任一向量可以表示为

$$\boldsymbol{A}=\begin{bmatrix}a_{11} & a_{12}\\a_{21} & -a_{11}\end{bmatrix}=a_{11}\boldsymbol{\alpha}_1+a_{12}\boldsymbol{\alpha}_2+a_{21}\boldsymbol{\alpha}_3,\text{其中 } a_{11},a_{12},a_{21}\in F$$

所以 $W=\mathrm{span}\{\boldsymbol{\alpha}_1,\boldsymbol{\alpha}_2,\boldsymbol{\alpha}_3\}$,由于 $\boldsymbol{\alpha}_1,\boldsymbol{\alpha}_2,\boldsymbol{\alpha}_3$ 线性无关,从而是 W 的基,$\dim(W)=3$.

(3)W_1 是 V 的子空间. 这是因为两个上三角形矩阵的和是上三角形矩阵,一个数乘上三角形矩阵仍是上三角形矩阵. 用 E_{ij} 表示第(i,j)元素为 1,其余元素均为 0 的矩阵. 则 $E_{ij}(1\leqslant i\leqslant j\leqslant n)$是 W_1 的基,$\dim(W_1)=\frac{n(n+1)}{2}$. 同理可验证 W_2,W_3,W_4 都是 V 的子空间. 而且 $E_{ii}(1\leqslant i\leqslant n)$是 W_2 的基,$\dim(W_2)=n$;$E_{ii}(1\leqslant i\leqslant n),E_{ij}+E_{ji}(1\leqslant i\leqslant j\leqslant n)$是 W_3 的基,$\dim(W_3)=\frac{n(n+1)}{2}$;$E_{ij}-E_{ji}(1\leqslant i\leqslant j\leqslant n)$是 W_4 的基,$\dim(W_4)=\frac{n(n-1)}{2}$.

(4)W_1 不是 V 的子空间,因为$\begin{bmatrix}a & 1\\1 & b\end{bmatrix}\in W_1$,但 $k\begin{bmatrix}a & 1\\1 & b\end{bmatrix}=\begin{bmatrix}ka & k\\k & kb\end{bmatrix}\notin W_1$,即对数乘运算不封闭.

容易验证 W_2 对加法和数乘运算是封闭的,所以 W_2 是 V 的子空间. W_2 的任一向量可以表示为$\begin{bmatrix}a & a+b\\a+b & b\end{bmatrix}=a\begin{bmatrix}1 & 1\\1 & 0\end{bmatrix}+b\begin{bmatrix}0 & 1\\1 & 1\end{bmatrix}$,即 $W_2=\mathrm{span}\{\boldsymbol{\alpha}_1,\boldsymbol{\alpha}_2\}$,其中 $\boldsymbol{\alpha}_1=\begin{bmatrix}1 & 1\\1 & 0\end{bmatrix},\boldsymbol{\alpha}_2=\begin{bmatrix}0 & 1\\1 & 1\end{bmatrix}$,由于 $\boldsymbol{\alpha}_1,\boldsymbol{\alpha}_2$ 线性无关,从而是 W_2 的一个基,$\dim(W_2)=2$.

(5)根据一阶线性齐次微分方程解的性质:一阶线性齐次微分方程任意两个解的和仍是该

微分方程的解;常数乘它的解仍是该微分方程的解,即 W 对加法和数乘运算是封闭的,所以 W 是 V 的子空间.

微分方程 $f'+2f=0$ 的通解为 $f=k\mathrm{e}^{-2x}$(k 为任意常数),所以 $W=\mathrm{span}\{\mathrm{e}^{-2x}\}$,$\mathrm{e}^{-2x}$ 是 W 的基,$\dim(W)=1$.

4. 证明:$f_1=x^2+x$,$f_2=x^2-x$,$f_3=x+1$ 是 $F[x]_2$ 的一个基,并求 $f=a_0+a_1x+a_2x^2$ 在此基下的坐标.

证　因为 $1,x,x^2$ 是 $F[x]_2$ 的一个基,又 $[f_1\ f_2\ f_3]=[1\ x\ x^2]\boldsymbol{A}$,$\boldsymbol{A}=\begin{bmatrix}0&0&1\\1&-1&1\\1&1&0\end{bmatrix}$,由于 $\boldsymbol{A}$ 可逆,所以 $1,x,x^2$ 与 f_1,f_2,f_3 可相互线性表示. 因此 f_1,f_2,f_3 是 $F[x]_2$ 的一个基.

f 在基 $1,x,x^2$ 下的坐标为 $\boldsymbol{x}=(a_0,a_1,a_2)^{\mathrm{T}}$,由基 $1,x,x^2$ 到基 f_1,f_2,f_3 的过渡矩阵是 $\boldsymbol{A}$,所以,f 在基 f_1,f_2,f_3 下的坐标为 $\boldsymbol{y}=\boldsymbol{A}^{-1}\boldsymbol{x}=\left(\dfrac{-a_0+a_1+a_2}{2},\dfrac{a_0-a_1+a_2}{2},a_0\right)^{\mathrm{T}}$.

5~7. 习题及详解见典型例题例 5-10、例 5-5、例-11.

8. 设 $\mathbf{R}^3$ 有两个基(Ⅰ):$\boldsymbol{\alpha}_1=(1,2,1)^{\mathrm{T}}$,$\boldsymbol{\alpha}_2=(2,3,3)^{\mathrm{T}}$,$\boldsymbol{\alpha}_3=(3,7,1)^{\mathrm{T}}$;(Ⅱ):$\boldsymbol{\beta}_1=(9,24,-1)^{\mathrm{T}}$,$\boldsymbol{\beta}_2=(8,22,-2)^{\mathrm{T}}$,$\boldsymbol{\beta}_3=(12,28,4)^{\mathrm{T}}$. (1)求由基(Ⅰ)到基(Ⅱ)的过渡矩阵 $\boldsymbol{A}$;(2)若向量 $\boldsymbol{\alpha}$ 在基(Ⅰ)下的坐标为 $x=(0,1,-1)^{\mathrm{T}}$,求 $\boldsymbol{\alpha}$ 在基(Ⅱ)下的坐标 $\boldsymbol{y}$.

解　(1)由 $[\boldsymbol{\beta}_1\ \boldsymbol{\beta}_2\ \boldsymbol{\beta}_3]=[\boldsymbol{\alpha}_1\ \boldsymbol{\alpha}_2\ \boldsymbol{\alpha}_3]\boldsymbol{A}$,得 $\boldsymbol{A}=[\boldsymbol{\alpha}_1\ \boldsymbol{\alpha}_2\ \boldsymbol{\alpha}_3]^{-1}[\boldsymbol{\beta}_1\ \boldsymbol{\beta}_2\ \boldsymbol{\beta}_3]=\begin{bmatrix}1&0&0\\-2&-2&0\\4&4&4\end{bmatrix}$.

(2) $\boldsymbol{y}=\boldsymbol{A}^{-1}\boldsymbol{x}=\left(0,-\dfrac{1}{2},\dfrac{1}{4}\right)^{\mathrm{T}}$.

9. 习题及详解见典型例题例 5-13.

10. 设有 $\mathbf{R}^4$ 的两个向量组(Ⅰ):$\boldsymbol{\alpha}_1=(1,1,0,0)^{\mathrm{T}}$,$\boldsymbol{\alpha}_2=(1,0,1,1)^{\mathrm{T}}$;(Ⅱ):$\boldsymbol{\beta}_1=(2,-1,3,3)^{\mathrm{T}}$,$\boldsymbol{\beta}_2=(0,1,-1,-1)^{\mathrm{T}}$. 证明:(Ⅰ)和(Ⅱ)是 $\mathbf{R}^4$ 的同一子空间的两个基,并求由基(Ⅱ)到基(Ⅰ)的过渡矩阵 $\boldsymbol{C}$.

证　构造矩阵 $\boldsymbol{A}=[\boldsymbol{\alpha}_1\ \boldsymbol{\alpha}_2\ \boldsymbol{\beta}_1\ \boldsymbol{\beta}_2]$,对 $\boldsymbol{A}$ 作初等行变换得矩阵 $\boldsymbol{B}=\begin{bmatrix}1&0&-1&1\\0&1&3&-1\\0&0&0&0\\0&0&0&0\end{bmatrix}$.

由矩阵 $\boldsymbol{B}$ 知,$\boldsymbol{\beta}_1=-\boldsymbol{\alpha}_1+3\boldsymbol{\alpha}_2$,$\boldsymbol{\beta}_2=\boldsymbol{\alpha}_1-\boldsymbol{\alpha}_2$,即 $[\boldsymbol{\beta}_1\ \boldsymbol{\beta}_2]=[\boldsymbol{\alpha}_1\ \boldsymbol{\alpha}_2]\begin{bmatrix}-1&1\\3&-1\end{bmatrix}$. 由矩阵 $\begin{bmatrix}-1&1\\3&-1\end{bmatrix}$ 可逆,知向量组 $\boldsymbol{\beta}_1,\boldsymbol{\beta}_2$ 和向量组 $\boldsymbol{\alpha}_1,\boldsymbol{\alpha}_2$ 等价,从而 $\mathrm{span}\{\boldsymbol{\alpha}_1,\boldsymbol{\alpha}_2\}=\mathrm{span}\{\boldsymbol{\beta}_1,\boldsymbol{\beta}_2\}$. 又向量组 $\boldsymbol{\beta}_1,\boldsymbol{\beta}_2$ 和向量组 $\boldsymbol{\alpha}_1,\boldsymbol{\alpha}_2$ 都线性无关,故 $\boldsymbol{\alpha}_1,\boldsymbol{\alpha}_2$ 与 $\boldsymbol{\beta}_1,\boldsymbol{\beta}_2$ 是 $\mathbf{R}^4$ 的同一个子空间的两个基. 且由基 $\boldsymbol{\alpha}_1,\boldsymbol{\alpha}_2$ 到基 $\boldsymbol{\beta}_1,\boldsymbol{\beta}_2$ 的过渡矩阵为 $\begin{bmatrix}-1&1\\3&-1\end{bmatrix}$,故由基 $\boldsymbol{\beta}_1,\boldsymbol{\beta}_2$ 到基 $\boldsymbol{\alpha}_1,\boldsymbol{\alpha}_2$ 的过渡矩阵为 $\boldsymbol{C}=\begin{bmatrix}-1&1\\3&-1\end{bmatrix}^{-1}=\dfrac{1}{2}\begin{bmatrix}1&1\\3&1\end{bmatrix}$.

习题 5.1 线性空间的基本概念(B)

1. 设矩阵 $\boldsymbol{A}=\begin{bmatrix}1&0&0\\0&\omega&0\\0&0&\omega^2\end{bmatrix}$，其中 $\omega=\frac{1}{2}(-1+\sqrt{3}\,\mathrm{i})$，i 为虚数单位. V 是由 $\boldsymbol{A}$ 的全体实系数多项式组成的集合按照通常的矩阵线性运算所构成的线性空间. 求 V 的基与维数.

解　$\omega^2=\frac{1}{2}(-1-\sqrt{3}\,\mathrm{i})$，$\omega^3=1\Rightarrow\omega^{3k}=1$，$\omega^{3k+1}=\omega$，$\omega^{3k+2}=\omega^2=\frac{1}{2}(-1-\sqrt{3}\,\mathrm{i})\Rightarrow\boldsymbol{A}^{3k}=\boldsymbol{I}$，$\boldsymbol{A}^{3k+1}=\boldsymbol{A}$，$\boldsymbol{A}^{3k+2}=\boldsymbol{A}^2=\mathrm{diag}(1,\omega^2,\omega)$. 从而 V 中任一多项式都可由 $\boldsymbol{I},\boldsymbol{A},\boldsymbol{A}^2$ 线性表示，且可以证明 $\boldsymbol{I},\boldsymbol{A},\boldsymbol{A}^2$ 线性无关. 所以 $\boldsymbol{I},\boldsymbol{A},\boldsymbol{A}^2$ 是 V 的基，$\dim(V)=3$.

2. 习题及详解见典型例题例 5-6.

习题 5.2 欧氏空间的基本概念(A)

1. n 阶实方阵的全体，关于矩阵的线性运算构成实线性空间 $\mathbf{R}^{n\times n}$. 在 $\mathbf{R}^{n\times n}$ 中，对于矩阵 $\boldsymbol{A}=(a_{ij})_{n\times n}$ 和 $\boldsymbol{B}=(b_{ij})_{n\times n}$，证明 $\langle\boldsymbol{A},\boldsymbol{B}\rangle=\sum\limits_{i=1}^{n}\sum\limits_{j=1}^{n}a_{ij}b_{ij}$ 是 $\mathbf{R}^{n\times n}$ 上的一个内积.

证　由于 $\langle\boldsymbol{A},\boldsymbol{B}\rangle=\sum\limits_{i=1}^{n}\sum\limits_{j=1}^{n}a_{ij}b_{ij}=\sum\limits_{i=1}^{n}\sum\limits_{j=1}^{n}b_{ij}a_{ij}=\langle\boldsymbol{B},\boldsymbol{A}\rangle$；$\langle\boldsymbol{A}+\boldsymbol{B},\boldsymbol{C}\rangle=\sum\limits_{i=1}^{n}\sum\limits_{j=1}^{n}(a_{ij}+b_{ij})c_{ij}$ $=\sum\limits_{i=1}^{n}\sum\limits_{j=1}^{n}(a_{ij}c_{ij}+b_{ij}c_{ij})=\langle\boldsymbol{A},\boldsymbol{C}\rangle+\langle\boldsymbol{B},\boldsymbol{C}\rangle$；$\langle k\boldsymbol{A},\boldsymbol{B}\rangle=\sum\limits_{i=1}^{n}\sum\limits_{j=1}^{n}ka_{ij}b_{ij}=k\sum\limits_{i=1}^{n}\sum\limits_{j=1}^{n}a_{ij}b_{ij}=k\langle\boldsymbol{A},\boldsymbol{B}\rangle$；

$\langle\boldsymbol{A},\boldsymbol{A}\rangle=\sum\limits_{i=1}^{n}\sum\limits_{j=1}^{n}a_{ij}a_{ij}=\sum\limits_{i=1}^{n}\sum\limits_{j=1}^{n}a_{ij}^2\geqslant0$. 而且 $\langle\boldsymbol{A},\boldsymbol{A}\rangle=\sum\limits_{i=1}^{n}\sum\limits_{j=0}^{n}a_{ij}^2=0\Leftrightarrow\boldsymbol{A}=0$. 所以 $\langle\boldsymbol{A},\boldsymbol{B}\rangle$ 满足内积公理，因此是 $\mathbf{R}^{n\times n}$ 上的一个内积.

2. 设 $\boldsymbol{A}$ 是 n 阶可逆实方阵，在线性空间 $\mathbf{R}^n$ 中，对于向量 $\boldsymbol{x}=(x_1,\cdots,x_n)^{\mathrm{T}}$，$\boldsymbol{y}=(y_1,\cdots,y_n)^{\mathrm{T}}$，验证：$\langle\boldsymbol{x},\boldsymbol{y}\rangle=(\boldsymbol{Ax})^{\mathrm{T}}(\boldsymbol{Ay})$ 满足内积公理.

证　因为 $\langle\boldsymbol{x},\boldsymbol{y}\rangle=(\boldsymbol{Ax})^{\mathrm{T}}(\boldsymbol{Ay})=(\boldsymbol{Ay})^{\mathrm{T}}(\boldsymbol{Ax})=\langle\boldsymbol{y},\boldsymbol{x}\rangle$；$\langle\boldsymbol{x}+\boldsymbol{z},\boldsymbol{y}\rangle=(\boldsymbol{A}(\boldsymbol{x}+\boldsymbol{z}))^{\mathrm{T}}(\boldsymbol{Ay})=(\boldsymbol{Ax})^{\mathrm{T}}\boldsymbol{Ay}+(\boldsymbol{Az})^{\mathrm{T}}\boldsymbol{Ay}=\langle\boldsymbol{x},\boldsymbol{y}\rangle+\langle\boldsymbol{z},\boldsymbol{y}\rangle$；$\langle k\boldsymbol{x},\boldsymbol{y}\rangle=(\boldsymbol{A}k\boldsymbol{x})^{\mathrm{T}}(\boldsymbol{Ay})=k(\boldsymbol{Ax})^{\mathrm{T}}\boldsymbol{Ay}=k\langle\boldsymbol{x},\boldsymbol{y}\rangle$；$\langle\boldsymbol{x},\boldsymbol{x}\rangle=(\boldsymbol{Ax})^{\mathrm{T}}(\boldsymbol{Ax})=\|\boldsymbol{Ax}\|^2\geqslant0$，而且 $\langle\boldsymbol{x},\boldsymbol{x}\rangle=\|\boldsymbol{Ax}\|^2=0\Leftrightarrow\boldsymbol{x}=0$. 所以 $\langle\boldsymbol{x},\boldsymbol{y}\rangle$ 定义了 $\mathbf{R}^n$ 的一个内积.

3. 在线性空间 $\mathbf{R}[x]_2$ 中，对于 $f=a_0+a_1x+a_2x^2$，$g=b_0+b_1x+b_2x^2$，证明：$\langle f,g\rangle=a_0b_0+a_1b_1+a_2b_2$ 定义了 $\mathbf{R}[x]_2$ 的一个内积.

证　因为 $\langle f,g\rangle=a_0b_0+a_1b_1+a_2b_2=\langle g,f\rangle$；$\langle f+h,g\rangle=(a_0+c_0)b_0+(a_1+c_1)b_1+(a_2+c_2)b_2=\langle f,g\rangle+\langle h,g\rangle$；$\langle kf,g\rangle=ka_0b_0+ka_1b_1+ka_2b_2=k\langle f,g\rangle$；$\langle f,f\rangle=a_0^2+a_1^2+a_2^2\geqslant0$. 而且 $\langle f,f\rangle=a_0^2+a_1^2+a_2^2=0\Leftrightarrow f=0$. 所以 $\langle f,g\rangle$ 定义了 $\mathbf{R}[x]_2$ 的一个内积.

4. 在线性空间 $\mathbf{R}^{2\times2}$ 中，对于矩阵 $\boldsymbol{A}=\begin{bmatrix}a_1&a_2\\a_3&a_4\end{bmatrix}$，$\boldsymbol{B}=\begin{bmatrix}b_1&b_2\\b_3&b_4\end{bmatrix}$，问 $\langle\boldsymbol{A},\boldsymbol{B}\rangle=a_1b_1+a_2b_3+a_3b_2+a_4b_4$ 是否满足内积公理?

解　否. 不满足内积公理第 4 条. 例如 $\boldsymbol{A}=\begin{bmatrix}0&1\\-1&0\end{bmatrix}$，$\langle\boldsymbol{A},\boldsymbol{A}\rangle=-2<0$.

5. 设 $\boldsymbol{A}\in\mathbf{R}^{n\times n}$，在欧氏空间 $\mathbf{R}^n$ 中，证明：$\langle\boldsymbol{x},\boldsymbol{Ay}\rangle=\langle\boldsymbol{A}^{\mathrm{T}}\boldsymbol{x},\boldsymbol{y}\rangle$，其中 $\boldsymbol{x},\boldsymbol{y}\in\mathbf{R}^n$.

证　在欧氏空间 $\mathbf{R}^n$ 中，$\langle\boldsymbol{x},\boldsymbol{y}\rangle=\boldsymbol{x}^{\mathrm{T}}\boldsymbol{y}$，故 $\langle\boldsymbol{A}^{\mathrm{T}}\boldsymbol{x},\boldsymbol{y}\rangle=(\boldsymbol{A}^{\mathrm{T}}\boldsymbol{x})^{\mathrm{T}}\boldsymbol{y}=\boldsymbol{x}^{\mathrm{T}}\boldsymbol{Ay}=\langle\boldsymbol{x},\boldsymbol{Ay}\rangle$.

6. 具体写出欧氏空间 $\mathbf{R}^n$ 和欧氏空间 $C[a,b]$ 中的三角不等式.

解　欧氏空间 $\mathbf{R}^n$ 中的三角不等式是

$\sqrt{(x_1+y_1)^2+(x_2+y_2)^2+\cdots+(x_n+y_n)^2}\leqslant\sqrt{x_1^2+x_2^2+\cdots+x_n^2}+\sqrt{y_1^2+y_2^2+\cdots+y_n^2}$；

欧氏空间 $C[a,b]$ 中的三角不等式是 $\sqrt{\int_a^b[f(x)+g(x)]^2\mathrm{d}x}\leqslant\sqrt{\int_a^b f^2(x)\mathrm{d}x}+\sqrt{\int_a^b g^2(x)\mathrm{d}x}$.

7. 设 $\boldsymbol{\alpha},\boldsymbol{\beta}$ 是欧氏空间 V 中的两个任意向量，证明：

(1) $|\,\|\boldsymbol{\alpha}\|-\|\boldsymbol{\beta}\|\,|\leqslant\|\boldsymbol{\alpha}-\boldsymbol{\beta}\|$；(2) 平行四边形定理：$\|\boldsymbol{\alpha}+\boldsymbol{\beta}\|^2+\|\boldsymbol{\alpha}-\boldsymbol{\beta}\|^2=2(\|\boldsymbol{\alpha}\|^2+\|\boldsymbol{\beta}\|^2)$；(3) $\langle\boldsymbol{\alpha},\boldsymbol{\beta}\rangle=\dfrac{1}{4}(\|\boldsymbol{\alpha}+\boldsymbol{\beta}\|^2-\|\boldsymbol{\alpha}-\boldsymbol{\beta}\|^2)$；(4) $(\boldsymbol{\alpha}+\boldsymbol{\beta})\perp(\boldsymbol{\alpha}-\boldsymbol{\beta})\Leftrightarrow\|\boldsymbol{\alpha}\|=\|\boldsymbol{\beta}\|$.

证　(1) $\|\boldsymbol{\alpha}-\boldsymbol{\beta}\|^2=\langle\boldsymbol{\alpha}-\boldsymbol{\beta},\boldsymbol{\alpha}-\boldsymbol{\beta}\rangle=\|\boldsymbol{\alpha}\|^2-2\langle\boldsymbol{\alpha},\boldsymbol{\beta}\rangle+\|\boldsymbol{\beta}\|^2\geqslant\|\boldsymbol{\alpha}\|^2-2\|\boldsymbol{\alpha}\|\cdot\|\boldsymbol{\beta}\|+\|\boldsymbol{\beta}\|^2=[\|\boldsymbol{\alpha}\|-\|\boldsymbol{\beta}\|]^2$，从而有 $\|\boldsymbol{\alpha}-\boldsymbol{\beta}\|\geqslant|\,\|\boldsymbol{\alpha}\|-\|\boldsymbol{\beta}\|\,|$.

(2) $\|\boldsymbol{\alpha}+\boldsymbol{\beta}\|^2+\|\boldsymbol{\alpha}-\boldsymbol{\beta}\|^2=\|\boldsymbol{\alpha}\|^2+\|\boldsymbol{\beta}\|^2+2\langle\boldsymbol{\alpha},\boldsymbol{\beta}\rangle+\|\boldsymbol{\alpha}\|^2+\|\boldsymbol{\beta}\|^2-2\langle\boldsymbol{\alpha},\boldsymbol{\beta}\rangle=2(\|\boldsymbol{\alpha}\|^2+\|\boldsymbol{\beta}\|^2)$.

(3) $\|\boldsymbol{\alpha}+\boldsymbol{\beta}\|^2-\|\boldsymbol{\alpha}-\boldsymbol{\beta}\|^2=4\langle\boldsymbol{\alpha},\boldsymbol{\beta}\rangle\Rightarrow\langle\boldsymbol{\alpha},\boldsymbol{\beta}\rangle=\dfrac{1}{4}(\|\boldsymbol{\alpha}+\boldsymbol{\beta}\|^2-\|\boldsymbol{\alpha}-\boldsymbol{\beta}\|^2)$.

(4) $(\boldsymbol{\alpha}+\boldsymbol{\beta})\perp(\boldsymbol{\alpha}-\boldsymbol{\beta})\Leftrightarrow\langle\boldsymbol{\alpha}+\boldsymbol{\beta},\boldsymbol{\alpha}-\boldsymbol{\beta}\rangle=0\Leftrightarrow\|\boldsymbol{\alpha}\|^2=\|\boldsymbol{\beta}\|^2\Leftrightarrow\|\boldsymbol{\alpha}\|=\|\boldsymbol{\beta}\|$.

8. 习题及详解见典型例题例 5-15.

9. 设 $\boldsymbol{\alpha}_1,\boldsymbol{\alpha}_2$ 是欧氏空间 V 中的两个向量，证明：如果对任意 $\boldsymbol{\alpha}\in V$，都有 $\langle\boldsymbol{\alpha}_1,\boldsymbol{\alpha}\rangle=\langle\boldsymbol{\alpha}_2,\boldsymbol{\alpha}\rangle$，则 $\boldsymbol{\alpha}_1=\boldsymbol{\alpha}_2$.

证　因为对任意 $\boldsymbol{\alpha}\in V$，都有 $\langle\boldsymbol{\alpha}_1,\boldsymbol{\alpha}\rangle=\langle\boldsymbol{\alpha}_2,\boldsymbol{\alpha}\rangle$ 即 $\langle\boldsymbol{\alpha}_1-\boldsymbol{\alpha}_2,\boldsymbol{\alpha}\rangle=0$，特别地，对 $\boldsymbol{\alpha}=\boldsymbol{\alpha}_1-\boldsymbol{\alpha}_2$，有 $\langle\boldsymbol{\alpha}_1-\boldsymbol{\alpha}_2,\boldsymbol{\alpha}_1-\boldsymbol{\alpha}_2\rangle=0$，即 $\|\boldsymbol{\alpha}_1-\boldsymbol{\alpha}_2\|^2=0$，故 $\boldsymbol{\alpha}_1=\boldsymbol{\alpha}_2$.

10. 求 $\mathbf{R}^3$ 中向量 $\boldsymbol{\alpha}=(-1,0,2)^{\mathrm{T}}$ 在标准正交基 $\boldsymbol{\alpha}_1=\left(\dfrac{2}{3},-\dfrac{2}{3},\dfrac{1}{3}\right)^{\mathrm{T}}$，$\boldsymbol{\alpha}_2=\left(\dfrac{2}{3},\dfrac{1}{3},-\dfrac{2}{3}\right)^{\mathrm{T}}$，$\boldsymbol{\alpha}_3=\left(\dfrac{1}{3},\dfrac{2}{3},\dfrac{2}{3}\right)^{\mathrm{T}}$ 下的坐标.

解　由 $\langle\boldsymbol{\alpha}_1,\boldsymbol{\alpha}\rangle=0$，$\langle\boldsymbol{\alpha}_2,\boldsymbol{\alpha}\rangle=-2$，$\langle\boldsymbol{\alpha}_3,\boldsymbol{\alpha}\rangle=1$，得 $\boldsymbol{\alpha}$ 在该标准正交基下的坐标为 $(0,-2,1)^{\mathrm{T}}$.

11. 习题及详解见典型例题例 5-16.

12. 设 $\boldsymbol{A}$ 是秩为 2 的 5×4 矩阵，$\boldsymbol{\alpha}_1=(1,1,2,3)^{\mathrm{T}}$，$\boldsymbol{\alpha}_2=(-1,1,4,-1)^{\mathrm{T}}$ 和 $\boldsymbol{\alpha}_3=(5,-1,-8,9)^{\mathrm{T}}$ 均是齐次线性方程组 $\boldsymbol{Ax}=\boldsymbol{0}$ 的解. 求 $\boldsymbol{Ax}=\boldsymbol{0}$ 的解空间的一个标准正交基.

解　$\boldsymbol{Ax}=\boldsymbol{0}$ 的解空间的维数是 $4-r(\boldsymbol{A})=2$. 线性无关向量组 $\boldsymbol{\alpha}_1$、$\boldsymbol{\alpha}_2$ 是 $\boldsymbol{Ax}=\boldsymbol{0}$ 的解空间的一组基. 将其正交化再单位化得标准正交基 $\boldsymbol{\gamma}_1=\dfrac{1}{\sqrt{15}}(1,1,2,3)^{\mathrm{T}}$，$\boldsymbol{\gamma}_2=\dfrac{1}{\sqrt{39}}(-2,1,5,-3)^{\mathrm{T}}$.

13. 在 $\mathbf{R}^4$ 中求一个单位向量，使它与 $(1,1,-1,1)^{\mathrm{T}}$，$(1,-1,-1,1)^{\mathrm{T}}$，$(2,1,1,3)^{\mathrm{T}}$ 都正交.

解　设向量 $\boldsymbol{x}=(x_1,x_2,x_3,x_4)^{\mathrm{T}}$ 与已知的三个向量都正交，则有

$$\begin{cases} x_1+x_2-x_3+x_4=0 \\ x_1-x_2-x_3+x_4=0 \\ 2x_1+x_2+x_3+3x_4=0 \end{cases},$$

求得一个非零解 $\boldsymbol{x}=(-4,0,-1,3)^{\mathrm{T}}$，将其单位化，即得所求向量为 $\frac{1}{\sqrt{26}}(-4,0,-1,3)^{\mathrm{T}}$.

14. 习题及详解见典型例题例 5 - 17.

15. 设 $\boldsymbol{\alpha}_1,\boldsymbol{\alpha}_2,\cdots,\boldsymbol{\alpha}_n$ 是欧氏空间 V 的一个标准正交基，$\boldsymbol{\alpha}$ 是 V 中任一非零向量，φ_i 是 $\boldsymbol{\alpha}$ 与 $\boldsymbol{\alpha}_i$ 的夹角. 证明：$\cos^2\varphi_1+\cdots+\cos^2\varphi_n=1$.

证　设 $\boldsymbol{\alpha}=x_1\boldsymbol{\alpha}_1+x_2\boldsymbol{\alpha}_2+\cdots+x_n\boldsymbol{\alpha}_n$，则 $\|\boldsymbol{\alpha}\|^2=x_1^2+x_2^2+\cdots+x_n^2$，$\langle\boldsymbol{\alpha},\boldsymbol{\alpha}_i\rangle^2=x_i^2$，$i=1,2,\cdots,n$，又 $\|\boldsymbol{\alpha}_i\|^2=1$，故 $\sum\limits_{i=1}^{n}\cos^2\varphi_i=\sum\limits_{i=1}^{n}\frac{\langle\boldsymbol{\alpha},\boldsymbol{\alpha}_i\rangle^2}{\|\boldsymbol{\alpha}\|^2\|\boldsymbol{\alpha}_i\|^2}=\frac{x_1^2+x_2^2+\cdots+x_n^2}{x_1^2+x_2^2+\cdots+x_n^2}=1$.

16. 习题及详解见典型例题例 5 - 18.

17. 设 $\boldsymbol{\alpha}$ 为 $\mathbf{R}^n$ 中的单位向量，$\boldsymbol{I}$ 为 n 阶单位矩阵，证明：矩阵 $\boldsymbol{A}=\boldsymbol{I}-2\boldsymbol{\alpha}\boldsymbol{\alpha}^{\mathrm{T}}$ 是正交矩阵（$\boldsymbol{A}$ 称为豪斯霍尔德（Householder）矩阵）. 当 $n=2$ 时，试说明 $\boldsymbol{A}$ 是关于与 $\boldsymbol{\alpha}$ 正交且过原点的直线的反射变换，即 $\forall\boldsymbol{\beta}\in\mathbf{R}^2$，说明 $\boldsymbol{A\beta}$ 与 $\boldsymbol{\beta}-\langle\boldsymbol{\beta},\boldsymbol{\alpha}\rangle\boldsymbol{\alpha}$（由第 3 章知这是 $\boldsymbol{\beta}$ 正交于 $\boldsymbol{\alpha}$ 的分量）的夹角等于 $\boldsymbol{\beta}$ 与 $\boldsymbol{\beta}-\langle\boldsymbol{\beta},\boldsymbol{\alpha}\rangle\boldsymbol{\alpha}$ 的夹角.

证　$\boldsymbol{A}^{\mathrm{T}}\boldsymbol{A}=(\boldsymbol{I}-2\boldsymbol{\alpha}\boldsymbol{\alpha}^{\mathrm{T}})^{\mathrm{T}}(\boldsymbol{I}-2\boldsymbol{\alpha}\boldsymbol{\alpha}^{\mathrm{T}})=(\boldsymbol{I}-2\boldsymbol{\alpha}\boldsymbol{\alpha}^{\mathrm{T}})(\boldsymbol{I}-2\boldsymbol{\alpha}\boldsymbol{\alpha}^{\mathrm{T}})=\boldsymbol{I}-4\boldsymbol{\alpha}\boldsymbol{\alpha}^{\mathrm{T}}+4\boldsymbol{\alpha}(\boldsymbol{\alpha}^{\mathrm{T}}\boldsymbol{\alpha})\boldsymbol{\alpha}^{\mathrm{T}}=\boldsymbol{I}$，因此 $\boldsymbol{A}$ 为正交矩阵. $\forall\boldsymbol{\beta}\in\mathbf{R}^2$，有 $\|\boldsymbol{A\beta}\|=\|\boldsymbol{\beta}\|$. 又 $\boldsymbol{A\beta}=\boldsymbol{\beta}-2\boldsymbol{\alpha}\boldsymbol{\alpha}^{\mathrm{T}}\boldsymbol{\beta}=\boldsymbol{\beta}-2\langle\boldsymbol{\alpha},\boldsymbol{\beta}\rangle\boldsymbol{\alpha}$，有 $\boldsymbol{\beta}+(-2\boldsymbol{\beta}+2\langle\boldsymbol{\alpha},\boldsymbol{\beta}\rangle\boldsymbol{\alpha})+\boldsymbol{A\beta}=0$，故三个向量 $\boldsymbol{\beta}$，$-2\boldsymbol{\beta}+2\langle\boldsymbol{\alpha},\boldsymbol{\beta}\rangle\boldsymbol{\alpha}$，$\boldsymbol{A\beta}$ 构成一个以 $-2\boldsymbol{\beta}+2\langle\boldsymbol{\alpha},\boldsymbol{\beta}\rangle\boldsymbol{\alpha}$ 为底边的等腰三角形. 于是 $\boldsymbol{A\beta}$ 与 $\boldsymbol{\beta}-\langle\boldsymbol{\beta},\boldsymbol{\alpha}\rangle\boldsymbol{\alpha}$ 的夹角等于 $\boldsymbol{\beta}$ 与 $\boldsymbol{\beta}-\langle\boldsymbol{\beta},\boldsymbol{\alpha}\rangle\boldsymbol{\alpha}$ 的夹角.

18. 设分块矩阵 $\boldsymbol{P}=\begin{bmatrix}\boldsymbol{A} & \boldsymbol{B}\\ \boldsymbol{O} & \boldsymbol{C}\end{bmatrix}$ 是正交矩阵，其中 $\boldsymbol{A},\boldsymbol{C}$ 分别为 m,n 阶方阵，证明 $\boldsymbol{A},\boldsymbol{C}$ 是正交矩阵且 $\boldsymbol{B}=\boldsymbol{O}$.

证　$\boldsymbol{P}$ 是正交矩阵 $\Rightarrow\boldsymbol{P}^{\mathrm{T}}\boldsymbol{P}=\begin{bmatrix}\boldsymbol{A}^{\mathrm{T}} & \boldsymbol{O}\\ \boldsymbol{B}^{\mathrm{T}} & \boldsymbol{C}^{\mathrm{T}}\end{bmatrix}\begin{bmatrix}\boldsymbol{A} & \boldsymbol{B}\\ \boldsymbol{O} & \boldsymbol{C}\end{bmatrix}=\begin{bmatrix}\boldsymbol{A}^{\mathrm{T}}\boldsymbol{A} & \boldsymbol{A}^{\mathrm{T}}\boldsymbol{B}\\ \boldsymbol{B}^{\mathrm{T}}\boldsymbol{A} & \boldsymbol{B}^{\mathrm{T}}\boldsymbol{B}+\boldsymbol{C}^{\mathrm{T}}\boldsymbol{C}\end{bmatrix}=\begin{bmatrix}\boldsymbol{I}_m & \boldsymbol{O}\\ \boldsymbol{O} & \boldsymbol{I}_n\end{bmatrix}$，于是有 $\boldsymbol{A}^{\mathrm{T}}\boldsymbol{A}=\boldsymbol{I}_m$，$\boldsymbol{A}^{\mathrm{T}}\boldsymbol{B}=\boldsymbol{O}\Rightarrow\boldsymbol{B}=\boldsymbol{O}$，$\boldsymbol{B}^{\mathrm{T}}\boldsymbol{B}+\boldsymbol{C}^{\mathrm{T}}\boldsymbol{C}=\boldsymbol{I}_n\Rightarrow\boldsymbol{C}^{\mathrm{T}}\boldsymbol{C}=\boldsymbol{I}_n$，故 $\boldsymbol{A},\boldsymbol{C}$ 为正交矩阵且 $\boldsymbol{B}=\boldsymbol{O}$.

习题 5.2 欧氏空间的基本概念(B)

1～3. 习题及详解分别见典型例题例 5 - 19、例 5 - 20、例 5 - 21.

4. 设 $\boldsymbol{e}_1,\boldsymbol{e}_2,\cdots,\boldsymbol{e}_k$ 是 n 维欧氏空间 V 中的标准正交向量组. 证明：对 V 中任何向量 $\boldsymbol{\alpha}$ 成立不等式 $\sum\limits_{i=1}^{k}\langle\boldsymbol{\alpha},\boldsymbol{e}_i\rangle^2\leqslant\|\boldsymbol{\alpha}\|^2$，并且当且仅当 $k=n$ 时等号成立.

证　因为 $\boldsymbol{e}_1,\boldsymbol{e}_2,\cdots,\boldsymbol{e}_k$ 是 n 维欧氏空间 V 中的标准正交向量组，利用基扩充定理将 $\boldsymbol{e}_1,\boldsymbol{e}_2,\cdots,\boldsymbol{e}_k$ 扩充为 V 的一个标准正交基 $\boldsymbol{e}_1,\boldsymbol{e}_2,\cdots,\boldsymbol{e}_k,\boldsymbol{e}_{k+1},\cdots,\boldsymbol{e}_n$，于是，$V$ 中任何向量 $\boldsymbol{\alpha}$ 可由 $\boldsymbol{e}_1,\boldsymbol{e}_2,\cdots,\boldsymbol{e}_k,\boldsymbol{e}_{k+1},\cdots,\boldsymbol{e}_n$ 线性表示，设 $\boldsymbol{\alpha}=x_1\boldsymbol{e}_1+x_2\boldsymbol{e}_2+\cdots+x_k\boldsymbol{e}_k+x_{k+1}\boldsymbol{e}_{k+1}+\cdots+x_n\boldsymbol{e}_n$，则 $\|\boldsymbol{\alpha}\|^2=$

$x_1^2+x_2^2+\cdots+x_n^2$. 又$\langle \boldsymbol{\alpha},\boldsymbol{e}_i\rangle^2=x_i^2(i=1,2,\cdots,n)\Rightarrow\sum_{i=1}^{k}\langle \boldsymbol{\alpha},\boldsymbol{e}_i\rangle^2=x_1^2+x_2^2+\cdots+x_k^2\leqslant\|\boldsymbol{\alpha}\|^2$,并且当且仅当 $k=n$ 时等号成立.

5. 习题及详解见典型例题例 5 - 22.

第 5 章习题

1. 填空题

(1)设实方阵 $\boldsymbol{A}=(a_{ij})_{3\times 3}$ 满足 $\boldsymbol{A}^{\mathrm{T}}=\boldsymbol{A}^*$, $a_{11}=-1$,向量 $\boldsymbol{b}=(1,0,0)^{\mathrm{T}}$,则线性方程组 $\boldsymbol{Ax}=\boldsymbol{b}$ 的解为________.

解　$\boldsymbol{AA}^{\mathrm{T}}=\boldsymbol{AA}^*=|\boldsymbol{A}|\boldsymbol{I}\Rightarrow|\boldsymbol{A}||\boldsymbol{A}^{\mathrm{T}}|=|\boldsymbol{A}|^3\Rightarrow|\boldsymbol{A}|^2=|\boldsymbol{A}|^3\Rightarrow|\boldsymbol{A}|=0$ 或 $|\boldsymbol{A}|=1$. 又 $\boldsymbol{A}^{\mathrm{T}}=\boldsymbol{A}^*\Rightarrow A_{ij}=a_{ij}(i,j=1,2,3)$,得 $|\boldsymbol{A}|=a_{11}A_{11}+a_{12}A_{12}+a_{13}A_{13}=1+a_{12}^2+a_{13}^2$. 故 $|\boldsymbol{A}|=1$,且 $a_{12}=a_{13}=0$. 于是

$$\boldsymbol{x}=\boldsymbol{A}^{-1}\boldsymbol{b}=\frac{1}{|\boldsymbol{A}|}\boldsymbol{A}^*\boldsymbol{b}=\boldsymbol{A}^{\mathrm{T}}\boldsymbol{b}=\begin{bmatrix}a_{11}&a_{21}&a_{31}\\a_{12}&a_{22}&a_{32}\\a_{13}&a_{23}&a_{33}\end{bmatrix}\begin{bmatrix}1\\0\\0\end{bmatrix}=\begin{bmatrix}a_{11}\\a_{12}\\a_{13}\end{bmatrix}=\begin{bmatrix}-1\\0\\0\end{bmatrix}.$$

(2)设 4×5 矩阵 $\boldsymbol{A}$ 按列分块为 $\boldsymbol{A}=[\boldsymbol{\alpha}_1\ \boldsymbol{\alpha}_2\ \boldsymbol{\alpha}_3\ \boldsymbol{\alpha}_4\ \boldsymbol{\alpha}_5]$,已知 $\boldsymbol{\alpha}_1,\boldsymbol{\alpha}_2,\boldsymbol{\alpha}_4$ 线性无关,且 $\boldsymbol{\alpha}_3=\boldsymbol{\alpha}_1+2\boldsymbol{\alpha}_2$, $\boldsymbol{\alpha}_5=2\boldsymbol{\alpha}_1-\boldsymbol{\alpha}_2+3\boldsymbol{\alpha}_4$,则齐次线性方程组 $\boldsymbol{Ax}=\boldsymbol{0}$ 的解空间的标准正交基为________.

解　$\boldsymbol{\alpha}_1,\boldsymbol{\alpha}_2,\boldsymbol{\alpha}_4$ 线性无关,且 $\boldsymbol{\alpha}_3,\boldsymbol{\alpha}_5$ 可由 $\boldsymbol{\alpha}_1,\boldsymbol{\alpha}_2,\boldsymbol{\alpha}_4$ 线性表示$\Rightarrow r(\boldsymbol{A})=3$, $\boldsymbol{Ax}=\boldsymbol{0}$ 的解空间的维数为 $5-3=2$. 又 $\boldsymbol{\alpha}_3=\boldsymbol{\alpha}_1+2\boldsymbol{\alpha}_2\Rightarrow-\boldsymbol{\alpha}_1-2\boldsymbol{\alpha}_2+\boldsymbol{\alpha}_3=0\Rightarrow\boldsymbol{\xi}_1=(-1,-2,1,0,0)^{\mathrm{T}}$ 为 $\boldsymbol{Ax}=\boldsymbol{0}$ 的解;同理,$\boldsymbol{\alpha}_5=2\boldsymbol{\alpha}_1-\boldsymbol{\alpha}_2+3\boldsymbol{\alpha}_4\Rightarrow\boldsymbol{\xi}_2=(-2,1,0,-3,1)^{\mathrm{T}}$ 为 $\boldsymbol{Ax}=\boldsymbol{0}$ 的解. 由于 $\boldsymbol{\xi}_1,\boldsymbol{\xi}_2$ 线性无关,所以是 $\boldsymbol{Ax}=\boldsymbol{0}$ 的解空间的基,又 $\boldsymbol{\xi}_1,\boldsymbol{\xi}_2$ 正交,故单位化得齐次线性方程组 $\boldsymbol{Ax}=\boldsymbol{0}$ 的解空间的标准正交基为 $\boldsymbol{\gamma}_1=\frac{1}{\sqrt{6}}(-1,-2,1,0,0)^{\mathrm{T}}$, $\boldsymbol{\gamma}_2=\frac{1}{\sqrt{15}}(-2,1,0,-3,1)^{\mathrm{T}}$.

(3)若 $F[x]_2$ 中向量组 $f_1=x^2-2x+3$, $f_2=2x^2+x+a$, $f_3=x^2+8x+7$ 线性相关,则常数 $a=$________.

解　$1,x,x^2$ 是 $F[x]_2$ 的一组基,由题设,$[f_1\ f_2\ f_3]=[1\ x\ x^2]\begin{bmatrix}3&a&7\\-2&1&8\\1&2&1\end{bmatrix}=[1\ x\ x^2]\boldsymbol{A}$.

若 $\boldsymbol{A}$ 可逆,则 $1,x,x^2$ 与 f_1,f_2,f_3 可相互线性表示,从而 f_1、f_2、f_3 线性无关,与题设矛盾. 故 $\boldsymbol{A}$ 不可逆,即 $|\boldsymbol{A}|=0\Rightarrow a=8$.

(4)$\mathbf{R}^4$ 的子空间 $W=\{(a+b,a-b+2c,b,c)^{\mathrm{T}}\mid a,b,c\in\mathbf{R}\}$的基为________.

解　W 中的任一向量都可表示为

$$\begin{bmatrix}a+b\\a-b+2c\\b\\c\end{bmatrix}=a\boldsymbol{\xi}_1+b\boldsymbol{\xi}_2+c\boldsymbol{\xi}_3,\text{其中 }\boldsymbol{\xi}_1=\begin{bmatrix}1\\1\\0\\0\end{bmatrix},\boldsymbol{\xi}_2=\begin{bmatrix}1\\-1\\1\\0\end{bmatrix},\boldsymbol{\xi}_3=\begin{bmatrix}0\\2\\0\\1\end{bmatrix},\text{所以 }W=\mathrm{span}\{\boldsymbol{\xi}_1,$$

$\boldsymbol{\xi}_2,\boldsymbol{\xi}_3\}$. 又 $\boldsymbol{\xi}_1,\boldsymbol{\xi}_2,\boldsymbol{\xi}_3$ 线性无关,所以 $\boldsymbol{\xi}_1,\boldsymbol{\xi}_2,\boldsymbol{\xi}_3$ 为 W 的一个基.

(5)设 $\boldsymbol{\alpha}_1,\boldsymbol{\alpha}_2,\boldsymbol{\alpha}_3$ 是 $\mathbf{R}^3$ 的基,则从基 $\boldsymbol{\alpha}_1,\frac{1}{2}\boldsymbol{\alpha}_2,\frac{1}{3}\boldsymbol{\alpha}_3$ 到基 $\boldsymbol{\alpha}_1+\boldsymbol{\alpha}_2,\boldsymbol{\alpha}_2+\boldsymbol{\alpha}_3,\boldsymbol{\alpha}_3+\boldsymbol{\alpha}_1$ 的过渡

矩阵为______.

解 $[\boldsymbol{\alpha}_1+\boldsymbol{\alpha}_2\ \boldsymbol{\alpha}_2+\boldsymbol{\alpha}_3\ \boldsymbol{\alpha}_3+\boldsymbol{\alpha}_1]=[\boldsymbol{\alpha}_1\ \boldsymbol{\alpha}_2\ \boldsymbol{\alpha}_3]\begin{bmatrix}1&0&1\\1&1&0\\0&1&1\end{bmatrix}$

$$=\left[\boldsymbol{\alpha}_1\ \frac{1}{2}\boldsymbol{\alpha}_2\ \frac{1}{3}\boldsymbol{\alpha}_3\right]\begin{bmatrix}1&0&0\\0&2&0\\0&0&3\end{bmatrix}\begin{bmatrix}1&0&1\\1&1&0\\0&1&1\end{bmatrix};$$

故从基 $\boldsymbol{\alpha}_1,\frac{1}{2}\boldsymbol{\alpha}_2,\frac{1}{3}\boldsymbol{\alpha}_3$ 到基 $\boldsymbol{\alpha}_1+\boldsymbol{\alpha}_2,\boldsymbol{\alpha}_2+\boldsymbol{\alpha}_3,\boldsymbol{\alpha}_3+\boldsymbol{\alpha}_1$ 的过渡矩阵为

$$\begin{bmatrix}1&0&0\\0&2&0\\0&0&3\end{bmatrix}\begin{bmatrix}1&0&1\\1&1&0\\0&1&1\end{bmatrix}=\begin{bmatrix}1&0&1\\2&2&0\\0&3&3\end{bmatrix}.$$

(6)已知由 $\boldsymbol{\alpha}_1=(1,2,-1,0)^{\mathrm{T}},\boldsymbol{\alpha}_2=(1,1,0,2)^{\mathrm{T}},\boldsymbol{\alpha}_3=(2,1,1,a)^{\mathrm{T}}$ 生成的向量空间的维数是2,则 $a=$________.

解 由于 $\dim[\mathrm{span}\{\boldsymbol{\alpha}_1,\boldsymbol{\alpha}_2,\boldsymbol{\alpha}_3\}]=2$. 因此 $\boldsymbol{\alpha}_1$、$\boldsymbol{\alpha}_2$、$\boldsymbol{\alpha}_3$ 线性相关,即 $|\boldsymbol{\alpha}_1\ \boldsymbol{\alpha}_2\ \boldsymbol{\alpha}_3|=0$,得 $a=6$.

2. 记矩阵 $\boldsymbol{A}=\begin{bmatrix}1&-2&1&1&2\\-1&3&0&2&-2\\0&1&1&3&4\\1&2&5&13&5\end{bmatrix}$ 的第 j 个列向量为 $\boldsymbol{\alpha}_j(j=1,\cdots,5)$,(1)求向量空间 $W=\{\boldsymbol{Ax}\mid \boldsymbol{x}\in F^5\}$ 的基与维数;(2)求 $\boldsymbol{\alpha}_3,\boldsymbol{\alpha}_4$ 在该基下的坐标.

解 (1)$W=\{x_1\boldsymbol{\alpha}_1+x_2\boldsymbol{\alpha}_2+\cdots+x_5\boldsymbol{\alpha}_5\mid x_i\in F,i=1,2,\cdots,5\}=\mathrm{span}\{\boldsymbol{\alpha}_1,\boldsymbol{\alpha}_2,\cdots,\boldsymbol{\alpha}_5\}$.

由 $[\boldsymbol{\alpha}_1\ \boldsymbol{\alpha}_2\ \boldsymbol{\alpha}_3\ \boldsymbol{\alpha}_4\ \boldsymbol{\alpha}_5]=\begin{bmatrix}1&-2&1&1&2\\-1&3&0&2&-2\\0&1&1&3&4\\1&2&5&13&5\end{bmatrix}\xrightarrow{\text{初等行变换}}\begin{bmatrix}1&0&3&7&0\\0&1&1&3&0\\0&0&0&0&1\\0&0&0&0&0\end{bmatrix}$

得 $\boldsymbol{\alpha}_1,\boldsymbol{\alpha}_2,\boldsymbol{\alpha}_5$ 为 W 的一组基,$\dim(W)=3$,且 $\boldsymbol{\alpha}_3=3\boldsymbol{\alpha}_1+\boldsymbol{\alpha}_2,\boldsymbol{\alpha}_4=7\boldsymbol{\alpha}_1+3\boldsymbol{\alpha}_2$. 即 $\boldsymbol{\alpha}_3,\boldsymbol{\alpha}_4$ 在该基下的坐标分别为 $(3,1,0)^{\mathrm{T}},(7,3,0)^{\mathrm{T}}$.

3. 设 $\boldsymbol{A}_{m\times n}$ 和 $\boldsymbol{B}_{m\times n}$ 为行等价的两个矩阵,$W_1=\{\boldsymbol{Ax}\mid \boldsymbol{x}\in F^n\}$ 和 $W_2=\{\boldsymbol{Bx}\mid \boldsymbol{x}\in F^n\}$ 分别为 $\boldsymbol{A},\boldsymbol{B}$ 的列空间. (1)证明:$\dim(W_1)=\dim(W_2)$;(2)$W_1=W_2$ 是否成立?若成立,给出证明;若不成立,举出反例.

证 (1)$\boldsymbol{A}_{m\times n}$ 和 $\boldsymbol{B}_{m\times n}$ 行等价,故有 $r(\boldsymbol{A})=r(\boldsymbol{B})$. W_1 是 $\boldsymbol{A}_{m\times n}$ 的列空间,因此 $\dim(W_1)=r(\boldsymbol{A})$;$W_2$ 是 $B_{m\times n}$ 的列空间,因此 $\dim(W_2)=r(\boldsymbol{B})$. 所以 $\dim(W_1)=\dim(W_2)$.

(2)不一定成立. 例如:$\boldsymbol{A}=\begin{bmatrix}1&0\\0&1\\0&0\\0&0\end{bmatrix}=[\boldsymbol{\alpha}_1\quad \boldsymbol{\alpha}_2]$, $\boldsymbol{B}=\begin{bmatrix}0&0\\0&0\\1&0\\0&1\end{bmatrix}=[\boldsymbol{\beta}_1\quad \boldsymbol{\beta}_2]$,$\boldsymbol{A}$ 与 $\boldsymbol{B}$ 行等价,但是 $\boldsymbol{\alpha}_1,\boldsymbol{\alpha}_2$ 不能由 $\boldsymbol{\beta}_1,\boldsymbol{\beta}_2$ 线性表示,故 $W_1=\mathrm{span}\{\boldsymbol{\alpha}_1,\boldsymbol{\alpha}_2\}\neq\mathrm{span}\{\boldsymbol{\beta}_1,\boldsymbol{\beta}_2\}=W_2$.

4. 设矩阵 $\boldsymbol{A}_{m\times n},\boldsymbol{B}_{n\times m}$ 满足 $\boldsymbol{AB}=\boldsymbol{I}_m$. 证明矩阵 $\boldsymbol{A}$ 的列向量组生成 F^m.

证　由 $\boldsymbol{A}_{m\times n}\boldsymbol{B}_{n\times m}=\boldsymbol{I}_m\Rightarrow m=r(\boldsymbol{AB})\leqslant r(\boldsymbol{A}_{m\times n})\leqslant m\Rightarrow r(\boldsymbol{A}_{m\times n})=m$. 设 $W=\{\boldsymbol{Ax}\mid \boldsymbol{x}\in F^n\}$ 是矩阵 $\boldsymbol{A}$ 的列向量组生成的线性空间，则 $\dim(W)=r(\boldsymbol{A})=m$. 因此 W 是由数域 F 上 n 个 m 维列向量生成的线性空间，且它的维数为 m，故 $W=F^m$.

5. 设 F^3 有两个基(Ⅰ)：$\boldsymbol{\alpha}_1=(1,1,1)^{\mathrm{T}}$，$\boldsymbol{\alpha}_2=(2,3,2)^{\mathrm{T}}$，$\boldsymbol{\alpha}_3=(1,5,4)^{\mathrm{T}}$；(Ⅱ)：$\boldsymbol{\beta}_1=(1,1,0)^{\mathrm{T}}$，$\boldsymbol{\beta}_2=(1,2,0)^{\mathrm{T}}$，$\boldsymbol{\beta}_3=(1,2,1)^{\mathrm{T}}$. 求从(Ⅰ)到(Ⅱ)的过渡矩阵及向量 $\boldsymbol{\alpha}=3\boldsymbol{\alpha}_1+2\boldsymbol{\alpha}_2-\boldsymbol{\alpha}_3$ 在基(Ⅱ)下的坐标.

解　$[\boldsymbol{\beta}_1\ \boldsymbol{\beta}_2\ \boldsymbol{\beta}_3]=[\boldsymbol{\alpha}_1\ \boldsymbol{\alpha}_2\ \boldsymbol{\alpha}_3]\boldsymbol{A}\Rightarrow\boldsymbol{A}=[\boldsymbol{\alpha}_1\ \boldsymbol{\alpha}_2\ \boldsymbol{\alpha}_3]^{-1}[\boldsymbol{\beta}_1\ \boldsymbol{\beta}_2\ \boldsymbol{\beta}_3]=\dfrac{1}{3}\begin{bmatrix}-4&-10&-3\\4&7&3\\-1&-1&0\end{bmatrix}$. 又

$$\boldsymbol{\alpha}=3\boldsymbol{\alpha}_1+2\boldsymbol{\alpha}_2-\boldsymbol{\alpha}_3=[\boldsymbol{\alpha}_1\ \boldsymbol{\alpha}_2\ \boldsymbol{\alpha}_3]\begin{bmatrix}3\\2\\-1\end{bmatrix}=[\boldsymbol{\beta}_1\ \boldsymbol{\beta}_2\ \boldsymbol{\beta}_3]\boldsymbol{A}^{-1}\begin{bmatrix}3\\2\\-1\end{bmatrix}=[\boldsymbol{\beta}_1\ \boldsymbol{\beta}_2\ \boldsymbol{\beta}_3]\begin{bmatrix}8\\-5\\3\end{bmatrix}$$

，所以向量 $\boldsymbol{\alpha}=3\boldsymbol{\alpha}_1+2\boldsymbol{\alpha}_2-\boldsymbol{\alpha}_3$ 在基(Ⅱ)下的坐标为 $(8,-5,3)^{\mathrm{T}}$.

6. 设 $\boldsymbol{\alpha}_1,\boldsymbol{\alpha}_2,\boldsymbol{\alpha}_3$ 为 3 维欧氏空间 V 的标准正交基，证明：$\boldsymbol{\beta}_1=\dfrac{1}{3}(2\boldsymbol{\alpha}_1+2\boldsymbol{\alpha}_2-\boldsymbol{\alpha}_3)$，$\boldsymbol{\beta}_2=\dfrac{1}{3}(2\boldsymbol{\alpha}_1-\boldsymbol{\alpha}_2+2\boldsymbol{\alpha}_3)$，$\boldsymbol{\beta}_3=\dfrac{1}{3}(\boldsymbol{\alpha}_1-2\boldsymbol{\alpha}_2-2\boldsymbol{\alpha}_3)$ 也是 V 的标准正交基.

证法 1　由 $\langle\boldsymbol{\alpha}_i,\boldsymbol{\alpha}_j\rangle=\begin{cases}1, & i=j\\0 & i\neq j\end{cases}$，$i,j=1,2,3$，可得 $\langle\boldsymbol{\beta}_i,\boldsymbol{\beta}_j\rangle=\begin{cases}1, & i=j\\0, & i\neq j\end{cases}$，$i,j=1,2,3$，即证.

证法 2　由基 $\boldsymbol{\alpha}_1,\boldsymbol{\alpha}_2,\boldsymbol{\alpha}_3$ 到基 $\boldsymbol{\beta}_1,\boldsymbol{\beta}_2,\boldsymbol{\beta}_3$ 的过渡矩阵 $\boldsymbol{A}$ 是正交矩阵，利用习题 5.2(B)第 5 题的结论，得 $\boldsymbol{\beta}_1,\boldsymbol{\beta}_2,\boldsymbol{\beta}_3$ 是 3 维欧氏空间 V 的标准正交基.

7. (1)设实矩阵 $\boldsymbol{Q}_{m\times n}$ 的列向量组为标准正交向量组，证明：$\boldsymbol{Q}^{\mathrm{T}}\boldsymbol{Q}=\boldsymbol{I}_n$；

(2)设矩阵 $\boldsymbol{A}=\boldsymbol{QR}$，其中 $\boldsymbol{Q}=\dfrac{1}{5}\begin{bmatrix}1&-2&-4\\2&1&2\\2&-4&2\\4&2&-1\end{bmatrix}$，$\boldsymbol{R}=\begin{bmatrix}5&-2&1\\0&4&-1\\0&0&2\end{bmatrix}$，

证明：线性方程组 $\boldsymbol{Ax}=\boldsymbol{b}\Leftrightarrow\boldsymbol{Rx}=\boldsymbol{Q}^{\mathrm{T}}\boldsymbol{b}$，当 $\boldsymbol{b}=(-1,1,1,2)^{\mathrm{T}}$ 时，求方程组 $\boldsymbol{Ax}=\boldsymbol{b}$ 的解.

证　(1)记 $\boldsymbol{Q}=[\boldsymbol{\alpha}_1\quad\boldsymbol{\alpha}_2\quad\cdots\quad\boldsymbol{\alpha}_n]$，则 $\boldsymbol{\alpha}_1,\boldsymbol{\alpha}_2,\cdots,\boldsymbol{\alpha}_n$ 为标准正交向量组，因此

$$\boldsymbol{Q}_{n\times m}^{\mathrm{T}}\boldsymbol{Q}_{m\times n}=\begin{bmatrix}\boldsymbol{\alpha}_1^{\mathrm{T}}\\\boldsymbol{\alpha}_2^{\mathrm{T}}\\\vdots\\\boldsymbol{\alpha}_n^{\mathrm{T}}\end{bmatrix}[\boldsymbol{\alpha}_1\quad\boldsymbol{\alpha}_2\quad\cdots\quad\boldsymbol{\alpha}_n]=\begin{bmatrix}\boldsymbol{\alpha}_1^{\mathrm{T}}\boldsymbol{\alpha}_1&\boldsymbol{\alpha}_1^{\mathrm{T}}\boldsymbol{\alpha}_2&\cdots&\boldsymbol{\alpha}_1^{\mathrm{T}}\boldsymbol{\alpha}_n\\\boldsymbol{\alpha}_2^{\mathrm{T}}\boldsymbol{\alpha}_1&\boldsymbol{\alpha}_2^{\mathrm{T}}\boldsymbol{\alpha}_2&\cdots&\boldsymbol{\alpha}_2^{\mathrm{T}}\boldsymbol{\alpha}_n\\\vdots&\vdots&&\vdots\\\boldsymbol{\alpha}_n^{\mathrm{T}}\boldsymbol{\alpha}_1&\boldsymbol{\alpha}_n^{\mathrm{T}}\boldsymbol{\alpha}_2&\cdots&\boldsymbol{\alpha}_n^{\mathrm{T}}\boldsymbol{\alpha}_n\end{bmatrix}$$

$$=\begin{bmatrix}1&0&\cdots&0\\0&1&\cdots&0\\\vdots&\vdots&&\vdots\\0&0&\cdots&1\end{bmatrix}=\boldsymbol{I}_n$$

(2)由于 $\boldsymbol{Q}^{\mathrm{T}}\boldsymbol{Q}=\boldsymbol{I}_3$，$\boldsymbol{A}=\boldsymbol{QR}$，所以，$\boldsymbol{A}=\boldsymbol{QR}\Leftrightarrow\boldsymbol{Q}^{\mathrm{T}}\boldsymbol{QRx}=\boldsymbol{Q}^{\mathrm{T}}\boldsymbol{b}\Leftrightarrow\boldsymbol{Rx}=\boldsymbol{Q}^{\mathrm{T}}\boldsymbol{b}$. 当 $\boldsymbol{b}=(-1,1,1,2)^{\mathrm{T}}$ 时，得 $\boldsymbol{x}=\boldsymbol{R}^{-1}\boldsymbol{Q}^{\mathrm{T}}\boldsymbol{b}=(\dfrac{11}{25},\dfrac{3}{10},\dfrac{3}{5})^{\mathrm{T}}$ 为 $\boldsymbol{Ax}=\boldsymbol{b}$ 的最小二乘解.

第6章　特征值与特征向量

6.1　知识图谱

本章知识图谱如图6-1所示.

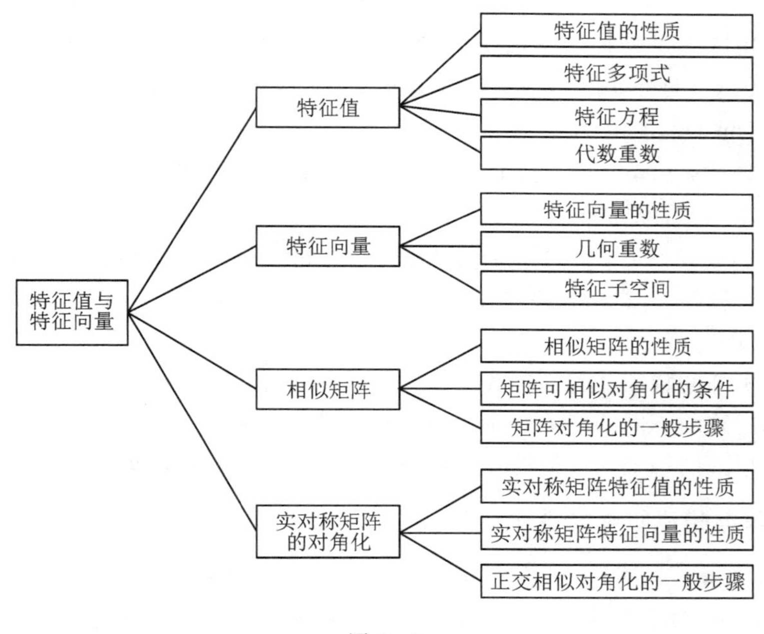

图6-1

6.2　知识要点

1. 特征值与特征向量的概念

(1)设 $\boldsymbol{A}$ 是 n 阶方阵,若存在数 λ 和非零向量 $\boldsymbol{x}$ 满足 $\boldsymbol{Ax}=\lambda\boldsymbol{x}$,则称 λ 是矩阵 $\boldsymbol{A}$ 的**特征值**,$\boldsymbol{x}$ 是 $\boldsymbol{A}$ 的对应于特征值 λ 的**特征向量**.

(2)λ 是方阵 $\boldsymbol{A}$ 的**特征值**$\Leftrightarrow|\lambda\boldsymbol{I}-\boldsymbol{A}|=0$. $|\lambda\boldsymbol{I}-\boldsymbol{A}|$ 称为 $\boldsymbol{A}$ 的**特征多项式**,$|\lambda\boldsymbol{I}-\boldsymbol{A}|=0$ 称为 $\boldsymbol{A}$ 的**特征方程**. n 阶方阵 $\boldsymbol{A}$ 必有 n 个特征值,若 λ 是特征方程的 k 重根,则称 λ 是 $\boldsymbol{A}$ 的 k 重特征值,并称 k 为 λ 的**代数重数**.

(3)齐次方程组 $(\lambda\boldsymbol{I}-\boldsymbol{A})\boldsymbol{x}=\boldsymbol{0}$ 的非零解向量 $\boldsymbol{x}$ 就是方阵 $\boldsymbol{A}$ 的对应于特征值 λ 的**特征向**

量. $(\lambda\boldsymbol{I}-\boldsymbol{A})\boldsymbol{x}=\boldsymbol{0}$ 的解空间称为特征值 λ 的**特征子空间**,记为 V_λ,V_λ 的维数称为 λ 的**几何重数**.

(4)求 n 阶方阵 $\boldsymbol{A}$ 的特征值和特征向量的一般步骤:

第1步　求出特征方程 $|\lambda\boldsymbol{I}-\boldsymbol{A}|=0$ 的全部根 $\lambda_1,\lambda_2,\cdots,\lambda_n$,则 $\lambda_1,\lambda_2,\cdots,\lambda_n$ 就是 $\boldsymbol{A}$ 的全部特征值.

第2步　对于 $\boldsymbol{A}$ 的特征值 λ_i,求出齐次方程组 $(\lambda_i\boldsymbol{I}-\boldsymbol{A})\boldsymbol{x}=\boldsymbol{0}$ 的基础解系 $\boldsymbol{\xi}_1,\boldsymbol{\xi}_2,\cdots,\boldsymbol{\xi}_k$,则 $\boldsymbol{A}$ 的对应于特征值 λ_i 的全部特征向量为 $\boldsymbol{x}=c_1\boldsymbol{\xi}_1+c_2\boldsymbol{\xi}_2+\cdots+c_k\boldsymbol{\xi}_k$,其中 $c_1,c_2,\cdots,c_k$ 是不全为零的任意常数.

2. 特征值与特征向量的性质

(1)设 n 阶方阵 $\boldsymbol{A}=(a_{ij})_{n\times n}$ 的全部特征值为 $\lambda_1,\lambda_2,\cdots,\lambda_n$,则 $\lambda_1\lambda_2\cdots\lambda_n=|\boldsymbol{A}|$;$\lambda_1+\lambda_2+\cdots+\lambda_n=a_{11}+a_{12}+\cdots+a_{nn}$. $a_{11}+a_{12}+\cdots+a_{nn}$ 称为方阵 $\boldsymbol{A}$ 的迹,记为 $\mathrm{tr}(\boldsymbol{A})$.

(2)设 λ 是矩阵 $\boldsymbol{A}$ 的特征值,$\boldsymbol{x}$ 是 $\boldsymbol{A}$ 的属于 λ 的特征向量,则 $k\lambda$ 是矩阵 $k\boldsymbol{A}$ 的特征值(k 是任意常数),λ^m 是 $\boldsymbol{A}^m$ 的特征值,$f(\lambda)$是 $f(\boldsymbol{A})$的特征值,其中 $f(x)=a_mx^m+a_{m-1}x^{m-1}+\cdots+a_1x+a_0$($m$ 是正整数),当 $\boldsymbol{A}$ 可逆时,λ^{-1} 是 $\boldsymbol{A}^{-1}$ 的特征值,$\lambda^{-1}|\boldsymbol{A}|$是 $\boldsymbol{A}$ 的伴随矩阵 $\boldsymbol{A}^*$ 的特征值,且 $\boldsymbol{x}$ 仍是矩阵 $k\boldsymbol{A}$,$\boldsymbol{A}^m$,$f(\boldsymbol{A})$,$\boldsymbol{A}^{-1}$ 的分别对应于 $k\lambda$,λ^m,$f(\lambda)$,λ^{-1} 的特征向量.

(3)矩阵 $\boldsymbol{A}$ 和 $\boldsymbol{A}^{\mathrm{T}}$ 的特征值相同.

(4)设 $\lambda_1,\lambda_2,\cdots,\lambda_m$ 是矩阵 $\boldsymbol{A}$ 的互不相同的特征值,$\boldsymbol{\alpha}_{i1},\boldsymbol{\alpha}_{i2},\cdots,\boldsymbol{\alpha}_{ik_i}$ 为属于 λ_i 的一组线性无关的特征向量($i=1,2,\cdots,m$),则向量组 $\boldsymbol{\alpha}_{11},\boldsymbol{\alpha}_{12},\cdots,\boldsymbol{\alpha}_{1k_1}$;$\boldsymbol{\alpha}_{21},\boldsymbol{\alpha}_{22},\cdots,\boldsymbol{\alpha}_{2k_2}$;$\cdots$;$\boldsymbol{\alpha}_{m1},\boldsymbol{\alpha}_{m2},\cdots,\boldsymbol{\alpha}_{mk_m}$ 线性无关.

(5)实对称矩阵的特征值都是实数.

(6)实对称矩阵的不同特征值对应的特征向量是正交的.

(7)实对称矩阵的每个特征值的几何重数都正好等于它的代数重数.

3. 相似矩阵与相似矩阵的性质

(1)设 $\boldsymbol{A}$、$\boldsymbol{B}$ 都是 n 阶方阵,若存在 n 阶可逆矩阵 $\boldsymbol{P}$,使得 $\boldsymbol{P}^{-1}\boldsymbol{A}\boldsymbol{P}=\boldsymbol{B}$,则称 $\boldsymbol{A}$ 与 $\boldsymbol{B}$ **相似**,或 $\boldsymbol{A}$ 相似于 $\boldsymbol{B}$,记为 $\boldsymbol{A}\sim\boldsymbol{B}$. 如果 $\boldsymbol{A}$ 与对角阵相似,则称 $\boldsymbol{A}$ **可相似对角化**,简称 $\boldsymbol{A}$ 可对角化.

(2)相似矩阵之间有自反性、对称性和传递性,即 $\boldsymbol{A}\sim\boldsymbol{A}$;若 $\boldsymbol{A}\sim\boldsymbol{B}$,则 $\boldsymbol{B}\sim\boldsymbol{A}$;若 $\boldsymbol{A}\sim\boldsymbol{B}$,$\boldsymbol{B}\sim\boldsymbol{C}$,则 $\boldsymbol{A}\sim\boldsymbol{C}$.

(3)若 $\boldsymbol{A}\sim\boldsymbol{B}$,则 $|\boldsymbol{A}|=|\boldsymbol{B}|$,$r(\boldsymbol{A})=r(\boldsymbol{B})$,$|\lambda\boldsymbol{I}-\boldsymbol{A}|=|\lambda\boldsymbol{I}-\boldsymbol{B}|$,即 $\boldsymbol{A}$,$\boldsymbol{B}$ 有相同的特征值.

(4)若 $\boldsymbol{A}\sim\boldsymbol{B}$,则对任意正整数 m,有 $\boldsymbol{A}^m\sim\boldsymbol{B}^m$;对任意多项式 $f(x)=a_mx^m+\cdots+a_1x_1+a_0$,有 $f(\boldsymbol{A})\sim f(\boldsymbol{B})$;若 $\boldsymbol{B}$ 为对角矩阵,则 $f(\boldsymbol{A})$与对角矩阵 $f(\boldsymbol{B})$相似.

(5)若可逆矩阵 $\boldsymbol{A}$ 与对角矩阵相似,则 $\boldsymbol{A}^{-1}$ 和 $\boldsymbol{A}^*$ 都与对角矩阵相似.

4. 矩阵可相似对角化的条件

(1)n 阶方阵 $\boldsymbol{A}$ 可相似对角化$\Leftrightarrow\boldsymbol{A}$ 有 n 个线性无关的特征向量$\Leftrightarrow\boldsymbol{A}$ 的每个特征值的几何重数等于代数重数.

(2)如果 n 阶方阵 $\boldsymbol{A}$ 有 n 个互不相同的特征值,则 $\boldsymbol{A}$ 可相似对角化.

(3)实对称矩阵必可相似对角化.

5. 判定 $\boldsymbol{A}$ 是否可对角化及在 $\boldsymbol{A}$ 可对角化时求可逆矩阵 $\boldsymbol{P}$ 及对角化的一般步骤

第 1 步　解特征方程 $|\lambda\boldsymbol{I}-\boldsymbol{A}|=0$，求出 $\boldsymbol{A}$ 的全部特征值；

第 2 步　对于不同的特征值 λ_i，解方程组 $(\lambda_i\boldsymbol{I}-\boldsymbol{A})\boldsymbol{x}=\boldsymbol{0}$，求出基础解系，如果每一个 λ_i 的重数等于基础解系中向量的个数，则 $\boldsymbol{A}$ 可对角化，否则 $\boldsymbol{A}$ 不可对角化；

第 3 步　如果 $\boldsymbol{A}$ 可对角化，设所有线性无关的特征向量为 $\boldsymbol{\xi}_1,\boldsymbol{\xi}_2,\cdots,\boldsymbol{\xi}_n$，其中 $\boldsymbol{\xi}_i$ 是对应于 λ_i 的特征向量 $(i=1,2,\cdots,n)$，则所求的可逆矩阵为 $\boldsymbol{P}=[\boldsymbol{\xi}_1\ \boldsymbol{\xi}_2\cdots\ \boldsymbol{\xi}_n]$，且有 $\boldsymbol{P}^{-1}\boldsymbol{A}\boldsymbol{P}=\mathrm{diag}(\lambda_1,\lambda_2,\cdots,\lambda_n)$.

6. 实对称矩阵的正交相似对角化方法

第 1 步　解特征方程 $|\lambda\boldsymbol{I}-\boldsymbol{A}|=0$，求出 $\boldsymbol{A}$ 的全部特征值；

第 2 步　对于不同的特征值 λ_i，解方程组 $(\lambda_i\boldsymbol{I}-\boldsymbol{A})\boldsymbol{x}=\boldsymbol{0}$，求出基础解系 $\boldsymbol{\xi}_{i1},\boldsymbol{\xi}_{i2},\cdots,\boldsymbol{\xi}_{ik_i}$，将其先正交化，再单位化后得到 $\boldsymbol{e}_{i1},\boldsymbol{e}_{i2},\cdots,\boldsymbol{e}_{ik_i}$；

第 3 步　令矩阵 $\boldsymbol{P}=[\boldsymbol{e}_{11}\ \boldsymbol{e}_{12}\cdots\ \boldsymbol{e}_{1k_1}\ \boldsymbol{e}_{21}\ \boldsymbol{e}_{22}\cdots\ \boldsymbol{e}_{2k_2}\cdots\ \boldsymbol{e}_{s1}\ \boldsymbol{e}_{s2}\cdots\ \boldsymbol{e}_{sk_s}]$，则 $\boldsymbol{P}$ 为正交矩阵，且有 $\boldsymbol{P}^{-1}\boldsymbol{A}\boldsymbol{P}=\mathrm{diag}(\boldsymbol{\lambda}_1,\boldsymbol{\lambda}_2,\cdots,\boldsymbol{\lambda}_n)$.

6.3　典型例题

例 6-1　求矩阵 $\boldsymbol{A}=\begin{bmatrix}1&1&1&1\\1&1&-1&-1\\1&-1&1&-1\\1&-1&-1&1\end{bmatrix}$ 的特征值和特征向量.

解
$$|\lambda\boldsymbol{I}-\boldsymbol{A}|=\begin{vmatrix}\lambda-1&-1&-1&-1\\-1&\lambda-1&1&1\\-1&1&\lambda-1&1\\-1&1&1&\lambda-1\end{vmatrix}\xlongequal[i=2,3,4]{r_i+r_1}\begin{vmatrix}\lambda-1&-1&-1&-1\\\lambda-2&\lambda-2&0&0\\\lambda-2&0&\lambda-2&0\\\lambda-2&0&0&\lambda-2\end{vmatrix}$$
$$=(\lambda-2)^3\begin{vmatrix}\lambda-1&-1&-1&-1\\1&1&0&0\\1&0&1&0\\1&0&0&1\end{vmatrix}\xlongequal[i=2,3,4]{c_1+(-1)c_i}\begin{vmatrix}\lambda+2&-1&-1&-1\\0&1&0&0\\0&0&1&0\\0&0&0&1\end{vmatrix}(\lambda-2)^3$$
$$=(\lambda-2)^3(\lambda+2),$$
所以 $\boldsymbol{A}$ 的所有特征值为 $\lambda_1=\lambda_2=\lambda_3=2,\lambda_4=-2$.

对于特征值 $\lambda_1=\lambda_2=\lambda_3=2$，解齐次线性方程组 $(2\boldsymbol{I}-\boldsymbol{A})\boldsymbol{x}=\boldsymbol{0}$，由
$$2\boldsymbol{I}-\boldsymbol{A}=\begin{bmatrix}1&-1&-1&-1\\-1&1&1&1\\-1&1&1&1\\-1&1&1&1\end{bmatrix}\to\begin{bmatrix}1&-1&-1&-1\\0&0&0&0\\0&0&0&0\\0&0&0&0\end{bmatrix}$$
得通解 $x_1=x_2+x_3+x_4$，分别令 $(x_2,x_3,x_4)=(1,0,0),(0,1,0),(0,0,1)$ 得基础解系
$$\boldsymbol{\xi}_1=(1,1,0,0)^{\mathrm{T}},\boldsymbol{\xi}_2=(1,0,1,0)^{\mathrm{T}},\boldsymbol{\xi}_3=(1,0,0,1)^{\mathrm{T}}$$

$\boldsymbol{\xi}_1,\boldsymbol{\xi}_2,\boldsymbol{\xi}_3$ 就是对应于特征值 2 的线性无关的特征向量,而对应于特征值 2 的全部特征向量为 $\boldsymbol{x}=k_1\boldsymbol{\xi}_1+k_2\boldsymbol{\xi}_2+k_3\boldsymbol{\xi}_3$($k_1,k_2,k_3$ 为不全为零的任意常数).

对于特征值 $\lambda_4=-2$,解齐次线性方程组 $(-2\boldsymbol{I}-\boldsymbol{A})\boldsymbol{x}=\boldsymbol{0}$,由

$$-2\boldsymbol{I}-\boldsymbol{A}=\begin{bmatrix}-3&-1&-1&-1\\-1&-3&1&1\\-1&1&-3&1\\-1&1&1&-3\end{bmatrix}\rightarrow\begin{bmatrix}1&0&0&1\\0&1&0&-1\\0&0&1&-1\\0&0&0&0\end{bmatrix}$$

得通解 $x_1=-x_4,x_2=x_4,x_3=x_4$,令自由未知量 $x_4=1$,得基础解系 $\xi=(-1,1,1,1)^{\mathrm{T}}$,$\xi$ 就是对应于特征值 -2 的线性无关的特征向量,而对应于特征值 -2 的全部特征向量为 $k\xi$(k 为非零的任意常数).

例 6-2　已知 $\boldsymbol{A}$ 是 3 阶矩阵,$\boldsymbol{A}^*$ 是 $\boldsymbol{A}$ 的伴随矩阵,若 $\boldsymbol{A}$ 的特征值为 1,2,3,求 $(\boldsymbol{A}^*)^*$ 的特征值.

解　$|\boldsymbol{A}|=1\times2\times3=6$,$(\boldsymbol{A}^*)^*=|\boldsymbol{A}|^{3-2}\boldsymbol{A}=6\boldsymbol{A}$. 故 $(\boldsymbol{A}^*)^*$ 的特征值为 $6\times1,6\times2,6\times3$,即 6,12,18.

例 6-3　已知 3 阶矩阵 $\boldsymbol{A}$ 的特征值为 $1,2,-3$,求 $|\boldsymbol{A}^*+\boldsymbol{A}^2-2\boldsymbol{I}|$.

分析　由 $\boldsymbol{A}$ 的全部特征值求出 $\boldsymbol{A}^*+\boldsymbol{A}^2-2\boldsymbol{I}$ 的全部特征值,即可求得 $|\boldsymbol{A}^*+\boldsymbol{A}^2-2\boldsymbol{I}|$.

解　$|\boldsymbol{A}|=1\times2\times(-3)=-6$,$\boldsymbol{A}^*=|\boldsymbol{A}|\boldsymbol{A}^{-1}=-6\boldsymbol{A}^{-1}$,从而 $\boldsymbol{A}^*+\boldsymbol{A}^2-2\boldsymbol{I}=\boldsymbol{A}^2-6\boldsymbol{A}^{-1}-2\boldsymbol{I}$.

令 $f(x)=x^2-6x^{-1}+2$,则由 $1,2,-3$ 是 $\boldsymbol{A}$ 的特征值,得 $f(1)=-3,f(2)=3,f(-3)=13$ 是 $f(\boldsymbol{A})=\boldsymbol{A}^2-6\boldsymbol{A}^{-1}-2\boldsymbol{I}$ 的特征值,故

$$|\boldsymbol{A}^*+\boldsymbol{A}^2-2\boldsymbol{I}|=|f(\boldsymbol{A})|=-3\times3\times13=-117.$$

例 6-4　设 $\boldsymbol{A},\boldsymbol{B}$ 是 3 阶矩阵且 $\boldsymbol{A}$ 不可逆,又 $\boldsymbol{AB}+2\boldsymbol{B}=\boldsymbol{O}$,$r(\boldsymbol{B})=2$,求 $\boldsymbol{A}$ 的特征值.

解　由 $\boldsymbol{A}$ 不可逆,知 0 是 $\boldsymbol{A}$ 的一个特征值. 记 $\boldsymbol{B}=[\boldsymbol{b}_1\boldsymbol{b}_2\boldsymbol{b}_3]$,则有

$$\boldsymbol{A}\boldsymbol{b}_j=-2\boldsymbol{b}_j\ (j=1,2,3)$$

又 $r(\boldsymbol{B})=2$,不妨假设 $\boldsymbol{b}_1$、$\boldsymbol{b}_2$ 是 $\boldsymbol{B}$ 的列向量组的极大无关组,则由上式可知 $\boldsymbol{A}$ 有特征值 -2,$\boldsymbol{b}_1$、$\boldsymbol{b}_2$ 是对应于特征值 -2 的两个线性无关的特征向量,所以 -2 是 $\boldsymbol{A}$ 的至少二重特征值.

综上,$\boldsymbol{A}$ 的全部特征值为 $-2,-2,0$.

例 6-5　设 3 阶矩阵 $\boldsymbol{A}$ 的特征值为 1,2,3,对应的特征向量分别为 $\boldsymbol{x}_1=(1,1,1)^{\mathrm{T}}$,$\boldsymbol{x}_2=(1,2,4)^{\mathrm{T}}$,$\boldsymbol{x}_3=(1,3,9)^{\mathrm{T}}$. 又向量 $\boldsymbol{\beta}=(1,1,3)^{\mathrm{T}}$,(1)将向量 $\boldsymbol{\beta}$ 用 $\boldsymbol{x}_1,\boldsymbol{x}_2,\boldsymbol{x}_3$ 线性表出;(2)求 $\boldsymbol{A}^n\boldsymbol{\beta}$($n$ 为正整数).

解法 1　(1)设 $c_1\boldsymbol{x}_1+c_2\boldsymbol{x}_2+c_3\boldsymbol{x}_3=\boldsymbol{\beta}$,对 $[\boldsymbol{x}_1\boldsymbol{x}_2\boldsymbol{x}_3\ \boldsymbol{\beta}]$ 施行初等行变换,

$$[\boldsymbol{x}_1\ \boldsymbol{x}_2\ \boldsymbol{x}_3\ \boldsymbol{\beta}]=\begin{bmatrix}1&1&1&1\\1&2&3&1\\1&4&9&3\end{bmatrix}\rightarrow\begin{bmatrix}1&0&0&2\\0&1&0&-2\\0&0&1&1\end{bmatrix},$$

解得 $c_1=2,c_2=-2,c_3=1$,所以 $\boldsymbol{\beta}=2\boldsymbol{x}_1-2\boldsymbol{x}_2+\boldsymbol{x}_3$.

(2)由题设 $\boldsymbol{A}\boldsymbol{x}_1=\boldsymbol{x}_1,\boldsymbol{A}\boldsymbol{x}_2=2\boldsymbol{x}_2,\boldsymbol{A}\boldsymbol{x}_3=3\boldsymbol{x}_3$,从而 $\boldsymbol{A}^n\boldsymbol{x}_1=\boldsymbol{x}_1,\boldsymbol{A}^n\boldsymbol{x}_2=2^n\boldsymbol{x}_2,\boldsymbol{A}^n\boldsymbol{x}_3=3^n\boldsymbol{x}_3$,

故

$$\begin{aligned}\boldsymbol{A}^n\boldsymbol{\beta}&=\boldsymbol{A}^n(2\boldsymbol{x}_1-2\boldsymbol{x}_2+\boldsymbol{x}_3)=2\boldsymbol{A}^nx_1-2\boldsymbol{A}^n\boldsymbol{x}_2+\boldsymbol{A}^n\boldsymbol{x}_3\\&=2\boldsymbol{x}_1-2^{n+1}\boldsymbol{x}_2+3^n\boldsymbol{x}_3=\begin{bmatrix}2-2^{n+1}+3^n\\2-2^{n+2}+3^{n+1}\\2-2^{n+3}+3^{n+2}\end{bmatrix}.\end{aligned}$$

解法 2　令 $\boldsymbol{P}=(\boldsymbol{x}_1,\boldsymbol{x}_2,\boldsymbol{x}_3)=\begin{bmatrix}1&1&1\\1&2&3\\1&4&9\end{bmatrix}$，则 $\boldsymbol{P}^{-1}\boldsymbol{A}\boldsymbol{P}=\begin{bmatrix}1&0&0\\0&2&0\\0&0&3\end{bmatrix}$，从而

$$\boldsymbol{A}=\boldsymbol{P}\begin{bmatrix}1&0&0\\0&2&0\\0&0&3\end{bmatrix}\boldsymbol{P}^{-1},\boldsymbol{A}^n=\boldsymbol{P}\begin{bmatrix}1&0&0\\0&2^n&0\\0&0&3^n\end{bmatrix}\boldsymbol{P}^{-1},$$

故

$$\boldsymbol{A}^n\boldsymbol{\beta}=\begin{bmatrix}1&1&1\\1&2&3\\1&4&9\end{bmatrix}\begin{bmatrix}1&0&0\\0&2^n&0\\0&0&3^n\end{bmatrix}\begin{bmatrix}1&1&1\\1&2&3\\1&4&9\end{bmatrix}^{-1}\begin{bmatrix}1\\1\\3\end{bmatrix}=\begin{bmatrix}2-2^{n+1}+3^n\\2-2^{n+2}+3^{n+1}\\2-2^{n+3}+3^{n+2}\end{bmatrix}.$$

例 6－6　设 $\boldsymbol{A}\boldsymbol{\alpha}_1=\lambda_1\boldsymbol{\alpha}_1,\boldsymbol{A}\boldsymbol{\alpha}_2=\lambda_2\boldsymbol{\alpha}_2,\lambda_1\neq\lambda_2$，证明向量 $\boldsymbol{\alpha}_1,\boldsymbol{A}(\boldsymbol{\alpha}_1+\boldsymbol{\alpha}_2)$ 线性无关当且仅当 $\lambda_2\neq 0$.

证法 1　$\boldsymbol{A}(\boldsymbol{\alpha}_1+\boldsymbol{\alpha}_2)=\boldsymbol{A}\boldsymbol{\alpha}_1+\boldsymbol{A}\boldsymbol{\alpha}_2=\lambda_1\boldsymbol{\alpha}_1+\lambda_2\boldsymbol{\alpha}_2$；

若 $\lambda_2=0$，则 $\lambda_1\neq 0$，从而 $\boldsymbol{A}(\boldsymbol{\alpha}_1+\boldsymbol{\alpha}_2)=\lambda_1\boldsymbol{\alpha}_1$ 与 $\boldsymbol{\alpha}_1$ 线性相关，所以 $\boldsymbol{\alpha}_1$，$\boldsymbol{A}(\boldsymbol{\alpha}_1+\boldsymbol{\alpha}_2)$ 线性无关的必要条件是 $\lambda_2\neq 0$；

若 $\lambda_2\neq 0$，设存在常数 k_1、k_2 使得

$$k_1\boldsymbol{\alpha}_1+k_2\boldsymbol{A}(\boldsymbol{\alpha}_1+\boldsymbol{\alpha}_2)=\boldsymbol{0}，即(k_1+k_2\lambda_1)\boldsymbol{\alpha}_1+k_2\lambda_2\boldsymbol{\alpha}_2=\boldsymbol{0},$$

因为 $\boldsymbol{\alpha}_1,\boldsymbol{\alpha}_2$ 是不同特征值对应的特征向量，所以线性无关，必有 $k_1+k_2\lambda_1=0,k_2\lambda_2=0$. 于是必有 $k_1=k_2=0$，故 $\boldsymbol{\alpha}_1,\boldsymbol{A}(\boldsymbol{\alpha}_1+\boldsymbol{\alpha}_2)$ 线性无关.

证法 2　由 $\boldsymbol{A}(\boldsymbol{\alpha}_1+\boldsymbol{\alpha}_2)=\boldsymbol{A}\boldsymbol{\alpha}_1+\boldsymbol{A}\boldsymbol{\alpha}_2=\lambda_1\boldsymbol{\alpha}_1+\lambda_2\boldsymbol{\alpha}_2$，得

$$[\boldsymbol{\alpha}_1\quad\boldsymbol{A}(\boldsymbol{\alpha}_1+\boldsymbol{\alpha}_2)]=[\boldsymbol{\alpha}_1\ \boldsymbol{\alpha}_2]\begin{bmatrix}1&\lambda_1\\0&\lambda_2\end{bmatrix},$$

因为 $\boldsymbol{\alpha}_1,\boldsymbol{\alpha}_2$ 是不同特征值对应的特征向量，所以线性无关，于是 $\boldsymbol{\alpha}_1,\boldsymbol{A}(\boldsymbol{\alpha}_1+\boldsymbol{\alpha}_2)$ 线性无关$\Leftrightarrow$ $\begin{vmatrix}1&\lambda_1\\0&\lambda_2\end{vmatrix}\neq 0\Leftrightarrow\lambda_2\neq 0$.

例 6－7　若 n 阶方阵 $\boldsymbol{A}$ 的秩为 $r(r<n)$，证明 $\lambda=0$ 是 $\boldsymbol{A}$ 的至少 $n-r$ 重特征值.

证　由 $r(\boldsymbol{A})=r<n$，得 $|\boldsymbol{A}|=0$，所以 $\lambda=0$ 为 $\boldsymbol{A}$ 的特征值. 又齐次线性方程组 $(0\boldsymbol{I}-\boldsymbol{A})\boldsymbol{x}=\boldsymbol{0}$ 的基础解系含 $n-r(-\boldsymbol{A})=n-r(\boldsymbol{A})=n-r$ 个线性无关的解向量，即 $\boldsymbol{A}$ 属于特征值 $\lambda=0$ 的线性无关的特征向量有 $n-r$ 个. 由特征值的几何重数不大于代数重数，得 $\lambda=0$ 是 $\boldsymbol{A}$ 的至少 $n-r$ 重特征值.

特别地，若 $\boldsymbol{A}$ 是零矩阵，即 $r(\boldsymbol{A})=0$，则 $\lambda=0$ 是 $\boldsymbol{A}$ 的 n 重特征值.

注　由 $r(\boldsymbol{A})=r<n$ 不能断定 $\lambda=0$ 就是 $\boldsymbol{A}$ 的 $n-r$ 重特征值，例如

$$\boldsymbol{A}=\begin{bmatrix}1&0&0\\0&0&0\\0&1&0\end{bmatrix},|\lambda\boldsymbol{I}-\boldsymbol{A}|=\begin{bmatrix}\lambda-1&0&0\\0&\lambda&0\\0&-1&\lambda\end{bmatrix}=\lambda^2(\lambda-1),$$

$r(\boldsymbol{A})=2,n-r(\boldsymbol{A})=1$，但是 $\lambda=0$ 却是 $\boldsymbol{A}$ 的二重特征值. 如果 $\boldsymbol{A}$ 是实对称矩阵，就可由 $r(\boldsymbol{A})=r$ 断定 $\lambda=0$ 是 $\boldsymbol{A}$ 的 $n-r$ 重特征值，这是因为实对称矩阵的任何特征值的几何重数必定等于代数重数.

例 6-8　已知 3 阶矩阵 $\boldsymbol{A}$ 的特征值为 $-1,2,3$，对应的特征向量为 $\boldsymbol{p}_1,\boldsymbol{p}_2,\boldsymbol{p}_3$. 取 $\boldsymbol{P}=[3\boldsymbol{p}_2\quad -\boldsymbol{p}_1\quad 2\boldsymbol{p}_3]$，求 $\boldsymbol{P}^{-1}\boldsymbol{AP}$.

解法 1　令 $\boldsymbol{Q}=[\boldsymbol{p}_1\ \boldsymbol{p}_2\ \boldsymbol{p}_3]$，则 $\boldsymbol{Q}^{-1}\boldsymbol{AQ}=\mathrm{diag}(-1,2,3)$. 又

$$\boldsymbol{P}=[3\boldsymbol{p}_2\quad -\boldsymbol{p}_1\quad 2\boldsymbol{p}_3]=[\boldsymbol{p}_1\ \boldsymbol{p}_2\ \boldsymbol{p}_3]\begin{bmatrix}0&-1&0\\3&0&0\\0&0&2\end{bmatrix}=\boldsymbol{QR},\ \boldsymbol{R}=\begin{bmatrix}0&-1&0\\3&0&0\\0&0&2\end{bmatrix}，所以$$

$$\begin{aligned}\boldsymbol{P}^{-1}\boldsymbol{AP}&=\boldsymbol{R}^{-1}\boldsymbol{Q}^{-1}\boldsymbol{AQR}=\boldsymbol{R}^{-1}\mathrm{diag}(-1,2,3)\boldsymbol{R}\\&=\begin{bmatrix}0&\frac{1}{3}&0\\-1&0&0\\0&0&\frac{1}{2}\end{bmatrix}\begin{bmatrix}-1&&\\&2&\\&&3\end{bmatrix}\begin{bmatrix}0&-1&0\\3&0&0\\0&0&2\end{bmatrix}=\begin{bmatrix}2&0&0\\0&-1&0\\0&0&3\end{bmatrix}.\end{aligned}$$

解法 2　由题设，得 $\boldsymbol{Ap}_1=-\boldsymbol{p}_1,\boldsymbol{Ap}_2=2\boldsymbol{p}_2,\boldsymbol{Ap}_3=3\boldsymbol{p}_3$，且 $\boldsymbol{p}_1,\boldsymbol{p}_2,\boldsymbol{p}_3$ 线性无关，于是

$$\boldsymbol{A}(3\boldsymbol{p}_2)=2(3\boldsymbol{p}_2),\boldsymbol{A}(-\boldsymbol{p}_1)=-(-\boldsymbol{p}_1),\boldsymbol{A}(2\boldsymbol{p}_3)=3(2\boldsymbol{p}_3),$$

这说明 $\boldsymbol{P}$ 中的三个线性无关列向量都是 $\boldsymbol{A}$ 的特征向量，对应的特征值为 $2,-1,3$，所以必有

$$\boldsymbol{P}^{-1}\boldsymbol{AP}=\begin{bmatrix}2&0&0\\0&-1&0\\0&0&3\end{bmatrix}.$$

例 6-9　已知矩阵 $\boldsymbol{A}=\begin{bmatrix}4&6&-2\\-1&-1&1\\0&0&a\end{bmatrix}$ 不相似于对角矩阵，求 a.

解　由 $|\lambda\boldsymbol{I}-\boldsymbol{A}|=(\lambda-2)(\lambda-1)(\lambda-a)=0$，得 $\boldsymbol{A}$ 的特征值 $\lambda_1=2,\lambda_2=1,\lambda_3=a$.

因为 $\boldsymbol{A}$ 不相似于对角矩阵，所以 a 只能是 1 或 2.

当 $a=1$ 时，$\lambda_2=\lambda_3=1$ 是 $\boldsymbol{A}$ 的 2 重特征值，由

$$\boldsymbol{I}-\boldsymbol{A}=\begin{bmatrix}-3&-6&2\\1&2&-1\\0&0&0\end{bmatrix}$$

知 $r(\boldsymbol{I}-\boldsymbol{A})=2$，故二重特征值 1 只有一个线性无关的特征向量，所以 $\boldsymbol{A}$ 不可对角化.

当 $a=2$ 时，$\lambda_1=\lambda_3=2$ 是 $\boldsymbol{A}$ 的 2 重特征值，由于 $r(2\boldsymbol{I}-\boldsymbol{A})=1$，所以 $\boldsymbol{A}$ 可对角化.

综上所述，$a=1$.

例 6-10　设 $\boldsymbol{A}$ 为 2 阶矩阵，$\boldsymbol{\alpha}_1,\boldsymbol{\alpha}_2$ 为线性无关的 2 维向量，$\boldsymbol{A\alpha}_1=\boldsymbol{0},\boldsymbol{A\alpha}_2=2\boldsymbol{\alpha}_1+\boldsymbol{\alpha}_2$，求 $\boldsymbol{A}$ 的非零特征值.

解　由题设，得

$$\boldsymbol{A}[\boldsymbol{\alpha}_1\quad\boldsymbol{\alpha}_2]=[\boldsymbol{\alpha}_1\quad\boldsymbol{\alpha}_2]\begin{bmatrix}0&2\\0&1\end{bmatrix}.$$

因为 $\boldsymbol{\alpha}_1,\boldsymbol{\alpha}_2$ 线性无关，所以矩阵 $[\boldsymbol{\alpha}_1\quad\boldsymbol{\alpha}_2]$ 可逆，从而

$$[\boldsymbol{\alpha}_1\quad\boldsymbol{\alpha}_2]^{-1}\boldsymbol{A}[\boldsymbol{\alpha}_1\quad\boldsymbol{\alpha}_2]=\begin{bmatrix}0&2\\0&1\end{bmatrix},$$

即 $\boldsymbol{A}$ 与 $\begin{bmatrix}0&2\\0&1\end{bmatrix}$ 相似. 从而 $\begin{bmatrix}0&2\\0&1\end{bmatrix}$ 的特征值 1 就是 $\boldsymbol{A}$ 的非零特征值.

例 6-11　设 $\boldsymbol{A}$ 为 3 阶矩阵，且 $2\boldsymbol{I}-\boldsymbol{A}$，$\boldsymbol{I}-\boldsymbol{A}$，$\boldsymbol{I}+\boldsymbol{A}$ 都不可逆，求 $\det(\boldsymbol{A})$，并判断 $\boldsymbol{A}$ 是否相似于对角阵.

解　由 $2\boldsymbol{I}-\boldsymbol{A}$ 不可逆，即 $|2\boldsymbol{I}-\boldsymbol{A}|=0$，得 2 是 $\boldsymbol{A}$ 的特征值；同理，由 $\boldsymbol{I}-\boldsymbol{A}$ 不可逆，得 1 是 $\boldsymbol{A}$ 的特征值. 由 $\boldsymbol{I}+\boldsymbol{A}$ 不可逆，得 $-\boldsymbol{I}-\boldsymbol{A}$ 不可逆，从而 -1 是 $\boldsymbol{A}$ 的特征值. 故 $\boldsymbol{A}$ 的全部特征值为 $2,1,-1$，所以 $\det(\boldsymbol{A})=2\times1\times(-1)=-2$.

由于 $\boldsymbol{A}$ 有三个互不相等的特征值，故 $\boldsymbol{A}$ 可相似对角化.

例 6-12　常数 a,b 满足什么条件时，矩阵 $\boldsymbol{A}=\begin{bmatrix}0&0&1\\a&1&b\\1&0&0\end{bmatrix}$ 可对角化？在可对角化时，求可逆矩阵 $\boldsymbol{P}$，使得 $\boldsymbol{P}^{-1}\boldsymbol{A}\boldsymbol{P}$ 成对角阵，并求 $\boldsymbol{A}^n$.

解　由 $|\lambda\boldsymbol{I}-\boldsymbol{A}|=\begin{vmatrix}\lambda&0&-1\\-a&\lambda-1&-b\\-1&0&\lambda\end{vmatrix}=(\lambda-1)^2(\lambda+1)=0$，得 $\boldsymbol{A}$ 的特征值 $\lambda_1=\lambda_2=1$，$\lambda_3=-1$.

$\boldsymbol{A}$ 可对角化的充要条件是二重特征值 1 有两个线性无关的特征向量，即 $r(\boldsymbol{I}-\boldsymbol{A})=1$. 由

$$\boldsymbol{I}-\boldsymbol{A}=\begin{bmatrix}1&0&-1\\-a&0&-b\\-1&0&1\end{bmatrix}\to\begin{bmatrix}1&0&-1\\0&0&a+b\\0&0&0\end{bmatrix}$$

得 $r(\boldsymbol{I}-\boldsymbol{A})=1\Leftrightarrow a+b=0$. 所以，当 $a+b=0$ 时，$\boldsymbol{A}$ 可对角化.

在 $a+b=0$ 时，$\boldsymbol{A}=\begin{bmatrix}0&0&1\\a&1&-a\\1&0&0\end{bmatrix}$. 对于特征值 $\lambda_1=\lambda_2=1$，解齐次方程组 $(\boldsymbol{I}-\boldsymbol{A})\boldsymbol{x}=\boldsymbol{0}$，由

$$\boldsymbol{I}-\boldsymbol{A}=\begin{bmatrix}1&0&-1\\-a&0&a\\-1&0&1\end{bmatrix}\to\begin{bmatrix}1&0&-1\\0&0&0\\0&0&0\end{bmatrix}$$

得基础解系 $\boldsymbol{\xi}_1=(0,1,0)^{\mathrm{T}}$，$\boldsymbol{\xi}_2=(1,0,1)^{\mathrm{T}}$. $\boldsymbol{\xi}_1$、$\boldsymbol{\xi}_2$ 就是对应于特征值 1 的两个线性无关的特征向量.

对于特征值 $\lambda_3=-1$，解齐次方程组 $(-\boldsymbol{I}-\boldsymbol{A})\boldsymbol{x}=\boldsymbol{0}$，由

$$-\boldsymbol{I}-\boldsymbol{A}=\begin{bmatrix}-1&0&-1\\-a&-2&a\\-1&0&-1\end{bmatrix}\to\begin{bmatrix}1&0&1\\0&1&-a\\0&0&0\end{bmatrix}$$

得基础解系 $\boldsymbol{\xi}_3=(1,a,-1)^{\mathrm{T}}$，$\boldsymbol{\xi}_3$ 就是对应于特征值 -1 的线性无关的特征向量.

令 $\boldsymbol{P}=[\boldsymbol{\xi}_1\quad\boldsymbol{\xi}_2\quad\boldsymbol{\xi}_3]=\begin{bmatrix}0&1&1\\1&0&a\\0&1&-1\end{bmatrix}$，则 $\boldsymbol{P}$ 可逆，且有 $\boldsymbol{P}^{-1}\boldsymbol{A}\boldsymbol{P}=\boldsymbol{D}$，其中 $\boldsymbol{D}=\begin{bmatrix}1&&\\&1&\\&&-1\end{bmatrix}$. 从而 $\boldsymbol{A}=\boldsymbol{P}\boldsymbol{D}\boldsymbol{P}^{-1}$，$\boldsymbol{A}^n=\boldsymbol{P}\boldsymbol{D}^n\boldsymbol{P}^{-1}=\boldsymbol{P}\begin{bmatrix}1&&\\&1&\\&&(-1)^n\end{bmatrix}\boldsymbol{P}^{-1}$. 故当 n 为偶数时，$\boldsymbol{A}^n=\boldsymbol{P}\boldsymbol{I}\boldsymbol{P}^{-1}=\boldsymbol{I}$，故当 n 为奇数时，$\boldsymbol{A}^n=\boldsymbol{P}\boldsymbol{D}\boldsymbol{P}^{-1}=\boldsymbol{A}$.

例 6-13　设矩阵 $\boldsymbol{A}$ 与 $\boldsymbol{B}$ 相似，则存在可逆矩阵 $\boldsymbol{P}$，使 $\boldsymbol{P}^{-1}\boldsymbol{A}\boldsymbol{P}=\boldsymbol{B}$，且知向量 $\boldsymbol{x}$ 是 $\boldsymbol{A}$ 的属于特征值 λ 的特征向量，问矩阵 $\boldsymbol{B}$ 的属于特征值 λ 的特征向量.

解　由 $\boldsymbol{B}=\boldsymbol{P}^{-1}\boldsymbol{A}\boldsymbol{P}$，得 $\boldsymbol{B}\boldsymbol{P}^{-1}=\boldsymbol{P}^{-1}\boldsymbol{A}$，从而

$$\boldsymbol{B}\boldsymbol{P}^{-1}\boldsymbol{\xi}=\boldsymbol{P}^{-1}\boldsymbol{A}\boldsymbol{\xi}=\boldsymbol{P}^{-1}\lambda\boldsymbol{\xi}=\lambda\boldsymbol{P}^{-1}\boldsymbol{\xi}$$

又 $\boldsymbol{P}^{-1}\boldsymbol{\xi}\neq 0$，所以 $\boldsymbol{B}$ 的属于特征值 λ 的特征向量为 $\boldsymbol{P}^{-1}\boldsymbol{\xi}$.

注　由本题可以看出，相似矩阵 $\boldsymbol{A},\boldsymbol{B}$ 有相同的特征值，但是对应的特征向量并不相同.

例 6-14　已知矩阵 $\boldsymbol{A}=\begin{bmatrix}3 & 6 & -1\\ -2 & -4 & 0\\ 0 & x & 1\end{bmatrix}$ 与矩阵 $\boldsymbol{B}=\begin{bmatrix}3 & 1 & -6\\ 0 & 1 & 0\\ 2 & 0 & y\end{bmatrix}$ 相似.(1)求 x 与 y；(2)求一个可逆矩阵 $\boldsymbol{Q}_1$，使 $\boldsymbol{Q}_1^{-1}\boldsymbol{A}\boldsymbol{Q}_1=\boldsymbol{D}$ 为对角矩阵；(3)对于(2)中的 $\boldsymbol{D}$，求一个可逆矩阵 $\boldsymbol{Q}_2$，使 $\boldsymbol{Q}_2^{-1}\boldsymbol{B}\boldsymbol{Q}_2=\boldsymbol{D}$；(4)求一个满足 $\boldsymbol{P}^{-1}\boldsymbol{A}\boldsymbol{P}=\boldsymbol{B}$ 的可逆矩阵 $\boldsymbol{P}$；(5)求 $\boldsymbol{A}^{100}$.

解　(1)由 $\boldsymbol{A}\sim\boldsymbol{B}$，得 $|\boldsymbol{A}|=|\boldsymbol{B}|$，$\mathrm{tr}(\boldsymbol{A})=\mathrm{tr}(\boldsymbol{B})$，即有

$$\begin{cases}2x=3y+12\\ 0=y+4\end{cases}$$

得 $x=0,y=-4$.

(2)由 $|\lambda\boldsymbol{I}-\boldsymbol{A}|=0$ 得 $\boldsymbol{A}$ 的特征值 $\lambda_1=-1,\lambda_2=0,\lambda_3=1$.

分别求得 $\lambda_1=-1,\lambda_2=0,\lambda_3=1$ 对应的线性无关的特征向量 $\boldsymbol{\xi}_1=(3,-2,0)^{\mathrm{T}}$，$\boldsymbol{\xi}_2=(2,-1,0)^{\mathrm{T}}$，$\boldsymbol{\xi}_3=(-5,2,2)^{\mathrm{T}}$. 令 $\boldsymbol{Q}_1=[\boldsymbol{\xi}_1\ \boldsymbol{\xi}_2\ \boldsymbol{\xi}_3]$，$\boldsymbol{D}=\mathrm{diag}(-1,0,1)$，则 $\boldsymbol{Q}_1$ 可逆，$\boldsymbol{D}$ 为对角阵，且 $\boldsymbol{Q}_1^{-1}\boldsymbol{A}\boldsymbol{Q}_1=\boldsymbol{D}$.

(3)因 $\boldsymbol{A}\sim\boldsymbol{B}$，所以 $\boldsymbol{B}$ 与 $\boldsymbol{A}$ 有相同的特征值 $\lambda_1=-1,\lambda_2=0,\lambda_3=1$.

分别求得矩阵 $\boldsymbol{B}$ 属于特征值 $\lambda_1=-1,\lambda_2=0,\lambda_3=1$ 的线性无关的特征向量 $\boldsymbol{\gamma}_1=(3,0,2)^{\mathrm{T}}$，$\boldsymbol{\gamma}_2=(2,0,1)^{\mathrm{T}}$，$\boldsymbol{\gamma}_3=(5,2,2)^{\mathrm{T}}$，令 $\boldsymbol{Q}_2=[\boldsymbol{\gamma}_1\ \boldsymbol{\gamma}_2\ \boldsymbol{\gamma}_3]$，则 $\boldsymbol{Q}_2$ 可逆，且 $\boldsymbol{Q}_2^{-1}\boldsymbol{B}\boldsymbol{Q}_2=\boldsymbol{D}$.

(4)由 $\boldsymbol{Q}_1^{-1}\boldsymbol{A}\boldsymbol{Q}_1=\boldsymbol{D}=\boldsymbol{Q}_2^{-1}\boldsymbol{B}\boldsymbol{Q}_2$，得 $\boldsymbol{Q}_2\boldsymbol{Q}_1^{-1}\boldsymbol{A}\boldsymbol{Q}_1\boldsymbol{Q}_2^{-1}=\boldsymbol{B}$，令

$$\boldsymbol{P}=\boldsymbol{Q}_1\boldsymbol{Q}_2^{-1}=\begin{bmatrix}0 & 0 & 1\\ 0 & -1 & 0\\ -1 & 0 & 0\end{bmatrix},$$

则 $\boldsymbol{P}$ 可逆，且有 $\boldsymbol{P}^{-1}\boldsymbol{A}\boldsymbol{P}=\boldsymbol{B}$.

(5)$\boldsymbol{A}^{100}=(\boldsymbol{Q}_1\boldsymbol{D}\boldsymbol{Q}_1^{-1})^{100}=\boldsymbol{Q}_1\boldsymbol{D}^{100}\boldsymbol{Q}_1^{-1}$

$$=\begin{bmatrix}3 & 2 & -5\\ -2 & -1 & 2\\ 0 & 0 & 2\end{bmatrix}\begin{bmatrix}1 & 0 & 0\\ 0 & 0 & 0\\ 0 & 0 & 1\end{bmatrix}\begin{bmatrix}3 & 2 & -5\\ -2 & -1 & 2\\ 0 & 0 & 2\end{bmatrix}^{-1}=\begin{bmatrix}-3 & -6 & -4\\ 2 & 4 & 2\\ 0 & 0 & 1\end{bmatrix}.$$

例 6-15　设 $\boldsymbol{A}$ 为 2 阶矩阵，$\boldsymbol{P}=[\boldsymbol{\alpha}\quad \boldsymbol{A}\boldsymbol{\alpha}]$，其中 $\boldsymbol{\alpha}$ 是非零向量且不是 $\boldsymbol{A}$ 的特征向量.(1)证明 $\boldsymbol{P}$ 为可逆矩阵；(2)若 $\boldsymbol{A}^2\boldsymbol{\alpha}+\boldsymbol{A}\boldsymbol{\alpha}-6\boldsymbol{\alpha}=0$，求 $\boldsymbol{P}^{-1}\boldsymbol{A}\boldsymbol{P}$，并判断 $\boldsymbol{A}$ 是否相似于对角阵.

解　(1)若 $\boldsymbol{P}$ 为不可逆矩阵，则 $\boldsymbol{\alpha},\boldsymbol{A}\boldsymbol{\alpha}$ 线性相关. 因 $\boldsymbol{\alpha}\neq 0$，所以存在 λ_0，使得 $\boldsymbol{A}\boldsymbol{\alpha}=\lambda_0\boldsymbol{\alpha}$. 这与 $\boldsymbol{\alpha}$ 不是 $\boldsymbol{A}$ 的特征向量矛盾，所以 $\boldsymbol{P}$ 为可逆矩阵.

(2)因为

$$\boldsymbol{A}\boldsymbol{P}=[\boldsymbol{A}\boldsymbol{\alpha}\quad \boldsymbol{A}^2\boldsymbol{\alpha}]=[\boldsymbol{A}\boldsymbol{\alpha}\quad 6\boldsymbol{\alpha}-\boldsymbol{A}\boldsymbol{\alpha}]=[\boldsymbol{\alpha}\quad \boldsymbol{A}\boldsymbol{\alpha}]\begin{bmatrix}0 & 6\\ 1 & -1\end{bmatrix}=\boldsymbol{P}\begin{bmatrix}0 & 6\\ 1 & -1\end{bmatrix},$$

所以

$$P^{-1}AP=\begin{bmatrix}0&6\\1&-1\end{bmatrix}.$$

记 $P^{-1}AP=B$，则 B 与 A 相似，从而有相同的特征值，由

$$|\lambda I-B|=\begin{vmatrix}\lambda&-6\\-1&\lambda+1\end{vmatrix}=(\lambda-2)(\lambda+3)$$

得 A 的特征值为 $2,-3$，所以 A 相似于对角阵 $\begin{bmatrix}2&0\\0&-3\end{bmatrix}$.

例 6-16　设矩阵 $A=\begin{bmatrix}2&1&0\\1&2&0\\1&a&b\end{bmatrix}$ 仅有两个不同的特征值. 若 A 相似于对角矩阵，求 a,b 的值.

解　由 $|\lambda I-A|=\begin{vmatrix}\lambda-2&-1&0\\-1&\lambda-2&0\\-1&-a&\lambda-b\end{vmatrix}=(\lambda-b)(\lambda-1)(\lambda-3)$，得 A 的特征值为 $\lambda_1=b,\lambda_2=1,\lambda_3=3$.

因为 A 仅有两个不同的特征值，所以 $\lambda_1=\lambda_2$ 或 $\lambda_1=\lambda_3$.

若 $\lambda_1=\lambda_2=1$，则 $b=1$. 因 A 相似于对角矩阵，有 $r(I-A)=1$，得 $a=1$.

若 $\lambda_1=\lambda_3=3$，则 $b=3$. 因 A 相似于对角矩阵，有 $r(3I-A)=1$，得 $a=-1$.

例 6-17　设矩阵 $A=\begin{bmatrix}3&2&2\\2&3&2\\2&2&3\end{bmatrix}$，$P=\begin{bmatrix}0&1&0\\1&0&1\\0&0&1\end{bmatrix}$，矩阵 $B=P^{-1}A^*P$，求 $B+2I$ 的特征值与特征向量.

解　$|A|=7$，由 $|\lambda I-A|=0$，求得 A 的特征值 $\lambda_1=\lambda_2=1,\lambda_3=7$.

解方程组 $(I-A)x=0$，得 $\lambda_1=\lambda_2=1$ 的线性无关的特征向量 $\alpha_1=(1,-1,0)^T$，$\alpha_2=(1,0,-1)^T$；

解方程组 $(7I-A)x=0$，得 $\lambda_3=7$ 的线性无关的特征向量 $\alpha_3=(1,1,1)^T$.

A^* 的特征值为 $\frac{1}{\lambda_1}|A|=7,\frac{1}{\lambda_2}|A|=7,\frac{1}{\lambda_3}|A|=1$，对应的特征向量分别为 $\alpha_1,\alpha_2,\alpha_3$.

由于 B 与 A^* 相似，所以 $B+2I$ 与 A^*+2I 有相同的特征值，即为 $9,9,3$. 由例 6-13 知，对应的特征向量分别为 $\beta_1=P^{-1}\alpha_1=(-1,1,0)^T$，$\beta_2=P^{-1}\alpha_2=(1,1,-1)^T$，$\beta_3=P^{-1}\alpha_3=(0,1,1)^T$.

例 6-18　设 A 为 3 阶矩阵，$\alpha_1,\alpha_2,\alpha_3$ 是 3 个线性无关的 3 维列向量，且满足 $A\alpha_1=\alpha_1+\alpha_2+\alpha_3$，$A\alpha_2=2\alpha_2+\alpha_3$，$A\alpha_3=2\alpha_2+3\alpha_3$. (1)记矩阵 $Q=[\alpha_1\ \alpha_2\ \alpha_3]$，求矩阵 B 使 $AQ=QB$；(2)求可逆矩阵 M，使 $M^{-1}BM$ 成为对角矩阵；(3)求可逆矩阵 P 使 $P^{-1}AP$ 成为对角矩阵.

解　(1)由题设，

$$AQ=[A\alpha_1\ A\alpha_2\ A\alpha_3]=[\alpha_1\ \alpha_2\ \alpha_3]\begin{bmatrix}1&0&0\\1&2&2\\1&1&3\end{bmatrix}=Q\begin{bmatrix}1&0&0\\1&2&2\\1&1&3\end{bmatrix}，故 B=\begin{bmatrix}1&0&0\\1&2&2\\1&1&3\end{bmatrix}.$$

(2)由 $|\lambda I-B|=0$，得 B 的特征值 $\lambda_1=\lambda_2=1,\lambda_3=4$.

解方程组 $(\boldsymbol{I}-\boldsymbol{B})\boldsymbol{x}=\boldsymbol{0}$，得 $\lambda_1=\lambda_2=1$ 的线性无关的特征向量 $\boldsymbol{\xi}_1=(-1,1,0)^{\mathrm{T}}$，$\boldsymbol{\xi}_2=(-2,0,1)^{\mathrm{T}}$.

解方程组 $(4\boldsymbol{I}-\boldsymbol{B})\boldsymbol{x}=\boldsymbol{0}$，得 $\lambda_3=4$ 的线性无关的特征向量 $\boldsymbol{\xi}_3=(0,1,1)^{\mathrm{T}}$.

令 $\boldsymbol{M}=[\boldsymbol{\xi}_1\ \boldsymbol{\xi}_2\ \boldsymbol{\xi}_3]$，则 $\boldsymbol{M}$ 可逆，且有 $\boldsymbol{M}^{-1}\boldsymbol{B}\boldsymbol{M}=\mathrm{diag}(1,1,4)$.

(3)由 $\boldsymbol{Q}^{-1}\boldsymbol{A}\boldsymbol{Q}=\boldsymbol{B}$ 及 $\boldsymbol{B}=\boldsymbol{M}\mathrm{diag}(1,1,4)\boldsymbol{M}^{-1}$，得 $(\boldsymbol{Q}\boldsymbol{M})^{-1}\boldsymbol{A}(\boldsymbol{Q}\boldsymbol{M})=\mathrm{diag}(1,1,4)$，所以

$$\boldsymbol{P}=\boldsymbol{Q}\boldsymbol{M}=[\boldsymbol{\alpha}_1\ \boldsymbol{\alpha}_2\ \boldsymbol{\alpha}_3]\begin{bmatrix}-1&-2&0\\1&0&1\\0&1&1\end{bmatrix}=[-\boldsymbol{\alpha}_1+\boldsymbol{\alpha}_2\quad -2\boldsymbol{\alpha}_1+\boldsymbol{\alpha}_3\quad \boldsymbol{\alpha}_2+\boldsymbol{\alpha}_3].$$

例 6-19　已知 3 阶方阵 $\boldsymbol{A}$ 的每行元素之和都是 3，且满足 $\boldsymbol{A}\boldsymbol{B}=\boldsymbol{O}$，其中 $\boldsymbol{B}=\begin{bmatrix}1&2\\0&1\\-2&0\end{bmatrix}$，证明 $\boldsymbol{A}$ 必相似于对角矩阵，并证明 $\boldsymbol{A}^n=3^{n-1}\boldsymbol{A}$.

证　记 $\boldsymbol{p}_1=\begin{bmatrix}1\\1\\1\end{bmatrix}$，$\boldsymbol{p}_2=\begin{bmatrix}1\\0\\-2\end{bmatrix}$，$\boldsymbol{p}_3=\begin{bmatrix}2\\1\\0\end{bmatrix}$，由题设，得

$$\boldsymbol{A}\boldsymbol{p}_1=3\boldsymbol{p}_1,\boldsymbol{A}\boldsymbol{p}_2=\boldsymbol{0},\boldsymbol{A}\boldsymbol{p}_3=\boldsymbol{0}$$

所以，$\boldsymbol{A}$ 有特征值 3，0，0，$\boldsymbol{p}_1$ 是属于特征值 3 的特征向量，$\boldsymbol{p}_2$，$\boldsymbol{p}_3$ 是属于特征值 0 的两个线性无关的特征向量. 令 $\boldsymbol{P}=[\boldsymbol{p}_1\ \boldsymbol{p}_2\ \boldsymbol{p}_3]$，则 $\boldsymbol{P}$ 可逆，且 $\boldsymbol{P}^{-1}\boldsymbol{A}\boldsymbol{P}=\mathrm{diag}(3,0,0)=\boldsymbol{D}$，于是

$$\boldsymbol{A}=\boldsymbol{P}\boldsymbol{D}\boldsymbol{P}^{-1}=\begin{bmatrix}1&1&2\\1&0&1\\1&-2&0\end{bmatrix}\begin{bmatrix}3&0&0\\0&0&0\\0&0&0\end{bmatrix}\begin{bmatrix}-2&4&-1\\-1&2&-1\\2&-3&1\end{bmatrix}=3\begin{bmatrix}-2&4&-1\\-2&4&-1\\-2&4&-1\end{bmatrix},$$

$$\boldsymbol{A}^n=\boldsymbol{P}\boldsymbol{D}^n\boldsymbol{P}^{-1}=\begin{bmatrix}1&1&2\\1&0&1\\1&-2&0\end{bmatrix}\begin{bmatrix}3^n&0&0\\0&0&0\\0&0&0\end{bmatrix}\begin{bmatrix}-2&4&-1\\-1&2&-1\\2&-3&1\end{bmatrix}=3^n\begin{bmatrix}-2&4&-1\\-2&4&-1\\-2&4&-1\end{bmatrix}=3^{n-1}\boldsymbol{A}.$$

例 6-20　设 3 阶实对称矩阵 $\boldsymbol{A}$ 的特征值为 1、2、3，矩阵 $\boldsymbol{A}$ 的属于特征值 1 和 2 的特征向量分别为 $\boldsymbol{\xi}_1=(-1,-1,1)^{\mathrm{T}}$，$\boldsymbol{\xi}_2=(1,-2,-1)^{\mathrm{T}}$，求 $\boldsymbol{A}$ 的属于特征值 3 的特征向量.

解　设 $\boldsymbol{A}$ 的属于特征值 3 的特征向量为 $\boldsymbol{\xi}_3=(x_1,x_2,x_3)^{\mathrm{T}}$，由实对称矩阵的不同特征值对应的特征向量正交，得 $\boldsymbol{\xi}_3^{\mathrm{T}}\boldsymbol{\xi}_1=0$，$\boldsymbol{\xi}_3^{\mathrm{T}}\boldsymbol{\xi}_2=0$，即

$$\begin{cases}-x_1-x_2+x_3=0\\x_1-2x_2-x_3=0\end{cases}$$

解此齐次方程组，得基础解系 $\boldsymbol{\eta}=(1,0,1)^{\mathrm{T}}$，则 $\boldsymbol{\xi}_3=(1,0,1)^{\mathrm{T}}$ 就是 $\boldsymbol{A}$ 的属于特征值 3 的特征向量.

例 6-21　已知实对称矩阵 $\boldsymbol{A}=\begin{bmatrix}1&1&1\\1&3&1\\1&1&1\end{bmatrix}$，(1)求可逆矩阵 $\boldsymbol{P}$，使 $\boldsymbol{P}^{-1}\boldsymbol{A}\boldsymbol{P}$ 为对角矩阵；(2)求正交矩阵 $\boldsymbol{Q}$，使 $\boldsymbol{Q}^{\mathrm{T}}\boldsymbol{A}\boldsymbol{Q}$ 为对角矩阵.

解　(1)由

$$|\lambda \boldsymbol{I}-\boldsymbol{A}|=\begin{vmatrix}\lambda-1 & -1 & -1\\ -1 & \lambda-3 & -1\\ -1 & -1 & \lambda-1\end{vmatrix}=\lambda(\lambda-1)(\lambda-4)$$

得 $\boldsymbol{A}$ 的特征值 $\lambda_1=0,\lambda_2=1,\lambda_3=4$.

解方程组 $(-\boldsymbol{A})\boldsymbol{x}=\boldsymbol{0}$，得 $\lambda_1=0$ 的线性无关的特征向量 $\boldsymbol{\xi}_1=(1,0,-1)^{\mathrm{T}}$；

解方程组 $(\boldsymbol{I}-\boldsymbol{A})\boldsymbol{x}=\boldsymbol{0}$，得 $\lambda_2=1$ 的线性无关的特征向量 $\boldsymbol{\xi}_2=(1,-1,1)^{\mathrm{T}}$；

解方程组 $(4\boldsymbol{I}-\boldsymbol{A})\boldsymbol{x}=\boldsymbol{0}$，得 $\lambda_3=4$ 的线性无关的特征向量 $\boldsymbol{\xi}_3=(1,2,1)^{\mathrm{T}}$.

令 $\boldsymbol{P}=[\boldsymbol{\xi}_1\ \boldsymbol{\xi}_2\ \boldsymbol{\xi}_3]$，则 $\boldsymbol{P}^{-1}\boldsymbol{AP}=\mathrm{diag}(0,1,4)$.

(2)因为实对称矩阵不同特征值对应的特征向量正交，故这里无须对 $\boldsymbol{\xi}_1,\boldsymbol{\xi}_2,\boldsymbol{\xi}_3$ 正交化，只要单位化即可. 令 $\boldsymbol{q}_1=\frac{1}{\|\boldsymbol{\xi}_1\|}\boldsymbol{\xi}_1=\frac{1}{\sqrt{2}}\boldsymbol{\xi}_1,\boldsymbol{q}_2=\frac{1}{\sqrt{3}}\boldsymbol{\xi}_2,\boldsymbol{q}_3=\frac{1}{\sqrt{6}}\boldsymbol{\xi}_3$，令 $\boldsymbol{Q}=[\boldsymbol{q}_1\ \boldsymbol{q}_2\boldsymbol{q}_3]$，则 $\boldsymbol{Q}$ 为正交矩阵，且 $\boldsymbol{Q}^{\mathrm{T}}\boldsymbol{AQ}=\mathrm{diag}(0,1,4)$.

例 6-22　设矩阵 $\boldsymbol{A}=\begin{bmatrix}0 & -1 & 4\\ -1 & 3 & a\\ 4 & a & 0\end{bmatrix}$，已知存在正交矩阵 $\boldsymbol{Q}$，使得 $\boldsymbol{Q}^{-1}\boldsymbol{AQ}=\boldsymbol{D}$ 为对角矩阵，且 $\boldsymbol{Q}$ 的第 1 列为 $\boldsymbol{\alpha}_1=\frac{1}{\sqrt{6}}(1,2,1)^{\mathrm{T}}$，求常数 a，矩阵 $\boldsymbol{Q}$ 和 $\boldsymbol{D}$.

解　由题设，$\boldsymbol{\alpha}_1=\frac{1}{\sqrt{6}}(1,2,1)^{\mathrm{T}}$ 是矩阵 $\boldsymbol{A}$ 的一个单位特征向量，故存在数 λ_1，使得 $\boldsymbol{A\alpha}_1=\lambda_1\boldsymbol{\alpha}_1$，即有

$$\begin{bmatrix}0 & -1 & 4\\ -1 & 3 & a\\ 4 & a & 0\end{bmatrix}\begin{bmatrix}1\\2\\1\end{bmatrix}=\lambda_1\begin{bmatrix}1\\2\\1\end{bmatrix},$$

解之得 $a=-1,\lambda_1=2$，从而 $\boldsymbol{A}=\begin{bmatrix}0 & -1 & 4\\ -1 & 3 & -1\\ 4 & -1 & 0\end{bmatrix}$.

由 $|\lambda\boldsymbol{I}-\boldsymbol{A}|=0$ 求得 $\boldsymbol{A}$ 的全部特征值为 $\lambda_1=2,\lambda_2=5,\lambda_3=-4$.

解方程组 $(5\boldsymbol{I}-\boldsymbol{A})\boldsymbol{x}=\boldsymbol{0}$，得 $\lambda_2=5$ 对应的单位特征向量 $\boldsymbol{\alpha}_2=\frac{1}{\sqrt{3}}(1,-1,1)^{\mathrm{T}}$.

解方程组 $(-4\boldsymbol{I}-\boldsymbol{A})\boldsymbol{x}=\boldsymbol{0}$，得 $\lambda_3=-4$ 对应的单位特征向量 $\boldsymbol{\alpha}_3=\frac{1}{\sqrt{2}}(-1,0,1)^{\mathrm{T}}$.

令 $\boldsymbol{Q}=[\boldsymbol{\alpha}_1\ \boldsymbol{\alpha}_2\ \boldsymbol{\alpha}_3]$，$\boldsymbol{D}=\mathrm{diag}(2,5,-4)$，则 $\boldsymbol{Q}$ 为正交矩阵，且 $\boldsymbol{Q}^{-1}\boldsymbol{AQ}=\boldsymbol{D}$.

例 6-23　设 3 阶实对称矩阵 $\boldsymbol{A}$ 的特征值为 $\lambda_1=1,\lambda_2=2,\lambda_3=-2$，且 $\boldsymbol{\alpha}_1=(1,-1,1)^{\mathrm{T}}$ 是 $\boldsymbol{A}$ 的属于 λ_1 的一个特征向量，记矩阵 $\boldsymbol{B}=\boldsymbol{A}^5-4\boldsymbol{A}^3+\boldsymbol{I}$. (1)验证 $\boldsymbol{\alpha}_1$ 是 $\boldsymbol{B}$ 的特征向量，并求 $\boldsymbol{B}$ 的全部特征值与特征向量；(2)求矩阵 $\boldsymbol{B}$.

解　(1)由 $\boldsymbol{A\alpha}_1=1\boldsymbol{\alpha}_1$，得 $\boldsymbol{A}^m\boldsymbol{\alpha}_1=1^m\boldsymbol{\alpha}_1=\boldsymbol{\alpha}_1$（$m$ 为正整数），从而

$$\boldsymbol{B\alpha}_1=\boldsymbol{A}^5\boldsymbol{\alpha}_1-4\boldsymbol{A}^3\boldsymbol{\alpha}_1+\boldsymbol{\alpha}_1=\boldsymbol{\alpha}_1-4\boldsymbol{\alpha}_1+\boldsymbol{\alpha}_1=-2\boldsymbol{\alpha}_1,$$

所以 $\boldsymbol{\alpha}_1$ 是 $\boldsymbol{B}$ 的特征向量，对应的特征值为 -2.

设 $f(x)=x^5-4x^3+1$，由 $\boldsymbol{A}$ 的特征值为 1,2,−2，得 $\boldsymbol{B}=f(\boldsymbol{A})$ 的全部特征值为 $f(1)=-2,f(2)=1,f(-2)=1$.

由于 $\boldsymbol{A}$ 是实对称矩阵，所以 $\boldsymbol{B}=f(\boldsymbol{A})$ 也是实对称矩阵. 设 $\boldsymbol{B}$ 的属于二重特征值 1 的特征向量为 $\boldsymbol{\alpha}=(x_1,x_2,x_3)$，则 $\boldsymbol{\alpha}_1^{\mathrm{T}}\boldsymbol{\alpha}=0$，即 $x_1-x_2+x_3=0$，解得 $\boldsymbol{\alpha}_2=(1,1,0)^{\mathrm{T}}$，$\boldsymbol{\alpha}_3=(-1,0,1)^{\mathrm{T}}$. 则 $\boldsymbol{\alpha}_2,\boldsymbol{\alpha}_3$ 是 $\boldsymbol{B}$ 的属于特征值 1 的两个线性无关的特征向量，故 $\boldsymbol{B}$ 的属于特征值 1 的全部特征向量为 $k_1\boldsymbol{\alpha}_2+k_2\boldsymbol{\alpha}_3$，其中 k_1,k_2 为不全为零的任意常数.

取 $\boldsymbol{P}=[\boldsymbol{\alpha}_1\ \boldsymbol{\alpha}_2\ \boldsymbol{\alpha}_3]$，则有 $\boldsymbol{P}^{-1}\boldsymbol{B}\boldsymbol{P}=\mathrm{diag}(-2,1,1)$，从而

$$\boldsymbol{B}=\boldsymbol{P}\mathrm{diag}(-2,1,1)\boldsymbol{P}^{-1}=\begin{bmatrix}1&1&-1\\-1&1&0\\1&0&1\end{bmatrix}\begin{bmatrix}-2&0&0\\0&1&0\\0&0&1\end{bmatrix}\begin{bmatrix}1&1&-1\\-1&1&0\\1&0&1\end{bmatrix}^{-1}=\begin{bmatrix}0&1&-1\\1&0&1\\-1&1&0\end{bmatrix}.$$

例 6-24 设 $\boldsymbol{\alpha},\boldsymbol{\beta}$ 均为 $n(n\geqslant 2)$ 维非零列向量，n 阶矩阵 $\boldsymbol{A}=\boldsymbol{\alpha}\boldsymbol{\beta}^{\mathrm{T}}$，证明：(1) $r(\boldsymbol{A})=1$；(2) $\lambda=0$ 为 $\boldsymbol{A}$ 的特征值且对应 $n-1$ 个线性无关的特征向量；(3) $\lambda_n=\boldsymbol{\beta}^{\mathrm{T}}\boldsymbol{\alpha}$ 也是 $\boldsymbol{A}$ 的特征值且 $\boldsymbol{\alpha}$ 为对应的一个特征向量；(4)当 $\lambda_n=\boldsymbol{\beta}^{\mathrm{T}}\boldsymbol{\alpha}\neq 0$ 时，$\boldsymbol{A}$ 可相似对角化；(5)当 $\lambda_n=\boldsymbol{\beta}^{\mathrm{T}}\boldsymbol{\alpha}=0$ 时，$\boldsymbol{A}$ 不可相似对角化.

证 (1)因为 $\boldsymbol{\alpha},\boldsymbol{\beta}$ 均为 n 维非零向量，所以 $\boldsymbol{A}$ 为非零矩阵，从而 $r(\boldsymbol{A})\geqslant 1$. 又 $r(\boldsymbol{A})=r(\boldsymbol{\alpha}\boldsymbol{\beta}^{\mathrm{T}})\leqslant r(\boldsymbol{\alpha})=1$，故 $r(\boldsymbol{A})=1$.

(2)由 $r(\boldsymbol{A})=1$ 得 $|\boldsymbol{A}|=0$，所以 $\lambda=0$ 为 $\boldsymbol{A}$ 的特征值. 又齐次线性方程组 $(0\boldsymbol{I}-\boldsymbol{A})\boldsymbol{x}=\boldsymbol{0}$ 的基础解系含 $n-r(-\boldsymbol{A})=n-r(\boldsymbol{A})=n-1$ 个线性无关的解向量，即 $\boldsymbol{A}$ 属于特征值 $\lambda=0$ 的线性无关的特征向量有 $n-1$ 个，因此 $\lambda=0$ 是 $\boldsymbol{A}$ 的至少 $n-1$ 重特征值.

(3)由 $\boldsymbol{A}\boldsymbol{\alpha}=\boldsymbol{\alpha}\boldsymbol{\beta}^{\mathrm{T}}\boldsymbol{\alpha}=(\boldsymbol{\beta}^{\mathrm{T}}\boldsymbol{\alpha})\boldsymbol{\alpha}$，及 $\boldsymbol{\alpha}\neq 0$，得 $\boldsymbol{\beta}^{\mathrm{T}}\boldsymbol{\alpha}$ 是矩阵 $\boldsymbol{A}$ 的特征值且 $\boldsymbol{\alpha}$ 为对应的一个特征向量.

(4)当 $\lambda_n=\boldsymbol{\beta}^{\mathrm{T}}\boldsymbol{\alpha}\neq 0$ 时，$\boldsymbol{A}$ 的全部特征值为一个单特征值 $\boldsymbol{\beta}^{\mathrm{T}}\boldsymbol{\alpha}$ 和 $n-1$ 重特征值 0，由于 $n-1$ 重特征值 0 对应有 $n-1$ 个线性无关的特征向量，所以 $\boldsymbol{A}$ 有 n 个线性无关的特征向量，因此 $\boldsymbol{A}$ 可相似对角化.

(5)当 $\lambda_n=\boldsymbol{\beta}^{\mathrm{T}}\boldsymbol{\alpha}=0$ 时，由 $\lambda_1+\lambda_2+\cdots+\lambda_n=\mathrm{tr}(\boldsymbol{A})=\boldsymbol{\beta}^{\mathrm{T}}\boldsymbol{\alpha}=0$ 及 $\lambda_1=\lambda_2=\cdots=\lambda_{n-1}=0$ 得 0 是 $\boldsymbol{A}$ 的 n 重特征值，但是 $\boldsymbol{A}$ 属于特征值 $\lambda=0$ 的线性无关的特征向量只有 $n-1$ 个，所以 $\boldsymbol{A}$ 不可相似对角化.

例 6-25 设 n 阶矩阵 $\boldsymbol{A}$ 满足 $\boldsymbol{A}^2=\boldsymbol{A}$，证明 $\boldsymbol{A}$ 必相似于对角阵.

证 设 $r(\boldsymbol{A})=r$，如果 $r=0$，即 $\boldsymbol{A}=\boldsymbol{O}$，则 $\boldsymbol{A}$ 可对角化，其相似对角阵 $\boldsymbol{\Lambda}=\boldsymbol{O}$.

如果 $r=n$，则 $\boldsymbol{A}$ 可逆，由 $\boldsymbol{A}^2=\boldsymbol{A}$ 得 $\boldsymbol{A}^{-1}\boldsymbol{A}\boldsymbol{A}=\boldsymbol{A}^{-1}\boldsymbol{A}$，即 $\boldsymbol{A}=\boldsymbol{I}$，当然也可对角化，其相似对角阵 $\boldsymbol{\Lambda}=\boldsymbol{I}$.

如果 $0<r<n$，下面用两种方法证明 $\boldsymbol{A}$ 可对角化：

证法 1 因为 $\boldsymbol{A}\boldsymbol{A}=\boldsymbol{A}$，令 $\boldsymbol{A}=[\boldsymbol{\alpha}_1\ \boldsymbol{\alpha}_2\cdots\ \boldsymbol{\alpha}_n]$，则有 $\boldsymbol{A}[\boldsymbol{\alpha}_1\ \boldsymbol{\alpha}_2\cdots\ \boldsymbol{\alpha}_n]=[\boldsymbol{\alpha}_1\ \boldsymbol{\alpha}_2\cdots\ \boldsymbol{\alpha}_n]$，即

$$[\boldsymbol{A}\boldsymbol{\alpha}_1\ \boldsymbol{A}\boldsymbol{\alpha}_2\cdots\ \boldsymbol{A}\boldsymbol{\alpha}_n]=[\boldsymbol{\alpha}_1\ \boldsymbol{\alpha}_2\cdots\ \boldsymbol{\alpha}_n],$$

所以

$$\boldsymbol{A}\boldsymbol{\alpha}_j=1\cdot\boldsymbol{\alpha}_j\ (j=1,2,\cdots,n),$$

又 $r(\boldsymbol{A})=r>0$，故 $\boldsymbol{A}$ 有特征值 1，且 $\boldsymbol{A}$ 的 r 个线性无关列向量都是特征值 1 的特征向量，从而属于特征值 1 有 r 个线性无关的特征向量.

又因 $r(\boldsymbol{A})<n$，故 $\boldsymbol{A}$ 有特征值 0，属于 0 有 $n-r(\boldsymbol{A})=n-r$ 个线性无关特征向量. 总之，n

阶矩阵 $\boldsymbol{A}$ 有 n 个线性无关的特征向量，故 $\boldsymbol{A}$ 可对角化，其相似对角阵为 $\mathrm{diag}(1,1,\cdots,1,0,\cdots,0)$(1 的个数为 r).

证法 2　因为 $\boldsymbol{A}^2-\boldsymbol{A}=\boldsymbol{O}$，即 $\boldsymbol{A}(\boldsymbol{A}-\boldsymbol{I})=\boldsymbol{O}$，则 $r(\boldsymbol{A})+r(\boldsymbol{A}-\boldsymbol{I})\leqslant n$；又 $(-\boldsymbol{A})+(\boldsymbol{A}-\boldsymbol{I})=-\boldsymbol{I}$，则

$$n=r(-\boldsymbol{I})\leqslant r(-\boldsymbol{A})+r(\boldsymbol{A}-\boldsymbol{I})=r(\boldsymbol{A})+r(\boldsymbol{A}-\boldsymbol{I})\leqslant n$$

所以 $r(\boldsymbol{A})+r(\boldsymbol{A}-\boldsymbol{I})=n$.

因为 $0<r(\boldsymbol{A})=r<n$，所以 $0<r(\boldsymbol{A}-\boldsymbol{I})<n$，于是 $\boldsymbol{A}$ 有特征值 0，属于 0 有 $n-r$ 个线性无关的特征向量，且 $\boldsymbol{A}$ 有特征值 1，属于 1 有 $n-r(\boldsymbol{A}-\boldsymbol{I})=r$ 个线性无关特征向量. 总之，$\boldsymbol{A}$ 有 n 个线性无关的特征向量，故 $\boldsymbol{A}$ 可对角化，其相似对角阵为 $\mathrm{diag}(1,\cdots,1,0,\cdots,0)$(1 的个数为 r 个).

例 6-26　设 $\boldsymbol{A}$ 为 n 阶方阵，且 $r(\boldsymbol{A})+r(\boldsymbol{A}-\boldsymbol{I})=n$，证明：$\boldsymbol{A}^2=\boldsymbol{A}$.

证　若 $r(\boldsymbol{A})=0$，则 $\boldsymbol{A}=\boldsymbol{O}$，结论成立；若 $r(\boldsymbol{A})=n$，则 $r(\boldsymbol{A}-\boldsymbol{I})=0$，得 $\boldsymbol{A}=\boldsymbol{I}$，结论也成立.

设 $r(\boldsymbol{A})=r,0<r<n,r(\boldsymbol{A}-\boldsymbol{I})=n-r$，则方程组 $\boldsymbol{Ax}=\boldsymbol{0}$ 的基础解系含 $n-r$ 个向量，从而属于特征值 0 的线性无关的特征向量有 $n-r$ 个；又因方程组 $(\boldsymbol{A}-\boldsymbol{I})\boldsymbol{x}=\boldsymbol{0}$ 的基础解系含 r 个向量，即属于特征值 1 的线性无关的特征向量有 r 个，故 n 阶方阵 $\boldsymbol{A}$ 有 n 个线性无关的特征向量，所以 $\boldsymbol{A}$ 可对角化. 故存在可逆的矩阵 $\boldsymbol{P}$，使 $\boldsymbol{P}^{-1}\boldsymbol{AP}=\boldsymbol{D}=\begin{bmatrix}\boldsymbol{I}_r & \boldsymbol{0}\\ \boldsymbol{0} & \boldsymbol{0}_{n-r}\end{bmatrix}$，即有 $\boldsymbol{A}=\boldsymbol{PDP}^{-1}$，于是

$$\boldsymbol{A}^2=\boldsymbol{PDP}^{-1}\boldsymbol{PDP}^{-1}=\boldsymbol{PD}^2\boldsymbol{P}^{-1}=\boldsymbol{PDP}^{-1}=\boldsymbol{A}.$$

注　由例 6-25、例 6-26 可得，设 $\boldsymbol{A}$ 为 n 阶方阵，则 $\boldsymbol{A}^2=\boldsymbol{A}\Leftrightarrow r(\boldsymbol{A})+r(\boldsymbol{A}-\boldsymbol{I})=n$.

例 6-27　设 $\boldsymbol{A}$ 为 n 阶实对称矩阵，试证：对任意正奇数 k，必存在实对称矩阵 $\boldsymbol{B}$，使 $\boldsymbol{A}=\boldsymbol{B}^k$.

证　因为 $\boldsymbol{A}$ 是实对称矩阵，所以存在正交矩阵 $\boldsymbol{Q}$，使得

$$\boldsymbol{Q}^{\mathrm{T}}\boldsymbol{AQ}=\boldsymbol{\Lambda}=\begin{bmatrix}\lambda_1 & & & \\ & \lambda_2 & & \\ & & \ddots & \\ & & & \lambda_n\end{bmatrix},$$

其中，$\lambda_1,\lambda_2,\cdots,\lambda_n$ 是 $\boldsymbol{A}$ 的 n 个特征值. 则有 $\boldsymbol{A}=\boldsymbol{Q\Lambda Q}^{\mathrm{T}}$.

令 $\widetilde{\boldsymbol{\Lambda}}=\begin{bmatrix}\sqrt[k]{\lambda_1} & & & \\ & \sqrt[k]{\lambda_2} & & \\ & & \ddots & \\ & & & \sqrt[k]{\lambda_n}\end{bmatrix}$，则 $\boldsymbol{\Lambda}=\widetilde{\boldsymbol{\Lambda}}^k$，从而 $\boldsymbol{A}=\boldsymbol{Q}\widetilde{\boldsymbol{\Lambda}}^k\boldsymbol{Q}^{\mathrm{T}}=(\boldsymbol{Q}\widetilde{\boldsymbol{\Lambda}}\boldsymbol{Q}^{\mathrm{T}})^k$，令 $\boldsymbol{B}=\boldsymbol{Q}\widetilde{\boldsymbol{\Lambda}}\boldsymbol{Q}^{\mathrm{T}}$，

则有 $\boldsymbol{B}^{\mathrm{T}}=(\boldsymbol{Q}\widetilde{\boldsymbol{\Lambda}}\boldsymbol{Q}^{\mathrm{T}})^{\mathrm{T}}=\boldsymbol{Q}\widetilde{\boldsymbol{\Lambda}}\boldsymbol{Q}^{\mathrm{T}}=\boldsymbol{B}$，即 $\boldsymbol{B}$ 是实对称矩阵，且满足 $\boldsymbol{A}=\boldsymbol{B}^k$.

注　因为 k 为正奇数，所以不论 $\boldsymbol{A}$ 的特征值 λ_i 是正是负，$\sqrt[k]{\lambda_i}$ 均有意义.

例 6-28　设实对称矩阵 $\boldsymbol{A}$ 和 $\boldsymbol{B}$ 是相似矩阵，证明：存在正交矩阵 $\boldsymbol{Q}$，使得 $\boldsymbol{Q}^{-1}\boldsymbol{AQ}=\boldsymbol{B}$.

证　由于 $\boldsymbol{A}\sim\boldsymbol{B}$，所以 $\boldsymbol{A}$ 和 $\boldsymbol{B}$ 有相同的特征值 $\lambda_1,\lambda_2,\cdots,\lambda_n$. 又 $\boldsymbol{A}$ 和 $\boldsymbol{B}$ 是实对称矩阵，所

以,对 $\boldsymbol{A}$ 和 $\boldsymbol{B}$ 分别存在正交矩阵 $\boldsymbol{Q}_1$ 和 $\boldsymbol{Q}_2$,使得

$$\boldsymbol{Q}_1^{-1}\boldsymbol{A}\boldsymbol{Q}_1=\mathrm{diag}(\lambda_1,\lambda_2,\cdots,\lambda_n)=\boldsymbol{Q}_2^{-1}\boldsymbol{B}\boldsymbol{Q}_2$$

所以

$$\boldsymbol{Q}_2\boldsymbol{Q}_1^{-1}\boldsymbol{A}\boldsymbol{Q}_1\boldsymbol{Q}_2^{-1}=\boldsymbol{B}$$

取 $\boldsymbol{Q}=\boldsymbol{Q}_1\boldsymbol{Q}_2^{-1}$,则 $\boldsymbol{Q}$ 是正交矩阵,$\boldsymbol{Q}^{-1}=\boldsymbol{Q}_2\boldsymbol{Q}_1^{-1}$,且有$\boldsymbol{Q}^{-1}\boldsymbol{A}\boldsymbol{Q}=\boldsymbol{B}$.

例 6-29　设 $\boldsymbol{A}$、$\boldsymbol{B}$ 为 n 阶矩阵,$f(\lambda)=|\lambda\boldsymbol{I}-\boldsymbol{B}|$是 $\boldsymbol{B}$ 的特征多项式.证明:矩阵 $f(\boldsymbol{A})$可逆的充要条件为 $\boldsymbol{B}$ 的特征值都不是$\boldsymbol{A}$ 的特征值.

分析　由于涉及矩阵可逆、特征值,因此想到把特征多项式按特征值进行分解,从而使问题变得明显.

证　设 $\lambda_1,\lambda_2,\cdots,\lambda_n$ 是矩阵$\boldsymbol{B}$ 的特征值,则

$$f(\lambda)=|\lambda\boldsymbol{I}-B|=\prod_{i=1}^{n}(\lambda-\lambda_i),\ |f(\boldsymbol{A})|=\prod_{i=1}^{n}|\boldsymbol{A}-\lambda_i\boldsymbol{I}|,$$

于是 $f(\boldsymbol{A})$ 可逆$\Leftrightarrow|f(\boldsymbol{A})|\neq 0\Leftrightarrow\prod_{i=1}^{n}|\boldsymbol{A}-\lambda_i\boldsymbol{I}|\neq 0$

$$\Leftrightarrow|\boldsymbol{A}-\lambda_i\boldsymbol{I}|\neq 0,i=1,2,\cdots,n\Leftrightarrow\lambda_i\text{ 不是}\boldsymbol{A}\text{ 的特征值}(i=1,2,\cdots,n).$$

例 6-30　设 $\boldsymbol{A}$,$\boldsymbol{B}$ 为 n 阶方阵,且 $\boldsymbol{B}$ 为可逆矩阵.若方程$|\boldsymbol{A}-\lambda\boldsymbol{B}|=0$ 的全部根 $\lambda_1,\lambda_2,\cdots,\lambda_n$ 互异,$\boldsymbol{\alpha}_i$ 分别是方程组$(\boldsymbol{A}-\lambda_i\boldsymbol{B})\boldsymbol{x}=\boldsymbol{0}$ 的非零解$(i=1,2,\cdots,n)$,证明 $\boldsymbol{\alpha}_1,\boldsymbol{\alpha}_2,\cdots,\boldsymbol{\alpha}_n$ 线性无关.

证　因为$\boldsymbol{B}$ 可逆,所以$|\boldsymbol{B}|\neq 0$.在$|\boldsymbol{A}-\lambda\boldsymbol{B}|=0$ 两边左乘$|\boldsymbol{B}^{-1}|$,得$|\boldsymbol{B}^{-1}\boldsymbol{A}-\lambda\boldsymbol{I}|=0$,所以 $\lambda_1,\lambda_2,\cdots,\lambda_n$ 是矩阵 $\boldsymbol{B}^{-1}\boldsymbol{A}$ 的 n 个互异特征值.

又由$(\boldsymbol{A}-\lambda_i\boldsymbol{B})\boldsymbol{x}=\boldsymbol{0}$ 有$(\boldsymbol{B}^{-1}\boldsymbol{A}-\lambda_i\boldsymbol{I})\boldsymbol{x}=\boldsymbol{0}$,所以 $\boldsymbol{\alpha}_1,\boldsymbol{\alpha}_2,\cdots,\boldsymbol{\alpha}_n$ 是 $\boldsymbol{B}^{-1}\boldsymbol{A}$ 的分别对应于$\lambda_1,\lambda_2,\cdots,\lambda_n$ 的特征向量,故 $\boldsymbol{\alpha}_1,\boldsymbol{\alpha}_2,\cdots,\boldsymbol{\alpha}_n$ 线性无关.

6.4　习题及详解

习题 6.1 矩阵的特征值与特征向量(A)

1.设矩阵 $\boldsymbol{A}=\begin{bmatrix}2&1&1\\1&2&1\\1&1&2\end{bmatrix}$,$\boldsymbol{x}=(1,k,1)^{\mathrm{T}}$ 是 $\boldsymbol{A}^{-1}$ 的一个特征向量,求常数 k 的值及与 $\boldsymbol{x}$ 对应的特征值λ.

解　$\boldsymbol{A}^{-1}\boldsymbol{x}=\lambda\boldsymbol{x}\Rightarrow\boldsymbol{x}=\lambda\boldsymbol{A}\boldsymbol{x}$,将 $\boldsymbol{x}$,$\boldsymbol{A}$ 代入得$k=-2,\lambda=1$ 或 $k=1,\lambda=\dfrac{1}{4}$.

2.设 3 阶矩阵 $\boldsymbol{A}$ 有特征值$\lambda_1=2$,对应的特征向量为 $\boldsymbol{x}_1=(1,-2,2)^{\mathrm{T}}$;$\boldsymbol{A}$ 有特征值$\lambda_2=-1$,对应的特征向量为 $\boldsymbol{x}_2=(-2,-1,2)^{\mathrm{T}}$.设向量$\boldsymbol{\xi}=(3,4,-6)^{\mathrm{T}}$,将$\boldsymbol{\xi}$ 用$\boldsymbol{x}_1$ 和 $\boldsymbol{x}_2$ 线性表示并求$\boldsymbol{A}\boldsymbol{\xi}$.

解　设 $c_1\boldsymbol{x}_1+c_2\boldsymbol{x}_2=\boldsymbol{\xi}$,解得 $c_1=-1,c_2=-2$,故 $\boldsymbol{\xi}=-\boldsymbol{x}_1-2\boldsymbol{x}_2$.由题设 $\boldsymbol{A}\boldsymbol{x}_1=2\boldsymbol{x}_1$,$\boldsymbol{A}\boldsymbol{x}_2=-\boldsymbol{x}_2$,因此 $\boldsymbol{A}\boldsymbol{\xi}=\boldsymbol{A}(-\boldsymbol{x}_1-2\boldsymbol{x}_2)=-2\boldsymbol{x}_1+2\boldsymbol{x}_2=(-6,2,0)^{\mathrm{T}}$.

3. 证明特征值的性质 6.1.2 和性质 6.1.3.

性质 6.1.2　设λ 为矩阵$\boldsymbol{A}$ 的一个特征值,则(1)对任何正整数 m,λ^m 为矩阵$\boldsymbol{A}^m$ 的一个

特征值;(2)对任何多项式 $f(x)=a_mx^m+a_{m-1}x^{m-1}+\cdots+a_1x+a_0$,$f(\lambda)$为矩阵 $f(\boldsymbol{A})$的一个特征值.

证　设 $\boldsymbol{Ax}=\lambda\boldsymbol{x}$,$\boldsymbol{x}\neq 0$,则 $\boldsymbol{A}^2\boldsymbol{x}=\lambda\boldsymbol{Ax}=\lambda^2\boldsymbol{x}$,同理 $\boldsymbol{A}^m\boldsymbol{x}=\lambda^m\boldsymbol{x}$,即 λ^m 是 $\boldsymbol{A}^m$ 的一个特征值. 又 $f(\boldsymbol{A})\boldsymbol{x}=a_m\lambda^m\boldsymbol{x}+a_{m-1}\lambda^{m-1}\boldsymbol{x}+\cdots+a_1\lambda\boldsymbol{x}+a_0\boldsymbol{x}=f(\lambda)\boldsymbol{x}$,所以 $f(\lambda)$是 $f(\boldsymbol{A})$的一个特征值.

性质 6.1.3　设 λ 为可逆矩阵 $\boldsymbol{A}$ 的一个特征值,则 $\lambda\neq 0$,且 λ^{-1} 是 $\boldsymbol{A}^{-1}$ 的一个特征值,$\lambda^{-1}|\boldsymbol{A}|$是 $\boldsymbol{A}$ 的伴随矩阵 $\boldsymbol{A}^*$ 的一个特征值.

证　$\boldsymbol{A}$ 可逆$\Rightarrow\lambda\neq 0$,由 $\boldsymbol{Ax}=\lambda\boldsymbol{x}$ 得 $x=\lambda\boldsymbol{A}^{-1}\boldsymbol{x}\Rightarrow\boldsymbol{A}^{-1}\boldsymbol{x}=\lambda^{-1}\boldsymbol{x}$,所以 λ^{-1} 是 $\boldsymbol{A}^{-1}$ 的一个特征值. 给 $\boldsymbol{Ax}=\lambda\boldsymbol{x}$ 两端同时左乘 $\boldsymbol{A}^*$ 和 λ^{-1},得 $\lambda^{-1}|\boldsymbol{A}|\boldsymbol{x}=\boldsymbol{A}^*\boldsymbol{x}$,所以 $\lambda^{-1}|\boldsymbol{A}|$是 $\boldsymbol{A}^*$ 的一个特征值.

4. 证明:对任何 n 阶矩阵 $\boldsymbol{A}$,$\boldsymbol{A}^{\mathrm{T}}$ 与 $\boldsymbol{A}$ 有相同的特征值. 但对于 $\boldsymbol{A}$ 与 $\boldsymbol{A}^{\mathrm{T}}$ 的同一特征值,二者对应的特征向量是否相同?

证　因为$|\lambda\boldsymbol{I}-\boldsymbol{A}^{\mathrm{T}}|=|(\lambda\boldsymbol{I}-\boldsymbol{A})^{\mathrm{T}}|=|\lambda\boldsymbol{I}-\boldsymbol{A}|$,所以 $\boldsymbol{A}^{\mathrm{T}}$ 与 $\boldsymbol{A}$ 有相同的特征多项式,从而有相同的特征值. 但它们对应的特征向量不一定相同. 例如 $\boldsymbol{A}=\begin{bmatrix}1&1\\0&1\end{bmatrix}$,$\boldsymbol{A}^{\mathrm{T}}$ 与 $\boldsymbol{A}$ 的全部特征值都是 1,但是 $\boldsymbol{A}$ 属于特征值 1 的特征向量为$(1,0)^{\mathrm{T}}$,而 $\boldsymbol{A}^{\mathrm{T}}$ 属于特征值 1 的特征向量为$(0,1)^{\mathrm{T}}$.

5. 设 $\lambda=2$ 是可逆矩阵 $\boldsymbol{A}$ 的一个特征值,求矩阵$\left(\frac{1}{3}\boldsymbol{A}^2\right)^{-1}$ 的一个特征值.

解　因为$\left(\frac{1}{3}\boldsymbol{A}^2\right)^{-1}=3(\boldsymbol{A}^2)^{-1}$,所以 $3\times(2^2)^{-1}=\frac{3}{4}$就是$\left(\frac{1}{3}\boldsymbol{A}^2\right)^{-1}$ 的一个特征值.

6. 设 4 阶矩阵 $\boldsymbol{A}$ 满足 $\det(3\boldsymbol{I}+\boldsymbol{A})=0$,$\boldsymbol{AA}^{\mathrm{T}}=2\boldsymbol{I}$,$\det(\boldsymbol{A})<0$,求 $\boldsymbol{A}$ 的伴随矩阵 $\boldsymbol{A}^*$ 的一个特征值.

解　由$|3\boldsymbol{I}+\boldsymbol{A}|=0$ 知 $\lambda=-3$ 是 $\boldsymbol{A}$ 的一个特征值. 由 $\boldsymbol{AA}^{\mathrm{T}}=2\boldsymbol{I}$ 得$|\boldsymbol{A}|^2=16$,又$|\boldsymbol{A}|<0$ 得$|\boldsymbol{A}|=-4$;因此$\frac{|\boldsymbol{A}|}{\lambda}=\frac{4}{3}$是 $\boldsymbol{A}^*$ 的一个特征值.

7. 设 n 阶矩阵 $\boldsymbol{A}$ 的每行元素之和都等于常数 a. 证明:(1)a 为 $\boldsymbol{A}$ 的一个特征值且 $\boldsymbol{\xi}=(1,1,\cdots,1)^{\mathrm{T}}$ 为对应的一个特征值;(2)若 $\boldsymbol{A}$ 可逆,则 $a\neq 0$ 且 $\boldsymbol{A}^{-1}$ 有特征值 a^{-1}.

证　由题设,得 $\boldsymbol{A}(1,1,\cdots,1)^{\mathrm{T}}=a(1,1,\cdots,1)^{\mathrm{T}}$,所以 a 为 $\boldsymbol{A}$ 的一个特征值,且 $\boldsymbol{\xi}=(1,1,\cdots,1)^{\mathrm{T}}$ 为对应于 a 的一个特征向量. 若矩阵 $\boldsymbol{A}$ 可逆,则 $a\neq 0$,由性质 6.1.2 知,a^{-1} 是 $\boldsymbol{A}^{-1}$ 的特征值.

8. 设 $\boldsymbol{A}^*$ 是 n 阶矩阵 $\boldsymbol{A}$ 的伴随矩阵,求矩阵 $\boldsymbol{B}=\boldsymbol{AA}^*$ 的特征值和特征向量.

解　$\boldsymbol{B}=\boldsymbol{AA}^*=|\boldsymbol{A}|\boldsymbol{I}$,对任意非零列向量 $\boldsymbol{x}$,有 $\boldsymbol{Bx}=|\boldsymbol{A}|\boldsymbol{x}$,所以$|\boldsymbol{A}|$是 $\boldsymbol{B}$ 的特征值,任一非零向量 $\boldsymbol{x}$ 均是 $\boldsymbol{B}$ 的特征向量.

9. 设 $\boldsymbol{A}$ 为 3 阶矩阵,已知矩阵 $\boldsymbol{I}-\boldsymbol{A}$,$\boldsymbol{I}+\boldsymbol{A}$,$3\boldsymbol{I}-\boldsymbol{A}$ 都不可逆,试求 $\boldsymbol{A}$ 的行列式.

解　$|\boldsymbol{I}-\boldsymbol{A}|=0$,$|-\boldsymbol{I}-\boldsymbol{A}|=0$,$|3\boldsymbol{I}-\boldsymbol{A}|=0\Rightarrow\boldsymbol{A}$ 有特征值 $1,-1,3$,故$|\boldsymbol{A}|=1\times(-1)\times 3=-3$.

10. 设矩阵 $\boldsymbol{A}_{n\times n}$ 的全部特征值为 $\lambda_1,\lambda_2,\cdots,\lambda_n$,求矩阵 $\boldsymbol{A}+a\boldsymbol{I}$ 的全部特征值.

解　由性质 6.1.2 知,$\boldsymbol{A}+a\boldsymbol{I}$ 的全部特征值为 $\lambda_1+a,\lambda_2+a,\cdots,\lambda_n+a$.

11. 设 3 阶矩阵 $\boldsymbol{A}$ 的特征值为 $1,-1,0$,对应的特征向量分别为 $\boldsymbol{x}_1,\boldsymbol{x}_2,\boldsymbol{x}_3$,若 $\boldsymbol{B}=\boldsymbol{A}^2-2\boldsymbol{A}+3\boldsymbol{I}$,求 $\boldsymbol{B}^{-1}$ 的特征值与特征向量.

解　令 $f(x)=x^2-2x+3$，则 $\boldsymbol{B}=f(\boldsymbol{A})$. $\boldsymbol{B}$ 的特征值为 $f(1)=2,f(-1)=6,f(0)=3$，与其对应的特征向量分别 $\boldsymbol{x}_1,\boldsymbol{x}_2,\boldsymbol{x}_3$；$\boldsymbol{B}^{-1}$ 的特征值为 $\frac{1}{2},\frac{1}{6},\frac{1}{3}$，与其对应的特征向量分别为 $\boldsymbol{x}_1,\boldsymbol{x}_2,\boldsymbol{x}_3$.

12. 求下列矩阵的特征值及各特征空间的基：

(1) $\begin{bmatrix}3&4\\5&2\end{bmatrix}$；(2) $\begin{bmatrix}a&1&1\\1&a&-1\\1&-1&a\end{bmatrix}$；(3) $\begin{bmatrix}-1&4&-2\\-3&4&0\\-3&1&3\end{bmatrix}$；(4) $\begin{bmatrix}4&-5&1\\1&0&-1\\0&1&-1\end{bmatrix}$.

解　(1) $|\lambda\boldsymbol{I}-\boldsymbol{A}|=0\Rightarrow\lambda_1=7,\lambda_2=-2$. 解方程组 $(7\boldsymbol{I}-\boldsymbol{A})\boldsymbol{x}=\boldsymbol{0}$，得基础解系 $\boldsymbol{x}_1=(1,1)^{\mathrm{T}}$，$\boldsymbol{x}_1$ 就是特征值 7 的特征空间的基. 同理，可求得特征值 -2 的特征空间的基为 $\boldsymbol{x}_2=(4,-5)^{\mathrm{T}}$.

(2) $|\lambda\boldsymbol{I}-\boldsymbol{A}|=0\Rightarrow\lambda_1=\lambda_2=a+1,\lambda_3=a-2$. 解方程组 $[(a+1)\boldsymbol{I}-\boldsymbol{A}]\boldsymbol{x}=\boldsymbol{0}$，得基础解系 $\boldsymbol{x}_1=(1,1,0)^{\mathrm{T}},\boldsymbol{x}_2=(1,0,1)^{\mathrm{T}}$，$\boldsymbol{x}_1,\boldsymbol{x}_2$ 就是特征值 $a+1$ 的特征空间的基. 同理，可求得特征值 $a-2$ 的特征空间的基为 $\boldsymbol{x}_3=(-1,1,1)^{\mathrm{T}}$.

(3) $|\lambda\boldsymbol{I}-\boldsymbol{A}|=0\Rightarrow\lambda_1=1,\lambda_2=2,\lambda_3=3$，分别解方程组 $(\lambda_i\boldsymbol{I}-\boldsymbol{A})\boldsymbol{x}=\boldsymbol{0}$，得 $\lambda_1,\lambda_2,\lambda_3$ 对应的特征空间的基分别为 $\boldsymbol{x}_1=(1,1,1)^{\mathrm{T}},\boldsymbol{x}_2=(2,3,3)^{\mathrm{T}},\boldsymbol{x}_3=(1,3,4)^{\mathrm{T}}$.

(4) $|\lambda\boldsymbol{I}-\boldsymbol{A}|=0\Rightarrow\lambda_1=0,\lambda_2=1,\lambda_3=2$，分别解方程组 $(\lambda_i\boldsymbol{I}-\boldsymbol{A})\boldsymbol{x}=\boldsymbol{0}$，得 $\lambda_1,\lambda_2,\lambda_3$ 对应的特征空间的基分别为 $\boldsymbol{x}_1=(1,1,1)^{\mathrm{T}},\boldsymbol{x}_2=(3,2,1)^{\mathrm{T}},\boldsymbol{x}_3=(7,3,1)^{\mathrm{T}}$.

13. 习题及详解见典型例题例 6-5.

14. 设矩阵 $\boldsymbol{A}=\begin{bmatrix}0&0&1\\x&1&y\\1&0&0\end{bmatrix}$ 有 3 个线性无关的特征向量，求 x 与 y 满足的关系式.

解　由 $|\lambda\boldsymbol{I}-\boldsymbol{A}|=0$ 得 $\lambda_1=\lambda_2=1,\lambda_3=-1$. $\boldsymbol{A}$ 有三个线性无关的特征向量 $\Leftrightarrow\lambda_1=\lambda_2=1$ 有两个线性无关的特征向量 $\Leftrightarrow 3-r(\boldsymbol{I}-\boldsymbol{A})=2\Leftrightarrow r(\boldsymbol{I}-\boldsymbol{A})=1\Leftrightarrow x+y=0$.

15. 设 n 维向量 $\boldsymbol{\alpha}=(a_1,a_2,\cdots,a_n)^{\mathrm{T}}\neq\boldsymbol{0},\boldsymbol{\beta}=(b_1,b_2,\cdots,b_n)^{\mathrm{T}}\neq\boldsymbol{0}$，且 $\boldsymbol{\alpha}^{\mathrm{T}}\boldsymbol{\beta}=0$，令矩阵 $\boldsymbol{A}=\boldsymbol{\alpha\beta}^{\mathrm{T}}$. 求 (1) $\boldsymbol{A}^2$；(2) $\boldsymbol{A}$ 的特征值与特征向量.

解　(1) $\boldsymbol{A}^2=\boldsymbol{\alpha}(\boldsymbol{\beta}^{\mathrm{T}}\boldsymbol{\alpha})\boldsymbol{\beta}^{\mathrm{T}}=0\cdot\boldsymbol{\alpha\beta}^{\mathrm{T}}=\boldsymbol{O}$. (2) 设 λ 是 $\boldsymbol{A}$ 的特征值，则 λ^2 是 $\boldsymbol{A}^2$ 的特征值，由 $\boldsymbol{A}^2=\boldsymbol{O}$ 得 $\lambda^2=0$，故 $\lambda=0$ 是 $\boldsymbol{A}$ 的 n 重特征值. 下面求 $\lambda=0$ 对应的特征向量.

由 $\boldsymbol{\alpha}\neq\boldsymbol{0},\boldsymbol{\beta}\neq\boldsymbol{0}$，得 $\boldsymbol{A}\neq\boldsymbol{O}$，因此 $r(\boldsymbol{A})\geqslant 1$. 又 $r(\boldsymbol{A})=r(\boldsymbol{\alpha\beta}^{\mathrm{T}})\leqslant r(\boldsymbol{\alpha})=1$，故 $r(\boldsymbol{A})=1$.

不妨设 $a_1\neq 0,b_1\neq 0$，解齐次线性方程组 $(0\boldsymbol{I}-\boldsymbol{A})\boldsymbol{x}=0$，由

$$0\boldsymbol{I}-\boldsymbol{A}=\begin{bmatrix}-a_1b_1&-a_1b_2&\cdots&-a_1b_n\\-a_2b_1&-a_2b_2&\cdots&-a_2b_n\\\vdots&\vdots&&\vdots\\-a_nb_1&-a_nb_2&\cdots&-a_nb_n\end{bmatrix}\to\begin{bmatrix}b_1&b_2&\cdots&b_n\\0&0&\cdots&0\\\vdots&\vdots&&\vdots\\0&0&\cdots&0\end{bmatrix}$$

得基础解系 $\boldsymbol{\xi}_1=(-b_2,b_1,0,0,\cdots,0)^{\mathrm{T}}$，$\boldsymbol{\xi}_2=(-b_3,0,b_1,0,\cdots,0)^{\mathrm{T}}$，$\cdots$，$\boldsymbol{\xi}_{n-1}=(-b_n,0,0,0,\cdots,b_1)^{\mathrm{T}}$，于是 $\lambda=0$ 的全部特征向量为 $c_1\boldsymbol{\xi}_1+c_2\boldsymbol{\xi}_2+\cdots+c_{n-1}\boldsymbol{\xi}_{n-1}$，其中 $c_1,c_2,\cdots,c_{n-1}$ 为不全为零的任意常数.

16. 已知矩阵 $\boldsymbol{A}_{3\times 3}$ 的特征值为 $1,-1,2$，求矩阵 $\boldsymbol{B}=\boldsymbol{A}^2-\boldsymbol{A}^*+3\boldsymbol{I}$ 的特征值及 $\det(\boldsymbol{B})$.

解　$|\boldsymbol{A}|=-2$，于是 $\boldsymbol{B}=\boldsymbol{A}^2-|\boldsymbol{A}|\boldsymbol{A}^{-1}+3\boldsymbol{I}=\boldsymbol{A}^2+2\boldsymbol{A}^{-1}+3\boldsymbol{I}$. 令 $f(x)=x^2+2x^{-1}+3$，

则 $\det(\boldsymbol{B})=f(1)f(-1)f(2)=6\times2\times8=96$.

17. 若矩阵 $\boldsymbol{A}_{n\times n}$ 满足 $\boldsymbol{A}^2=\boldsymbol{A}$,证明:$\boldsymbol{A}$ 的特征值必为 0 或 1.

证 设 λ 为 $\boldsymbol{A}$ 的特征值,则 $\lambda^2-\lambda$ 为 $\boldsymbol{A}^2-\boldsymbol{A}$ 的特征值. 由于 $\boldsymbol{A}^2-\boldsymbol{A}=\boldsymbol{O}$,故 $\lambda^2-\lambda=0$,得 $\lambda=0$ 或 $\lambda=1$,即 $\boldsymbol{A}$ 的特征值必为 0 或 1.

18. 设 $\boldsymbol{\alpha}$ 为 $\mathbf{R}^n$ 中的单位列向量,$\boldsymbol{I}$ 为 n 阶单位矩阵($n\geqslant2$),$\boldsymbol{A}=\boldsymbol{I}-2\boldsymbol{\alpha}\boldsymbol{\alpha}^{\mathrm{T}}$. 证明:(1)$r(\boldsymbol{\alpha}\boldsymbol{\alpha}^{\mathrm{T}})=1$;(2)1 是 $\boldsymbol{A}$ 的 $n-1$ 重特征值,-1 是 $\boldsymbol{A}$ 的单特征值且 $\boldsymbol{\alpha}$ 为对应的特征向量;(3)$\det(\boldsymbol{A})=-1$.

证 (1)由 $\boldsymbol{\alpha}\boldsymbol{\alpha}^{\mathrm{T}}\neq\boldsymbol{O}$,得 $r(\boldsymbol{\alpha}\boldsymbol{\alpha}^{\mathrm{T}})\geqslant1$;又 $r(\boldsymbol{\alpha}\boldsymbol{\alpha}^{\mathrm{T}})\leqslant r(\boldsymbol{\alpha})=1$,故 $r(\boldsymbol{\alpha}\boldsymbol{\alpha}^{\mathrm{T}})=1$.

(2)由 $\boldsymbol{I}-\boldsymbol{A}=2\boldsymbol{\alpha}\boldsymbol{\alpha}^{\mathrm{T}}$ 得 $r(\boldsymbol{I}-\boldsymbol{A})=r(\boldsymbol{\alpha}\boldsymbol{\alpha}^{\mathrm{T}})=1$,所以方程组 $(\boldsymbol{I}-\boldsymbol{A})\boldsymbol{x}=\boldsymbol{0}$ 有 $n-1$ 个线性无关的解,即 1 是 $\boldsymbol{A}$ 的至少 $n-1$ 重特征值. 又由 $\boldsymbol{\alpha}^{\mathrm{T}}\boldsymbol{\alpha}=1$,得 $\boldsymbol{A}\boldsymbol{\alpha}=\boldsymbol{\alpha}-2\boldsymbol{\alpha}(\boldsymbol{\alpha}^{\mathrm{T}}\boldsymbol{\alpha})=-\boldsymbol{\alpha}$,所以 -1 是 $\boldsymbol{A}$ 的特征值,且 $\boldsymbol{\alpha}$ 为对应的一个特征向量,于是有 1 是 $\boldsymbol{A}$ 的 $n-1$ 重特征值,-1 是 $\boldsymbol{A}$ 的单特征值.

(3)$\det(\boldsymbol{A})=1^{n-1}(-1)=-1$.

19. 设 $\boldsymbol{A},\boldsymbol{B}$ 均为 n 阶矩阵. 证明:(1)若 λ 是 $\boldsymbol{AB}$ 的一个非零特征值,则 λ 也是 $\boldsymbol{BA}$ 的一个非零特征值;(2)若 $\lambda=0$ 是 $\boldsymbol{AB}$ 的一个特征值,则 $\lambda=0$ 也是 $\boldsymbol{BA}$ 的一个特征值.

证 (1)设 λ 是 $\boldsymbol{AB}$ 的一个非零特征值,对应的特征向量为 $\boldsymbol{x}$,即 $\boldsymbol{ABx}=\lambda\boldsymbol{x}$,两端左乘 $\boldsymbol{B}$ 得 $(\boldsymbol{BA})(\boldsymbol{Bx})=\lambda(\boldsymbol{Bx})$. 由于 $\lambda\neq0,\boldsymbol{x}\neq0$,所以 $\boldsymbol{Bx}\neq0$,故 $\lambda=0$ 也是 $\boldsymbol{BA}$ 的一个特征值,对应的特征向量为 $\boldsymbol{Bx}$. (2)若 $\lambda=0$ 是 $\boldsymbol{AB}$ 的一个特征值,则 $|\boldsymbol{AB}|=0$,由于 $|\boldsymbol{BA}|=|\boldsymbol{AB}|=0$,所以 $\lambda=0$ 也是 $\boldsymbol{BA}$ 的一个特征值.

习题 6.1 矩阵的特征值与特征向量(B)

1. 设任何 n 维非零列向量都是 n 阶矩阵 $\boldsymbol{A}$ 的特征向量,证明:$\boldsymbol{A}$ 为数量矩阵(即存在常数 k,使 $\boldsymbol{A}=k\boldsymbol{I}$).

证 记 $\boldsymbol{A}=(a_{ij})_{n\times n}$,设 $\boldsymbol{\varepsilon}_i$ 表示第 i 个分量为 1、其余全为 0 的列向量($i=1,2,\cdots,n$),由 $\boldsymbol{A}\boldsymbol{\varepsilon}_i=\lambda_i\boldsymbol{\varepsilon}_i$ 得 $a_{ii}=\lambda_i,a_{ij}=0(i\neq j)$,所以 $\boldsymbol{A}$ 为对角矩阵. 又 $\boldsymbol{A}(1,1,\cdots,1)^{\mathrm{T}}=\lambda(1,1,\cdots,1)^{\mathrm{T}}$,得 $a_{11}=\cdots=a_{nn}=\lambda$,故 $\boldsymbol{A}$ 为数量矩阵.

2. 设 λ 为正交矩阵 $\boldsymbol{A}$ 的特征值. 证明:λ^{-1} 也是 $\boldsymbol{A}$ 的特征值.

证 由 $\boldsymbol{A}$ 是正交矩阵,得 $\boldsymbol{A}^{-1}=\boldsymbol{A}^{\mathrm{T}}$. 设 λ 为 $\boldsymbol{A}$ 的特征值,则 λ^{-1} 为 $\boldsymbol{A}^{\mathrm{T}}=\boldsymbol{A}^{-1}$ 的特征值. 又因为 $\boldsymbol{A}^{\mathrm{T}}$ 与 $\boldsymbol{A}$ 有相同的特征值,所以 λ^{-1} 也是 $\boldsymbol{A}$ 的特征值.

3. 设 $\boldsymbol{A}$ 是奇数阶正交矩阵,$\det(\boldsymbol{A})=1$,证明:$\boldsymbol{A}$ 有特征值 1.

证 由 $\boldsymbol{A}\boldsymbol{A}^{\mathrm{T}}=\boldsymbol{I}$ 及 $|\boldsymbol{A}|=1$,得 $|\boldsymbol{I}-\boldsymbol{A}|=|\boldsymbol{A}^{\mathrm{T}}\boldsymbol{A}-\boldsymbol{A}|=|\boldsymbol{A}^{\mathrm{T}}-\boldsymbol{I}|\cdot|\boldsymbol{A}|=|\boldsymbol{A}^{\mathrm{T}}-\boldsymbol{I}|=|(\boldsymbol{A}-\boldsymbol{I})^{\mathrm{T}}|=|\boldsymbol{A}-\boldsymbol{I}|=(-1)^n|\boldsymbol{I}-\boldsymbol{A}|=-|\boldsymbol{I}-\boldsymbol{A}|$,所以 $|\boldsymbol{I}-\boldsymbol{A}|=0$,因此 $\boldsymbol{A}$ 有特征值 1.

4. 试以 $m=2$ 为例来证明性质 6.1.4′.(性质 6.1.4′设 $\lambda_1,\lambda_2,\cdots,\lambda_m$ 为矩阵 $\boldsymbol{A}$ 的互不相同的特征值,$\boldsymbol{\alpha}_i$ 为 $\boldsymbol{A}$ 的属于特征值 λ_i 的特征向量($i=1,2,\cdots,m$),则 $\boldsymbol{x}_1,\boldsymbol{x}_2,\cdots,\boldsymbol{x}_m$ 线性无关,即属于互不相同特征值的特征向量线性无关。)

证 设 λ_1,λ_2 为矩阵 $\boldsymbol{A}$ 的两个不同的特征值,$\boldsymbol{\alpha}_1,\cdots,\boldsymbol{\alpha}_l$ 是属于 λ_1 的线性无关的特征向量组,$\boldsymbol{\beta}_1,\cdots,\boldsymbol{\beta}_s$ 是属于 λ_2 的线性无关的特征向量组. 设有一组数 $k_1,\cdots,k_l,t_1,\cdots,t_s$,使得 $k_1\boldsymbol{\alpha}_1+\cdots+k_l\boldsymbol{\alpha}_l+t_1\boldsymbol{\beta}_1+\cdots+t_s\boldsymbol{\beta}_s=\boldsymbol{0}$,记 $k_1\boldsymbol{\alpha}_1+\cdots+k_l\boldsymbol{\alpha}_l=\boldsymbol{\alpha},t_1\boldsymbol{\beta}_1+\cdots+t_s\boldsymbol{\beta}_s=\boldsymbol{\beta}$,即 $\boldsymbol{\alpha}+\boldsymbol{\beta}=\boldsymbol{0}$;若 $\boldsymbol{\alpha}\neq\boldsymbol{0}$,则 $\boldsymbol{\beta}\neq\boldsymbol{0}$,于是 $\boldsymbol{\alpha}$ 和 $\boldsymbol{\beta}$ 分别是属于 λ_1 和 λ_2 的特征向量,且线性相关,这与性质 6.1.4

矛盾,故必有 $\boldsymbol{\alpha}=\mathbf{0}$,从而 $\boldsymbol{\beta}=\mathbf{0}$. 由 $\boldsymbol{\alpha}_1,\cdots,\boldsymbol{\alpha}_l$ 线性无关知 $k_1=\cdots=k_l=0$,同理可得 $t_1=\cdots=t_s=0$,所以向量组 $\boldsymbol{\alpha}_1,\cdots,\boldsymbol{\alpha}_l,\boldsymbol{\beta}_1,\cdots,\boldsymbol{\beta}_s$ 线性无关.

习题 6.2 相似矩阵与矩阵的相似对角化(A)

1. 设矩阵 $\boldsymbol{A}$ 与 $\boldsymbol{B}$ 相似,证明(1)对任何正整数 m,$\boldsymbol{A}^m$ 与 $\boldsymbol{B}^m$ 相似;(2)对任何多项式 $f(x)=a_mx^m+\cdots+a_1x_1+a_0$,$f(\boldsymbol{A})$与 $f(\boldsymbol{B})$相似;(3)若 $\boldsymbol{B}$ 为对角矩阵,则 $f(\boldsymbol{A})$与对角矩阵相似.

证 (1)因 $\boldsymbol{A}\sim\boldsymbol{B}$,故存在可逆矩阵 $\boldsymbol{P}$,使得 $\boldsymbol{P}^{-1}\boldsymbol{AP}=\boldsymbol{B}$,于是 $\boldsymbol{B}^m=(\boldsymbol{P}^{-1}\boldsymbol{AP})^m=\boldsymbol{P}^{-1}\boldsymbol{A}^m\boldsymbol{P}$,即 $\boldsymbol{A}^m\sim\boldsymbol{B}^m$. (2) $f(\boldsymbol{B})=a_m\boldsymbol{P}^{-1}\boldsymbol{A}^m\boldsymbol{P}+\cdots+a_1\boldsymbol{P}^{-1}\boldsymbol{AP}+a_0\boldsymbol{P}^{-1}\boldsymbol{P}=\boldsymbol{P}^{-1}f(\boldsymbol{A})\boldsymbol{P}$,所以 $f(\boldsymbol{A})\sim f(\boldsymbol{B})$. (3)若 $\boldsymbol{B}$ 为对角矩阵,则 $f(\boldsymbol{B})$也为对角矩阵,$f(\boldsymbol{B})$与 $f(\boldsymbol{A})$相似,即 $f(\boldsymbol{A})$与对角矩阵相似.

2. 设可逆矩阵 $\boldsymbol{A}$ 与对角矩阵相似. 证明:(1) $\boldsymbol{A}^{-1}$ 与对角矩阵相似;(2) $\boldsymbol{A}^*$ 与对角矩阵相似.

证 (1)因 $\boldsymbol{A}\sim\boldsymbol{B}$,故存在可逆矩阵 $\boldsymbol{P}$ 使得 $\boldsymbol{P}^{-1}\boldsymbol{AP}=\boldsymbol{B}$. 因 $\boldsymbol{A}$ 可逆,所以 $\boldsymbol{B}$ 也可逆,且 $\boldsymbol{B}^{-1}=(\boldsymbol{P}^{-1}\boldsymbol{AP})^{-1}=\boldsymbol{P}^{-1}\boldsymbol{A}^{-1}\boldsymbol{P}$,从而 $\boldsymbol{A}^{-1}\sim\boldsymbol{B}^{-1}$,由于对角矩阵的逆也是对角矩阵,所以 $\boldsymbol{A}^{-1}$ 与对角矩阵相似.

(2)由 $\boldsymbol{A}^{-1}=\dfrac{1}{|\boldsymbol{A}|}\boldsymbol{A}^*$,得 $\boldsymbol{P}^{-1}\dfrac{1}{|\boldsymbol{A}|}\boldsymbol{A}^*\boldsymbol{P}=\boldsymbol{B}^{-1}$,即 $\boldsymbol{P}^{-1}\boldsymbol{A}^*\boldsymbol{P}=|\boldsymbol{A}|\boldsymbol{B}^{-1}$,所以 $\boldsymbol{A}^*$ 相似于对角阵 $|\boldsymbol{A}|\boldsymbol{B}^{-1}$.

3. 习题及详解见典型例题例 6-13.

4. 已知 3 阶矩阵 $\boldsymbol{A}$ 与 $\boldsymbol{B}$ 相似,$\boldsymbol{A}$ 的特征值为 $\dfrac{1}{2},\dfrac{1}{3},\dfrac{1}{4}$,则行列式 $\det(\boldsymbol{B}^{-1}-\boldsymbol{I})=$________.

解 因 $\boldsymbol{A}\sim\boldsymbol{B}$,所以 $\boldsymbol{B}$ 与 $\boldsymbol{A}$ 的特征值相同,于是 $\boldsymbol{B}^{-1}$ 的特征值分别为 2,3,4,$\boldsymbol{B}^{-1}-\boldsymbol{I}$ 的特征值分别为 $2-1=1,3-1=2,4-1=3$,所以 $|\boldsymbol{B}^{-1}-\boldsymbol{I}|=1\times2\times3=6$.

5. 下列矩阵中哪些矩阵可对角化?哪些矩阵不能对角化?并对可对角化的矩阵 $\boldsymbol{A}$,求一个可逆矩阵 $\boldsymbol{P}$,使 $\boldsymbol{P}^{-1}\boldsymbol{AP}$ 成对角矩阵:

$$(1)\begin{bmatrix}4&-5&2\\5&-7&3\\6&-9&4\end{bmatrix};\ (2)\begin{bmatrix}7&-12&6\\10&-19&10\\12&-24&-13\end{bmatrix};\ (3)\begin{bmatrix}3&-1&-1\\-12&0&5\\4&-2&-1\end{bmatrix};\ (4)\begin{bmatrix}-2&0&-2\\0&3&0\\0&0&3\end{bmatrix}.$$

解 (1) $|\lambda\boldsymbol{I}-\boldsymbol{A}|=0\Rightarrow\lambda_1=\lambda_2=0,\lambda_3=1$,由于 $r(0\boldsymbol{I}-\boldsymbol{A})=2$,因此 2 重特征值 0 对应的线性无关的特征向量的个数为 $3-r(0\boldsymbol{I}-\boldsymbol{A})=1$,因此 $\boldsymbol{A}$ 不能对角化.

(2) $|\lambda\boldsymbol{I}-\boldsymbol{A}|=0\Rightarrow\lambda_1=\lambda_2=1,\lambda_3=-1$. 由于 $r(\boldsymbol{I}-\boldsymbol{A})=1$,所以 2 重特征值 1 有 2 个线性无关的特征向量,从而 $\boldsymbol{A}$ 有 3 个线性无关的特征向量,因此 $\boldsymbol{A}$ 可对角化. 解方程组 $(\boldsymbol{I}-\boldsymbol{A})\boldsymbol{x}=\mathbf{0}$ 得 $\lambda_1=\lambda_2=1$ 对应的线性无关的特征向量为 $\boldsymbol{p}_1=(2,1,0)^{\mathrm{T}}$,$\boldsymbol{p}_2=(-1,0,1)^{\mathrm{T}}$;解方程组 $(-\boldsymbol{I}-\boldsymbol{A})\boldsymbol{x}=\mathbf{0}$ 得 $\lambda_3=-1$ 对应的特征向量为 $\boldsymbol{p}_3=(3,5,6)^{\mathrm{T}}$. 取 $\boldsymbol{P}=[\boldsymbol{p}_1\ \boldsymbol{p}_2\ \boldsymbol{p}_3]$,则 $\boldsymbol{P}$ 可逆,且 $\boldsymbol{P}^{-1}\boldsymbol{AP}=\mathrm{diag}(1,1,-1)$.

(3) $|\lambda\boldsymbol{I}-\boldsymbol{A}|=0\Rightarrow\lambda_1=1,\lambda_2=2,\lambda_3=-1$,$\boldsymbol{A}$ 有 3 个互不相等的特征值,故可对角化. 分别求得特征值 $1,2,-1$ 对应的特征向量为 $\boldsymbol{p}_1=(3,-1,7)^{\mathrm{T}}$,$\boldsymbol{p}_2=(1,-1,2)^{\mathrm{T}}$,$\boldsymbol{p}_3=(1,2,2)^{\mathrm{T}}$. 取

$\boldsymbol{P}=[\boldsymbol{p}_1\ \boldsymbol{p}_2\ \boldsymbol{p}_3]$，则 $\boldsymbol{P}$ 可逆，且 $\boldsymbol{P}^{-1}\boldsymbol{A}\boldsymbol{P}=\mathrm{diag}(1,2,-1)$.

(4) $|\lambda\boldsymbol{I}-\boldsymbol{A}|=0\Rightarrow\lambda_1=2,\lambda_2=\lambda_3=3$. 由于 $r(3\boldsymbol{I}-\boldsymbol{A})=1$，所以 2 重特征值 3 有 2 个线性无关的特征向量，从而 $\boldsymbol{A}$ 有 3 个线性无关的特征向量，因此 $\boldsymbol{A}$ 可对角化. 分别求得 $\lambda_1=2$ 对应的线性无关的特征向量 $\boldsymbol{p}_1=(1,0,0)^{\mathrm{T}}$ 和 $\lambda_2=\lambda_3=3$ 对应的线性无关的特征向量 $\boldsymbol{p}_2=(-2,0,1)^{\mathrm{T}}$，$\boldsymbol{p}_3=(0,1,0)^{\mathrm{T}}$，取 $\boldsymbol{P}=[\boldsymbol{p}_1\ \boldsymbol{p}_2\ \boldsymbol{p}_3]$，则 $\boldsymbol{P}$ 可逆，且 $\boldsymbol{P}^{-1}\boldsymbol{A}\boldsymbol{P}=\mathrm{diag}(2,3,3)$.

6. 已知 $\boldsymbol{\xi}=\begin{bmatrix}1\\1\\-1\end{bmatrix}$ 是矩阵 $\boldsymbol{A}=\begin{bmatrix}2&-1&2\\5&a&3\\-1&b&-2\end{bmatrix}$ 的一个特征向量，(1)求 a,b 的值及与 ξ 对应的特征值 λ；(2)$\boldsymbol{A}$ 是否相似于对角矩阵？为什么？

解　(1)由 $\boldsymbol{A}\boldsymbol{\xi}=\lambda\boldsymbol{\xi}$，解得 $a=-3,b=0,\lambda=-1$.

(2)由 $|\lambda\boldsymbol{I}-\boldsymbol{A}|=0$ 得 $\boldsymbol{A}$ 的特征值 $\lambda_1=\lambda_2=\lambda_3=-1$. 又 $r(-\boldsymbol{I}-\boldsymbol{A})=2$，故 $\boldsymbol{A}$ 仅有一个线性无关的特征向量，所以 $\boldsymbol{A}$ 不相似于对角矩阵.

7. 已知 $\boldsymbol{A}=\begin{bmatrix}1&-1&1\\x&4&y\\-3&-3&5\end{bmatrix}$ 相似于对角矩阵，$\lambda=2$ 是 $\boldsymbol{A}$ 的 2 重特征值，试求常数 x,y 的值，并求可逆矩阵 $\boldsymbol{P}$，使 $\boldsymbol{P}^{-1}\boldsymbol{A}\boldsymbol{P}$ 成对角矩阵.

解　$\lambda=2$ 是 $\boldsymbol{A}$ 的 2 重特征值 $\Rightarrow r(2\boldsymbol{I}-\boldsymbol{A})=1\Rightarrow x=2,y=-2$. 又 $|\lambda\boldsymbol{I}-\boldsymbol{A}|=0\Rightarrow\lambda_1=\lambda_2=2,\lambda_3=6$. 解方程组 $(2\boldsymbol{I}-\boldsymbol{A})\boldsymbol{x}=\boldsymbol{0}$ 得 $\lambda_1=\lambda_2=2$ 对应的线性无关的特征向量 $\boldsymbol{\xi}_1=(1,-1,0)^{\mathrm{T}}$，$\boldsymbol{\xi}_2=(1,0,1)^{\mathrm{T}}$；解方程组 $(6\boldsymbol{I}-\boldsymbol{A})\boldsymbol{x}=\boldsymbol{0}$ 得 $\lambda_3=6$ 对应的特征向量为 $\boldsymbol{\xi}_3=(1,-2,3)^{\mathrm{T}}$. 取 $\boldsymbol{P}=[\boldsymbol{\xi}_1\ \boldsymbol{\xi}_2\ \boldsymbol{\xi}_3]$，则 $\boldsymbol{P}$ 可逆，且 $\boldsymbol{P}^{-1}\boldsymbol{A}\boldsymbol{P}=\mathrm{diag}(2,2,6)$.

8. 设矩阵 $\boldsymbol{A}=\begin{bmatrix}1&2&-3\\-1&4&-3\\1&a&5\end{bmatrix}$ 的特征方程有一个 2 重根，求 a 的值，并讨论 $\boldsymbol{A}$ 是否可相似对角化.

解　由 $|\lambda\boldsymbol{I}-\boldsymbol{A}|=0$ 得 $(\lambda-2)(\lambda^2-8\lambda+18+3a)=0$.

若 $\lambda=2$ 是特征方程的 2 重根，则由 $(\lambda^2-8\lambda+18+3a)|_{\lambda=2}=0$ 得 $a=-2$，于是 $\boldsymbol{A}$ 的特征值为 2,2,6. 计算得 $r(2\boldsymbol{I}-\boldsymbol{A})=1$，所以 2 重特征值 $\lambda=2$ 有 2 个线性无关的特征向量，故 $\boldsymbol{A}$ 可对角化.

若 $\lambda=2$ 不是 $\boldsymbol{A}$ 的 2 重特征根，则 $\lambda^2-8\lambda+18+3a=0$ 应该有 2 个相等的根，得 $a=-\dfrac{2}{3}$. 从而 $\boldsymbol{A}$ 的特征值为 2,4,4. 计算得 $r(4\boldsymbol{I}-\boldsymbol{A})=2$，所以 2 重特征值 $\lambda=4$ 只有一个线性无关的特征向量，故 $\boldsymbol{A}$ 不可对角化.

9. 设 3 阶矩阵 $\boldsymbol{A}$ 满足 $\boldsymbol{A}\boldsymbol{\alpha}_k=k\boldsymbol{\alpha}_k(k=1,2,3)$，其中向量 $\boldsymbol{\alpha}_1=(1,2,2)^{\mathrm{T}}$，$\boldsymbol{\alpha}_2=(2,-2,1)^{\mathrm{T}}$，$\boldsymbol{\alpha}_3=(-2,-1,2)^{\mathrm{T}}$，求矩阵 $\boldsymbol{A}$.

解　由题设，$\boldsymbol{A}[\boldsymbol{\alpha}_1\ \boldsymbol{\alpha}_2\ \boldsymbol{\alpha}_3]=[\boldsymbol{\alpha}_1,\boldsymbol{\alpha}_2,\boldsymbol{\alpha}_3]\begin{bmatrix}1&0&0\\0&2&0\\0&0&3\end{bmatrix}$，解得 $\boldsymbol{A}=\dfrac{1}{3}\begin{bmatrix}7&0&-2\\0&5&-2\\-2&-2&6\end{bmatrix}$.

10. 设 3 阶矩阵 $\boldsymbol{A}$ 的特征值为 $1,2,-3$，矩阵 $\boldsymbol{B}=\boldsymbol{A}^3-7\boldsymbol{A}+5\boldsymbol{I}$，求矩阵 $\boldsymbol{B}$.

解　$\boldsymbol{A}\sim\boldsymbol{D}=\mathrm{diag}(1,2,-3)$，故 $\boldsymbol{B}=f(\boldsymbol{A})\sim f(\boldsymbol{D})=-\boldsymbol{I}$，得 $\boldsymbol{B}=-\boldsymbol{I}$.

11. 习题及详解见典型例题例 6 - 14.

12. 设 n 阶非零矩阵 $\boldsymbol{A}$ 满足 $\boldsymbol{A}^m=\boldsymbol{O}$($m$ 是一个正整数),证明:$\boldsymbol{A}$ 不相似于对角矩阵.

证 因 $\boldsymbol{A}^m=\boldsymbol{O}$,所以 $\boldsymbol{A}$ 的特征值全部为 0. 由 $\boldsymbol{A}$ 为非零矩阵,得 $\boldsymbol{r}(\boldsymbol{A})\geqslant 1$. 从而齐次方程组$(0\boldsymbol{I}-\boldsymbol{A})\boldsymbol{x}=\boldsymbol{0}$ 的基础解系所含解向量的个数 $n-\boldsymbol{r}(\boldsymbol{A})\leqslant n-1$,即 $\boldsymbol{A}$ 最多有 $n-1$ 个属于特征值 0 的线性无关的特征向量,所以 $\boldsymbol{A}$ 不相似于对角矩阵.

13. 设 3 阶矩阵 $\boldsymbol{A}$ 与对角阵 $\boldsymbol{B}=\mathrm{diag}(\lambda_1,\lambda_2,\lambda_3)$ 相似,证明 $\boldsymbol{C}=(\boldsymbol{A}-\lambda_1\boldsymbol{I})(\boldsymbol{A}-\lambda_2\boldsymbol{I})(\boldsymbol{A}-\lambda_3\boldsymbol{I})=\boldsymbol{O}$.

证 因 $\boldsymbol{A}\sim\boldsymbol{B}$,故存在可逆矩阵 $\boldsymbol{P}$,使得 $\boldsymbol{A}=\boldsymbol{P}\boldsymbol{B}\boldsymbol{P}^{-1}$,其中 $\boldsymbol{B}=\mathrm{diag}(\lambda_1,\lambda_2,\lambda_3)$,则

$$\begin{aligned}\boldsymbol{C}&=(\boldsymbol{A}-\lambda_1\boldsymbol{I})(\boldsymbol{A}-\lambda_2\boldsymbol{I})(\boldsymbol{A}-\lambda_3\boldsymbol{I})\\&=(\boldsymbol{PBP}^{-1}-\lambda_1\boldsymbol{PP}^{-1})(\boldsymbol{PBP}^{-1}-\lambda_2\boldsymbol{PP}^{-1})(\boldsymbol{PBP}^{-1}-\lambda_3\boldsymbol{PP}^{-1})\\&=\boldsymbol{P}[(\boldsymbol{B}-\lambda_1\boldsymbol{I})(\boldsymbol{B}-\lambda_2\boldsymbol{I})(\boldsymbol{B}-\lambda_3\boldsymbol{I})]\boldsymbol{P}^{-1}=\boldsymbol{POP}^{-1}=\boldsymbol{O}.\end{aligned}$$

14. 对下列实对称矩阵 $\boldsymbol{A}$,求一个正交矩阵 $\boldsymbol{P}$,使得 $\boldsymbol{P}^{-1}\boldsymbol{AP}$ 成为对角矩阵,并写出相应的对角矩阵:(1) $\begin{bmatrix}1&1&1\\1&1&1\\1&1&1\end{bmatrix}$;(2) $\begin{bmatrix}2&1&0\\1&3&1\\0&1&2\end{bmatrix}$;(3) $\begin{bmatrix}4&2&2\\2&4&2\\2&2&4\end{bmatrix}$;(4) $\begin{bmatrix}11&2&-8\\2&2&10\\-8&10&5\end{bmatrix}$.

解 (1) $|\lambda\boldsymbol{I}-\boldsymbol{A}|=0\Rightarrow\lambda_1=\lambda_2=0,\lambda_3=3$. 解方程组$(0\boldsymbol{I}-\boldsymbol{A})\boldsymbol{x}=\boldsymbol{0}$ 得 $\lambda_1=\lambda_2=0$ 对应的线性无关的特征向量 $\boldsymbol{\alpha}_1=(0,1,-1)^{\mathrm{T}}$,$\boldsymbol{\alpha}_2=(-1,0,1)^{\mathrm{T}}$,将 $\boldsymbol{\alpha}_1,\boldsymbol{\alpha}_2$ 正交化、单位化得 $\boldsymbol{p}_1=\left(0,\frac{1}{\sqrt{2}},-\frac{1}{\sqrt{2}}\right)^{\mathrm{T}}$,$\boldsymbol{p}_2=\left(-\frac{2}{\sqrt{6}},\frac{1}{\sqrt{6}},\frac{1}{\sqrt{6}}\right)^{\mathrm{T}}$;解方程组$(3\boldsymbol{I}-\boldsymbol{A})\boldsymbol{x}=\boldsymbol{0}$ 得 $\lambda_3=3$ 对应的线性无关的特征向量 $\boldsymbol{\alpha}_3=(1,1,1)^{\mathrm{T}}$,将 $\boldsymbol{\alpha}_3$ 单位化,得 $\boldsymbol{p}_3=\left(\frac{1}{\sqrt{3}},\frac{1}{\sqrt{3}},\frac{1}{\sqrt{3}}\right)^{\mathrm{T}}$. 取 $\boldsymbol{P}=[\boldsymbol{p}_1\ \boldsymbol{p}_2\ \boldsymbol{p}_3]$,则 $\boldsymbol{P}$ 是正交阵,且有 $\boldsymbol{P}^{-1}\boldsymbol{AP}=\mathrm{diag}(0,0,3)$.

(2) $|\lambda\boldsymbol{I}-\boldsymbol{A}|=0\Rightarrow\lambda_1=1,\lambda_2=2,\lambda_3=4$. 分别求得三个特征值对应的线性无关的特征向量 $\boldsymbol{\alpha}_1=(1,-1,1)^{\mathrm{T}}$,$\boldsymbol{\alpha}_2=(1,0-1)^{\mathrm{T}}$,$\boldsymbol{\alpha}_3=(1,2,1)^{\mathrm{T}}$,单位化得 $\boldsymbol{p}_1=\left(\frac{1}{\sqrt{3}},-\frac{1}{\sqrt{3}},\frac{1}{\sqrt{3}}\right)^{\mathrm{T}}$,$\boldsymbol{p}_2=\left(\frac{1}{\sqrt{2}},0,-\frac{1}{\sqrt{2}}\right)^{\mathrm{T}}$,$\boldsymbol{p}_3=\left(\frac{1}{\sqrt{6}},\frac{2}{\sqrt{6}},\frac{1}{\sqrt{6}}\right)^{\mathrm{T}}$,取 $\boldsymbol{P}=[\boldsymbol{p}_1\ \boldsymbol{p}_2\ \boldsymbol{p}_3]$,则 $\boldsymbol{P}$ 是正交阵,且有 $\boldsymbol{P}^{-1}\boldsymbol{AP}=\mathrm{diag}(1,2,4)$.

(3) $|\lambda\boldsymbol{I}-\boldsymbol{A}|=0\Rightarrow\lambda_1=\lambda_2=2,\lambda_3=8$. 求得三个线性无关的特征向量分别为 $\boldsymbol{\alpha}_1=(-1,1,0)^{\mathrm{T}}$,$\boldsymbol{\alpha}_2=(-1,-1,2)^{\mathrm{T}}$,$\boldsymbol{\alpha}_3=(1,1,1)^{\mathrm{T}}$,已正交,单位化得 $\boldsymbol{p}_1=\left(-\frac{1}{\sqrt{2}},\frac{1}{\sqrt{2}},0\right)^{\mathrm{T}}$,$\boldsymbol{p}_2=\left(-\frac{1}{\sqrt{6}},-\frac{1}{\sqrt{6}},\frac{2}{\sqrt{6}}\right)^{\mathrm{T}}$,$\boldsymbol{p}_3=\left(\frac{1}{\sqrt{3}},\frac{1}{\sqrt{3}},\frac{1}{\sqrt{3}}\right)^{\mathrm{T}}$,取 $\boldsymbol{P}=[\boldsymbol{p}_1\ \boldsymbol{p}_2\ \boldsymbol{p}_3]$,则 $\boldsymbol{P}$ 是正交阵,且有 $\boldsymbol{P}^{-1}\boldsymbol{AP}=\mathrm{diag}(2,2,8)$.

(4) $|\lambda\boldsymbol{I}-\boldsymbol{A}|=0\Rightarrow\lambda_1=9,\lambda_2=18,\lambda_3=-9$. 求得三个线性无关的特征向量分别为 $\boldsymbol{\alpha}_1=(2,2,1)^{\mathrm{T}}$,$\boldsymbol{\alpha}_2=(2,-1,-2)^{\mathrm{T}}$,$\boldsymbol{\alpha}_3=(1,-2,2)^{\mathrm{T}}$,单位化得 $\boldsymbol{p}_1=\left(\frac{2}{3},\frac{2}{3},\frac{1}{3}\right)^{\mathrm{T}}$,$\boldsymbol{p}_2=\left(\frac{2}{3},-\frac{1}{3},-\frac{2}{3}\right)^{\mathrm{T}}$,$\boldsymbol{p}_3=\left(\frac{1}{3},-\frac{2}{3},\frac{2}{3}\right)^{\mathrm{T}}$,取 $\boldsymbol{P}=[\boldsymbol{p}_1\ \boldsymbol{p}_2\ \boldsymbol{p}_3]$,则 $\boldsymbol{P}$ 是正交阵,且有 $\boldsymbol{P}^{-1}\boldsymbol{AP}=\mathrm{diag}$

$(9,18,-9)$.

15. 设 3 阶实对称矩阵 $\boldsymbol{A}$ 的秩为 2，$\lambda_1=\lambda_2=6$ 是 $\boldsymbol{A}$ 的 2 重特征值，且 $\boldsymbol{\alpha}_1=(1,1,0)^{\mathrm{T}}$，$\boldsymbol{\alpha}_2=(2,1,1)^{\mathrm{T}}$，$\boldsymbol{\alpha}_3=(-1,2,-3)^{\mathrm{T}}$ 都是 $\boldsymbol{A}$ 的属于特征值 6 的特征向量，求矩阵 $\boldsymbol{A}$.

解　由 $r(\boldsymbol{A})=2$，得 0 是 $\boldsymbol{A}$ 的特征值. 设特征值 0 对应的特征向量为 $\boldsymbol{\alpha}=(x_1,x_2,x_3)^{\mathrm{T}}$，则 $\boldsymbol{\alpha}$ 与 $\boldsymbol{\alpha}_1,\boldsymbol{\alpha}_2$ 正交，即 $\boldsymbol{\alpha}^{\mathrm{T}}\boldsymbol{\alpha}_1=\boldsymbol{x}_1+\boldsymbol{x}_2=0$，$\boldsymbol{\alpha}^{\mathrm{T}}\boldsymbol{\alpha}_2=2\boldsymbol{x}_1+\boldsymbol{x}_2+\boldsymbol{x}_3=0$，得 $\boldsymbol{\alpha}=(-1,1,1)^{\mathrm{T}}$. 由于 $\boldsymbol{\alpha}_1,\boldsymbol{\alpha}_2$ 是 $\lambda_1=\lambda_2=6$ 对应的线性无关的特征向量，取 $\boldsymbol{P}=[\boldsymbol{\alpha}_1\ \boldsymbol{\alpha}_2\ \boldsymbol{\alpha}]$，则

$$\boldsymbol{A}=\boldsymbol{P}\mathrm{diag}(6,6,0)\boldsymbol{P}^{-1}=\begin{bmatrix}4&2&2\\2&4&-2\\2&-2&4\end{bmatrix}.$$

16～17. 习题及详解见典型例题例 6-22、例 6-23.

18. 设同阶实对称矩阵 $\boldsymbol{A}$ 与 $\boldsymbol{B}$ 有相同的特征值，证明 $\boldsymbol{A}$ 与 $\boldsymbol{B}$ 相似.

证　设 $\boldsymbol{A}$ 与 $\boldsymbol{B}$ 有相同的特征值 $\lambda_1,\lambda_2,\cdots,\lambda_n$，则 $\boldsymbol{A}\sim\mathrm{diag}(\lambda_1,\lambda_2,\cdots,\lambda_n)\sim\boldsymbol{B}$.

19. 试证实对称矩阵 $\boldsymbol{A}$ 的非零特征值的个数等于 $r(\boldsymbol{A})$，并举例说明对非对称矩阵此性质不成立.

证　设 $\lambda_1,\lambda_2,\cdots,\lambda_n$ 是实对称矩阵 $\boldsymbol{A}$ 的特征值，则 $\boldsymbol{A}\sim\mathrm{diag}(\lambda_1,\lambda_2,\cdots,\lambda_n)$，从而 $r(\boldsymbol{A})=r(\mathrm{diag}(\lambda_1,\lambda_2,\cdots,\lambda_n))$，而对角矩阵 $\mathrm{diag}(\lambda_1,\lambda_2,\cdots,\lambda_n)$ 的秩等于非零特征值的个数.

因为非对称矩阵不一定能对角化，所以非对称矩阵不一定有此性质. 例如，非对称矩阵 $\begin{bmatrix}1&1\\-1&-1\end{bmatrix}$ 的秩为 1，但是两个特征值都是 0.

20. 习题及详解见典型例题例 6-24.

习题 6.2 相似矩阵与矩阵的相似对角化(B)

1. 习题及详解见典型例题例 6-25.

2. 设 $\boldsymbol{A}$ 为 n 阶矩阵，λ_0 为 $\boldsymbol{A}$ 的一个特征值，其特征空间 V_{λ_0} 的维数为 $k(1\leqslant k<n)$，V_{λ_0} 的基 $\boldsymbol{\alpha}_1,\cdots,\boldsymbol{\alpha}_k$ 可以扩充成 F^n 的基 $\boldsymbol{\alpha}_1,\cdots,\boldsymbol{\alpha}_k,\cdots,\boldsymbol{\alpha}_n$，令矩阵 $\boldsymbol{P}=[\boldsymbol{\alpha}_1\ \cdots\ \boldsymbol{\alpha}_n]$，$\boldsymbol{B}=\boldsymbol{P}^{-1}\boldsymbol{AP}$，证明：(1) $\boldsymbol{B}$ 的形式如 $\boldsymbol{B}=\begin{bmatrix}\lambda_0\boldsymbol{I}_k&\boldsymbol{B}_{12}\\\boldsymbol{0}&\boldsymbol{B}_{22}\end{bmatrix}$，其中 $\boldsymbol{I}_k$ 为 k 阶单位矩阵；(2) λ_0 是 $\boldsymbol{B}$ 的特征值且其代数重数至少为 k；(3) 利用 $\boldsymbol{A}$ 与 $\boldsymbol{B}$ 相似证明 λ_0 是 $\boldsymbol{A}$ 的特征值且其代数重数至少为 k.

证　(1) 由题设，$\boldsymbol{A\alpha}_i=\lambda_0\boldsymbol{\alpha}_i(i=1,2,\cdots,k)$；又 $\boldsymbol{A\alpha}_{k+1},\boldsymbol{A\alpha}_{k+2},\cdots,\boldsymbol{A\alpha}_n$ 可由基 $\boldsymbol{\alpha}_1,\boldsymbol{\alpha}_2,\cdots,\boldsymbol{\alpha}_n$ 线性表示，即存在常数 $b_{ij}(i=1,2,\cdots,n;j=k+1,k+2,\cdots,n)$，使得

$$\boldsymbol{A\alpha}_j=(\boldsymbol{\alpha}_1,\boldsymbol{\alpha}_2,\cdots,\boldsymbol{\alpha}_n)\begin{bmatrix}b_{1j}\\\vdots\\b_{nj}\end{bmatrix}(j=k+1,k+2,\cdots,n).$$

从而 $\boldsymbol{AP}=\boldsymbol{A}[\boldsymbol{\alpha}_1\quad\boldsymbol{\alpha}_2\cdots\ \boldsymbol{\alpha}_k\quad\boldsymbol{\alpha}_{k+1}\cdots\ \boldsymbol{\alpha}_n]=[\boldsymbol{A\alpha}_1\quad\boldsymbol{A\alpha}_2\cdots\ \boldsymbol{A\alpha}_k\quad\boldsymbol{A\alpha}_{k+1}\cdots\ \boldsymbol{A\alpha}_n]$

$$=[\boldsymbol{\alpha}_1\quad\boldsymbol{\alpha}_2\cdots\ \boldsymbol{\alpha}_k\quad\boldsymbol{\alpha}_{k+1}\cdots\ \boldsymbol{\alpha}_n]\begin{bmatrix}\lambda_0&\cdots&0&b_{1k+1}&b_{1k+2}&\cdots&b_{1n}\\\vdots&\vdots&\vdots&\vdots&\vdots&\cdots&\vdots\\0&\cdots&\lambda_0&b_{kk+1}&b_{kk+2}&\cdots&b_{kn}\\0&\cdots&0&b_{k+1k+1}&b_{k+1k+2}&\cdots&b_{k+1n}\\\vdots&\vdots&\vdots&\vdots&\vdots&&\vdots\\0&\cdots&0&b_{nk+1}&b_{nk+2}&\cdots&b_{nn}\end{bmatrix}$$

$=\boldsymbol{PB}$,

故有 $\boldsymbol{P}^{-1}\boldsymbol{AP}=\boldsymbol{B}$,其中 $\boldsymbol{B}$ 的形式如 $\boldsymbol{B}=\begin{bmatrix}\lambda_0\boldsymbol{I}_k & \boldsymbol{B}_{12}\\ \boldsymbol{0} & \boldsymbol{B}_{22}\end{bmatrix}$,$\boldsymbol{I}_k$ 为 k 阶单位矩阵.

(2)由矩阵 $\boldsymbol{B}$ 的结构及 $|\lambda\boldsymbol{I}-\boldsymbol{B}|=0$,得 λ_0 至少是 $\boldsymbol{B}$ 的 k 重特征值,即 λ_0 是 $\boldsymbol{B}$ 的特征值且其代数重数至少为 k.

(3)由 $\boldsymbol{P}^{-1}\boldsymbol{AP}=\boldsymbol{B}$,得 $\boldsymbol{A}$ 与 $\boldsymbol{B}$ 相似.由于相似矩阵有相同的特征值,所以 λ_0 至少是 $\boldsymbol{A}$ 的 k 重特征值.这就证明了矩阵 $\boldsymbol{A}$ 的任何特征值的几何重数不大于代数重数.

第6章习题

1.填空题

(1)矩阵 $\boldsymbol{A}=\begin{bmatrix}2&2&2&2\\2&2&2&2\\2&2&2&2\\2&2&2&2\end{bmatrix}$ 的非零特征值是________.

解　$\boldsymbol{A}$ 是实对称矩阵,且 $r(\boldsymbol{A})=1\Rightarrow$ 非零特征值只有一个,故非零特征值为 $\operatorname{tr}(\boldsymbol{A})=8$.

(2)习题及详解见典型例题例 6-10.

(3)设向量 $\boldsymbol{\alpha}=(1,1,1)^{\mathrm{T}}$,$\boldsymbol{\beta}=(1,0,k)^{\mathrm{T}}$,若方阵 $\boldsymbol{\alpha\beta}^{\mathrm{T}}$ 有特征值 3,则 $k=$________.

解　由题设及 $r(\boldsymbol{\alpha\beta}^{\mathrm{T}})=1$,知 $\boldsymbol{\alpha\beta}^{\mathrm{T}}$ 的特征值为 3,0,0,从而 $\operatorname{tr}(\boldsymbol{\alpha\beta}^{\mathrm{T}})=\boldsymbol{\beta}^{\mathrm{T}}\boldsymbol{\alpha}=3+0+0$,即 $1+k=3$,得 $k=2$.

(4)设矩阵 $\boldsymbol{A}_{4\times 4}$ 相似于对角矩阵 $\operatorname{diag}(2,2,2,-2)$,则 $\det(\frac{1}{4}\boldsymbol{A}^*+3\boldsymbol{I})=$________.

解　A 的特征值为 $2,2,2,-2$,得 $|\boldsymbol{A}|=-16$.从而 $\frac{1}{4}\boldsymbol{A}^*+3\boldsymbol{I}=\frac{1}{4}|\boldsymbol{A}|\boldsymbol{A}^{-1}+3\boldsymbol{I}=-4\boldsymbol{A}^{-1}+3\boldsymbol{I}$,令 $f(x)=-4x^{-1}+3$,则 $\det(\frac{1}{4}\boldsymbol{A}^*+3\boldsymbol{I})=[f(2)]^3\times f(-2)=5$.

(5)已知矩阵 $\boldsymbol{A}=\begin{bmatrix}0&1&2\\1&0&a\\2&a&3\end{bmatrix}$ 与 $\boldsymbol{B}=\begin{bmatrix}5&&\\&b&\\&&-1\end{bmatrix}$ 相似,则 $a=$________,$b=$________.

解　$\boldsymbol{A}\sim\boldsymbol{B}\Rightarrow|\boldsymbol{A}|=|\boldsymbol{B}|,r(\boldsymbol{A})=r(\boldsymbol{B})$,即 $-5b=4a-3,4+b=3$,解得 $a=2,b=-1$.

(6)习题及详解见典型例题例 6-9.

(7)已知矩阵 $\boldsymbol{A}$ 与 $\boldsymbol{B}=\begin{bmatrix}0&0&1\\0&1&0\\1&0&0\end{bmatrix}$ 相似,则 $r(\boldsymbol{A}-2\boldsymbol{I})+r(\boldsymbol{A}-\boldsymbol{I})=$________.

解　$\boldsymbol{A}\sim\boldsymbol{B}\Rightarrow\boldsymbol{A}-2\boldsymbol{I}\sim\boldsymbol{B}-2\boldsymbol{I},\boldsymbol{A}-\boldsymbol{I}\sim\boldsymbol{B}-\boldsymbol{I}\Rightarrow r(\boldsymbol{A}-2\boldsymbol{I})=r(\boldsymbol{B}-2\boldsymbol{I})=3,r(\boldsymbol{A}-\boldsymbol{I})=r(\boldsymbol{B}-\boldsymbol{I})=1$,所以 $r(\boldsymbol{A}-2\boldsymbol{I})+r(\boldsymbol{A}-\boldsymbol{I})=4$.

(8)设 $\boldsymbol{\alpha},\boldsymbol{\beta}$ 均为 3 维列向量,若方阵 $\boldsymbol{\alpha\beta}^{\mathrm{T}}$ 相似于对角矩阵 $\operatorname{diag}(2,0,0)$,则 $\boldsymbol{\beta}^{\mathrm{T}}\boldsymbol{\alpha}=$________.

解　$\boldsymbol{\beta}^{\mathrm{T}}\boldsymbol{\alpha}=\operatorname{tr}(\boldsymbol{\alpha\beta}^{\mathrm{T}})=\operatorname{tr}(\operatorname{diag}(2,0,0))=2$.

(9)设 $\boldsymbol{A}$ 为 3 阶矩阵,$\det(\boldsymbol{A})=8$,$\det(\boldsymbol{A}-\boldsymbol{I})=\det(\boldsymbol{A}+2\boldsymbol{I})=0$,则 $\det(\boldsymbol{A}+4\boldsymbol{I})=$

________.

解　由题设，$\boldsymbol{A}$ 有特征值 1 和 -2，设另一特征值为 λ，则 $-2\lambda=|\boldsymbol{A}|=8\Rightarrow\lambda=-4$. 从而 $\boldsymbol{A}+4\boldsymbol{I}$ 有特征值 0，故 $\det(\boldsymbol{A}+4\boldsymbol{I})=0$.

(10)设 $\boldsymbol{A}$ 为 3 阶矩阵，$\det(\boldsymbol{A}+\boldsymbol{I})=\det(\boldsymbol{A}-2\boldsymbol{I})=\det(3\boldsymbol{A}-2\boldsymbol{I})=0$，则 $\det(2\boldsymbol{A}+\boldsymbol{I})=$ ________.

解　$\boldsymbol{A}$ 有特征值 $-1,2,\frac{2}{3}$，设 $f(x)=2x+1$，则 $\det(2\boldsymbol{A}+\boldsymbol{I})=f(-1)f(2)f(\frac{2}{3})=-\frac{35}{3}$.

(11)设 3 阶矩阵 $\boldsymbol{A}$ 的特征值为 $1,-1,2$，$\boldsymbol{B}=\boldsymbol{A}^5-3\boldsymbol{A}^3$，则 $\det(\boldsymbol{B})=$ ________.

解　令 $f(x)=x^5-3x^3$，则 $\boldsymbol{B}$ 的特征值为 $f(1)=-2,f(-1)=2,f(2)=8$，故 $\det(\boldsymbol{B})=-32$.

2. 单项选择题

(1)设 $\boldsymbol{A}$ 是 n 阶实对称矩阵，$\boldsymbol{P}$ 是 n 阶可逆矩阵，已知 $\boldsymbol{\alpha}$ 是 $\boldsymbol{A}$ 的属于特征值 λ 的特征向量，则矩阵 $(\boldsymbol{P}^{-1}\boldsymbol{A}\boldsymbol{P})^{\mathrm{T}}$ 属于特征值 λ 的特征向量是(　　).

A. $\boldsymbol{P}^{-1}\boldsymbol{\alpha}$　　B. $\boldsymbol{P}^{\mathrm{T}}\boldsymbol{\alpha}$　　C. $\boldsymbol{P}\boldsymbol{\alpha}$　　D. $(\boldsymbol{P}^{-1})^{\mathrm{T}}\boldsymbol{\alpha}$

解　记 $\boldsymbol{B}=(\boldsymbol{P}^{-1}\boldsymbol{A}\boldsymbol{P})^{\mathrm{T}}$，则 $\boldsymbol{P}^{\mathrm{T}}\boldsymbol{A}=\boldsymbol{B}\boldsymbol{P}^{\mathrm{T}}\Rightarrow\boldsymbol{P}^{\mathrm{T}}\boldsymbol{A}\boldsymbol{\alpha}=\boldsymbol{B}\boldsymbol{P}^{\mathrm{T}}\boldsymbol{\alpha}\Rightarrow\boldsymbol{P}^{\mathrm{T}}\lambda\boldsymbol{\alpha}=\boldsymbol{B}\boldsymbol{P}^{\mathrm{T}}\boldsymbol{\alpha}\Rightarrow\boldsymbol{B}(\boldsymbol{P}^{\mathrm{T}}\boldsymbol{\alpha})=\lambda(\boldsymbol{P}^{\mathrm{T}}\boldsymbol{\alpha})$，由 $\boldsymbol{\alpha}\neq0$，$\boldsymbol{P}^{\mathrm{T}}$ 可逆，得 $\boldsymbol{P}^{\mathrm{T}}\boldsymbol{\alpha}\neq0$，故 $\boldsymbol{P}^{\mathrm{T}}\boldsymbol{\alpha}$ 是矩阵 $\boldsymbol{B}$ 属于特征值 λ 的特征向量. 故选 B.

(2)习题及详解见典型例题例 6－6.

(3)设 4 阶矩阵 $\boldsymbol{A}$ 的秩为 3，$\boldsymbol{A}^2+\boldsymbol{A}=\boldsymbol{O}$，则 $\boldsymbol{A}$ 相似于对角矩阵(　　).

A. $\mathrm{diag}(1,1,1,0)$　　B. $\mathrm{diag}(1,1,-1,0)$

C. $\mathrm{diag}(1,-1,-1,0)$　　D. $\mathrm{diag}(-1,-1,-1,0)$

解　$r(\boldsymbol{A})=3<4\Rightarrow|\boldsymbol{A}|=0\Rightarrow\boldsymbol{A}$ 有特征值 0；由 $\boldsymbol{A}^2+\boldsymbol{A}=\boldsymbol{O}$ 得 $\boldsymbol{A}$ 的特征值只能是 0 或 -1. $\boldsymbol{A}$ 与对角矩阵相似，因此对角矩阵的秩也为 3，所以选 D.

(4)设 4 阶矩阵 $\boldsymbol{A}$ 的特征值互不相同，且 $\det(\boldsymbol{A})=0$，则 $r(\boldsymbol{A})=$(　　).

A. 0　　B. 1　　C. 2.　　D. 3

解　由题设，$\boldsymbol{A}$ 可对角化且有 1 个零特征值和 3 个非零特征值，故 $r(\boldsymbol{A})=3$. 选 D.

(5)设 $-1,1$ 都是 3 阶矩阵 $\boldsymbol{A}$ 的特征值，$\boldsymbol{\alpha}_1,\boldsymbol{\alpha}_2$ 分别为对应的特征向量，向量 $\boldsymbol{\alpha}_3$ 满足 $\boldsymbol{A}\boldsymbol{\alpha}_3=\boldsymbol{\alpha}_2+\boldsymbol{\alpha}_3$，令矩阵 $\boldsymbol{P}=[\boldsymbol{\alpha}_1\quad\boldsymbol{\alpha}_2\quad\boldsymbol{\alpha}_3]$，则下列结论正确的是(　　).

A. $\boldsymbol{P}$ 不可逆　　B. $\boldsymbol{P}$ 可逆且 $\boldsymbol{P}^{-1}\boldsymbol{A}\boldsymbol{P}=\mathrm{diag}(-1,1,1)$

C. $\boldsymbol{P}$ 可逆且 $\boldsymbol{P}^{-1}\boldsymbol{A}\boldsymbol{P}=\begin{bmatrix}-1&0&0\\0&1&1\\0&0&1\end{bmatrix}$　　D. $\boldsymbol{P}$ 是否可逆不能确定

解　由 $\boldsymbol{A}\boldsymbol{\alpha}_1=-\boldsymbol{\alpha}_1,\boldsymbol{A}\boldsymbol{\alpha}_2=\boldsymbol{\alpha}_2,\boldsymbol{A}\boldsymbol{\alpha}_3=\boldsymbol{\alpha}_2+\boldsymbol{\alpha}_3$，得 $\boldsymbol{A}\boldsymbol{P}=\boldsymbol{P}\boldsymbol{B},\boldsymbol{B}=\begin{bmatrix}-1&0&0\\0&1&1\\0&0&1\end{bmatrix}$. 由于 $\boldsymbol{\alpha}_1,\boldsymbol{\alpha}_2$ 是 $\boldsymbol{A}$ 的不同特征值对应的特征向量，所以线性无关. 假设 $\boldsymbol{\alpha}_3$ 可由 $\boldsymbol{\alpha}_1,\boldsymbol{\alpha}_2$ 线性表示为 $\boldsymbol{\alpha}_3=l_1\boldsymbol{\alpha}_1+l_2\boldsymbol{\alpha}_2$，则 $\boldsymbol{A}\boldsymbol{\alpha}_3=l_1\boldsymbol{A}\boldsymbol{\alpha}_1+l_2\boldsymbol{A}\boldsymbol{\alpha}_2=-l_1\boldsymbol{\alpha}_1+l_2\boldsymbol{\alpha}_2$. 又由题设 $\boldsymbol{A}\boldsymbol{\alpha}_3=\boldsymbol{\alpha}_2+\boldsymbol{\alpha}_3$，所以 $\boldsymbol{\alpha}_3=-l_1\boldsymbol{\alpha}_1+l_2\boldsymbol{\alpha}_2-\boldsymbol{\alpha}_2$. 从而得 $2l_1\boldsymbol{\alpha}_1+\boldsymbol{\alpha}_2=\boldsymbol{0}$，即 $\boldsymbol{\alpha}_1,\boldsymbol{\alpha}_2$ 线性相关，与已知矛盾. 因此，$\boldsymbol{\alpha}_3$ 不能由 $\boldsymbol{\alpha}_1,\boldsymbol{\alpha}_2$ 线性表示，即 $\boldsymbol{P}$ 可逆，且 $\boldsymbol{P}^{-1}\boldsymbol{A}\boldsymbol{P}=\boldsymbol{B}$. 因此选 C.

3. 设矩阵 $A=\begin{bmatrix}2&1&1\\1&2&1\\1&1&a\end{bmatrix}$ 可逆，λ 为 A^* 的一个特征值，且 $\alpha=(1,b,1)^T$ 为 A^* 的对应于 λ 的一个特征向量，求 a，b 和 λ 的值.

解　$|A|\neq 0\Rightarrow a\neq\dfrac{2}{3}$. 又 $A^*\alpha=\lambda\alpha\Leftrightarrow|A|A^{-1}\alpha=\lambda\alpha\Rightarrow|A|\alpha=\lambda A\alpha$，解得 $a=2,b=-2,\lambda=4$ 或 $a=2,b=1,\lambda=1$.

4. 求下列矩阵的特征值及各特征空间的基，并对其中可对角化的矩阵 A，求可逆矩阵 P，使 $P^{-1}AP$ 成为对角矩阵：(1) $\begin{bmatrix}2&1&1\\0&4&2\\0&2&4\end{bmatrix}$；(2) $\begin{bmatrix}2&0&0\\-2&1&3\\0&1&-1\end{bmatrix}$.

解　(1) $|\lambda I-A|=0\Rightarrow\lambda_1=\lambda_2=2,\lambda_3=6$. 解方程组 $(2I-A)x=0$ 得 $\lambda_1=\lambda_2=2$ 特征空间的基为 $\xi_1=(1,0,0)^T,\xi_2=(0,-1,1)^T$；解方程组 $(6I-A)x=0$ 得 $\lambda_3=6$ 的特征空间的基为 $\xi_3=(1,2,2)^T$. 取 $P=[\xi_1\ \xi_2\ \xi_3]$，则 $P^{-1}AP=\mathrm{diag}(2,2,6)$.

(2) $|\lambda I-A|=0\Rightarrow\lambda_1=\lambda_2=2,\lambda_3=-2$. 解方程组 $(2I-A)x=0$ 得 $\lambda_1=\lambda_2=2$ 的特征空间的基为 $\xi_1=(0,3,1)^T$；解方程组 $(-2I-A)x=0$ 得 $\lambda_3=-2$ 的特征空间的基为 $\xi_2=(0,-1,1)^T$. A 不能对角化.

5. 习题及详解见典型例题例 6 - 17.

6. 若 $A=\begin{bmatrix}2&2&0\\8&2&a\\0&0&6\end{bmatrix}$ 相似于对角矩阵 D，试确定常数 a 的值，并求可逆矩阵 P，使 $P^{-1}AP=D$.

解　$|\lambda I-A|=0\Rightarrow\lambda_1=\lambda_2=6,\lambda_3=-2$. 由 A 相似于对角矩阵，得 $r(6I-A)=1\Rightarrow a=0$. 解方程组 $(6I-A)x=0$，得特征值 6 对应的线性无关的特征向量 $\alpha_1=(0,0,1)^T,\alpha_2=(1,2,0)^T$；解方程组 $(-2I-A)x=0$ 得特征值 -2 对应的线性无关的特征向量 $\alpha_3=(1,-2,0)^T$. 取 $P=[\alpha_1\ \alpha_2\ \alpha_3]$，则 P 可逆，且 $P^{-1}AP=\mathrm{diag}(6,6,-2)$.

7. 设 3 阶实对称矩阵 A 的各行元素之和为 3，向量 $\alpha_1=(-1,2,-1)^T,\alpha_2=(0,-1,1)^T$ 是线性方程组 $Ax=0$ 的两个解，(1) 求正交矩阵 Q 和对角矩阵 D，使 $Q^TAQ=D$；(2) 求 A 及 $\left(A-\dfrac{3}{2}I\right)^6$.

解　由 α_1,α_2 是 $Ax=0$ 两个线性无关的解，及 A 的各行元素之和为 3，得 A 的三个特征值分别为 $\lambda_1=0,\lambda_2=0,\lambda_3=3$，对应的特征向量分别为 $\alpha_1,\alpha_2,\alpha_3=(1,1,1)^T$.

(1) 将 α_1,α_2 正交化、单位化得 $e_1=\dfrac{1}{\sqrt{6}}(-1,2,-1)$，$e_2=\dfrac{1}{\sqrt{2}}(-1,0,1)$；将 α_3 单位化，得 $e_3=\dfrac{1}{\sqrt{3}}(1,1,1)$. 令 $Q=[e_1\ e_2\ e_3]$，则 Q 为正交矩阵，且 $Q^TAQ=D=\mathrm{diag}(0,0,3)^T$. (2) $A=QDQ^T=\begin{bmatrix}1&1&1\\1&1&1\\1&1&1\end{bmatrix}$. (3) $(A-\dfrac{3}{2}I)^6=(QDQ^T-\dfrac{2}{3}QQ^T)^6=Q[D-\dfrac{3}{2}I]^6Q^T=(\dfrac{3}{2})^6I$.

8. 习题及详解见典型例题例 6 - 18.

第7章 二次曲面与二次型

7.1 知识图谱

本章知识图谱如图 7-1 所示。

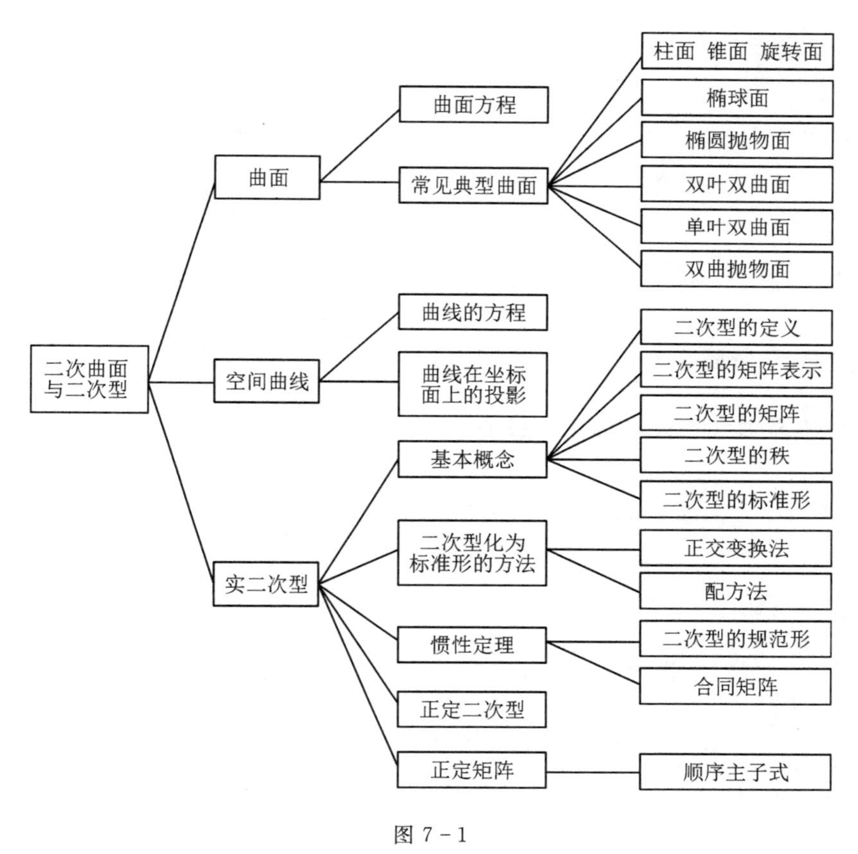

图 7-1

7.2 知识要点

1. 曲面方程及常见二次曲面的方程

(1)曲面的一般方程为 $F(x,y,z)=0$.

(2)母线平行于 z 轴的柱面方程为 $f(x,y)=0$,母线平行于 x 轴的柱面方程为 $g(y,z)=$

0,母线平行于 y 轴的柱面方程为 $h(z,x)=0$.

(3)旋转曲面方程.求由某一坐标平面上的曲线绕该坐标面上某一个坐标轴旋转一周而得旋转曲面的一般方法是,绕哪个坐标轴旋转,则原曲线方程中相应的那个坐标变量不变,而将曲线方程中另外一个变量改写成该变量与第三个变量平方和的正负平方根.例如,曲线 $\begin{cases}f(y,z)=0\\x=0\end{cases}$ 绕 z 轴旋转一周所形成的旋转面方程为 $f(\pm\sqrt{x^2+y^2},z)=0$,绕 y 轴旋转一周所形成的旋转面方程为 $f(y,\pm\sqrt{x^2+z^2})=0$.

(4)常见二次曲面的方程

球面 $(x-x_0)^2+(y-y_0)^2+(z-z_0)^2=R^2$;

椭球面 $\dfrac{x^2}{a^2}+\dfrac{y^2}{b^2}+\dfrac{z^2}{c^2}=1(a,b,c>0)$;

椭圆锥面 $\dfrac{x^2}{a^2}+\dfrac{y^2}{b^2}-\dfrac{z^2}{c^2}=0$;

椭圆抛物面 $z=\dfrac{x^2}{2p}+\dfrac{y^2}{2q}(p,q>0)$,当 $p=q$ 时,为旋转抛物面;

单叶双曲面 $\dfrac{x^2}{a^2}+\dfrac{y^2}{b^2}-\dfrac{z^2}{c^2}=1(a,b,c>0)$,当 $a=b$ 时,为旋转单叶双曲面;

双叶双曲面 $\dfrac{x^2}{a^2}+\dfrac{y^2}{b^2}-\dfrac{z^2}{c^2}=-1(a,b,c>0)$,当 $a=b$ 时,为旋转双叶双曲面;

双曲抛物面(马鞍面) $z=\dfrac{x^2}{2p}-\dfrac{y^2}{2q}(p,q>0)$.

2. 曲线方程及曲线在坐标面上的投影

(1)曲线方程的一般式方程为 $\begin{cases}F_1(x,y,z)=0\\F_2(x,y,z)=0\end{cases}$;参数方程为 $\begin{cases}x=x(t)\\y=y(t)\\z=z(t)\end{cases}$.

(2)曲线在坐标面上的投影

设曲线 $\boldsymbol{\Gamma}$ 的一般式方程为 $\begin{cases}F_1(x,y,z)=0\\F_2(x,y,z)=0\end{cases}$,从 $\boldsymbol{\Gamma}$ 的一般式方程中消去 z,得 $\boldsymbol{\Gamma}$ 到 Oxy 坐标平面上的投影柱面方程 $\varphi(x,y)=0$,则 $\boldsymbol{\Gamma}$ 在 Oxy 坐标平面上的投影曲线的方程为 $\begin{cases}\varphi(x,y)=0\\z=0\end{cases}$. 同理,$\boldsymbol{\Gamma}$ 在 Oyz 和 Ozx 坐标平面上的投影曲线的方程分别为 $\begin{cases}\psi(y,z)=0\\x=0\end{cases}$ 和 $\begin{cases}\zeta(z,x)=0\\y=0\end{cases}$,其中 $\psi(y,z)=0$ 和 $\zeta(z,x)=0$ 分别是从 $\boldsymbol{\Gamma}$ 的一般式方程中消去 x 和 y 得到的方程.

3. 实二次型及其矩阵表示

$$f(x_1,x_2,\cdots,x_n)=\sum_{i=1}^{n}\sum_{j=1}^{n}a_{ij}x_ix_j=\boldsymbol{x}^{\mathrm{T}}\boldsymbol{A}\boldsymbol{x}\quad(a_{ij}=a_{ji})$$

其中,$\boldsymbol{A}=(a_{ij})_{n\times n}$,$\boldsymbol{A}^{\mathrm{T}}=\boldsymbol{A}$,$\boldsymbol{x}=(x_1,x_2,\cdots,x_n)^{\mathrm{T}}$.称实对称矩阵 $\boldsymbol{A}$ 为二次型 f 的矩阵,称 $\boldsymbol{A}$

的秩为二次型 f 的秩.

4. 实二次型的标准形与规范形

实二次型 $f=\boldsymbol{x}^{\mathrm{T}}\boldsymbol{A}\boldsymbol{x}$ 可通过可逆线性变换 $\boldsymbol{x}=\boldsymbol{C}\boldsymbol{y}$ 化为标准形(标准形不唯一)

$$f=d_1y_1^2+d_2y_2^2+\cdots+d_ny_n^2,$$

实二次型 $f=\boldsymbol{x}^{\mathrm{T}}\boldsymbol{A}\boldsymbol{x}$ 可通过可逆线性变换 $\boldsymbol{x}=\boldsymbol{Q}\boldsymbol{z}$ 化为规范形(系数为 1、−1 或 0 的标准形)

$$f(x_1,x_2,\cdots,x_n)=z_1^2+z_2^2+\cdots+z_p^2-z_{p+1}^2-\cdots-z_r^2,$$

其中,r 是矩阵 $\boldsymbol{A}$ 的秩,二次型的规范形是唯一的.

5. 化二次型为标准形的方法

(1) 正交变换法:写出二次型 $f(\boldsymbol{x})=\boldsymbol{x}^{\mathrm{T}}\boldsymbol{A}\boldsymbol{x}$ 的矩阵 $\boldsymbol{A}$,求出 $\boldsymbol{A}$ 的全部特征值 $\lambda_1,\lambda_2,\cdots,\lambda_n$,求出使 $\boldsymbol{A}$ 对角化的正交矩阵 $\boldsymbol{P}$,则正交变换 $\boldsymbol{x}=\boldsymbol{P}\boldsymbol{y}$,可将二次型 $f=\boldsymbol{x}^{\mathrm{T}}\boldsymbol{A}\boldsymbol{x}$ 化为标准形

$$f(x_1,x_2,\cdots,x_n)=\lambda_1y_1^2+\lambda_2y_2^2+\cdots+\lambda_ny_n^2$$

其中,$\lambda_1,\lambda_2,\cdots,\lambda_n$ 是 $\boldsymbol{A}$ 的 n 个特征值.

(2)配方法:如果二次型 f 中含有变量 x_1 的平方项及交叉乘积项,则把所有含 x_1 的项合并在一起,并按 x_1 配成完全平方式,然后按此法再对其他的变量配方,直至将 f 配成平方和形式;如果 f 中不含变量的平方项,但含交叉乘积项 x_ix_j,则先做可逆线性变换

$$\begin{cases}x_i=y_i+y_j\\x_j=y_i-y_j\quad(k\neq i,k\neq j)\\x_k=y_k\end{cases}$$

使 f 中出现平方项,再按上述方法配方. 应该注意,用配方法化 $f(\boldsymbol{x})=x^{\mathrm{T}}\boldsymbol{A}\boldsymbol{x}$ 所形成的标准形中,变量平方项的系数不一定是 $\boldsymbol{A}$ 的特征值.

6. 矩阵合同与合同变换

(1)对 n 阶矩阵 $\boldsymbol{A},\boldsymbol{B}$,若存在可逆矩阵 $\boldsymbol{C}$,使得 $\boldsymbol{C}^{\mathrm{T}}\boldsymbol{A}\boldsymbol{C}=\boldsymbol{B}$,则称 $\boldsymbol{A}$ 与 $\boldsymbol{B}$ 合同,记为 $\boldsymbol{A}\cong\boldsymbol{B}$. 并且称由 $\boldsymbol{A}$ 到 $\boldsymbol{B}=\boldsymbol{C}^{\mathrm{T}}\boldsymbol{A}\boldsymbol{C}$ 的变换为**合同变换**.

(2)设 $\boldsymbol{A},\boldsymbol{B}$ 为同阶实对称矩阵,则 $\boldsymbol{A}$ 与 $\boldsymbol{B}$ 合同$\Leftrightarrow$二次型 $\boldsymbol{x}^{\mathrm{T}}\boldsymbol{A}\boldsymbol{x}$ 经可逆线性变换可化为二次型 $\boldsymbol{y}^{\mathrm{T}}\boldsymbol{B}\boldsymbol{y}$ $\Leftrightarrow$二次型 $\boldsymbol{x}^{\mathrm{T}}\boldsymbol{A}\boldsymbol{x}$ 与 $\boldsymbol{y}^{\mathrm{T}}\boldsymbol{B}\boldsymbol{y}$ 有相同的规范形.

7. 惯性定理

设二次型 $f(\boldsymbol{x})=\boldsymbol{x}^{\mathrm{T}}\boldsymbol{A}\boldsymbol{x}$ 的秩为 r,则不论用怎样的可逆线性变换把 f 化成标准形,标准形中系数为正的项的个数 p(正惯性指数)由 f 本身唯一确定,并不依赖于所用的线性变换. p 与 $r-p$ 分别称为二次型 f 的**正惯性指数与负惯性指数**.

8. 正定二次型与正定矩阵

(1)**正定二次型与正定矩阵　设二次型 $f(x_1,x_2,\cdots,x_n)=\boldsymbol{x}^{\mathrm{T}}\boldsymbol{A}\boldsymbol{x}$,如果对任意非零向量 $\boldsymbol{x}\in\mathbf{R}^n$,都有 $\boldsymbol{x}^{\mathrm{T}}\boldsymbol{A}\boldsymbol{x}>0$,则称 f 为正定二次型**,并称实对称矩阵 $\boldsymbol{A}$ 为**正定矩阵**.

(2)二次型经可逆线性变换,其正定性不变,即合同的实对称矩阵有相同的正定性.

9. 正定二次型与正定矩阵的判别法

n 元二次型 $f(x_1,x_2,\cdots,x_n)=\boldsymbol{x}^{\mathrm{T}}\boldsymbol{A}\boldsymbol{x}$($\boldsymbol{A}$ 是实对称矩阵)是正定二次型$\Leftrightarrow\boldsymbol{A}$ 是正定矩阵$\Leftrightarrow$

$\boldsymbol{A}$ 的 n 个特征值为正$\Leftrightarrow\boldsymbol{A}$ 与单位矩阵 $\boldsymbol{I}$ 合同$\Leftrightarrow$存在可逆矩阵 $\boldsymbol{M}$，使 $\boldsymbol{A}=\boldsymbol{M}^{\mathrm{T}}\boldsymbol{M}\Leftrightarrow\boldsymbol{A}$ 的各阶顺序主子式都为正$\Leftrightarrow f$ 的正惯性指数为 n.

7.3　典型例题

例 7-1　求直线 $L:\dfrac{x-2}{-1}=\dfrac{y+2}{2}=\dfrac{z+1}{3}$ 绕 x 轴旋转所形成的旋转曲面的方程.

解　将 L 写成参数式方程 $\begin{cases}x=2-t\\ y=-2+2t\ (-\infty<t<+\infty)\\ z=-1+3t\end{cases}$. 设 $M(x,y,z)$ 是旋转面上任一点，它是由 L 上的点 $M_0(2-t,-2+2t,-1+3t)$ 旋转而得的. 由于 L 绕 x 轴旋转过程中，M_0 的横坐标不变，M_0 到 x 轴的距离也不变，即有

$$\begin{cases}x=2-t\\ y^2+z^2=(-2+2t)^2+(-1+3t)^2\end{cases}$$

消去 t，即得所求旋转曲面的方程为 $y^2+z^2-13x^2+38x-29=0$.

例 7-2　求以点 $A(0,0,1)$ 为顶点，以椭圆 $\begin{cases}\dfrac{x^2}{4}+\dfrac{y^2}{9}=1\\ z=2\end{cases}$ 为准线的锥面方程.

解　设 $M(x,y,z)$ 为锥面上任一点，过 M 点的母线与准线相交于点 $M_0(x_0,y_0,z_0)$，由 A、M、M_0 共线，得

$$\frac{x_0}{x}=\frac{y_0}{y}=\frac{z_0-1}{z-1}=t$$

即 $x_0=xt,y_0=yt,z_0=1+(z-1)t$，因 $M_0(x_0,y_0,z_0)$ 在椭圆上，故

$$\begin{cases}\dfrac{(xt)^2}{4}+\dfrac{(yt)^2}{9}=1\\ 1+(z-1)t=2\end{cases}$$

在上式中消去参数 t，得锥面方程为

$$\frac{x^2}{4}+\frac{y^2}{9}=(z-1)^2$$

例 7-3　求曲线 $C:\begin{cases}z=4-x^2\\ x^2+y^2=2\end{cases}$ 在各坐标面上的投影曲线的方程.

解　从 $\begin{cases}z=4-x^2\\ x^2+y^2=2\end{cases}$ 中消去 x，得 C 关于 Oyz 面的投影柱面方程 $z-y^2=2$，于是，得 C 在 Oyz 面上的投影曲线方程为

$$\begin{cases}z=2+y^2\\ x=0\end{cases}\ (-\sqrt{2}\leqslant y\leqslant\sqrt{2}),$$

其中，y 的取值范围是由 $x^2+y^2=2$ 确定的.

由于 $z=4-x^2$ 就是过曲线 C 且母线平行于 y 轴的柱面方程，即 C 是关于 Oxz 面的投影柱面，因此 C 在 Oxz 面上的投影曲线方程为

$$\begin{cases} z=4-x^2 \\ x=0 \end{cases} (-\sqrt{2}\leqslant x\leqslant\sqrt{2}).$$

同理，$x^2+y^2=2$ 就是 C 关于 Oxy 面的投影柱面，因此 C 在 Oxy 面上的投影曲线方程为

$$\begin{cases} x^2+y^2=2 \\ z=0 \end{cases}.$$

例 7-4　求曲线 $\begin{cases} z=y^2 \\ x=0 \end{cases}$ 绕 z 轴旋转所得曲面与平面 $x+y+z=1$ 的交线在 Oxy 平面的投影曲线方程.

解　曲线 $\begin{cases} z=y^2 \\ x=0 \end{cases}$ 绕 z 轴旋转所得旋转面的方程为 $z=x^2+y^2$. 旋转曲面与所给平面的交线为 $\begin{cases} z=x^2+y^2 \\ x+y+z=1 \end{cases}$，从中消去 z，得交线关于 Oxy 面的投影柱面方程 $x+y+x^2+y^2=1$，于是，交线在 Oxy 面上的投影曲线方程为 $\begin{cases} x+y+x^2+y^2=1 \\ z=0 \end{cases}$.

例 7-5　设二次型 $f(\boldsymbol{x})=\boldsymbol{x}^{\mathrm{T}}\boldsymbol{B}\boldsymbol{x}$，其中 $\boldsymbol{B}=\begin{bmatrix} 2 & 0 & 0 \\ 6 & 2 & 0 \\ 0 & 0 & 5 \end{bmatrix}$，写出二次型的矩阵 $\boldsymbol{A}$；求一个正交矩阵 $\boldsymbol{P}$，使 $\boldsymbol{P}^{-1}\boldsymbol{A}\boldsymbol{P}$ 成对角矩阵.

解　二次型的矩阵 $\boldsymbol{A}=\frac{1}{2}(\boldsymbol{B}+\boldsymbol{B}^{\mathrm{T}})=\begin{bmatrix} 2 & 3 & 0 \\ 3 & 2 & 0 \\ 0 & 0 & 5 \end{bmatrix}$.

由 $|\lambda\boldsymbol{I}-\boldsymbol{A}|=0$，得 $\boldsymbol{A}$ 的特征值 $\lambda_1=\lambda_2=5$，$\lambda_3=-1$. 解方程组 $(5\boldsymbol{I}-\boldsymbol{A})\boldsymbol{x}=\boldsymbol{0}$，得对应于 $\lambda_1=\lambda_2=5$ 的线性无关的特征向量 $\boldsymbol{\xi}_1=(1,1,0)^{\mathrm{T}}$，$\boldsymbol{\xi}_2=(0,0,1)^{\mathrm{T}}$，已正交，单位化得 $\boldsymbol{e}_1=\frac{1}{\sqrt{2}}(1,1,0)^{\mathrm{T}}$，$\boldsymbol{e}_2=(0,0,1)^{\mathrm{T}}$；解方程组 $(-\boldsymbol{I}-\boldsymbol{A})\boldsymbol{x}=\boldsymbol{0}$，得对应于 $\lambda_3=-1$ 的单位特征向量为 $\boldsymbol{e}_3=\frac{1}{\sqrt{2}}(1,-1,0)^{\mathrm{T}}$. 取 $\boldsymbol{P}=[\boldsymbol{e}_1\ \boldsymbol{e}_2\ \boldsymbol{e}_3]$，则 $\boldsymbol{P}$ 为正交矩阵，且有

$$\boldsymbol{P}^{-1}\boldsymbol{A}\boldsymbol{P}=\begin{bmatrix} 5 & & \\ & 5 & \\ & & -1 \end{bmatrix}.$$

例 7-6　已知二次型 $f(x_1,x_2,x_3)=5x_1^2+5x_2^2+cx_3^2-2x_1x_2+6x_1x_3-6x_2x_3$ 的秩为 2. (1)求参数 c 及该二次型的矩阵的特征值；(2)方程 $f(x_1,x_2,x_3)=1$ 表示何种二次曲面.

解　(1)二次型 f 的矩阵 $\boldsymbol{A}=\begin{bmatrix} 5 & -1 & 3 \\ -1 & 5 & -3 \\ 3 & -3 & c \end{bmatrix}$，因为 $r(\boldsymbol{A})=2$，故 $|\boldsymbol{A}|=0$，得 $c=3$.

由 $|\lambda\boldsymbol{I}-\boldsymbol{A}|=\lambda(\lambda-4)(\lambda-9)=0$，得 $\boldsymbol{A}$ 的特征值为 $\lambda_1=0$，$\lambda_2=4$，$\lambda_3=9$.

(2)由 $\boldsymbol{A}$ 的特征值可知，二次型 f 可通过正交线性变换化为标准型 $f=4y_2^2+9y_3^2$. 所以方程 $f(x_1,x_2,x_3)=1$ 即 $4y_2^2+9y_3^2=1$，表示椭圆柱面.

例 7-7　已知二次型 $f(x_1,x_2,x_3)=x_1^2-2x_2^2+bx_3^2-4x_1x_2+4x_1x_3+2ax_2x_3(a>0)$ 经正交变换 $\boldsymbol{x}=\boldsymbol{P}\boldsymbol{y}$ 化成了标准形 $f=2y_1^2+2y_2^2-7y_3^2$，求 a,b.

解　二次型 f 及其标准形的矩阵分别为

$$\boldsymbol{A}=\begin{bmatrix}1&-2&2\\-2&-2&a\\2&a&b\end{bmatrix},\quad \boldsymbol{D}=\begin{bmatrix}2&&\\&2&\\&&-7\end{bmatrix}$$

且有 $\boldsymbol{P}^{\mathrm{T}}\boldsymbol{A}\boldsymbol{P}=\boldsymbol{P}^{-1}\boldsymbol{A}\boldsymbol{P}=\boldsymbol{D}$.

由 $\boldsymbol{A}\sim\boldsymbol{D}$，知 $\boldsymbol{A}$ 的特征值为 $\lambda_1=\lambda_2=2,\lambda_3=-7$，及 $\mathrm{tr}(\boldsymbol{A})=\mathrm{tr}(\boldsymbol{D})$，$|\boldsymbol{A}|=|\boldsymbol{D}|$，即

$$2+2-7=1-2+b,\ -a^2-8a+20=-28,$$

解得 $b=-2,a=4$ 或 $a=-12$，由于 $a>0$，故 $a=4,b=-2$.

例 7-8　设二次型 $f(x_1,x_2,x_3)=\boldsymbol{x}^{\mathrm{T}}\boldsymbol{A}\boldsymbol{x}$ 的秩为 1，$\boldsymbol{A}$ 的各行元素之和为 2，求 f 在正交变换下的标准形.

解　由 $r(\boldsymbol{A})=1$，得 0 是 $\boldsymbol{A}$ 的 2 重特征值. 又 $\boldsymbol{A}$ 的各行元素之和为 2，即 $\boldsymbol{A}\begin{bmatrix}1\\1\\1\end{bmatrix}=2\begin{bmatrix}1\\1\\1\end{bmatrix}$，得 2 是 $\boldsymbol{A}$ 另一特征值。故 f 在正交变换下的标准形为 $f=2y_1^2$.

例 7-9　用配方法化 $f(x_1,x_2,x_3)=2x_1x_2+2x_1x_3-6x_2x_3$ 为标准形.

解　先凑平方项，作可逆线性变换

$$\begin{cases}x_1=y_1+y_2\\x_2=y_1-y_2\\x_3=y_3\end{cases}\text{ 即 }\boldsymbol{x}=\boldsymbol{C}_1\boldsymbol{y},\boldsymbol{C}_1=\begin{bmatrix}1&1&0\\1&-1&0\\0&0&1\end{bmatrix},$$

得

$$\begin{aligned}f&=2y_1^2-2y_2^2+2y_1y_3+2y_2y_3-6y_1y_3+6y_2y_3=2(y_1^2-2y_1y_3)-2y_2^2+8y_2y_3\\&=2(y_1-y_3)^2-2(y_2^2-4y_2y_3)-2y_2^2=2(y_1-y_3)^2-2(y_2-2y_3)^2+6y_3^2\end{aligned}$$

再作可逆线性变换

$$\begin{cases}z_1=y_1-y_3\\z_2=y_2-2y_3\\z_3=y_3\end{cases}\text{ 或 }\begin{cases}y_1=z_1+z_3\\y_2=z_2+2z_3\\y_3=z_3\end{cases}，\text{即 }\boldsymbol{y}=\boldsymbol{C}_2\boldsymbol{z},\boldsymbol{C}_2=\begin{bmatrix}1&0&1\\0&1&2\\0&0&1\end{bmatrix},$$

就把 f 化成了标准形

$$f=2z_1^2-2z_2^2+6z_3^2,$$

所作的可逆线性变换为

$$\boldsymbol{x}=\boldsymbol{C}_1\boldsymbol{C}_2\boldsymbol{z}=\begin{bmatrix}1&1&3\\1&-1&-1\\0&0&1\end{bmatrix}\boldsymbol{z}.$$

例 7-10　求二次型 $f(x_1,x_2,x_3)=(x_1+x_2)^2+(x_2-x_3)^2+(x_3+x_1)^2$ 的秩和正惯性指数.

解　二次型的矩阵 $\boldsymbol{A}=\begin{bmatrix}2&1&1\\1&2&-1\\1&-1&2\end{bmatrix}$，$r(f)=r(\boldsymbol{A})=2$. 由 $|\lambda\boldsymbol{I}-\boldsymbol{A}|=0$，得 $\boldsymbol{A}$ 的特征值

$\lambda_1=0,\lambda_2=1,\lambda_3=3$,所以二次型 f 的正惯性指数为2.

注　易犯错误如下:令 $y_1=x_1+x_2,y_2=x_2-x_3,y_3=x_1+x_3$,则 $f=y_1{}^2+y_2{}^2+y_3{}^2$,于是得 $r(f)=3$,正惯性指数也是3. 错因是所作线性变换不是可逆线性变换,因此所得二次型与原二次型不等价.

例 7-11　设 $\boldsymbol{A}$ 是3阶实对称矩阵,$\boldsymbol{I}$ 是3阶单位矩阵. 若 $\boldsymbol{A}^2+\boldsymbol{A}=2\boldsymbol{I}$ 且 $|\boldsymbol{A}|=4$,求二次型 $\boldsymbol{x}^{\mathrm{T}}\boldsymbol{A}\boldsymbol{x}$ 的规范形.

解　设 λ 是 $\boldsymbol{A}$ 的特征值,则 $\lambda^2+\lambda-2$ 是零矩阵 $\boldsymbol{A}^2+\boldsymbol{A}-2\boldsymbol{I}$ 的特征值,因此 $\lambda^2+\lambda-2=0$,得 $\lambda_1=1$ 或 $\lambda_2=-2$. 又 $|\boldsymbol{A}|=4$,所以 $\boldsymbol{A}$ 的特征值为 $1,-2,-2$. 故二次型 $\boldsymbol{x}^{\mathrm{T}}\boldsymbol{A}\boldsymbol{x}$ 的规范形为 $y_1{}^2-y_2{}^2-y_3{}^2$.

例 7-12　设 $\boldsymbol{A}=\begin{bmatrix}0&0&1\\0&1&0\\1&0&0\end{bmatrix},\boldsymbol{B}=\begin{bmatrix}1&0&0\\0&2&0\\0&0&-1\end{bmatrix}$,问 $\boldsymbol{A},\boldsymbol{B}$ 是否等价?是否相似?是否合同?

解　因为 $r(\boldsymbol{A})=r(\boldsymbol{B})$,所以 $\boldsymbol{A},\boldsymbol{B}$ 等价. 因为 $|\boldsymbol{A}|\neq|\boldsymbol{B}|$,所以 $\boldsymbol{A},\boldsymbol{B}$ 不相似.

因为 $\boldsymbol{A},\boldsymbol{B}$ 都是实对称矩阵,及 $\boldsymbol{A}$ 的特征值为 $1,1,-1$,$\boldsymbol{B}$ 的特征值为 $1,2,-1$,所以二次型 $\boldsymbol{x}^{\mathrm{T}}\boldsymbol{A}\boldsymbol{x}$ 与 $\boldsymbol{x}^{\mathrm{T}}\boldsymbol{B}\boldsymbol{x}$ 有相同的规范形,从而 $\boldsymbol{A}$ 与 $\boldsymbol{B}$ 合同.

例 7-13　x,y 满足什么条件时,矩阵 $\boldsymbol{A}=\begin{bmatrix}1&2&0&0\\2&x&0&0\\0&0&2&-1\\0&0&-1&y\end{bmatrix}$ 是正定的.

解　$\boldsymbol{A}$ 正定的充要条件是其顺序主子式全大于0,即

$$\begin{vmatrix}1&2\\2&x\end{vmatrix}=x-4>0,\begin{vmatrix}1&2&0\\2&x&0\\0&0&2\end{vmatrix}=2(x-4)>0,\begin{vmatrix}1&2&0&0\\2&x&0&0\\0&0&2&-1\\0&0&-1&y\end{vmatrix}=(x-4)(2y-1)>0$$

得 $x>4,y>\dfrac{1}{2}$. 故当 $x>4,y>\dfrac{1}{2}$ 时,矩阵 $\boldsymbol{A}$ 是正定的.

例 7-14　判断下列二次型的正定性:

(1) $f(x_1,x_2,x_3)=5x_1^2+x_2^2+5x_3^2+4x_1x_2-8x_1x_3-4x_2x_3$;

(2) $f(x_1,x_2,x_3)=-5x_1^2-6x_2^2-4x_3^2+4x_1x_2+4x_1x_3$;

(3) $f(x_1,x_2,x_3)=x_1^2+x_2^2+x_3^2+2ax_1x_2+2bx_2x_3(a,b\in\mathbf{R})$.

解　(1) 二次型的矩阵 $\boldsymbol{A}=\begin{bmatrix}5&2&-4\\2&1&-2\\-4&-2&5\end{bmatrix}$,由于 $\Delta_1=5>0$,$\Delta_2=\begin{vmatrix}5&2\\2&1\end{vmatrix}=1>0$,$\Delta_3=|\boldsymbol{A}|=1>0$,即 $\boldsymbol{A}$ 的各阶顺序主子式都大于零,所以 $\boldsymbol{A}$ 为正定矩阵,f 为正定二次型.

(2) 二次型的矩阵 $\boldsymbol{A}=\begin{bmatrix}-5&2&2\\2&-6&0\\2&0&-4\end{bmatrix}$,由于 $\Delta_1=-5<0$,$\Delta_2=\begin{vmatrix}-5&2\\2&-6\end{vmatrix}=26>0$,$\Delta_3=|\boldsymbol{A}|=-80<0$,故 $\boldsymbol{A}$ 为负定矩阵,f 为负定二次型.

(3)二次型的矩阵$\boldsymbol{A}=\begin{bmatrix}1&a&0\\a&1&b\\0&b&1\end{bmatrix}$. 由于$\Delta_1=1$，$\Delta_2=\begin{vmatrix}1&a\\a&1\end{vmatrix}=1-a^2$，$\Delta_3=|\boldsymbol{A}|=1-(a^2+b^2)$，所以，当$a^2+b^2<1$时，有$\Delta_1>0,\Delta_2>0,\Delta_3>0$，从而$\boldsymbol{A}$为正定矩阵，$f$为正定二次型；当$a^2+b^2\geqslant1$时，有$\boldsymbol{A}_1>0,\boldsymbol{A}_3\leqslant0$，此时$\boldsymbol{A}$为不定矩阵，$f$为不定二次型.

例 7-15　设$\boldsymbol{A}$为正定矩阵，证明：$\boldsymbol{A}^2,\boldsymbol{A}^{-1},\boldsymbol{A}^*$都是正定矩阵.

证　由$\boldsymbol{A}$正定，知$\boldsymbol{A}$是实对称矩阵. 于是$(\boldsymbol{A}^2)^{\mathrm{T}}=(\boldsymbol{A}^{\mathrm{T}})^2=\boldsymbol{A}^2$，$(\boldsymbol{A}^{-1})^{\mathrm{T}}=(\boldsymbol{A}^{\mathrm{T}})^{-1}=\boldsymbol{A}^{-1}$，即$\boldsymbol{A}^2,\boldsymbol{A}^{-1}$均为实对称矩阵. 又$\boldsymbol{A}^*=|\boldsymbol{A}|\boldsymbol{A}^{-1}$，故$\boldsymbol{A}^*$也为实对称矩阵.

由$\boldsymbol{A}$的特征值$\lambda_i>0(i=1,2,\cdots,n)$，得$|\boldsymbol{A}|>0$以及$\boldsymbol{A}^2$的所有特征值$\lambda_i^2>0$，$\boldsymbol{A}^{-1}$的所有特征值$\dfrac{1}{\lambda_i}>0$，$\boldsymbol{A}^*$的所有特征值$\dfrac{|\boldsymbol{A}|}{\lambda_i}>0(i=1,2,\cdots,n)$，所以$\boldsymbol{A}^2,\boldsymbol{A}^{-1},\boldsymbol{A}^*$都是正定矩阵.

例 7-16　设$\boldsymbol{A}$为$m\times n$实矩阵，$\boldsymbol{I}$为n阶单位矩阵，$\boldsymbol{B}=\lambda\boldsymbol{I}+\boldsymbol{A}^{\mathrm{T}}\boldsymbol{A}$，证明当$\lambda>0$时，$\boldsymbol{B}$为正定矩阵.

证　因为$\boldsymbol{B}^{\mathrm{T}}=(\lambda\boldsymbol{I}+\boldsymbol{A}^{\mathrm{T}}\boldsymbol{A})^{\mathrm{T}}=\lambda\boldsymbol{I}+\boldsymbol{A}^{\mathrm{T}}\boldsymbol{A}=\boldsymbol{B}$，所以$\boldsymbol{B}$是实对称矩阵.

又$\forall\boldsymbol{x}\in\mathbf{R}^n,\boldsymbol{x}\neq\boldsymbol{0}$，当$\lambda>0$时，有$\lambda\boldsymbol{x}^{\mathrm{T}}\boldsymbol{x}=\lambda\|\boldsymbol{x}\|^2>0$，从而

$$\boldsymbol{x}^{\mathrm{T}}\boldsymbol{B}\boldsymbol{x}=\lambda\boldsymbol{x}^{\mathrm{T}}\boldsymbol{x}+(\boldsymbol{A}\boldsymbol{x})^{\mathrm{T}}(\boldsymbol{A}\boldsymbol{x})=\lambda\|\boldsymbol{x}\|^2+\|\boldsymbol{A}\boldsymbol{x}\|^2>0,$$

所以$\boldsymbol{B}$为正定矩阵.

例 7-17　设实对称矩阵$\boldsymbol{A}$满足$\boldsymbol{A}^2-3\boldsymbol{A}+2\boldsymbol{I}=\boldsymbol{O}$，证明$\boldsymbol{A}$为正定矩阵.

证　设λ为$\boldsymbol{A}$的任一特征值，则$\lambda^2-3\lambda+2$是矩阵$\boldsymbol{A}^2-3\boldsymbol{A}+2\boldsymbol{I}$的特征值，由于$\boldsymbol{A}^2-3\boldsymbol{A}+2\boldsymbol{I}$是零矩阵，其特征值全部为零，故$\lambda^2-3\lambda+2=0$，得$\lambda=1$或$\lambda=2$. 所以$\boldsymbol{A}$的特征值均大于零，故$\boldsymbol{A}$为正定矩阵.

例 7-18　设$\boldsymbol{A}$既是正定矩阵，又是正交矩阵，证明$\boldsymbol{A}=\boldsymbol{I}$.

证　由$\boldsymbol{A}$是正定矩阵，得$\boldsymbol{A}^{\mathrm{T}}=\boldsymbol{A}$；由$\boldsymbol{A}$是正交矩阵，得$\boldsymbol{A}^{\mathrm{T}}=\boldsymbol{A}^{-1}$. 从而

$$\boldsymbol{A}^2=\boldsymbol{A}^{\mathrm{T}}\boldsymbol{A}=\boldsymbol{I}\text{，即}(\boldsymbol{A}+\boldsymbol{I})(\boldsymbol{A}-\boldsymbol{I})=\boldsymbol{O}.$$

由于$\boldsymbol{A}$是正定矩阵，$\boldsymbol{A}$的特征值均大于零，故$\boldsymbol{A}+\boldsymbol{I}$的特征值均大于1，所以$|\boldsymbol{A}+\boldsymbol{I}|>1$，故$\boldsymbol{A}+\boldsymbol{I}$可逆.

用$(\boldsymbol{A}+\boldsymbol{I})^{-1}$左乘$(\boldsymbol{A}+\boldsymbol{I})(\boldsymbol{A}-\boldsymbol{I})=\boldsymbol{O}$两端，得$\boldsymbol{A}-\boldsymbol{I}=\boldsymbol{O}$，即$\boldsymbol{A}=\boldsymbol{I}$.

例 7-19　设二次型$f(x_1,x_2)=x_1^2-4x_1x_2+4x_2^2$经正交变换$\begin{bmatrix}x_1\\x_2\end{bmatrix}=\boldsymbol{Q}\begin{bmatrix}y_1\\y_2\end{bmatrix}$化为二次型$g(y_1,y_2)=ay_1^2+4y_1y_2+by_2^2$，其中$a\geqslant b$. (1)求$a,b$的值；(2)求正交矩阵$\boldsymbol{Q}$.

解　(1)二次型$f(x_1,x_2)$和二次型$g(y_1,y_2)$的矩阵分别为

$$\boldsymbol{A}=\begin{bmatrix}1&-2\\-2&4\end{bmatrix},\boldsymbol{B}=\begin{bmatrix}a&2\\2&b\end{bmatrix},$$

且$\boldsymbol{Q}^{\mathrm{T}}\boldsymbol{A}\boldsymbol{Q}=\boldsymbol{B}$. 由于$\boldsymbol{Q}$是正交矩阵，于是$\boldsymbol{Q}^{-1}\boldsymbol{A}\boldsymbol{Q}=\boldsymbol{B}$，所以$\mathrm{tr}(\boldsymbol{A})=\mathrm{tr}(\boldsymbol{B})$，$|\boldsymbol{A}|=|\boldsymbol{B}|$，即

$$\begin{cases}a+b=5\\ab-4=0\end{cases}$$

又$a\geqslant b$，解得$a=4,b=1$.

(2)由于$|\lambda\boldsymbol{I}-\boldsymbol{A}|=|\lambda\boldsymbol{I}-\boldsymbol{B}|=\lambda(\lambda-5)$，所以$\boldsymbol{A},\boldsymbol{B}$的特征值均为$\lambda_1=0,\lambda_2=5$.

解方程组$(0\boldsymbol{I}-\boldsymbol{A})\boldsymbol{x}=\boldsymbol{0}$,求得矩阵 $\boldsymbol{A}$ 的属于特征值$\lambda_1=0$ 的单位特征向量 $\boldsymbol{\alpha}_1=\frac{1}{\sqrt{5}}\begin{bmatrix}2\\1\end{bmatrix}$.

解方程组$(5\boldsymbol{I}-\boldsymbol{A})\boldsymbol{x}=\boldsymbol{0}$,求得矩阵 $\boldsymbol{A}$ 的属于特征值$\lambda_2=5$ 的单位特征向量 $\boldsymbol{\alpha}_2=\frac{1}{\sqrt{5}}\begin{bmatrix}1\\-2\end{bmatrix}$.

令$\boldsymbol{Q}_1=[\boldsymbol{\alpha}_1\quad\boldsymbol{\alpha}_2]=\frac{1}{\sqrt{5}}\begin{bmatrix}2&1\\1&-2\end{bmatrix}$,则 $\boldsymbol{Q}_1$ 为正交矩阵,且 $\boldsymbol{Q}_1^{\mathrm{T}}\boldsymbol{A}\boldsymbol{Q}_1=\begin{bmatrix}0&0\\0&5\end{bmatrix}$.

由(1)知 $\boldsymbol{B}=\begin{bmatrix}4&2\\2&1\end{bmatrix}$,求得矩阵 $\boldsymbol{B}$ 的属于特征值$\lambda_1=0$ 的单位特征向量 $\boldsymbol{\beta}_1=\frac{1}{\sqrt{5}}\begin{bmatrix}1\\-2\end{bmatrix}$;矩阵 $\boldsymbol{B}$ 的属于特征值$\lambda_2=5$ 的单位特征向量 $\boldsymbol{\beta}_2=\frac{1}{\sqrt{5}}\begin{bmatrix}2\\1\end{bmatrix}$. 令$\boldsymbol{Q}_2=[\boldsymbol{\beta}_1\quad\boldsymbol{\beta}_2]=\frac{1}{\sqrt{5}}\begin{bmatrix}1&2\\-2&1\end{bmatrix}$,则 $\boldsymbol{Q}_2$ 为正交矩阵,且 $\boldsymbol{Q}_2^{\mathrm{T}}\boldsymbol{B}\boldsymbol{Q}_2=\begin{bmatrix}0&0\\0&5\end{bmatrix}$.

因为 $\boldsymbol{Q}_1^{\mathrm{T}}\boldsymbol{A}\boldsymbol{Q}_1=\boldsymbol{Q}_2^{\mathrm{T}}\boldsymbol{B}\boldsymbol{Q}_2=\begin{bmatrix}0&0\\0&5\end{bmatrix}$,所以$(\boldsymbol{Q}_1\boldsymbol{Q}_2^{\mathrm{T}})^{\mathrm{T}}\boldsymbol{A}(\boldsymbol{Q}_1\boldsymbol{Q}_2^{\mathrm{T}})=\boldsymbol{B}$,故 $\boldsymbol{Q}=\boldsymbol{Q}_1\boldsymbol{Q}_2^{\mathrm{T}}=\frac{1}{5}\begin{bmatrix}4&-3\\-3&-4\end{bmatrix}$为所求矩阵.

例 7-20　已知二次型 $f(x_1,x_2,x_3)=a_{11}x_1^2+a_{22}x_2^2+a_{33}x_3^2+2a_{12}x_1x_2+2a_{13}x_1x_3+2a_{23}x_2x_3$ 是正定的,求椭球体 $f(x_1,x_2,x_3)\leqslant 1$ 的体积.

解　设二次型 f 的矩阵$\boldsymbol{A}$ 的全部特征值为$\lambda_1,\lambda_2,\lambda_3$,则由 f 正定知$\lambda_i>0(i=1,2,3)$. 于是可经旋转变换(正交变换)

$$\begin{bmatrix}x\\y\\z\end{bmatrix}=\boldsymbol{P}\begin{bmatrix}x'\\y'\\z'\end{bmatrix}$$

将曲面方程 $f(x,y,z)=1$ 化成标准方程

$$\lambda_1x'^2+\lambda_2y'^2+\lambda_3z'^2=1$$

即

$$\frac{x'^2}{\left(\frac{1}{\sqrt{\lambda_1}}\right)^2}+\frac{y'^2}{\left(\frac{1}{\sqrt{\lambda_2}}\right)^2}+\frac{z'^2}{\left(\frac{1}{\sqrt{\lambda_3}}\right)^2}=1$$

故所求椭球体的体积为

$$\frac{4\pi}{3}\frac{1}{\sqrt{\lambda_1}}\frac{1}{\sqrt{\lambda_2}}\frac{1}{\sqrt{\lambda_3}}=\frac{4\pi}{3\sqrt{\lambda_1\lambda_2\lambda_3}}=\frac{4\pi}{3\sqrt{|\boldsymbol{A}|}}.$$

例 7-21　设 $\boldsymbol{A},\boldsymbol{B}$ 均为 n 阶正定矩阵,问

(1)$\boldsymbol{A}+\boldsymbol{B},\boldsymbol{A}-\boldsymbol{B},\boldsymbol{AB}$ 是否为正定矩阵,为什么?

(2)若 $\boldsymbol{AB}=\boldsymbol{BA}$,$\boldsymbol{AB}$ 是否为正定矩阵,为什么?

解　(1)$\boldsymbol{A}+\boldsymbol{B}$ 是正定矩阵,$\boldsymbol{A}-\boldsymbol{B}$ 与 $\boldsymbol{AB}$ 不一定是正定矩阵. 原因如下:

由$(\boldsymbol{A}+\boldsymbol{B})^{\mathrm{T}}=\boldsymbol{A}^{\mathrm{T}}+\boldsymbol{B}^{\mathrm{T}}=\boldsymbol{A}+\boldsymbol{B}$,知 $\boldsymbol{A}+\boldsymbol{B}$ 是实对称矩阵. 又对于任意 $\boldsymbol{x}\in\mathbf{R}^n$,$\boldsymbol{x}\neq 0$ 有 $\boldsymbol{x}^{\mathrm{T}}(\boldsymbol{A}+\boldsymbol{B})\boldsymbol{x}=\boldsymbol{x}^{\mathrm{T}}\boldsymbol{A}\boldsymbol{x}+\boldsymbol{x}^{\mathrm{T}}\boldsymbol{B}\boldsymbol{x}>0$,故 $\boldsymbol{A}+\boldsymbol{B}$ 是正定矩阵;

$\boldsymbol{A}-\boldsymbol{B}$ 也是实对称矩阵,但是 $\boldsymbol{A}-\boldsymbol{B}$ 不一定是正定矩阵,例如,$\boldsymbol{B}=2\boldsymbol{A}$ 时,有 $\boldsymbol{A}-\boldsymbol{B}=-\boldsymbol{A}$ 是负定矩阵.

$(\boldsymbol{AB})^{\mathrm{T}}=\boldsymbol{B}^{\mathrm{T}}\boldsymbol{A}^{\mathrm{T}}=\boldsymbol{BA}$，由于 $\boldsymbol{AB}=\boldsymbol{BA}$ 一般不成立，即不能保证 $\boldsymbol{AB}$ 是实对称矩阵，从而 $\boldsymbol{AB}$ 不一定是正定矩阵.

(2)若 $\boldsymbol{AB}=\boldsymbol{BA}$，则 $\boldsymbol{AB}$ 是实对称矩阵. 又 $\boldsymbol{A},\boldsymbol{B}$ 同为 n 阶正定矩阵，故存在 n 阶可逆矩阵 $\boldsymbol{P}$ 和 $\boldsymbol{Q}$，使 $\boldsymbol{A}=\boldsymbol{P}^{\mathrm{T}}\boldsymbol{P}$，$\boldsymbol{B}=\boldsymbol{Q}^{\mathrm{T}}\boldsymbol{Q}$，从而

$$\boldsymbol{Q}(\boldsymbol{AB})\boldsymbol{Q}^{-1}=\boldsymbol{Q}(\boldsymbol{P}^{\mathrm{T}}\boldsymbol{P})(\boldsymbol{Q}^{\mathrm{T}}\boldsymbol{Q})\boldsymbol{Q}^{-1}=\boldsymbol{QP}^{\mathrm{T}}\boldsymbol{PQ}^{\mathrm{T}}=(\boldsymbol{PQ}^{\mathrm{T}})^{\mathrm{T}}\boldsymbol{PQ}^{\mathrm{T}}$$

由于 $\boldsymbol{PQ}^{\mathrm{T}}$ 是可逆矩阵，从而 $(\boldsymbol{PQ}^{\mathrm{T}})^{\mathrm{T}}\boldsymbol{PQ}^{\mathrm{T}}$ 是正定矩阵，则其特征值全大于 0，而 $\boldsymbol{AB}$ 与 $(\boldsymbol{PQ}^{\mathrm{T}})^{\mathrm{T}}\boldsymbol{PQ}^{\mathrm{T}}$ 相似，故 $\boldsymbol{AB}$ 的特征值全大于 0，因此 $\boldsymbol{AB}$ 是正定矩阵.

例 7-22　已知 m 阶矩阵 $\boldsymbol{A}$ 正定，$\boldsymbol{B}$ 为 $m\times n$ 阶实矩阵，试证 $\boldsymbol{B}^{\mathrm{T}}\boldsymbol{AB}$ 正定 $\Leftrightarrow r(\boldsymbol{B})=n$.

证　必要性　设 $\boldsymbol{B}^{\mathrm{T}}\boldsymbol{AB}$ 为正定矩阵，则对 $\forall \boldsymbol{x}\in\mathbf{R}^n$，$\boldsymbol{x}\neq\boldsymbol{0}$，有 $\boldsymbol{x}^{\mathrm{T}}(\boldsymbol{B}^{\mathrm{T}}\boldsymbol{AB})\boldsymbol{x}>0$，即 $(\boldsymbol{Bx})^{\mathrm{T}}\boldsymbol{A}(\boldsymbol{Bx})>0$，于是有 $\boldsymbol{Bx}\neq\boldsymbol{0}$. 也就是说，只有当 $\boldsymbol{x}=\boldsymbol{0}$ 时，才有 $\boldsymbol{Bx}=\boldsymbol{0}$，即齐次线性方程组 $\boldsymbol{Bx}=\boldsymbol{0}$ 仅有零解，故 $r(\boldsymbol{B})=n$.

充分性　因为 $(\boldsymbol{B}^{\mathrm{T}}\boldsymbol{AB})^{\mathrm{T}}=\boldsymbol{B}^{\mathrm{T}}\boldsymbol{A}^{\mathrm{T}}\boldsymbol{B}=\boldsymbol{B}^{\mathrm{T}}\boldsymbol{AB}$，所以 $\boldsymbol{B}^{\mathrm{T}}\boldsymbol{AB}$ 为实对称矩阵. 又 $r(\boldsymbol{B})=n$，所以齐次线性方程组 $\boldsymbol{Bx}=\boldsymbol{0}$ 仅有零解，因此对任意 n 维非零实向量 $\boldsymbol{x}$，均有 $\boldsymbol{Bx}\neq\boldsymbol{0}$，由 $\boldsymbol{A}$ 的正定性得 $(\boldsymbol{Bx})^{\mathrm{T}}\boldsymbol{A}(\boldsymbol{Bx})>0$，即对于 $\boldsymbol{x}\in\mathbf{R}^n$，$\boldsymbol{x}\neq\boldsymbol{0}$，均有 $\boldsymbol{x}^{\mathrm{T}}(\boldsymbol{B}^{\mathrm{T}}\boldsymbol{AB})\boldsymbol{x}>0$，故二次型 $\boldsymbol{x}^{\mathrm{T}}(\boldsymbol{B}^{\mathrm{T}}\boldsymbol{AB})\boldsymbol{x}$ 正定，所以 $\boldsymbol{B}^{\mathrm{T}}\boldsymbol{AB}$ 为正定矩阵.

例 7-23　已知二次型

$$f(x_1,x_2,x_3)=x_1^2+2x_2^2+2x_3^2+2x_1x_2-2x_1x_3$$

$$g(y_1,y_2,y_3)=y_1^2+y_2^2+y_3^2+2y_2y_3$$

(1)求可逆变换 $\boldsymbol{x}=\boldsymbol{Py}$ 将 $f(x_1,x_2,x_3)$ 化成 $g(y_1,y_2,y_3)$.

(2)是否存在正交变换 $\boldsymbol{x}=\boldsymbol{Qy}$ 将 $f(x_1,x_2,x_3)$ 化成 $g(y_1,y_2,y_3)$？

解　(1)由于

$$f(x_1,x_2,x_3)=x_1^2+2x_2^2+2x_3^2+2x_1x_2-2x_1x_3=(x_1+x_2-x_3)^2+(x_2+x_3)^2,$$

令 $z_1=x_1+x_2-x_3$，$z_2=x_2+x_3$，$z_3=x_3$，即作可逆线性变换

$$\boldsymbol{x}=\boldsymbol{P}_1^{-1}\boldsymbol{z},\boldsymbol{P}_1=\begin{bmatrix}1&1&-1\\0&1&1\\0&0&1\end{bmatrix},$$

得 $f(x_1,x_2,x_3)=z_1^2+z_2^2$.

由于

$$g(y_1,y_2,y_3)=y_1^2+y_2^2+y_3^2+2y_2y_3=y_1^2+(y_2+y_3)^2$$

令 $z_1=y_1$，$z_2=y_2+y_3$，$z_3=y_3$，即作可逆线性变换

$$\boldsymbol{y}=\boldsymbol{P}_2^{-1}\boldsymbol{z},\boldsymbol{P}_2=\begin{bmatrix}1&0&0\\0&1&1\\0&0&1\end{bmatrix},$$

得 $g(y_1,y_2,y_3)=z_1^2+z_2^2$.

由 $\boldsymbol{z}=\boldsymbol{P}_1\boldsymbol{x}=\boldsymbol{P}_2\boldsymbol{y}$，得 $\boldsymbol{x}=\boldsymbol{P}_1^{-1}\boldsymbol{P}_2\boldsymbol{y}$，令

$$\boldsymbol{P}=\boldsymbol{P}_1^{-1}\boldsymbol{P}_2=\begin{bmatrix}1&-1&1\\0&1&0\\0&0&1\end{bmatrix},$$

则在可逆线性变换 $\boldsymbol{x}=\boldsymbol{Py}$ 下 $f(x_1,x_2,x_3)=g(y_1,y_2,y_3)$.

(2)二次型 $f(x_1,x_2,x_3)$ 与 $g(y_1,y_2,y_3)$ 对应的矩阵分别为

$$\boldsymbol{A}=\begin{bmatrix}1&1&-1\\1&2&0\\-1&0&2\end{bmatrix},\boldsymbol{B}=\begin{bmatrix}1&0&0\\0&1&1\\0&1&1\end{bmatrix}.$$

由于 $\mathrm{tr}(\boldsymbol{A})\neq\mathrm{tr}(\boldsymbol{B})$,因此矩阵 $\boldsymbol{A}$ 与 $\boldsymbol{B}$ 不相似,故不存在正交变换 $\boldsymbol{x}=\boldsymbol{Q}\boldsymbol{y}$ 将 $f(x_1,x_2,x_3)$ 化成 $g(y_1,y_2,y_3)$.

例 7-24　设 $\boldsymbol{A},\boldsymbol{B}$ 分别为 m,n 阶正定矩阵,证明分块矩阵 $\boldsymbol{C}=\begin{bmatrix}\boldsymbol{A}&\boldsymbol{O}\\\boldsymbol{O}&\boldsymbol{B}\end{bmatrix}$为正定矩阵.

证　由 $\boldsymbol{A},\boldsymbol{B}$ 正定,得 $\boldsymbol{A}^{\mathrm{T}}=\boldsymbol{A},\boldsymbol{B}^{\mathrm{T}}=\boldsymbol{B}$, 所以

$$\boldsymbol{C}^{\mathrm{T}}=\begin{bmatrix}\boldsymbol{A}&\boldsymbol{O}\\\boldsymbol{O}&\boldsymbol{B}\end{bmatrix}^{\mathrm{T}}=\begin{bmatrix}\boldsymbol{A}^{\mathrm{T}}&\boldsymbol{O}^{\mathrm{T}}\\\boldsymbol{O}^{\mathrm{T}}&\boldsymbol{B}^{\mathrm{T}}\end{bmatrix}=\begin{bmatrix}\boldsymbol{A}&\boldsymbol{O}\\\boldsymbol{O}&\boldsymbol{B}\end{bmatrix}=\boldsymbol{C},$$

即 $\boldsymbol{C}$ 为实对称矩阵.

对任意 $m+n$ 维非零向量 $\boldsymbol{z}=\begin{bmatrix}\boldsymbol{x}\\\boldsymbol{y}\end{bmatrix}$,其中 $\boldsymbol{x}=(x_1,x_2,\cdots,x_m)^{\mathrm{T}},\boldsymbol{y}=(y_1,y_2,\cdots,y_n)^{\mathrm{T}}$,由于 $\boldsymbol{z}\neq\boldsymbol{0}$,故 $\boldsymbol{x}$ 与 $\boldsymbol{y}$ 不全为零,不妨设 $\boldsymbol{x}\neq\boldsymbol{0}$,由 $\boldsymbol{A}$ 正定,得$\boldsymbol{x}^{\mathrm{T}}\boldsymbol{A}\boldsymbol{x}>0$,由 $\boldsymbol{B}$ 正定,得$\boldsymbol{y}^{\mathrm{T}}\boldsymbol{B}\boldsymbol{y}\geqslant0$,因此,$\forall\,\boldsymbol{z}\in\mathbf{R}^{m+n},\boldsymbol{z}\neq\boldsymbol{0}$,有

$$\boldsymbol{z}^{\mathrm{T}}\boldsymbol{C}\boldsymbol{z}=(\boldsymbol{x}^{\mathrm{T}},\boldsymbol{y}^{\mathrm{T}})\begin{bmatrix}\boldsymbol{A}&\boldsymbol{O}\\\boldsymbol{O}&\boldsymbol{B}\end{bmatrix}\begin{bmatrix}\boldsymbol{x}\\\boldsymbol{y}\end{bmatrix}=\boldsymbol{x}^{\mathrm{T}}\boldsymbol{A}\boldsymbol{x}+\boldsymbol{y}^{\mathrm{T}}\boldsymbol{B}\boldsymbol{y}>0,$$

所以二次型$\boldsymbol{z}^{\mathrm{T}}\boldsymbol{C}\boldsymbol{z}$ 正定,从而矩阵 $\boldsymbol{C}$ 正定.

例 7-25　设 $\boldsymbol{A}$ 为 n 阶实对称矩阵,证明:$\boldsymbol{A}$ 的特征值全非负$\Leftrightarrow$存在实方阵 $\boldsymbol{B}$,使得 $\boldsymbol{A}=\boldsymbol{B}^{\mathrm{T}}\boldsymbol{B}$.

证　必要性:设 $\boldsymbol{A}$ 的全部特征值为$\lambda_1,\lambda_2,\cdots,\lambda_n$,且 $\lambda_i\geqslant0(i=1,2,\cdots,n)$,于是存在正交矩阵 $\boldsymbol{P}$,使得 $\boldsymbol{P}^{\mathrm{T}}\boldsymbol{A}\boldsymbol{P}=\mathrm{diag}(\lambda_1,\lambda_2,\cdots,\lambda_n)$,故有

$$\boldsymbol{A}=\boldsymbol{P}\begin{bmatrix}\lambda_1&&&\\&\lambda_2&&\\&&\ddots&\\&&&\lambda_n\end{bmatrix}\boldsymbol{P}^{\mathrm{T}}=\boldsymbol{P}\begin{bmatrix}\sqrt{\lambda_1}&&&\\&\sqrt{\lambda_2}&&\\&&\ddots&\\&&&\sqrt{\lambda_n}\end{bmatrix}\begin{bmatrix}\sqrt{\lambda_1}&&&\\&\sqrt{\lambda_2}&&\\&&\ddots&\\&&&\sqrt{\lambda_n}\end{bmatrix}\boldsymbol{P}^{\mathrm{T}},$$

令 $\boldsymbol{B}=\mathrm{diag}(\sqrt{\lambda_1},\sqrt{\lambda_2},\cdots,\sqrt{\lambda_n})\boldsymbol{P}^{\mathrm{T}}$,则 $\boldsymbol{B}$ 是实方阵,且有 $\boldsymbol{A}=\boldsymbol{B}^{\mathrm{T}}\boldsymbol{B}$.

充分性:设存在实方阵 $\boldsymbol{B}$ 使 $\boldsymbol{A}=\boldsymbol{B}^{\mathrm{T}}\boldsymbol{B}$,又设$\lambda$ 为 $\boldsymbol{A}$ 的任一特征值,$\boldsymbol{x}$ 为对应的实特征向量,则有 $\boldsymbol{A}\boldsymbol{x}=\lambda\boldsymbol{x}$,由 $\boldsymbol{A}=\boldsymbol{B}^{\mathrm{T}}\boldsymbol{B}$ 得 $\boldsymbol{B}^{\mathrm{T}}\boldsymbol{B}\boldsymbol{x}=\lambda\boldsymbol{x}$,两端左乘$\boldsymbol{x}^{\mathrm{T}}$,得$\boldsymbol{x}^{\mathrm{T}}\boldsymbol{B}^{\mathrm{T}}\boldsymbol{B}\boldsymbol{x}=\boldsymbol{x}^{\mathrm{T}}\lambda\boldsymbol{x}$,即$(\boldsymbol{B}\boldsymbol{x})^{\mathrm{T}}(\boldsymbol{B}\boldsymbol{x})=\lambda(\boldsymbol{x}^{\mathrm{T}}\boldsymbol{x})$,亦即 $\|\boldsymbol{B}\boldsymbol{x}\|^2=\lambda\|\boldsymbol{x}\|^2$,因特征向量 $\boldsymbol{x}\neq\boldsymbol{0}$,故 $\|\boldsymbol{x}\|^{\mathrm{T}}>0$,又 $\|\boldsymbol{B}\boldsymbol{x}\|^2\geqslant0$,故得 $\lambda=\dfrac{\|\boldsymbol{B}\boldsymbol{x}\|^2}{\|\boldsymbol{x}\|^2}\geqslant0$,由 λ 的任意性,得 $\boldsymbol{A}$ 的特征值全非负.

例 7-26　证明:n 阶实对称矩阵$\boldsymbol{A}$ 正定的充要条件是存在 n 个线性无关的实向量 $\boldsymbol{\alpha}_i=(a_{i1},a_{i2},\cdots,a_{in}),i=1,2,\cdots,n$,使得 $\boldsymbol{A}=\boldsymbol{\alpha}_1^{\mathrm{T}}\boldsymbol{\alpha}_1+\boldsymbol{\alpha}_2^{\mathrm{T}}\boldsymbol{\alpha}_2+\cdots+\boldsymbol{\alpha}_n^{\mathrm{T}}\boldsymbol{\alpha}_n$.

证　$\boldsymbol{A}$ 为正定矩阵$\Leftrightarrow$存在实可逆矩阵 $\boldsymbol{M}$,使得 $\boldsymbol{A}=\boldsymbol{M}^{\mathrm{T}}\boldsymbol{M}$.

令 $M=\begin{bmatrix}\boldsymbol{\alpha}_1\\ \boldsymbol{\alpha}_2\\ \vdots\\ \boldsymbol{\alpha}_n\end{bmatrix}$,其中 $\boldsymbol{\alpha}_i$ 为 $\boldsymbol{M}$ 的第 i 个行向量($i=1,2,\cdots,n$),则

$$\boldsymbol{M}^{\mathrm{T}}\boldsymbol{M}=\boldsymbol{\alpha}_1^{\mathrm{T}}\boldsymbol{\alpha}_1+\boldsymbol{\alpha}_2^{\mathrm{T}}\boldsymbol{\alpha}_2+\cdots+\boldsymbol{\alpha}_n^{\mathrm{T}}\boldsymbol{\alpha}_n.$$

由于 $\boldsymbol{M}$ 可逆的充要条件是 $\boldsymbol{\alpha}_1,\boldsymbol{\alpha}_2,\cdots,\boldsymbol{\alpha}_n$ 线性无关,故 $\boldsymbol{A}$ 正定⇔存在实可逆矩阵 $\boldsymbol{M}$,使得 $\boldsymbol{A}=\boldsymbol{M}^{\mathrm{T}}\boldsymbol{M}$⇔存在线性无关的实 n 维行向量 $\boldsymbol{\alpha}_1,\boldsymbol{\alpha}_2,\cdots,\boldsymbol{\alpha}_n$,使得 $\boldsymbol{A}=\boldsymbol{\alpha}_1^{\mathrm{T}}\boldsymbol{\alpha}_1+\boldsymbol{\alpha}_2^{\mathrm{T}}\boldsymbol{\alpha}_2+\cdots+\boldsymbol{\alpha}_n^{\mathrm{T}}\boldsymbol{\alpha}_n$.

例 7-27　设 $\boldsymbol{A},\boldsymbol{B}$ 均为 n 阶正定矩阵,证明 $\boldsymbol{BAB}$ 也是正定矩阵.

证　由于 $\boldsymbol{A},\boldsymbol{B}$ 均为正定矩阵,所以存在可逆矩阵 $\boldsymbol{P}$ 和 $\boldsymbol{Q}$,使得 $\boldsymbol{A}=\boldsymbol{P}^{\mathrm{T}}\boldsymbol{P},\boldsymbol{B}=\boldsymbol{Q}^{\mathrm{T}}\boldsymbol{Q}$,从而

$$\boldsymbol{BAB}=\boldsymbol{Q}^{\mathrm{T}}\boldsymbol{Q}\boldsymbol{P}^{\mathrm{T}}\boldsymbol{P}\boldsymbol{Q}^{\mathrm{T}}\boldsymbol{Q}=(\boldsymbol{Q}^{\mathrm{T}}\boldsymbol{Q}\boldsymbol{P}^{\mathrm{T}})(\boldsymbol{P}\boldsymbol{Q}^{\mathrm{T}}\boldsymbol{Q}),$$

令 $\boldsymbol{M}=\boldsymbol{P}\boldsymbol{Q}^{\mathrm{T}}\boldsymbol{Q}$,则 $\boldsymbol{M}$ 可逆,且 $\boldsymbol{BAB}=\boldsymbol{M}^{\mathrm{T}}\boldsymbol{M}$,故 $\boldsymbol{BAB}$ 为正定矩阵.

例 7-28　设 $f=\boldsymbol{x}^{\mathrm{T}}\boldsymbol{A}\boldsymbol{x}$ 是一个实二次型,有实 n 维向量 $\boldsymbol{x}_1,\boldsymbol{x}_2$,使 $\boldsymbol{x}_1^{\mathrm{T}}\boldsymbol{A}\boldsymbol{x}_1>0,\boldsymbol{x}_2^{\mathrm{T}}\boldsymbol{A}\boldsymbol{x}_2<0$,证明:必有实 n 维非零向量 $\boldsymbol{x}_0$,使 $\boldsymbol{x}_0^{\mathrm{T}}\boldsymbol{A}\boldsymbol{x}_0=0$.

证　设二次型 f 通过可逆线性变换 $\boldsymbol{x}=\boldsymbol{C}\boldsymbol{y}$ 化为规范形

$$f=y_1^2+y_2^2+\cdots+y_p^2-y_{p+1}^2-\cdots-y_q^2,$$

由于有实 n 维向量 $\boldsymbol{x}_1,\boldsymbol{x}_2$,使 $\boldsymbol{x}_1^{\mathrm{T}}\boldsymbol{A}\boldsymbol{x}_1>0,\boldsymbol{x}_2^{\mathrm{T}}\boldsymbol{A}\boldsymbol{x}_2<0$,所以上述规范型中 $q>p>0$. 令 $y_p=y_{p+1}=1,y_i=0,(i\neq p,p+1)$,代入 $\boldsymbol{x}=\boldsymbol{C}\boldsymbol{y}$ 得 $\boldsymbol{x}_0$,则 $\boldsymbol{x}_0\neq\boldsymbol{0}$,且有 $\boldsymbol{x}_0^{\mathrm{T}}\boldsymbol{A}\boldsymbol{x}_0=0$.

例 7-29　设 $\boldsymbol{A}$ 和 $\boldsymbol{B}$ 都是 $m\times n$ 实矩阵,并且 $r(\boldsymbol{A}+\boldsymbol{B})=n$,试证:$\boldsymbol{A}^{\mathrm{T}}\boldsymbol{A}+\boldsymbol{B}^{\mathrm{T}}\boldsymbol{B}$ 为正定矩阵.

证　由 $(\boldsymbol{A}^{\mathrm{T}}\boldsymbol{A}+\boldsymbol{B}^{\mathrm{T}}\boldsymbol{B})^{\mathrm{T}}=\boldsymbol{A}^{\mathrm{T}}\boldsymbol{A}+\boldsymbol{B}^{\mathrm{T}}\boldsymbol{B}$,得 $\boldsymbol{A}^{\mathrm{T}}\boldsymbol{A}+\boldsymbol{B}^{\mathrm{T}}\boldsymbol{B}$ 是 n 阶实对称矩阵. 又因为 $r(\boldsymbol{A}+\boldsymbol{B})=n$,所以方程组 $(\boldsymbol{A}+\boldsymbol{B})\boldsymbol{x}=\boldsymbol{0}$ 只有零解,即对于任意 $\boldsymbol{x}\in\mathbf{R}^n,\boldsymbol{x}\neq\boldsymbol{0}$ 有 $(\boldsymbol{A}+\boldsymbol{B})\boldsymbol{x}\neq\boldsymbol{0}$,从而 $\boldsymbol{Ax},\boldsymbol{Bx}$ 不全为 $\boldsymbol{0}$. 于是

$$\boldsymbol{x}^{\mathrm{T}}(\boldsymbol{A}^{\mathrm{T}}\boldsymbol{A}+\boldsymbol{B}^{\mathrm{T}}\boldsymbol{B})\boldsymbol{x}=(\boldsymbol{Ax})^{\mathrm{T}}\boldsymbol{Ax}+(\boldsymbol{Bx})^{\mathrm{T}}\boldsymbol{Bx}>0,$$

故 $\boldsymbol{A}^{\mathrm{T}}\boldsymbol{A}+\boldsymbol{B}^{\mathrm{T}}\boldsymbol{B}$ 为正定矩阵.

例 7-30　设 $\boldsymbol{A},\boldsymbol{B}$ 均为 n 阶正定矩阵,证明:关于 λ 的方程 $|\lambda\boldsymbol{A}-\boldsymbol{B}|=0$ 的根全大于零.

证　因 $\boldsymbol{A}$ 正定,所以存在可逆矩阵 $\boldsymbol{P}$,使 $\boldsymbol{A}=\boldsymbol{P}^{\mathrm{T}}\boldsymbol{P}$. 从而

$$\begin{aligned}|\lambda\boldsymbol{A}-\boldsymbol{B}|&=|\lambda\boldsymbol{P}^{\mathrm{T}}\boldsymbol{P}-\boldsymbol{B}|=|\boldsymbol{P}^{\mathrm{T}}(\lambda\boldsymbol{I}-(\boldsymbol{P}^{-1})^{\mathrm{T}}\boldsymbol{B}\boldsymbol{P}^{-1})\boldsymbol{P}|\\&=|\boldsymbol{P}^{\mathrm{T}}\boldsymbol{P}|\,|\lambda\boldsymbol{I}-(\boldsymbol{P}^{-1})^{\mathrm{T}}\boldsymbol{B}\boldsymbol{P}^{-1}|\\&=|\boldsymbol{A}|\,|\lambda\boldsymbol{I}-(\boldsymbol{P}^{-1})^{\mathrm{T}}\boldsymbol{B}\boldsymbol{P}^{-1}|.\end{aligned}$$

于是 $|\lambda\boldsymbol{A}-\boldsymbol{B}|=0\Leftrightarrow|\lambda\boldsymbol{I}-(\boldsymbol{P}^{-1})^{\mathrm{T}}\boldsymbol{B}\boldsymbol{P}^{-1}|=0$,
所以,矩阵 $(\boldsymbol{P}^{-1})^{\mathrm{T}}\boldsymbol{B}\boldsymbol{P}^{-1}$ 的全部特征值就是方程 $|\lambda\boldsymbol{A}-\boldsymbol{B}|=0$ 的全部根.

因为 $\boldsymbol{B}$ 正定,矩阵 $(\boldsymbol{P}^{-1})^{\mathrm{T}}\boldsymbol{B}\boldsymbol{P}^{-1}$ 与 $\boldsymbol{B}$ 合同,从而也正定,其特征值全部大于零,故方程 $|\lambda\boldsymbol{A}-\boldsymbol{B}|=0$ 的根全大于零.

7.4　习题及详解

习题 7.1 曲面与空间曲线(A)

1. 指出下列方程所表示曲面的名称(如果是旋转面,说明是怎样形成的).

(1)$x^2-3y^2=4$；(2)$4y^2+z^2=1$；(3)$x^2=2y$；(4)$2(x-1)^2+(y-2)^2=z^2$；

(5)$4(x-1)^2+9(y-2)^2+4z^2=36$；(6)$\frac{x^2}{4}+\frac{y^2}{9}+\frac{z^2}{9}=1$；(7)$4x^2-y^2-(z-1)^2=4$；

(8)$4x^2-y^2+z^2=0$；　(9)$x^2-\frac{y^2}{4}+z^2=1$；(10)$x^2-4y^2-4z^2=1$.

解　(1)母线平行于 z 轴的双曲柱面；(2)母线平行于 x 轴的椭圆柱面；(3)母线平行于 z 轴的抛物柱面；(4)顶点在(1,2,0)的椭圆锥面；(5)中心点在(1,2,0)的椭球面；(6)由 Oxy 平面的椭圆$\frac{x^2}{4}+\frac{y^2}{9}=1$ 绕 x 轴旋转而形成的旋转椭球面；(7)双叶双曲面；(8)双曲抛物面；(9)旋转单叶双曲面；(10)旋转双叶双曲面.

2. 求下列动点的轨迹方程：

(1)动点到点(1,2,1)的距离为3，到点(2,0,1)的距离为2；(2)动点到点(5,0,0)的距离与到(−5,0,0)的距离之和为20；(3)动点到 z 轴的距离等于动点到 Oyz 面距离的2倍.

解　(1)设动点坐标为(x,y,z)，则$(x-1)^2+(y-2)^2+(z-1)^2=9$ 且$(x-2)^2+y^2+(z-1)^2=4$，故动点的轨迹方程为$\begin{cases}x^2+y^2+z^2-2x-4y-2z-3=0\\x-2y-2=0\end{cases}$.

(2)设动点坐标为(x,y,z)，则$\sqrt{(x-5)^2+y^2+z^2}+\sqrt{(x+5)^2+y^2+z^2}=20$，即$\frac{x^2}{100}+\frac{y^2}{75}+\frac{z^2}{75}=1$，这是一个椭球面.

(3)设动点坐标为(x,y,z)，则$\sqrt{x^2+y^2}=2|x|$，即 $3x^2-y^2=0$(两相交平面).

3. 消去参数，化下列曲面方程为一般式方程，并指出曲面的名称：

(1)$\begin{cases}x=1+2\cos\varphi\sin\theta\\y=-1+\sin\varphi\sin\theta\\z=2\cos\theta\end{cases}\left(\begin{matrix}0\leqslant\varphi\leqslant2\pi\\0\leqslant\theta\leqslant\pi\end{matrix}\right)$；(2)$\begin{cases}x=2\mu\cos\upsilon\\y=2\mu\sin\upsilon\\z=\mu\end{cases}\left(\begin{matrix}-\infty<\mu<\infty\\-\infty<\upsilon<\infty\end{matrix}\right)$.

解　(1)$\frac{(x-1)^2}{4}+(y+1)^2+\frac{z^2}{4}=1$，椭球面.(2)$x^2+y^2=4z^2$，圆锥面.

4. 指出下列方程所表示曲线的名称及其几何特征：

(1)$x=3\cos2t,y=3\sin2t,z=2\pi t$；(2)$x=1,y=\cos\theta,z=\sin\theta$；(3)$x=1,y=t,z=-1$.

解　(1)螺旋线.动点在平面 $z=0$ 内作角速度为2、半径为3的匀速圆周运动，同时，平面 $z=0$ 沿着 z 轴正方向作速度为 2π 的匀速直线运动.(2)平面 $x=1$ 上的圆$\begin{cases}y^2+z^2=1\\x=1\end{cases}$.(3)过点(1,0,−1)且平行于 y 轴的直线.

5. 求母线平行于 x 轴，且通过曲线$\begin{cases}2x^2+y^2+z^2=16\\x^2+y^2-z^2=0\end{cases}$的柱面方程.

解　从$\begin{cases}2x^2+y^2+z^2=16\\x^2+y^2-z^2=0\end{cases}$消去 x，得 $3y^2-z^2=16$ 即为所求.

6. 设锥面的顶点在 $A(a,0,0)$，准线为$\begin{cases}x^2+y^2=b^2\\z=c\end{cases}$$(b>0,c\neq0)$，求锥面的方程.

解 在锥面上任取一点 $P(x,y,z)$，过点 P 的母线与准线交于点 $Q(x_1,y_1,c)$，则 A、P、Q 共线，得 $x_1=\frac{1}{z}c(x-a)+a$，$y_1=\frac{1}{z}cy$. 由 x_1,y_1 满足准线方程，得 $[c(x-a)+az]^2+c^2y^2=b^2z^2$，即为所求锥面的方程.

7. 求直线 $L: x-1=y=1-z$ 在平面 $\pi: x-y+2z=1$ 上的投影直线 l_0 的方程，并求 l_0 绕 y 轴旋转一周所形成曲面的方程.

解 (1) L 与平面 π 的交点为 $A(2,1,0)$，在直线 L 上取点 $P_0(1,0,1)$，P_0 在平面 π 的投影点为 $B\left(\frac{2}{3},\frac{1}{3},\frac{1}{3}\right)$. 则 A、B 两点确定的直线为所求投影直线 l_0，其方程为 $\frac{x-2}{-4}=\frac{y-1}{-2}=\frac{z}{1}$.

(2) 设 $M(x,y,z)$ 是旋转面上任一点，它是由 l_0 上的点 $P(2-4t,1-2t,t)$ 旋转而得的，则有 $x^2+z^2=(2-4t)^2+t^2$，$y=1-2t$. 消去 t，得旋转曲面的方程为 $4x^2-17y^2+4z^2+2y-1=0$.

8. 求下列曲线绕指定坐标轴旋转所得旋转面的方程：

(1) $\begin{cases}x^2+\frac{1}{4}y^2=1\\ z=0\end{cases}$ 绕 x 轴；(2) $\begin{cases}z=\sqrt{y}\\ x=0\end{cases}$ 绕 y 轴；(3) $\begin{cases}\frac{z^2}{4}-\frac{y^2}{9}=1\\ x=0\end{cases}$ 绕 z 轴.

解 (1) $x^2+\frac{1}{4}y^2+\frac{1}{4}z^2=1$；(2) $x^2+z^2=y\ (y>0)$；(3) $\frac{z^2}{4}-\frac{x^2}{9}-\frac{y^2}{9}=1$.

9. 已知椭球面的轴与坐标轴重合，且通过椭圆 $\begin{cases}\frac{1}{9}x^2+\frac{1}{16}y^2=1\\ z=0\end{cases}$ 及点 $M(1,2,\sqrt{23})$，求这个椭球面的方程.

解 设椭球面方程为 $\frac{1}{9}x^2+\frac{1}{16}y^2+\frac{z^2}{c^2}=1$，将 $M(1,2,\sqrt{23})$ 代入方程得 $c^2=36$，故椭球面方程为 $\frac{x^2}{9}+\frac{y^2}{16}+\frac{z^2}{36}=1$.

10. 已知椭圆抛物面的顶点为原点，对称于 Oxy 面和 Ozx 面，且通过点 $(1,2,0)$ 和点 $\left(\frac{1}{3},-1,1\right)$，求这个椭圆抛物面的方程.

解 设椭圆抛物面的方程为 $ay^2+bz^2=x$，将点 $(1,2,0)$ 和点 $\left(\frac{1}{3},-1,1\right)$ 代入，得 $a=\frac{1}{4}$，$b=\frac{1}{12}$. 从而所求椭圆抛物面的方程为 $\frac{y^2}{4}+\frac{z^2}{12}=x$.

11. 证明：平面 $2x+12y-z+16=0$ 与曲面 $x^2-4y^2=2z$ 的交线是直线，并求交线方程.

证 将 $z=2x+12y+16$ 代入 $x^2-4y^2=2z$ 得 $x-2=\pm 2(y+3)$，故所求交线方程为 $\begin{cases}x-2=2(y+3)\\ 2x+12y-z+16=0\end{cases}$ 或 $\begin{cases}x-2=-2(y+3)\\ 2x+12y-z+16=0\end{cases}$，这是直线方程，故交线是直线.

12. 求下列曲线在各坐标面的投影曲线的方程：

(1) $\begin{cases}z=2x^2+y^2\\ z=2y\end{cases}$；　(2) $\begin{cases}x^2+y^2+z^2=a^2\\ x^2+y^2+(z-a)^2=R^2\ (0<R<a)\end{cases}$；

(3) $\begin{cases} x^2+y^2=ay \\ z=\dfrac{h}{a}\sqrt{x^2+y^2}\ (a>0,h>0) \end{cases}$.

解　(1) 消去 z，得 $2x^2+(y-1)^2=1$，故在 Oxy 平面上的投影曲线为 $\begin{cases} 2x^2+(y-1)^2=1 \\ z=0 \end{cases}$. 同理，在 Oyz 平面上的投影为 $\begin{cases} z=2y \\ x=0 \end{cases}(0\leqslant y\leqslant 2)$；在 Oxz 平面上的投影为 $\begin{cases} 8x^2+(z-2)^2=4 \\ y=0 \end{cases}$.

(2) 在 Oxy 面上的投影为 $\begin{cases} x^2+y^2=\dfrac{R^2}{4a^2}(4a^2-R^2) \\ z=0 \end{cases}$；在 Oxz 面上的投影为 $\begin{cases} z=a-\dfrac{R^2}{2a}\left(|x|\leqslant\dfrac{R}{2a}\sqrt{4a^2-R^2}\right) \\ y=0 \end{cases}$；在 Oyz 面上的投影为 $\begin{cases} z=a-\dfrac{R^2}{2a}\left(|y|\leqslant\dfrac{R}{2a}\sqrt{4a^2-R^2}\right) \\ x=0 \end{cases}$.

(3) 在 Oxy 面上的投影为 $\begin{cases} x^2+y^2=ay \\ z=0 \end{cases}$；在 Oxz 面上的投影为 $\begin{cases} x^2+\dfrac{a^2z^4}{h^4}-\dfrac{a^2z^2}{h^2}=0\ (z\geqslant 0) \\ y=0 \end{cases}$；在 Oyz 面上的投影为 $\begin{cases} y=\dfrac{az^2}{h^2}\ (0\leqslant y\leqslant a) \\ x=0 \end{cases}$.

13. 已知圆柱面 S 的轴截面圆的半径为 r，S 的对称轴经过点 M_0 且与单位向量 $\boldsymbol{a}^0$ 平行，证明：点 $M(x,y,z)$ 在 S 上 $\Leftrightarrow \|\overrightarrow{M_0M}\times\boldsymbol{a}^0\|=r$.

证　"$\Rightarrow$"设点 $M(x,y,z)$ 在圆柱面 S 上，过 M 作 S 的对称轴 l 的垂线，设垂足为 P，则 $\boldsymbol{a}^0 /\!/ \overrightarrow{M_0P}$，取 $\boldsymbol{a}^0=\dfrac{\overrightarrow{M_0P}}{\|\overrightarrow{M_0P}\|}$. 于是

$$\|\overrightarrow{MM_0}\times\boldsymbol{a}^0\|=\frac{1}{\|\overrightarrow{M_0P}\|}\|\overrightarrow{MM_0}\times\overrightarrow{M_0P}\| = \|\overrightarrow{MM_0}\|\sin(\overrightarrow{MM_0},\overrightarrow{M_0P})=\|\overrightarrow{MP}\|=r.$$

"$\Leftarrow$"设点 M 满足 $\|\overrightarrow{M_0M}\times\boldsymbol{a}^0\|=r$，过点 M 作 S 的对称轴 l 的垂线，设垂足为 P，则 $\boldsymbol{a}^0=\dfrac{\overrightarrow{M_0P}}{\|\overrightarrow{M_0P}\|}$，从而 $\|\overrightarrow{MP}\|=\|\overrightarrow{MM_0}\|\sin(\overrightarrow{MM_0},\overrightarrow{M_0P})=\|\overrightarrow{MM_0}\times\boldsymbol{a}^0\|=r$，即 M 点到 S 的对称轴 l 的距离为 r，故点 M 在柱面 S 上.

习题 7.1 曲面与空间曲线(B)

1. 求准线为 Γ：$\begin{cases} y=x^2 \\ z=0 \end{cases}$ 母线平行于向量 $(1,2,1)^{\mathrm{T}}$ 的柱面方程.

解　设 $M(x,y,z)$ 为柱面上任意一点，过点 M 的母线的参数方程为 $X=x+t$，$Y=y+2t$，$Z=z+t$，这条母线与准线 Γ 的交点 (X,Y,Z) 必满足 Γ 的方程，即有 $y+2t=(x+t)^2$，$z+t=0$，消去 t，得所求柱面方程为 $y-2z=(x-z)^2$.

2. 已知点 A 和 B 的直角坐标分别为 $(1,0,0)$ 和 $(0,1,1)$，线段 AB 绕 z 轴一周所形成的旋

转曲面为 S,试求 S 的方程,并利用定积分求由 S 与平面 $z=0,z=1$ 所围成的空间立体的体积.

解 线段 AB 所在直线的参数方程为 $x=1-t,y=t,z=t$,设 $M(x,y,z)$ 是旋转面上任一点,它是由 AB 上的点 $P(1-t,t,t)$ 旋转而得的.则有 $z=t,x^2+y^2=(1-t)^2+t^2$,消去 t,得 $x^2+y^2=1-2z+2z^2$ 即为旋转曲面 S 的方程. $V=\int_0^1\pi(1-2z+2z^2)\mathrm{d}z=\frac{2}{3}\pi$.

习题 7.2 实二次型(A)

1. 写出二次型 $f(x_1,\cdots,x_n)=\sum_{i=1}^{n}a_{ii}x_i^2+\sum_{1\leqslant i<j\leqslant n}2a_{ij}x_ix_j$ 的矩阵.

解 $\boldsymbol{A}=(a_{ij})_{n\times n}$,其中 $a_{ij}=a_{ji}(i,j=1,2,\cdots,n)$.

2. 设实矩阵 $\boldsymbol{A}=(a_{ij})_{n\times n}$ 不是对称矩阵,$\boldsymbol{x}=(x_1,\cdots,x_n)^{\mathrm{T}}\in\mathbf{R}^n$,问 $f=\boldsymbol{x}^{\mathrm{T}}\boldsymbol{A}\boldsymbol{x}$ 是否为关于 $x_1,\cdots,x_n$ 的二次型? $\boldsymbol{x}^{\mathrm{T}}\boldsymbol{A}\boldsymbol{x}$ 是否为 f 的矩阵表示? $\frac{1}{2}(\boldsymbol{A}+\boldsymbol{A}^{\mathrm{T}})$ 是否为 f 的矩阵?

解 $f=\boldsymbol{x}^{\mathrm{T}}\boldsymbol{A}\boldsymbol{x}$ 是关于 $x_1,\cdots,x_n$ 的二次型;$\boldsymbol{x}^{\mathrm{T}}\boldsymbol{A}\boldsymbol{x}$ 不是 f 的矩阵表示;$\frac{1}{2}(\boldsymbol{A}+\boldsymbol{A}^{\mathrm{T}})$ 是 f 的矩阵.

3. 在什么情形下,“$\boldsymbol{A}$ 与 $\boldsymbol{B}$ 相似”,也就是“$\boldsymbol{A}$ 与 $\boldsymbol{B}$ 合同”?

答 若存在正交矩阵 $\boldsymbol{P}$ 使 $\boldsymbol{P}^{-1}\boldsymbol{A}\boldsymbol{P}=\boldsymbol{B}$,即 $\boldsymbol{P}^{\mathrm{T}}\boldsymbol{A}\boldsymbol{P}=\boldsymbol{B}$,则 $\boldsymbol{A}$ 与 $\boldsymbol{B}$ 相似,也就是 $\boldsymbol{A}$ 与 $\boldsymbol{B}$ 合同.两个实对称矩阵 $\boldsymbol{A}$ 与 $\boldsymbol{B}$ 相似,则 $\boldsymbol{A}$ 与 $\boldsymbol{B}$ 合同.

4. 矩阵 $\boldsymbol{A}=\begin{bmatrix}1&1&1\\1&1&1\\1&1&1\end{bmatrix}$ 与 $\boldsymbol{D}=\begin{bmatrix}3&&\\&0&\\&&0\end{bmatrix}$ 是否相似?是否合同?

解 $\boldsymbol{A},\boldsymbol{D}$ 都是实对称矩阵且有相同的特征值,因此 $\boldsymbol{A}$ 与 $\boldsymbol{D}$ 相似,且 $\boldsymbol{A}$ 与 $\boldsymbol{D}$ 合同.

5. 设二次型 $f(x_1,x_2,x_3)=x_1^2+x_2^2+x_3^2+2\alpha x_1x_2+2x_1x_3+2\beta x_2x_3$ 经正交变换化成了标准型 $f=y_2^2+2y_3^2$,求 α,β.

解 二次型 f 的矩阵 $\boldsymbol{A}=\begin{bmatrix}1&\alpha&1\\\alpha&1&\beta\\1&\beta&1\end{bmatrix}$.由题设,$\boldsymbol{A}$ 有特征值 0,1,2.于是 $|\boldsymbol{A}|=0$,$|\boldsymbol{I}-\boldsymbol{A}|=0$,即有 $2\alpha\beta-\alpha^2-\beta^2=0,-2\alpha\beta=0$,解得 $\alpha=\beta=0$.

6. 用正交变换把下列二次型化成标准形,并写出标准形及所用正交变换的矩阵 $\boldsymbol{P}$:

(1) $6x_1^2+5x_2^2+7x_3^2-4x_1x_2+4x_1x_3$;

(2) $x_1^2+x_2^2+2x_3^2+4x_1x_2+2x_1x_3+2x_2x_3$;

(3) $8x_1^2-7x_2^2+8x_3^2+8x_1x_2-2x_1x_3+8x_2x_3$;

(4) $x_1^2+4x_2^2+4x_3^2-4x_1x_3-8x_2x_3$;

(5) $8x_1x_3+2x_1x_4+2x_2x_3+8x_2x_4$;

(6) $9x_1^2+5x_2^2+5x_3^2+8x_4^2+8x_2x_3-4x_2x_4+4x_3x_4$.

解 (1) $\boldsymbol{A}=\begin{bmatrix}6&-2&2\\-2&5&0\\2&0&7\end{bmatrix}$;由 $|\lambda\boldsymbol{I}-\boldsymbol{A}|=0$ 得 $\lambda_1=3,\lambda_2=6,\lambda_3=9$,对应的 3 个正交单

位特征向量为 $\boldsymbol{e}_1=\frac{1}{3}(2,2,-1)^{\mathrm{T}}$，$\boldsymbol{e}_2=\frac{1}{3}(-1,2,2)^{\mathrm{T}}$，$\boldsymbol{e}_3=\frac{1}{3}(2,-1,2)^{\mathrm{T}}$，取 $\boldsymbol{P}=[\boldsymbol{e}_1\ \boldsymbol{e}_2\ \boldsymbol{e}_3]$，则 $\boldsymbol{P}$ 为正交矩阵，正交变换 $\boldsymbol{x}=\boldsymbol{P}\boldsymbol{y}$ 可将二次型化为标准形 $3y_1^2+6y_2^2+9y_3^2$.

(2) $\boldsymbol{A}=\begin{bmatrix}1&2&1\\2&1&1\\1&1&2\end{bmatrix}$；由 $|\lambda\boldsymbol{I}-\boldsymbol{A}|=0$ 得 $\lambda_1=4,\lambda_2=-1,\lambda_3=1$，对应的3个正交单位特征向量为 $\boldsymbol{e}_1=\frac{1}{\sqrt{3}}(1,1,1)^{\mathrm{T}}$，$\boldsymbol{e}_2=\frac{1}{\sqrt{2}}(1,-1,0)^{\mathrm{T}}$，$\boldsymbol{e}_3=\frac{1}{\sqrt{6}}(1,1,-2)^{\mathrm{T}}$，取 $\boldsymbol{P}=[\boldsymbol{e}_1\ \boldsymbol{e}_2\ \boldsymbol{e}_3]$，则 $\boldsymbol{P}$ 为正交矩阵，正交变换 $\boldsymbol{x}=\boldsymbol{P}\boldsymbol{y}$ 可将二次型化为标准形 $4y_1^2-y_2^2+y_3^2$.

(3) $\boldsymbol{A}=\begin{bmatrix}8&4&-1\\4&-7&4\\-1&4&8\end{bmatrix}$；由 $|\lambda\boldsymbol{I}-\boldsymbol{A}|=0$ 得 $\lambda_1=\lambda_2=9,\lambda_3=-9$，对应的3个正交单位特征向量为 $\boldsymbol{e}_1=\frac{1}{3}(2,1,2)^{\mathrm{T}}$，$\boldsymbol{e}_2=\frac{1}{\sqrt{2}}(1,0,-1)^{\mathrm{T}}$，$\boldsymbol{e}_3=\left(\frac{1}{3\sqrt{2}},-\frac{4}{3\sqrt{2}},\frac{1}{3\sqrt{2}}\right)^{\mathrm{T}}$，取 $\boldsymbol{P}=[\boldsymbol{e}_1\ \boldsymbol{e}_2\ \boldsymbol{e}_3]$，则 $\boldsymbol{P}$ 为正交矩阵，正交变换 $\boldsymbol{x}=\boldsymbol{P}\boldsymbol{y}$ 可将二次型化为标准形 $9y_1^2+9y_2^2-9y_3^2$.

(4) $\boldsymbol{A}=\begin{bmatrix}1&-2&2\\-2&4&-4\\2&-4&4\end{bmatrix}$；由 $|\lambda\boldsymbol{I}-\boldsymbol{A}|=0$ 得 $\lambda_1=\lambda_2=0,\lambda_3=9$，对应的3个正交单位特征向量为 $\boldsymbol{e}_1=\frac{1}{\sqrt{2}}(0,1,1)^{\mathrm{T}}$，$\boldsymbol{e}_2=\frac{1}{3\sqrt{2}}(4,1,-1)^{\mathrm{T}}$，$\boldsymbol{e}_3=\frac{1}{3}(1,-2,2)^{\mathrm{T}}$，取 $\boldsymbol{P}=[\boldsymbol{e}_1\ \boldsymbol{e}_2\ \boldsymbol{e}_3]$，则 $\boldsymbol{P}$ 为正交矩阵，正交变换 $\boldsymbol{x}=\boldsymbol{P}\boldsymbol{y}$ 可将二次型化为标准形 $9y_3^2$.

(5) $\boldsymbol{A}=\begin{bmatrix}0&0&4&1\\0&0&1&4\\4&1&0&0\\1&4&0&0\end{bmatrix}$；由 $|\lambda\boldsymbol{I}-\boldsymbol{A}|=0$ 得 $\lambda_1=5,\lambda_2=-5,\lambda_3=3,\lambda_4=-3$，对应的4个正交单位特征向量为 $\boldsymbol{e}_1=\frac{1}{2}(1,1,1,1)^{\mathrm{T}}$，$\boldsymbol{e}_2=\frac{1}{2}(1,1,-1,-1)^{\mathrm{T}}$，$\boldsymbol{e}_3=\frac{1}{2}(1,-1,1,-1)^{\mathrm{T}}$，$\boldsymbol{e}_4=\frac{1}{2}(1,-1,-1,1)^{\mathrm{T}}$，取 $\boldsymbol{P}=[\boldsymbol{e}_1\ \boldsymbol{e}_2\ \boldsymbol{e}_3\ \boldsymbol{e}_4]$，则 $\boldsymbol{P}$ 为正交矩阵，正交变换 $\boldsymbol{x}=\boldsymbol{P}y$ 可将二次型化为标准形 $5y_1^2-5y_2^2+3y_3^2-3y_4^2$.

(6) $\boldsymbol{A}=\begin{bmatrix}9&0&0&0\\0&5&4&-2\\0&4&5&2\\0&-2&2&8\end{bmatrix}$；由 $|\lambda\boldsymbol{I}-\boldsymbol{A}|=0$ 得 $\lambda_1=\lambda_2=\lambda_3=9,\lambda_4=0$，对应的4个正交单位特征向量为 $\boldsymbol{e}_1=(1,0,0,0)^{\mathrm{T}}$，$\boldsymbol{e}_2=\frac{1}{3}(0,1,2,2)^{\mathrm{T}}$，$\boldsymbol{e}_3=\frac{1}{3}(0,2,1,-2)^{\mathrm{T}}$，$\boldsymbol{e}_4=\frac{1}{3}(0,2,-2,1)^{\mathrm{T}}$，取 $\boldsymbol{P}=[\boldsymbol{e}_1\ \boldsymbol{e}_2\ \boldsymbol{e}_3\ \boldsymbol{e}_4]$，则 $\boldsymbol{P}$ 为正交矩阵，正交变换 $\boldsymbol{x}=\boldsymbol{P}\boldsymbol{y}$ 可将二次型化为标准形 $9y_1^2+9y_2^2+9y_3^2$.

7. 设二次型 $f(x_1,x_2,x_3)=2x_1^2-x_2^2+ax_3^2+2x_1x_2-8x_1x_3+2x_2x_3$ 在正交变换 $\boldsymbol{x}=\boldsymbol{Q}\boldsymbol{y}$

下的标准形为$\lambda_1 y_1^2+\lambda_2 y_2^2$，求 a，$\boldsymbol{Q}$ 及 f 在变换 $\boldsymbol{x}=\boldsymbol{Q}\boldsymbol{y}$ 下的标准形.

解　由 f 的标准形知 f 的矩阵 $\boldsymbol{A}$ 有特征值 0，所以 $|\boldsymbol{A}|=0\Rightarrow a=2$. 由 $|\lambda\boldsymbol{I}-\boldsymbol{A}|=0$ 得 $\lambda_1=6,\lambda_2=-3,\lambda_3=0$，对应的 3 个正交单位特征向量为 $\boldsymbol{e}_1=(\frac{1}{\sqrt{2}},0,-\frac{1}{\sqrt{2}})^{\mathrm{T}}$，$\boldsymbol{e}_2=(\frac{1}{\sqrt{3}},-\frac{1}{\sqrt{3}},\frac{1}{\sqrt{3}})^{\mathrm{T}}$，$\boldsymbol{e}_3=(\frac{1}{\sqrt{6}},\frac{2}{\sqrt{6}},\frac{1}{\sqrt{6}})^{\mathrm{T}}$，则 $\boldsymbol{Q}=[\boldsymbol{e}_1\ \boldsymbol{e}_2\ \boldsymbol{e}_3]$为所求的正交矩阵，$f$ 在变换 $\boldsymbol{x}=\boldsymbol{Q}\boldsymbol{y}$ 下的标准形为 $f=6y_1^2-3y_2^2$.

8. 已知二次曲面方程 $x^2+ay^2+z^2+2bxy+2xz+2yz=4$ 经正交变换 $\begin{bmatrix}x\\y\\z\end{bmatrix}=\boldsymbol{P}\begin{bmatrix}x'\\y'\\z'\end{bmatrix}$化成椭圆柱面方程 $y'^2+4z'^2=4$，求 a，b 的值及所用正交变换的矩阵 $\boldsymbol{P}$.

解　由题设，$\boldsymbol{A}=\begin{bmatrix}1&b&1\\b&a&1\\1&1&1\end{bmatrix}$的特征值为 0，1，4，于是 $|\boldsymbol{A}|=0$，$|\boldsymbol{I}-\boldsymbol{A}|=0$，得 $a=3,b=1$. 3 个特征值对应的 3 个正交单位特征向量为 $\boldsymbol{e}_1=(\frac{1}{\sqrt{2}},0,-\frac{1}{\sqrt{2}})^{\mathrm{T}}$，$\boldsymbol{e}_2=(\frac{1}{\sqrt{3}},-\frac{1}{\sqrt{3}},\frac{1}{\sqrt{3}})^{\mathrm{T}}$，$\boldsymbol{e}_3=(\frac{1}{\sqrt{6}},\frac{2}{\sqrt{6}},\frac{1}{\sqrt{6}})^{\mathrm{T}}$，则 $\boldsymbol{P}=[\boldsymbol{e}_1\ \ \boldsymbol{e}_2\ \ \boldsymbol{e}_3]$为所求正交矩阵.

9. 习题及详解见典型例题例 7-6.

10. 用配方法化下列二次型为标准形，并写出所用的可逆线性变换：

(1)$2x_1^2+x_2^2-4x_3^2-4x_1x_2-2x_2x_3$；(2)$x_1x_2+4x_1x_3+x_2x_3$.

解　(1)$f=2(x_1-x_2)^2-(x_2+x_3)^2-3x_3^2=2y_1^2-y_2^2-3y_3^2$

所作的可逆线性变换为 $\begin{bmatrix}x_1\\x_2\\x_3\end{bmatrix}=\begin{bmatrix}1&1&-1\\0&1&-1\\0&0&1\end{bmatrix}\begin{bmatrix}y_1\\y_2\\y_3\end{bmatrix}$.

(2)令 $x_1=y_1+y_2,x_2=y_1-y_2,x_3=y_3$，得 $f=y_1^2-y_2^2+5y_1y_3+3y_2y_3$，再配方，得 $f=(y_1+\frac{5}{2}y_3)^2-(y_2-\frac{3}{2}y_3)^2-4y_3^2=z_1^2-z_2^2-4z_3^2$. 所用的可逆线性变换为

$$\begin{bmatrix}x_1\\x_2\\x_3\end{bmatrix}=\begin{bmatrix}1&1&0\\1&-1&0\\0&0&1\end{bmatrix}\begin{bmatrix}1&0&-\frac{5}{2}\\0&1&\frac{3}{2}\\0&0&1\end{bmatrix}\begin{bmatrix}z_1\\z_2\\z_3\end{bmatrix}，即\begin{bmatrix}x_1\\x_2\\x_3\end{bmatrix}=\begin{bmatrix}1&1&-1\\1&-1&-4\\0&0&1\end{bmatrix}\begin{bmatrix}z_1\\z_2\\z_3\end{bmatrix}.$$

11. 设矩阵 $\boldsymbol{A}$ 与 $\boldsymbol{B}$ 合同，试利用定理 7.2.6(实对称矩阵 $\boldsymbol{A}$ 为正定矩阵的充要条件是存在可逆矩阵 $\boldsymbol{M}$，使得 $\boldsymbol{A}=\boldsymbol{M}^{\mathrm{T}}\boldsymbol{M}$)证明：$\boldsymbol{A}$ 为正定矩阵当且仅当 $\boldsymbol{B}$ 为正定矩阵.

证　$\boldsymbol{A}$ 与 $\boldsymbol{B}$ 合同，即存在可逆矩阵 $\boldsymbol{P}$，使得 $\boldsymbol{P}^{\mathrm{T}}\boldsymbol{A}\boldsymbol{P}=\boldsymbol{B}$. 若 $\boldsymbol{A}$ 为正定矩阵，即存在可逆矩阵 $\boldsymbol{M}$ 使得 $\boldsymbol{A}=\boldsymbol{M}^{\mathrm{T}}\boldsymbol{M}$，则 $\boldsymbol{B}=\boldsymbol{P}^{\mathrm{T}}\boldsymbol{A}\boldsymbol{P}=\boldsymbol{P}^{\mathrm{T}}\boldsymbol{M}^{\mathrm{T}}\boldsymbol{M}\boldsymbol{P}=(\boldsymbol{M}\boldsymbol{P})^{\mathrm{T}}(\boldsymbol{M}\boldsymbol{P})$，$\boldsymbol{M}\boldsymbol{P}$ 是可逆矩阵，因此 $\boldsymbol{B}$ 为正定矩阵. 同理可证，若 $\boldsymbol{B}$ 为正定矩阵，则 $\boldsymbol{A}$ 为正定矩阵.

12. 设 $\boldsymbol{A}$，$\boldsymbol{B}$ 都是 n 阶正定矩阵，λ，μ 是任意正常数，证明：$\lambda\boldsymbol{A}+\mu\boldsymbol{B}$ 也是正定矩阵.

证 由 $\boldsymbol{A},\boldsymbol{B}$ 都是正定矩阵知，$\forall \boldsymbol{x}\in \mathbf{R}^n, \boldsymbol{x}\neq \mathbf{0}, \boldsymbol{x}^{\mathrm{T}}\boldsymbol{A}\boldsymbol{x}>0, \boldsymbol{x}^{\mathrm{T}}\boldsymbol{B}\boldsymbol{x}>0$；又 $\lambda>0,\mu>0$，则 $\boldsymbol{x}^{\mathrm{T}}(\lambda\boldsymbol{A}+\mu\boldsymbol{B})\boldsymbol{x}=\lambda\boldsymbol{x}^{\mathrm{T}}\boldsymbol{A}\boldsymbol{x}+\mu\boldsymbol{x}^{\mathrm{T}}\boldsymbol{B}\boldsymbol{x}>0$. 因此 $\lambda\boldsymbol{A}+\mu\boldsymbol{B}$ 是正定矩阵.

13. 习题及详解见典型例题例 7-15.

14. 设 $\boldsymbol{A}=(a_{ij})_{n\times n}$ 是实对称矩阵，证明：$\boldsymbol{A}$ 为正定矩阵的一个必要条件是 $a_{ii}>0(i=1,2,\cdots,n)$.

证 若 $\boldsymbol{A}$ 为正定矩阵，则对 $\forall \boldsymbol{x}\in\mathbf{R}^n, \boldsymbol{x}\neq 0$，有 $\boldsymbol{x}^{\mathrm{T}}\boldsymbol{A}\boldsymbol{x}>0$. 从而有 $a_{ii}=\boldsymbol{\varepsilon}_i^{\mathrm{T}}\boldsymbol{A}\boldsymbol{\varepsilon}_i>0\ (i=1,2,\cdots,n)$，其中 $\boldsymbol{\varepsilon}_1,\boldsymbol{\varepsilon}_2,\cdots,\boldsymbol{\varepsilon}_n$ 表示 n 阶单位矩阵的 n 个列向量.

15. 判定下列矩阵是否为正定矩阵：

(1) $\begin{bmatrix}2&-1&-1\\-1&2&-1\\-1&-1&2\end{bmatrix}$；(2) $\begin{bmatrix}1&1&1\\1&2&2\\1&2&3\end{bmatrix}$；(3) $\begin{bmatrix}2&2&-2\\2&5&-4\\-2&-4&5\end{bmatrix}$；(4) $\begin{bmatrix}1&-\frac{1}{2}&-1\\-\frac{1}{2}&1&2\\-1&2&5\end{bmatrix}$.

解 (1)因为 $\Delta_3=0$，所以该矩阵不是正定矩阵.

(2)、(3)、(4)三个实对称矩阵的顺序主子式全部大于零，因此都是正定矩阵.

16. 确定参数 λ 的取值范围，使下列二次型为正定二次型：

(1) $5x_1^2+x_2^2+\lambda x_3^2+4x_1x_2-2x_1x_3-2x_2x_3$；(2) $2x_1^2+x_2^2+3x_3^2+2\lambda x_1x_2+2x_1x_3$.

解 (1)由二次型的矩阵 $\boldsymbol{A}$ 的各阶顺序主子式大于零，得 $\lambda>2$.

(2)由二次型的矩阵 $\boldsymbol{A}$ 的各阶顺序主子式大于零，得 $|\lambda|<\sqrt{\frac{5}{3}}$.

17. 证明二次型 $f(x_1,x_2,\cdots,x_n)=\sum\limits_{i=1}^{n}x_i^2+\sum\limits_{1\leqslant i<j\leqslant n}x_ix_j$ 是正定的.

证 二次型的矩阵 $\boldsymbol{A}=\begin{bmatrix}1&\frac{1}{2}&\cdots&\frac{1}{2}\\\frac{1}{2}&1&\cdots&\frac{1}{2}\\\vdots&\vdots&&\vdots\\\frac{1}{2}&\frac{1}{2}&\cdots&1\end{bmatrix}$，$|\lambda\boldsymbol{I}-\boldsymbol{A}|=(\lambda-\frac{n+1}{2})(\lambda-\frac{1}{2})^{n-1}$. 得 $\boldsymbol{A}$ 的特征值 $\lambda_1=\frac{n+1}{2},\lambda_i=\frac{1}{2}(i=2,\cdots,n)$ 全大于零，所以 f 是正定二次型.

18. 设 $\boldsymbol{A}$ 是一个实对称矩阵，证明：当实数 t 充分大时，$\boldsymbol{A}+t\boldsymbol{I}$ 是正定矩阵.

证 $\boldsymbol{A}$ 是实对称矩阵 $\Rightarrow \boldsymbol{A}+t\boldsymbol{I}$ 是实对称矩阵；设 λ 是 $\boldsymbol{A}$ 的特征值，则 $\lambda+t$ 是 $\boldsymbol{A}+t\boldsymbol{I}$ 的特征值，当 t 充分大时，$\boldsymbol{A}+t\boldsymbol{I}$ 的特征值 $\lambda+t$ 均大于零，所以实对称矩阵 $\boldsymbol{A}+t\boldsymbol{I}$ 是正定矩阵.

19. 设 $\boldsymbol{A}=(a_{ij})_{n\times n}$ 为正定矩阵，c_i 为非零实常数 $(i=1,\cdots,n)$，令 $b_{ij}=a_{ij}c_ic_j$，证明：矩阵 $\boldsymbol{B}=(b_{ij})_{n\times n}$ 是正定矩阵.

证 记 $\boldsymbol{D}=\mathrm{diag}(c_1,c_2,\cdots,c_n)$，则 $\boldsymbol{D}$ 是可逆矩阵，且 $\boldsymbol{B}=\boldsymbol{D}^{\mathrm{T}}\boldsymbol{A}\boldsymbol{D}$，故 $\boldsymbol{B}$ 与 $\boldsymbol{A}$ 合同，所以 $\boldsymbol{B}$ 为正定矩阵.

20. 习题及详解见典型例题例 7-16.

21. 实数 a_1,a_2,a_3 满足何条件时，二次型 $f(x_1,x_2,x_3)=(x_1+a_1x_2)^2+(x_2+a_2x_3)^2+$

$(x_3+a_3x_1)^2$ 为正定二次型.

解　令 $\begin{cases}x=x_1+a_1x_2\\y=x_2+a_2x_3\\z=x_3+a_3x_1\end{cases}$，则 f 正定 $\Leftrightarrow\begin{cases}x_1+a_1x_2=0\\x_2+a_2x_3=0\\x_3+a_3x_1=0\end{cases}$ 仅有零解 $\Leftrightarrow\begin{vmatrix}1&a_1&0\\0&1&a_2\\a_3&0&1\end{vmatrix}\neq 0\Leftrightarrow$ $a_1a_2a_3+1\neq 0$.

22. 设 $\boldsymbol{A},\boldsymbol{B}$ 都是 n 阶实对称矩阵，证明：(1)如果对任意 $\boldsymbol{x}\in\mathbf{R}^n$，都有 $\boldsymbol{x}^{\mathrm{T}}\boldsymbol{A}\boldsymbol{x}=0$，则 $\boldsymbol{A}=\boldsymbol{O}$；

(2)如果对任意 $\boldsymbol{x}\in\mathbf{R}^n$，都有 $\boldsymbol{x}^{\mathrm{T}}\boldsymbol{A}\boldsymbol{x}=\boldsymbol{x}^{\mathrm{T}}\boldsymbol{B}\boldsymbol{x}$，则 $\boldsymbol{A}=\boldsymbol{B}$.

证　(1)反证法　若 $\boldsymbol{A}=(a_{ij})_{n\times n}\neq\boldsymbol{O}$，不妨设 $a_{11}\neq 0$，则对于 $\boldsymbol{\varepsilon}=(1,0,0,\cdots,0)^{\mathrm{T}}\in\mathbf{R}^n$，有 $\boldsymbol{\varepsilon}^{\mathrm{T}}\boldsymbol{A}\boldsymbol{\varepsilon}=a_{11}\neq 0$，与题设矛盾，故 $\boldsymbol{A}=\boldsymbol{O}$.

(2) $\boldsymbol{x}^{\mathrm{T}}\boldsymbol{A}\boldsymbol{x}=\boldsymbol{x}^{\mathrm{T}}\boldsymbol{B}\boldsymbol{x}\Leftrightarrow\boldsymbol{x}^{\mathrm{T}}(\boldsymbol{A}-\boldsymbol{B})\boldsymbol{x}=0$，由(1)得 $\boldsymbol{A}-\boldsymbol{B}=\boldsymbol{O}$，即 $\boldsymbol{A}=\boldsymbol{B}$.

23. 写出 n 阶实对称矩阵 $\boldsymbol{A}$ 为负定矩阵的充要条件.

解　$\boldsymbol{A}$ 负定 $\Leftrightarrow -\boldsymbol{A}$ 正定. 因此 n 阶实对称矩阵 $\boldsymbol{A}$ 为负定矩阵的充要条件有：

(1) $\boldsymbol{A}$ 的所有特征值均为负数；(2)二次型 $f=\boldsymbol{x}^{\mathrm{T}}\boldsymbol{A}\boldsymbol{x}$ 的负惯性指数为 n；(3) $\boldsymbol{A}$ 的奇数阶顺序主子式都小于零，且偶数阶顺序主子式都大于零；(4)存在可逆矩阵 $\boldsymbol{M}$，使得 $\boldsymbol{A}=-\boldsymbol{M}^{\mathrm{T}}\boldsymbol{M}$.

24. 利用坐标系的旋转和平移化简下列二次曲面方程为标准形：

(1) $x^2+3y^2+3z^2-2yz-2x-2y+6z+3=0$；

(2) $4y^2+4z^2+4yz-2x-14y-22z+33=0$；

(3) $2y^2-2xy+2xz-2yz-2y+3z-2=0$；

(4) $7x^2-8y^2-8z^2+8xy-8xz-2yz-16x+14y-14z-5=0$.

解　(1)记 $\boldsymbol{A}=\begin{bmatrix}1&0&0\\0&3&-1\\0&-1&3\end{bmatrix}$，$\boldsymbol{B}^{\mathrm{T}}=(1,1,-3)$，$\boldsymbol{X}=\begin{bmatrix}x\\y\\z\end{bmatrix}$，二次型曲面方程化为 $\boldsymbol{X}^{\mathrm{T}}\boldsymbol{A}\boldsymbol{X}-2\boldsymbol{B}^{\mathrm{T}}\boldsymbol{X}=-3$，$\boldsymbol{A}$ 的特征值为 1,4,2，对应的正交单位特征向量为 $\boldsymbol{e}_1=(1,0,0)^{\mathrm{T}}$，$\boldsymbol{e}_2=\left(0,\frac{1}{\sqrt2},-\frac{1}{\sqrt2}\right)^{\mathrm{T}}$，$\boldsymbol{e}_3=\left(0,\frac{1}{\sqrt2},\frac{1}{\sqrt2}\right)^{\mathrm{T}}$，取 $\boldsymbol{P}=[\boldsymbol{e}_1\quad\boldsymbol{e}_2\quad\boldsymbol{e}_3]$，作旋转变换 $\boldsymbol{X}=\boldsymbol{P}\boldsymbol{X}_1$，则原方程化为 $x_1^2+4y_1^2+2z_1^2-2(x_1+2\sqrt2y_1-\sqrt2z_1)=-3$，配方得 $(x_1-1)^2+4\left(y_1-\frac{\sqrt2}{2}\right)^2+2\left(z_1-\frac{\sqrt2}{2}\right)^2=1$，再将原点平移到 $\left(1,\frac{\sqrt2}{2},\frac{\sqrt2}{2}\right)$，得标准方程为 $x_2^2+4y_2^2+2z_2^2=1$.

(2)记 $\boldsymbol{A}=\begin{bmatrix}0&0&0\\0&4&2\\0&2&4\end{bmatrix}$，$\boldsymbol{B}^{\mathrm{T}}=(1,7,11)$，$\boldsymbol{X}=\begin{bmatrix}x\\y\\z\end{bmatrix}$，二次型曲面方程化为 $\boldsymbol{X}^{\mathrm{T}}\boldsymbol{A}\boldsymbol{X}-2\boldsymbol{B}^{\mathrm{T}}\boldsymbol{X}+33=0$，$\boldsymbol{A}$ 的特征值为 0,2,6，对应的正交单位特征向量为 $\boldsymbol{e}_1=(1,0,0)^{\mathrm{T}}$，$\boldsymbol{e}_2=\left(0,\frac{1}{\sqrt2},-\frac{1}{\sqrt2}\right)^{\mathrm{T}}$，$\boldsymbol{e}_3=\left(0,\frac{1}{\sqrt2},\frac{1}{\sqrt2}\right)^{\mathrm{T}}$，取 $\boldsymbol{P}=[\boldsymbol{e}_1\quad\boldsymbol{e}_2\quad\boldsymbol{e}_3]$，作旋转变换 $\boldsymbol{X}=\boldsymbol{P}\boldsymbol{X}_1$，则原方程化为 $2y_1^2+6z_1^2-2(x_1-2\sqrt2y_1+9\sqrt2z_1)+33=0$，配方得 $2(y_1+\sqrt2)^2+6\left(z_1-\frac{3\sqrt2}{2}\right)^2=2(x_1-1)$，再将原点平移到

$(1,-\sqrt{2},\frac{3\sqrt{2}}{2})$，得标准方程为 $y_2^2+3z_2^2=x_2$.

(3)记 $\boldsymbol{A}=\begin{bmatrix}0&-1&1\\-1&2&-1\\1&-1&0\end{bmatrix}$，$\boldsymbol{B}^{\mathrm{T}}=\frac{1}{2}(-1,-2,3)$，$\boldsymbol{X}=(x,y,z)^{\mathrm{T}}$，则二次曲面方程表示为 $\boldsymbol{X}^{\mathrm{T}}\boldsymbol{A}\boldsymbol{X}+2\boldsymbol{B}^{\mathrm{T}}\boldsymbol{X}=2$，$\boldsymbol{A}$ 的特征值为 $-1,0,3$，对应的正交单位特征向量为 $\boldsymbol{e}_1=(-\frac{1}{\sqrt{2}},0,\frac{1}{\sqrt{2}})^{\mathrm{T}}$，$\boldsymbol{e}_2=(\frac{1}{\sqrt{3}},\frac{1}{\sqrt{3}},\frac{1}{\sqrt{3}})^{\mathrm{T}}$，$\boldsymbol{e}_3=(\frac{1}{\sqrt{6}},-\frac{2}{\sqrt{6}},\frac{1}{\sqrt{6}})^{\mathrm{T}}$，取 $\boldsymbol{P}=[\boldsymbol{e}_1\quad\boldsymbol{e}_2\quad\boldsymbol{e}_3]$，作旋转变换 $\boldsymbol{X}=\boldsymbol{P}\boldsymbol{X}_1$，则原方程化为 $-x_1^2+3z_1^2+2\sqrt{2}x_1+\sqrt{6}z_1=2$，配方得 $-(x_1-\sqrt{2})^2+3(z_1+\frac{\sqrt{6}}{6})^2=\frac{1}{2}$，再将原点平移到 $(\sqrt{2},0,-\frac{\sqrt{6}}{6})$，得曲面的标准方程为 $6z'^2-2x'^2=1$.

(4)记 $\boldsymbol{A}=\begin{bmatrix}7&4&-4\\4&-8&-1\\-4&-1&-8\end{bmatrix}$，$\boldsymbol{B}^{\mathrm{T}}=(-8,7,-7)$，$\boldsymbol{X}=(x,y,z)^{\mathrm{T}}$，则二次型曲面方程表示为 $\boldsymbol{X}^{\mathrm{T}}\boldsymbol{A}\boldsymbol{X}+2\boldsymbol{B}^{\mathrm{T}}\boldsymbol{X}=5$，$\boldsymbol{A}$ 的特征值为 $-9,-9,9$，对应的正交单位特征向量为 $\boldsymbol{e}_1=(0,\frac{1}{\sqrt{2}},\frac{1}{\sqrt{2}})^{\mathrm{T}}$，$\boldsymbol{e}_2=(\frac{1}{3},-\frac{2}{3},\frac{2}{3})^{\mathrm{T}}$，$\boldsymbol{e}_3=(\frac{4}{3\sqrt{2}},\frac{1}{3\sqrt{2}},-\frac{1}{3\sqrt{2}})^{\mathrm{T}}$，取 $\boldsymbol{P}=[\boldsymbol{e}_1\quad\boldsymbol{e}_2\quad\boldsymbol{e}_3]$，则 $\boldsymbol{P}^{\mathrm{T}}\boldsymbol{A}\boldsymbol{P}=\mathrm{diag}(-9-9,9)$. 作正交变换 $\boldsymbol{X}=\boldsymbol{P}\boldsymbol{X}_1$（旋转变换），原方程化为 $-9x_1^2-9y_1^2+9z_1^2-24y_1-6\sqrt{2}z_1=5$，配方得 $-9x_1^2-9(y_1+\frac{4}{3})^2+9(z_1-\frac{\sqrt{2}}{3})^2=-9$，再将原点平移到 $(0,-\frac{4}{3},\frac{\sqrt{2}}{3})$，得曲面的标准方程为 $x'^2+y'^2-z'^2=1$.

25. 设 $f(x,y)=a_{11}x^2+2a_{12}xy+a_{22}y^2$ 是正定二次型，试求椭圆域 $a_{11}x^2+2a_{12}xy+a_{22}y^2\leqslant 1$ 的面积.

解　二次型的矩阵 $\begin{bmatrix}a_{11}&a_{12}\\a_{12}&a_{22}\end{bmatrix}$ 的特征值为 $\lambda_{1,2}=\frac{(a_{11}+a_{22})\pm\sqrt{(a_{11}-a_{12})^2+4a_{12}^2}}{2}$，则该二次型经正交线性变换可化为标准形 $\lambda_1z_1^2+\lambda_2z_2^2$，由 f 正定，得 $\lambda_1,\lambda_2>0$. 所以椭圆域 $a_{11}x^2+2a_{12}xy+a_{22}y^2\leqslant 1$ 的面积为 $S=\pi\cdot\frac{1}{\sqrt{\lambda_1}}\cdot\frac{1}{\sqrt{\lambda_2}}=\frac{\pi}{\sqrt{a_{11}a_{22}-a_{12}^2}}$.

26. 习题及详解见典型例题例 7－20.

习题 7.2 实二次型(B)

1. 设 $\boldsymbol{A}=(a_{ij})_{n\times n}$ 为实对称矩阵，$r(\boldsymbol{A})=n$，A_{ij} 是 $\det(\boldsymbol{A})$ 中元素 a_{ij} 的代数余子式 $(i,j=1,2,\cdots,n)$，二次型 $f(x_1,x_2,\cdots,x_n)=\sum\limits_{i=1}^{n}\sum\limits_{j=1}^{n}\frac{A_{ij}}{\det(\boldsymbol{A})}x_ix_j$，(1) 记 $\boldsymbol{x}=(x_1,x_2,\cdots,x_n)^{\mathrm{T}}$，把 $f(x_1,x_2,\cdots,x_n)$ 写成矩阵形式，并证明二次型 $f(x)$ 的矩阵为 $\boldsymbol{A}^{-1}$；(2) 二次型 $g(x)=\boldsymbol{x}^{\mathrm{T}}\boldsymbol{A}\boldsymbol{x}$ 与 $f(\boldsymbol{x})$ 的规范形是否相同？说明理由.

解　(1) $f(x_1,x_2,\cdots,x_n)=\boldsymbol{x}^{\mathrm{T}}\frac{(\boldsymbol{A}^*)^{\mathrm{T}}}{\det(\boldsymbol{A})}x$，$\boldsymbol{A}\boldsymbol{A}^*=|\boldsymbol{A}|\boldsymbol{I}\Rightarrow(\boldsymbol{A}^*)^{\mathrm{T}}\boldsymbol{A}=|\boldsymbol{A}|\boldsymbol{I}\Rightarrow(\boldsymbol{A}^*)^{\mathrm{T}}=$

$|\boldsymbol{A}|\boldsymbol{A}^{-1}=\boldsymbol{A}^*$，所以 $\boldsymbol{A}^*$ 是实对称矩阵，从而$\dfrac{(\boldsymbol{A}^*)^{\mathrm{T}}}{\det(\boldsymbol{A})}=\dfrac{\boldsymbol{A}^*}{\det(\boldsymbol{A})}$也是实对称矩阵，故二次型 f 的矩阵为$\dfrac{\boldsymbol{A}^*}{\det(\boldsymbol{A})}=\boldsymbol{A}^{-1}$.

(2)因为$(\boldsymbol{A}^{-1})^{\mathrm{T}}\boldsymbol{A}\boldsymbol{A}^{-1}=(\boldsymbol{A}^{\mathrm{T}})^{-1}=\boldsymbol{A}^{-1}$，即 $\boldsymbol{A}$ 与 $\boldsymbol{A}^{-1}$ 合同，所以 $g(\boldsymbol{x})$与 $f(\boldsymbol{x})$有相同的规范形.

2.习题及详解见典型例题例 7 - 22.

3.设 $\boldsymbol{A}$ 为正定矩阵，证明：存在正定矩阵 $\boldsymbol{S}$，使得 $\boldsymbol{A}=\boldsymbol{S}^2$.

证　$\boldsymbol{A}$ 正定$\Rightarrow\boldsymbol{A}$ 的所有特征值$\lambda_i>0$，$(i=1,2,\cdots,n)$且存在正交矩阵 $\boldsymbol{P}$，使得 $\boldsymbol{P}^{-1}\boldsymbol{A}\boldsymbol{P}=\operatorname{diag}(\lambda_1,\lambda_2,\cdots,\lambda_n)\Rightarrow\boldsymbol{A}=\boldsymbol{P}\operatorname{diag}(\sqrt{\lambda_1},\sqrt{\lambda_2},\cdots,\sqrt{\lambda_n})^2\boldsymbol{P}^{\mathrm{T}}$，记 $\boldsymbol{S}=\boldsymbol{P}\operatorname{diag}(\sqrt{\lambda_1},\sqrt{\lambda_2},\cdots,\sqrt{\lambda_n})\boldsymbol{P}^{\mathrm{T}}$，则 $\boldsymbol{S}$ 是正定矩阵且 $\boldsymbol{A}=\boldsymbol{S}^2$.

4.证明：(1)二次型 $f(x_1,\cdots x_n)$是半正定的充分必要条件是它的正惯性指数与秩相等；

(2)二次型 $\boldsymbol{x}^{\mathrm{T}}\boldsymbol{A}\boldsymbol{x}$ 是半正定的充分必要条件是 $\boldsymbol{A}$ 的特征值都非负，且至少有一个等于 0.

证　(1)设 f 的正惯性指数为 p，秩为 r，且经可逆线性变换 $\boldsymbol{x}=\boldsymbol{C}\boldsymbol{y}$ 化成规范形 $f=y_1^2+y_2^2+\cdots+y_p^2-y_{p+1}^2-\cdots-y_r^2$.

“$\Leftarrow$”若 $p=r<n$，则 $\forall\,\boldsymbol{x}\in\mathbf{R}^n$，$\boldsymbol{x}\neq\boldsymbol{0}$，有 $\boldsymbol{y}=\boldsymbol{C}^{-1}\boldsymbol{x}\neq\boldsymbol{0}$，从而 $f(\boldsymbol{x})=f(\boldsymbol{C}\boldsymbol{y})\geqslant0$，且有 $\boldsymbol{y}=(0,\cdots,0,1,0,\cdots,0)\neq\boldsymbol{0}$(其中第 $r+1$ 个分量是 1)，对应 $\boldsymbol{x}=\boldsymbol{C}\boldsymbol{y}\neq\boldsymbol{0}$，使得 $f(\boldsymbol{x})=0$，因此二次型 f 是半正定的.

“$\Rightarrow$”当 f 是半正定二次型时，若 $p<r$，则存在 $\boldsymbol{y}=(0,\cdots,0,1,0,\cdots,0)\neq\boldsymbol{0}$(其中第 $p+1$ 个分量是 1)，对应 $\boldsymbol{x}=\boldsymbol{C}\boldsymbol{y}\neq\boldsymbol{0}$，使得 $f(x)=-1<0$，与 f 是半正定矛盾，因此有 $p=r$. 又如果 $p=r=n$，则对 $\forall\,x\neq0$，$f(x)>0$，与存在 $x\neq0$ 使得 $f(x)=0$ 矛盾. 故 $p=r<n$.

(2)因为二次型 $f(x_1,\cdots,x_n)=\boldsymbol{x}^{\mathrm{T}}\boldsymbol{A}\boldsymbol{x}$ 的正惯性指数等于其矩阵 $\boldsymbol{A}$ 的正特征值的个数，由(1)得，二次型 $f(x_1,\cdots,x_n)$是半正定的$\Leftrightarrow p=r(f)<n\Leftrightarrow\boldsymbol{A}$ 的特征值都非负，且至少有一个等于 0.

5.矩阵 $\boldsymbol{A}=\begin{bmatrix}0&0&1\\0&-1&0\\1&0&0\end{bmatrix}$的各阶顺序主子式是否都非负？二次型 $f(\boldsymbol{x})=\boldsymbol{x}^{\mathrm{T}}\boldsymbol{A}\boldsymbol{x}$ 是否为半正定的？此例的结果能说明什么问题？

解　矩阵 $\boldsymbol{A}$ 的各阶顺序主子式都非负，但二次型 $f(\boldsymbol{x})=\boldsymbol{x}^{\mathrm{T}}\boldsymbol{A}\boldsymbol{x}$ 不是半正定的，是不定的，此例的结果说明：矩阵 $\boldsymbol{A}$ 的各阶顺序主子式都非负，二次型 $f(\boldsymbol{x})=\boldsymbol{x}^{\mathrm{T}}\boldsymbol{A}\boldsymbol{x}$ 的正定性仍然无法判断.

6.证明：二次型 $n\sum\limits_{i=1}^{n}x_i^2-(\sum\limits_{i=1}^{n}x_i)^2$ 是半正定的.

证　二次型的矩阵 $\boldsymbol{A}=\begin{bmatrix}n-1&-1&-1&\cdots&-1\\-1&n-1&-1&\cdots&-1\\-1&-1&n-1&\cdots&-1\\\vdots&\vdots&\vdots&&\vdots\\-1&-1&-1&\cdots&n-1\end{bmatrix}$，由$|\lambda\boldsymbol{I}-\boldsymbol{A}|=\lambda(\lambda-n)^{n-1}=0$，得 $\lambda_1=\lambda_2=\lambda_3=\cdots=\lambda_{n-1}=n$，$\lambda_n=0$，$\boldsymbol{A}$ 的特征值非负，且有零特征值，由本节习题 4 的结论知

二次型是半正定二次型.

7. 试利用正定二次型的定义及推论 7.2.2(如果 $\boldsymbol{A}$ 为正定矩阵,则 $\det(\boldsymbol{A})>0$)证明定理 7.2.7(实对称矩阵 $\boldsymbol{A}$ 为正定矩阵的充要条件是 $\boldsymbol{A}$ 的各阶顺序主子式都大于零)的必要性.

证　设 $\boldsymbol{x}_r$ 为任一 r 维非零向量$(1\leqslant r\leqslant n)$,则 n 维向量 $\boldsymbol{x}=(\boldsymbol{x}_r^{\mathrm{T}},0)^{\mathrm{T}}\neq 0$,二次型 $\boldsymbol{x}^{\mathrm{T}}\boldsymbol{A}\boldsymbol{x}=\boldsymbol{x}_r^{\mathrm{T}}\boldsymbol{A}_r\boldsymbol{x}_r$ 正定,其中 $\boldsymbol{A}_r$ 为 $\boldsymbol{A}$ 的左上角的 r 阶主子矩阵,由推论 7.2.2 知 $|\boldsymbol{A}_r|>0$,即各阶顺序主子式均大于零.

8. 设 $\boldsymbol{A}=(a_{ij})_{n\times n}$ 是 n 阶正定矩阵,$\boldsymbol{A}_{n-1}$ 表示 $\boldsymbol{A}$ 左上角的 $n-1$ 阶主子矩阵,证明:(1)$\det(\boldsymbol{A})\leqslant a_{nn}\cdot\det(\boldsymbol{A}_{n-1})$;(2)$\det(\boldsymbol{A})\leqslant a_{11}a_{22}\cdots a_{nn}$.

证　(1)将 $\boldsymbol{A}$ 分块为 $\boldsymbol{A}=\begin{bmatrix}\boldsymbol{A}_{n-1} & \boldsymbol{\alpha}\\ \boldsymbol{\alpha}^{\mathrm{T}} & a_{nn}\end{bmatrix}$. 由于正定矩阵各阶顺序主子式均大于零,特别有 $|\boldsymbol{A}_{n-1}|>0$,故 $\boldsymbol{A}_{n-1}$ 可逆,利用分块矩阵乘法,得

$$\begin{bmatrix}\boldsymbol{I}_{n-1} & \boldsymbol{0}\\ -\boldsymbol{\alpha}^{\mathrm{T}}\boldsymbol{A}_{n-1}^{-1} & 1\end{bmatrix}\begin{bmatrix}\boldsymbol{A}_{n-1} & \boldsymbol{\alpha}\\ \boldsymbol{\alpha}^{\mathrm{T}} & a_{nn}\end{bmatrix}=\begin{bmatrix}\boldsymbol{A}_{n-1} & \boldsymbol{\alpha}\\ \boldsymbol{0} & -\boldsymbol{\alpha}^{\mathrm{T}}\boldsymbol{A}_{n-1}^{-1}\boldsymbol{\alpha}+a_{nn}\end{bmatrix},$$

即 $\begin{bmatrix}\boldsymbol{I}_{n-1} & \boldsymbol{0}\\ -\boldsymbol{\alpha}^{\mathrm{T}}\boldsymbol{A}_{n-1}^{-1} & 1\end{bmatrix}\boldsymbol{A}=\begin{bmatrix}\boldsymbol{A}_{n-1} & \boldsymbol{\alpha}\\ \boldsymbol{0} & -\boldsymbol{\alpha}^{\mathrm{T}}\boldsymbol{A}_{n-1}^{-1}\boldsymbol{\alpha}+a_{nn}\end{bmatrix}$,两边取行列式,得

$$|\boldsymbol{A}|=(a_{nn}-\boldsymbol{\alpha}^{\mathrm{T}}\boldsymbol{A}_{n-1}^{-1}\boldsymbol{\alpha})|\boldsymbol{A}_{n-1}|. \tag{7-1}$$

注意到 $\boldsymbol{A}_{n-1}$ 是正定矩阵的第 $n-1$ 阶顺序主子阵,它是实对称矩阵且各阶顺序主子式均大于零,因此是正定矩阵. 从而 $\boldsymbol{A}_{n-1}^{-1}$ 也是正定矩阵,故 $\boldsymbol{\alpha}^{\mathrm{T}}\boldsymbol{A}_{n-1}^{-1}\boldsymbol{\alpha}\geqslant 0$. 又 $|\boldsymbol{A}_{n-1}|>0$ 及 $a_{nn}>0$(见 7.2 习题 14),故由式(7-1),得 $|\boldsymbol{A}|\leqslant a_{nn}|\boldsymbol{A}_{n-1}|$.

(2)利用(1)的结果,递推得 $|\boldsymbol{A}|\leqslant a_{11}a_{22}\cdots a_{nn}$.

9. 设 $\boldsymbol{A}$ 为 n 阶实对称矩阵,记实数集合 $f(\boldsymbol{x})=\{\boldsymbol{x}^{\mathrm{T}}\boldsymbol{A}\boldsymbol{x}\mid \boldsymbol{x}\in\mathbf{R}^n,\ \|\boldsymbol{x}\|=1\}$,证明:$f(\boldsymbol{x})$的值域为闭区间$[\lambda_1,\lambda_n]$,其中 λ_1,λ_n 分别是 $\boldsymbol{A}$ 的最小和最大特征值.

证　设 $\boldsymbol{A}$ 的特征值由小到大分别为 $\lambda_1,\lambda_2,\cdots,\lambda_n$,因 $\boldsymbol{A}$ 是实对称矩阵,必存在正交线性变换 $\boldsymbol{x}=\boldsymbol{P}\boldsymbol{y}$ 将 f 化为标准型 $f(\boldsymbol{x})=\lambda_1y_1^2+\lambda_2y_2^2+\cdots+\lambda_ny_n^2=g(\boldsymbol{y})$;当 $\|\boldsymbol{x}\|=1$ 时,由 $\boldsymbol{y}=\boldsymbol{P}^{-1}\boldsymbol{x}$,得 $\|\boldsymbol{y}\|=1$. 取向量 $\boldsymbol{e}_1=(1,0,\cdots,0)^{\mathrm{T}},\boldsymbol{e}_n=(0,0,\cdots,1)^{\mathrm{T}}$,则 $g(\boldsymbol{e}_1)=\lambda_1,g(\boldsymbol{e}_n)=\lambda_n$. 且有

$$\lambda_1=\lambda_1(y_1^2+y_2^2+\cdots+y_n^2)\leqslant g(\boldsymbol{y})\leqslant\lambda_n(y_1^2+y_2^2+\cdots+y_n^2)\leqslant\lambda_n.$$

所以 $f(\boldsymbol{x})$的值域为闭区间$[\lambda_1,\lambda_n]$.

第 7 章习题

1. 填空题

(1)习题及详解见典型例题例 7-10.

(2)若二次型 $f(x_1,x_2,x_3)=(1-a)x_1^2+(1-a)x_2^2+2x_3^2+2(1+a)x_1x_2$ 的秩为 2,则 a =________.

解　$r(\boldsymbol{A})=2\Rightarrow|\boldsymbol{A}|=0\Rightarrow a=0$.

(3)设矩阵 $\boldsymbol{A}=\begin{bmatrix}a & b\\ b & c\end{bmatrix}$的特征值 λ_1,λ_2 满足 $\lambda_1\lambda_2<0$,则曲线 $ax^2+2bxy+cy^2=1$ 的名称是________.

解 曲线方程可通过正交变换化成标准方程 $\lambda_1 x_1^2+\lambda_2 y_1^2=1$,由 $\lambda_1\lambda_2<0$ 知该曲线是双曲线.

(4)若 n 阶矩阵 $\boldsymbol{A}$ 是正定矩阵且是正交矩阵,则二次型 $\boldsymbol{x}^{\mathrm{T}}\boldsymbol{A}\boldsymbol{x}$ 经正交变换化成的标准形为________.

解 由题设知 $\boldsymbol{A}$ 的特征值全部是 1,故经正交变换后的标准形为 $y_1^2+y_2^2+\cdots+y_n^2$.

(5)若二次型 $f(x_1,x_2,x_3)=x_1^2+4x_2^2+4x_3^2+2tx_1x_2-2x_1x_3+4x_2x_3$ 是正定的,则实数 t 的取值范围是________.

解 由 $\boldsymbol{A}$ 的各阶顺序主子式都大于零,得 $-2<t<1$.

(6)二次曲面 $x_1^2+x_2^2+x_3^2+4x_1x_2+4x_1x_3-4x_2x_3=1$ 在空间直角坐标系下的名称是________.

解 方程左边的二次型的矩阵 $\boldsymbol{A}$ 的特征值为 $\lambda_1=-3,\lambda_2=\lambda_3=3$,故曲面方程在正交变换下的标准形为 $-y_1^2+3y_2^2+3y_3^2=1$,其名称是单叶双曲面.

(7)设二次型 $f(x_1,x_2,x_3)$ 在正交变换 $\boldsymbol{x}=\boldsymbol{P}\boldsymbol{y}$ 下的标准形为 $2y_1^2+y_2^2-y_3^2$,正交矩阵 $\boldsymbol{P}=[\boldsymbol{e}_1\ \boldsymbol{e}_2\ \boldsymbol{e}_3]$,矩阵 $\boldsymbol{Q}=[\boldsymbol{e}_3\ \boldsymbol{e}_1-\boldsymbol{e}_2]$,则 f 在正交变换 $\boldsymbol{x}=\boldsymbol{Q}\boldsymbol{y}$ 下的标准形为________.

解 设二次型的矩阵为 $\boldsymbol{A}$,由题设,$\boldsymbol{e}_1,\boldsymbol{e}_2,\boldsymbol{e}_3$ 是 $\boldsymbol{A}$ 的对应于特征值 $2,1,-1$ 的正交单位特征向量,因此 $\boldsymbol{e}_3,\boldsymbol{e}_1,-\boldsymbol{e}_2$ 是 $\boldsymbol{A}$ 的对应于特征值 $-1,2,1$ 的正交单位特征向量,所以 f 在正交变换 $\boldsymbol{x}=\boldsymbol{Q}\boldsymbol{y}$ 下的标准形为 $-y_1^2+2y_2^2+y_3^2$.

2. 单项选择题

(1)矩阵 $\boldsymbol{A}=\begin{bmatrix}2&-1&-1\\-1&2&-1\\-1&-1&2\end{bmatrix}$ 与 $\boldsymbol{D}=\mathrm{diag}(1,1,0)$( ).

A. 合同且相似　　B. 合同但不相似

C. 不合同但相似　　D. 不合同也不相似

解 $\boldsymbol{A}$ 的特征值为 $3,3,0$,$\boldsymbol{D}$ 的特征值为 $1,1,0$,由于 $\boldsymbol{A}$ 和 $\boldsymbol{D}$ 特征值不同,所以不相似;又 $\boldsymbol{A}$ 和 $\boldsymbol{D}$ 都是实对称矩阵,它们的特征值都是两正一个 0,所以对应的二次型有相同的规范形,故 $\boldsymbol{A}$ 与 $\boldsymbol{D}$ 合同. 选 B.

(2)矩阵 $\boldsymbol{A}=\begin{bmatrix}1&1&-3\\1&1&-3\\-3&-3&5\end{bmatrix}$ 与 $\boldsymbol{D}=\mathrm{diag}(-1,8,0)$( ).

A. 合同且相似　　B. 合同但不相似

C. 不合同但相似　　D. 不合同也不相似

解 $\boldsymbol{A}$ 与 $\boldsymbol{D}$ 都是实对称矩阵,且有相同的特征值 $-1,8,0$,所以 $\boldsymbol{A}$ 与 $\boldsymbol{D}$ 相似且合同. 选 A.

(3)设 $\boldsymbol{A}=\begin{bmatrix}1&2\\2&1\end{bmatrix}$,下列矩阵中与 $\boldsymbol{A}$ 合同的矩阵为( ).

A. $\begin{bmatrix}-2&1\\1&-2\end{bmatrix}$　　B. $\begin{bmatrix}2&-1\\-1&2\end{bmatrix}$　　C. $\begin{bmatrix}2&1\\1&2\end{bmatrix}$　　D. $\begin{bmatrix}1&-2\\-2&1\end{bmatrix}$

解 $\boldsymbol{A}$ 的特征值一正一负,只有选项 D. 矩阵的特征值是一正一负. 选 D.

(4)若二次型 $f(x_1,x_2,x_3)=x_1^2+ax_2^2+x_3^2+4x_1x_2-4x_1x_3-4x_2x_3$,经正交变换化成的标准形为 $5y_1^2+by_2^2-y_3^2$,则( ).

A. $a=1,b=1$　　B. $a=1,b=-1$

C. $a=-1,b=1$　　D. $a=-1,b=-1$

解　$\boldsymbol{A}\sim\boldsymbol{D}=\mathrm{diag}(5,b,-1)\Rightarrow\mathrm{tr}(\boldsymbol{A})=\mathrm{tr}(\boldsymbol{D}),|\boldsymbol{A}|=|\boldsymbol{D}|$，得 $a=1,b=-1$. 选 B.

(5)设 $\boldsymbol{A}=\begin{bmatrix}1&0&0\\0&2&0\\0&0&2\end{bmatrix}$，下列矩阵中与 $\boldsymbol{A}$ 相似且不合同的矩阵是(　　).

A. $\begin{bmatrix}2&1&0\\0&2&0\\0&0&1\end{bmatrix}$　　B. $\begin{bmatrix}2&0&0\\0&2&1\\0&0&1\end{bmatrix}$　　C. $\begin{bmatrix}2&1&0\\0&2&-1\\0&0&1\end{bmatrix}$　　D. $\begin{bmatrix}2&0&0\\1&2&0\\0&-1&1\end{bmatrix}$

解　$\boldsymbol{A}$ 是对角矩阵，只有选项 B 中的矩阵(记为 $\boldsymbol{B}$)可对角化，又 $\boldsymbol{B}$ 不是实对称矩阵，因此与实对称矩阵 $\boldsymbol{A}$ 不合同. 选 B.

3. 设二次型 $f(x_1,x_2,x_3)=ax_1^2+ax_2^2+(a-1)x_3^2+2x_1x_2-2x_2x_3$，(1)求 f 的矩阵 $\boldsymbol{A}$ 的特征值；(2)若 f 的规范形为 $y_1^2+y_2^2$，求 a 的值.

解　(1)f 的矩阵 $\boldsymbol{A}=\begin{bmatrix}a&0&1\\0&a&-1\\1&-1&a-1\end{bmatrix}$，由 $|\lambda\boldsymbol{I}-\boldsymbol{A}|=0$，得 $\lambda_1=a,\lambda_2=a-2,\lambda_3=a+1$.

(2)由 f 的规范形 $y_1^2+y_2^2$ 知，$\boldsymbol{A}$ 的特征值中有一个为零，两个大于零，得 $a=2$.

4. 已知二次型 $f(x_1,x_2,x_3)=ax_1^2+2x_2^2-2x_3^2+bx_2x_3\ (b<0)$，其中 f 的矩阵 $\boldsymbol{A}$ 的特征值之和为 1，特征值之积为 -12. (1)求 a,b 的值；(2)求一个正交变换，把 f 化成标准形.

解　(1)$\boldsymbol{A}=\begin{bmatrix}a&0&b\\0&2&0\\b&0&-2\end{bmatrix}$，由 $\begin{cases}\mathrm{tr}(\boldsymbol{A})=a+2-2=1\\|\boldsymbol{A}|=-4a-2b^2=-12\end{cases}$，得 $a=1,b=-2$.

(2)求得 $\boldsymbol{A}$ 的特征值为 $2,2,-3$，对应的正交单位特征向量为 $\boldsymbol{e}_1=(0,1,0)^{\mathrm{T}},\boldsymbol{e}_2=\left(\frac{-2}{\sqrt{5}},0,\frac{1}{\sqrt{5}}\right)^{\mathrm{T}},\boldsymbol{e}_3=\left(\frac{1}{\sqrt{5}},0,\frac{2}{\sqrt{5}}\right)^{\mathrm{T}}$，令 $\boldsymbol{P}=[\boldsymbol{e}_1\ \boldsymbol{e}_2\ \boldsymbol{e}_3]$，则 $\boldsymbol{P}$ 为正交矩阵，f 在正交变换 $\boldsymbol{x}=\boldsymbol{P}\boldsymbol{y}$ 下的标准形为 $2y_1^2+2y_2^2-3y_3^2$.

5. 已知二次型 $f(x_1,x_2,x_3)=\boldsymbol{x}^{\mathrm{T}}\boldsymbol{A}\boldsymbol{x}$ 经正交变换 $\boldsymbol{x}=\boldsymbol{Q}\boldsymbol{y}$ 化成的标准形为 $y_1^2+y_2^2$，且 $\boldsymbol{Q}$ 的第 3 列为 $\boldsymbol{e}_3=\frac{1}{\sqrt{2}}(1,0,1)^{\mathrm{T}}$，求矩阵 $\boldsymbol{A}$，并证明 $\boldsymbol{A}+\boldsymbol{I}$ 为正定矩阵.

解　$\boldsymbol{A}$ 的特征值为 $1,1,0$，且 0 对应的特征向量为 $\boldsymbol{e}_3$. 设特征值 $\lambda=1$ 对应的特征向量为 $\boldsymbol{\xi}=(x_1,x_2,x_3)^{\mathrm{T}}$，则 $\boldsymbol{\xi}^{\mathrm{T}}\boldsymbol{e}_3=0$，求解得 $\lambda=1$ 对应的单位正交特征向量为 $\boldsymbol{e}_1=(0,1,0)^{\mathrm{T}},\boldsymbol{e}_2=\frac{1}{\sqrt{2}}(1,0,-1)^{\mathrm{T}}$，令 $\boldsymbol{Q}=[\boldsymbol{e}_1\ \boldsymbol{e}_2\ \boldsymbol{e}_3]$，则 $\boldsymbol{A}=\boldsymbol{Q}\begin{bmatrix}1&0&0\\0&1&0\\0&0&0\end{bmatrix}\boldsymbol{Q}^{\mathrm{T}}=\frac{1}{2}\begin{bmatrix}1&0&-1\\0&2&0\\-1&0&1\end{bmatrix}$.

由 $\boldsymbol{A}$ 的特征值为 $1,1,0$，得 $\boldsymbol{A}+\boldsymbol{I}$ 的特征值为 $2,2,1$，均大于零，所以 $\boldsymbol{A}+\boldsymbol{I}$ 为正定矩阵.

6. 设 $\boldsymbol{A}$ 为 $m\times n$ 实矩阵，证明：矩阵 $\boldsymbol{A}^{\mathrm{T}}\boldsymbol{A}$ 为正定矩阵 $\Leftrightarrow r(\boldsymbol{A})=n$.

证　“$\Rightarrow$”若 $\boldsymbol{A}^{\mathrm{T}}\boldsymbol{A}$ 为正定矩阵，则 $|\boldsymbol{A}^{\mathrm{T}}\boldsymbol{A}|\neq0$，从而 $n=r(\boldsymbol{A}^{\mathrm{T}}\boldsymbol{A})\leqslant r(\boldsymbol{A})\leqslant n$，故 $r(\boldsymbol{A})=n$.

“$\Leftarrow$”若 $r(\boldsymbol{A})=n$，则 $\boldsymbol{A}\boldsymbol{x}=\boldsymbol{0}$ 只有零解，即 $\forall\,\boldsymbol{x}\in\mathbf{R}^n,\boldsymbol{x}\neq\boldsymbol{0}$，有 $\boldsymbol{A}\boldsymbol{x}\neq\boldsymbol{0}$，从而 $(\boldsymbol{A}\boldsymbol{x})^{\mathrm{T}}(\boldsymbol{A}\boldsymbol{x})>0$，即 $\boldsymbol{x}^{\mathrm{T}}\boldsymbol{A}^{\mathrm{T}}\boldsymbol{A}\boldsymbol{x}>0$，所以 $\boldsymbol{A}^{\mathrm{T}}\boldsymbol{A}$ 为正定矩阵.

7. 求准线为$\begin{cases}xy=4\\z=0\end{cases}$,母线平行于向量$(1,-1,1)^{\mathrm{T}}$的柱面的方程.

解　在柱面上任取一点$M(x,y,z)$,过点M的母线l的方程为$\dfrac{X-x}{1}=\dfrac{Y-y}{-1}=\dfrac{Z-z}{1}=t$,则$l$与准线的交点坐标$(x+t,y-t,z+t)$必满足准线方程,即有$(x+t)(y-t)=4$,$z+t=0$,消去$t$,得所求柱面方程为$xy+xz-yz-z^2=4$.

8. 设椭球面S_1是由椭圆$\begin{cases}z=0\\\dfrac{x^2}{4}+\dfrac{y^2}{3}=1\end{cases}$绕$x$轴旋转而成的,圆锥面$S_2$是由$Oxy$面内过点$(4,0)$且与椭圆$\dfrac{x^2}{4}+\dfrac{y^2}{3}=1$相切的直线绕$x$轴旋转而成的,(1)求$S_1$及$S_2$的方程;(2)求$S_1$与$S_2$之间的立体体积.

解　(1)S_1的方程为:$\dfrac{x^2}{4}+\dfrac{y^2+z^2}{3}=1$. 设过点$(4,0)$且与椭圆$\dfrac{x^2}{4}+\dfrac{y^2}{3}=1$相切的直线方程为$\dfrac{x}{4}+\dfrac{y}{b}=1$,则由直线与椭圆仅有一个交点,得$b=\pm2$. 故切线方程为$\dfrac{x}{4}\pm\dfrac{y}{2}=1$,所以$S_2$的方程为$\dfrac{x}{4}\pm\dfrac{1}{2}\sqrt{y^2+z^2}=1$,即$\dfrac{1}{4}(y^2+z^2)=\left(1-\dfrac{x}{4}\right)^2$.

(2) 设所求S_1与S_2之间的体积为V,V等于一个底面半径为$\dfrac{3}{2}$、高为3的圆锥的体积$V_1=\dfrac{9\pi}{4}$与一部分椭球体体积V_2之差,$V_2=\displaystyle\int_1^2\dfrac{3\pi}{4}(4-x^2)\,\mathrm{d}x=\dfrac{5\pi}{4}$(已知截面面积求立体的体积). 故$V=V_1-V_2=\dfrac{9\pi}{4}-\dfrac{5\pi}{4}=\pi$.

第 8 章　线性变换

8.1　知识图谱

本章知识图谱如图 8－1 所示。

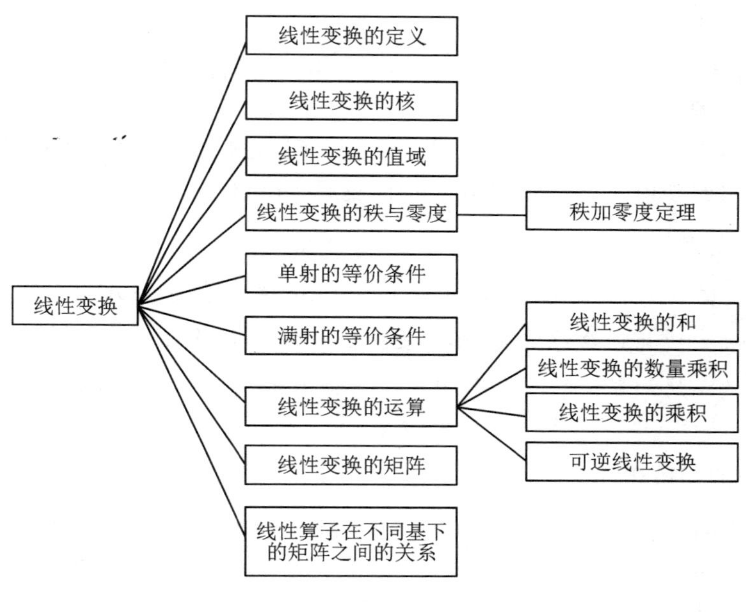

图 8－1

8.2　知识要点

1. 线性变换的概念

设 $T:V\to W$ 是从线性空间 V 到线性空间 W 的一个映射，而且对 $\forall\,\boldsymbol{\alpha},\boldsymbol{\beta}\in V, k\in F$，恒成立 $T(\boldsymbol{\alpha}+\boldsymbol{\beta})=T(\boldsymbol{\alpha})+T(\boldsymbol{\beta}), T(k\boldsymbol{\alpha})=kT(\boldsymbol{\alpha})$，则称 T 为 V 到 W 的一个**线性变换**. V 到 W 的线性变换全体记作 $L(V,W)$，V 到自身的线性变换全体记作 $L(V)$，如果 $T\in L(V)$，也称 T 为 V 上的**线性算子**.

2. 线性变换的性质

设 $T\in L(V,W)$，则 T 有如下基本性质：

(1) $T(0)=0$;

(2) $T(-\boldsymbol{\alpha})=-T(\boldsymbol{\alpha})$;

(3) $T(k_1\boldsymbol{\alpha}_1+\cdots+k_m\boldsymbol{\alpha}_m)=k_1T(\boldsymbol{\alpha}_1)+\cdots+k_mT(\boldsymbol{\alpha}_m)$, $k_i\in F$;

(4) T 把 V 中线性相关向量组映射为 W 中线性相关向量组.

3. 线性变换的核与值域　设 $T\in L(V,W)$

(1) T 的**核** $\ker(T)=\{\boldsymbol{\alpha}\mid\boldsymbol{\alpha}\in V,T(\boldsymbol{\alpha})=\mathbf{0}\}$ 是 V 的子空间,称为 T 的**零空间**,零空间的维数称为 T 的零度,记作 $\mathrm{nullity}(T)$.

(2) T 的**值域** $R(T)=\{T(\boldsymbol{\alpha})\mid\boldsymbol{\alpha}\in V\}$ 是 W 的子空间,称为 T 的**像空间**,像空间的维数称为 T 的秩,记作 $\mathrm{rank}(T)$;若 $\boldsymbol{\alpha}_1,\cdots,\boldsymbol{\alpha}_n$ 是 V 的一个基,则 $R(T)=\mathrm{span}\{T(\boldsymbol{\alpha}_1),\cdots,T(\boldsymbol{\alpha}_n)\}$.

(3) **(秩加零度定理)** 设 $T\in L(V,W)$, $\dim(V)=n$,则 $\mathrm{nullity}(T)+\mathrm{rank}(T)=n$.

4. 单射的等价条件

(1) 设 $T\in L(V,W)$,则 T 是单射 $\Leftrightarrow\ker(T)=\{\mathbf{0}\}\Leftrightarrow T$ 将 V 中线性无关向量组映射为 W 中的线性无关向量组.

(2) 设 $T\in L(V,W)$, $\dim(V)=n$(V 是有限维空间),则 T 是单射 $\Leftrightarrow\ker(T)=\{\mathbf{0}\}\Leftrightarrow T$ 将 V 中线性无关向量组映射为 W 中的线性无关向量组 $\Leftrightarrow\mathrm{rank}(T)=n$.

5. 可逆线性变换

(1) 设 $T\in L(V,W)$, I_V 与 I_W 分别是 V、W 上的恒等变换,如存在 $S\in L(V,W)$,使 $TS=I_W$, $ST=I_V$,则称 T 为**可逆线性变换**,其逆线性变换为 S,记作 $T^{-1}=S$.

(2) 设 $T\in L(V,W)$, $\dim(V)=\dim(W)=n$,则 T 是可逆线性变换 $\Leftrightarrow T$ 是单射 $\Leftrightarrow T$ 是满射 $\Leftrightarrow\mathrm{nullity}(T)=0\Leftrightarrow\mathrm{rank}(T)=n$.

6. 线性变换的矩阵表示

(1) **线性变换的矩阵**　设有数域 F 上的 n 维线性空间 V 和 m 维线性空间 W, $B=\{\boldsymbol{\alpha}_1,\boldsymbol{\alpha}_2,\cdots,\boldsymbol{\alpha}_n\}$ 是 V 的一组基, $B'=\{\boldsymbol{\beta}_1,\boldsymbol{\beta}_2,\cdots,\boldsymbol{\beta}_m\}$ 是 W 的一组基,对 $T\in L(V,W)$, $T(\boldsymbol{\alpha}_1)$, $T(\boldsymbol{\alpha}_2)$, $\cdots$, $T(\boldsymbol{\alpha}_n)$ 可唯一地由 $\beta_1,\beta_2,\cdots,\beta_m$ 线性表出,设

$$\begin{cases}T(\boldsymbol{\alpha}_1)=a_{11}\boldsymbol{\beta}_1+a_{21}\boldsymbol{\beta}_2+\cdots+a_{m1}\boldsymbol{\beta}_m\\T(\boldsymbol{\alpha}_2)=a_{12}\boldsymbol{\beta}_1+a_{22}\boldsymbol{\beta}_2+\cdots+a_{m2}\boldsymbol{\beta}_m\\\qquad\cdots\cdots\\T(\boldsymbol{\alpha}_n)=a_{1n}\boldsymbol{\beta}_1+a_{2n}\boldsymbol{\beta}_2+\cdots+a_{mn}\boldsymbol{\beta}_m\end{cases}$$

则称矩阵 $\mathbf{A}=\begin{bmatrix}a_{11}&a_{12}&\cdots&a_{1n}\\a_{21}&a_{22}&\cdots&a_{2n}\\\vdots&\vdots&&\vdots\\a_{m1}&a_{m2}&\cdots&a_{mn}\end{bmatrix}$ 为**线性变换 T 在给定基 B, B' 下的矩阵**.

(2) **利用线性变换的矩阵 A 求 $T(\boldsymbol{\alpha})$**　设线性变换 T 在给定基 B, B' 下的矩阵为 $\mathbf{A}$,向量 $\boldsymbol{\alpha}$ 在基 $B=\{\boldsymbol{\alpha}_1,\boldsymbol{\alpha}_2,\cdots,\boldsymbol{\alpha}_n\}$ 下的坐标向量为 $\boldsymbol{x}=(x_1,x_2,\cdots,x_n)^{\mathrm{T}}$, $T(\boldsymbol{\alpha})$ 在基 $B'=\{\boldsymbol{\beta}_1,\boldsymbol{\beta}_2,\cdots,\boldsymbol{\beta}_m\}$ 下的坐标为 $\boldsymbol{y}=(y_1,y_2,\cdots,y_m)^{\mathrm{T}}$,则 $\boldsymbol{y}=\mathbf{A}\boldsymbol{x}$. 该结论表明:若给定线性变换的矩阵 $\mathbf{A}$,则根据 $\boldsymbol{\alpha}$ 的坐标 $\boldsymbol{x}$,就可求得 $T(\boldsymbol{\alpha})$ 的坐标 $\boldsymbol{y}$,从而得到 $T(\boldsymbol{\alpha})$.

7. 线性变换运算的矩阵表示

在线性空间V、W中取定基$\boldsymbol{B},\boldsymbol{B}'$后，$L(V,W)$中的每一线性变换$T$与$T$在这组基下的矩阵之间建立了一一对应关系，且有

(1)线性变换的乘积对应矩阵的乘积；

(2)线性变换的和对应矩阵的和；

(3)线性变换的数乘对应矩阵的数乘.

8. 设V是数域F上的n维线性空间，W是数域F上的m维线性空间，则线性空间$L(V,W)$与线性空间$F^{m\times n}$同构，其维数为$m\times n$.

9. 设$T\in L(V,W)$，$B=\{\boldsymbol{\alpha}_1,\boldsymbol{\alpha}_2,\cdots,\boldsymbol{\alpha}_n\}$是$V$的一组基，$B'=\{\boldsymbol{\beta}_1,\boldsymbol{\beta}_2,\cdots,\boldsymbol{\beta}_m\}$是$W$的一组基，$T$在$B,B'$下的矩阵为$\boldsymbol{A}$，则

(1)$R(T)$与$\boldsymbol{A}$的列空间同构，且$\mathrm{rank}(T)=r(\boldsymbol{A})$；

(2)$\ker(T)$与$\boldsymbol{Ax}=\boldsymbol{0}$的解空间同构，且$\mathrm{nullity}(T)=n-r(\boldsymbol{A})$.

10. 线性变换可逆的充要条件

设$T\in L(V,W)$，$\dim(V)=\dim(W)=n$，B和B'分别是V和W的基，T在B,B'下的矩阵为$\boldsymbol{A}$，则T是可逆线性变换的充要条件是$\boldsymbol{A}$为可逆阵，且当T可逆时，T^{-1}在B',B下的矩阵为$\boldsymbol{A}^{-1}$.

11. 线性算子在不同基下的矩阵是相似的.

设$T\in L(V)$，T在V的两组基$B=\{\boldsymbol{\alpha}_1,\boldsymbol{\alpha}_2,\cdots,\boldsymbol{\alpha}_n\}$，$B'=\{\boldsymbol{\beta}_1,\boldsymbol{\beta}_2,\cdots,\boldsymbol{\beta}_n\}$下的矩阵分别为$\boldsymbol{A}$和$\boldsymbol{D}$，由基$B$到基$B'$的过渡矩阵是$\boldsymbol{C}$，则$\boldsymbol{D}=\boldsymbol{C}^{-1}\boldsymbol{AC}$.

8.3　典型例题

例 8-1　判别下列映射中哪些是线性变换，哪些不是？并说明理由.

(1)在线性空间V中，定义$T(\boldsymbol{\alpha})=\boldsymbol{\alpha}_0$，其中$\boldsymbol{\alpha}_0$是$V$中一个固定的向量；

(2)在$\mathbf{R}^3$中，对于$\forall\boldsymbol{\alpha}=(x,y,z)^{\mathrm{T}}$，定义$T(\boldsymbol{\alpha})=(2x-3y,-z,4y)^{\mathrm{T}}$；

(3)在F^3中，定义$T(x_1,x_2,x_3)=(x_1^2,x_2+x_3,x_3)^{\mathrm{T}}$；

(4)n阶对称矩阵的全体构成的集合V对于矩阵的线性运算构成一个线性空间. 对$\forall\boldsymbol{A}\in V$，定义$T(\boldsymbol{A})=\boldsymbol{P}^{\mathrm{T}}\boldsymbol{AP}$，其中$\boldsymbol{P}$为一给定的$n$阶矩阵.

解　(1)当$\boldsymbol{\alpha}_0=\boldsymbol{0}$，$T$是线性变换，否则，不是. 这是因为：

对$\forall\boldsymbol{\alpha},\boldsymbol{\beta}\in V,k\in F$，由于$T(\boldsymbol{\alpha})=\boldsymbol{\alpha}_0$，$T(\boldsymbol{\beta})=\boldsymbol{\alpha}_0$，$T(\boldsymbol{\alpha}+\boldsymbol{\beta})=\boldsymbol{\alpha}_0$，$T(k\boldsymbol{\alpha})=\boldsymbol{\alpha}_0$，当且仅当$\boldsymbol{\alpha}_0=\boldsymbol{0}$时，成立$T(\boldsymbol{\alpha}+\boldsymbol{\beta})=T(\boldsymbol{\alpha})+T(\boldsymbol{\beta})$，$T(k\boldsymbol{\alpha})=kT(\boldsymbol{\alpha})$.

(2)T是$\mathbf{R}^3$上的线性变换. 这是因为：

$$T(\boldsymbol{\alpha})=\begin{bmatrix}2&-3&0\\0&0&-1\\0&4&0\end{bmatrix}\begin{bmatrix}x\\y\\z\end{bmatrix}=\boldsymbol{A\alpha},\boldsymbol{A}=\begin{bmatrix}2&-3&0\\0&0&-1\\0&4&0\end{bmatrix}.$$

对$\forall\boldsymbol{\beta},\boldsymbol{\gamma}\in\mathbf{R}^3,k\in\mathbf{R}$，有$T(\boldsymbol{\beta}+\boldsymbol{\gamma})=\boldsymbol{A}(\boldsymbol{\beta}+\boldsymbol{\gamma})=\boldsymbol{A\beta}+\boldsymbol{A\gamma}=T(\boldsymbol{\beta})+T(\boldsymbol{\gamma})$，$T(k\boldsymbol{\beta})=\boldsymbol{A}(k\boldsymbol{\beta})=k\boldsymbol{A\beta}=kT(\boldsymbol{\beta})$.

(3) T 不是 F^3 上的线性变换. 这是因为:

对 $\forall \boldsymbol{\alpha}=(x_1,x_2,x_3),\boldsymbol{\beta}=(y_1,y_2,y_3)\in F^3$,

$$T(\boldsymbol{\alpha}+\boldsymbol{\beta})=T(x_1+y_1,x_2+y_2,x_3+y_3)=((x_1+y_1)^2,x_2+y_2+x_3+y_3,x_3+y_3)^{\mathrm{T}}$$
$$\neq(x_1{}^2,x_2+x_3,x_3)^{\mathrm{T}}+(y_1{}^2,y_2+y_3,y_3)^{\mathrm{T}}=T(\boldsymbol{\alpha})+T(\boldsymbol{\beta})$$

此例也可检验 $T(k\boldsymbol{\alpha})\neq kT(\boldsymbol{\alpha})$ 以说明 T 不是线性变换.

(4) T 是线性变换. 这是因为:

对 $\forall \boldsymbol{A},\boldsymbol{B}\in V$ 及 $\forall k$, 有 $\boldsymbol{A}+\boldsymbol{B},k\boldsymbol{A}$ 均为 n 阶对称矩阵, 且有 $T(\boldsymbol{A}+\boldsymbol{B})=\boldsymbol{P}^{\mathrm{T}}(\boldsymbol{A}+\boldsymbol{B})\boldsymbol{P}=\boldsymbol{P}^{\mathrm{T}}\boldsymbol{AP}+\boldsymbol{P}^{\mathrm{T}}\boldsymbol{BP}=T(\boldsymbol{A})+T(\boldsymbol{B})$; $T(k\boldsymbol{A})=\boldsymbol{P}^{\mathrm{T}}(k\boldsymbol{A})\boldsymbol{P}=k\boldsymbol{P}^{\mathrm{T}}\boldsymbol{AP}=kT(\boldsymbol{A})$.

例 8-2　在线性空间 $R[x]_n$ 中定义变换 T 如下:

$$T(f(x))=3f'(x)-2\int_a^b f(x)\mathrm{d}x,\ \forall f(x)\in R[x]_n,$$

证明 $T\in L(R[x]_n)$.

证　$\forall f(x),g(x)\in R[x]_n,k\in R$, 有

$$\begin{aligned}T(f(x)+g(x))&=3(f(x)+g(x))'-2\int_a^b[f(x)+g(x)]\mathrm{d}x\\&=3f'(x)-2\int_a^b f(x)\mathrm{d}x+3g'(x)-2\int_a^b g(x)\mathrm{d}x\\&=T(f(x))+T(g(x)),\end{aligned}$$

$$T(kf(x))=3kf'(x)-2\int_a^b kf(x)\mathrm{d}x=k(3f'(x)-2\int_a^b f(x)\mathrm{d}x)=kT(f(x)).$$

故 T 是 $R[x]_n$ 中的一个线性变换.

例 8-3　设 $T\in L(\mathbf{R}^4,\mathbf{R}^3)$, 对于 $\forall x\in\mathbf{R}^4$, $T(x)=\boldsymbol{A}\boldsymbol{x}$, 其中 $\boldsymbol{A}=\begin{bmatrix}1&0&0&1\\1&1&0&3\\0&1&1&1\end{bmatrix}$. 求 T 的值域与秩, 核与零度, 并判定 T 是否为单射? 是否为满射?

解　记 $\boldsymbol{A}=[\boldsymbol{A}_1\ \boldsymbol{A}_2\ \boldsymbol{A}_3\ \boldsymbol{A}_4]$, 则

$$T(\boldsymbol{x})=\boldsymbol{A}\boldsymbol{x}=[\boldsymbol{A}_1\ \boldsymbol{A}_2\ \boldsymbol{A}_3\ \boldsymbol{A}_4]\begin{bmatrix}x_1\\x_2\\x_3\\x_4\end{bmatrix}=x_1\boldsymbol{A}_1+x_2\boldsymbol{A}_2+x_3\boldsymbol{A}_3+x_4\boldsymbol{A}_4.$$

所以, $R(T)=\mathrm{span}\{\boldsymbol{A}_1,\boldsymbol{A}_2,\boldsymbol{A}_3,\boldsymbol{A}_4\}$, 即 T 的值域为矩阵 $\boldsymbol{A}$ 的列空间. 由

$$\boldsymbol{A}=\begin{bmatrix}1&0&0&1\\1&1&0&3\\0&1&1&1\end{bmatrix}\xrightarrow{\text{初等行变换}}\begin{bmatrix}1&0&0&1\\0&1&0&2\\0&0&1&-1\end{bmatrix}$$

得 $r(\boldsymbol{A})=3$, $\boldsymbol{A}_1,\boldsymbol{A}_2,\boldsymbol{A}_3$ 是 $\boldsymbol{A}$ 的列向量组的一个极大无关组, 因此 $\mathrm{rank}(T)=r(\boldsymbol{A})=3$, $\boldsymbol{A}_1=(1,1,0)^{\mathrm{T}}$, $\boldsymbol{A}_2=(0,1,1)^{\mathrm{T}}$, $\boldsymbol{A}_3=(0,0,1)^{\mathrm{T}}$ 是值域 $R(T)$ 的一组基.

$\ker(T)=\{\boldsymbol{x}\mid\boldsymbol{A}\boldsymbol{x}=0,\boldsymbol{x}\in\mathbf{R}^4\}$, 即 T 的核是齐次方程组 $\boldsymbol{A}\boldsymbol{x}=\mathbf{0}$ 的解空间, 由上面的阶梯形矩阵, 得 $\boldsymbol{A}\boldsymbol{x}=\mathbf{0}$ 的基础解系 $\boldsymbol{x}=(1,2,-1,-1)^{\mathrm{T}}$, 所以 $\ker(T)=\mathrm{span}\{\boldsymbol{x}\}$, T 的零度 $\mathrm{nullity}(T)=1$.

由于 $\mathrm{nullity}(T)=1\neq0$, 所以 T 不是单射. 又 $\mathrm{rank}(T)=r(\boldsymbol{A})=3$, 所以 T 是满射.

例 8-4　设 $T\in L(\mathbf{R}^3)$, 定义为

$$T\begin{bmatrix}x_1\\x_2\\x_3\end{bmatrix}=\begin{bmatrix}x_1-x_2+3x_3\\5x_1+6x_2-7x_3\\7x_1+4x_2-x_3\end{bmatrix}$$

求 $R(T)$、$\mathrm{rank}(T)$、$\ker(T)$、$\mathrm{nullity}(T)$.

解　记 $\boldsymbol{x}=(x_1,x_2,x_3)^{\mathrm{T}}$，由 T 的定义，有 $T(\boldsymbol{x})=\boldsymbol{Ax}$，其中 $\boldsymbol{A}=\begin{bmatrix}1&-1&3\\5&6&-7\\7&4&-1\end{bmatrix}$. 于是，

$R(T)=\mathrm{span}\{\boldsymbol{A}_1,\boldsymbol{A}_2,\boldsymbol{A}_3,\}$. 由

$$\boldsymbol{A}=\begin{bmatrix}1&-1&3\\5&6&-7\\7&4&-1\end{bmatrix}\xrightarrow{\text{初等行变换}}\begin{bmatrix}1&0&1\\0&1&-2\\0&0&0\end{bmatrix}$$

得 $r(\boldsymbol{A})=2$，$\boldsymbol{A}_1,\boldsymbol{A}_2$ 是 $\boldsymbol{A}$ 的列向量组的一个极大无关组，因此 $\mathrm{rank}(T)=r(\boldsymbol{A})=2$，$\boldsymbol{A}_1=(1,5,7)^{\mathrm{T}}$，$\boldsymbol{A}_2=(-1,6,4)^{\mathrm{T}}$ 是值域 $R(T)$的一组基.

$\ker(T)$为 $\boldsymbol{Ax}=\boldsymbol{0}$ 的解空间. 由上面的阶梯形矩阵得 $\boldsymbol{Ax}=\boldsymbol{0}$ 的基础解系 $\boldsymbol{\xi}=(-1,2,1)^{\mathrm{T}}$，故 $\ker(T)=\mathrm{span}\{\boldsymbol{\xi}\}$，$\mathrm{nullity}(T)=1$.

例 8－5　设线性变换 $T:F[x]_2\to F[x]_3$，定义为 $T(f(x))=xf(x)$，$\forall f(x)\in F[x]_2$，试求 $R(T)$.

分析　设 $T\in L(V,W)$，$\boldsymbol{\alpha}_1,\cdots,\boldsymbol{\alpha}_m$ 是 V 的一个基，则 $\forall\boldsymbol{\alpha}\in V$，$\boldsymbol{\alpha}=x_1\boldsymbol{\alpha}_1+\cdots+x_m\boldsymbol{\alpha}_m$，有 $T(\boldsymbol{\alpha})=x_1T(\boldsymbol{\alpha}_1)+x_2T(\boldsymbol{\alpha}_2)+\cdots+x_mT(\boldsymbol{\alpha}_m)$，因此 T 的值域 $R(T)=\{T(\boldsymbol{\alpha})\mid\boldsymbol{\alpha}\in V\}=\mathrm{span}\{T(\boldsymbol{\alpha}_1),\cdots,T(\boldsymbol{\alpha}_m)\}$.

解　$F[x]_2$ 的基为 $1,x,x^2$，所以 $R(T)=\mathrm{span}\{T(1),T(x),T(x^2)\}=\mathrm{span}\{x,x^2,x^3\}$.

例 8－6　设 U 是 $\mathbf{R}^8$ 的一个 3 维子空间，T 是 $\mathbf{R}^8$ 到 $\mathbf{R}^5$ 的一个线性变换且 $\ker(T)=U$，证明：T 是满射.

证　由秩加零度定理知，$\dim(R(T))=\dim(\mathbf{R}^8)-\dim(\ker(T))=8-3=5$，而 T 的目标空间是 $\mathbf{R}^5$，其维数是 5，所以，$R(T)=\mathbf{R}^5$，即 T 是满射.

例 8－7　设 $T\in L(\mathbf{R}^3)$，$B=\{\boldsymbol{\alpha}_1,\boldsymbol{\alpha}_2,\boldsymbol{\alpha}_3\}$是 $\mathbf{R}^3$ 的一个基，已知 $\boldsymbol{\alpha}_1=(1,0,0)^{\mathrm{T}}$，$\boldsymbol{\alpha}_2=(1,1,0)^{\mathrm{T}}$，$\boldsymbol{\alpha}_3=(1,1,1)^{\mathrm{T}}$；$T(\boldsymbol{\alpha}_1)=(1,-1,0)^{\mathrm{T}}$，$T(\boldsymbol{\alpha}_2)=(-1,1,-1)^{\mathrm{T}}$，$T(\boldsymbol{\alpha}_3)=(1,-1,2)^{\mathrm{T}}$.

(1)求 T 在基 B 下的矩阵；

(2)求 $T^2(\boldsymbol{\alpha}_1)$，$T^2(\boldsymbol{\alpha}_2)$，$T^2(\boldsymbol{\alpha}_3)$；

(3)已知 $T(\boldsymbol{\beta})$在基 B 下的坐标为$(2,1,-2)^{\mathrm{T}}$，问 $T(\boldsymbol{\beta})$的原像 $\boldsymbol{\beta}$ 是否唯一？并求 $\boldsymbol{\beta}$ 在基 B 下的坐标.

解　(1) 由$[T(\boldsymbol{\alpha}_1)\ T(\boldsymbol{\alpha}_2)\ T(\boldsymbol{\alpha}_3)]=[\boldsymbol{\alpha}_1\ \boldsymbol{\alpha}_2\ \boldsymbol{\alpha}_3]\boldsymbol{A}$，即

$$\begin{bmatrix}1&-1&1\\-1&1&-1\\0&-1&2\end{bmatrix}=\begin{bmatrix}1&1&1\\0&1&1\\0&0&1\end{bmatrix}\boldsymbol{A}$$

得，T 在基 B 下的矩阵为

$$A=\begin{bmatrix}1&1&1\\0&1&1\\0&0&1\end{bmatrix}^{-1}\begin{bmatrix}1&-1&1\\-1&1&-1\\0&-1&2\end{bmatrix}=\begin{bmatrix}2&-2&2\\-1&2&-3\\0&-1&2\end{bmatrix}.$$

(2)由$[T(\boldsymbol{\alpha}_1)\ T(\boldsymbol{\alpha}_2)\ T(\boldsymbol{\alpha}_3)]=[\boldsymbol{\alpha}_1\ \boldsymbol{\alpha}_2\ \boldsymbol{\alpha}_3]\boldsymbol{A}$,得

$$\begin{aligned}T[T(\boldsymbol{\alpha}_1)\ T(\boldsymbol{\alpha}_2)\ T(\boldsymbol{\alpha}_3)]&=T([\boldsymbol{\alpha}_1\ \boldsymbol{\alpha}_2\ \boldsymbol{\alpha}_3]\boldsymbol{A})\\&=(T[\boldsymbol{\alpha}_1\ \boldsymbol{\alpha}_2\ \boldsymbol{\alpha}_3])\boldsymbol{A}=[\boldsymbol{\alpha}_1\ \boldsymbol{\alpha}_2\ \boldsymbol{\alpha}_3]\boldsymbol{A}^2\\&=[\boldsymbol{\alpha}_1\ \boldsymbol{\alpha}_2\ \boldsymbol{\alpha}_3]\begin{bmatrix}6&-10&14\\-4&9&-14\\1&-4&7\end{bmatrix},\end{aligned}$$

因此

$$T^2(\boldsymbol{\alpha}_1)=T(T(\boldsymbol{\alpha}_1))=6\boldsymbol{\alpha}_1-4\boldsymbol{\alpha}_2+\boldsymbol{\alpha}_3=(3,-3,1)^{\mathrm{T}},$$
$$T^2(\boldsymbol{\alpha}_2)=T(T(\boldsymbol{\alpha}_2))=-10\boldsymbol{\alpha}_1+9\boldsymbol{\alpha}_2-4\boldsymbol{\alpha}_3=(-5,5,-4)^{\mathrm{T}},$$
$$T^2(\boldsymbol{\alpha}_3)=T(T(\boldsymbol{\alpha}_3))=14\boldsymbol{\alpha}_1-14\boldsymbol{\alpha}_2+7\boldsymbol{\alpha}_3=(7,-7,7)^{\mathrm{T}}.$$

(3)设$\boldsymbol{\beta}$在基B下的坐标为$\boldsymbol{x}=(x_1,x_2,x_3)^{\mathrm{T}}$,则$T(\boldsymbol{\beta})$在基$B$下的坐标为$\boldsymbol{Ax}$,得

$$\begin{bmatrix}2&-2&2\\-1&2&-3\\0&-1&2\end{bmatrix}\boldsymbol{x}=\begin{bmatrix}2\\1\\-2\end{bmatrix},$$

解此方程组,得

$$\boldsymbol{x}=(x_1,x_2,x_3)^{\mathrm{T}}=(3,2,0)^{\mathrm{T}}+k(1,2,1)^{\mathrm{T}}$$

其中,k为任意常数,所以$T(\boldsymbol{\beta})$的原像$\boldsymbol{\beta}$不唯一.

例 8-8　设线性空间$V=\{(a_0+a_1x+a_2x^2)\mathrm{e}^x\mid a_0,a_1,a_2\in\mathbf{R}\}$,$\boldsymbol{\alpha}_1=x^2\mathrm{e}^x$,$\boldsymbol{\alpha}_2=x\mathrm{e}^x$,$\boldsymbol{\alpha}_3=\mathrm{e}^x$是$V$的一个基,求微商变换$D(f(x))=f'(x)$在这组基下的矩阵.

分析　求线性变换在给定基下的矩阵,按照定义,先求出基中的向量在线性变换下的像,将像在基下的坐标写成列向量,依次按列构成矩阵即为所求.

解　先求出基在微商变换D下的像,并将像用给定的基线性表示,得

$$D(x^2\mathrm{e}^x)=2x\mathrm{e}^x+x^2\mathrm{e}^x=1x^2\mathrm{e}^x+2x\mathrm{e}^x+0\mathrm{e}^x,$$
$$D(x\mathrm{e}^x)=\mathrm{e}^x+x\mathrm{e}^x=0x^2\mathrm{e}^x+1x\mathrm{e}^x+1\mathrm{e}^x,$$
$$D(\mathrm{e}^x)=\mathrm{e}^x=0x^2\mathrm{e}^x+0x\mathrm{e}^x+1\mathrm{e}^x,$$

故微商变换D在这组基下的矩阵为$\boldsymbol{A}=\begin{bmatrix}1&0&0\\2&1&0\\0&1&1\end{bmatrix}$.

即有

$$D[x^2\mathrm{e}^x\quad x\mathrm{e}^x\quad \mathrm{e}^x]=[x^2\mathrm{e}^x\quad x\mathrm{e}^x\quad \mathrm{e}^x]\boldsymbol{A}.$$

例 8-9　设$T\in L(\mathbf{R}[x]_2)$,定义$T(f(x))=xf'(x)+f''(x)$,$\forall f(x)\in\mathrm{R}[x]_2$.(1)求$T$在基$1,x,x^2$下的矩阵$\boldsymbol{A}$;(2)求$T$在基$1,x,1+x^2$下的矩阵$\boldsymbol{B}$;(3)求矩阵$\boldsymbol{S}$使得$\boldsymbol{B}=\boldsymbol{S}^{-1}\boldsymbol{AS}$;(4)若$f(x)=a_0+a_1x+a_2(1+x^2)$,求$T^n(f(x))(n=2,3,\cdots)$.

解　(1)由定义,$T(1)=0$,$T(x)=x$,$T(x^2)=2+2x^2$,从而

$$T[1\ x\ x^2]=[0\ x\ 2+2x^2]=[1\ x\ x^2]\begin{bmatrix}0&0&2\\0&1&0\\0&0&2\end{bmatrix},$$

所以 T 在基 $1,x,x^2$ 下的矩阵为 $\boldsymbol{A}=\begin{bmatrix}0&0&2\\0&1&0\\0&0&2\end{bmatrix}$.

(2)**解法 1**　由于

$$T[1\ x\ 1+x^2]=[0\ x\ 2x^2+2]=[1\ x\ 1+x^2]\begin{bmatrix}0&0&0\\0&1&0\\0&0&2\end{bmatrix},$$

所以 T 在基 $1,x,1+x^2$ 下的矩阵为 $\boldsymbol{B}=\begin{bmatrix}0&0&0\\0&1&0\\0&0&2\end{bmatrix}$.

解法 2　由 $[1\ x\ 1+x^2]=[1\ x\ x^2]\begin{bmatrix}1&0&1\\0&1&0\\0&0&1\end{bmatrix}$，得由基 $1,x,x^2$ 到基 $1,x,1+x^2$ 的过渡矩阵为 $\boldsymbol{C}=\begin{bmatrix}1&0&1\\0&1&0\\0&0&1\end{bmatrix}$，且有 $[1\ x\ x^2]=[1\ x\ 1+x^2]\boldsymbol{C}^{-1}$. 于是

$$T[1\ x\ 1+x^2]=T[1\ x\ x^2]\boldsymbol{C}=[1\ x\ x^2]\boldsymbol{AC}=[1\ x\ 1+x^2]\boldsymbol{C}^{-1}\boldsymbol{AC}$$

因此 T 在基 $1,x,1+x^2$ 下的矩阵为 $\boldsymbol{B}=\boldsymbol{C}^{-1}\boldsymbol{AC}=\begin{bmatrix}0&0&0\\0&1&0\\0&0&2\end{bmatrix}$.

(3)取 $\boldsymbol{S}=\boldsymbol{C}$，则有 $\boldsymbol{B}=\boldsymbol{S}^{-1}\boldsymbol{AS}$.

(4)因为 $f(x)=a_0+a_1x+a_2(1+x^2)=[1\ x\ (1+x^2)]\begin{bmatrix}a_0\\a_1\\a_2\end{bmatrix}$，所以

$$T(f(x))=T([1\ x\ (1+x^2)])\begin{bmatrix}a_0\\a_1\\a_2\end{bmatrix}=[1\ x\ (1+x^2)]\boldsymbol{B}\begin{bmatrix}a_0\\a_1\\a_2\end{bmatrix},$$

$$T^2(f(x))=T(T(f(x)))=[1\ x\ (1+x^2)]\boldsymbol{B}^2\begin{bmatrix}a_0\\a_1\\a_2\end{bmatrix},$$

$$T^n(f(x))=T(T^{n-1}(f(x)))=[1\ x\ 1+x^2]\boldsymbol{B}^n\begin{bmatrix}a_0\\a_1\\a_2\end{bmatrix}=[1\ x\ 1+x^2]\begin{bmatrix}0&0&0\\0&1^n&0\\0&0&2^n\end{bmatrix}\begin{bmatrix}a_0\\a_1\\a_2\end{bmatrix}$$

$$=a_1x+2^na_2(1+x^2)\ ,(n=2,3,\cdots).$$

例 8-10　设 $T\in L(\mathbf{R}^3,\mathbf{R}^2)$，取(Ⅰ)：$\boldsymbol{\alpha}_1=(0,1,1)^{\mathrm{T}},\boldsymbol{\alpha}_2=(2,1,-1)^{\mathrm{T}},\boldsymbol{\alpha}_3=(1,4,-1)^{\mathrm{T}}$

做 $\mathbf{R}^3$ 的基，取(Ⅱ)：$\boldsymbol{\beta}_1=(0,1)^{\mathrm{T}}$，$\boldsymbol{\beta}_2=(-2,1)^{\mathrm{T}}$ 做 $\mathbf{R}^2$ 的基，T 在基(Ⅰ)，(Ⅱ)下的矩阵为 $\boldsymbol{A}=\begin{bmatrix}3&-2&1\\1&6&2\end{bmatrix}$. (1)求 T 的值域和 T 的秩；(2)求 T 的核和 T 的零度；(3)求 $T((2,2,0)^{\mathrm{T}})$.

解　(1)T 的值域 $R(T)=\mathrm{span}\{T(\boldsymbol{\alpha}_1),T(\boldsymbol{\alpha}_2),T(\boldsymbol{\alpha}_3)\}$，向量组 $T(\boldsymbol{\alpha}_1),T(\boldsymbol{\alpha}_2),T(\boldsymbol{\alpha}_3)$ 的极大无关组和秩分别为 $R(T)$ 的基与维数. 由于

$$[T(\boldsymbol{\alpha}_1)\ T(\boldsymbol{\alpha}_2)\ T(\boldsymbol{\alpha}_3)]=[\boldsymbol{\beta}_1\quad \boldsymbol{\beta}_2]\boldsymbol{A}=\begin{bmatrix}-2&-12&-4\\4&4&3\end{bmatrix},$$

易知 $T(\boldsymbol{\alpha}_1),T(\boldsymbol{\alpha}_2),T(\boldsymbol{\alpha}_3)$ 一个极大无关组为上述矩阵的前两个列向量，故 $R(T)=\mathrm{span}\{(-2,4)^{\mathrm{T}},(-12,4)^{\mathrm{T}}\}$，$T$ 的维数为 2.

(2)设 $\boldsymbol{\alpha}=[\boldsymbol{\alpha}_1\ \boldsymbol{\alpha}_2\ \boldsymbol{\alpha}_3]\boldsymbol{x}=x_1\boldsymbol{\alpha}_1+x_2\boldsymbol{\alpha}_2+x_3\boldsymbol{\alpha}_3$，则

$$\boldsymbol{\alpha}\in\ker(T)\Leftrightarrow T(\boldsymbol{\alpha})=0\Leftrightarrow x_1T(\boldsymbol{\alpha}_1)+x_2T(\boldsymbol{\alpha}_2)+x_3T(\boldsymbol{\alpha}_3)=0$$
$$\Leftrightarrow[T(\boldsymbol{\alpha}_1)T(\boldsymbol{\alpha}_2)T(\boldsymbol{\alpha}_3)]\boldsymbol{x}=\boldsymbol{0}\Leftrightarrow[\boldsymbol{\beta}_1\ \boldsymbol{\beta}_2]\boldsymbol{A}\boldsymbol{x}=\boldsymbol{0}\Leftrightarrow\boldsymbol{A}\boldsymbol{x}=\boldsymbol{0},$$

从而 $\ker(T)=\{[\boldsymbol{\alpha}_1\ \boldsymbol{\alpha}_2\ \boldsymbol{\alpha}_3]\boldsymbol{x}\mid\boldsymbol{x}\in\mathbf{R}^3,\boldsymbol{A}\boldsymbol{x}=\boldsymbol{0}\}$，易求得 $\boldsymbol{A}\boldsymbol{x}=\boldsymbol{0}$ 的通解为 $\boldsymbol{x}=k(2,1,-4)^{\mathrm{T}}$，$k\in\mathbf{R}$ 为任意常数，故

$$\ker(T)=\{k(2\boldsymbol{\alpha}_1+\boldsymbol{\alpha}_2-4\boldsymbol{\alpha}_3),k\in\mathbf{R}\}=\{k(-2,-13,5)^{\mathrm{T}},k\in\mathbf{R}\}=\mathrm{span}\{(-2,-13,5)^{\mathrm{T}}\},$$

$(-2,-13,5)^{\mathrm{T}}$ 为 $\ker(T)$ 的基，T 的零度为 1.

(3) 向量 $(2,2,0)^{\mathrm{T}}$ 在基(Ⅰ)下的坐标是 $\boldsymbol{x}=(1,1,0)$，故 $T(2,2,0)^{\mathrm{T}}$ 在基(Ⅱ)下的坐标是 $\boldsymbol{y}=\boldsymbol{A}\boldsymbol{x}=(1,7)^{\mathrm{T}}$，故 $T(2,2,0)^{\mathrm{T}}=[\boldsymbol{\beta}_1\ \boldsymbol{\beta}_2]\boldsymbol{y}=\boldsymbol{\beta}_1+7\boldsymbol{\beta}_2=(-14,8)^{\mathrm{T}}$.

例 8-11　设 $T\in L(\mathbf{R}^3)$，定义为 $T(\boldsymbol{x})=\boldsymbol{A}\boldsymbol{x}$，$\forall\boldsymbol{x}\in\mathbf{R}^3$，其中 $\boldsymbol{A}=\begin{bmatrix}1&-1&3\\5&6&-4\\7&4&2\end{bmatrix}$，证明：

(1)几何上 $\ker(T)$ 代表过原点的直线，并求该直线的方程；

(2)几何上 $R(T)$ 代表过原点的平面，并求该平面的方程.

证　(1)$\ker(T)$ 就是 $\boldsymbol{A}\boldsymbol{x}=\boldsymbol{0}$ 的解空间. 求得 $\boldsymbol{A}\boldsymbol{x}=\boldsymbol{0}$ 的基础解系为 $\boldsymbol{\xi}=(-14,19,11)^{\mathrm{T}}$，故

$$\ker(T)=\mathrm{span}\{\xi\}=\{k(-14,19,11)^{\mathrm{T}}\mid k\in\mathbf{R}\}.$$

任取一点 $(x,y,z)\in\ker(T)$，则有 $(x,y,z)=k(-14,19,11)^{\mathrm{T}}$，即

$$\frac{x}{-14}=\frac{y}{19}=\frac{z}{11},$$

这是过原点的一条直线的对称式方程，所以 $\ker(T)$ 是过原点的直线.

(2)记 $\boldsymbol{A}=[\boldsymbol{\alpha}_1\ \boldsymbol{\alpha}_2\ \boldsymbol{\alpha}_3]$，则 $R(T)$ 为 $\boldsymbol{A}$ 的列空间. 因 $\boldsymbol{A}$ 的列向量组的一个极大无关组为 $\boldsymbol{\alpha}_1=(1,5,7)^{\mathrm{T}}$，$\boldsymbol{\alpha}_2=(-1,6,4)^{\mathrm{T}}$，于是对于 $R(T)$ 中任意向量 $\boldsymbol{\alpha}=(x,y,z)^{\mathrm{T}}\in\mathbf{R}^3$，$\boldsymbol{\alpha}$ 可由 $\boldsymbol{\alpha}_1$，$\boldsymbol{\alpha}_2$ 线性表示，即 $\boldsymbol{\alpha},\boldsymbol{\alpha}_1,\boldsymbol{\alpha}_2$ 线性相关，从而 $\det(\boldsymbol{\alpha},\boldsymbol{\alpha}_1,\boldsymbol{\alpha}_2)=0$，得 $2x+y-z=0$，所以 $R(T)$ 为过原点的平面.

例 8-12　设 $T\in L(V)$，T 在 V 的基 $\boldsymbol{\alpha}_1,\boldsymbol{\alpha}_2,\boldsymbol{\alpha}_3$ 下的矩阵为 $\boldsymbol{A}$，对下列矩阵 $\boldsymbol{A}$，问是否存在 V 的基 $\boldsymbol{\beta}_1,\boldsymbol{\beta}_2,\boldsymbol{\beta}_3$，使得 T 在这组基下的矩阵为对角矩阵？若是，求出这组基及对应的对角矩阵.

$$(1)\boldsymbol{A}=\begin{bmatrix}-1&3&-1\\-3&5&-1\\-3&3&1\end{bmatrix};(2)\boldsymbol{A}=\begin{bmatrix}6&-5&-3\\3&-2&-2\\2&-2&0\end{bmatrix}.$$

分析　设 $T\in L(V)$，则 T 关于 V 的两个基(Ⅰ)、(Ⅱ)的矩阵 $\boldsymbol{A}$、$\boldsymbol{D}$ 相似，即存在可逆矩阵 $\boldsymbol{P}$，使得 $\boldsymbol{P}^{-1}\boldsymbol{AP}=\boldsymbol{D}$，其中 $\boldsymbol{P}$ 为从基(Ⅰ)到基(Ⅱ)的过渡矩阵. 于是问题转化为判别 $\boldsymbol{A}$ 是否相似于对角矩阵的问题.

解　(1)由 $|\lambda\boldsymbol{I}-\boldsymbol{A}|=0$ 求得的 $\boldsymbol{A}$ 特征值 $\lambda_1=\lambda_2=2,\lambda_3=1$. 解方程组 $(2\boldsymbol{I}-\boldsymbol{A})\boldsymbol{x}=\boldsymbol{0}$ 得 $\lambda_1=\lambda_2=2$ 的线性无关的特征向量 $\boldsymbol{\xi}_1=(1,1,0)^{\mathrm{T}},\boldsymbol{\xi}_2=(-1,0,3)^{\mathrm{T}}$；解方程组 $(\boldsymbol{I}-\boldsymbol{A})\boldsymbol{x}=\boldsymbol{0}$ 得 $\lambda_3=1$ 的线性无关的特征向量 $\boldsymbol{\xi}_3=(1,1,1)^{\mathrm{T}}$. 因为矩阵 $\boldsymbol{A}$ 有三个线性无关的特征向量，故 $\boldsymbol{A}$ 可对角化. 令 $\boldsymbol{P}=[\boldsymbol{\xi}_1\ \boldsymbol{\xi}_2\ \boldsymbol{\xi}_3]=\begin{bmatrix}1&-1&1\\1&0&1\\0&3&1\end{bmatrix}$，则有 $\boldsymbol{P}^{-1}\boldsymbol{AP}=\begin{bmatrix}2&&\\&2&\\&&1\end{bmatrix}$.

由 $[\boldsymbol{\beta}_1\ \boldsymbol{\beta}_2\ \boldsymbol{\beta}_3]=[\boldsymbol{\alpha}_1\ \boldsymbol{\alpha}_2\ \boldsymbol{\alpha}_3]\boldsymbol{P}$，求得 V 的基 $\boldsymbol{\beta}_1=\boldsymbol{\alpha}_1+\boldsymbol{\alpha}_2,\boldsymbol{\beta}_2=-\boldsymbol{\alpha}_1+3\boldsymbol{\alpha}_3,\boldsymbol{\beta}_3=\boldsymbol{\alpha}_1+\boldsymbol{\alpha}_2+\boldsymbol{\alpha}_3$，$T$ 在这组基下的矩阵为对角矩阵 $\mathrm{diag}(2,2,1)$.

(2)由 $|\lambda\boldsymbol{I}-\boldsymbol{A}|=\boldsymbol{0}$，得 $\boldsymbol{A}$ 特征值 $\lambda_1=\lambda_2=1,\lambda_3=2$. 解方程组 $(\boldsymbol{I}-\boldsymbol{A})\boldsymbol{x}=\boldsymbol{0}$ 得 $\lambda_1=\lambda_2=1$ 的线性无关的特征向量 $\boldsymbol{\xi}_1=(1,1,0)^{\mathrm{T}}$，由于二重特征值 1 仅有一个线性无关的特征向量，所以 $\boldsymbol{A}$ 不可对角化，即不存在 V 的基使得 T 在这个基下的矩阵为对角矩阵.

例 8-13　设 $T\in L(\mathbf{R}^3)$，$T(\boldsymbol{\alpha}_1)=(-5,0,3)^{\mathrm{T}}$，$T(\boldsymbol{\alpha}_2)=(0,-1,6)^{\mathrm{T}}$，$T(\boldsymbol{\alpha}_3)=(-5,-1,9)^{\mathrm{T}}$. 其中 $\boldsymbol{\alpha}_1=(-1,0,2)^{\mathrm{T}},\boldsymbol{\alpha}_2=(0,1,1)^{\mathrm{T}},\boldsymbol{\alpha}_3=(3,-1,0)^{\mathrm{T}}$，求 T 在基 $\boldsymbol{\varepsilon}_1=(1,0,0)^{\mathrm{T}}$，$\boldsymbol{\varepsilon}_2=(0,1,0)^{\mathrm{T}},\boldsymbol{\varepsilon}_3=(0,0,1)^{\mathrm{T}}$ 下的矩阵.

分析　容易求得 T 在基 $\boldsymbol{\alpha}_1,\boldsymbol{\alpha}_2,\boldsymbol{\alpha}_3$ 下的矩阵，利用线性变换在不同基下的矩阵是相似的，就可以求出 T 在基 $\boldsymbol{\varepsilon}_1,\boldsymbol{\varepsilon}_2,\boldsymbol{\varepsilon}_3$ 下的矩阵.

解　容易得，$\det(\boldsymbol{\alpha}_1,\boldsymbol{\alpha}_2,\boldsymbol{\alpha}_3)\neq 0$，所以 $\boldsymbol{\alpha}_1,\boldsymbol{\alpha}_2,\boldsymbol{\alpha}_3$ 是 $\mathbf{R}^3$ 的一个基. 设 T 在基 $\boldsymbol{\alpha}_1,\boldsymbol{\alpha}_2,\boldsymbol{\alpha}_3$ 下的矩阵为 $\boldsymbol{A}$，则有 $[T(\boldsymbol{\alpha}_1),T(\boldsymbol{\alpha}_2),T(\boldsymbol{\alpha}_3)]=[\boldsymbol{\alpha}_1\ \boldsymbol{\alpha}_2\ \boldsymbol{\alpha}_3]\boldsymbol{A}$，即

$$\begin{bmatrix}-5&0&-5\\0&-1&-1\\3&6&9\end{bmatrix}=\begin{bmatrix}-1&0&3\\0&1&-1\\2&1&0\end{bmatrix}\boldsymbol{A}$$

得

$$\boldsymbol{A}=\begin{bmatrix}-1&0&3\\0&1&-1\\2&1&0\end{bmatrix}^{-1}\begin{bmatrix}-5&0&-5\\0&-1&-1\\3&6&9\end{bmatrix}=\begin{bmatrix}2&3&5\\-1&0&-1\\-1&1&0\end{bmatrix}$$

设 T 在基 $\boldsymbol{\varepsilon}_1,\boldsymbol{\varepsilon}_2,\boldsymbol{\varepsilon}_3$ 下的矩阵为 $\boldsymbol{C}$，由 $[\boldsymbol{\varepsilon}_1\ \boldsymbol{\varepsilon}_2\ \boldsymbol{\varepsilon}_3]=[\boldsymbol{\alpha}_1\ \boldsymbol{\alpha}_2\ \boldsymbol{\alpha}_3]\boldsymbol{P}$，得从基 $\boldsymbol{\alpha}_1,\boldsymbol{\alpha}_2,\boldsymbol{\alpha}_3$ 到基 $\boldsymbol{\varepsilon}_1,\boldsymbol{\varepsilon}_2,\boldsymbol{\varepsilon}_3$ 的过渡矩阵 $\boldsymbol{P}=[\boldsymbol{\alpha}_1\ \boldsymbol{\alpha}_2\ \boldsymbol{\alpha}_3]^{-1}$，故

$$\boldsymbol{C}=\boldsymbol{P}^{-1}\boldsymbol{AP}=[\boldsymbol{\alpha}_1\ \boldsymbol{\alpha}_2\ \boldsymbol{\alpha}_3]\boldsymbol{A}[\boldsymbol{\alpha}_1\ \boldsymbol{\alpha}_2\ \boldsymbol{\alpha}_3]^{-1}$$

$$=\begin{bmatrix}-1&0&3\\0&1&-1\\2&1&0\end{bmatrix}\begin{bmatrix}2&3&5\\-1&0&-1\\-1&1&0\end{bmatrix}\begin{bmatrix}-1&0&3\\0&1&-1\\2&1&0\end{bmatrix}^{-1}=\frac{1}{7}\begin{bmatrix}-5&20&-20\\-4&-5&-2\\27&18&24\end{bmatrix}.$$

例 8-14　在 $\mathbf{R}^3$ 中，对于任意向量 $\boldsymbol{\alpha}=(x,y,z)^{\mathrm{T}}$，规定 $T(\boldsymbol{\alpha})=(x-y,y-z,z)^{\mathrm{T}}$. (1)求线性变换 T 在基 $\boldsymbol{\alpha}_1=(0,0,1)^{\mathrm{T}},\boldsymbol{\alpha}_2=(0,1,1)^{\mathrm{T}},\boldsymbol{\alpha}_3=(1,1,1)^{\mathrm{T}}$ 下的矩阵. (2)求 T 的值域和秩.

解　(1)（方法一）设线性变换 T 在基 $\boldsymbol{\alpha}_1,\boldsymbol{\alpha}_2,\boldsymbol{\alpha}_3$ 下的矩阵为 $\boldsymbol{B}$，则 $T(\boldsymbol{\alpha}_1\ \boldsymbol{\alpha}_2\ \boldsymbol{\alpha}_3)=(\boldsymbol{\alpha}_1\ \boldsymbol{\alpha}_2$

$\boldsymbol{\alpha}_3)\boldsymbol{B}$. 由 $T(\boldsymbol{\alpha}_1)=(0,-1,1)^{\mathrm{T}}, T(\boldsymbol{\alpha}_2)=(-1,0,1)^{\mathrm{T}}, T(\boldsymbol{\alpha}_3)=(0,0,1)^{\mathrm{T}}$,得

$$\begin{bmatrix}0&-1&0\\-1&0&0\\1&1&1\end{bmatrix}=\begin{bmatrix}0&0&1\\0&1&1\\1&1&1\end{bmatrix}\boldsymbol{B},$$

解矩阵方程得 $\boldsymbol{B}=\begin{bmatrix}2&1&1\\-1&1&0\\0&-1&0\end{bmatrix}$.

(方法二) 设 T 在基 $\boldsymbol{\alpha}_1,\boldsymbol{\alpha}_2,\boldsymbol{\alpha}_3$ 下的矩阵为 $\boldsymbol{B}$,由于 T 在基 $\boldsymbol{\varepsilon}_1,\boldsymbol{\varepsilon}_2,\boldsymbol{\varepsilon}_3$ 下的矩阵为 $\boldsymbol{A}=\begin{bmatrix}1&-1&0\\0&1&-1\\0&0&1\end{bmatrix}$. 由基 $\boldsymbol{\varepsilon}_1,\boldsymbol{\varepsilon}_2,\boldsymbol{\varepsilon}_3$ 到基 $\boldsymbol{\alpha}_1,\boldsymbol{\alpha}_2,\boldsymbol{\alpha}_3$ 得过渡矩阵为 $\boldsymbol{S}=\begin{bmatrix}0&0&1\\0&1&1\\1&1&1\end{bmatrix}$,所以

$$\boldsymbol{B}=\boldsymbol{S}^{-1}\boldsymbol{A}\boldsymbol{S}=\begin{bmatrix}0&-1&1\\-1&1&0\\1&0&0\end{bmatrix}\begin{bmatrix}1&-1&0\\0&1&-1\\0&0&1\end{bmatrix}\begin{bmatrix}0&0&1\\0&1&1\\1&1&1\end{bmatrix}=\begin{bmatrix}2&1&1\\-1&1&0\\0&-1&0\end{bmatrix}.$$

(2)$R(T)=\mathrm{span}\{T(\boldsymbol{\alpha}_1),T(\boldsymbol{\alpha}_2),T(\boldsymbol{\alpha}_3)\}$,因为 $T(\boldsymbol{\alpha}_1),T(\boldsymbol{\alpha}_2),T(\boldsymbol{\alpha}_3)$线性无关,所以 $R(T)=\mathbf{R}^3$, $\mathrm{rank}(T)=3$.

例 8－15　设

(Ⅰ):$\boldsymbol{A}_1=\begin{bmatrix}1&1\\1&1\end{bmatrix},\boldsymbol{A}_2=\begin{bmatrix}1&1\\1&0\end{bmatrix},\boldsymbol{A}_3=\begin{bmatrix}1&1\\0&0\end{bmatrix},\boldsymbol{A}_4=\begin{bmatrix}1&0\\0&0\end{bmatrix}$;

(Ⅱ):$\boldsymbol{B}_1=\begin{bmatrix}2&1\\-1&1\end{bmatrix},\boldsymbol{B}_2=\begin{bmatrix}0&3\\1&0\end{bmatrix},\boldsymbol{B}_3=\begin{bmatrix}5&3\\2&1\end{bmatrix},\boldsymbol{B}_4=\begin{bmatrix}6&6\\1&3\end{bmatrix}$,

是 $\mathbf{R}^{2\times2}$ 中两组基,定义 $\sigma(\boldsymbol{X})=\begin{bmatrix}1&-1\\0&2\end{bmatrix}\boldsymbol{X}, \forall \boldsymbol{X}\in\mathbf{R}^{2\times2}$.

(1)试证 σ 是 $\mathbf{R}^{2\times2}$ 的线性变换;

(2)求由基(Ⅰ)到基(Ⅱ)的过渡矩阵;

(3)求 σ 在基(Ⅰ)下的矩阵.

解　(1)记 $\begin{bmatrix}1&-1\\0&2\end{bmatrix}=\boldsymbol{P}$,则 $\sigma(\boldsymbol{X})=\boldsymbol{PX}, \forall \boldsymbol{X}\in\mathbf{R}^{2\times2}$. 显然,$\sigma$ 是 $\mathbf{R}^{2\times2}$ 上的一个变换. 且对 $\forall \boldsymbol{X},\boldsymbol{Y}\in\mathbf{R}^{2\times2}, k,l\in\mathbf{R}$,有

$\sigma(k\boldsymbol{X}+l\boldsymbol{Y})=\boldsymbol{P}(k\boldsymbol{X}+l\boldsymbol{Y})=k\boldsymbol{PX}+l\boldsymbol{PY}=k\sigma(\boldsymbol{X})+l\sigma(\boldsymbol{Y})$,故 σ 是 $\mathbf{R}^{2\times2}$ 上的线性变换.

(2)取 $\mathbf{R}^{2\times2}$ 的标准基为 $\boldsymbol{E}_{11}$、$\boldsymbol{E}_{12}$、$\boldsymbol{E}_{21}$、$\boldsymbol{E}_{22}$. 由标准基到基(Ⅰ)、基(Ⅱ)的过渡矩阵分别为

$$\boldsymbol{S}_1=\begin{bmatrix}1&1&1&1\\1&1&1&0\\1&1&0&0\\1&0&0&0\end{bmatrix},\boldsymbol{S}_2=\begin{bmatrix}2&0&5&6\\1&3&3&6\\-1&1&2&1\\1&0&1&3\end{bmatrix},$$

则由基(Ⅰ)到基(Ⅱ)的过渡矩阵为

$$\boldsymbol{S}=\boldsymbol{S}_1^{-1}\boldsymbol{S}_2=\begin{bmatrix}1&0&1&3\\-2&1&1&-2\\2&2&1&5\\1&-3&2&0\end{bmatrix}.$$

(3)由 σ 的定义,有

$$\sigma(\boldsymbol{A}_1)=\boldsymbol{P}\boldsymbol{A}_1=\begin{bmatrix}0&0\\2&2\end{bmatrix}=2(\boldsymbol{A}_1-\boldsymbol{A}_3),$$

$$\sigma(\boldsymbol{A}_2)=\boldsymbol{P}\boldsymbol{A}_2=\begin{bmatrix}0&1\\2&0\end{bmatrix}=2\boldsymbol{A}_2-\boldsymbol{A}_3-\boldsymbol{A}_4,$$

$$\sigma(\boldsymbol{A}_3)=\boldsymbol{P}\boldsymbol{A}_3=\begin{bmatrix}1&1\\0&0\end{bmatrix}=\boldsymbol{A}_3,\sigma(\boldsymbol{A}_4)=\boldsymbol{P}\boldsymbol{A}_4=\begin{bmatrix}1&0\\0&0\end{bmatrix}=\boldsymbol{A}_4.$$

故 σ 在基(Ⅰ)下的矩阵为

$$\boldsymbol{M}=\begin{bmatrix}2&0&0&0\\0&2&0&0\\-2&-1&1&0\\0&-1&0&1\end{bmatrix}.$$

例 8-16 设 $T\in L(\mathbf{R}^4,\mathbf{R}^3)$,$T$ 在基 $B=\{\boldsymbol{\alpha}_1,\boldsymbol{\alpha}_2,\boldsymbol{\alpha}_3,\boldsymbol{\alpha}_4\}$,$B'=\{\boldsymbol{\beta}_1,\boldsymbol{\beta}_2,\boldsymbol{\beta}_3\}$下的矩阵为

$$\boldsymbol{A}=\begin{bmatrix}3&-2&1&0\\1&6&2&1\\-3&0&7&1\end{bmatrix},$$

其中 $\boldsymbol{\alpha}_1=(0,1,1,1)^{\mathrm{T}}$,$\boldsymbol{\alpha}_2=(2,1,-1,-1)^{\mathrm{T}}$,$\boldsymbol{\alpha}_3=(1,4,-1,2)^{\mathrm{T}}$,$\boldsymbol{\alpha}_4=(6,9,4,2)^{\mathrm{T}}$; $\boldsymbol{\beta}_1=(0,8,8)^{\mathrm{T}}$,$\boldsymbol{\beta}_2=(-7,8,1)^{\mathrm{T}}$,$\boldsymbol{\beta}_3=(-6,9,1)^{\mathrm{T}}$. 求 $\boldsymbol{\alpha}=(1,-2,1,-2)^{\mathrm{T}}$ 在基 B 下的坐标,并求 $T(\boldsymbol{\alpha})$.

解 设 $\boldsymbol{\alpha}$ 在基 B 下的坐标为 $\boldsymbol{x}=(x_1,x_2,x_3,x_4)^{\mathrm{T}}$,则 $\boldsymbol{\alpha}=\boldsymbol{\alpha}_1x_1+\boldsymbol{\alpha}_2x_2+\boldsymbol{\alpha}_3x_3+\boldsymbol{\alpha}_4x_4$,即

$$\begin{bmatrix}0&2&1&6\\1&1&4&9\\1&-1&-1&4\\1&-1&2&2\end{bmatrix}\boldsymbol{x}=\begin{bmatrix}1\\-2\\1\\-2\end{bmatrix},$$

解得 $\boldsymbol{x}=(1,1,-1,0)^{\mathrm{T}}$. 于是 $T(\boldsymbol{\alpha})$在基 B'下的坐标为 $\boldsymbol{A}\boldsymbol{x}=\begin{bmatrix}2\\5\\-10\end{bmatrix}$,故 $T(\boldsymbol{\alpha})=2\boldsymbol{\beta}_1+5\boldsymbol{\beta}_2-10\boldsymbol{\beta}_3=(25,-50,-5)^{\mathrm{T}}$.

例 8-17 设 T 是 n 维线性空间 V 上的线性变换,$\boldsymbol{\xi}\in V$,如果 $T^{n-1}\boldsymbol{\xi}\neq\mathbf{0}$,$T^n\boldsymbol{\xi}=\mathbf{0}$,证明:$\boldsymbol{\xi},T\boldsymbol{\xi},\cdots,T^{n-1}\boldsymbol{\xi}$ 是 V 的一组基,并求 T 在这组基下的矩阵.

证 因 $\boldsymbol{\xi},T\boldsymbol{\xi},\cdots,T^{n-1}\boldsymbol{\xi}$ 是 V 中的 n 个向量,故只需要证明它们线性无关即可.

设有一组数 $l_1,\cdots,l_n\in F$,使得

$$l_1\boldsymbol{\xi}+l_2T\boldsymbol{\xi}+\cdots+l_nT^{n-1}\boldsymbol{\xi}=\mathbf{0}$$

以 T^{n-1} 作用于上式两边,得

$$l_1T^{n-1}(\boldsymbol{\xi})+l_2T^n(\boldsymbol{\xi})+\cdots+l_nT^{2n-2}(\boldsymbol{\xi})=\mathbf{0}$$

因 $T^n\boldsymbol{\xi}=\mathbf{0}$,所以 $T^{n+k}\boldsymbol{\xi}=\mathbf{0}(k\geqslant1)$,由上式得 $l_1T^{n-1}\boldsymbol{\xi}=\mathbf{0}$,又 $T^{n-1}\boldsymbol{\xi}\neq\mathbf{0}$,故 $l_1=0$. 同理可得,$l_i=0(i=2,\cdots,n)$,故 $\boldsymbol{\xi},T\boldsymbol{\xi},\cdots,T^{n-1}\boldsymbol{\xi}$ 线性无关. 又因 $\dim(V)=n$,故 $\boldsymbol{\xi},T\boldsymbol{\xi},\cdots,T^{n-1}\boldsymbol{\xi}$ 是 V 的一组基.

下面求 T 在上述基下的矩阵. 由于

$$T[\boldsymbol{\xi}\ \ T\boldsymbol{\xi}\ \ \cdots\ \ T^{n-2}\boldsymbol{\xi}\ \ T^{n-1}\boldsymbol{\xi}]=[T\boldsymbol{\xi}\ \ T^2\boldsymbol{\xi}\ \ \cdots\ \ T^{n-1}\boldsymbol{\xi}\ \ T^n\boldsymbol{\xi}]=[T\boldsymbol{\xi}\ \ T^2\boldsymbol{\xi}\ \ \cdots\ \ T^{n-1}\boldsymbol{\xi}\ \ \mathbf{0}]$$
$$=[\boldsymbol{\xi}\ \ T\boldsymbol{\xi}\ \ \cdots\ \ T^{n-2}\boldsymbol{\xi}\ \ T^{n-1}\boldsymbol{\xi}]\ \boldsymbol{A}$$

其中，$\boldsymbol{A}=\begin{bmatrix}0&0&\cdots&0&0\\1&0&\cdots&0&0\\0&1&\cdots&0&0\\\vdots&\vdots&&\vdots&\vdots\\0&0&\cdots&1&0\end{bmatrix}$ 就是 T 在基 $\boldsymbol{\xi},T\boldsymbol{\xi},\cdots,T^{n-1}\boldsymbol{\xi}$ 下的矩阵.

例 8-18　证明：若 $T\in L(\mathbf{R}^n,\mathbf{R}^m)$，则必存在实矩阵 $\boldsymbol{A}_{m\times n}$，使得对 $\forall\,\boldsymbol{x}\in\mathbf{R}^n$，成立 $T(\boldsymbol{x})=\boldsymbol{A}\boldsymbol{x}$.

证　必要性　设 $T\in L(\mathbf{R}^n,\mathbf{R}^m)$，令 $\boldsymbol{e}_j$ 是第 j 个分量为 1，其他分量全为零的 n 维列向量 $(j=1,2,\cdots,n)$，设

$$T(\boldsymbol{\varepsilon}_j)=(a_{1j},a_{2j},\cdots,a_{mj})^{\mathrm{T}},j=1,2,\cdots,n$$

则对于 $\boldsymbol{x}=(x_1,x_2,\cdots,x_n)^{\mathrm{T}}=x_1\boldsymbol{e}_1+x_2\boldsymbol{e}_2+\cdots+x_n\boldsymbol{e}_n\in\mathbf{R}^n$，有

$$T(\boldsymbol{x})=x_1T(\boldsymbol{e}_1)+x_2T(\boldsymbol{e}_2)+\cdots+x_nT(\boldsymbol{e}_n)$$
$$=[T(\boldsymbol{e}_1)+T(\boldsymbol{e}_2)+\cdots+T(\boldsymbol{e}_n)]\begin{bmatrix}x_1\\x_2\\\vdots\\x_n\end{bmatrix}$$
$$=\begin{bmatrix}a_{11}&a_{12}&\cdots&a_{1n}\\a_{21}&a_{22}&\cdots&a_{2n}\\\vdots&\vdots&&\vdots\\a_{m1}&a_{m2}&\cdots&a_{mn}\end{bmatrix}\begin{bmatrix}x_1\\x_2\\\vdots\\x_n\end{bmatrix}=\boldsymbol{A}\boldsymbol{x}$$

其中，$\boldsymbol{A}=(a_{ij})_{m\times n}\in\mathbf{R}^{m\times n}$.

充分性　设存在矩阵 $\boldsymbol{A}\in\mathbf{R}^{m\times n}$，使 $T(\boldsymbol{x})=\boldsymbol{A}\boldsymbol{x}$，$\forall\,\boldsymbol{x}\in\mathbf{R}^n$，则 T 是 $\mathbf{R}^n$ 到 $\mathbf{R}^m$ 的映射，且 $\forall\,\boldsymbol{x},\boldsymbol{y}\in\mathbf{R}^n$，$k\in\mathbf{R}$，有

$$T(\boldsymbol{x}+\boldsymbol{y})=\boldsymbol{A}(\boldsymbol{x}+\boldsymbol{y})=\boldsymbol{A}\boldsymbol{x}+\boldsymbol{A}\boldsymbol{y}=T(\boldsymbol{x})+T(\boldsymbol{y}),$$
$$T(k\boldsymbol{x})=\boldsymbol{A}(k\boldsymbol{x})=k\boldsymbol{A}\boldsymbol{x}=kT(\boldsymbol{x})$$

故 $T\in L(\mathbf{R}^n,\mathbf{R}^m)$.

注　本题给出了由 $\mathbf{R}^n$ 到 $\mathbf{R}^m$ 的线性变换的表现形式. 作为特例，当 $m=1$ 时，即得：T 为 $\mathbf{R}^n$ 上的线性函数$\Leftrightarrow$存在 $\boldsymbol{A}=[a_1a_2\cdots a_n]\in\mathbf{R}^{1\times n}$，使得 $T(\boldsymbol{x})=a_1x_1+a_2x_2+\cdots+a_nx_n$，$\forall\,\boldsymbol{x}=(x_1,x_2,\cdots,x_n)^{\mathrm{T}}\in\mathbf{R}^n$.

8.4　习题及详解

习题 8.1 线性变换及其运算(A)

1. 判断下列映射是否为线性映射：

(1)从 $\mathbf{R}^3$ 到 $\mathbf{R}^2$ 的映射：$T(x_1,x_2,x_3)^{\mathrm{T}}=(2x_1+x_2,2x_2-3x_3)^{\mathrm{T}}$；

(2)$\mathbf{R}^2$ 上的旋转变换：$\begin{cases}x'=x\cos\alpha-y\sin\alpha\\y'=x\sin\alpha+y\cos\alpha\end{cases}$；

(3)从 V 到自身的映射：$T(\boldsymbol{\alpha})=\boldsymbol{\alpha}+\boldsymbol{\alpha}_0$，其中 $\boldsymbol{\alpha}_0$ 是线性空间 V 中一固定的非零向量；

(4)从 $\mathbf{R}^n$ 到 $\mathbf{R}$ 的映射：$T(\boldsymbol{x})=\boldsymbol{x}^{\mathrm{T}}\boldsymbol{A}\boldsymbol{x}$，$\forall \boldsymbol{x}\in\mathbf{R}^n$，$\boldsymbol{A}$ 为一固定的 n 阶实方阵.

解　(1)是. $T(x_1,x_2,x_3)^{\mathrm{T}}=\begin{bmatrix}2 & 1 & 0\\0 & 2 & -3\end{bmatrix}\begin{bmatrix}x_1\\x_2\\x_3\end{bmatrix}$满足线性变换的定义.

(2)是. $\begin{bmatrix}x'\\y'\end{bmatrix}=\begin{bmatrix}\cos\alpha & -\sin\alpha\\\sin\alpha & \cos\alpha\end{bmatrix}\begin{bmatrix}x\\y\end{bmatrix}$满足线性变换的定义.

(3)不是. 因为 $T(\boldsymbol{\alpha}+\boldsymbol{\beta})=\boldsymbol{\alpha}+\boldsymbol{\beta}+\boldsymbol{\alpha}_0\neq T(\boldsymbol{\alpha})+T(\boldsymbol{\beta})=\boldsymbol{\alpha}+\boldsymbol{\alpha}_0+\boldsymbol{\beta}+\boldsymbol{\alpha}_0$.

(4)不是. 因为 $T(\boldsymbol{x}+\boldsymbol{y})=(\boldsymbol{x}+\boldsymbol{y})^{\mathrm{T}}\boldsymbol{A}(\boldsymbol{x}+\boldsymbol{y})\neq T(\boldsymbol{x})+T(\boldsymbol{y})$.

2. 设 W 是欧氏空间 V 的一个子空间，$\boldsymbol{e}_1,\cdots,\boldsymbol{e}_r$ 是 W 的一个标准正交基，设 $T:V\to W$ 为 $T(\boldsymbol{\alpha})=\mathrm{Proj}_W\boldsymbol{\alpha}=\langle\boldsymbol{\alpha},\boldsymbol{e}_1\rangle\boldsymbol{e}_1+\cdots+\langle\boldsymbol{\alpha},\boldsymbol{e}_r\rangle\boldsymbol{e}_r$，$\forall\boldsymbol{\alpha}\in V$，证明：$T$ 是线性变换.

证　$\forall\boldsymbol{\alpha},\boldsymbol{\beta}\in V,k\in\mathbf{R}$，有 $T(\boldsymbol{\alpha}+\boldsymbol{\beta})=\langle\boldsymbol{\alpha}+\boldsymbol{\beta},\boldsymbol{e}_1\rangle\boldsymbol{e}_1+\cdots+\langle\boldsymbol{\alpha}+\boldsymbol{\beta},\boldsymbol{e}_r\rangle\boldsymbol{e}_r=\langle\boldsymbol{\alpha},\boldsymbol{e}_1\rangle\boldsymbol{e}_1+\cdots+\langle\boldsymbol{\alpha},\boldsymbol{e}_r\rangle\boldsymbol{e}_r+\langle\boldsymbol{\beta},\boldsymbol{e}_1\rangle\boldsymbol{e}_1+\cdots+\langle\boldsymbol{\beta},\boldsymbol{e}_r\rangle\boldsymbol{e}_r=T(\boldsymbol{\alpha})+T(\boldsymbol{\beta})$；$T(k\boldsymbol{\alpha})=kT(\boldsymbol{\alpha})$；所以 T 是 $V\to W$ 的一个线性变换.

3. 设 $\boldsymbol{\alpha}_0=(a_0,b_0,c_0)^{\mathrm{T}}$ 为 $\mathbf{R}^3$ 中一固定向量，令 $T:\mathbf{R}^3\to\mathbf{R}^3$ 为 $T(\boldsymbol{\alpha})=\boldsymbol{\alpha}_0\times\boldsymbol{\alpha}$，$\forall\boldsymbol{\alpha}=(a,b,c)\in\mathbf{R}^3$. 证明：$T$ 是 $\mathbf{R}^3$ 上的线性算子.

证　$\forall\boldsymbol{\alpha},\boldsymbol{\beta}\in\mathbf{R}^3,k,l\in\mathbf{R}$，由于 $T(k\boldsymbol{\alpha}+l\boldsymbol{\beta})=\boldsymbol{\alpha}_0\times(k\boldsymbol{\alpha}+l\boldsymbol{\beta})=k(\boldsymbol{\alpha}_0\times\boldsymbol{\alpha})+l(\boldsymbol{\alpha}_0\times\boldsymbol{\beta})=kT(\boldsymbol{\alpha})+lT(\boldsymbol{\beta})$，所以 T 是 $\mathbf{R}^3$ 上的线性算子.

4. 设 $\boldsymbol{e}_1,\cdots,\boldsymbol{e}_n$ 为线性空间 V 的基，$T\in L(V,W)$，证明：T 为零变换的充要条件是 $T(\boldsymbol{e}_i)=\boldsymbol{0}(i=1,\cdots,n)$.

证　$\Rightarrow$ 若 T 是零变换，则 $\forall\boldsymbol{\alpha}\in V$，$T(\boldsymbol{\alpha})=\boldsymbol{0}$，于是有 $T(\boldsymbol{e}_i)=\boldsymbol{0}(i=1,2,\cdots,n)$.

$\Leftarrow$若$T(\boldsymbol{e}_i)=0(i=1,\cdots,n)$，则 $\forall\boldsymbol{\alpha}\in V$，由于 $\boldsymbol{\alpha}$ 可表示为 $\boldsymbol{\alpha}=k_1\boldsymbol{e}_1+k_2\boldsymbol{e}_2+\cdots+k_n\boldsymbol{e}_n$，于是 $T(\boldsymbol{\alpha})=k_1T(\boldsymbol{e}_1)+k_2T(\boldsymbol{e}_2)+\cdots+k_nT(\boldsymbol{e}_n)=\boldsymbol{0}$，所以 T 为零变换.

5. 习题及详解见典型例题例 8 - 18.

6. 设 $\boldsymbol{e}_1,\boldsymbol{e}_2,\boldsymbol{e}_3$ 是线性空间 V 的一个基，$T\in L(V,\mathbf{R}^3)$，定义 $T(\boldsymbol{e}_1)=(1,-1,2)^{\mathrm{T}}$，$T(\boldsymbol{e}_2)=(0,3,2)^{\mathrm{T}}$，$T(\boldsymbol{e}_3)=(-3,1,2)^{\mathrm{T}}$，求 $T(2\boldsymbol{e}_1-3\boldsymbol{e}_2+4\boldsymbol{e}_3)$.

解　$T(2\boldsymbol{e}_1-3\boldsymbol{e}_2+4\boldsymbol{e}_3)=2T(\boldsymbol{e}_1)-3T(\boldsymbol{e}_2)+4T(\boldsymbol{e}_3)=(-10,-7,6)^{\mathrm{T}}$.

7. 设 T_1 是 $\mathbf{R}^2$ 上旋转$\dfrac{\pi}{3}$的变换，T_2 是 $\mathbf{R}^2$ 上旋转$\dfrac{\pi}{2}$的变换(关于 $\mathbf{R}^2$ 上的旋转变换见本习题 1(2)题)，求 $T_1\begin{bmatrix}x\\y\end{bmatrix}$，$T_2\begin{bmatrix}x\\y\end{bmatrix}$及 $T_2T_1\begin{bmatrix}x\\y\end{bmatrix}$.

解　分别将 $\alpha=\dfrac{\pi}{3}$，$\alpha=\dfrac{\pi}{2}$代入$\begin{bmatrix}x'\\y'\end{bmatrix}=\begin{bmatrix}\cos\alpha & -\sin\alpha\\\sin\alpha & \cos\alpha\end{bmatrix}\begin{bmatrix}x\\y\end{bmatrix}$，得

$$T_1\begin{bmatrix}x\\y\end{bmatrix}=\begin{bmatrix}\dfrac{1}{2} & -\dfrac{\sqrt{3}}{2}\\\dfrac{\sqrt{3}}{2} & \dfrac{1}{2}\end{bmatrix}\begin{bmatrix}x\\y\end{bmatrix}=\frac{1}{2}\begin{bmatrix}x-\sqrt{3}y\\\sqrt{3}x+y\end{bmatrix},T_2\begin{bmatrix}x\\y\end{bmatrix}=\begin{bmatrix}0 & -1\\1 & 0\end{bmatrix}\begin{bmatrix}x\\y\end{bmatrix}=\begin{bmatrix}-y\\x\end{bmatrix},$$

$$T_2T_1\begin{bmatrix}x\\y\end{bmatrix}=\begin{bmatrix}0&-1\\1&0\end{bmatrix}\begin{bmatrix}\frac{1}{2}&-\frac{\sqrt{3}}{2}\\\frac{\sqrt{3}}{2}&\frac{1}{2}\end{bmatrix}\begin{bmatrix}x\\y\end{bmatrix}=\frac{1}{2}\begin{bmatrix}-\sqrt{3}x&-y\\x&-\sqrt{3}y\end{bmatrix}.$$

8. 设 $T\in L(\mathbf{R}^4,\mathbf{R}^3)$，定义

$T(x_1,x_2,x_3,x_4)^{\mathrm{T}}=(4x_1+x_2-2x_3-3x_4,2x_1+x_2+x_3-4x_4,6x_1-9x_3+9x_4)^{\mathrm{T}}$，

(1)判别下列向量中哪些是 $R(T)$ 中的向量：

$\boldsymbol{\alpha}_1=(6,8,6)^{\mathrm{T}},\boldsymbol{\alpha}_2=(-1,3,4)^{\mathrm{T}}$；

(2)判别下列向量中哪些是 $\ker(T)$ 中的向量：

$\boldsymbol{\xi}_1=(-3,8,-2,0)^{\mathrm{T}},\boldsymbol{\xi}_2=(2,0,0,1)^{\mathrm{T}}$；

(3)求出 $\ker(T)$ 及 $R(T)$ 的基，指出 T 的零度及秩.

解　$T(x_1,x_2,x_3,x_4)^{\mathrm{T}}=\boldsymbol{Ax}$，其中 $\boldsymbol{A}=\begin{bmatrix}4&1&-2&-3\\2&1&1&-4\\6&0&-9&9\end{bmatrix}$，$\boldsymbol{x}=(x_1,x_2,x_3,x_4)^{\mathrm{T}}$.

(1)由于 $r(\boldsymbol{A})=r(\boldsymbol{A}\,\vdots\,\boldsymbol{\alpha}_1)=3,r(\boldsymbol{A})=r(\boldsymbol{A}\,\vdots\,\boldsymbol{\alpha}_2)=3$，所以方程组 $\boldsymbol{Ax}=\boldsymbol{\alpha}_1,\boldsymbol{Ax}=\boldsymbol{\alpha}_2$ 均有解，故 $\boldsymbol{\alpha}_1,\boldsymbol{\alpha}_2\in R(T)$. (2)由于 $\boldsymbol{A\xi}_1=0,\boldsymbol{A\xi}_2\neq 0$，所以 $\boldsymbol{\xi}_1\in\ker(T),\boldsymbol{\xi}_2\notin\ker(T)$. (3) $\ker(T)$ 即为 $\boldsymbol{Ax}=\boldsymbol{0}$ 的解空间，$\boldsymbol{Ax}=\boldsymbol{0}$ 的基础解系 $(3,-8,2,0)^{\mathrm{T}}$ 就是 $\ker(T)$ 的基，$\dim(\ker(T))=1$；$R(T)$ 是矩阵 $\boldsymbol{A}$ 的列空间，$\dim(R(T))=r(\boldsymbol{A})=3$，$\boldsymbol{A}$ 的列向量组的极大无关组，即 $\boldsymbol{A}$ 的第 1、2、4 列向量组就是 $R(T)$ 的基.

9. 习题及详解见典型例题例 8 - 11.

10. 设 $T_1,T_2\in L(\mathbf{R}^2)$，定义为 $T_1(x,y)^{\mathrm{T}}=(y,x)^{\mathrm{T}}$，$T_2(x,y)^{\mathrm{T}}=(0,x)^{\mathrm{T}}$，求 $T_1T_2(x,y)^{\mathrm{T}}$ 及 $T_2T_1(x,y)^{\mathrm{T}}$，问是否有 $T_1T_2=T_2T_1$？

解　$T_1T_2(x,y)^{\mathrm{T}}=T_1\begin{bmatrix}0\\x\end{bmatrix}=\begin{bmatrix}x\\0\end{bmatrix}$，$T_2T_1(x,y)^{\mathrm{T}}=T_2\begin{bmatrix}y\\x\end{bmatrix}=\begin{bmatrix}0\\y\end{bmatrix}$，显然 $T_1T_2\neq T_2T_1$.

11. 设 $T:\mathbf{R}^n\to\mathbf{R}^m$ 是线性变换，定义为 $T(\boldsymbol{x})=\boldsymbol{Ax}$，对下列各题中的矩阵 $\boldsymbol{A}$，确定 T 是否为单射. (1) $\boldsymbol{A}=\begin{bmatrix}1&-2\\2&-4\\-3&6\end{bmatrix}$；(2) $\boldsymbol{A}=\begin{bmatrix}1&0&0\\1&3&5\\2&-1&2\\-1&3&0\end{bmatrix}$.

解　(1) $r(\boldsymbol{A})=1\Rightarrow\boldsymbol{Ax}=\boldsymbol{0}$ 有非零解，即 $\ker(T)\neq\{\boldsymbol{0}\}$，故 T 不是单射.

(2) $r(\boldsymbol{A})=3\Rightarrow\boldsymbol{Ax}=\boldsymbol{0}$ 只有零解，即 $\ker(T)=\{\boldsymbol{0}\}$. 故 T 是单射.

12. 证明：线性变换的和及数量乘积都是线性变换.

证　设 $T_1,T_2\in L(V,W)$，则 $\forall\boldsymbol{\alpha},\boldsymbol{\beta}\in V,k,l,m\in F$，有

$(T_1+T_2)(k\boldsymbol{\alpha}+l\boldsymbol{\beta})=T_1(k\boldsymbol{\alpha}+l\boldsymbol{\beta})+T_2(k\boldsymbol{\alpha}+l\boldsymbol{\beta})=kT_1(\boldsymbol{\alpha})+lT_1(\boldsymbol{\beta})+kT_2(\boldsymbol{\alpha})+lT_2(\boldsymbol{\beta})=k(T_1+T_2)(\boldsymbol{\alpha})+l(T_1+T_2)(\boldsymbol{\beta})$，所以 T_1+T_2 为线性变换.

又 $(mT)(k\boldsymbol{\alpha}+l\boldsymbol{\beta})=m(T(k\boldsymbol{\alpha}+l\boldsymbol{\beta}))=kmT(\boldsymbol{\alpha})+lmT(\boldsymbol{\beta})=k(mT)(\boldsymbol{\alpha})+l(mT)(\boldsymbol{\beta})$，所以 mT 也是线性变换.

13. 设 $T_1,T_2\in L(V,W)$，定义映射 $(T_1-T_2):V\to W$ 为 $(T_1-T_2)(\boldsymbol{\alpha})=T_1(\boldsymbol{\alpha})-T_2(\boldsymbol{\alpha})$，$\forall\boldsymbol{\alpha}\in V$，证明：$T_1-T_2$ 为线性变换.

证 $\forall \boldsymbol{\alpha},\boldsymbol{\beta}\in V,k,l\in F$,有$(T_1-T_2)(k\boldsymbol{\alpha}+l\boldsymbol{\beta})=T_1(k\boldsymbol{\alpha}+l\boldsymbol{\beta})-T_2(k\boldsymbol{\alpha}+l\boldsymbol{\beta})=kT_1(\boldsymbol{\alpha})+lT_1(\boldsymbol{\beta})-[kT_2(\boldsymbol{\alpha})+lT_2(\boldsymbol{\beta})]=k(T_1-T_2)(\boldsymbol{\alpha})+l(T_1-T_2)(\boldsymbol{\beta})$,所以 T_1-T_2 为线性变换.

14. 设 $T_i\in L(V)(i=1,2,3)$,证明:(1)$(T_1+T_2)T_3=T_1T_3+T_2T_3$,(2)若 $T_1T_2=T_2T_1$,且 T_1 可逆,则 $T_1^{-1}T_2=T_2T_1^{-1}$.

证 (1)$\forall \boldsymbol{\alpha}\in V$,有$[(T_1+T_2)T_3](\boldsymbol{\alpha})=(T_1+T_2)[T_3(\boldsymbol{\alpha})]=T_1T_3(\boldsymbol{\alpha})+T_2T_3(\boldsymbol{\alpha})$,所以$(T_1+T_2)T_3=T_1T_3+T_2T_3$.

(2)由题设 $T_2=T_1^{-1}T_2T_1$,故 $T_2T_1^{-1}=T_1^{-1}T_2T_1T_1^{-1}=T_1^{-1}T_2$.

习题 8.1 线性变换及其运算(B)

1. 设 V_1,V_2,V_3 都是有限维线性空间,$T_2\in L(V_1,V_2)$,$T_1\in L(V_2,V_3)$,证明:$\operatorname{rank}(T_1T_2)\leqslant\min\{\operatorname{rank}(T_1),\operatorname{rank}(T_2)\}$.

证 $\operatorname{rank}(T_1T_2)=\dim(T_1(T_2(V_1)))\leqslant\dim(T_1(V_2))=\operatorname{rank}(T_1)$;$\operatorname{rank}(T_1T_2)=\dim(T_1(T_2(V_1)))\leqslant\dim(T_2(V_1))=\operatorname{rank}(T_2)$. 所以有 $\operatorname{rank}(T_1T_2)\leqslant\min\{\operatorname{rank}(T_1),\operatorname{rank}(T_2)\}$.

2. 设 V 上的线性算子 T 满足 $T^2=T$,证明:$V=\ker(T)\oplus R(T)$.

证 $\forall \boldsymbol{\alpha}\in V$,有 $\boldsymbol{\alpha}=[\boldsymbol{\alpha}-T(\boldsymbol{\alpha})]+T(\boldsymbol{\alpha})$,由于 $T(\boldsymbol{\alpha})\in R(T)$,又 $T(\boldsymbol{\alpha}-T(\boldsymbol{\alpha}))=T(\boldsymbol{\alpha})-T^2(\boldsymbol{\alpha})=\mathbf{0}$,即 $\boldsymbol{\alpha}-T(\boldsymbol{\alpha})\in\ker(T)$,故 $V=\ker(T)+R(T)$. 任取 $\boldsymbol{\beta}\in R(T)$,必有 $\boldsymbol{\alpha}\in V$,使得 $T(\boldsymbol{\alpha})=\boldsymbol{\beta}$,从而 $T(\boldsymbol{\beta})=T^2(\boldsymbol{\alpha})=T(\boldsymbol{\alpha})=\boldsymbol{\beta}$. 若 $\boldsymbol{\beta}\neq\mathbf{0}$,则 $T(\boldsymbol{\beta})\neq\mathbf{0}$,从而 $\boldsymbol{\beta}\notin\ker(T)$,即 $\ker(T)\cap R(T)=\{\mathbf{0}\}$,所以 $V=\ker(T)\oplus R(T)$.

习题 8.2 线性变换的矩阵表示(A)

1. 设 T 为 $F[x]_3$ 上的线性算子,定义 $T(f(x))=f(x+1)-f(x)$,求 T 在基 $1,x,x^2,x^3$ 下的矩阵.

解 由于 $T[1\ x\ x^2\ x^3]=[0\ 1\ 1+2x\ 1+3x+3x^2]=[1\ x\ x^2\ x^3]\boldsymbol{A}$,$\boldsymbol{A}=\begin{bmatrix}0&1&1&1\\0&0&2&3\\0&0&0&3\\0&0&0&0\end{bmatrix}$,

因此 T 在基 $1,x,x^2,x^3$ 的矩阵为 $\boldsymbol{A}$.

2. 习题及详解见典型例题例 8-18.

3. 设 $T:F[x]_2\to F[x]_1$ 是一线性变换,定义为

$$T(a_0+a_1x+a_2x^2)=(a_0+a_1)-(2a_1+3a_2)x;$$

(1)求 T 在基 B,B'下的矩阵,其中 $B=\{1,x,x^2\}$,$B'=\{1,x\}$;(2)用(1)求出的矩阵对 $F[x]_2$ 中任意向量 $f(x)=a_0+a_1x+a_2x^2$ 验证公式(8.2.7)$\boldsymbol{y}=\boldsymbol{A}\boldsymbol{x}$.

解 (1)$T[1\ x\ x^2]=[1\ 1-2x\ -3x]=[1\ x]\begin{bmatrix}1&1&0\\0&-2&-3\end{bmatrix}$,所以 T 在基 B,B'下的矩阵为 $\boldsymbol{A}=\begin{bmatrix}1&1&0\\0&-2&-3\end{bmatrix}$.

(2)$f(x)=a_0+a_1x+a_2x^2$ 在基 B 下的坐标为 $\boldsymbol{x}=(a_0,a_1,a_2)^{\mathrm{T}}$,$T(f(x))$在基 B'下的坐标

为 $\boldsymbol{y}=(a_0+a_1,-2a_1-3a_2)^{\mathrm{T}}$，显然有 $\boldsymbol{y}=\boldsymbol{A}\boldsymbol{x}$，即公式(8.2.7)成立.

4. 习题及详解见典型例题例 8-16.

5. 设 $\dim(V)=n,\dim(W)=m,n>m,T\in L(V,W)$，问 T 是否为单射？

解　$R(T)\subseteq W\Rightarrow \mathrm{rank}(T)\leqslant m\Rightarrow \mathrm{nullity}(T)=n-\mathrm{rank}(T)\geqslant n-m>0$，故 T 不是单射.

6. 设 $\boldsymbol{\alpha}_1,\cdots,\boldsymbol{\alpha}_n$ 是线性空间 V 的基，$T\in L(V)$，证明：T 可逆的充要条件是 $T(\boldsymbol{\alpha}_1),\cdots,T(\boldsymbol{\alpha}_n)$线性无关.

证　T 可逆$\Leftrightarrow \mathrm{rank}(T)=n\Leftrightarrow T(\boldsymbol{\alpha}_1),T(\boldsymbol{\alpha}_2),\cdots,T(\boldsymbol{\alpha}_n)$线性无关.

7. 设 T,S 都是 $\mathbf{R}^3$ 上的线性算子，定义为 $T(x_1,x_2,x_3)^{\mathrm{T}}=(x_1,x_2,x_1+x_3)^{\mathrm{T}}$；$S(x_1,x_2,x_3)^{\mathrm{T}}=(x_1+x_2-x_3,0,x_3-x_1-x_2)^{\mathrm{T}}$，求 $TS,ST,T^2,T+S,2T,T^{-1}$.

解　$T(\boldsymbol{x})=\boldsymbol{A}\boldsymbol{x},\boldsymbol{A}=\begin{bmatrix}1&0&0\\0&1&0\\1&0&1\end{bmatrix}$，$S(\boldsymbol{x})=\boldsymbol{B}\boldsymbol{x},\boldsymbol{B}=\begin{bmatrix}1&1&-1\\0&0&0\\-1&-1&1\end{bmatrix}$. 所以 $TS(\boldsymbol{x})=\boldsymbol{AB}\boldsymbol{x}$，$ST(\boldsymbol{x})=\boldsymbol{BA}\boldsymbol{x}$，$T^2(\boldsymbol{x})=\boldsymbol{A}^2\boldsymbol{x}$，$(T+S)(\boldsymbol{x})=(\boldsymbol{A}+\boldsymbol{B})\boldsymbol{x}$；$(2T)(\boldsymbol{x})=2\boldsymbol{A}\boldsymbol{x}$；$T^{-1}(\boldsymbol{x})=\boldsymbol{A}^{-1}\boldsymbol{x}$.

8. 设 T 是 $F[x]_2$ 上的线性算子，T 在基$\{x^2,x,1\}$下的矩阵 $\boldsymbol{A}=\begin{bmatrix}1&2&3\\-1&0&3\\2&1&5\end{bmatrix}$，求 T 在基$\{x^2,x^2+x,x^2+x+1\}$下的矩阵.

解　由基$\{x^2,x,1\}$到基$\{x^2,x^2+x,x^2+x+1\}$的过渡矩阵 $\boldsymbol{C}=\begin{bmatrix}1&1&1\\0&1&1\\0&0&1\end{bmatrix}$，故 T 在基$\{x^2,x^2+x,x^2+x+1\}$下的矩阵为 $\boldsymbol{C}^{-1}\boldsymbol{AC}=\begin{bmatrix}2&4&4\\-3&-4&-6\\2&3&8\end{bmatrix}$.

9. 习题及详解见典型例题例 8-13.

10. 设 $T\in L(V)$，T 在 V 的基 $\boldsymbol{e}_1,\boldsymbol{e}_2,\boldsymbol{e}_3$ 下的矩阵为 $\boldsymbol{A}=\begin{bmatrix}15&-11&5\\20&-15&8\\8&-7&6\end{bmatrix}$，求 T 在基 $\boldsymbol{\beta}_1=2\boldsymbol{e}_1+3\boldsymbol{e}_2+\boldsymbol{e}_3,\boldsymbol{\beta}_2=3\boldsymbol{e}_1+4\boldsymbol{e}_2+\boldsymbol{e}_3,\boldsymbol{\beta}_3=\boldsymbol{e}_1+2\boldsymbol{e}_2+2\boldsymbol{e}_3$ 下的矩阵.

解　由基 $\boldsymbol{e}_1,\boldsymbol{e}_2,\boldsymbol{e}_3$ 到基 $\boldsymbol{\beta}_1,\boldsymbol{\beta}_2,\boldsymbol{\beta}_3$ 的过渡矩阵 $\boldsymbol{C}=\begin{bmatrix}2&3&1\\3&4&2\\1&1&2\end{bmatrix}$，所以 T 在基 $\boldsymbol{\beta}_1,\boldsymbol{\beta}_2,\boldsymbol{\beta}_3$ 下的矩阵为 $\boldsymbol{C}^{-1}\boldsymbol{AC}=\begin{bmatrix}1&0&0\\0&2&0\\0&0&3\end{bmatrix}$.

习题 8.2 线性变换的矩阵表示(B)

1. 设 $T\in L(V)$，证明：如果 T 在 V 的任一基下的矩阵都相同，则 T 是数乘变换.

证　设线性变换 T 在某个基下的矩阵为 $\boldsymbol{A}$，则对于任意可逆矩阵 $\boldsymbol{C}$，有 $\boldsymbol{C}^{-1}\boldsymbol{AC}$ 是线性变换 T 在另外一个基下的矩阵，由题意 $\boldsymbol{C}^{-1}\boldsymbol{AC}=\boldsymbol{A}$，即 $\boldsymbol{AC}=\boldsymbol{CA}$，特别地，取 $\boldsymbol{E}_{ij}(1\leqslant i<j\leqslant n)$为将单位

矩阵 i 行 j 列处元素变为 1，其余元素不变所得矩阵，则由 $\boldsymbol{AE}_{ij}=\boldsymbol{E}_{ij}\boldsymbol{A}$，得 $\boldsymbol{A}$ 为数量矩阵，从而 T 是数乘变换.

2. 设 V 为复数域 C 上的线性空间，$T\in L(V)$，若存在数 $\lambda_0\in C$ 及 V 中非零向量 $\boldsymbol{\alpha}$，使得 $T(\boldsymbol{\alpha})=\lambda_0\boldsymbol{\alpha}$，则称 λ_0 为 T 的一个特征值，称 $\boldsymbol{\alpha}$ 为 T 的对应于特征值 λ_0 的特征向量. 设 T 在 V 的基 $\boldsymbol{e}_1,\boldsymbol{e}_2,\cdots,\boldsymbol{e}_n$ 下的矩阵为 $\boldsymbol{A}$，证明：λ_0 为 T 的特征值且 $\boldsymbol{\alpha}$ 为对应的特征向量$\Leftrightarrow\lambda_0$ 为 $\boldsymbol{A}$ 的特征值且 x 为对应的特征向量，其中 $\boldsymbol{x}$ 为 $\boldsymbol{\alpha}$ 在基 $\boldsymbol{e}_1,\boldsymbol{e}_2,\cdots,\boldsymbol{e}_n$ 下的坐标向量.

证　设 $\boldsymbol{\alpha}=(\boldsymbol{e}_1,\boldsymbol{e}_2,\cdots,\boldsymbol{e}_n)\boldsymbol{x},\boldsymbol{x}=(\boldsymbol{x}_1,\boldsymbol{x}_2,\cdots,\boldsymbol{x}_n)^{\mathrm{T}}$，则 $T(\boldsymbol{\alpha})=(\boldsymbol{e}_1,\boldsymbol{e}_2,\cdots,\boldsymbol{e}_n)\boldsymbol{Ax}$.
又 $\lambda_0\boldsymbol{\alpha}=(\boldsymbol{e}_1,\boldsymbol{e}_2,\cdots,\boldsymbol{e}_n)\lambda_0\boldsymbol{x}$，故 $T(\boldsymbol{\alpha})=\lambda_0\boldsymbol{\alpha}\Leftrightarrow(\boldsymbol{e}_1,\boldsymbol{e}_2,\cdots,\boldsymbol{e}_n)\boldsymbol{Ax}=(\boldsymbol{e}_1,\boldsymbol{e}_2,\cdots,\boldsymbol{e}_n)\lambda_0\boldsymbol{x}\Leftrightarrow\boldsymbol{Ax}=\lambda_0\boldsymbol{x}$.
又 $\boldsymbol{\alpha}\in V$ 非零$\Leftrightarrow\boldsymbol{x}\in C^n$ 非零. 因此 λ_0 为 T 的特征值且 $\boldsymbol{\alpha}$ 为对应的特征向量$\Leftrightarrow\lambda_0$ 为 $\boldsymbol{A}$ 的特征值且 $\boldsymbol{x}$ 为对应的特征向量.

3. 设 $T\in L(V)$，T 在 V 的基 $B=\{\boldsymbol{\alpha}_1,\boldsymbol{\alpha}_2,\cdots,\boldsymbol{\alpha}_n\}$ 下的矩阵为 $\boldsymbol{A}$，证明：T 在 V 的某基 $B'=\{\boldsymbol{\beta}_1,\boldsymbol{\beta}_2,\cdots,\boldsymbol{\beta}_n\}$ 下的矩阵为对角矩阵 $\boldsymbol{D}\Leftrightarrow\boldsymbol{A}$ 相似于对角矩阵 $\boldsymbol{D}$，并在 $\boldsymbol{A}$ 可相似对角化时，求出基 B'.

证　"$\Rightarrow$" 由于 $\boldsymbol{A},\boldsymbol{D}$ 是线性变换 T 在不同基下的矩阵，所以 $\boldsymbol{A}\sim\boldsymbol{D}$.

"$\Leftarrow$"设 $\boldsymbol{A}$ 相似于对角矩阵 $\boldsymbol{D}$，即存在可逆矩阵 $\boldsymbol{C}$，使得 $\boldsymbol{C}^{-1}\boldsymbol{AC}=\boldsymbol{D}$，且 $B'=\{\boldsymbol{\beta}_1,\boldsymbol{\beta}_2,\cdots,\boldsymbol{\beta}_n\}=\{\boldsymbol{\alpha}_1,\boldsymbol{\alpha}_2,\cdots,\boldsymbol{\alpha}_n\}\boldsymbol{C}$ 也是 V 的基，T 在基 B'下的矩阵为对角阵 $\boldsymbol{D}$.

4. 习题及详解见典型例题例 8－12.

5. 设 T 是 n 维欧氏空间 V 上的线性算子，如果 $\forall\boldsymbol{\alpha},\boldsymbol{\beta}\in V$，都有 $\langle T(\boldsymbol{\alpha}),T(\boldsymbol{\beta})\rangle=\langle\boldsymbol{\alpha},\boldsymbol{\beta}\rangle$，则称 T 为**正交变换**，设 $T\in L(V)$，证明下列各命题是相互等价的：(1) T 是正交变换；(2) T 是保长度的，即 $\forall\boldsymbol{\alpha}\in V$，都有 $\|T(\boldsymbol{\alpha})\|=\|\boldsymbol{\alpha}\|$；(3) 如果 $\boldsymbol{e}_1,\boldsymbol{e}_2,\cdots,\boldsymbol{e}_n$ 是 V 的标准正交基，则 $T(\boldsymbol{e}_1),T(\boldsymbol{e}_2),\cdots,T(\boldsymbol{e}_n)$ 也是 V 的标准正交基；(4) T 在任一标准正交基下的矩阵为正交矩阵.

证　(1)$\Rightarrow$(2)若 T 是正交变换，则 $\langle T(\boldsymbol{\alpha}),T(\boldsymbol{\alpha})\rangle=\langle\boldsymbol{\alpha},\boldsymbol{\alpha}\rangle$，即 $\|T(\boldsymbol{\alpha})\|=\|\boldsymbol{\alpha}\|$.

(2)$\Rightarrow$(1)若 $\forall\boldsymbol{\alpha}\in V$，都有 $\|T(\boldsymbol{\alpha})\|=\|\boldsymbol{\alpha}\|$，则 $\forall\boldsymbol{\alpha},\boldsymbol{\beta}\in V$，有

$$\langle T(\boldsymbol{\alpha}+\boldsymbol{\beta}),T(\boldsymbol{\alpha}+\boldsymbol{\beta})\rangle=\langle\boldsymbol{\alpha}+\boldsymbol{\beta},\boldsymbol{\alpha}+\boldsymbol{\beta}\rangle,$$

得 $\langle T(\boldsymbol{\alpha}),T(\boldsymbol{\beta})\rangle=\langle\boldsymbol{\alpha},\boldsymbol{\beta}\rangle$，故 T 是正交变换；

(1)$\Rightarrow$(3)若 T 是正交变换，则 $\langle T(\boldsymbol{e}_i),T(\boldsymbol{e}_j)\rangle=\langle\boldsymbol{e}_i,\boldsymbol{e}_j\rangle=\begin{cases}1 & i=j\\0 & i\neq j\end{cases}$，所以 $T(\boldsymbol{e}_1),T(\boldsymbol{e}_2),\cdots,T(\boldsymbol{e}_n)$ 是 V 一组标准正交基.

(3)$\Rightarrow$(1)若 $\boldsymbol{e}_1,\boldsymbol{e}_2,\cdots,\boldsymbol{e}_n$ 是 V 的标准正交基，$T(\boldsymbol{e}_1),T(\boldsymbol{e}_2),\cdots,T(\boldsymbol{e}_n)$ 也是 V 的标准正交基. 则对任意 $\boldsymbol{\alpha}=x_1\boldsymbol{e}_1+x_2\boldsymbol{e}_2+\cdots+x_n\boldsymbol{e}_n,\boldsymbol{\beta}=y_1\boldsymbol{e}_1+y_2\boldsymbol{e}_2+\cdots+y_n\boldsymbol{e}_n$，有

$$\begin{aligned}\langle T(\boldsymbol{\alpha}),T(\boldsymbol{\beta})\rangle&=\langle x_1T(\boldsymbol{e}_1)+x_2T(\boldsymbol{e}_2)+\cdots+x_nT(\boldsymbol{e}_n),y_1T(\boldsymbol{e}_1)+y_2T(\boldsymbol{e}_2)+\cdots+y_nT(\boldsymbol{e}_n)\rangle\\&=x_1y_1+x_2y_2+\cdots+x_ny_n=\langle\boldsymbol{\alpha},\boldsymbol{\beta}\rangle,\text{即 } T \text{ 是正交变换.}\end{aligned}$$

(3)$\Rightarrow$(4)设 $\boldsymbol{e}_1,\boldsymbol{e}_2,\cdots,\boldsymbol{e}_n$ 为 V 的标准正交基，T 在该基下的矩阵为 $\boldsymbol{A}$，则

$$[T(\boldsymbol{e}_1)\ T(\boldsymbol{e}_2)\ \cdots\ T(\boldsymbol{e}_n)]=[\boldsymbol{e}_1\ \boldsymbol{e}_2\cdots\ \boldsymbol{e}_n]\boldsymbol{A}$$

若 $T(\boldsymbol{e}_1),T(\boldsymbol{e}_2),\cdots,T(\boldsymbol{e}_n)$ 也是 V 的标准正交基，则矩阵 $\boldsymbol{A}$ 相当于欧氏空间 V 的两组标准正交基间的过渡矩阵，则 $\boldsymbol{A}$ 一定是正交矩阵.

(4)$\Rightarrow$(3)设 $\boldsymbol{e}_1,\boldsymbol{e}_2,\cdots,\boldsymbol{e}_n$ 为 V 的标准正交基，T 在该基下的矩阵为 $\boldsymbol{A}$，且 $\boldsymbol{A}$ 是正交矩阵，则 $[T(\boldsymbol{e}_1)\ T(\boldsymbol{e}_2)\ \cdots\ T(\boldsymbol{e}_n)]=[\boldsymbol{e}_1\ \boldsymbol{e}_2\cdots\ \boldsymbol{e}_n]\boldsymbol{A}$，由习题 5.2(B)5. 的结论可知，$T(\boldsymbol{e}_1)\ T(\boldsymbol{e}_2)\cdots\ T(\boldsymbol{e}_n)$ 也是 V 的标准正交基.

第8章习题

1. 设有 $\mathbf{R}^2$ 的基 $B:\boldsymbol{\varepsilon}_1=(1,0)^{\mathrm{T}},\boldsymbol{\varepsilon}_2=(0,1)^{\mathrm{T}}$;$\mathbf{R}^3$ 的基 $B':\boldsymbol{\alpha}_1=(1,1,0)^{\mathrm{T}},\boldsymbol{\alpha}_2=(1,0,1)^{\mathrm{T}},\boldsymbol{\alpha}_3=(0,1,1)^{\mathrm{T}}$,$T\in L(\mathbf{R}^2,\mathbf{R}^3)$,定义为 $T(\boldsymbol{x})=x_1\boldsymbol{\alpha}_1+x_2\boldsymbol{\alpha}_2+(x_1+x_2)\boldsymbol{\alpha}_3,\forall\boldsymbol{x}=(x_1,x_2)^{\mathrm{T}}\in\mathbf{R}^2$. (1)求 T 的值域与秩、核与零度;(2)T 是否为单射?是否为满射?(3)求 T 在基 B,B'下的矩阵.

解 $T(\boldsymbol{x})=x_1(\boldsymbol{\alpha}_1+\boldsymbol{\alpha}_3)+x_2(\boldsymbol{\alpha}_2+\boldsymbol{\alpha}_3)=x_1(1,2,1)^{\mathrm{T}}+x_2(1,1,2)^{\mathrm{T}},\forall\boldsymbol{x}=(x_1,x_2)^{\mathrm{T}}\in\mathbf{R}^2$.

(1)$R(T)=\mathrm{span}((1,2,1)^{\mathrm{T}},(1,1,2)^{\mathrm{T}})$,$\mathrm{rank}(T)=2$. 令 $T(\boldsymbol{x})=0$,得 $x_1=0,x_2=0$,即 $\boldsymbol{x}=(0,0)^{\mathrm{T}}$. 所以 $\ker(T)=\{\boldsymbol{0}\}$,从而 $\mathrm{nullity}(T)=0$.

(2)由于 $\ker(T)=\{\boldsymbol{0}\}$,所以 T 是单射;因为 $\mathrm{rank}(T)=2<3$,所以 T 不是满射.

(3)设 T 在基 B,B'下的矩阵为 $\boldsymbol{A}$,由$[T(\boldsymbol{\varepsilon}_1)\ T(\boldsymbol{\varepsilon}_2)]=[\boldsymbol{\alpha}_1\ \boldsymbol{\alpha}_2\ \boldsymbol{\alpha}_3]\boldsymbol{A}$,求得 $\boldsymbol{A}=\begin{bmatrix}1&0\\0&1\\1&1\end{bmatrix}$.

2. 习题及详解见典型例题例 8-9.

3. 已知 $T\in L(\mathbf{R}^3)$,T 在基 $B:\boldsymbol{\alpha}_1=(-1,1,1)^{\mathrm{T}},\boldsymbol{\alpha}_2=(1,0,-1)^{\mathrm{T}},\boldsymbol{\alpha}_3=(0,1,1)^{\mathrm{T}}$ 下的矩阵为 $\boldsymbol{A}=\begin{bmatrix}1&0&1\\1&1&0\\-1&2&1\end{bmatrix}$. (1)求 T 在基 $B':\boldsymbol{\varepsilon}_1=(1,0,0)^{\mathrm{T}},\boldsymbol{\varepsilon}_2=(0,1,0)^{\mathrm{T}},\boldsymbol{\varepsilon}_3=(0,0,1)^{\mathrm{T}}$ 下的矩阵;(2)求 $T(1,2,-5)^{\mathrm{T}}$.

解 (1)求得由基 B'到基 B 的过渡矩阵 $\boldsymbol{C}=\begin{bmatrix}-1&1&0\\1&0&1\\1&-1&1\end{bmatrix}$,$T$ 在基 B'下的矩阵为 $\boldsymbol{D}=\boldsymbol{CAC}^{-1}=\begin{bmatrix}-1&1&-2\\2&2&0\\3&0&2\end{bmatrix}$.

(2)由向量 $\boldsymbol{\alpha}=(1,2,-5)^{\mathrm{T}}$ 在基 B'下的坐标 $\boldsymbol{x}=(1,2,-5)^{\mathrm{T}}$,得 $T(\boldsymbol{\alpha})$在基 B'下的坐标 $\boldsymbol{y}=\boldsymbol{Dx}=(11,6,-7)^{\mathrm{T}}$,故 $T(1,2,-5)^{\mathrm{T}}=11\boldsymbol{\varepsilon}_1+6\boldsymbol{\varepsilon}_2-7\boldsymbol{\varepsilon}_3=(11,6,-7)^{\mathrm{T}}$.

4. 设 $T\in L(V)$,T 在 V 的基 $\boldsymbol{e}_1,\boldsymbol{e}_2,\boldsymbol{e}_3$ 下的矩阵为 $\boldsymbol{A}=\begin{bmatrix}5&0&0\\-4&3&-2\\-4&-2&3\end{bmatrix}$. (1)$T$ 是否可逆?若 T 可逆,求 T^{-1};(2)试求 V 的另一基,使得 T 在该基下的矩阵为对角矩阵.

解 (1)由 $|\boldsymbol{A}|=25\neq0$,得 $\boldsymbol{A}$ 可逆,所以 T 可逆. 又 $\boldsymbol{A}^{-1}=\dfrac{1}{5}\begin{bmatrix}1&0&0\\4&3&2\\4&2&3\end{bmatrix}$,故 $\forall\boldsymbol{\alpha}=[\boldsymbol{e}_1\ \boldsymbol{e}_2\ \boldsymbol{e}_3]x\in V$,$T^{-1}(\boldsymbol{\alpha})=[\boldsymbol{e}_1\ \boldsymbol{e}_2\ \boldsymbol{e}_3]\dfrac{1}{5}\begin{bmatrix}1&0&0\\4&3&2\\4&2&3\end{bmatrix}\boldsymbol{x}$.

(2)由 $|\lambda\boldsymbol{I}-\boldsymbol{A}|=\boldsymbol{0}$ 得 $\lambda_1=1,\lambda_2=\lambda_3=5$,对应的特征向量分别为 $\boldsymbol{\alpha}_1=(0,1,1)^{\mathrm{T}},\boldsymbol{\alpha}_2=(1,-2,0)^{\mathrm{T}},\boldsymbol{\alpha}_3=(1,0,-2)^{\mathrm{T}}$. 令 $\boldsymbol{P}=[\boldsymbol{\alpha}_1\ \boldsymbol{\alpha}_2\ \boldsymbol{\alpha}_3]$,则有 $\boldsymbol{P}^{-1}\boldsymbol{AP}=\mathrm{diag}(1,5,5)$. 由$[\boldsymbol{\beta}_1\ \boldsymbol{\beta}_2\ \boldsymbol{\beta}_3]=[\boldsymbol{e}_1\ \boldsymbol{e}_2\ \boldsymbol{e}_3]\boldsymbol{P}$,得 V 的另一个基为 $\boldsymbol{\beta}_1=\boldsymbol{e}_2+\boldsymbol{e}_3,\boldsymbol{\beta}_2=\boldsymbol{e}_1-2\boldsymbol{e}_2,\boldsymbol{\beta}_3=\boldsymbol{e}_1-2\boldsymbol{e}_3$. T 在这组基下的矩阵

为 diag(1,5,5).

5. 设 $T\in L(V)$，T 在 V 的基 B：$\boldsymbol{e}_1,\boldsymbol{e}_2,\boldsymbol{e}_3$ 下的矩阵为 $\boldsymbol{A}=\begin{bmatrix}1&0&0\\0&-1&-1\\0&2&2\end{bmatrix}$. (1)证明 $T^2=T$；(2)求 $R(T)$ 及 $\ker(T)$ 的基，并证明将它们合在一起可构成 V 的基 B'；(3)求 T 在 B' 下的矩阵；(4)证明：$\forall\boldsymbol{\alpha}\in R(T)$，恒有 $T(\boldsymbol{\alpha})\in R(T)$，$\forall\boldsymbol{\beta}\in\ker(T)$，恒有 $T(\boldsymbol{\beta})\in\ker(T)$.

解 (1)由 $\boldsymbol{A}^2=\boldsymbol{A}$ 得 $T^2=T$. (2) $\forall\boldsymbol{\alpha}=[\boldsymbol{e}_1\ \boldsymbol{e}_2\ \boldsymbol{e}_3]\boldsymbol{x}\in V$，$T(\boldsymbol{\alpha})=[\boldsymbol{e}_1\ \boldsymbol{e}_2\ \boldsymbol{e}_3]\boldsymbol{A}\boldsymbol{x}=[\boldsymbol{e}_1\ \ -\boldsymbol{e}_2+2\boldsymbol{e}_3\ \ -\boldsymbol{e}_2+2\boldsymbol{e}_3]\boldsymbol{x}=x_1\boldsymbol{e}_1+x_2(-\boldsymbol{e}_2+2\boldsymbol{e}_3)+x_3(-\boldsymbol{e}_2+2\boldsymbol{e}_3)]$，所以 $R(T)=\mathrm{span}(\boldsymbol{e}_1,-\boldsymbol{e}_2+2\boldsymbol{e}_3,-\boldsymbol{e}_2+2\boldsymbol{e}_3)$，$R(T)$ 的基为 $\boldsymbol{e}_1,-\boldsymbol{e}_2+2\boldsymbol{e}_3$. 令 $T(\boldsymbol{\alpha})=0$，得 $x_1=0,x_2=-x_3=k$，k 为任意常数，从而 $\boldsymbol{\alpha}=k(\boldsymbol{e}_2-\boldsymbol{e}_3)$，$k\in\mathbf{R}$. 故 $\ker(T)=\mathrm{span}\{\boldsymbol{e}_2-\boldsymbol{e}_3\}$，$\ker(T)$ 的基为 $\boldsymbol{e}_2-\boldsymbol{e}_3$. 又 $[\boldsymbol{e}_1\ \ -\boldsymbol{e}_2+2\boldsymbol{e}_3\ \ \boldsymbol{e}_2-\boldsymbol{e}_3]=[\boldsymbol{e}_1\ \boldsymbol{e}_2\ \boldsymbol{e}_3]\begin{bmatrix}1&0&0\\0&-1&1\\0&2&-1\end{bmatrix}$，及 $\begin{bmatrix}1&0&0\\0&-1&1\\0&2&-1\end{bmatrix}$ 可逆，所以 $R(T)$，$\ker(T)$ 的基合在一起是 3 个线性无关的向量，故构成 V 的一个基 B'，且 C 是由基 B 到基 B' 的过渡矩阵. (3) T 在基 B' 下的矩阵为 $\boldsymbol{D}=\boldsymbol{C}^{-1}\boldsymbol{A}\boldsymbol{C}=\mathrm{diag}(1,1,0)$. (4) $\forall\boldsymbol{\alpha}\in R(T)$，$\exists\boldsymbol{\beta}\in V$，使得 $T(\boldsymbol{\beta})=\boldsymbol{\alpha}$，故 $T(\boldsymbol{\alpha})=T^2(\boldsymbol{\beta})=T(\boldsymbol{\beta})=\boldsymbol{\alpha}\in R(T)$. $\forall\boldsymbol{\gamma}\in\ker(T)$，有 $T(\boldsymbol{\gamma})=\mathbf{0}$，故 $T(T(\boldsymbol{\gamma}))=T^2(\boldsymbol{\gamma})=T(\boldsymbol{\gamma})=\mathbf{0}$，所以 $T(\boldsymbol{\gamma})\in\ker(T)$.

6. 设 $T\in L(V,W)$，V 为有限维空间，已知 $T(\boldsymbol{e}_1),\cdots,T(\boldsymbol{e}_r)$ 为 $R(T)$ 的基(其中 $\boldsymbol{e}_i\in V$，$i=1,\cdots,r$)，又知 $\boldsymbol{\beta}_1,\cdots,\boldsymbol{\beta}_s$ 为 $\ker(T)$ 的基，试证明向量组(Ⅰ)：$\boldsymbol{e}_1,\cdots,\boldsymbol{e}_r,\boldsymbol{\beta}_1,\cdots,\boldsymbol{\beta}_s$ 是 V 的基.

证 设有一组常数 $k_1,k_2,\cdots,k_r,l_1,l_2,\cdots l_s$，使得

$$k_1\boldsymbol{e}_1+k_2\boldsymbol{e}_2+\cdots+k_r\boldsymbol{e}_r+l_1\boldsymbol{\beta}_1+l_2\boldsymbol{\beta}_2+\cdots+l_s\boldsymbol{\beta}_s=\mathbf{0}$$

则有 $k_1T(\boldsymbol{e}_1)+k_2T(\boldsymbol{e}_2)+\cdots+k_rT(\boldsymbol{e}_r)+l_1T(\boldsymbol{\beta}_1)+l_2T(\boldsymbol{\beta}_2)+\cdots+l_sT(\boldsymbol{\beta}_s)=0$. 由于 $T(\boldsymbol{\beta}_i)=\mathbf{0}$，$i=1,2,\cdots,s$，从而有 $k_1T(\boldsymbol{e}_1)+k_2T(\boldsymbol{e}_2)+\cdots+k_rT(\boldsymbol{e}_r)=\mathbf{0}$. 又 $T(\boldsymbol{e}_1),\cdots,T(\boldsymbol{e}_r)$ 线性无关，得 $k_1=k_2=\cdots=k_r=0$. 从而 $l_1\boldsymbol{\beta}_1+l_2\boldsymbol{\beta}_2+\cdots+l_s\boldsymbol{\beta}_s=\mathbf{0}$，由 $\boldsymbol{\beta}_1,\cdots,\boldsymbol{\beta}_s$ 线性无关，得 $l_1=l_2=\cdots=l_s=0$，所以向量组(Ⅰ)线性无关.

任取 $\boldsymbol{\alpha}\in V$，设 $T(\boldsymbol{\alpha})=a_1T(\boldsymbol{e}_1)+\cdots+a_rT(\boldsymbol{e}_r)$，记 $\boldsymbol{\alpha}_0=\boldsymbol{\alpha}-(a_1\boldsymbol{e}_1+\cdots+a_r\boldsymbol{e}_r)$，则 $T(\boldsymbol{\alpha}_0)=T(\boldsymbol{\alpha})-a_1T(\boldsymbol{e}_1)-a_2T(\boldsymbol{e}_2)-\cdots-a_rT(\boldsymbol{e}_r)=\mathbf{0}$，即 $\boldsymbol{\alpha}_0\in\ker(T)$，故 $\boldsymbol{\alpha}_0$ 可由 $\boldsymbol{\beta}_1,\cdots,\boldsymbol{\beta}_s$ 线性表示. 设 $\boldsymbol{\alpha}_0=b_1\boldsymbol{\beta}_1+\cdots+b_s\boldsymbol{\beta}_s$，则 $\boldsymbol{\alpha}=a_1\boldsymbol{e}_1+\cdots+a_r\boldsymbol{e}_r+b_1\boldsymbol{\beta}_1+b_2\boldsymbol{\beta}_2+\cdots+b_s\boldsymbol{\beta}_s$，即 V 中任一向量 $\boldsymbol{\alpha}$ 都可由向量组(Ⅰ)线性表示，因此向量组(Ⅰ)是 V 的基.

附录　线性代数与解析几何期末考试自测题及解答

期末考试自测题一

一、单项选择题(每小题 3 分,共 30 分)

1. 设 $\boldsymbol{A}=(a_{ij})_{n\times n}$,$A_{ij}$ 是行列式 $|\boldsymbol{A}|$ 中元素 a_{ij} 的代数余子式,则下列各式中一定正确的是(　　).

A. $\sum\limits_{i=1}^{n} a_{ij}A_{ij}=0$　　B. $\sum\limits_{j=1}^{n} a_{ij}A_{ij}=0$

C. $\sum\limits_{j=1}^{n} a_{ij}A_{ij}=|\boldsymbol{A}|$　　D. $\sum\limits_{i=1}^{n} a_{i1}A_{i2}=|\boldsymbol{A}|$

2. 设 $\boldsymbol{A}$,$\boldsymbol{B}$ 为同阶方阵,以下说法中正确的个数为(　　).

$|\boldsymbol{A}+\boldsymbol{B}|=|\boldsymbol{A}|+|\boldsymbol{B}|$,$|k\boldsymbol{A}|=k|\boldsymbol{A}|(k\in\mathbf{R})$,$|\boldsymbol{AB}|=|\boldsymbol{BA}|$,$\mathrm{tr}(\boldsymbol{A}+\boldsymbol{B})=\mathrm{tr}\boldsymbol{A}+\mathrm{tr}\boldsymbol{B}$

A. 1 个　　B. 2 个　　C. 3 个　　D. 4 个

3. 设 $\boldsymbol{A}$ 为正交矩阵,且 $\det(\boldsymbol{A})=-1$,则 $\boldsymbol{A}$ 的伴随矩阵 $\boldsymbol{A}^*=$(　　).

A. $\boldsymbol{A}^{\mathrm{T}}$　　B. $-\boldsymbol{A}^{\mathrm{T}}$　　C. $\boldsymbol{A}$　　D. $-\boldsymbol{A}$

4. 设 $\boldsymbol{A}$ 为 n 阶矩阵,且 $\boldsymbol{A}^2-3\boldsymbol{A}+2\boldsymbol{I}=\boldsymbol{O}$,则矩阵 $\boldsymbol{A}$ 与 $3\boldsymbol{I}-\boldsymbol{A}$(　　).

A. 均为可逆矩阵　　B. 均为不可逆矩阵

C. 至少有一个为零矩阵　　D. 最多有一个为可逆矩阵

5. 设 $\boldsymbol{A}$ 为 3 阶矩阵,$\boldsymbol{P}$ 为 3 阶可逆矩阵,且 $\boldsymbol{P}^{-1}\boldsymbol{AP}=\begin{bmatrix}1&0&0\\0&1&0\\0&0&2\end{bmatrix}$. 若 $\boldsymbol{P}=(\boldsymbol{\alpha}_1,\boldsymbol{\alpha}_2,\boldsymbol{\alpha}_3)$,$\boldsymbol{Q}=(\boldsymbol{\alpha}_1+\boldsymbol{\alpha}_2,\boldsymbol{\alpha}_2,\boldsymbol{\alpha}_3)$,则 $\boldsymbol{Q}^{-1}\boldsymbol{AQ}=$(　　).

A. $\begin{bmatrix}1&0&0\\0&2&0\\0&0&1\end{bmatrix}$　　B. $\begin{bmatrix}2&0&0\\0&2&0\\0&0&1\end{bmatrix}$　　C. $\begin{bmatrix}2&0&0\\0&1&0\\0&0&2\end{bmatrix}$　　D. $\begin{bmatrix}1&0&0\\0&1&0\\0&0&2\end{bmatrix}$

6. 设 $\boldsymbol{a}$,$\boldsymbol{b}$,$\boldsymbol{c}$ 为 3 个三维向量,则向量 $\boldsymbol{a}-\boldsymbol{b}$,$\boldsymbol{b}-\boldsymbol{c}$,$\boldsymbol{c}-\boldsymbol{a}$ 的相互关系是(　　).

A. 共面　　B. 共线

C. 既不共线,也不共面　　D. 不确定

7. 设 $\boldsymbol{A}$ 为 3 阶矩阵,$\boldsymbol{A}$ 的特征值为 1,−2,3,则下列矩阵中满秩矩阵是(　　).

A. $3\boldsymbol{I}-\boldsymbol{A}^*$　　B. $6\boldsymbol{I}+\boldsymbol{A}^*$　　C. $2\boldsymbol{I}+\boldsymbol{A}$　　D. $2\boldsymbol{I}-\boldsymbol{A}$

8. 下列矩阵中不能相似于对角矩阵的为(　　).

A. $\begin{bmatrix}1&1\\1&2\end{bmatrix}$　　B. $\begin{bmatrix}1&1\\0&2\end{bmatrix}$　　C. $\begin{bmatrix}1&1\\0&1\end{bmatrix}$　　D. $\begin{bmatrix}1&2\\1&2\end{bmatrix}$

9-1.(学过第8章线性变换的同学做此题)　设 $\boldsymbol{A}=\begin{bmatrix}1&2&0\\2&1&0\\0&0&1\end{bmatrix}$，$\boldsymbol{B}=\begin{bmatrix}2&0&0\\0&2&0\\0&0&-1\end{bmatrix}$，则(　　).

A. $\boldsymbol{A}$ 与 $\boldsymbol{B}$ 合同，且相似　　B. $\boldsymbol{A}$ 与 $\boldsymbol{B}$ 相似，但不合同

C. $\boldsymbol{A}$ 与 $\boldsymbol{B}$ 合同，但不相似　　D. $\boldsymbol{A}$ 与 $\boldsymbol{B}$ 不合同，也不相似

9-2.(没学过第8章线性变换的同学做此题)　设 $\boldsymbol{A},\boldsymbol{B},\boldsymbol{A}+\boldsymbol{B},\boldsymbol{A}^{-1}+\boldsymbol{B}^{-1}$ 均为 n 阶可逆矩阵，则 $(\boldsymbol{A}^{-1}+\boldsymbol{B}^{-1})^{-1}=$(　　).

A. $\boldsymbol{A}^{-1}+\boldsymbol{B}^{-1}$　　B. $\boldsymbol{A}+\boldsymbol{B}$

C. $\boldsymbol{A}(\boldsymbol{A}+\boldsymbol{B})^{-1}\boldsymbol{B}$　　D. $(\boldsymbol{A}+\boldsymbol{B})^{-1}$

10-1.(学过第8章线性变换的同学做此题)　设 $T\in L(\mathbf{R}^3)$，若 $T(x_1,x_2,x_3)=(2x_1+x_2-x_3,x_1+x_2-x_3,x_1-x_2+x_3)$，则下列向量中属于 T 的核 $\ker(T)$ 的是(　　).

A. $(0,-2,-2)$　　B. $(0,-2,2)$　　C. $(1,-2,2)$　　D. $(1,-2,-2)$

10-2.(没学过第8章线性变换的同学做此题)　设 $\boldsymbol{\alpha},\boldsymbol{\beta}$ 是非齐次方程组 $(\lambda\boldsymbol{I}-\boldsymbol{A})\boldsymbol{x}=\boldsymbol{b}$ 的两个不同的解，则以下选项中一定是 $\boldsymbol{A}$ 对应于特征值 λ 的特征向量为(　　).

A. $\boldsymbol{\alpha}-\boldsymbol{\beta}$　　B. $\boldsymbol{\alpha}+\boldsymbol{\beta}$　　C. $\boldsymbol{\alpha}$　　D. $\boldsymbol{\beta}$

二、填空题(每小题3分，共30分)

11. 设 $\boldsymbol{A}$ 为3阶矩阵，已知 $\boldsymbol{AB}=2\boldsymbol{A}+\boldsymbol{B}$，$\boldsymbol{B}=\begin{bmatrix}2&0&2\\0&4&0\\2&0&2\end{bmatrix}$，则 $(\boldsymbol{A}-\boldsymbol{I})^{-1}=$________.

12. 设 $\|\boldsymbol{a}\|=4$，$\|\boldsymbol{b}\|=2$，$\|\boldsymbol{a}-\boldsymbol{b}\|=2\sqrt{7}$，则 $\boldsymbol{a}$ 与 $\boldsymbol{b}$ 的夹角为________.

13. 过点 $(1,0,-2)$ 且平行于向量 $\boldsymbol{a}(2,1,0)$ 和 $\boldsymbol{b}(-1,1,-1)$ 的平面方程为________.

14. 设 $\boldsymbol{A}=\begin{bmatrix}1&1\\-1&2\end{bmatrix}$，$\boldsymbol{A}^*$ 是 $\boldsymbol{A}$ 的伴随矩阵. 将 $\boldsymbol{A}$ 的第2列加到第1列得矩阵 $\boldsymbol{B}$，则 $|\boldsymbol{A}^*\boldsymbol{B}|=$________.

15-1.(学过第8章线性变换的同学做此题)　设实矩阵 $\boldsymbol{A}=\boldsymbol{I}-\boldsymbol{\alpha}\boldsymbol{\alpha}^T$，其中 $\boldsymbol{\alpha}$ 为3维单位列向量，则二次型 $f(x_1,x_2,x_3)=\boldsymbol{x}^{\mathrm{T}}\boldsymbol{A}\boldsymbol{x}$ 的正惯性指数为________.

15-2.(没学过第8章线性变换的同学做此题)　设 $\boldsymbol{\alpha}$ 为3维单位列向量，$\boldsymbol{I}$ 为3阶单位矩阵，则矩阵 $\boldsymbol{I}-\boldsymbol{\alpha}\boldsymbol{\alpha}^T$ 的秩为________.

16. 设 n 阶方阵 $\boldsymbol{A}$ 的各行元素之和均为零，且 $\boldsymbol{A}^*\neq\boldsymbol{O}$，则齐次方程组 $\boldsymbol{Ax}=\boldsymbol{0}$ 的通解为________.

17. 已知线性空间 $\mathbf{R}^3$ 的两个基(Ⅰ)：$\boldsymbol{\alpha}_1=(1,1,1)^{\mathrm{T}}$，$\boldsymbol{\alpha}_2=(1,0,-1)^{\mathrm{T}}$，$\boldsymbol{\alpha}_3=(1,0,1)^{\mathrm{T}}$；(Ⅱ)：$\boldsymbol{\beta}_1=(1,2,1)^{\mathrm{T}}$，$\boldsymbol{\beta}_2=(2,3,4)^{\mathrm{T}}$，$\boldsymbol{\beta}_3=(3,4,3)^{\mathrm{T}}$，则基(Ⅰ)到基(Ⅱ)的过渡矩阵为________.

18. 在线性空间 $F^{2\times2}$ 中，向量 $\begin{bmatrix}-1&3\\2&1\end{bmatrix}$ 在基 $\begin{bmatrix}-1&1\\0&0\end{bmatrix}$，$\begin{bmatrix}1&1\\0&0\end{bmatrix}$，$\begin{bmatrix}0&0\\1&0\end{bmatrix}$，$\begin{bmatrix}0&0\\0&1\end{bmatrix}$ 下的坐标为________.

19. 曲线 C：$\begin{cases}z=\sqrt{4-x^2-y^2}\\x^2+y^2=2y\end{cases}$ 在 Oxy 坐标面的投影曲线方程为________.

20－1.(学过第 8 章线性变换的同学做此题)　设 T 为 $F[x]_2$ 上的线性算子,定义 $T(f(x))=f(x+1)-f(x)$,则 T 在 $F[x]_2$ 的基 $1,x,x^2$ 下的矩阵为________.

20－2.(没学过第 8 章线性变换的同学做此题)　若实二次型 $f(x_1,x_2,x_3)=x_1^2+3x_2^2+4x_3^2+2tx_1x_2$ 为正定二次型,则 t 的取值范围为________.

三、解答题

21.(本题 10 分)设有向量组(Ⅰ):$\boldsymbol{\alpha}_1=(1,1,3,1)^{\mathrm{T}}$,$\boldsymbol{\alpha}_2=(1,3,-1,-5)^{\mathrm{T}}$,$\boldsymbol{\alpha}_3=(2,6,-a,-10)^{\mathrm{T}}$,$\boldsymbol{\alpha}_4=(3,1,15,12)^{\mathrm{T}}$,又向量 $\boldsymbol{\beta}=(1,3,3,b)^{\mathrm{T}}$. 问 a,b 取何值时,(1)$\boldsymbol{\beta}$ 能由(Ⅰ)线性表示且表示式唯一;(2)$\boldsymbol{\beta}$ 不能由(Ⅰ)线性表示;(3)$\boldsymbol{\beta}$ 能由(Ⅰ)线性表示且表示式不唯一,并求出一般表达式.

22.(本题 10 分)已知矩阵 $\boldsymbol{A}=\begin{bmatrix}1&1&1&0&1\\2&1&-1&1&1\\1&2&-1&14&2\\0&1&2&3&3\end{bmatrix}$,

(1)求 $\boldsymbol{A}$ 的列向量组的极大无关组,并将其余向量用该极大无关组线性表示.

(2)求向量空间 $W=\{\boldsymbol{Ax}\mid \boldsymbol{x}\in\mathbf{R}^5\}$ 的基与维数.

23.(本题 14 分)已知二次型 $f(x_1,x_2,x_3)=x_1^2+4x_2^2+9x_3^2+4x_1x_2+6x_1x_3+12x_2x_3$,

(1)求正交变换 $\boldsymbol{x}=\boldsymbol{Qy}$,将 $f(x_1,x_2,x_3)$ 化为标准形;

(2)求 $f(x_1,x_2,x_3)=0$ 的解.

24.(本题 6 分)设 $\boldsymbol{A}$ 是 n 阶方阵,$\boldsymbol{A}^2=\boldsymbol{A}$,证明:$\boldsymbol{A}$ 可相似对角化.

期末考试自测题二

一、单项选择题(每小题 4 分,共 16 分)

1. 设 n 阶方阵 $\boldsymbol{A},\boldsymbol{B}$ 满足关系式 $\boldsymbol{AB}=\boldsymbol{O}$,且 $\boldsymbol{B}\neq\boldsymbol{O}$,则必有(　　).

A. $\boldsymbol{A}=\boldsymbol{O}$　　B. $|\boldsymbol{B}|\neq 0$

C. $(\boldsymbol{A}+\boldsymbol{B})^2=\boldsymbol{A}^2+\boldsymbol{B}^2$　　D. $|\boldsymbol{A}|=0$

2. 已知 $D=\begin{vmatrix}3&-1&2\\-2&-3&1\\0&1&-4\end{vmatrix}$,则 $2A_{12}+A_{22}-4A_{32}=$(　　). 其中 A_{ij} 为元素 a_{ij} 的代数余子式.

A. -1　　B. 0　　C. 1　　D. 2

3. 已知 $\boldsymbol{\alpha}_1,\boldsymbol{\alpha}_2,\boldsymbol{\alpha}_3$ 是非齐次线性方程组 $\boldsymbol{Ax}=\boldsymbol{b}$ 的 3 个不同的解,则下列向量

$$\boldsymbol{\alpha}_1-\boldsymbol{\alpha}_2,\boldsymbol{\alpha}_1+\boldsymbol{\alpha}_2-2\boldsymbol{\alpha}_3,\frac{2}{3}(\boldsymbol{\alpha}_1-\boldsymbol{\alpha}_2),\boldsymbol{\alpha}_1-3\boldsymbol{\alpha}_2+2\boldsymbol{\alpha}_3$$

中是导出组 $\boldsymbol{Ax}=\boldsymbol{0}$ 的解的向量共有(　　).

A. 4 个　　B. 3 个　　C. 2 个　　D. 1 个

4. n 阶方阵 $\boldsymbol{A}$ 具有 n 个不同的特征值是 $\boldsymbol{A}$ 与对角阵相似的(　　).

A. 充分必要条件　　B. 充分而非必要条件

C. 必要而非充分条件　　D. 既非充分也非必要条件

二、填空题(每小题 4 分,共 16 分)

(1) 设 $\boldsymbol{A}$ 是 m 阶方阵,$\boldsymbol{B}$ 是 n 阶方阵,且 $|\boldsymbol{A}|=a$,$|\boldsymbol{B}|=b$,$\boldsymbol{C}=\begin{bmatrix}\boldsymbol{O} & \boldsymbol{A}\\ \boldsymbol{B} & \boldsymbol{O}\end{bmatrix}$,则 $|\boldsymbol{C}|=$________.

(2) 设向量 $\boldsymbol{a}=(\sqrt{2},2\sqrt{2},\sqrt{2})$,$\boldsymbol{b}=(1,-1,1)$,则 $\|(4\boldsymbol{a}+5\boldsymbol{b})\times(5\boldsymbol{a}+6\boldsymbol{b})\|=$________.

(3) 若 $\boldsymbol{A}=\begin{bmatrix}1 & 0 & 1\\ 0 & c+2 & 0\\ 1 & 0 & c-5\end{bmatrix}$ 是正定矩阵,则 c 的取值范围为________.

(4) 设(Ⅰ):$\boldsymbol{\alpha}_1$、$\boldsymbol{\alpha}_2$、$\boldsymbol{\alpha}_3$;(Ⅱ):$\boldsymbol{\beta}_1$、$\boldsymbol{\beta}_2$、$\boldsymbol{\beta}_3$ 是向量空间 $\mathbf{R}^3$ 中的两组基,且

$$\boldsymbol{\beta}_1=\boldsymbol{\alpha}_1-\boldsymbol{\alpha}_2,\boldsymbol{\beta}_2=\boldsymbol{\alpha}_1+\boldsymbol{\alpha}_2+\boldsymbol{\alpha}_3,\boldsymbol{\beta}_3=\boldsymbol{\alpha}_1+2\boldsymbol{\alpha}_2+3\boldsymbol{\alpha}_3,$$

则由基(Ⅰ)到基(Ⅱ)的过渡矩阵 $\boldsymbol{S}=$________,$\boldsymbol{\xi}=5\boldsymbol{\beta}_1-4\boldsymbol{\beta}_2+2\boldsymbol{\beta}_3$ 在基(Ⅰ)下的坐标为________.

三、(10 分)计算 n 阶行列式 $D_n=\begin{vmatrix}0 & 1 & 1 & \cdots & 1\\ 1 & 0 & 2 & \cdots & 2\\ 1 & 2 & 0 & \ddots & \vdots\\ \vdots & \vdots & \ddots & \ddots & 2\\ 1 & 2 & \cdots & 2 & 0\end{vmatrix}$ 的值,这里 $n\geqslant 3$.

四、(10 分)求直线 $L:\begin{cases}x+y-z=1\\ -x+y-z=1\end{cases}$ 在平面 $\pi:x+y+z=0$ 上的投影直线方程.

五、(10 分)已知向量组 $\boldsymbol{\alpha}_1=(1,2,-3)^{\mathrm{T}}$,$\boldsymbol{\alpha}_2=(3,0,1)^{\mathrm{T}}$,$\boldsymbol{\alpha}_3=(9,6,-7)^{\mathrm{T}}$ 与向量组 $\boldsymbol{\beta}_1=(0,1,-1)^{\mathrm{T}}$,$\boldsymbol{\beta}_2=(a,2,1)^{\mathrm{T}}$,$\boldsymbol{\beta}_3=(b,1,0)^{\mathrm{T}}$ 具有相同的秩,且 $\boldsymbol{\beta}_3$ 可由 $\boldsymbol{\alpha}_1$,$\boldsymbol{\alpha}_2$,$\boldsymbol{\alpha}_3$ 线性表示,求 a,b 的值.

六、(10 分)设非齐次线性方程组 $\begin{cases}-x_1-2x_2+ax_3=1\\ x_1+x_2+2x_3=b\\ 4x_1+5x_2+10x_3=2\end{cases}$,试问:当 a,b 满足什么条件时,方程组有(1)唯一解;(2)无解;(3)有无穷多解?在有无穷多解时,求出对应的齐次线性方程组的基础解系以及该非齐次方程组的通解.

七、(10 分)对 n 阶方阵 $\boldsymbol{A}$,证明:伴随矩阵的秩 $r(\boldsymbol{A}^*)=\begin{cases}n, & r(\boldsymbol{A})=n;\\ 1, & r(\boldsymbol{A})=n-1;\\ 0, & r(\boldsymbol{A})\leqslant n-2.\end{cases}$

八、(10 分)求一个正交变换,把实二次型

$$f(x_1,x_2,x_3)=x_1^2+x_2^2-2x_3^2-2x_1x_2+4x_1x_3+4x_2x_3$$

化为标准形,并判断此二次型是否正定.

九、(8 分,学习第 8 章线性变换的同学做此题)设

(Ⅰ):$\boldsymbol{A}_1=\begin{bmatrix}1 & 1\\ 1 & 1\end{bmatrix}$,$\boldsymbol{A}_2=\begin{bmatrix}1 & 1\\ 1 & 0\end{bmatrix}$,$\boldsymbol{A}_3=\begin{bmatrix}1 & 1\\ 0 & 0\end{bmatrix}$,$\boldsymbol{A}_4=\begin{bmatrix}1 & 0\\ 0 & 0\end{bmatrix}$;

(Ⅱ):$\boldsymbol{B}_1=\begin{bmatrix}2 & 1\\ -1 & 1\end{bmatrix}$,$\boldsymbol{B}_2=\begin{bmatrix}0 & 3\\ 1 & 0\end{bmatrix}$,$\boldsymbol{B}_3=\begin{bmatrix}5 & 3\\ 2 & 1\end{bmatrix}$,$\boldsymbol{B}_4=\begin{bmatrix}6 & 6\\ 1 & 3\end{bmatrix}$,

是 $\mathbf{R}^{2\times 2}$ 中两组基，定义 $\sigma(\boldsymbol{X})=\begin{bmatrix}1 & -1\\ 0 & 2\end{bmatrix}\boldsymbol{X}$，$\forall \boldsymbol{X}\in\mathbf{R}^{2\times 2}$.

(1) 试证 σ 是 $\mathbf{R}^{2\times 2}$ 的线性变换；

(2) 求由基(Ⅰ)到基(Ⅱ)的过渡矩阵；

(3) 求 σ 在基(Ⅰ)下的矩阵.

期末考试自测题三

一、单项选择题(每小题 4 分，共 16 分)

1. 若 $\begin{vmatrix}a_{11} & a_{12} & a_{13}\\ a_{21} & a_{22} & a_{23}\\ a_{31} & a_{32} & a_{33}\end{vmatrix}=a$，则 $\begin{vmatrix}4a_{11} & 2a_{12}-3a_{11} & -a_{13}\\ 4a_{21} & 2a_{22}-3a_{21} & -a_{23}\\ 4a_{31} & 2a_{32}-3a_{31} & -a_{33}\end{vmatrix}=(\quad)$.

A. $-8a$　　B. $8a$　　C. $-24a$　　D. $24a$

2. 设 n 阶实矩阵 $\boldsymbol{A}$ 与 $\boldsymbol{B}$ 相似，即 $\boldsymbol{A}\sim\boldsymbol{B}$，$\boldsymbol{I}$ 是 n 阶单位矩阵，则(　　).

A. $\lambda\boldsymbol{I}-\boldsymbol{A}=\lambda\boldsymbol{I}-\boldsymbol{B}$　　B. $a\boldsymbol{I}+b\boldsymbol{A}+c\boldsymbol{A}^2\sim a\boldsymbol{I}+b\boldsymbol{B}+c\boldsymbol{B}^2$，$\forall a,b,c\in\mathbf{R}$

C. $\boldsymbol{A}$ 与 $\boldsymbol{B}$ 有相同的特征值和特征向量　　D. $\boldsymbol{A}$ 与 $\boldsymbol{B}$ 相似于同一对角矩阵

3. 在 $\mathbf{R}^3$ 中，下列变换为线性变换的是(　　).（没学习第 8 章线性变换的同学不做此题）

A. $\sigma_1(x_1,x_2,x_3)=(x_1x_2,x_2x_3,x_1x_3)$

B. $\sigma_2(x_1,x_2,x_3)=(x_1+x_2,x_2+x_3,x_1+x_3)$

C. $\sigma_3(x_1,x_2,x_3)=(x_1^2,x_2^2,x_3^2)$

D. $\sigma_4(x_1,x_2,x_3)=(x_1+1,x_2+1,x_3+1)$

4. 设 $T\in L(\mathbf{R}^2)$，$T(x_1,x_2)^{\mathrm{T}}=(x_1+x_2,-2x_1+4x_2)^{\mathrm{T}}$，$\forall(x_1,x_2)^{\mathrm{T}}\in\mathbf{R}^2$，则 T 在基 $\boldsymbol{\alpha}_1=(1,2)^{\mathrm{T}}$，$\boldsymbol{\alpha}_2=(3,4)^{\mathrm{T}}$ 下的矩阵为(　　).

A. $\begin{bmatrix}1 & -2\\ 1 & 4\end{bmatrix}$　　B. $\begin{bmatrix}1 & 1\\ -2 & 4\end{bmatrix}$　　C. $\begin{bmatrix}3 & 0\\ 1 & 2\end{bmatrix}$　　D. $\begin{bmatrix}3 & 1\\ 0 & 2\end{bmatrix}$

二、填空题(每小题 4 分，共 16 分)

1. 设 $|\boldsymbol{A}|=\begin{vmatrix}1 & 2 & 3 & 4\\ 4 & 3 & 2 & 1\\ 1 & 0 & -1 & 2\\ 5 & 1 & -1 & 6\end{vmatrix}$，则 $4A_{41}+3A_{42}+2A_{43}+A_{44}=$________.

2. 过点(1,2,1)与两向量 $\boldsymbol{a}=\boldsymbol{i}-2\boldsymbol{j}-3\boldsymbol{k}$，$\boldsymbol{b}=-\boldsymbol{j}-\boldsymbol{k}$ 都平行的平面方程为________.

3. 设 $\boldsymbol{\alpha}_1=(1,2,0)^{\mathrm{T}}$，$\boldsymbol{\alpha}_2=(1,0,1)^{\mathrm{T}}$ 都是 3 阶方阵 $\boldsymbol{A}$ 的属于特征值 $\lambda=12$ 的特征向量，而 $\boldsymbol{\beta}=(-1,2,-2)^{\mathrm{T}}$，则 $\boldsymbol{A\beta}=$________.

4. 已知 $\mathbf{R}^3$ 的一组基为 $\boldsymbol{\alpha}_1=(1,1,0)^{\mathrm{T}}$，$\boldsymbol{\alpha}_2=(1,0,1)^{\mathrm{T}}$，$\boldsymbol{\alpha}_3=(0,1,1)^{\mathrm{T}}$，则向量 $\boldsymbol{\beta}=(2,0,0)^{\mathrm{T}}$ 在该组基下的坐标是________.

三、(10 分)计算行列式

$$D_{n+1}=\begin{vmatrix} -a_1 & a_1 & & & \\ & -a_2 & a_2 & & \\ & & \ddots & \ddots & \\ & & & -a_n & a_n \\ 1 & 1 & \cdots & 1 & 1 \end{vmatrix}\text{(空白处元素全为 0).}$$

四、(10 分)求过点 $M(-4,-5,3)$，且与两条直线 $L_1:\dfrac{x+1}{3}=\dfrac{y+3}{-2}=\dfrac{z-2}{-1}$ 和 $L_2:\dfrac{x-2}{2}=\dfrac{y+1}{3}=\dfrac{z-1}{-5}$ 都相交的直线方程.

五、(10 分)a,b 取何值时，方程组

$$\begin{cases} x_1+x_2+x_3+x_4=0 \\ x_2+2x_3+2x_4=1 \\ -x_2+(a-3)x_3-2x_4=b \\ 3x_1+2x_2+x_3+ax_4=-1 \end{cases}$$

有(1)唯一解；(2)无解；(3)有无穷多解？在方程组有无穷多解时，求出对应的齐次线性方程组的基础解系以及该非齐次方程组的通解.

六、(10 分)已知向量组 A：$\boldsymbol{a}_1=(2,1,1,2)^{\mathrm{T}},\boldsymbol{a}_2=(0,-2,1,1)^{\mathrm{T}},\boldsymbol{a}_3=(4,4,1,3)^{\mathrm{T}}$ 与向量组 B：$\boldsymbol{b}_1=(0,1,2,3)^{\mathrm{T}},\boldsymbol{b}_2=(3,0,1,2)^{\mathrm{T}},\boldsymbol{b}_3=(2,3,0,1)^{\mathrm{T}}$，问两个向量组是否可以相互线性表示，并说明理由.

七、(10 分)(1)证明两个同阶正定矩阵的和也是正定矩阵.

(2)假设 $\boldsymbol{A},\boldsymbol{B}$ 都是 n 阶实对称矩阵，并且 $\boldsymbol{A}$ 的特征值均大于 a，$\boldsymbol{B}$ 的特征值均大于 b，证明：$\boldsymbol{A}+\boldsymbol{B}$ 的特征值均大于 $a+b$.

八、(10 分)设 $\boldsymbol{A}=\begin{bmatrix} 1 & 1 & a \\ 1 & a & 1 \\ a & 1 & 1 \end{bmatrix},\boldsymbol{\beta}=\begin{bmatrix} 1 \\ 1 \\ -2 \end{bmatrix}$，已知线性方程组 $\boldsymbol{Ax}=\boldsymbol{\beta}$ 有解但不唯一. 试求：(1)a 的值；(2)正交矩阵 $\boldsymbol{Q}$，使得 $\boldsymbol{Q}^{\mathrm{T}}\boldsymbol{AQ}$ 为对角矩阵.

九、(8 分)设 $W=\left\{\begin{bmatrix} a & b \\ 2a & -2b \end{bmatrix}\middle| a,b\in\mathbf{R}\right\}$. (1)求证 W 是 $\mathbf{R}^{2\times 2}$ 的子空间；(2)求 W 的一组基.

期末考试自测题四

一、填空题(每小题 3 分，共 15 分)

1. 设 $\boldsymbol{A},\boldsymbol{B}$ 为 3 阶方阵，$|\boldsymbol{A}|=2,|\boldsymbol{B}|=3$，则 $\begin{vmatrix} -3\boldsymbol{A}^* & \boldsymbol{O} \\ \boldsymbol{O} & (2\boldsymbol{B})^{-1} \end{vmatrix}=$________.

2. 设四元非齐次线性方程组的系数矩阵的秩为 3，已知 $\boldsymbol{\eta}_1,\boldsymbol{\eta}_2,\boldsymbol{\eta}_3$ 是它的三个解向量，且 $\boldsymbol{\eta}_1=(2\ 3\ 4\ 5)^{\mathrm{T}},\boldsymbol{\eta}_2+\boldsymbol{\eta}_3=(1\ 2\ 3\ 4)^{\mathrm{T}}$. 则方程组的通解为________.

3. 设 $\boldsymbol{\alpha}_1,\boldsymbol{\alpha}_2,\boldsymbol{\alpha}_3$ 分别为 n 阶方阵 $\boldsymbol{A}$ 的属于互异特征值 1,2,3 的特征向量，$\boldsymbol{\alpha}_4=\boldsymbol{\alpha}_1+2\boldsymbol{\alpha}_2$，

$\boldsymbol{\alpha}_5=3\boldsymbol{\alpha}_2+4\boldsymbol{\alpha}_3$，则 $r(\boldsymbol{\alpha}_1,\boldsymbol{\alpha}_2,\boldsymbol{\alpha}_3,\boldsymbol{\alpha}_4,\boldsymbol{\alpha}_5)=$________.

4.过点(4,−7,5)且在三坐标轴上的截距相等的平面方程是________.

5.设 $\boldsymbol{A}=(a_{ij})_{3\times3}$，$\boldsymbol{A}^{-1}=(b_{ij})_{3\times3}$，则 $\begin{bmatrix} a_{31} & a_{32} & a_{33} \\ a_{21} & a_{22} & a_{23} \\ a_{11} & a_{12} & a_{13} \end{bmatrix}^{-1}=$________.

二、单项选择(每小题 3 分,共 15 分)

1.设 3 阶矩阵 $\boldsymbol{A}$ 与 $\boldsymbol{B}=\begin{bmatrix} 1 & 1 & 1 \\ 0 & 2 & 2 \\ 0 & 0 & 3 \end{bmatrix}$ 相似，则下列矩阵中为可逆矩阵的是(　　).

A. $\boldsymbol{A}+\boldsymbol{I}$　　B. $\boldsymbol{A}-\boldsymbol{I}$　　C. $\boldsymbol{A}-2\boldsymbol{I}$　　D. $\boldsymbol{A}-3\boldsymbol{I}$

2.设矩阵 $\boldsymbol{A}=\begin{bmatrix} 1 & 2 & 3 \\ 2 & 4 & a \end{bmatrix}$，$\boldsymbol{B}$ 为 3×2 非零矩阵，且 $\boldsymbol{AB}=\boldsymbol{O}$，则(　　).

A. 当 $a=6$ 时，$\boldsymbol{B}$ 的列向量组必线性相关

B. 当 $a=6$ 时，$\boldsymbol{B}$ 的列向量组必线性无关

C. 当 $a\neq6$ 时，$\boldsymbol{B}$ 的列向量组必线性相关

D. 当 $a\neq6$ 时，$\boldsymbol{B}$ 的列向量组必线性无关

3.如果 $\boldsymbol{a}\times\boldsymbol{c}=\boldsymbol{b}\times\boldsymbol{c}$，且 $\boldsymbol{c}\neq\boldsymbol{0}$，那么(　　).

A. $(\boldsymbol{a}-\boldsymbol{b})\perp\boldsymbol{c}$　　B. $(\boldsymbol{a}-\boldsymbol{b})\parallel\boldsymbol{c}$　　D. $\boldsymbol{a}\parallel\boldsymbol{b}$　　D. $\boldsymbol{a}=\boldsymbol{b}$

4.设 $\boldsymbol{A}$ 为 n 阶矩阵,且 $\boldsymbol{A}^2-3\boldsymbol{A}+2\boldsymbol{I}=\boldsymbol{O}$,则矩阵 $2\boldsymbol{I}-\boldsymbol{A}$ 与 $\boldsymbol{I}-\boldsymbol{A}$(　　).

A. 同时为可逆矩阵　　B. 同时为不可逆矩阵

C. 至少有一个为零矩阵　　D. 最多有一个为可逆矩阵

5. 设矩阵 $\boldsymbol{A}=\begin{bmatrix} 1 & 0 & 0 \\ 0 & 0 & 3 \\ 0 & 3 & 8 \end{bmatrix}$，$\boldsymbol{B}=\begin{bmatrix} 0 & 1 & 0 \\ 1 & 0 & 0 \\ 0 & 0 & 9 \end{bmatrix}$，则 $\boldsymbol{A}$ 与 $\boldsymbol{B}$(　　).

A. 相似且合同　　B. 相似但不合同

C. 不相似但合同　　D. 不相似且不合同

三、(9 分) 求 $\mathbf{R}^{2\times2}$ 的子空间 $W=\left\{\begin{bmatrix} a+c & b+d \\ 2a+b-d & -c-d \end{bmatrix}\middle| a,b,c,d\in\mathbf{R}\right\}$ 的基和维数.

四、(9 分) 设矩阵 $\boldsymbol{A}=\begin{bmatrix} 0 & 2 & 1 \\ 2 & 3 & 2 \\ 3 & 6 & 2 \end{bmatrix}$，$\boldsymbol{B}=\begin{bmatrix} 1 & 0 \\ 1 & 1 \\ 1 & 2 \end{bmatrix}$，且 $\boldsymbol{AX}=3\boldsymbol{X}+4\boldsymbol{B}$，求矩阵 $\boldsymbol{X}$.

五、(13 分) 设 $f(x)=1+x+x^2+\cdots+x^{2015}$，$\boldsymbol{A}=\begin{bmatrix} 1 & 0 & 0 \\ 0 & 0 & 1 \\ 0 & 0 & 0 \end{bmatrix}$.

求(1) $f(\boldsymbol{A})$；(2) 证明 $\begin{bmatrix} \boldsymbol{O} & f(\boldsymbol{A}) \\ \boldsymbol{I}+\boldsymbol{A} & \boldsymbol{O} \end{bmatrix}$ 可逆，并求其逆矩阵.

六、(9 分) 设(Ⅰ) $\boldsymbol{\alpha}_1,\boldsymbol{\alpha}_2,\boldsymbol{\alpha}_3,\boldsymbol{\alpha}_4$ 和(Ⅱ) $\boldsymbol{\beta}_1=\boldsymbol{\alpha}_1+2\boldsymbol{\alpha}_2$，$\boldsymbol{\beta}_2=3\boldsymbol{\alpha}_1+2\boldsymbol{\alpha}_2$，$\boldsymbol{\beta}_3=3\boldsymbol{\alpha}_3+7\boldsymbol{\alpha}_4$，$\boldsymbol{\beta}_4=2\boldsymbol{\alpha}_3+5\boldsymbol{\alpha}_4$ 分别为线性空间 $\mathbf{R}^4$ 的两个基.(1)求由基(Ⅱ)到基(Ⅰ)的过渡矩阵；(2)求 $\boldsymbol{\alpha}=\boldsymbol{\beta}_1+2\boldsymbol{\beta}_2+\boldsymbol{\beta}_3-\boldsymbol{\beta}_4$ 在基(Ⅰ)下的坐标.

七、(13 分)已知直线 $L_1:\dfrac{x-6}{3}=\dfrac{y}{2}=\dfrac{z-1}{1}$,$L_2:\dfrac{x}{3}=\dfrac{y-8}{2}=\dfrac{z+4}{-2}$.

(1) 求直线 L_1,L_2 的一般式;

(2) 求与直线 L_1,L_2 相交,且与平面 $2x+3y-5=0$ 平行的直线的轨迹;

(3)直线轨迹表示何种二次曲面.

八、(13 分) 用正交线性变换化实二次型

$$f(x_1,x_2,x_3)=x_1^2+x_2^2+4x_3^2-8x_1x_2-4x_1x_3-4x_2x_3$$

为标准形,并写出所用的正交线性变换.

九、(4 分) 设 $\boldsymbol{A},\boldsymbol{B}$ 为 n 阶矩阵,且满足 $\boldsymbol{A}\boldsymbol{A}^{\mathrm{T}}=\boldsymbol{I},\boldsymbol{B}\boldsymbol{B}^{\mathrm{T}}=\boldsymbol{I}$,$|\boldsymbol{A}|+|\boldsymbol{B}|=0$. 证明:矩阵 $\boldsymbol{A}+\boldsymbol{B}$ 不可逆.

期末考试自测题一参考答案及解答

一、单项选择题

1.C 2.B 3.B 4.A 5.D 6.A 7.D 8.C 9-1.C 9-2.C 10-1.A 10-2.A.

二、填空题

11. $\begin{bmatrix}0&0&1\\0&1&0\\1&0&0\end{bmatrix}$. 12. $\dfrac{2\pi}{3}$. 13. $x-2y-3z-7=0$. 14. 9. 15-1. 2. 15-2. 2.

16. $k(1,1,\cdots,1)^{\mathrm{T}}$,$k$ 为任意常数. 17. $\begin{bmatrix}2&3&4\\0&-1&0\\-1&0&-1\end{bmatrix}$. 18. $(2,1,2,1)^{\mathrm{T}}$.

19. $\begin{cases}x^2+y^2=2y\\z=0\end{cases}$. 20-1. $\begin{bmatrix}0&1&1\\0&0&2\\0&0&0\end{bmatrix}$. 20-2. $-\sqrt{3}<t<\sqrt{3}$.

三、解答题

21. **解** 记 $\boldsymbol{A}=[\boldsymbol{\alpha}_1\ \boldsymbol{\alpha}_2\ \boldsymbol{\alpha}_3\ \boldsymbol{\alpha}_4]$,对 $[\boldsymbol{A}\ \vdots\ \boldsymbol{\beta}]$ 施行初等行变换,得

$$[\boldsymbol{A}\ \boldsymbol{\beta}]=\begin{bmatrix}1&1&2&3&1\\1&3&6&1&3\\3&-1&-a&15&3\\1&-5&-10&12&b\end{bmatrix}\to\begin{bmatrix}1&1&2&3&1\\0&2&4&-2&2\\0&0&2-a&2&4\\0&0&0&3&b+5\end{bmatrix}$$

(1)当 $a\neq2$ 时,方程组 $\boldsymbol{Ax}=\boldsymbol{\beta}$ 有唯一解,此时 $\boldsymbol{\beta}$ 能由(Ⅰ)唯一线性表示.

(2)当 $a=2$ 且 $b\neq1$ 时,方程组无解,$\boldsymbol{\beta}$ 不能由(Ⅰ)线性表示.

(3)当 $a=2$ 且 $b=1$ 时,$r(\boldsymbol{A})=r[\boldsymbol{A}\ \boldsymbol{\beta}]=3$,$\boldsymbol{\beta}$ 能由(Ⅰ)线性表示且表示式不唯一,求得 $\boldsymbol{Ax}=\boldsymbol{\beta}$ 的通解为 $\boldsymbol{x}=(-8,3-2c,c,2)^{\mathrm{T}}$,则有

$$\boldsymbol{\beta}=-8\boldsymbol{\alpha}_1+(3-2c)\boldsymbol{\alpha}_2+c\boldsymbol{\alpha}_3+2\boldsymbol{\alpha}_4\text{,其中 } c \text{ 为任意常数。}$$

22. **解** (1)记矩阵 $\boldsymbol{A}=[\boldsymbol{\alpha}_1\ \boldsymbol{\alpha}_2\ \boldsymbol{\alpha}_3\ \boldsymbol{\alpha}_4\ \boldsymbol{\alpha}_5]$,对 $\boldsymbol{A}$ 作初等行变换

$$A \longrightarrow \begin{bmatrix} 1 & 0 & 0 & 0 & 10 \\ 0 & 1 & 0 & 0 & -15 \\ 0 & 0 & 1 & 0 & 6 \\ 0 & 0 & 0 & 1 & 2 \end{bmatrix}$$

得 $\boldsymbol{\alpha}_1,\boldsymbol{\alpha}_2,\boldsymbol{\alpha}_3,\boldsymbol{\alpha}_4$ 是 $\boldsymbol{A}$ 的列向量组的极大无关组，且 $\boldsymbol{\alpha}_5=10\boldsymbol{\alpha}_1-15\boldsymbol{\alpha}_2+6\boldsymbol{\alpha}_3+2\boldsymbol{\alpha}_4$.

(2)$W=\mathrm{span}\{\boldsymbol{\alpha}_1,\boldsymbol{\alpha}_2,\cdots,\boldsymbol{\alpha}_5\}$，$\boldsymbol{\alpha}_1,\boldsymbol{\alpha}_2,\boldsymbol{\alpha}_3,\boldsymbol{\alpha}_4$ 为 W 的一组基，$\dim(W)=4$.

23. **解** (1) f 对应的矩阵 $\boldsymbol{A}=\begin{bmatrix} 1 & 2 & 3 \\ 2 & 4 & 6 \\ 3 & 6 & 9 \end{bmatrix}$，由 $|\lambda\boldsymbol{I}-\boldsymbol{A}|=0$ 得 $\boldsymbol{A}$ 的特征值 $\lambda_1=14$，$\lambda_2=\lambda_3=0$.

对 $\lambda_1=14$，解方程组 $(14\boldsymbol{I}-\boldsymbol{A})\boldsymbol{x}=\boldsymbol{0}$ 得特征向量 $\boldsymbol{\xi}_1=(1,2,3)^{\mathrm{T}}$，单位化得 $\boldsymbol{e}_1=\left(\frac{1}{\sqrt{14}},\frac{2}{\sqrt{14}},\frac{3}{\sqrt{14}}\right)^{\mathrm{T}}$；

对 $\lambda_2=\lambda_3=0$，解方程组 $(0\boldsymbol{I}-\boldsymbol{A})\boldsymbol{x}=\boldsymbol{0}$ 得两个线性无关的特征向量 $\boldsymbol{\xi}_2=(-2,1,0)^{\mathrm{T}}$，$\boldsymbol{\xi}_3=(-3,0,1)^{\mathrm{T}}$，正交化、单位化后得 $\boldsymbol{e}_2=\left(-\frac{1}{\sqrt{5}},\frac{1}{\sqrt{5}},0\right)^{\mathrm{T}}$，$\boldsymbol{e}_3=\left(-\frac{3}{\sqrt{70}},-\frac{6}{\sqrt{70}},\frac{5}{\sqrt{70}}\right)^{\mathrm{T}}$. 令 $\boldsymbol{Q}=[\boldsymbol{e}_1\ \boldsymbol{e}_2\ \boldsymbol{e}_3]$，则 $\boldsymbol{Q}$ 为正交矩阵，在正交变换 $\boldsymbol{x}=\boldsymbol{Q}\boldsymbol{y}$ 下，$f(x_1,x_2,x_3)$ 化为标准形 $14y_1^2$.

(2)由 $f(x_1,x_2,x_3)=0$ 及(1)得 $y_1=0$. 即 $x_1+2x_2+3x_3=0$. 解得

$\begin{bmatrix} x_1 \\ x_2 \\ x_3 \end{bmatrix}=k_1\begin{bmatrix} -2 \\ 1 \\ 0 \end{bmatrix}+k_2\begin{bmatrix} -3 \\ 0 \\ 1 \end{bmatrix}$，其中 k_1,k_2 为任意常数.

24. **证法 1**　设 $r(\boldsymbol{A})=r$，当 $r(\boldsymbol{A})=0$ 时，$\boldsymbol{A}=\boldsymbol{O}$，可对角化；当 $r(\boldsymbol{A})=n$ 时，$\boldsymbol{A}=\boldsymbol{I}$，也可对角化.

当 $0<r(\boldsymbol{A})<n$ 时，记 $\boldsymbol{A}=[\boldsymbol{\alpha}_1\ \boldsymbol{\alpha}_2 \cdots \boldsymbol{\alpha}_n]$，不妨设 $\boldsymbol{\alpha}_1,\boldsymbol{\alpha}_2,\cdots,\boldsymbol{\alpha}_r$ 是 $\boldsymbol{A}$ 的列向量组的极大无关组，则由 $\boldsymbol{A}^2=\boldsymbol{A}$ 得 $\boldsymbol{A}\boldsymbol{\alpha}_j=\boldsymbol{\alpha}_j$，且 $\boldsymbol{\alpha}_j\neq 0(j=1,\ 2,\ \cdots,r)$，所以 $\boldsymbol{A}$ 有特征值 $\lambda_1=\lambda_2=\cdots=\lambda_r=1$，属于特征值 1 有 r 个线性无关特征向量 $\boldsymbol{\alpha}_1,\boldsymbol{\sigma}_2,\cdots,\boldsymbol{\alpha}_r$.

而 0 也是 $\boldsymbol{A}$ 的特征值，且属于 0 有 $n-r(\boldsymbol{A})=n-r$ 个线性无关的特征向量，故 $\boldsymbol{A}$ 有 n 个线性无关的特征向量，所以 $\boldsymbol{A}$ 也可相似对角化.

证法 2　当 $r(\boldsymbol{A})=0$ 时，$\boldsymbol{A}=\boldsymbol{O}$，可对角化；当 $r(\boldsymbol{A})=n$ 时，$\boldsymbol{A}=\boldsymbol{I}$，可对角化.

当 $0<r(\boldsymbol{A})<n$ 时，由 $\boldsymbol{A}(\boldsymbol{I}-\boldsymbol{A})=\boldsymbol{O}$，得 $r(\boldsymbol{A})+r(\boldsymbol{I}-\boldsymbol{A})\leqslant n$. 又 $\boldsymbol{A}+\boldsymbol{I}-\boldsymbol{A}=\boldsymbol{I}$，得 $r(\boldsymbol{A})+r(\boldsymbol{I}-\boldsymbol{A})\geqslant r(\boldsymbol{I})=n$，故 $r(\boldsymbol{A})+r(\boldsymbol{I}-\boldsymbol{A})=n$.

从而 $[n-r(0\boldsymbol{I}-\boldsymbol{A})]+[n-r(1\boldsymbol{I}-\boldsymbol{A})]=n$，即 $\boldsymbol{A}$ 有 n 个线性无关的特征向量，故 $\boldsymbol{A}$ 也可相似对角化.

期末考试自测题二参考答案及解答

一、单项选择题

1. D　2. B　3. A　4. B

二、填空题

1. $(-1)^{mn}ab$.　2. 6.　3. $c>6$.　4. $\boldsymbol{S}=\begin{bmatrix}1&1&1\\-1&1&2\\0&1&3\end{bmatrix}$, $(3,-5,2)^{\mathrm{T}}$.

三、解　$$D_n \xlongequal[i\geqslant 2]{r_i-2r_1}\begin{vmatrix}0&1&\cdots&1\\1&-2&&\\\vdots&&\ddots&\\1&&&-2\end{vmatrix}\xlongequal{c_1+\sum\limits_{j\geqslant 2}\frac{1}{2}c_j}\begin{vmatrix}\frac{n-1}{2}&1&\cdots&1\\&-2&&\\&&\ddots&\\&&&-2\end{vmatrix}$$

$$=\frac{n-1}{2}(-2)^{n-1}.$$

四、解　设过 L 与 π 垂直的平面方程为 $\pi_1: x+y-z-1+\lambda(-x+y-z-1)=0$，由于 π_1 与 π 垂直，解得 $\lambda=1$，即 $\pi_1: y-z-1=0$. 故所求投影直线方程为 $\begin{cases}x+y+z=0\\y-z-1=0\end{cases}$.

五、解　显然 $r(\boldsymbol{\alpha}_1,\boldsymbol{\alpha}_2,\boldsymbol{\alpha}_3)\geqslant 2$，因 $|\boldsymbol{\alpha}_1\ \boldsymbol{\alpha}_2\ \boldsymbol{\alpha}_3|=0$，故 $r(\boldsymbol{\alpha}_1,\boldsymbol{\alpha}_2,\boldsymbol{\alpha}_3)=2$，得 $r(\boldsymbol{\beta}_1,\boldsymbol{\beta}_2,\boldsymbol{\beta}_3)=2$，从而 $|\boldsymbol{\beta}_1\ \boldsymbol{\beta}_2\ \boldsymbol{\beta}_3|=0$，即 $\begin{vmatrix}0&a&b\\1&2&1\\-1&1&0\end{vmatrix}=3b-a=0$.

又因 $\boldsymbol{\beta}_3$ 可由 $\boldsymbol{\alpha}_1,\boldsymbol{\alpha}_2,\boldsymbol{\alpha}_3$ 线性表示，所以 $r(\boldsymbol{\alpha}_1,\boldsymbol{\alpha}_2,\boldsymbol{\alpha}_3)=r(\boldsymbol{\alpha}_1,\boldsymbol{\alpha}_2,\boldsymbol{\alpha}_3,\boldsymbol{\beta}_3)$，由

$$[\boldsymbol{\alpha}_1\ \boldsymbol{\alpha}_2\ \boldsymbol{\alpha}_3\ \boldsymbol{\beta}_3]=\left[\begin{array}{ccc:c}1&3&9&b\\2&0&6&1\\-3&1&-7&0\end{array}\right]\longrightarrow\left[\begin{array}{ccc:c}1&3&9&b\\0&-6&-12&1-2b\\0&0&0&\frac{5-b}{3}\end{array}\right]$$，得 $\frac{5-b}{3}=0$，故 $b=5$，$a=15$.

六、解　系数矩阵的行列式 $|\boldsymbol{A}|=a+4$，故 (1) 当 $a\neq -4$ 时，方程组有唯一解；

(2) 当 $a=-4$ 时，对增广矩阵作初等行变换，有

$$(\boldsymbol{A}\ \vdots\ \boldsymbol{b})=\left[\begin{array}{ccc:c}-1&-2&-4&1\\1&1&2&b\\4&5&10&2\end{array}\right]\longrightarrow\left[\begin{array}{ccc:c}-1&-2&-4&1\\0&-1&-2&b+1\\0&0&0&3-3b\end{array}\right],$$

当 $b\neq 1$ 时，则 $r(\boldsymbol{A})=2<r(\boldsymbol{A}\ \vdots\ \boldsymbol{b})=3$，方程组无解；

(3) 当 $a=-4, b=1$ 时，$r(\boldsymbol{A})=r(\boldsymbol{A}\ \vdots\ \boldsymbol{b})=2<3$，此时方程组有无穷多解，由

$$(\boldsymbol{A}\ \vdots\ \boldsymbol{b})\longrightarrow\begin{bmatrix}1&0&0&3\\0&1&2&-2\\0&0&0&0\end{bmatrix},$$

得非齐次线性方程组的一个特解为 $\boldsymbol{\eta}^*=(3,-2,0)^{\mathrm{T}}$，对应的齐次线性方程组的基础解系为 $\boldsymbol{\xi}=(0,-2,1)^{\mathrm{T}}$. 故非齐次方程组的通解为 $\boldsymbol{x}=c\boldsymbol{\xi}+\boldsymbol{\eta}^*$，$c$ 为任意实数.

七、证　由伴随矩阵的性质有 $\boldsymbol{AA}^*=\boldsymbol{A}^*\boldsymbol{A}=|\boldsymbol{A}|\boldsymbol{I}$.

当 $r(\boldsymbol{A})=n$ 时，$\boldsymbol{A}$ 可逆，从而 $\boldsymbol{A}^*$ 可逆，此时 $r(\boldsymbol{A}^*)=n$.

当 $r(\boldsymbol{A})=n-1$ 时，$|\boldsymbol{A}|=0$，且 $\boldsymbol{A}^*\neq\boldsymbol{O}$，有 $\boldsymbol{AA}^*=\boldsymbol{O}$，且方程 $\boldsymbol{Ax}=\boldsymbol{0}$ 仅有一个线性无关的

解，又 A^* 的每个列向量是 $Ax=0$ 的解，故 $r(A^*)=1$.

当 $r(A)\leqslant n-2$ 时，由矩阵的秩的定义，A 的所有 $n-1$ 阶子式均为零，即 $A_{ij}=0$，由伴随矩阵的定义，有 $A^*=O$，此时 $r(A^*)=0$.

八、解 所给二次型的矩阵为 $A=\begin{bmatrix}1&-1&2\\-1&1&2\\2&2&-2\end{bmatrix}$，$A$ 的特征多项式为

$$|\lambda I-A|=\begin{vmatrix}\lambda-1&1&-2\\1&\lambda-1&-2\\-2&-2&\lambda+2\end{vmatrix}=(\lambda-2)^2(\lambda+4),$$

则 A 的全部特征值为 $\lambda_1=\lambda_2=2,\lambda_3=-4$.

对应于特征值 $\lambda_1=2$ 的特征向量为 $x_1=(-1,1,0)^T$，$x_2=(1,1,1)^T$.

对应于特征值 $\lambda_3=-4$ 的特征向量为 $x_3=(1,1,-2)^T$.

将 x_1,x_2,x_3 单位化，得正交矩阵 $P=\begin{bmatrix}-\frac{1}{\sqrt{2}}&\frac{1}{\sqrt{3}}&\frac{1}{\sqrt{6}}\\\frac{1}{\sqrt{2}}&\frac{1}{\sqrt{3}}&\frac{1}{\sqrt{6}}\\0&\frac{1}{\sqrt{3}}&-\frac{2}{\sqrt{6}}\end{bmatrix}$，二次型经过正交变换 $x=Py$ 化为标准形 $f=2y_1^2+2y_2^2-4y_3^2$. 二次型不是正定的.

九、 解答见第 8 章典型例题例 8 - 15.

期末考试自测题三参考答案及解答

一、单项选择题

1. A　2. B　3. B　4. D

二、填空题

1. 0.　2. $x-y+z=0$.　3. $(-12,24,-24)^T$.　4. $(1,1,-1)^T$.

三、解 将前 n 列加到最后一列，再按最后一列展开得 $D_{n+1}=(n+1)(-1)^n a_1a_2\cdots a_n$.

四、解 L_1 过点 $P_1(-1,-3,2)$，方向向量为 $l_1=(3,-2,-1)$，L_2 过点 $P_2(2,-1,1)$，方向向量为 $l_2=(2,3,-5)$. 由 M 及 L_1 所确定的平面 π_1 的法向量为 $n_1=\overrightarrow{P_1M}\times l_1=(4,0,12)$，故此平面方程为 $\pi_1:x+3z-5=0$.

由 M 及 L_2 所确定的平面 π_2 的法向量为 $n_2=\overrightarrow{P_2M}\times l_2=(14,\ -26,\ -10)$，故此平面方程为 $\pi_2:7x-13y-5z-22=0$. 所求直线为 π_1,π_2 的交线，即 $\begin{cases}x+3z-5=0\\7x-13y-5z-22=0\end{cases}$.

五、解 对增广矩阵实施初等行变换，有

$$\left[\begin{array}{cccc:c}1&1&1&1&0\\0&1&2&2&1\\0&-1&a-3&-2&b\\3&2&1&a&-1\end{array}\right]\longrightarrow\left[\begin{array}{cccc:c}1&1&1&1&0\\0&1&2&2&1\\0&0&a-1&0&b+1\\0&0&0&a-1&0\end{array}\right]$$

当 $a\neq1$ 时，方程组有唯一解；当 $a=1$ 且 $b\neq-1$ 时，方程组无解；当 $a=1$ 且 $b=-1$ 时，方程组有无穷多解. 求得非齐次线性方程组的一个特解为 $\boldsymbol{\eta}^*=(-1,1,0,0)^{\mathrm{T}}$，对应的齐次线性方程组的基础解系为 $\boldsymbol{\xi}_1=(1,-2,1,0)^{\mathrm{T}}$，$\boldsymbol{\xi}_2=(1,-2,0,1)^{\mathrm{T}}$. 从而非齐次方程组的通解为 $(x_1,x_2,x_3,x_4)^{\mathrm{T}}=c_1\boldsymbol{\xi}_1+c_2\boldsymbol{\xi}_2+\boldsymbol{\eta}^*$，$c_1,c_2$ 为任意实数.

六、解　对 $[\boldsymbol{a}_1\ \boldsymbol{a}_2\ \boldsymbol{a}_3\ \boldsymbol{b}_1\ \boldsymbol{b}_2\ \boldsymbol{b}_3]$ 实施初等行变换，有

$$\left[\begin{array}{ccc:ccc}2&0&4&0&3&2\\1&-2&4&1&0&3\\1&1&1&2&1&0\\2&1&3&3&2&1\end{array}\right]\longrightarrow\left[\begin{array}{ccc:ccc}1&1&1&2&1&0\\0&-1&1&-1&0&1\\0&0&0&-2&1&0\\0&0&0&0&0&0\end{array}\right],$$

因 $r(\boldsymbol{a}_1,\boldsymbol{a}_2,\boldsymbol{a}_3)=2$，而 $r(\boldsymbol{a}_1,\boldsymbol{a}_2,\boldsymbol{a}_3,\boldsymbol{b}_1,\boldsymbol{b}_2,\boldsymbol{b}_3)=3$，于是向量组 $\boldsymbol{B}$ 不能由向量组 $\boldsymbol{A}$ 线性表示. 由

$$[\boldsymbol{b}_1\ \boldsymbol{b}_2\ \boldsymbol{b}_3]=\begin{bmatrix}0&3&2\\1&0&3\\2&1&0\\3&2&1\end{bmatrix}\xrightarrow{\text{初等行变换}}\begin{bmatrix}1&0&3\\0&1&-6\\0&0&20\\0&0&0\end{bmatrix},$$

得 $r(B)=3$，由于 $r(\boldsymbol{A}\mid\boldsymbol{B})=r(\boldsymbol{B})$，所以向量组 $\boldsymbol{A}$ 能由向量组 $\boldsymbol{B}$ 线性表示.

七、证　(1)设 $\boldsymbol{A},\boldsymbol{B}$ 都是 n 阶正定矩阵，则 $\boldsymbol{A}+\boldsymbol{B}$ 为实对称矩阵，且对 $\forall\,\boldsymbol{x}\in\mathbf{R}^n$，$\boldsymbol{x}\neq0$，有 $\boldsymbol{x}^{\mathrm{T}}\boldsymbol{A}\boldsymbol{x}>0$，$\boldsymbol{x}^{\mathrm{T}}\boldsymbol{B}\boldsymbol{x}>0$. 从而 $\boldsymbol{x}^{\mathrm{T}}(\boldsymbol{A}+\boldsymbol{B})\boldsymbol{x}=\boldsymbol{x}^{\mathrm{T}}\boldsymbol{A}\boldsymbol{x}+\boldsymbol{x}^{\mathrm{T}}\boldsymbol{B}\boldsymbol{x}>0$，故 $\boldsymbol{A}+\boldsymbol{B}$ 正定.

(2)依题设条件，实对称矩阵 $\boldsymbol{A}-a\boldsymbol{I}$，$\boldsymbol{B}-b\boldsymbol{I}$ 的特征值全为正，故 $\boldsymbol{A}-a\boldsymbol{I}$，$\boldsymbol{B}-b\boldsymbol{I}$ 均正定，因此 $(\boldsymbol{A}-a\boldsymbol{I})+(\boldsymbol{B}-b\boldsymbol{I})=\boldsymbol{A}+\boldsymbol{B}-(a+b)\boldsymbol{I}$ 也正定，故 $\boldsymbol{A}+\boldsymbol{B}$ 的特征值全大于 $a+b$.

八、解　(1)方程组 $\boldsymbol{A}\boldsymbol{x}=\boldsymbol{\beta}$ 有解但不唯一，所以 $r(\boldsymbol{A})=r(\bar{\boldsymbol{A}})<3$，由此得 $a=-2$.

(2) 由 $|\lambda\boldsymbol{I}-\boldsymbol{A}|=0$，求得 $\boldsymbol{A}$ 的特征值 $\lambda_1=3$，$\lambda_2=-3$，$\lambda_3=0$. 并求得相应特征向量，单位化后得正交矩阵

$$\boldsymbol{Q}=\begin{bmatrix}\frac{1}{\sqrt{2}}&\frac{1}{\sqrt{6}}&\frac{1}{\sqrt{3}}\\0&-\frac{2}{\sqrt{6}}&\frac{1}{\sqrt{3}}\\-\frac{1}{\sqrt{2}}&\frac{1}{\sqrt{6}}&\frac{1}{\sqrt{3}}\end{bmatrix},\quad \boldsymbol{Q}^{\mathrm{T}}\boldsymbol{A}\boldsymbol{Q}=\begin{bmatrix}3&0&0\\0&-3&0\\0&0&0\end{bmatrix}.$$

九、解　(1)显然 W 是 $\mathbf{R}^{2\times2}$ 的非空子集. 对任意 $a,b,c,d,k\in\mathbf{R}$，有

$$\begin{bmatrix}a&b\\2a&-2b\end{bmatrix}+\begin{bmatrix}c&d\\2c&-2d\end{bmatrix}=\begin{bmatrix}a+c&b+d\\2(a+c)&-2(b+d)\end{bmatrix}\in W;$$

$$k\begin{bmatrix}a&b\\2a&-2b\end{bmatrix}=\begin{bmatrix}ka&kb\\2ka&-2kb\end{bmatrix}\in W.$$ 所以 W 是 $\mathbf{R}^{2\times2}$ 的子空间.

(2)显然 $\begin{bmatrix}a&b\\2a&-2b\end{bmatrix}=a\begin{bmatrix}1&0\\2&0\end{bmatrix}+b\begin{bmatrix}0&1\\0&-2\end{bmatrix}$，且 $\begin{bmatrix}1&0\\2&0\end{bmatrix},\begin{bmatrix}0&1\\0&-2\end{bmatrix}\in W$ 线性无关，因而 $\begin{bmatrix}1&0\\2&0\end{bmatrix},\begin{bmatrix}0&1\\0&-2\end{bmatrix}\in W$ 是 W 的一组基.

期末考试自测题四参考答案及解答

一、填空题

1. $-\dfrac{9}{2}$.　2. $[2,3,4,5]^{\mathrm T}+k[3,4,5,6]^{\mathrm T}$，$k$ 为任意常数.　3. 3.

4. $x+y+z-2=0$.　　5. $\begin{bmatrix} b_{13} & b_{12} & b_{11} \\ b_{23} & b_{22} & b_{21} \\ b_{33} & b_{32} & b_{31} \end{bmatrix}$.

二、单选题

1. A　2. C　3. B　4. D　5. A

三、解 $W=\left\{a\begin{bmatrix}1&0\\2&0\end{bmatrix}+b\begin{bmatrix}0&1\\1&0\end{bmatrix}+c\begin{bmatrix}1&0\\0&-1\end{bmatrix}+d\begin{bmatrix}0&1\\-1&-1\end{bmatrix}\middle| a,b,c,d\in\mathbf{R}\right\}$.

设 $\boldsymbol{A}_1=\begin{bmatrix}1&0\\2&0\end{bmatrix}$，$\boldsymbol{A}_2=\begin{bmatrix}0&1\\1&0\end{bmatrix}$，$\boldsymbol{A}_3=\begin{bmatrix}1&0\\0&-1\end{bmatrix}$，$\boldsymbol{A}_4=\begin{bmatrix}0&1\\-1&-1\end{bmatrix}$，其在标准基下的坐标组为

$[\boldsymbol{\alpha}_1\ \boldsymbol{\alpha}_2\ \boldsymbol{\alpha}_3\ \boldsymbol{\alpha}_4]=\begin{bmatrix}1&0&1&0\\0&1&0&1\\2&1&0&-1\\0&0&-1&-1\end{bmatrix}\to\begin{bmatrix}1&0&1&0\\0&1&0&1\\0&0&-1&-1\\0&0&0&0\end{bmatrix}$，因此 $\dim(W)=3$，$\boldsymbol{A}_1,\boldsymbol{A}_2,\boldsymbol{A}_3$ 为 W 的一个基.

四、解　$\boldsymbol{AX}=3\boldsymbol{X}+4\boldsymbol{B}\Rightarrow(\boldsymbol{A}-3\boldsymbol{I})\boldsymbol{X}=4\boldsymbol{B}$. $|\boldsymbol{A}-3\boldsymbol{I}|=64\neq0$，$\boldsymbol{A}-3\boldsymbol{I}$ 可逆. 所以

$$\boldsymbol{X}=4(\boldsymbol{A}-3\boldsymbol{I})^{-1}\boldsymbol{B}=\begin{bmatrix}0&1\\1&1\\2&1\end{bmatrix}.$$

五、解　$\boldsymbol{A}^2=\begin{bmatrix}1&0&0\\0&0&0\\0&0&0\end{bmatrix}$，$\boldsymbol{A}^3=\boldsymbol{A}^2\boldsymbol{A}=\boldsymbol{A}^2,\cdots,\boldsymbol{A}^m=\boldsymbol{A}^2$，$m\geqslant2$. 故

$$f(\boldsymbol{A})=\boldsymbol{I}+\boldsymbol{A}+\boldsymbol{A}^2+\cdots+\boldsymbol{A}^{2015}=\boldsymbol{I}+\boldsymbol{A}+2014\boldsymbol{A}^2=\begin{bmatrix}2016&0&0\\0&1&1\\0&0&1\end{bmatrix}.$$

由于 $\begin{vmatrix}\boldsymbol{O}&f(\boldsymbol{A})\\\boldsymbol{I}+\boldsymbol{A}&\boldsymbol{O}\end{vmatrix}=-4032\neq0$，所以 $\begin{bmatrix}\boldsymbol{O}&f(\boldsymbol{A})\\\boldsymbol{I}+\boldsymbol{A}&\boldsymbol{O}\end{bmatrix}$ 可逆. $\begin{bmatrix}\boldsymbol{O}&f(\boldsymbol{A})\\\boldsymbol{I}+\boldsymbol{A}&\boldsymbol{O}\end{bmatrix}^{-1}=\begin{bmatrix}\boldsymbol{O}&(\boldsymbol{I}+\boldsymbol{A})^{-1}\\f(\boldsymbol{A})^{-1}&\boldsymbol{O}\end{bmatrix}$，

其中，$f(\boldsymbol{A})^{-1}=\begin{bmatrix}\frac{1}{2016}&0&0\\0&1&-1\\0&0&1\end{bmatrix}$，$(\boldsymbol{I}+\boldsymbol{A})^{-1}=\begin{bmatrix}\frac{1}{2}&0&0\\0&1&-1\\0&0&1\end{bmatrix}$.